MÉMOIRES

DE LA

SOCIÉTÉ DES ANTIQUAIRES

DE PICARDIE.

TOME XXI.

MÉMOIRES

DE LA

SOCIÉTÉ DES ANTIQUAIRES

DE PICARDIE.

TROISIÈME SÉRIE.

TOME Ier.

PARIS.

Librairie de J.-B. DUMOULIN, 13, Quai des Augustins.

AMIENS,

Imprimerie LEMER AÎNÉ, place Périgord, 3.

1867.

DICTIONNAIRE TOPOGRAPHIQUE

DU

DÉPARTEMENT DE LA SOMME,

Par M. J. GARNIER, Secrétaire perpétuel.

———————

A**ARON-LE-FONTAINE**, lieu situé près Péronne.

Aaron-le-Fontaine, 1228. Procès-verbal de la délimitation de la banlieue de Péronne.

Hairon-le-Fontaine. — Dom Grenier.

Hayron-le-Fontaine. De Sachy. Essais sur l'histoire de Péronne.

A**BANCOURT**, dépendance de Warfusée-Abancourt.

Abacurtis, 833. Dipl. du roi Charles.

Abencort, 1186. Odon, évêque de Beauvais. — 1254. Hue de Fouilloy. Cart. de Fouilloy.

Abencourt, 1301. Pouillé. — 1657. Procès-verbal des Coutumes.

Abbencourt, 1348. Cart. Néhémias de Corbie.

Abancourt, 1348. M. Decagny. Ancien pouillé. — 1696. Armorial de Picardie. — 1733. G. Delisle. — 1778. De Vauchelle, avec la mention : ruiné. — 1829-32. Ordo.

Abbancourt, 1482. Dénomb. — *Aboncourt*, 1648. Pouillé.

Habencourt, 1763. Ferme de la prévôté de Fouilloy. Expilly. — 1700. Villers de Rousseville.

Cassini, en 1757, n'indique plus cette localité qui était paroisse du doyenné de Lihons, diocèse et élection d'Amiens.

ABANCOURT, fief sis à Neuilly-l'Hôpital.

ABBAYE (l') dépendance d'Airaines.

L'Abbaye. — Notre-Dame. — Le Prieuré.

Le Prieuré de N.-D. fut fondé au commencement du XIIe siècle, par Etienne, comte d'Aumale ; il dépendait de St.-Martin-des-Champs, ordre de Cluni.

ABBAYE (l'), Moulin à l'eau dép. de Becquigny.

ABBAYE (l'), ferme dép. de Gruny, 9 hab.

Ferme de l'abbaye, 1757. Cassini. — 1836. Etat-major.

L'Abbaye, 1862. Dénombrement quinquennal.

ABBAYE (l'), dep. de Halloy-les-Pernois, hab. isolée.

ABBAYE (l'), dép. de St.-Valery, 420 hab.

ABBAYE-AU-BOIS, dép. de Sery. — Lieu détruit.

Abbaye-au-Bois (ruiné), 1733. G. Delisle. — 1778. De Vauchelle.

ABBAYE-DU-GARD (l'), écart dép. d'Abbeville.

ABBEVILLE, Chef-lieu d'arrondissement. 20,058 hab.

Britannia, IIIe siècle. Polybe. — Nic. Sanson.

Abacivo villa, VIe siècle. Grégoire de Tours. — Hist. eccl. d'Abb.

Bacivum palatium, Chronicon Fontanellense. Ib.

Abacivum villa, VIIe siècle. Frédegaire. — Nic. Sanson.

Basiu, Capitularia. — Nic. Sanson.

Haymonis villa, VIIe siècle. Hist. eccl. d'Abbeville. — Expilly.

Abbatisvilla, 1060. Guy, comte de Ponthieu. Cart. de Valloires.— 1053-1100. Monnaie de Guy I, comte de Ponthieu. — 1075. Philippe Ier. Gall. christ. — 1088. Hariulfe. — 1100. Fondation de S. Pierre d'Abbeville, Gall. Christ. — 1147. Monnaie du comte Jean II. — 1147. Thierry, évêq. d'Amiens. Cart. S.

Laurent. — 1191-1221. Monnaie de Guillaume III. — 1199, 1202, 1239, 1248, Arch. des hospices de S. Riquier. — 1204, 1205, 1218, 1251, 1275, 1291. Layettes du trésor des chartes. — 1290. Monnaie d'Edouard II. — 1301. Dénombrement de l'évêché d'Amiens. — 1387. Nobilitatio pro Johanne de Malicorne.

Abbevilla, xi*e* siècle. Vie de S. Bernard de Tyron. — 1145. Eugène III, pape. — 1187. Clément III, pape. Bibliotheca Cluniacensis. — 1290. Monnaie d'Edouard II. — 1311. Sceau de S. Pierre d'Abbeville.

Abbavilla, 1100. Fondation de S. Pierre d'Abb. — 1121. Jean, comte de Ponthieu. Hist. eccl. d'Abb. — 1184. Jean, comte de Ponthieu. — 1492. Jean de la Chapelle. Chronique de S. Riquier.

Abedvilla, 1125. Honoré II, pape. Bibl. Cluniac.

Abatis villa, 1053. Monnaie de Gui I. — 1137. Monnaie du comte Guy II. — 1191-1221. Monnaie de Guillaume III. — 1193. Jean, comte de Ponthieu. Cart. de Berteaucourt. — 1202. Charte de la commune de Doullens. — 1251-1279. Monnaie de Jeanne de Ponthieu et de Jean de Nesle. — 1388. Nobilitatio pro Radulfo de Catenin.

Abbatis vila, 1147. Monnaie du comte Jean Ier. — 1202. Guy, comte de Ponthieu. — 1239. Arch. des hospices de S. Riquier.

Abbasvilla, 1203. Florent, abbé. Cart. de S. Josse.

Abbisvilla, 1203. Florent, abbé de S. Josse. — 1251-1279. Monnaie de Jeanne de Ponthieu et de Jean de Nesle. — 1285. Girard d'Abbeville. Cart. de l'évêché.

Abbevile, 1209. Archives de la Mairie d'Abbeville. Mém. de la Soc. d'Emul., année 1838. — 1300-1323. Marnier. Coutumier de Picardie.

Abbevilla in Ponticio, 1213. Philippe-Auguste. M. Léopold Delisle. — 1213. Guillaume, comte de Ponthieu.

Abisvil..., 1251-1279. Monnaie de Jeanne de Ponthieu et de Jean de Nesle.

Abeville, 1255. Ordonnance des maires et échevins d'Amiens, d'Abbeville et de Corbie. Aug. Thierry. — 1251. Actes du parlement. — 1300-1323. Coutumier de Picardie. — 1312. Dom Grenier. — 1409. Lettre de rémission de Charles VI. — 1423. Mém. de Pierre de Fenin. — 1611. Des Rues. — 1625. Lettres-patentes. Cart. de S. Josse. — 1634. Théâtre géographique. — 1638. Tassin. — 1683. Lettre de Louvois.

Abbeville, 1266. Jean de Nesle, comte de Ponthieu. — 1298. Procès-verbal des bois d'Oisemont. Cart. de Valloires. — 1300-1323. Coutumier de Picardie. — 1300. Chepter house library. — 1341. Ord. du bailly d'Amiens. — Aug. Thierry. — 1380. Compte de l'hôtel des rois de France. — 1400. Lettre de rémission. — 1417. Chron. de Monstrelet. — 1445. Chron. de Mathieu d'Escouchy. — 1683. Lettre de Louvois. — 1757. Cassini. — 1836. État-major.

Abbisville, 1284. Louandre. Mém. de la Soc. d'Emul. d'Abb. — 1838.

Abbeville em Pontiu, xiiie siècle. Villes de la Hanse de Londres. Aug. Thierry.

Albeville, 1345. Etat de la ville d'Amiens. Aug. Thierry.

Aubbeville, 1358. Lettre de Charles V. Rec. des ord.

Aubeville, 1358. Ibid.

Abevile, 1383. Compte de l'hôtel des rois de Fr.

Abbativilla, 1492. Jean de la Chapelle. Chron. de S. Riquier.

Hableville, 1607. Hondius.

Cloie? viiie siècle. Taraut. Annal. de France.

Cloye? Hist. eccl. d'Abbeville.

Abbeville, capitale du comté de Ponthieu, est une ville du moyen-âge. Elle était le chef-lieu d'une élection comprenant 14 paroisses urbaines et 172 paroisses extérieures ; de la sénéchaussée du Ponthieu, devenue en 1339 une justice royale à laquelle ressortissaient les bailliages d'Abbeville, d'Airaines, d'Arguel, de Cressy, de Rue et de Waben ; d'un bailliage royal ; d'un présidial établi en 1552; d'une prévôté : d'une maréchaussée formée de 2 brigades, commandée par un lieutenant dont relevaient les brigades d'Airaines, de Doullens, de Poix et de S. Valery ; d'une maîtrise des eaux et forêts bornée par celles d'Arques, de Boulogne, d'Hesdin et d'Amiens ; d'une amirauté ressortissant à la Table de marbre de Paris ; d'une juridiction consulaire créée en 1567 ; d'un grenier à sel, d'un bureau des aides, d'un bureau des cinq grosses fermes, des traites foraines, et d'un bureau général des tabacs où s'approvisionnaient ceux d'Albert, de Doullens, de Montreuil, de S. Valery et de Vignacourt.

.Abbeville fut aussi le chef-lieu d'un des deux archidiaconés du diocèse d'Amiens, lequel comprenait 8 doyennés qui, au xviiie siècle, furent partagés en 12, et 365 paroisses. Les 8 doyennés étaient : Abbeville, Airaines, Gamaches, Labroye, Montreuil, Oisemont, Rue et Saint-Riquier : les 4 nouveaux furent ceux de Auxy-le-Château, Hornoy, Mons et Saint-Valery, qui avaient été formés aux dépens de ceux d'Airaines, de Gamaches, de Labroye et d'Oisemont.

Les armes sont de Ponthieu au chef de France, suivant les lettres-patentes de Charles V de 1369. (Bandé d'or et d'azur de 6 pièces à la bordure de gueules; le chef d'azur semé de fleurs de lys d'or). Devise : *Semper fidelis.*

Abbeville, créé chef-lieu de district en l'an VIII, comprenait 14 arrondissements communaux, savoir : Abbeville, Ailly-le-Haut-Clocher, Ault, Crécy, Franleu, Gamaches, Gueschart, Hallencourt, Moyenneville, Nouvion, Rue, St-Maxent, St-Riquier et St-Valery ; il est, depuis le 17 brumaire an X, chef-lieu d'un arrondissement qui comprend 11 cantons. Abbeville nord, Abbeville sud, Ailly-le-Haut-Clocher, Ault, Crécy, Gamaches, Hallencourt, Moyenneville, Nouvion, Rue et St-Valery et 170 communes. On y trouve Chambre de commerce, Conseil des Prud'hommes et syndicat maritime. Distance du chef-lieu du départ., 45 kil.

ABBIETTE, ferme dép. d'Epagne.

Abbiette (l'), 1492. Mémoire terrier d'Epagne.

ABLAINCOURT (canton de Chaulnes) 344-393, hab.

Ablani curtis. — M. Decagny.

Albani curtis. — M. Decagny.

Habelenicurt, 1044. Bulle de Grégoire VI.

Habelinicurtis, 1046. Id. Annal. Bénéd.

Albincurt, 1149. Gérard de Ham. Cart. de Prémontré.

Ablencurt, 1154. Beaudouin, évêq. de Noyon. Cart. d'Arrouaise.

Ableincurt, 1170. Renaud, évêq. de Noyon. Cart. d'Arrouaise.

Ableincort, 1215. Dénomb. de Jean de Nesle. — 1230. Dénomb. de la terre de Nesle. — 1145. Eugène, pape. Cart. d'Arrouaise.

Abiaucourt, 1215. M. Decagny.

Hamellanicurtis, 1217. Nivelo marescallus. D. Grenier.

Abbincort, 1230. Dénomb. de la terre de Nesle.

Ablaincort, 1230. Abbé de S. Barthélemy de Noyon. Cart. de Lihons.

Ablincort, 1230. M. Decagny.

Ablencuria, 1269. Actes du Parlement. M. Boutaric.

Ablaincourt, 1316. Gall. christ. — 1750. L. de Boulainviller. — 1761. Robert. — 1839-62. Ordo. — 1850. Tabl. des distances.

Abblaincourt, 1567. Coutume de Péronne.

Abliencourt, 1554. Epitaphe de l'église S. Jean de Péronne.

Ablincourt, 1733. G. Delisle. — 1757. Cassini. — 1763. Expilly. — 17 brum. an X. — 1824-38. Ordo.

Ablaincourt, paroisse du doyenné de Curchy, diocèse de Noyon, était de l'élection de Péronne.

Dist. du chef-lieu de canton 3 k., de l'arr. 14 k., du dép. 41 k.

ABRAHAM, fief sis à Meneslies.

ABREUVOIR DU CERF, lieu dit sis à Breuil.

Al bevereur del cherf, 1248. Official de Noyon. — Cart. de Noyon.

Accon, lieu dit du terroir de Tirancourt.

  Asco, 855. Hariulfe.

  Ascon, 1120. Enguerrand, évêq. d'Am.

  Marais d'Ascon, 1237.

  Prés d'Accon. — Cadastre.

Acneu, fief séant à Visme.

ACHEUX, (chef-lieu de canton), arrond. de Doullens. 770 hab.

  Taciacum, 662. Diplome de Clotaire pour Corbie.

  Aceium, 1147–1160. Thierry, év. d'Am. — Cart. S. Laurent.

  Aiciu, 1184. Thibaut, év. d'Amiens. Cart S. Laurent.

  Aceu, 1186. Délimitation du comté d'Amiens. Du Cange.

  Aceus, 1186. Ibid.

  Acheu, 1220. Cart. noir de Corbie. — 1301. Pouillé. — 1450. Mém. de Monstrelet.— 1579. Ortelius. — 1592. Surhonius.— 1645. Nobil. de Picardie. — 1700. Villers de Rousseville.

  Chen-Cheu, 1415. Mém. de Pierre de Fenin.

  Acheul, 1648. Pouillé général.

  Archeu, 1657. Jansson. Théâtre du monde. — 1634. Théâtre géogr.

  Acheux, 1757. Cassini. — 1763. Expilly. — 1836. Etat-major. — Ordo.

  Aceus? Daire.

  Acheux, du diocèse d'Amiens, du doyenné et l'élection de Doullens, faisait partie de la prévôté de Beauquesne.

  Il devint en 1790 chef-lieu de l'un des 10 cantons du district de Doullens ; il ne figure point parmi les chefs-lieux d'arrondissement communaux de l'an VIII, mais il en est l'an X l'un des 4 chefs-lieux de justice de paix de l'arrond. de Doullens.

  Dist. du chef-lieu d'arr. 18 k., du dép. 29.

ACHEUX-EN-VIMEU (canton de Moyenneville), 686-1061. hab.

Asseium, 1144. Trésor généalogique.

Aisseu, 1144. Ibid. — 1337. Rôle des nobles et fieffés du bailliage d'Amiens. — 1450. Trésor généalogique.

Asseu, 1186. Ursion, abbé de S. Riquier. — Dom Cotron.

Aissieu, 1290. Trésor généalog. — 1430. Ibid.

Aysseu, 1301. Pouillé.

Acheu, 1507. Cout. loc. — 1690. Inscription de la cloche. — 1696. Armorial de Picardie. — 1733. G. Delisle.

Acheu en Vimeu, 1696. Armorial de Picardie.

Acheul, 1752. D'Oisy. — 1763. Expilly.

Achœil, 1753. D'Oisy.

Acheux, 1757. Cassini. — 1836. Etat-major. — Ordo.

Achon, 1778. Devauchelle.

Acheux-Frireulle, 1851. Almanach d'Abbeville.

Achœuil. 1750. Le Couvreur de Boulainviller.

Acheux, du doyenné de Gamaches, diocèse et élection d'Amiens, était de la prévôté d'Oisemont ou de Vimeux.
Dist. du chef-lieu de canton 6 k., de l'arr. 13, du dép. 56.

Acquet, dép. de Neuilly-le-Dieu, 116 hab.

Aquest, 1657. Hist. des comtes de Ponthieu.

Aquet, 1733. G. Delisle. — 1743. Friex. — 1757. Cassini. — 1836. État-major.

Acquet, 1696. Armorial de Picardie. — 1700. Villers de Rousseville. — 1761. Robert. — 1763. Expilly. — 1780. Alman. de Ponthieu.

Acquest, 1699. M. Prarond. — 1695. Nobil. de Picardie. — 1700. Villers de Rousseville. — 1766. Cout. de Ponthieu.

Arquet. — Ordo.

Hacquet, 1736. Pouillé.

Elect. d'Abbeville, bailliage de Crécy. Cout. de Ponthieu.

Acquégny, fief sis paroisse de S. Sulpice à Amiens.

Acquégny, 1482. Carl. du chap.

Adèle-Parc, ferme dép. de Mailly-Raineval, 10 hab.

Affluent d'Amont, ruisseau de Bergicourt qui se perd dans la rivière des Evoissons.

Affluent de la Motte, ruisseau qui de Bergicourt se jette dans la rivière des Evoissons.

Affluent de l'Étang, petit cours d'eau qui vient de Fossemanant et se perd dans l'étang du Bos.

Affluent Mandricourt, ruisseau qui de Bergicourt se perd dans la rivière des Evoissons.

AGENVILLE (canton de Bernaville), 215 hab.

Assenville, 1372. Aveu de Guillaume de Grouches. Cocheris.

Tenville, 1579. Ortelius.

Agenville, 1648. Pouillé général. — 1700. Villers de Rousseville. — 1757. Cassini. — 1763. Expilly.. — 1767. Picardie méridionale. — 1836. Etat-major.

Genville, 1733. G. Delisle. — 1743. Friex. — 1778. De Vauchelle. Agenville, diocèse d'Amiens, était du doyenné de S. Riquier et de l'élection de Doullens.

Dist. du canton 6 k., de l'arr. 22, du dép. 37.

AGENVILLERS (canton de Nouvion), 423-450 hab.

Argovillare, 845. Dipl. de Charles-le-Chauve. Louandre.

Arcovillare, 855. Id.

Angelorum villa. — Dom Cotron. Chron. S. Richarii.

Aisenviler, 1242. Arch. des Hosp. de S. Riquier. — 1300 à 1323. Marnier. Coutumier de Picardie.

Aisenvileir, 1259. Arch. des Hosp. de S. Riquier.

Aisenvillers, 1261. Ib.

Assenvillé, 1372. M. Decagny.

Genvillers, 1564. Dom Cotron. — 1638. Tassin. — 1673. Dom Cotron. — 1766. Cout. du Ponthieu. — 1763. Expilly. — 1778. De Vauchelle. — 1780. Alm. du Ponthieu.

Genviller, 1733. G. Delisle.

Agenvillers, 1757. Cassini. — 1836. Etat-major.

Agenviller, 1784. Daire.

Argenvillers, 1764. Desnos. — Louandre. Topogr. de Ponthieu.

Agenviler-Halencourt, 1752. d'Oisy. — 1750. Le Couvreur de Boulainviller. — 1763. Expilly.

.   Agenvillers, diocèse d'Amiens, doyenné de St-Riquier, élection d'Abbeville, bailliage de Rue. Les milices gardes-côtes de cette paroisse dépendaient de la capitainerie du Crotoy.

Dist. du canton 12 k., de l'arr. 11, du dép. 45.

AGNECOURT, fief sis entre Heuzecourt et Montigny.

Agnecourt, 1372. Aveu de Jean de Prouville. Cocheris.

AGNÈS GUESPINE, fief sis à Fleury.

Fief Agnès Guespine. — Daire, doy. de Conty.

Fief de Gensac. — ib.

AGNICOURT, dép. de Bavelincourt.

Agnicort, 1168. Robert, év. d'Am. Cart. S. Laurent.

Aignicurt, 1178. Id. — M. V. de Beauvillé.

Agnicurt, 1180. Thibaut, évêq. d'Am. Cart. S. Laurent.

Agincourt, 1567. Cout. de Péronne.

Agnicourt, 1757. Cassini. — 1836. Etat-major.

Amicourt, 1787. Picardie mérid.

AGNIÈRES (canton de Poix). 162–302 hab.

Asinariæ.... — Daire. Doy. de Grandvillers.

Asniercort, 1158. Thierry, év. d'Am. Cart. de Selincourt.

Anières, 1164.   Id.   Ib.   — 1301. Pouillé. — 1761. Robert.

Asnercurt, 1176. Henri. Arch. de Reims. Cart. de Selincourt.

Asnerii, 1230. Daire.

Agnières, 1383. Aveu de Souplicourt. Pouillet. — 1507. Cout. loc. — 1757. Cassini. — 1763. Expilly. — 1836. Etat-major.

Asnières, 1685. Louvet. Hist. de Beauvais. — 1710. De Fer.

Vigners, 1657. Jansson.

Asnière, 1733. G. Delisle.

Asinière, 1707. France en 4 feuilles.

Aignier, 1700. Etat de fiefs. MS.

Aignières, 1700. Villers de Rousseville.

Agnière, 1750. Le Couvreur de Boulainviller.

Agnières, diocèse d'Amiens, doyenné de Poix, élection d'A-
miens et prévôté du Beauvoisis à Amiens.

Dist. du canton, 12 k., de l'arr. 38, du dép. 38.

AGRAPPIN (L'), dép. d'Amiens.

Grapin, 1159. Thierry, évêq. d'Am. Cart. St.-Acheul. — 1280.
Lettre d'amortissement de Philippe III.

Lagrapin, 17 brum. an X.

Agrappin (l'), 1827. Ordo.

Agrapin (l'), 1828. 62. Ordo.

AGRIPPE (l'), auberge isolée, dép. de Bouchon.

Agrippe (l')

Grippe (la).

AGRONA, près Rue. — Lieu disparu.

Aigrone, 990. Dipl. Hugonis regis.

Agrona... — Louandre. Topogr. du Ponthieu.

AIGNEVILLE (canton de Gamaches), 419-709 hab.

Aigneville, 1227. Lettre de Guillaume d'Aigneville. — Cart. noir
de Corbie. — 1237. Id. — 1337. Rôle des nobles et fieffés —
1450. Guillaume d'Aigneville. — 1595. Généal. de Belleval. —
1695. Nobil. de Picardie. — 1710. N. De Fer. — 1700. Villers
de Rousseville. — 1752. D'Oisy. — 1761. Robert. — 1763.
Expilly. — 1778. Alm. du Ponthieu. — Loi de l'an X. — 1836.
Etat-major.

Vuaingnevilla, 1284. Philippe-le-Bel.

Agneville, 1374. Sceau de Jean d'Aigneville.

Aingneville, 1374. Charte de Jean d'Aigneville. — 1757. Cassini.

Ayneville, 1646. Hist. eccl. d'Abbeville.

Hemeville, 1646. Hist. eccl. d'Abbeville.

Hameville, 1648. Pouillé général.

Ainmille, 1690. De Fer. Les côtes de France.

Hainneville-Campagne, 1700. Etat des fiefs.

Aineville, 1733. — G. Delisle. — 1778. De Vauchelle.

Aigueville, 1752. D'Oisy. Le roy. de Fr.

Auneville, 1764 Bellin. Atlas maritime.

Aigneville, diocèse d'Amiens, doy. de Gamaches, élection et bailliage d'Abbeville, coutume du Ponthieu.

Dist. du canton 8 k., de l'arr. 20, du dép. 58.

AIGNEVILLE, fief sis à Tailly. XVI⁰ siècle. Obituaire des Célestins d'Amiens. V. de Beauvillé.

AIGUMONT, ferme et fief, dép. de Contoire, 11 hab.
Aygumont. — Daire. Doyenné de Davesnecourt.
Esgumont, 1695. Nobil. de Pic.
Aigumont, XVI⁰ siècle. — 1857-62. Dénomb. quinq.
Egumont. — Cadastre.
Agumont. — Cadastre.

AILLEMONT, dép. de Molliens-Vidame.
Allemont, 1164. Alexandre, pape. Cart. de Selincourt. — 1176. Henri. Arch. de Reims.
Ailemont, 1176. Henri. Arch. de Reims, ib.
Aillemont, 1785. Daire. Doy. de Picquigny.

AILLY, fief sis à Coullemelles. Daire. D. de Moreuil.

AILLY-LE-HAUT-CLOCHER (chef-lieu de canton), 598-1184.
Alliacum, 814. Louandre. Topogr. du Ponthieu. — 1088. Hariulfe. — 1224. Bulle d'Honoré III. Dom Cotron. — 1207. Hosp. de S. Riquier.

Asliacum, 1088. Hariulfe. — 1261. Hosp. de St.-Riquier.

Alleium.... — Darsy. Hist. de l'abb. de Sery.

Aliacum, 1100. Fondat. de S. Pierre d'Abbeville.

Aly, 1100. Fondation de S. Pierre d'Abbeville. Gall. christ. —
1579. Ortelius. — 1608. Quadum. Fasciculus geographiæ.

Ally, 1138. Milon, évéq. des Morins. Gall. christ. — 1695. Nobil.
de Picardie. — 1350. Hosp. de S. Riquier.

Ali, 1202. Hosp. de S. Riquier.

Ailli, 1215. Mathieu, comte de Ponthieu. — 1300-1323. Coutumier de Picardie. Marnier

Asli, 1261. Hosp. de St.-Riquier.

Alli, 1300-1323. Coutumier de Picardie. Marnier.

Asly, 1301. Pouillé.

Arliacum, *Arly*, 1492. Jean de la Chapelle. — 1449. Chroniq. de
Mathieu d'Escouchy.

Ailly-le-Haut-Clocher, 1657. Hist. des comtes de Ponthieu. —
1757. Cassini. — 1836. Etat-major. — Ordo.

Ailli-Haut-Clocher, 1733. G. Delisle — 1492. Jean de la Chapelle.

Ailly, 1763. Expilly. — 1777. Alm. du Ponthieu.

Ailly-Haut-Clocher, 1763. Expilly.

Ailli-le-Haut-Clocher, 1766. Cout. de Ponthieu. — Loi de l'an VII.

Ailly, 1790.

Ailly-le-Haut-Clocher, diocèse d'Amiens, doyenné de S. Riquier, élection d'Abbeville, cout. du Ponthieu.

Chef-lieu de l'un des 17 cantons du district d'Abbeville créés
en 1790, l'un des 14 arrondissements communaux de l'an
VIII, et enfin en l'an X l'un des 11 chefs-lieux de justice de
paix de l'arrondissement.

Dist. de l'arr. 13 k., du dép. 33.

AILLY-SUR-NOYE (chef-lieu de canton). 1100 hab.

Asli, 115... Thierry, évéq. d'Am. Cart. S. Laurent.

Alli, 1164.   Id.   Gall. christ.

Alliacum, 1164.   Id.   Gall. christ.

Ailliacum, 1206. Raoul de Clermont. Cart. de Lihons. — 1224. Raoul de Clermont. Cart. noir de Corbie.

Ailli, 1224. M. Decagny. Etat du diocèse. — 1680. G. Sanson. Fr. en 4 feuilles.

Ailly, 1301. Pouillé du diocèse. — 1626. Damiens de Templeux. — 1757. Cassini. — 1790. Décret.

Aylli-sur-Noye, 1324. Isabelle de Nesle. Cart. de Lihons.

Ailly-sur-Noye, 1449. Chron. de Mathieu d'Escouchy. — 1466. Epitaphe de Jean de Luxembourg. Eglise d'Ailly. — 1836. Etat-major. — 1507. Cout. loc. — 1763. Expilly. — Ordo.

Ayly, 1579. Ortelius. — 1592. Surhonius. — 1607. Mercator.

Aylly, 1710. N. De Fer.

Ailly-sur-Noyes, 1753. D'Oisy. — 1753. Expilly.

Ailly-sur-Noye, diocèse d'Amiens, doyenné de Moreuil, élection de Montdidier, fut établi chef-lieu de l'un des 11 cantons du district de Montdidier en 1790, l'un des 9 arrondissements communaux en l'an VIII, et l'un des 5 chefs-lieux de justice de paix en l'an X.

Dist. du chef-lieu d'arr. 21 kil., du chef-lieu du dép. 17 k.

AILLY-SUR-SOMME (canton de Picquigny), 881-917 hab.

Alliacum, 1090. Anscher. Vita S. Angilberti. — 1197-1206. Enguerrand de Picquigny. Cart. S. Jean. — 1203. Jean de Conty. Arch. S. Quentin de Beauvais. — 1214. Cart. S. Martin-aux-Jumeaux. — 1223. Cart. du Gard.

Alli, 1138. Milon, évéque de Therouanne. Cart. de Valloires. — 1200. Rôle des feudataires de l'abbaye de Corbie. — 1219. Cart. S. Martin-aux-Jumeaux.

Ailli, 1144. Girard de Picquigny. Cart. S. Jean. — 1733. G. Delisle.

Aillium, 1198.   Ib.   Ib.

Alliachum, 1236.   Ib.   Ib. — 1238. Cart. du Gard.

Ailly seur Somme, 1265. Jean d'Ailly. Chap. d'Am. — 1330. Ferry de Picquigny. Chap. d'Amiens.

Ailly super Somonam, 1301 Pouillé.

Ailliacum, 1301. Pouillé.

Ally, 1301. Dénomb. de l'évêché. — 1494. Testament d'Yolande de Bourgogne. — 1455. Relief de Jean d'Ailly. — 1507. Cout. d'Amiens. — 1522 Testament de Charles d'Ailly. — 1751. Echevinage d'Amiens.

Ailly, 1301. Dénomb. de l'évêché. — 1333. Ordon. de Phillippe-de-Valois. M. V. Beauvillé. — 1382. Arrêt du Parlement. Aug. Thierry. — 1507. Cout. loc.

Aly, 1579. Ortelius. — 1592. Surhonius.

Ailly-sur-Somme, 1648. Pouillé général. — 1757. Cassini. — 1763. Expilly. — 1836. Etat-major. — Ordo.

Ailly-sur-Saume, 1753. Doisy.

Ailly-sur-Somme, doyen. de Picquigny, diocèse et élection d'Amiens, prévôté royale de Beauvoisis, seigneurie mouvant de Picquigny.

Dist. du canton 5, de l'arr. 8, du dép. 8.

Aimont. Ferme dép. de Conteville, 12 hab.

Ahii mons, 1224. Bulle d'Honoré III. Dom. Cotron.

Aemon, 1232. Geoffroy, évêque d'Amiens. Cart. de Bertaucourt.

Temple de Aiemont, 1239. Hosp. de S. Riquier. — 1264. Mathieu de Roye. Dom. Grenier.

Emont, 1507. Coutumes locales.

Hemont, 1608. Quadum. Fasciculus geographiæ.

L'abaye Desmont, 1655. Plan d'Hiermont.

Esmon, 1657. Procès-verbal des coutumes.

Aimont, 1710. De Fer. — 1743. Friex.

Maison d'Aimond, 1720. MS. de Monsures.

Maison d'Aimont, 1733. G. Delisle. — 1787. Picardie mérid.

Maison d'Esmond, ferme, 1750. Le C. de Boulainviller.

Maison Daimont, ferme,   Ibid.

Maison d'Aymont, 1753. Doisy. — 1761. Robert.

L'abbaïe d'Aimont, 1757. Cassini. — Ordo.

La maison d'Aymond, 1764. Expilly.

Maison d'Amon, 1778. De Vauchelle.

L'abbaye d'Hiermond, 1826. Ordo.

L'abbaye d'Aimon, 1829. Ordo.

Edmont, ferme. 1836. Etat-major.

L'abbaye d'Edmont, 1840. Almanach d'Abbeville.

AINVAL-SEPTOUTRE (canton d'Ailly-sur-Noye), 144-51 (195) h.
Aienval, 1208. Daire. Doy. de Moreuil.

Ainval, 1507. Coutumes locales. — 1757. Cassini. — 1826-62.
   Ordo. — 1763. Expilly. — An X. — 1836. Etat-major. —
   1857-62. Dénomb. quinq.

Inval, 1657. Nic. Sanson. — 1728. Dénomb.

Amval, 1733. G. Delisle.

Anival, 1752. Doisy. — 1763. Expilly.

   Ainval-Septoutre, diocèse d'Amiens, doyenné, élection, bailliage
   et prévôté de Montdidier.

   Dist. du canton, 9 k., de l'arr. 13., du dép. 26.

AIRAINES (canton de Molliens-Vidame), 2,229 hab.
Arenæ, 1106. Cart. de Bertaucourt. — 1118. Geoffroy, évêque
   d'Amiens. Louvet. — 1119. Callixte II, pape. Marrier. Hist.
   S. Martini in campis. — 1138. Jean de Ponthieu. Hist. eccl.
   d'Abbeville. — 1146. Thierry, év. d'Am. Cart. de Selincourt.

—1150. Accord avec Selincourt.— 1164. Bulle d'Alexandre III.
— Cart. de Selincourt. — 1175. Thibaut, évêque d'Amiens. —
1201. — Cart. S. Martin-aux-Jumeaux. — 1211. Serment des
jurés d'Airaines. — Enguerrand de Picquigny. — Philippe-
Auguste. M. Léop. Delisle.

Barenæ, 1146. Thierry, év. d'Am. Cart. de Selincourt. — 1164.
Alexandre III, Pape, ibid. — 1175. Thibaut, év. d'Am., ibid.
— 1209. Thomas de S. Valery. — 1211. Philippe-Auguste.
M. Léop. Delisle. — 1239. Cart. de Selincourt. — 1247. Henri
d'Airaines. Cart. du Gard. — 1262. Louis IX. Cart. de Selincourt. — 1301. Pouillé.

Arennes, 1186. Délimitation du comté d'Amiens. — 1395. Montre
de Raoul de Gaucourt.

Areaine, 1211. Guy de Ponthieu. — 1221. Philippe-Auguste, pour
Doullens. Dom Grenier.

Arene, 1230. Sceau de Raoul d'Airaines.

Araines, 1275. Henri d'Airaines. Cart. de Selincourt. — 1306.
Chepter house library. Louandre. — 1337. Rôle des nobles et
fieffés. — 1390. Revue de Lionel d'Airaines. — 1407. Mém. de
Pierre de Fenin. — 1423 Lettres de rémission. — 1456.
Amendes. M. de Beauvillé — 1507. Coutumes locales.— 1510.
Archives des Minimes d'Amiens. — 1511. Sentence du Bailly
d'Amiens. — 1695. Nobiliaire de Picardie.

Arainnes, 1301. Dénombrement de l'évêché d'Amiens. — 1304.
Guerre de Philippe-le-Bel et de Guy de Dampierre. — 1323.
Coutumes de Picardie. — 13... Armorial. — 1425. Jeanne
d'Airaines. Cart. de Selincourt.

Araine, XIVᵉ siècle. Sceau de N.-D. d'Airaines.

Areines, XIVᵉ siècle. Armorial. — 1306. Chepter house library.
Louandre.

Arainez, XIVᵉ siècle. Armorial.

Airainnes, XIVᵉ siècle. Armorial.

2

Airaines. 1364. Procès-verbal de serment. Hist. des mayeurs d'Abbeville. — 1583. Aveu. — 1753. Almanach de Picardie. — Ordo. — 1836. Etat-major.

Esragnes, 1579. Ortelius.

Araynes, 1589-1596. Regist. de l'échevinage d'Amiens.

Esragne, 1592. Surhonius.

Ayraines, 1646. Hist. eccl. d'Abbeville. — 1657. Hist. des comtes du Ponthieu. — 1757. Cassini. — 1790. Assemblée nationale. — Loi de l'an VIII.

Harenes, 1648. Pouillé général.

Ayrainnes, 1662. Nic. Sanson.

Airaisnes, 1677. Accord entre les curés de Longpré.

Airennes, 1681. Déclaration du roi. — 1756. Etat des revenus du chapitre de Longpré.

Ayraine, 1682. Lettre de Louvois, MS. — 1701. Armorial de Picardie. — 1766. Desnos.

Ayrenne, 1696. Armorial de Picardie.

Airenne, 1696. Ibid. — 1763. Expilly.

Airaine, 1696. Armorial de Picardie. — 1634. Théâtre géographique. — 1733 G. Delisle. — 1763. Expilly.

Aitraines, 1705. N. De Fer.

Airennes, 1763. Expilly.

Hareins? M. Decagny. Etat du diocèse d'Amiens.

Airaines, chef-lieu du doyenné de ce nom au diocèse d'Amiens, était de l'élection d'Amiens et d'Abbeville en partie, et le siége d'un bailliage et d'une prévôté. Les appels ressortissaient au Parlement de Paris, et les cas présidiaux à la sénéchaussée d'Abbeville. La maréchaussée d'Airaines se composait d'une brigade subordonnée au lieutenant d'Abbeville.

Airaines, distant du chef-lieu de canton de 11 kil. — du chef-lieu de l'arrond. et du dép. de 28, fut désigné comme chef-lieu de l'un des 18 cantons du district d'Amiens en 1790 et et des arrondiss. communaux en l'an VIII, il n'est plus en l'an X qu'une commune du canton de Molliens-Vidame.

AIRAINES, fief sis à Camps-l'Amiénois.

Le fief d'Airaines 1757. Cassini.

AIRAINES, rivière.

Arainne, 1301. Dénomb. de l'évêch. d'Amiens.

Riv. d'Airaines, 1796. Alman. du Ponthieu. — 1836. Etat-major.

Airaine....

Eauette (l') ou *rivière d'Airaines*, à Condé-Folie.

Cette rivière prend sa source un peu au-dessus d'Allery, coule de l'Est à l'Ouest, passe à Dreuil où elle reçoit le ruisseau de Tailly, à Airaines, puis du S. au N., à Bettencourt-Rivière, à Condé-Folie, à Longpré-les-Corps-Saints, et se jette dans la Somme au-dessous de l'Etoile, après un parcours de 13 kilomètres.

AIRONDEL, dép. de Bailleul.

Arondel, 1507. Cout. loc. — 1733. G. Delisle. — 1778. De Vauchelle.

Esrondel, 1657. Hist. des Comtes de Ponthieu.

Hérondel, 1700. Le C. de Boulainvilier. — Etat des fiefs. — 1860. Almanach d'Abbeville.

Erondelle. — Ordo. — 1857-1862. Dénomb. quinq.

Airondel, 1757. Cassini. — 1836. Etat-major.

AISSEU, fief sis à Huppy.

Aisseu, 1361. Saisine. Généal. de Belleval.

AIX, ham. dép. de Pœuilly, 29 hab..

Ais, 1140. Gérard, abbé d'Honnecourt. Cart. de Prémontré. — 1239. Acte de donation. Cocheris. — 1507. Cout. loc.

Ays, 1198. Etienne, évéq. de Noyon. — Cart. de Noyon.

Aix, 1567. Cout. de Péronne.

Ayx, 1567. Cout. de Péronne.

Aix, 1733. G. Delisle. — 1757. Cassini. — 1763. Expilly.

Ay, 1761. Robert.

AIZECOURT-LE-BAS (canton de Roisel), 372 hab.

Escourt-le-Grand, 1573. Ortelius.

Haizecourt-le-Bas, 1690. Aveu.

Aizecourt-le-Bas, 1647. Registre de Cressy. — 1733. G. Delisle. 1836. Etat-major.

Aisecourt-le-Bas, 1742. Friez. — 1761. Robert. — 1763. Expilly. — 1778. De Vauchelle.

Hescourt-le-Bas. Ordo. — 1757. Cassini.

Aizecourt-le-Bas, dioc. de Noyon, doy. et élection de Péronne. Dist. du cant., 7 kil. — de l'arr., 11 — du dép., 61.

AIZECOURT-LE-HAUT (canton de Péronne), 214 hab.

Aisiolcurt, 977. Albert-le-Pieux. Colliette.

Asiolcurt, 977.   Id.

Aisilcurt, 980. Albert-le-Pieux. Gall. christ.

Aisi curtis in alto... — M. Decagny.

Haiscurt, 1147. Cart. S. Martin-aux-Jumeaux.

Aisicurtis alta... M. Decagny.

Eselcurt, 1174. Beaudouin, évêque de Noyon. Cart. d'Arrouaise,

Eisecurt, 1174. Ibid.

Ersicurtis alta, 1189. Beaudonin, abbé de Mont-St.-Quentin. Gall. christ.

Aisecort, 1219. Philippe-Auguste. M. Léop. Delisle.

Aisencourt, 1232. M. Decagny.

Aisincurt, 1453. Valeran de Soissons. Cart. des chapelains d'Am.

Aizecourt, 1567. Cout. de Péronne.

Haizecourt, 1567. Cout. de Péronne. — 1753. D'Oisy. — 1764. Expilly.

Escourt-le-Grand, 1592. Surhonius.

Escourt, 1638. Tassin. — 1657. Jansson.

Haisecourt, 1648. Pouillé géneral.

Aizecourt-le-Haut, 1733. G. Delisle. — 1763. Expilly. — 1778. De Vauchelle. — 1829-62. Ordo. — 1836. Etat-major.

Aizecourt-le-Hault, 1750. Le Couvreur de Boulainviller.

Aisecourt-le-Haut, 1761. Robert. — 1763. Expilly, — 1826-28. Ordo.

Hescourt-le-Haut. 1757. Cassini.

Aizecourt-le-Haut, dioc. de Noyon, doyenné et élection de Péronne.

Dist. du canton 6 kil. — de l'arr. 6 — du dép. 56.

ALANÇONS (les), ham. dép. de Camon, 65 hab.

Allembon, 1700. Villers de Rousseville.

Alençon, fief. — 1730. Revenus du chapitre.

Alençons (les), 1785. Daire. — Dom Grenier. — 1857. Dénombr.

Allembons (les), ferme, 1836, Etat-major.

Allençons (les). Administ.

Alançons (les), 1844. Fournier. — 1862. Dénombrement.

ALBERT, chef-lieu de canton, arrond. de Péronne, 3,806 hab.

Incra, 860. Miracles de S. Riquier. — 1069. Guy, évêque, et Raoul, comte d'Amiens. — 1088. Hariulfe. — 1091. Odon de Péronne. Cart. de S. Corneille. — 1164. Mathieu de Bertrancourt. Cart. d'Arrouaise. — 1184. Thibaut, év. d'Am. Cart. S. Laurent. — 1219. Cart. blanc de Corbie. — 1558. Daire.

Encra, 870. Dipl. de Charles-le-Chauve. — 1131. Garin, évêque d'Amiens. Cart. de Lihons. — 1150. Roger, châtelain do Péronne. Cart. d'Arrouaise. — 1199. Philippe de Flandre. Cart. d'Arrouaise. — 1210. Cart. S. Martin-aux-Jumeaux. — 1235. Othon d'Encre.

Encres, 1136. Chron. Anselmi Gemblacensis.

Enchra, 1144. Luce II, pape. Marrier. Hist. S. Martini de campis. — 1202. Thibaut, év. d'Am. Cart. S. Jean.

Ancora, 1150. Orderic Vital.

Anchora, 1150. Orderic Vital.

Ecrembatis, 1160. Rôle des fieffés de Corbie. — Dom Grenier. — Daire.

Encre, 1186. Délimitation du comté d'Amiens. — 1246. Annales des comtes de S. Pol. — 1301. Pouillé. — 1311. Lettre de Philippe IV. — 1421. Mém. de Pierre de Fenin. — 1423. Chron. de Monstrelet. — 1492. Jean de la Chapelle. — 1592. Surhonius. — 1626. G. Postel. — 1733. G. Delisle. — 1765. Daire.

Ancre, 1314. Sceau de Witasse d'Encre. — 1337. Rôle des nobles et fieffés. — 1423. Monstrelet. — 1662. N. Sanson. — 1763. Expilly.

Ancra, 1265. Actes du parlement de Paris. M. Boutaric.

Albert, 1620. Le duc de Luynes change le nom d'Encre en celui d'Albert. — 1662. Nic. Sanson. — 1733. G. Delisle. — 1757. Cassini. — 1763. Expilly. — 1836. Etat-major.

Encre dit Albert, 1733. G. Delisle. — 1743. Friex.

Enchrias, 1115. Hue Camp d'Avesne. Malbrancq.

Encerias... — Turpin. Hist. des comtes de St.-Pol.

Dusta castrum... Vie de S. Hildemer. Bolland. Acta SS. 23 januarii.

Albert, chef-lieu de doyenné, au diocèse d'Amiens, était de l'élection de Péronne, et une subdélégation. Cette ville avait une brigade de maréchaussée, un bureau des cinq grosses fermes, dépendant de St-Quentin, un grenier à sel dépendant d'Amiens. — Elle fut érigée en marquisat par lettres-patentes de juin 1576 en faveur de Charles d'Humières. Concini acquit ce marquisat en 1610 des sœurs de Charles d'Humières pour 300,000 livres. Le roi le confisca et le donna le 3 août 1617 à Charles d'Albert, duc de Luynes, et la ville prit le nom d'Albert en vertu de lettres-patentes du 7 sept. 1620, qui furent enregistrées à la Chambre des Comptes le 1er septembre 1623.

Albert, chef-lieu de l'un des 16 cantons du district de Péronne

créés en 1790 et des 13 arrond. communaux de l'an VIII, est
l'un des 8 chefs-lieux de justice de paix établis en l'an X.
Dist. du chef-lieu d'arrond. 25 kil., du départ. 29.

ALESCAFONS, dép. de Gentelles.

Alescafons, terra sita in terra de Gentelles. —1226. Cart. Néhémias de Corbie.

ALGER, ferme dép. de Bavelincourt.

ALLAINES (canton de Péronne), 578-918 hab.

Vicus Helena, 488. Sidoine Apollinaire. M. Vincent. M. Decagny.
Alania (super fluvium Hale), 977. Albert-le-Pieux. Gall. christ.
— 1102. Baudry, évêque de Noyon. Cart. de Noyon. — 1103.
Ade, comtesse de Vermandois. Du Cange.

Avenia, 1170. Ives de Nesle. Cart. de Noyon.

Haline, 1186. Urbain, pape. Cart. d'Arrouaise.

Alaignes, 1219. Philippe-Auguste. M. Léop. Delisle.

Alaigne, 1236. Pierre du Bois. M. de Beauvillé. — 1242. Official
de Noyon. — 1271. Charles et Jean d'Allaines. — 1295. Lettre
du roi Philippe.

Alania Morchiarum, 1243. Guy, évêque de Cambrai. Gall. christ.

Alaingne, 1271. Sceau de Jean d'Allaines.

Alennes, 1304. Guerre entre Philippe-le-Bel et Guy de Dampierre.
— 1507. Cout. loc.

Allaignes, 1567. Cout. de Péronne. — 1648. Pouillé gén. — 1761.
Robert.

Allaine, 1700. Villers de Rousseville. —1763. Expilly.

Alene, 1710. N. De Fer. — 1743. Friex.

Alesne, 1733. G. Delisle.—1778. De Vauchelle. — 1787. Pic.
mérid.

Aleines, 1757. Cassini.

Alaines.... — M. Decagny.

Allaines... 1750. Le Couvreur de Boulainviller. — Ordo. — M.
Decagny.

Aldignes… 1743. Friex.

Allaines, dioc. de Noyon, doy. et élection de Péronne.

Dist. du cant., 5 k. — de l'arr., 5 — du dép. 53.

ALLEBINS, bois. — Lieu inconnu.

Nemus Allebins, 1160. Alexandre, pape. Cart. de Valloires.

ALLEMAGNE, rivière.

Anemain, 1260. Olim.

Anemaing, 1260. Olim.

Allemaine, 1308. Etat des biens de l'évêque de Noyon. Livre rouge.

Allemagne, 1647. Déclaration des habitants d'Esmery. — 1710. Nic. De Fer.

Rivière de la fontaine bouillante, 1836. Etat-major.

1757. Indiquée, mais pas nommée par Cassini.

Fontaine qui bout. Nom vulgaire.

Fontaine bouillante. — M. Buteux.

Rivierette du pont d'Allemagne. Administration.

Fossé de huit pieds. Adm.

L'Allemagne prend sa source dans les bois de Bonneuil et d'Esmery, où elle a le nom de *Fontaine qui bout,* passe à Villette, à la Folie, coupe la route de Nesle à Ham au pont d'Allemagne, dépendant d'Eppeville, et va se jeter dans la Somme au-dessus de Canisy.

ALLENAY (canton d'Ault), 227 hab.

Alenay, 1138. Garin, évêque d'Amiens. — M. Prarond. — 1220. Robert de Dreux. Layette. — 1337. Rôle des nobles et fieffés. — 1778. De Vauchelle.

Allenay, 1646. Hist. eccl. d'Abbeville. — 1757. Cassini. — 1763. Expilly. — 1778. Alm. du Ponthieu.

Alenai, 1733. G. Delisle.

Allenay, diocèse de Rouen, doyenné et élection d'Eu. Les milices gardes-côtes de cette paroisse dépendaient de la capitainerie de Cayeux.

Dist. du canton, 4 k. — de l'arr., 28 — du dép., 69.

ALLERY canton d'Hallencourt. 1039 hab.

Allery, 1138, Jean, comte de Ponthieu. Hist. eccl. d'Abbeville. — 1507. Cout. loc. — 1696. Armorial de Picardie. — 1757. Cassini. — 1763. Expilly.

Hallery, 1138, Jean comte de Ponthieu. Hist. eccl. d'Abbeville.

Alery, 1198. Prieur de S. Pierre d'Abbev., ib. — 1301. Pouillé. —1337. Rôle des nobles et fieffés. — 1507. Cout. loc.

Heleri, 1206. Richard de Gerberoy. Dom Grenier.

Halery, 1215. Guillaume, comte de Ponthieu.

Aleri, 1222, Everard, évêq. d'Amiens. Cart. de Fouilloy. — 1227. Geoffroy, évêq. d'Amiens. Cart. de Fouilloy.

Eleri, 1227. Bulle de Grégoire IX. Dom Grenier.

Alleri, 1284. Ch. du roi Philippe-le-Bel. — 1707. France en 4 f. — 1733. G. Delisle. — 1766. Cout. du Ponthieu.

Alleri-sous-Airaines, 1372. Dom. Grenier.

Allerry, 1710. De Fer.

Allercy, 1763. Expilly.

Allery-le-Quayet, 1854. M. Prarond.

Allery, dioc. d'Amiens, doy. d'Airaines, élec. d'Abbeville et d'Amiens en partie, bailliage d'Airaines.

Dist. du cant., 4 k. — de l'arr., 20 — du dép., 32.

ALLEUX (les), dép. de Behen. 105 hab.

Alodia, 1164. Thierry, évêq. d'Am. Gall. christ.

Aleus (les), 1243. Cart. de Selincourt.

Alleux, 1465. Lettre du roi Louis XI. Rec. des ord.

Alleux (les), 1517. Trésor généal. — 1646. Hist. eccl. d'Abb. — 1695. Nobil. de Picardie. — 1733. G. Delisle. — 1750. Le Couvreur. — 1757. Cassini. — 1829. Ordo. — 1836. Etat-major.

Zalleux, 1589. Comples de la ville de Gamaches. M. Darsy. —
1834. Ordo.

Alleuz (les), 1657. Jansson.

Aleux (les), 1763. Expilly.

Zalleux (les), 1840. Alm. d'Abb.

Election d'Amiens, doyenné d'Oisemont.

ALLEUX (les), fief sis à Courcelles-sous-Thoix.

ALLIEL, dép. d'Ailly-le-Haut-Clocher. 369 hab.

Ailliel, 1138, Jean, comte de Ponthieu. Hist. eccl. d'Abb. — 1764.
Desnos. — 1844. Girault de St-Fargeau.

Asliel, 1247. Arch. des Hosp. de St.-Riquier.

Alliel, 1248. Hosp. de S. Riquier. — 1337. Rôle des nobles et
fieffés. — 1350. Hosp. de S. Riquier. — 1733. G. Delisle. —
1757. Cassini. — 1763. Expilly. — 1777. Alm. du Ponthieu.

Alliet, xvii⁰ siècle. Etat des fiefs de Picardie.

Ailhel, 1763. Expilly.

Olliel, 1862. Dénomb. quinq.

Election d'Abbeville, bailliage de Ponthieu.

ALLONVILLE (canton d'Amiens, N.-E.), 704-724.

Alunvilla, 1147. Thierry, évéq. d'Am. Cart. St.-Laurent.

Alunvile, 1147.　　　　Id.　　　　　　　Ib.

Alongevile, 1301. Dénomb. de l'évêch. d'Am. — 1657. Jansson.

Alonvile, 1300. Bernard de Rivery. Aug. Thierry. — 1301. Pouillé.
— 1579. Ortelius. — 1592. Surhonius. — 1710. N. De Fer.

Allonville, 1329. Robert de Rivery. Aug. Thierry. — 1400. Pierre
de Franconville. Cart. de Corbie. — 1757. Cassini. — 1836.
Etat-major.

Alonville, 1507. Cout. loc. — 1592. Surhonius. — 1700. Villers
de Rousseville.

Alongevile, 1638. Tassin.

Allonville, dioc. d'Amiens, doyenné de Mailly, élection de Doullens, prévôté de Beauquesne. Expilly l'a placé à tort dans le doyenné de Lihons auquel il n'appartint jamais.

Dist. du canton, 8 k. — de l'arr., 8 — du dép., 8.

ALLOQUAY, fief sis à Drugy, 1289. *Alloquay.* — 1468. Dom Cotron.

ALLOUETTE (l'), habit. isolée, dép. de Tilloy-lès-Conty.

ALOYAUX, fief sis à Drugy.

Aloyaux (fief des), 1468. Dom Cotron.

ALSY, lieu inconnu, près de Vitz-sur-Authie.

Alsi, 1199. Gallia christ.

AMANCOURT, fief sis à Dom Léger.

AMBIANI.

Les *Ambiani*, peuple de la seconde Belgique dont la capitale était *Ambianum*, occupaient le pays dont on forma plus tard le diocèse d'Amiens et qui comprenait une étendue plus grande que l'Amiénois qui s'y trouve tout entier. On trouvait au Nord les Atrebates et les Morini, à l'Ouest, les Britanni et les Caletes, au Sud, les Bellovaci, à l'Est, les Vermandui et les Suessiones.

AMBOISE, rivière.

Riv. du Mollinet, 1507. Cout. local.

La Damboise, 1776. Alm. du Ponthieu.

La Damoise, 1778. Alm. du Ponthieu.

Amboise, 1778. De Vauchelle. — 1836. Etat-major.

Non nommée, mais tracée par Cassini.

Cette rivière prend sa source au Petit-Pendé, passe près d'Estrebeuf, au-dessus de Neuville ; elle se jetait dans la baie entre Pinchefalise et la Ferté, et aujourd'hui dans le canal, après un parcours de 5 kil. de l'Est à l'Ouest.

AMBREVILLE, fief sis à Hallencourt.

Ambreville (fief d'), Ms. Lamotte. M. Prarond.

Embreville. — Dom Grenier.

AMBREVILLE, fief sis à Lamotte-en-Santerre.

Fief d'Ambreville, 1683. Dom Grenier.

AMBREVILLE, fief sis à Vignacourt.

Ambreville, 1700. Villers de Rousseville. — 1720. Ms. de Monsure.

Embreville.   Ibid.

AMECHI, lieu dit vers Oresmeaux ?

Amaci, 1148. Eugène, pape. Cart. St.-Laurent.

Ameci, 1164. Henri, arch. de Reims.   Ibid.

Amechi, 1180. Thibaut, év. d'Amiens.   Ibid.

AMIÉNOIS. Partie de l'ancienne Picardie.

Belgium. — César. Commentaires.

Ambiani. —   Ibid.

Ambianum solum, IVe siècle. — Eumène.

Pagus Ambianensis, 660. Præceptum Clotarii regis. — 769. Dipl.
Caroli magni. — 825. Dipl. de Louis et Lothaire. — 877. Dipl.
de Charles-le-Chauve. — Xe siècle. Flodard. — 1265. Jean de
Tracy. Cart. de Noyon.

Ambianensis parrochia, VIIe siècle. Vie de Ste-Bathilde.

Ambianense, 853. Capit. Caroli calvi.

Ambiensis. 835. Præceptum Ludovici pii.

Ambianensium sub urbana, Xe siècle. Vie de Ste-Ebrulfe.

Ambianensium partes, XIe siècle. Miracles de S. Adhélard.

Ambianensis humus, XIe siècle. Guillaume-le-Breton. Philippide.

Ambionensis, 1146. Simon, évêq. de Noyon. Cart. d'Arrouaise.

Aminetum, 1227. Gérard de Picquigny. Cart. du Gard. — 1281.
Jean, maire de Vaux. Cart. du chapitre.

Partes Ambianenses, 1276. Arrêt du Parlement. Rec. des ord.

Aminez, XIIIe siècle. Roman de la Rose.

Aminois, 1301. Pouillé du diocèse. — 1374. Bailly d'Amiens.
Cart. du Gard. — 1492. Jean de la Chapelle.

Amienois, 1315. Lettre de Louis-le-Hutin. Dom Grenier. — 1705.
Baudrand. Dict. géogr. — 1763. Expilly.

Ambyanensis baillivia, 1320. Pierre d'Etampes. Trésor des chartes.

Ambianensis patria, 1371. Gérard de Montagu. Trésor des chartes.

Ambianum, xve siècle. Chron. d'Edmond de Dynter.

Amyenois, 1535. Cout. du chap. d'Amiens.

Amianois, 1635. Hist. eccl. d'Abb.

Ammienois, 1648. Pouillé général du diocèse.

Amiennois, 1708. Corneille. Dict. géogr. — 1753. Daire. Alm. de Picardie.

L'Amiénois qui comprend une partie du pays des *Ambiani*, était de la moyenne Picardie. Il est borné au N. par l'Artois, au S.-E. par le Santerre, au S.-O. par le Beauvaisis, à l'O. par le Ponthieu ; la Somme le traverse de l'E. à l'O. Louis-le-Débonnaire en fit en 823 un comté qui retourna à la couronne à la mort de Philippe d'Alsace et d'Eléonore, sa femme. Le comté d'Amiens relevait de l'évêque, ce que le reconnaît Philippe-Auguste en 1185, mais l'évêque abandonna au roi cette mouvance en 1193.

AMIENS, chef-lieu de département, 58,780 hab.

Samarobriva, César. Comment.— Cicéron. Lettres.— Colonne de Tongres. — Table de Peutinger. — Æthicus.

Αμδιανοι, Strabon. Ptolémée.

Ambiani, Pline. — Ammien Marcellin. — Notitia dignit. imp. — xiie s. Monnaies picardes. — 1210-11. Accord entre Montreuil et le comte de Ponthieu. — 1274. Sceau de Dreux d'Amiens.

Samarabriva, Itiner. d'Antonin.

Ambianis. Itin. d'Antonin.— ve siècle. Codex Theodosii. — vi^e s. Æthici Cosmogr. — 1185, Jean, comte de Ponthieu. —1186. Philippe-Auguste. M. Léopold Delisle.— 1184. Charte de commune d'Abbeville. — 1211. Enguerrand de Picquigny.—1211. Renaud d'Amiens. — 1495. Rob. Gaguin.

Ambianos, Itinér. d'Antonin.

Σαμαροδριουα, Ptolémée.

Ambianum, IVe siècle. Eumène. — 1258. Actes du parlement. M. Boutaric.

Somonobria, IVe siècle. Sulpice Sevère. — Passion de S. Quentin. — Sigeberti Chron.

Somanobria... Passion de S. Firmin.

Sammarobriva, IVe siècle. Table Théodosienne.

Amambria, VIe. Æthici cosmogr.

Ambianensium civitas, V[e]. Notitia provin. Galliæ.

Ambianorum urbs, VIe. Grégoire de Tours. — Roricon.

Ambianorum civitas, VIe. Ibid.

Urbs Ambianensis, VIIe. Vie de S. Salve.

Ambianica civitas, VIIe. Vie de S. Salve, — 1057. Gautier, évêq. d'Am. Aug. Thierry. — Henri Ier, roi de France.

Ambianensium urbs, VIIe. Invention de S. Fuscien.

Ambianus... Magno. Hadr. Valesii. Notit. gall.

Samarobria. Id. Ibid.

Ambianensis respublica, 1073. Cart. de S. Martin-aux-Jumeaux.

Ambianensis civitas, 1085. Eustache de Picquigny. Spicilége de d'Achery. — 1196. Bulle de Célestin III. Cart. de S. Jean. — 1210. Richard, évêque d'Amiens. Aug. Thierry,

Ambianica urbs, 1145. Donation à l'église d'Amiens. Aug. Thierry.

Ambianensis communia, 1152. Bernard, maire d'Amiens. Aug. Thierry.

Amiens, 1161 à 1185. Philippe d'Alsace. Aug. Thierry. — XIIe siècle. Chroniq. de S. Denis. — XIIIe. Philippe Mouskes. — 1316. Charte d'Henri Taperel. Ann. de la Soc. de l'Hist. de Fr. 1864. — 1328. Registre du criminel. — 1361. Lettre du roi Jean. Comptes de l'hôtel des rois de France. — XVe s. Chron. d'Edmond de Dynter. — 1413. Chr. de Monstrelet. — 1445. Chron. de Mathieu d'Escouchy. — 1380. Instruction du roi Charles. — XVIe s. Chron. de St-Denys. — 1507. Cout. loc. — 1554. La guide des chemins de France. — 1757. Cassini.

Ambianis, 1165. Jean, comte de Ponthieu. M. V. de Beauvillé. — 1186. Philippe-Auguste. M. L. Delisle.

Ambianisma, 1170. Thibaut, évéq. d'Am. Cart. de Selincourt.

Ambianis civitas, 1186. Délimitation du comté d'Amiens.

Ambianœ, xiie siècle. Chron. Floriacense.

Urbs Ambia, 1220. Guillaume-le-Breton.

Villa Ambianensis, 1244. Robert de Boves. Aug. Thierry.— 1355. Ordon. du roi Jean. Rec. des ord.— 1361. Lettre du roi Jean.

Ambeani, xiiie siècle. Monnaies picardes.

Ambyani, 1248. Compotus præpositorum et baillivorum.

Amyens, 1277. Trésor des chartes. — 1334. Lettre du maire de Londres. Aug. Thierry. — — 1449. Chon. de Mathieu d'Escouchy. — 1507. Cout. loc. — 1534. Devis pour Doullens. — 1535. Cout. du chap. d'Amiens. — 1554. La guide des chemins de France. — 1592. Reg. de l'échevinage d'Amiens. — 1605. Lettre du roi. — 1611. Des Rues.

Amienz, 1280. Anciens usages d'Amiens. Marnier.

Abladane, xiiie siècle. Roman d'Abladane. Richard de Fournival.

Some noble. Ibid.

Amians, 1388. Revendication des biens de Jacques de St-Fuscien. Aug. Thierry. — 1604. Brantome.

Abladani, 1585. Genebrardi chronographia.

Ambiaguensis, 1611. Des Rues. Descript. de la France.

Somonobriga.... 1631. Louvet. Hist. de Beauvais.

Pont de Somme... Ibid.

Sommarobaige, 1638. Tassin.

Amiens, ancienne capitale des Ambiani fut, sous Mérovée, le siége de la domination des Francs. Chef-lieu d'un comté établi en 823 et d'un vidamé, d'un évêché suffragant de Reims, d'une généralité, d'une intendance, d'une élection, Amiens possédait grenier à sel, présidial, hôtel des monnaies, justice consulaire, deux prévôtés, l'une dite d'Amiens, l'autre du

Beauvaisis, bureau des finances, des tabacs, des aides et des grosses fermes, maîtrise des eaux et forêts et maréchaussée.

Le diocèse d'Amiens qui confinait à ceux de Boulogne, d'Arras, de Cambrai, de Laon, de Noyon, de Beauvais et de Rouen, se divisait en deux archidiaconés, celui d'Amiens et celui de Ponthieu, comprenant l'un 14, l'autre 12 doyennés, en tout 750 cures.

La généralité d'Amiens comprenait 6 élections, Abbeville, Amiens, Doullens, Montdidier, Péronne, St.-Quentin, et 4 gouvernements, Ardres, Boulogne, Calais et Montreuil, et se composait de 306 paroisses.

Amiens porte de gueulles à un lierre d'argent, au chef d'azur semé de fleurs de lys d'or. Devise : *Liliis tenaci vimine jungor*, support 2 licornes au naturel, accornées et onglées d'or.

AMILLY, dép. de Dury.

Amelly, 1109. Pascal, pape. Gall. christ.

Amelli, 1135. Cart. St.-Martin-aux-Jumeaux. — 1147. Thierry, évêq. d'Amiens. Gall. christ. — 1187. Enguerrand, doyen d'Amiens. — 1225. Cart. St.-Martin-aux-Jumeaux.

Vetus Amilliacum, 1236. Cart. de S. Martin-aux-Jumeaux.

Amilly, 1750. Le Couvreur. — 1764. Expilly.

Ameilly, 1753. D'Oisy. — 1763. Expilly.

AMOURETTES (les), dép. de Saigneville.

Les Mourettes, 1741. Généal. de Belleval.

Amourettes (les), 1696. Armorial de Picardie. — 1757. Cassini. — 1766. Desnos. — 1836. Etat-major.

AMOURETTES, fief sis à Coulonvillers et à Hanchy.

Fief des Amourettes, 1700. Villers de Rousseville. — 1720. Ms. de Monsures.

ANCELIN, fief sis à Bellifontaine.

ANCHIN, ferme dép. de Morisel. 6 hab.

Ferme d'Anchin, 1857-62. Dénomb. quinq.

ANDAINVILLE (canton d'Oisemont), 642 hab.

Andeinvile, 1146. Thierry, év. d'Amiens.— 1161. Alexandre III,
    pape. — 1244. Cart. Selincourt.

Aldenvilla, 1147. Eugène III, pape. Cart. de Selincourt.

Aldainvilete, 1147. Ibid.

Andeinvilete, 1147. Eugène III, pape.   Ib.

Andainvilla, 1147. Eugène III, pape. Cart. de Selincourt.— 1244.
    André d'Andainville. Cart. de Selincourt.

Aldan-vilete, 1150. Marrier. Hist. de St.-Martin-des-champs.

Andenvilla, 115... Hugues de Mortemer. M. Darsy. Hist. de l'abb.
    de Sery.— 1244. Cart. Selincourt.— 1277. Philippe III, Ib.

Andainvilete, 1164. Alexandre III, pape. Cart de Selincourt.

Aldainvile, 1164. Alexandre III, pape. Ib.

Andainvile, 1164. Id.,   Ib.— 1301. Pouillé.

Andeinvilla, 1166. Henri, arch. de Reims. Ib. — 1244. André
    d'Andainville. Ibid.

Andenvila, 1176. Henri, arch. de Reims.

Aldenvilete, 1176. Henri, arch. de Reims. Cart. de Selincourt.

Andanvilete, 1180. Thibaut, évéq. d'Am. Marrier.

Andani-villa, 11... Boll. act. S. Vita. S. Gualtheri.— Louandre.
    Topog. du Ponthieu.

Aindenvilla, 1184. Luce III, pape. Cart. de Selincourt.

Andainville, 1475. Trésor généal. — 1695. Nobil. de Picardie. —
    1752. D'Oisy.— 1757. Cassini — 1778. Alman. du Ponthieu.

Andinville, 1657. Proc.-verb. des cout. — 1700. Villers de Rous-
    seville.

Andivile, 1657. Jansson.

Audinville, 1696. Armorial de Picardie.

Adainville, 1698. Arrêt du Parlement.

Andainville-aux-Champs, 1733. G. Delisle. —1778 De Vauchelle.
    1763. Expilly.

Audainville... — Dom Grenier.

Andainville, dioc. d'Amiens, doy. d'Airaines, puis d'Hornoy, élect. d'Am. et d'Abbeville, bailliage d'Airaines et d'Arguel. Dist. du cant., 8 kil. — de l'arr., 41. — du dép., 41.

ANDAINVILLE-AU-BOIS, dép. d'Andainville.

Andainville-au-Bois, 1733. G. Delisle. — 1757. Cassini.

ANDECHI-LES-PONTS, dép. de Contre.

Andechi-les-Ponts, 1757. Cassini.

ANDECHY (canton de Montdidier), 461 hab.

Annechy, 1146. Thierry, évêque d'Am. Gall. christ. — Daire.

Andechia, 1184. Luce III, pape.

Andechi, 1190. Rorgo de Roye. Cart. d'Ourscamp. — 1207. Jean de Roye. — 1222. Cart. S. Martin-aux-Jumeaux.

Andeci, 1225. Florent d'Hangest. Cart. de Fouilloy.

Enchi, 1260. Comptes des villes de Picardie.

Andechy, 1301. Pouillé du diocèse. — 1402. Cart. d'Ourscamp. 1657. Sanson. — 1757. Cassini. — 1836. État-major.

Andecy, 1567. Cout. de Roye.

Anchy, 1567. Cout. de Montdidier.

Anthecy, 1642. La Morlière. Fam. illust.

Andechies, 1733. G. Delisle.

Andechy, dioc. d'Amiens, doyenné de Rouvroy, élection de Montdidier. Dist. du cant., 14 k. — de l'arr. 14 k. — du dép. 37 k.

ANDERLIN, fief sis près de Ham.

Anderlin, 1269. Actes du Parlement. M. Boutaric.

ANGE-GARDIEN (l'), dép. de Camon.

Ange-Gardien (l'), 1757. Cassini.

ANSENNES, dép. de Bouttencourt. 259 hab.

Andegasina, 614. Louandre. Topographie du Ponthieu. — IXᵉ siècle. Vie de S. Loup.

Andegasania, 614. Louandre. Topogr. du Ponthieu.

Ascenni, 1109. Henri, comte d'Eu. Mabillon. Dipl.

Ansenni, 1109. Henri, comte d'Eu. Dom Grenier.

Anseñes, 1185. Henri de Fontaines. Hist. de l'abb. de Sery.

Ansaisne, 1185. Fondation de l'abbaye de Sery. Gall. christ.

Ansene, 1186. Guillaume de Cayeux. Hist. de l'abb. de Sery. —
  1575. Hadr. de Valois. — 1657. Jansson. — 1710. N. De Fer.

Ansaine, 1186. Hist. de l'abbaye de Sery.

Ansainne, 1203.

Ansesne, 1203. Jean de Monchaux, ib.

Ansenne, 1507. Cout. loc.— 1750. Le Couvreur.— 1757. Cassini.
  — 1840. Ordo.

Ausene, 1638. Tassin. — 1690. De Fer. Les côtes de France. —
  1675. Hadr. de Valois.

Aussenes, 1646. Hist. eccl. d'Abb. — 1657. Procès-verb. des
  cout.

Anssene, 1695. Nobil. de Picardie.

Ancesne, 1705. De Fer.

Ancennes, 1713. Savary. Le parfait négociant. — 1731. Etat des
  manufactures d'Aumale. — 1836. Etat-major.

Ansennes, 1763. Expilly.

Ancene, 1778. De Vauchelle. — Dom Grenier.

Ancenne, 1841. Ordo. — 1844. Fournier. — 1856. Franc-Picard.

Antennes, 1840. Alm. d'Abb.

ANTHECY, fief sis à Andechy.

  Fief d'Anthecy, donné aux Célestins d'Amiens en 1479, par Gilles
    de Sarcus. La Morlière, fam. ill. 163.

APPEVILLERS, fief sis à Cléry. Dom Grenier.

APPLAINCOURT, fief sis à Oisemont.

  Aplancort, 1100. Fondation de S. Pierre d'Abbeville.

  Applaincourt, 1100-1408. Trésor général.

  Apleincort, 1146. Thierry, évêq. d'Am. Cart. de Selincourt.

  Aplencurt, 1147. Eugène III, pape. Ib. — 1176. Henri, arch. de
    Reims. Ib.

Happelainnecourt, 1337. Rôle des nobles et fieffés.

Aplincourt, 1696. Armorial de Picardie.

Ablaincourt, Etat des fiefs.

APPLINCOURT, fief, dép. d'Embreville.

Applincourt (fief d'). M. Prarond.

Aplaincourt. D. Grenier.

ARBRE A IMAGE (l'), calvaire dép. de Vaire-sous-Corbie.

ARBRE A MOUCHES (l'), ham. dép. de Tailly. 35 hab.

Arbre à mouche, 1707. France en 4 f.

Arbre à mouche (l'), 1733. G. Delisle. — 1842-62. Ordo. — 1857.
Dénomb. quinq.

Arbre à mouches (l), 1757. Cassini. — 1828-43. Ordo.

ARBRE AU MONT (l'), lieu dit au terroir de Vraignes.

ARBRE BLEU (l'), terroir de Muille-Villette.

ARBRE BONY (l'), terroir de Ronssoy.

ARBRE COTIN (l'), terroir de Tincourt-Boucly.

ARBRE DURIEZ (l'), terroir de Dompierre-en-Santerre.

ARBRE GOMERON (l'), terroir de Estouilly.

ARBRE NICAISE (l'), terroir de Douilly.

ARBRE N.-D. (l'), terroir d'Englebelmer.

ARBRE PINCHON (l'), terroir de Moreuil.

ARBRE POUILLEUX (l'), terroir de Morlancourt.

ARBRE S. MARC (l'), terroir de Senlis.

ARBRE S. VINCENT (l'), terroir de Lihons.

ARBRE D'AMIS (l'), terroir de Barleux.

ARBRE D'ETERPIGNY, dép. d'Eterpigny.

L'Arbre d'Éterpigny. — 1836. Etat-major.

ARBRE DE BARLEUX (l'), dép. de Péronne.

Arbre de Barleux (l'), 1861. Dénomb. quinq.

ARBRE DE BILLON, dép. de Billon.

ARBRE DE BRUNTEL, dép. de Mesnil-Bruntel.

Arbre de Bruntel, 1836. Etat-major.

Arbre de Brutetel, XIIIe siècle. Délimitation de la banlieue du castel de Péronne.

ARBRE DE BUS, dép. de Villers-Tournelles.

Arbre de Bus, 1733. G. Delisle.

Arbre du But, 1760. Arrest du G. Conseil. Titres de Corbie.

Arbre de Rue, 1778. De Vauchelle.

ARBRE DE CANY, dép. de Cappy.

Arbre de Cany, 1836. Etat-major.

ARBRE DE GENCOURT (l'), terroir de Domart-en-Ponthieu.

ARBRE DE LA BARBE (l'), terroir de Brie. .

ARBRE DE LA JUSTICE, dép. de Woincourt.

Arbre de la justice, 1836. Etat major. — Non Cassini.

ARBRE DE LAMOTTE (l'), terroir de Hamel-Bouzencourt.

ARBRE DE LA VIERGE (l'), terroir de la Neuville-sire-Bernard.

ARBRE DE LA VIERGE (l'), terroir de Villeroy.

ARBRE DE MALCOURT, près Abbeville.

Arbor de Malcourt, 1184. Limit. de la banlieue d'Abbeville.

ARBRE DE MAY (l'), terroir de Bertangles.

ARBRE DE ROCHEFORT (l'), terroir de Vaux-sous-Corbie.

ARBRE DE S. OUEN, dép. de Noyelles-sur-Mer.

Indiqué non nommé par Cassini.

Arbre de S. Ouen, 1836. Etat-major.

ARBRE DE VIEUX-FORÊT, dép. de Douilly.

Arbre de Vieu-Forêt, 1733. G. Delisle. — M. Decagny.

Forets, 1761. Robert.

ARBRE DE VILLERS, dép. de Villers-le-Vert.

Arbre de Villers, — 1836. Etat-major.

ARBRE DES COQUINS, terroir de Pierrepont.

ARBRE DU BOIS CHARLES, dép. de Morlancourt.

Arbre du bois Charle, 1733. G. Delisle.

Arbres du bois Charles, 1778. De Vauchelle.

Arbre de Morlancourt... M. Decagny.

ARBRE DU FAY, dép. de Roisel.

1836. Etat-major.

ARBRE DU POTEAU, dép. de Ronsoy.

1836. Etat-major. — Non Cassini.

ARBRE DU TOMBEAU DE ROBOAM, terroir de Hombleux.

ARBRES DE HUIGERMES, lieu entre Longuevillette et Occoches. —
Arbres de Huigermes, 1351. Charte de Guérard des Auteux.

ARBRES DE VELENNES, dép. de Velennes.

Arbres de Velennes, 1733. G. Delisle.

Orme, 1836. Etat-major.

ARBRET (l'), terroir de Carnoy. Limit. des terroirs de Carnoy et de
Suzanne.

ARBRET (l'), lieu dit à S. Riquier.

ARCAS. Localité inconnue dans le Vimeu.

Arcas, 750. Dipl. du roi Pepin.

M. Jacobs pense que cette localité serait Arguel. — Rec. des
Soc. savantes, VII, 241.

ARCHICHAMPS, lieu dit à Longpré-lès-Amiens.

ARCHIMONT, fief sis à Citerne.

Archimont (fief d')... 1634. Dom. Grenier. Topogr.

ARCHONVAL, fief sis à Fouencamp.

Archonval (fief restreint d'). Daire. D. de Moreuil.

ARDRE, fief sis à Cardonnette.

ARGENLIEU, fief sis à Rogy et Monsures. — Etat des fiefs. — Daire.
Doy. de Conty.

ARGICOURT, dép. de Licourt. — Lieu détruit. — M. Decagny. Arr.
de Péronne.

ARGILLIÈRE (l'), dép. de Caours. 8 hab.

Argillière (l'), 1852. Ordo. — 1857. Dénomb. quinq.

Arguillière (l'), 1860. Ordo.

ARGŒUVES (canton d'Amiens, N.-O), 588-600 hab.

Argobium, 891. Annales S. Vedasti. Rec. des Hist. de Fr.

Argova super Sumnam, 891, ib.

Argovia, 1145. Evrard, évêq. d'Am. Cart. S. Jean. —1163. Cart. S. Acheul. —1233. Cart. de Berlaucourt.

Argœve, 1223. Enguerrand de Picquigny. Cart. du Gard. — 1296. Cart. du Gard. — 1301. Pouillé.

Argœuve, 1445. Délimit. de la banlieue d'Am. Aug. Thierry.

Argœuves, 1507. Cout. loc. — 1710. De Fer. — 1757. Cassini. — 1836. — Etat-major.

Argueuves, 1561. Etat des bénéficiers des environs d'Am.

Reivres, 1579. Ortelius.

Arqueves, 1638. Tassin. — 1659. Jansson.

Argeunes, 1648. Pouillé général.

Arguesvres, 1700. Villers de Rousseville.

Argoëves, 1709. Titres de St.-Acheul.

Arguœve, 1720. Chevillard.

Argocve, 1720. Ms. de Monsures.

Argueves, 1733. G. Delisle. — 1700. Villers de Rousseville.

Argœuvres, 1752. D'Oisy. — 1763. Expilly. — 1814. Assemblée de Béthune.

Argoeures, 1763. Expilly.

Argueres, 1787. Picardie mérid.

Argœuves, dioc. d'Amiens, doy. de Vignacourt, élection de Doullens, prévôté de Beauquesne, mouvance de Picquigny.

Dist. du cant., 7 kil. — de l'arr., 7 — du dép., 7.

ARGOULES (canton de Rue), 339-734 hab.

Ad Lullia, Cart. de Peutinger. — Clavier. — Hadr. de Vallois.

Argubium, 797. Dipl. de Charlemagne. Chron. cent. — 1053. Guy, évêq. d'Am. Ann. Ord. S. Ben.

Arguvium, 1125. Gall. christ. — 1156. Gall. christ.

Arguviæ, 1147. Eugène III, pape. Cart. de Valloires.

Arguia, 1160. Alexandre III, pape. Cart. de Valloires.

Argone, 1160. Cart. de Valloires. — 1239. Hosp. de S. Riquier.

Argovia, 1160. Alexandre III, pape. Cart. de Valloires. — 1162-1166-1172-1185. Gall. christ. — 1173. Henri, évêq. de Senlis. Cart. de Valloires. — 1123. Florent, abbé de S. Josse. — Cart. de S. Josse. — 1221. Hugues de Fontaines. Cart. de Bertaucourt. — 1233. Guillaume, abbé de Balance. Cart. de Bertaucourt. — 1245. Hosp. de S. Riquier.

Argubia, 1177. Gall. christ.

Argove, 1210. Cart. de Bertaucourt.

Argoves, 1247. Comte de S. Pol.

Arghoves, 1247. Id.

Argouves, 1298. Procès-verbal des bois d'Oisemont. Cart. de Valloires. — 1301. Pouillé.

Argonne, 1337. Rôle des nobles et fieffés. — 1433. Chron. de Monstrelet. — 1646. Hist. eccl. d'Abbeville.

Arguebe, 1492. Jean de la Chapelle.

Argoules, 1492. Ib. — 1757. Cassini. — 1763. Expilly. — 1764. Desnos.

Argoulles, 1579. Ortelius. — 1608. Quadum, fasciculus geogr. — 1689. Aveu de Guillaume de Montigny. — 1766. Cout. du Ponthieu.

Argelle, 1592. Surhonius.

Ergoulle, 1634. Théâtre géogr. — 1638. Tassin. — 1657. Jansson.

Argoenne, 1648. Pouillé général.

Argoulle, 1675. Ad. de Valois. — 1720. Ms. de Monsures.

Hergoule, xviiᵉ siècle. Etat des fiefs.

Hargoulle, 1700. Villers de Rousseville.

Hergoulle, 1720. Ms. de Monsures.

Argoule, 1761. Robert. — 1778. Alman. du Ponthieu.

  Argoulles, dioc. d'Am., doy. de Rue, élect. de Doullens.

  Dist. du cant., 15 kil. — de l'arr., 31 — du dép. 66.

ARGUEL, 101 hab.

Arcas, 751. Placitum Pippini. M. Jacobs. Rev. des Soc. sav.

Arguel, 1164. Jean de Baunay. — 1166. Guillaume d'Aumale.
— 1262. Official d'Am. — 1273. Gautier de Gransart. Cart.
de Selincourt. — 1301. Pouillé. — 1302. Quittance de Guillaume d'Arguel. — 1300 à 1323. Cout. de Picardie. — 1757.
Cassini. — 1763. Expilly.

Arguellum, 1208. Renaud, comte de Boulogne. — 1239. Cart. de
Selincourt. — 1262. Jean de Nesle. — 1269. Jean de Vilers.
Cart. de Selincourt.

Arguelium, 1212-13. Guillaume, comte de Ponthieu. — 1213.
Philippe-Auguste. M. Léop. Delisle.

Arguiel, 1364. Procès-verb. du serment du Sénéchal de Ponthieu.

Argœuil, 1646. Hist. eccl. d'Abbeville.

Arquel, 1648. Pouillé général. — 1705. Union des maladreries.

Aigny, 1657. Jansson.

Orguel, 1753. D'Oisy.

Arguelle, 1778. De Vauchelle.

 Arguel, dioc. d'Amiens, doy. d'Airaines, puis d'Hornoy, élection d'Abbeville, chef-lieu d'un bailliage qui siége à Liomer
et ressortit d'Abbeville, coutume du Ponthieu.

 Dist. du cant., 8 kil. — de l'arr., 40 — du dép., 40.

ARISSES (les), fief sis à Arvillers.

Arisses (fief des), 1775. Titres de la Visitation.

Boulets (fief des), 1775. Ibid.

ARLEUX, dép. de Cerisy-Buleux.

Harloas.

Asloas, 1195. Pierre, abbé de S. Vast. Dom Cotron.

Arleus, 1346. Dom. Cotron.

Arleux, 1492. Chron. de Jean de la Chapelle. — 1646. Hist. eccl.
d'Abbeville. — 1757. Cassini. — 1840. Alm. d'Abbeville.

Harleu, 1657. Procès-verbal des cout.

Arleu, xviie siècle. Etat des fiefs de Picardie.

Alleux, 1787. Picard. mérid.

Non indiquée sur la carte de l'Etat-major.

ANLI, fief sis à Rumigny.

Fief d'Arli, 1700. Déclar. des revenus de l'abbaye de S. Fuscien.

ARMANCOURT (canton de Roye), 68 hab.

Hamencuria.... Grégoire d'Issigny. Hist. de Roye.

Hecmencuria, ib.

Ermencourt, 1294. Cart. noir de Corbie. — 1301. Pouillé.

Armencourt, 1567. Cout. de Roye. — 1751. Plan des terres de N.-D.-au-Bois.

Armencour. 1733. G. Delisle.

Armancourt, 1751. Plan des terres de N.-D.-au-Bois. — 1757. Cassini. — 1763. Expilly. — Ordo.

Armancourt, dioc. d'Amiens, doy. de Rouvroy, élect. de Montdidier.

Dist. du cant., 7 k. — de l'arr., 12 — du dép. 42.

ARQUÈVES (canton d'Acheux), 479-506 hab.

Arkaive, 1303. Sentence du prévôt de Beauquesne. M. Cocheris.

Arcaive, 1372. Bail fait à Gilles de Buire.   Ib.

Arquesves, 1500. Coutumes locales. — 1700. Villers de Rousseville.

Arquesvres, 1507. Cout. loc.

Arquife, 1579. Ortelius.

Arquise, 1592. Surhonius. — 1608. Quadum. Fasciculus geogr.

Arquefe, 1609. Mercator.

Arquewes, 1620. Déclaration de terres. M. Cocheris.

Arquene, 1634. Théâtre géographique.

Argueves, 1657. Jansson. Théâtre du monde.

Argoeuves, 1700. Villers de Rousseville.

Arquève, 1720. Ms. de Monsures. — 1733. G. Delisle. — 17 brum. an X.

Arquèves, 1757. Cassini. — 1763. Expilly. — 1836. Etat-major.

Arguesves, 1784. Daire. Hist. de Doullens.

Argueuve, 1784. Daire. Hist. de Doullens.

Arquèves n'était qu'un secours de Vauchelles-sur-Authie. — Election et doyenné de Doullens.

Dist. du canton, 5 k. — de l'arr. 15 — du dép. 27.

ARREST (canton de St.-Valery). 465-1027 hab.

Arrest, 1205. Guillaume, comte de Ponthieu. Hist. eccl. d'Abbeville. — 1690. De Fer. Les côtes de France. — 1752. D'Oisy. 1757. Cassini. — 1763. Expilly. — 1766. Coutumes du Ponthieu.

Arrech, 1285. Trésor généalog. — 1301. Pouillé. — 1377. Dom Grenier.

Arét, 1412. Dom Cotron. Chron. S. Richari.

Arrests, 1648. Pouillé général.

Arest, 1696. Armorial d'Hozier.

Arrét, 1710. N. De Fer. — 1764. Bellin. Atlas maritime. — An X. — 1836. Etat-major. — 1844. Girault S. Fargeau.

Arrest, dioc. d'Amiens, doy. de Gamaches, puis de St.-Valery, élection et bailliage d'Abbeville.

Les milices gardes-côtes de cette paroisse dépendaient de la capitainerie de Cayeux.

Dist. du canton, 8 kil. — de l'arr., 18 — du dép., 63.

ARREST, fief sis à Mérélessart.

ARRÈTE, auberge dép. de Bellancourt.

Arrete (l'), 1857. Dénombrement quinquennal.

ARRÈTE, auberge dép. de St.-Riquier.

Arrête (l'), 1857. Dénombrement quinquennal.

ARRIVANT, rivière.

Arrivant.

Arrivan. M. Decagny. Arrond. de Péronne.

Moyen-Pont...

Petit-Ingon... Administr.

Ruisseau de Libermont...

Arrivaux, 1861. Coët. Hydrologie du canton de Roye.

Arriveau, 1864. M. Buteux. Géolog. du départ. de la Somme.

Petit-Ingond, 1861. Ibid.

Indiqué, mais sans nom, par Cassini et l'Etat-major.

L'Arrivant provient des sources qui sortent des lignites entre Ercheu et Libermont ; il reçoit les sources d'Ercheu et de Moyencourt réunies à la Fourchette, passe à Buverchy où il s'accroît de celles de Buverchy et de Robecourt, passe entre Breuil et Bacquencourt, et se décharge dans l'Ingon entre Quiquery et le Bipont.

ARROUAISE.

Arida Gamantia, 1114. Gall. christ. Had. de Valois.

Aridagamantia, 1117. Louis VI, roi. Cart. d'Arrouaise. — 1142. Innocent II, pape. Ibid. — 1156. Adrien IV, pape. Ibid. — 1186. Urbain III, pape. Ibid.

Aroasia, 1135. Cart. d'Ourscamp. — 1170. Beaudouin, évêque de Noyon. Ibid. — 1178. Alexandre III, pape. Cart. d'Arrouaise. — 1197. Ev. d'Arras. Ibid.

Arrouasia, 1140. Milon, évêque des Morins. Cart. S. Jean.

Arrosia, 1145. Hersende de Cressonsac. Cart. d'Ourscamp. — 1190. Beaudouin d'Encre. Hist. d'Arrouaise.

Arrowasia, 1145. Girard de Ham. Cart. d'Arrouaise. — 1152. Beaudouin, évêque de Noyon. Ibid. — 1163. Cart. d'Arrouaise. 1333. Adam, abbé de St.-Wulmer. Hist. d'Arrouaise.

Arroasia, 1164. Mathieu de Bertrancourt. Cart. d'Arrouaise. — 1170. Ibid. — 1182. Renaud, évêq. de Noyon. Cart. de Noyon. — 118... Hugues, abbé de Corbie. Cart. S. Laurent. — 1230. Cart. d'Arrouaise. — 1263. Compromis entre les abbés de St.-Léger et de St.-Crépin. Hist. d'Arrouaise. — 1263. Actes du Parlement.

Arowasia, 11... Lambert de Péronne. Cart. d'Arrouaise. — 115...
    Adrien IV, pape. Ibid. — 1150. Roger, chât. de Péronne. Ibid.

Arrosiæ, 1210. Raoul d'Origny. Cart. d'Ourscamp.

Arroesia, 1258. Enquète.

Aroesia, 1258. Actes du Parlement. M. Boutaric.

Arrouaisia, 1279. Cart. noir de Corbie.

Arreyse, 1290. Trésor des chartes.

Arrouaise, 1288. Cart. d'Arrouaise. — 1318. Guillaume, abbé de
    St.-Nicolas d'Arrouaise.

Arreuaise, 1308. Ordre des biens de l'évêque de Noyon. Cart.
    rouge de Noyon.

Arowaise, 1323. Lettre de Jean de Moy. Cart. de Guise. Cocheris.

Harenaise, 1420. Chron. de Monstrelet.

Arouaize, 1567. Cout. de Péronne.

Arouage, 1695. Hadrien de Valois.

Arrouage. 1696. Armorial de Picardie.

Arroaize, 1731. Titres de l'église d'Am.

Arouaise, 1733. G. Delisle. — 1761. Robert. — 1763. Expilly.

Aroaise, 1763. Expilly.

> On a donné ce nom à la partie nord du Département qu'occu-
> pait autrefois la forêt d'Arrouaise, les villages qui s'y sont
> élevés étaient dits *en Arrouaise.*

> Cette forêt, qui était une branche de celle des Ardennes, des-
> cendait jusque vers Albert, où elle joignait la forêt de Bai-
> sieu qui tenait à celle de la Vicogne ; l'Authie séparait cette
> dernière de celle de Lucheux qui tenait à celle de Crécy. Il
> ne reste plus aujourd'hui que des démembrements de ces
> vastes bois qui couvraient tous le pays.

ARRY (canton de Rue), 290-304 hab.

Adriacus, 1042. Gall. christ.

Arri, 1123. Enguerrand, évêque d'Amiens. Gall. christ.—1165.
    Jean, comte de Ponthieu. M. V. de Beauvillé. — 1300-1323.

Coutumier de Picardie. — 1766. Coutumes du Ponthieu. — 1776. Almanach du Ponthieu.

Arry. 1301. Pouillé. — 1611. Des Rues. — 1757. Cassini.— 1763. Expilly. — 1778. Alm. du Ponthieu.

Ary, 1312. Dom Grenier.

Hari, 1331. Arrêt du Parlement contre les pelletiers d'Amiens.

Aury, 1611. Des Rues. Les villes de France.

Aleri, 1710. N. De Fer.

Alery, 1733. G. Delisle.

Allery, 1761. Robert.

Arrs, 1764. Desnos.

Alleri, 1787. Picardie méridionale.

Arry, diocèse. d'Amiens, doy. et baill. de Rue, élection d'Abbeville, cout. du Ponthieu.

Dist. du cant., 4 k. — de l'arr., 22 — du dép., 67.

ARTAUDIÈRE (la), bois dép. de Neuvillette.

ARVILLERS (canton de Moreuil), 1259 hab.

Argovillaris...

Arviler, 1167. Gautier de la Ferté-les-St.-Riquier. Dom Cotron. 1224. Godefroy, doyen de Parviler. Cart. d'Ourscamp.— 1231. Godefroy, évêque d'Amiens. Cart. de Fouilloy. — 1324. Chap. d'Amiens.

Harviller, 1184. Luce III, pape. Hist. de Roye.

Ursivillarensis, 1185. Philippe, évêque de Beauvais. Spicilége.

Ursivillare, 1185. Philippe, évêque de Beauvais. Cart. de Lihons.

Ursivilla, 1208. Cart. de Lihons.

Arvileir, 1209. Richard, évêque d'Amiens. Cart. de Fouilloy.

Arviller, 1223. M. Decagny. Etat du diocèse. — 1281. Jean de Bains. Titres du chapitre d'Amiens. — 1331. M. Decagny. — 1648. Pouillé général. — 1733. G. Delisle. — 1750. L. de Boulainviller. — 1763. Expilly. — 1808. Hist. de Roye.

Arcovillaris, 1257. Jean-le-Veel. Cart. noir de Corbie.

Arvilez, 1301. Pouillé du diocèse.

Arviller en Santers, 1394. Cart. de la forêt de Hallate.

Arvillier, 1567. Cout. de Montdidier.

Arvillers, 1673. Dom Cotron. — 1757. Cassini. — 1836. Etat-major.

Erviller, 1708. Titres du chap. d'Amiens. Dom Grenier.

Arviver, 1763. Expilly.

Harvillers, 1764. Desnos. — 1784. Dom Grenier.

Arvillers, diocèse d'Amiens, doy. de Rouvroy, élection de Montdidier.

Dist. du cant., 13 k. — de l'arr., 15 — du dépt., 32.

Asur., ferme dép. de Soues.

Ferme d'Asile.

ASSAINVILLERS (canton de Montdidier), 276 hab.

Anseinvilier, 1207. Gui, évêque de Senlis. Cart. St.-Corneille.

Ansenviler, 1254. Actes du Parlement.

Assainviler, 1301. Pouillé du diocèse.

Anssinviller, 1567. Cout. de Péronne.

Asainvillier, xvie siècle. Cart. de St.-Corneille.

Ausanvillier, 1648. Pouillé général.

Anssainviller, 1733. G. Delisle. — 1778. De Vauchelle.

Ansainvillers, 1752. D'Oisy.

Assainvillé, 1757. Cassini.

Ansainviller, 1763. Expilly.

Assainviller, 1765. Daire. Hist. de Montdidier.

Aussainviller, 1765. Daire. Ib. — 1750. Le Couvreur De Boulainviller.

Assinviller, 1765. Daire. Ib.

Assainvilliers, 1840. Duclos. Dict. des villes de France.

Assanviler-en-Chaussée. M. Decagny. Pouillé.

Assainvillers, dioc. d'Amiens, doyenné, élection et bailliage de Montdidier.

Dist. du canton, 5 k. — de l'arr., 5 — du dép., 41.

ASSEVILLERS (canton de Chaulnes), 406 hab.

Assevilla, 1214. Dénomb. Reg. de Philippe Auguste.

Assevillier, 1415. Aveu et dénomb. M. Cocheris. — 1567. Cout. de Péronne.

Assevillers, 1429. Recette des droits de bâtardise dans la prévôté de Péronne. M. V. De Beauvillé. — 1519. Compte de la commanderie d'Eterpigny. — 1567. Trésor généal.

Hedville, 1579. Ortelius.

Assenviller, xvie siècle. Dénomb. de Louis d'Ognies.

Savine, 1657. Jansson.

Assevillé, 1696. Armorial de Pic. — 1700. Villers de Rousseville. — 1733. G. Delisle. — 1750. L. C. de Boulainviller.

Assvilé, 1757. Cassini.

Assenville, 1761. Robert.

Asseviler, 17 brum. an X.

Assevillers était du diocèse de Noyon, doyen. et élection de Péronne.

Dist. du canton, 10 k., — de l'arr., 9, — du dép., 41.

Assonville, pré dép. de Beaumetz.

Assonville.

Ussonville.

Astum, lieu inconnu. Peut-être Accon ?

Villa Astum, 1066. Fondation de la collégiale de Picquigny. Gallia christ.

ATHIES (canton de Ham), 905-1072 hab.

Atteiæ, vi[e] siècle. Fortunat. Vie de Ste.-Radegonde.

Attheyæ, 974. Dipl. du roi Lothaire.

Atheias, 1100. Baudry, évêque de Noyon. Cart. de Noyon.

Athies, 1138. Honoré, évêque de Noyon. Cart. de Noyon. — 1177. Rainaud, évêque de Noyon. Cart. de Prémontré. — 1186. Philippe de Vermandois. M. V. de Beauvillé. — 1195. Chron. Gilberti Mouteusis. — 1212. Lettre de Philippe-Auguste. — 1224-

1226. Sceau de Hugues d'Athies. — 1269. Jean d'Athies, bailly d'Am. Aug. Thierry. — 1402. Testament de Gérard d'Athies. — 1423. Chron. de Monstrelet. — 1757. Cassini. — Loi de l'an VIII.

Aties, 1145. Beaudouin, évêque de Noyon. Cart. d'Arrouaise. — 1163. Raoul de Vermandois. — 1212. Lettre de Philippe-Auguste.

Athiæ, 1175. Beaudouin, évêque de Noyon. Cart. de Prémontré.

Athyes, 1212. Philippe Auguste. Rec. des ord. — 1260. Actes du Parlement. M. Boutaric. — 1567. Cout. de Péronne.

Atheia, 1212. Lettre de Philippe-Auguste.

Atheiæ, 1215. Jean de Beaugency. — 1220. Lettre de Louis, comte d'Anjou. — 1248. Compotus præpositorum et baillivorum.

Athyæ, 1221. Gautier, abbé du Mont-St.-Quentin.

Atheyæ, 1248. Compotus præpositorum et baillivorum.

Athies in Viromandia, 1260. Comptes des villes de Picardie.

Athie, 1573. Ortelius. — 1592. Surhonius. — 1763. Expilly. — 1790. Atlas national.

Arky, 1621. Mercator. Atlas minor.

Athy, 1592. Surhonius. — 1638. Tassin. — 1657. Jansson.

Atye, 1662. N. Sanson.

Atis, 1681. Déclaration du roy.

Athis, 1700. Villers de Rousseville.

Athies-Fourques, 17 brum. an X.

Attegia. M. Decagny.

Ateia Veromanduorum. M. Decagny.

Athies, diocèse de Noyon, chef-lieu du doyenné d'Athies, élection de Péronne.

Athies, qui fut le chef-lieu d'un des 16 cantons du district de Péronne créés en 1790, et l'un des 13 arrondis. communaux de l'an VIII, n'est plus qu'une commune du canton de Ham en l'an X.

Dist. du cant., 15 k. — de l'arr., 11 — du dép., 54.

4

AUBERCOURT (canton de Moreuil), 166 hab.

Waubercurt, 1137. Innocent II, pape. Cart. St.-Jean.— 1259. Official d'Am.

Waubercort, 1146. Thierry, évêque d'Amiens. Cart. S. Jean. — 1151. Aleaume, évêq. d'Am. Ibid.— 1195. Thibaut, évêq. d'Amiens. Ibid. — 1196 Célestin III, pape. Ibid. — 1224. Lettre d'Honoré III, pape. — 1240-1243. Cart. St.-Martin-aux-Jumeaux. —1306. Cart. de Fouilloy.

Aubecort, 1205. Asso, prieur de Lihons.— 1220. Etienne, avoué de Bray. —1232. Jean de Cais. Cart. de Lihons.

Auberti curia, 1239. Daire. Hist. de Montdidier.

Aubercort, 1267. Lettre de l'abbesse du Paraclet. Cart. noir de Corbie.

Waubercourt, 1301. Pouillé du diocèse.

Aubercourt, 1567. Cout. de Montdidier. — 1757. Cassini.— 1763. Expilly. — 1765. Daire. Hist. de Montdidier. —1836. Etat-major.

Obercourt, 1579. Ortelius.

Aubecourt, 1634. Théâtre géogr.—1638. Tassin.—1659. Jansson.

Aubercourt, dioc. d'Amiens, doyenné de Fouilloy, élection d'Amiens et de Montdidier.

Dist. du cant., 8 k. — de l'arr. 24 — du dép. 21.

AUBERCOURT, fief sis à Domart-sur-la-Luce.

AUBERGE (l'), hab. isolée, dép. de Warlus.

AUBERGE MANEAUX, dép. de Revelles.

AUBERGE DUMONT, hab. isolée dép. de Bovelles.

AUBERGE DU BOIS D'YZEUX, dép. de Bourdon.

AUBERGE THUILLIER, dépendance de Fontaine-sur-Maye.

AUBERGEON, fief sis à Vignacourt.

AUBERVILLE, fief sis à Bonnay.

Auberville, 1603. Arch. de Corbie.

Roberville, 1603. Ib.

AUBIGNY (canton de Corbie), 706-724 hab.

Albiniacum, 660. Dipl. de Clotaire III. Gall. christ. — 814. Dipl.

Albigniacum, 1079. Enguerrand de Boves. Généal. de Guynes. — 1499. Cart. noir de Corbie.

Aubegni, 1136. Cart. noir de Corbie. — 1211. Cart. de Fouilloy. — 1257. Jean d'Aubigny. Cart. de S. Jean.

Albenni, 1155. Thierry, évêq. d'Amiens. Cart. St.-Acheul. — 1159. Ibid.

Albegniacum, 1200. Rôle des feudataires de l'abb. de Corbie.

Aubcigny, 1228. Hugues. abbé de Corbie. Aug. Thierry. — 1294. Cart. noir de Corbie. — 1300. Denys d'Aubigny, bailly d'A- miens. — 1316. Gautier d'Aubigny. Cart. noir de Corbie.

Aubigni, 1249. Cart. noir de Corbie. — 1733. G. Delisle.

Aubeigni, 1294. Cart. noir de Corbie.

Albeignyacum, 1295. Cart. noir de Corbie.

Albeigniacum, 12... Cart. blanc de Corbie.

Aubegny, 1301. Pouillé. — 1305. Denis d'Aubigny, bailli d'Amiens. Aug. Thierry. — 1530. Relief de Jean Du Hamel.

Aubeni, 1305. Id.   Ib.

Aubergny, 1348. M. Decagny.

Obeigny, 1420. Jean, abbé de Corbie. Cart. des Chapel. d'Amiens. — 1473. Cart. Esdras de Corbie.

Obegny, 1421. Robert d'Aubigny. Cart. des Chapel. d'Amiens.

Obigny, 1427. Relief de Demuin. — 1638. Tassin. — 1659. Jansson.

Obbegny, 1440. Registre Jacobus de Corbie.

Aubigny, 14.., Armorial. — 1579. Ortelius. — 1588. Reg. aux comptes d'Amiens. — 1592. Surhonius. — 1752. D'Oisy. — 1757. Cassini. — 1763. Expilly. — 1836. Etat-major.

Aubigny, dioc. d'Amiens, doy. et prévôté de Fouilloy, élection d'Amiens.

Dist. du cant., 3 k. — de l'arr., 14 — du dép., 14.

AUBIGNY-PLANCHE, ham. dép. de Brouchy.

Albiniacum... M. Decagny.

Albegny, 1150. Yves, comte de Soissons. Cart. de Prémontré.

Albinicurt, 1153. Beaudouin, évêque de Noyon. Cart. d'Arrouaise.

Albenni, 1153. Id. Ibid.

Albigny, 1163, Baudry, évêq. de Noyon. Cart. de Prémontré.

Albeni, 1202. Wautier de Ham.

Aubegny-Planque. 1331. Lettre de Robert de Condren.

Aubeigny, xvie siècle. Dénomb. de Louis d'Ognies.

Aubigny, 1643. Concordat pour l'abbaye de Ham. — 1657. Jansson. — 1836. Etat-major. — 1844. Fournier.

Aubigny-Planche, 1757. Cassini.

Aubigny-aux-Planques... M. Decagny.

AUBIGNY-LE-PETIT, dép. de Brouchy.

Aubigny-le-Petit. M. Decagny.

AUBIGNY, fief séant à Becquigny.

Aubigny, 1763. Dom Grenier.

AUBIGNY, lieu dit au terroir de Warvillers.

AUBIGNY-LÈS-PIERREGOT, fief sis à Molliens-au-Bois.

Aubigny-lès-Pierregot, 1657. Procès-verbal des coutumes. —1700. Villers de Rousseville. — 1720. Ms. de Monsures.

AUBVILLERS (canton d'Ailly-sur-Noye, 330 hab.

Altum villare, 1106. Gautier, abbé de Lihons. Cart. de Lihons.

Aubviller, 1146. Thierry, évêq. d'Am. Gall. christ. — 1750. L. de Boulainviller. — 1765. Daire. Hist. de Montdidier.

Alviler, 117... Robert, évêq. d'Am. Cart. S. Laurent.

Auviler, 117... Ib. — 1237. Cart. Nehemias de Corbie.

Aubeviller, 1185. Urbain III, pape. Hist. de Montdidier. — 1224. M. Decagny. Etat du diocèse. — 1750. L. de Boulainviller.

Aubeviler, 1224. Raoul de Clermont. Cart. noir de Corbie. —1277. Raoul de Gaucourt. Tit. de l'évêché. — 1301. Dén. de l'évêché.

Albovillaris, 1301. Pouillé.

Aubevilez, 1301. Pouillé du diocèse.

Aubevillier, 1567. Cout. de Montdidier.

Embevillier, 1648. Pouillé général.

Obviller, xvII° siècle. Reg, des caritables de Corbie. — 1696.
Armorial de Picardie.

Aubevillers, 1700. Villers de Rousseville. — 1757. Cassini. —
1790. Assemblée nationale.

Aubeville, 1707. G. Sanson. Fr. en 4 f. — 1733. G. Delisle. —
1787. Picard. mér.

Audeviller, 1752. D'Oisy. — 1763. Expilly.

Auberville, 1778, De Vauchelle.

Aubvillers, 1836. Etat-major. — Ordo.

Dioc. d'Amiens, doy. de Davenescourt, élect. de Montdidier.

Aubvillers fut le chef-lieu de l'un des 11 cantons du district de
Montdidier créés en 1790, et l'un des 9 arrondissements communaux de l'an VIII; il n'est plus en l'an X qu'une commune
du canton d'Ailly.

Dist. du cant., 12 k. — de l'arr., 12 — du dép. 29.

AUCHONVILLERS (canton d'Albert), 420 hab.

Auconvillers, 1186, Délimitation du comté d'Amiens. Daire.

Auconviler, 1211. Titres de l'évêché d'Amiens.

Ochonviller, 12... Daire. Hist. d'Albert.

Anchonviler, 1301. Pouillé.

Aussonvillers, 1369. Montre de Gilles de Beauvais. — 1727. Revenu
du collége d'Amiens.

Ochonvillier, 1567. Cout. de Péronne.

Auchonvillers, xvI° siècle. Dénomb. de Louis d'Ognies. — 1836.
Etat-major. — Ordo.

Antonviller, 1648. Pouillé général.

Authonvillers... M. Decagny. Etat du diocèse.

Anchoviler, 1710. N. De Fer.

Auchonvillé, 1733. G. Delisle. —1750. Le C. de Boulainviller. —
1763. Expilly.

Auchonviller, 1757. Cassini.

Auchonnillié, 1763. Expilly.

Auchonviler, 1743. Friex.

Auchonvillers dioc. d'Amiens, doy. d'Albert, élect. de Péronne.
Dist. du cant., 10 k. — de l'arr., 33 — du dép., 36.

Auguet, fief sis à Thoix.

Auguet, fief. Daire. Doy. de Granvillers.

Aulnaies (les), bois dép. de Boisbergues.

Aulnaies (les), bois dép. de Mesnil-Bruntel.

Aulnois (les), fief sis à Monsures.

Aulnois (fief des). Daire. Doy. de Fouilloy.

Aulnois (les), bois dép. d'Eppeville.

AULT (chef-lieu du canton), 1474 hab.

Augusta, viii° siècle. Vie de S. Valery. — Mabillon (1).

Augusta villa in pago Vinmaco.... Vie de S. Saulve. — Had. de
Valois.

Altum, 1109. Memoriale Widonis de Villers. Cart. de Bertaucourt.

Alt, 113...Garin, évêq. d'Am. Cart. de Bertaucourt. — 1140.
Cart. de Bertaucourt. — 1159. Thierry, évêq. d'Am. — 12...
Renaud de S. Valery. Ibid.

Aut, 1176. Alexandre III, pape, ibid. —1301. Pouillé. — 1337.
Rôle des nobles et fieffés. — 1662. N. Sanson.

Augts, 12... Renaud de S. Valery. Cart. de Bertaucourt.

Auth, 1218. Abbé de S. Jean des Vignes. Ibid. — 1234. Edèle de
S. Valery. — 12... Cart. de Bertaucourt.

Audum, 1229. Gautier, abbé du Lieu-Dieu. Ibid.

Aoust, 1262. Robert de Dreux. Dom Grenier.

Aust, 1284. Philippe-le-Bel. — 1770. Desnos.

(1) Dom Grenier n'adopte point cette opinion.

Ault, 1337. Rôle des nobles et fieffés. — 1648. Pouillé général.
— 1750. Le Couvreur de Boulainviller.

Au, 1340. Confirmation de la charte par Mathieu de Trie.

Aut sur la mer, 1353. Lettre du roi Jean. Rec. des ord. — 1657.
Had. de Valois.

Ault sur mer, 1353. Recueil des ordonnances. — 1567. Cout.
locales.

Ault sur la mer, 1507. Cout. locales. — 1384-1549. M. Decagny.
État du diocèse.

Bourg d'Augst, 1675. Had. de Valois.

Augs, 1690. De Fer. Les Côtes de France.

Bourg d'Au, 1710. N. De Fer. — 1764. Bellin. Atlas maritime.

Bour-d'Ault, 1718. Piganiol de la Force. Description de la France.

Augst sur la mer, 1761. Robert.

Bourg d'Ault, 1763. Expilly.

Bourg deau, 1763. Bellin. Cart. de la Manche.

Augst, 1763. Expilly. — Nicolas Sanson.

Bourgdault, 1763. Expilly.

Bourg d'Eu, 1778. De Vauchelle.

Bourg d'Aust, 1764. Bellin. Atlas maritime.

Bourg d'eau, 1866. Victor Hugo. Les Travailleurs de la Mer.

Altensis burgus ad mare.... Cart. S. Germer.

Burgus Augusti.... Dom De Vert. Dom Grenier.

    Ault, dioc. d'Amiens, doy. de Gamaches, intendance de Rouen,
élection d'Eu. Il y avait un siège d'amirauté, un grenier à
sel, un siége des traites foraines.

    Ce chef-lieu de l'un des 17 cantons du district d'Abbeville en
1790, demeura l'un des 14 arrond. communaux de l'an VIII,
et en l'an X l'un des 11 chefs-lieux de justice de paix.

    Dist. de l'arr. 32 kil., du départ. 73.

Aumale, ferme dép. d'Offoy.

Domal, 1757. Cassini.

Aumale, ferme, 1836. Etat-major.

Aumal, 1857. Dénombrement.

AUMATRE (canton d'Oisemont), 470 hab.

Ulmastrum, 1113. Louandre. Topogr. du Ponthieu. — 1118, Enguerrand, évêq. d'Am. — 1164. Thiery, évêq. d'Am. Gall. christ.

Hulmastrum, 1185. Henri de Fontaines. M. Darsy. Hist. de Sery.

Homastres, 1284. Philippe-le-Bel.

Omastres, 1301. Pouillé. — 1507. Cout. loc.

Omastre, 1568. Relief. Dom Grenier. — 1646. Hist. eccl. d'Abbeville.

Aumastre, 1646. Hist. eccl. d'Abbeville.

Omatre, 1657. Proc.-verb. des cout. — 1757. Cassini.

Omattre, 1695. Nobiliaire de Picardie.

Aumattre, 1696. — Armorial de Picardie.

Aumâtre, 1750. Le Couvreur de Boulainviller. —1763. Expilly.— 1857. Dénomb. quinq.

Omaire, 1764. Desnos.

Aumâtre. dioc. d'Amiens, doy. d'Oisemont, puis d'Hornoy, élect. d'Amiens, prévôté de Vimeu.

Dist. du canton, 5 k., — de l'arr., 43 — du dép., 43.

AUMIGNON, rivière.

Dalmanio.... Rec. des Hist. de France. Had. de Valois.

Almanio... M. Decagny.

Balmanir... M. Decagny.

La Vignon, 1623. Itinéraire de Debuisson.

Aumignon, 1623. Itin. de Dubuisson. — 1763. Expilly. — 1707. France en 4 feuilles de G. Sanson.

Le Vignon, 1649. Coulon. Riv. de France.

Daumignon, 1675. Had. de Valois. — Rec. des Hist. de France.

Domignon, 1710. M. De Fer.

Tuignon et *Etuignon,* 1724. Bail. — M. Cocheris.

Omignon, 1757. Cassini. — 1864. Admin.

Amignon, 1761. Robert. — 1763. Expilly. — 1778. De Vauchelle.
— An III. La Républ. Fr. en 88 dép.

Augmignon, 1763. Expilly.

Avignon, 1763. Expilly.

Oumignon, 1763. Expilly.

> L'Aumignon prend sa source à Pontru (Aisne), coule de l'Est à
> l'Ouest, passe à Tertry, Monchy, Devise, Athies, Ennemain,
> se replie plusieurs fois sur lui-même et vient se perdre dans
> la Somme au delà de S. Christ, à Briost, après un parcours
> de 17 kil.

AUMONT (canton d'Hornoy), 354 hab.

Altmunt, 1135. Renaud, arch. de Reims. Cart. de Selincourt.

Aillemont, 1142. Garin, év. d'Am. Ib.

Altus mons, 1157. Raoul d'Airaines. Ib. — 1164. Alexandre III,
pape. Ib. — 1176. Henri, arch. de Reims. Ib.

Aumont, 1160. Henri d'Angleterre. Hist. d'Aumale. — 1301.
Pouillé. — 1657. Procès-verbal des cout. — 1733. G. Delisle.
— 1750. Le Couvreur. — 1757. Cassini.

Haultmont, 1164. Cart. de Selincourt.

Allemont, 1164. Alexandre III, pape, Ib.

Almons, 1165. Thierry, év. d'Am. Ib.

Almont, 1165.   Id.   Ib.

> C'est par erreur que d'Expilly dit que cette terre a donné
> son nom à la maison d'Aumont ; c'est Isle-Aumont (Aube)
> qui fut érigé en marquisat en 1665 et non Aumont (Somme).

> Aumont, dioc. et élect. d'Amiens, doy. d'Airaines, puis d'Hor-
> noy, prévôté de Vimeu.

> Dist. du canton, 5 k. — de l'arr., 28 — du dép., 28.

AURICOURT, fief sis à Hem.

Auricourt, fief, 1784. Daire.

AUST, fief, sis à Allenay.

Aust (fief d'), Dom Grenier.

Grand fief d'Allenay, Id.

AUTHEUX (canton de Bernaville), 408-410 hab.

Altaria, 1150. Cart. St.-Martin-aux-Jumeaux. — 1160. Cart. du Gard. — 1166. Wilfredus, abbé de S. Riquier. Dom Cotron. — 1204. Robert de Doullens. Cart. de Fieffes. — 1229. Cart. du Gard. — 1270. Actes du Parlement. — 1301. Dén. de l'évêché.

Auteulx, 1215. Robert des Auteulx. Cart. de Fieffes.

Hosteux, 1216. Cart. de Fieffes.

Autex, 1230... M. Decagny.

Auteus (les), 1297. Guerars des Auteux. Cart. du Gard.

Autels (les), 1300. Jean de Picquigny. Cart. noir de Corbie.

Auteus, 1301. Dénombrement de l'évêch. d'Amiens.

Auteux (les), 1372... Aveu de Jean des Auteux. M. Cocheris. — 1507. Cout. loc. — 1696. Armorial d'Hozier.

Autheux (les), 1351. Désistement du seigneur des Autheux. Cout. loc. — 1757. Cassini. — 1763. Expilly. — Ordo.

Haulteux, 14... Chron. de Monstrelet.

Zotheu, 1638. Tassin. — 1657. Jansson.

Autheuz (les), 1657. Procès-verbal des coutumes.

Autheux, 1733. G. Delisle. — An X. — 1836. Etat-major.

Auten (les), 1743. Friex.

Authieux, 1763. Expilly.

Autieux (les), 1787. Picardie mérid.

Autheux, dioc. d'Am., doy. de Labroye, puis d'Auxy-le-Chateau, élect. de Doullens.

Dist. du canton, 5 k. — de l'arr., 10 — du dép., 33.

AUTHIE, rivière.

Æteya, 723. Carta Rigoberti Episcopi. Pardessus.

Alteia, 723. Cart. Sithiense. — viiie siècle. Vie de S. Josse. — 1100. Gervin, évêq. d'Am. Gall. christ. — 1160. Alexandre III, pape. Cart. de Valloires. — 1178. Henri, évêq. de Senlis. Cart.

de Valloires. — 1186. Délimitation du comté d'Amiens. — 1203. Florent, abbé de S. Josse. — 1208. Philippe-Auguste. M. Léop. Delisle.

Altesia, 1208. Philippe-Auguste. M. Léop. Delisle.

Althea, 1211. Hugues de Fontaines. Cart. de Valloires.

Alteya, 1215. Guillaume, comte de Ponthieu.

Authie, 1226. Jean de Nesle, comte de Ponthieu. — 1277. Maire de Rue. M. Prarond. — 14... Légende de S. Fursy. — 1733. G. Delisle. — 1757. Cassini. — 1763. Expilly.

Autie, 1244. Arch. de la Chambr. des comptes de Lille. — 1277. Maire de Rue. M. Prarond. — 1278. Olim. — 1649. Coulon. Riv. de Fr. — 1675. Hadrien de Valois. — 1683. État du domaine du roi dans la généralité d'Amiens. — 1710. N. De Fer.

Autye, 1260. Olim. — 1260. Actes du Parlement. M. Boutaric. — 1273. Dreux d'Amiens. Dom Cotron.

Auteia, 1279. Olim.

Ætilia... Daire. Hist. de Doullens.

Aulthie, xve siècle. Légende de S. Fursy, traduit par Jean Millot.

Authye, 1421. Arch. du chap. d'Am. — 1592. Pouillé.

Altilia, 1492. Chron. de Jean de la Chapelle.

Aultye, 1554. La Guide des chemins de France.

Authy, 1579. Ortelius. — 1592. Surhonius.

Anthy, 1638. Tassin.

Authi, 1649. Coulon. Riv. de France.

Anty, 1705. N. De Fer. — 1770. Desnos.

Altejack, 1743. Tabula imperii Caroli magni per Aeg. Robertum. R. des Hist. de Fr.

Auty, 1764. Atlas maritime de Bellin. — 1798. Bignon. État de la France.

Auchie, 1771. Colliette. Hist. du Vermandois.

Oty, 1720. MS. de Monsures.

L'Authie qui prend sa source à Sailly-au-Bois entre Coing et Coigneux (Pas-de-Calais), coule au N.-O. passe à S. Leger, à Authie, à Thièvres, où elle reçoit la Kilienne, à Sarton, Orville, Ampliers, Authieulle, Doullens, où elle reçoit la Grouche, à Hem, Occoches, Outrebois, Mézerolles, entre Frohen-le-Grand et Frohen-le-Petit, à Bealcourt, Beauvoir, rentre dans le Pas-de-Calais, passe à Vitz, Villeroy, Boufflers, le Boisle, Dompierre, Ponches, Dominois, Argoules, Préaux, Nampont, Tigny, Collines, et se perd dans les sables au Pas-d'Authie, après un parcours de 74 kil.; elle fait mouvoir 12 moulins ou usines.

AUTHIE (canton d'Acheux), 876 hab.

Altheiæ, 867. Dipl. de Charles-le-Chauve. — 1246. Aelis, abbesse de S. Michel de Doullens.

Alteia, 844. Dipl. de Charles-le-Chauve. — 1180. Hariulfe.

Altegia, 1180. Hariulfe.

Attilia, 1180. Ib.

Authia, 1180. Ib.

Autie, 1211. Gui de Ponthieu. — 1221. Philippe-Auguste. Dom Grenier. — 1710. De Fer. — 1743. Friex.

Alteya, 1301. Pouillé du diocèse

Authie, 1470. Cueilloir de Fieffes. — 1492. Jean de la Chapelle. — 1507. Cout. loc. — 1595. Palma-Cayet. — 1733. G. Delisle. — 1757. Cassini. — 17 brum. an X. — 1844. Girault S. Fargeau. — 1824-1865. Ordo. — 1864. Sceau de la commune.

Authy, 1579. Ortelius. — 1591. Surhonius. — 1720. MS. de Monsures.

Othie, 1521. Mem. de du Bellay.

Anthie, 1648. Pouillé général.

Authies, 1857-61. Dénomb. quinq.

Authie, dioc. d'Amiens, doy. et élect. de Doullens, prévôté de Beauquesne.

Dist. du canton, 7 k. —.de l'arr., 14 — du dép., 31.

AUTHIEULLE (canton de Doullens), 347 hab.

Altciola, 1090. Anscher. Vita S. Angilberti. Act. O. S. B. — 1110.
Miracles de S. Riquier.

Altijola, 1090. Ib. Dom Cotron.

Altiola, 1146. Thibaut, évêq. d'Amiens. Cart. S. Josse. — 1206.
Jean d'Authieulle.

Alta silva, 1198. Jean Mauclerc. Arch. de Doullens.

Authiola, 1230. Daire. Hist. de Doullens. — 1236. Jean de Rosières.

Autiola, 1236. Jean de Rosières. Hist. de Doullens.

Autiole, 1285. Daire.

Authieulle, 1280. Hues de Rosières. Arch. de Doullens. — 1507.
Coutumes locales. — 1757. Cassini. — An X. — 1836. Etat-
major.

Autheville, 14... Chron. de Monstrelet.

Authieult, 1507. Cout. de Doullens.

Authieule, 1648. Pouillé général. — 1844. Girault S. Fargeau.
— 1857. Dénomb. quinq. — 1864. Sceau de la commune.

Athuille, 1657. Jansson.

Autieul, 1696. Armorial de Picardie.

Anticulle, 1700. Villers de Rousseville. — 1761. Robert.

Authieul, 1720. MS. de Monsures.

Authieul, 1733. G. Delisle. — 1778. De Vauchelle.

Autieule, 1743. Friex.

Authieulle-le-Beau, 1784. Daire. Hist. de Doullens.

Authieulle, dioc. d'Amiens, doy., élect. et prév. de Doullens.
Dist. du canton, 3 k. — de l'arr., 3 — du dép., 30.

AUTHOUIN, fief, sis à Saigneville.

Authouin (fief d'), Dom Grenier.

AUTHUILLE (canton d'Albert), 301 hab.

Antoilum.... vııe siècle. Vie de S. Fursy. — Daire.

Autoilum. Ibid.

Altoilum.... Daire. — Had. de Valois.

Altogilum.... Had. de Valois.

Antueil.... M. Decagny.

Anthieule.... M. Decagny.

Autuile, 117 . Thibaut, évêq. d'Am. Cart. S. Laurent. — 1190. Baudouin d'Encre. Cart. d'Arrouaise.

Authuis, 1186. Délimitation du comté d'Amiens.

Authuile, 1186. Ibid. — 1857. Dénomb. quinq. — 1864. Sceau de la commune.

Autulia, 1188. Charte de commune de Ham.

Autogils, 1190. Thibaut, évêq. d'Am. Cart. S. Laurent.

Autuyle, 1301. Pouillé.

Authuil, 1579. Ortelius. — 1592. Surhonius. — 1733. G. Delisle. — 1743. Friex. — 1778. De Vauchelle.

Authuille, 1634. Théâtre géogr. de Tavernier. — 1757. Cassini. — 1763. Expilly. — 17 brum. an X. — Ordc.

Autüille, 1692. Pouillé. Ms. 513. Bibl. d'Am.

Autueil et *Autcuil* et *Autuil*, 1695. Had. de Valois.

Autuilles, 1763. Expilly.

Antheuil, 1787. Picardie mérid.

Authueille, 1778. E. de Sachy. Hist. de Péronne.
Authuille, dioc. d'Amiens, doyen d'Albert, élection de Péronne. Dist. du canton, 6 k. — de l'arr., 27 — du dép., 34.

AUVILLERS, fief, sis à Monsures,
Auvillers (fief d'), Daire. Doy. de Conty.

AUVILLERS, fief, sis à Hérissart.

AVALASSE, petit cours d'eau passant à Estrebœuf et à Arrest, affluent de l'Amboise.
Avalasse (l').
Avalasse (rivière d').

AVELESGE (canton de Molliens-Vidame), 155 hab.
Avleges, 1164. Alexandre III, pape. Cart. de Selincourt.
Avlege, 1164. Alexandre III, pape. Ib. — 1166. Henri, arch. de

Reims. Ib. — 1176. Henri, arch. de Reims. — 1177. Thibaut, évêq. d'Amiens. Cart. de Selincourt.

Avlegia, 1177. Thibaut, évêq. d'Am.   Ib.

Avlegium, 1239. Hugues d'Airaines. Cart. de Selincourt.

Avclesges, 1337. Rôle des nobles et fieffés. — 1646. Hist. eccl. d'Abb. — 1657. Proc. verb. des cout. — 1695. Nobil. de Picardie. — 1725. Revenus du chapitre. — 1861. Dénomb. quinq.

Avelesque, 1507. Cout. du chap. d'Amiens.

Avlesges, 1594. Revenu de l'évêché.

Avlesge, 1696. Armorial de Picardie. — 1865. Sceau de la commune.

Avelège, 1733. G. Delisle. — 1750. Le Couvreur. — 1763. Expilly. Avclesge, dioc., élection d'Amiens, secours d'Aumont, doy. d'Airaines, puis d'Hornoy, prévôté de Vimeu.

Dist. du canton, 8 k. — de l'arr., 29 — du dép., 29.

AVELUY (canton d'Albert), 401 hab.

Avcluis, 1164. Thierry, évêq. d'Am. Cart. de Selincourt. — 1178. Thibaut, évêq. d'Am. Cart. S. Laurent. — 1248. Cart. de Fouilloy. — 1657. Jansson. — 1763. Expilly. — 1784. Daire.

Avelu, 1284. Baudouin de Beauvais. M. Cocheris.

Avelys, 1289. Quittance de Baudouin d'Aveluy. Trésor général.

Aveluys, 1301. Pouillé. — 1390. Quittance de Jean d'Aveluy.

Aveluiz, 1440. Frais de divers messagers. M. V. de Beauvillé.

Avelus, 1452. Chron. de Mathieu d'Escouchy.

Aveluichs, 1507. Cout. loc.

Avelluys, 1567. Cout. de Péronne. — 1743. Friex.

Aveloe, 1648. Pouillé général.

Avelluis, 1637. Marrier. Hist. S. Martini de Campis.

Avelin, 1733. G. Delisle. — 1707. G. Sanson. France en 4 feuilles. — 1778. De Vauchelle.

Aveluy, 1757. Cassini. — 1836. Etat-major.

Avelluys, 1743. Friex.

Aveluy, dioc. d'Amiens, doyen. d'Albert, élect. de Péronne. Dist. du canton, 3 k. — de l'arr., 28 — du dép., 32.

AVESNES, dép. de Vron, 21 hab.

Avesnes, 1211. Hugues de Fontaines. — 1244. Innocent IV, Pape. Cart. de Valloires. —1301. Pouillé. — 1657. Jansson. —1766. Cout. de Ponthieu.—1763. Expilly.—1836. Etat-major.—Ordo.

Avesne, 1638. Tassin.—1757. Cassini. — 1763. Expilly.—1764. Desnos.—1776. Alm. du Ponthieu.—1840. Alm. d'Abbeville.

Avennes, 1648. Pouillé gén.

Aveine, 1710. N. De Fer.

Avene, 1733. G. Delisle.

Avenes, 1779, Alm. du Ponthieu.

Election d'Abbeville, doy. et bailliage de Rue.

AVESNES-CHAUSSOY (canton d'Oisemont), 151-203 hab.

Avenæ, 1146. Thierry, évêq. d'Am. Cart. Selincourt.

Avesnes, 1157. Raoul d'Airaines. — Cart. de Selincourt. —1165. Thierry, évêq. d'Am. Ibid.— 1231. Hugues d'Avesne. Cart. du Gard.—1295. Philippe IV, roi. —1301. Pouillé.—1507. Cout. loc. — 1589. Registre de l'échevinage. d'Amiens. — 1757. Cassini.— 1763. Expilly.

Avesne, 1277. Philippe III, roi. Cart. de Selincourt. — Ordo.

Avennæ, — 1301. Dénomb. de l'évêché.

Avesne-en-Vimeu, 1349. Jean de Bettembos. Pouillet.

Avesne-Ménil, 1696. Armorial d'Hozier.

Avene, 1733. G. Delisle. — 1778. De Vauchelle.

Avesne et Sauchoy, 1750. Le Couvreur de Boulainviller.

Avesne et le Sauchoy, 17 brum. an X.

Avesne-Chaussoy, 1844. Girault S. Fargeau.

Avenne, 1160. Henri d'Angleterre. Hist. d'Aumale.

Avesnes, dioc. et élect. d'Amiens, doy. d'Airaines, puis d'Hornoy, prévôté de Vimeu, seigneurie mouvant de Picquigny.

Dist. du canton, 12 k. — de l'arr., 35 — du dép., 35.

AVESNES, fief sis à Ribemont.

Avesnes (fief d'), 1536. Arch. de Corbie.

AVESNES, fief sis à Rosières.

Avesnes, (fief d'), 1622. Aveu.

AVIGNON, ferme dép. de Surcamps.

Avignon, — 1743. Friex. 1761. Robert.

AVISNAS, en Vimeu.

Lieu inconnu.

Avisnas, 750. Dipl. Pippini regis.

Avisnæ, 844. Hariulfe.

M. Jacobs le place à Bellavesne, dép. de Tœufles. Revue des Soc. sav., VII, 241. Nous ne savons sur quelles preuves

AVRE, rivière.

Arva.... Daire.

Hama.... Dom Grenier.

L'ieaue qui va de Moreuil à Hailles, 1249. Dom Grenier.

Riv. d'Orin, 1602. Reg. de l'échevinage d'Amiens.

Riv. d'Aurain. Ibid.

Le Moreuil, 1646. Coulon. Riv. de France.

R. de Moreuil, 1657. Jansson. — 1680. Lettre de Colbert.

Arve, 1669. Titres du Chapitre. — 1757. Daire. Hist. d'Amiens.

Aurina, 1675. Had. de Valois.

Avregne, 1710. N. De Fer. — 1733. G. Delisle. — 1753. Daire. — 1763. Expilly. — 1770. Desnos. — 1778. De Vauchelle.

Avreignes, 1728. Bignon. Etat de la France.

Avre, 1733. G. Delisle. — 1757. Cassini. — 1761. Robert. — 1778. De Vauchelle. — 1836. Etat-major.

Riv. d'Arde ou d'Avre à présent dite de Moreuil. Echevinage d'Amiens de 1746.

Havre (l'), à Longueau.

L'Avre qui provient des dépôts de lignites, a sa source à Avricourt (Oise) à 6 kil. de Roye. Elle coule du S.-E. au N.-E. passe à Roiglise, S. Georges, Roye, S. Mard, l'Echelle, Guerbigny, Warsy, Becquigny, Davenescourt, Boussicourt, Contoire, le Hamel et Pierrepont, y reçoit le *Don*, se divise en deux branches jusqu'au-dessus de Braches, à la hauteur de la Neuville-Sire-Bernard, passe entre Moreuil et Morisel ou elle commence à être navigable, à Castel, à Hailles où elle reçoit la Luce, à Thésy, à Fouencamps, où elle s'unit à la Noye, à Boves, à Cagny, se divise en 2 branches auprès de Longueau et se jette dans la Somme au-dessus de la Neuville-lès-Amiens, après un trajet de 50 kil. environ.

AVRELLE, bras de l'Avre passant à Amiens.

AYENCOURT (canton de Montdidier), 22-109 (131) hab.

Aiencourt, 1215. Everard, évéq. d'Am. Cart. de Fouilloy. — 1235. Cart. de St.-Martin-aux-Jumeaux. — 1301. Pouillé. — 1406. Lettre du roi Charles VI.

Ayencourt, 1567. Cout. de Montdidier. — 1657. N. Sanson. — 1757. Cassini. — Ordo.

Aencourt. 1657. Procès-verbal des coutumes.

Ayencour, 1657. N. Sanson. — 1733. G. Delisle.

Ayancourt, 1844. Girault S. Fargeau.

Ayencourt, dioc. d'Amiens, doy., élect. et bailliage de Montdidier.

Dist. du canton, 3 k. — de l'arr., 3 — du dép. 39.

B.

BAC (le). dép. de Quend.

Bac (le), 1764. Desnos. — 1757. Cassini.

Bache, ruisseau.

La Bâche est un ruisseau qui, de Pendé, afflue dans l'Amboise.

Bachie (la), ferme dép. de Rumigny.

Bachimont, fief sis à Prouville.

BACOUEL (canton de Conty). 157-189 hab.

Bascoel, 1093. Gervin, évêq. d'Amiens. Cart. St.-Acheul. — 1191. Béatrice de Boves. Cart. St.-Jean. — 1224. Hues de Fourdrinoy. Cart. du Gard. — 1230. Official de Beauvais. Cart. de Beaupré. — 1301. Pouillé.

Bacouel, 1145. Samson. Arch. de Reims. Cart. St.-Acheul. — 1246. Sceau d'Albin de Bacouel. Rob. Wyart. — 1348. Montre. Trésor gén. — 1493. Arch. de Doullens. — 1567. Cout. de Montdidier. — 1648. Pouillé général. — 1763. Expilly.

Bascouel, 1147. Thierry, évêq. d'Amiens. Gall. christ. — 1301. Dénomb. de l'évêché. — 1302. Quittance de Jean de Bacouel. Trés. gén. — 1337. Rôle des nobles et fieffés.

Bacoils, 115.. Pignoratio vicecomitatus Belvac. Daire.

Bascuel, 1206. Richard, évêq. d'Am. Cart. du Gard.

Bascohelf... Daire.

Bastorel, xive siècle. Armorial.

Bacceul, 1579. Ortelius. — 1592. Surhonius.

Bacquoy, 1638. Tassin.

Bacanoy, 1659. Jansson.

Bacouelle, 1700. Etat des fiefs.

Bacouet-sur-Selle. 1733. G. Delisle.

Baçouel-sur-Selle, 1778. De Vauchelle. — 1783. Daire.

Baconel, 1787. Picardie méridionale.

Doyenné de Conty, dioc., inf., élect. d'Amiens, prévôté de Beauvoisis à Amiens. — Mouvance de Picquigny.

Dist. du canton, 13 k. — de l'arr., 10. — du dép., 10.

Bacquencourt, dép. de Hombleux, 335 hab.

Bakencort, 1142. Innocent II, pape. Cart. d'Arrouaise.

Bachencurt, xii° siècle. Wautier de Brouchy. Cart. d'Arrouaise.
— 1153. Beaudouin, évêque de Noyon. Ibid.

Bachencort, 1152. Beaudouin, évêq. de Noyon. Cart. de Noyon.

Baghencurt, 1156. Adrien IV, pape. Cart. d'Arrouaise.

Baquencort, 1215. Dénomb. de Jean de Nesle. — 1230. Dénomb.
de la terre de Nesle.

Abaquencort, 1258. Olim.

Baquencourt, 1733. G. Delisle. — 1764. Expilly. — 1836. Etat-
major.

Bacquencourt, 1757. Cassini. — 1764. Expilly. — 1851-62. Ordo.

Baquercourt, 1787. Picardie méridion.

Baquincourt, 1827. Ordo.

Bacquancourt, 1828-50. Ordo. — 1844. M. Decagny.

Doy. de Ham, élect. et dioc. de Noyon, généralité de Soissons.

BAGATELLE, dép. d'Abbeville.

Bagatelle, 1754. Maison de campagne bâtie par les Van Robais.
— 1770. Sédaine.

BAGNEUX, dép. de Gézaincourt, 126 hab.

Bagustæ, 662. Dipl. de Clotaire.

Baigneux, 1255. Prieur de Bagneux. Cart. de Fieffes. — 1378.
Cart. de Fieffes. — 1761. Robert. — Daire.

Balneoli, 1301. Pouillé du diocèse.

Balneolum... Daire.

Bagnolet, 1349. Daire. Hist. de Doullens.

Beigneux, 1441. Valeran de Soissons. Cart. de l'Université des
Chapelains d'Amiens.

Beignieux, 1507. Cout. de Doullens.

Bagneulx, 1507. Coutumes locales.

Bainueux, 1638. Tassin.

Bainneux, 1657. Jansson.

Bagneu, 1733. G. Delisle. — 1707. G. Sanson. Fr. en 4 f.

Bagneux, 1757. Cassini. — 1763. Expilly. — 1836. État-major.

Bagnec, 1787. Pic. mérid.

Ancien prieuré, élect. et doy. de Doullens.

BAILLESCOURT, dép. de Beaucourt-lès-Miraumont.

· *Balliscourt*, 1147. Thierry, év. d'Amiens. Cart. de S. Acheul.

Bailliscourt, 1232. Cart. de St.-Acheul.

Baillescourt, 1579. Ortelius. — 1692. Pouillé. — 1733. G. Delisle. — 1757. Cassini. — 1836. Etat-major.

Baillenscourt, 1710. N. De Fer.

Baillescour, 1743. Friex.

Dioc. et arch. d'Amiens, doy. d'Albert, élect. de Péronne.

BAILLET, fief sis à Franqueville.

BAILLEUL (canton d'Hallancourt), 366-1,000 hab.

Baillol, 1109. Henri, comte d'Eu. Dom Grenier. — 1252. Bernard de Bailleul. Cart. de Valloires.

Ballolium, 1138. Garin, évêque d'Amiens. Had. de Valois. — 1196. Eustache de Bailleul. M. V. de Beauvillé.—1208. Renaud, comte de Boulogne. — 1208. Bernard, év. d'Amiens. Cart. de Selincourt. — 1226. Hugues, abbé de St.-Riquier. Cart. S. Josse.

Ballolum, 1171. Bernard de Bailleul. Cart. de Selincourt.

Baillolium, 1208. Richard, évêque d'Amiens. Cart. de Selincourt. — 1316. Requête de la comtesse Mahaut.

Ballcolum, 1230. Geoffroy, évêque d'Am. Cart. de Bertaucourt. 1235. Cart. de St.-Martin-aux-Jumeaux.

Baiellum, 1259. Archidiacre de Ponthieu. Cart. de Selincourt.

Bailleul, 1260. Olim. — 1282. Hue de Bailleul. Cart. de l'évêché. — 1295. Actes du Parlement. — 1707. Fr. en 4 f. — 1757. Cassini. — 1763. Expilly.

Bailloil, 1269. Liste des chevaliers croisés avec S. Louis.

Ballieul, 1273. Gautier de Gransart. Cart. de Selincourt.

Bailloeul, 1300-1323. Marnier. Cout. de Pic.

Bailluel, 1301. Pouillé.

Bailleul-en-Vimmeu, 1363. Charte de Jean, roi d'Ecosse. — 1434. Archiv. de Lille.

Baillœul, 1369. Revue de Guillaume de Beauvais. Trésor généal. —1507. Cout. loc. —1634. Trésor géog.

Bailloul, 1638. Tassin.

Bailleuil, 1761. Robert.

Bailleul-lès-Cocquerel, 1750. Le Couvreur de Boulainviller.

Bailleul-Gransart, 1851. Almanach d'Abbeville.

Doy. d'Oisemont, puis de Mons, arch. d'Abbeville, dioc., intend., élect. d'Amiens, prévôté du Vimeu.

Dist. du cant., 6 k. — de l'arr., 10. — du dép., 40.

BAILLON, près Abbeville, entre les routes de Montreuil et d'Hesdin.

La maladrerie de Baillon. 1498. Arch. de l'hospice de St.-Riquier.

Baillon, fief. Dom Grenier.

Baillon, ferme. 1778. Alm. du Ponthieu.

BAILLON, fief sis à Bertrancourt.

Alleux de Baellon, 1255. Archiv. du chap. d'Amiens.

Baillon. Dom Grenier.

BAILLON, ferme dép. de Frettemeule.

Baillon, 1657. Jansson. — 1757. Cassini. — 1766. Cout. du Ponthieu. —1840. Almanach d'Abbeville.

Fief Baillon. M. Prarond.

BAILLON, dép. de Machy.

Baillon, 1761. Robert. — 1766. Cout. du Ponthieu. — 1763. Expilly. — 1783. Alm. du Ponthieu.

BAILLON, fief sis à Plachy.

Fief Baillon, 1733. Titres de l'Évéché.

BAILLON, dép. de Warloy-Baillon.

Balons, 1256. Sentence relat. à Corbie. Aug. Thierry.

Baaillon, 1301. Dénomb. de l'évêché.

Baillon, 1733. G. Delisle. — 1757. Cassini.

BAILLON (grand et petit), terroir des Fieffes.

BAINAST, dép. de Béhen. 82 hab.

>Baienast, 1164. Thierry, évêque d'Am. Gall. christ. — 1225. Hosp. de St.-Riquier. — 1301. Pouillé.

>Baynast, 1337. Rôle des nobles et fieffés. — 1370. Trésor gén. — 1472. Hosp. de St.-Riquier. — 1499. Liénard Leclerc, audit. du roi. Cart. du chap. d'Amiens.

>Benast, 1337. Rôle des nobles et fieffés. — 1763. Expilly.

>Beynast, 1453. Lettre de rémission de Charles VII.

>Bainast, 1422. M. Prarond. — 1453. Lettre de rémission de Charles VII. — 1692. Nob. de Picardie. — 1730. Epitaphe dans l'église. — 1757. Cassini. — 1836. Etat-major.

>Bama, 1733. G. Delisle. — 1778. De Vauchelle.

>Boena, 1761. Robert.

>Bauta, 1787. Picardie méridionale.

>Baisnast, 17... Dom Grenier. Topogr. — 1856. Franc Picard.

BAINS, fief sis à Mailly-Raineval.

>Fief de Bains. Daire. D. de Moreuil.

BAIZIEUX (canton de Corbie), 721 hab.

>Bacivus villa. Frédegaire. M. Jacobs.

>Bacivum, VIIe siècle. Frédegaire. Mabillon. Dipl.

>Basiu, 856. Dipl. de Charles-le-Chauve.

>Basium, 869. Epist. Hincmari.

>Basivum, 875. Annales Bertiniani.

>Bacium. Gesta Francorum. Frédegaire.

>Abacivum villa. Frédegaire Appendix.

>Bellinsilva, 1148. Eugène III. Cart. noir de Corbie.

>Baisiu, 1174. Thibaut, évêque d'Amiens. Cart. St.-Laurent. — 1301. Pouillé.

>Biaisiu, 118... Id. Id.

>Bacivile, 12... Chron. de St.-Denis.

>Bar, 12... Ib.

Baisieu, 1301. Pouillé. — 1337. Rôle des nobles et fieffés. — 1474. Ord. de l'évêché d'Am.

Bezieu, 1570. Délib. de l'échevin. d'Amiens. A. Thierry.— 1677. 1692. Saisines du chateau.

Baissieu, 1579. Ortelius. — 1592. Surhonius.

Boissieulx, 1579. Ortelius.

Besieu, 1594. Palma Cayet.

Bassieu, 1608. Quadum. Fascicul. geogr.

Baisieux, 1648. Pouillé général.

Baisiers, 1648. Pouillé général.

Baisieulx, 1657. Jansson.

Bezieux, 1677. Saisines du château. — 1744. Lettre du roi. Généal. de Mailly. — 1757. Cassini.

Bevieux, 1696. Etat des armoiries.

Baizieu, 1692. Pouillé. — 1707. France en 4 f. — 1733. G. Delisle. — 1763. Expilly.

Baizieux, 1836. Etat-major. — 1824-1865. Ordo.

    Doy. de Mailly, dioc. et archid. d'Amiens, élect. de Doullens, prévôté de Fouilloy.

    Dist. du cant., 11 k. — de l'arr., 21. — du dép., 21.

BALANCE, ferme dép. de Vron, second siége de l'abbaye de Valloires.

Balantiæ, 1143. Guy, comte de Ponthieu. Gall. christ. — 1145. Cart. S. Josse.— 1160. Alexandre III, pape. Cart. de Valloires. —1170. Jean, comte de Ponthieu. Ibid. —1178. Henri, évêq. de Senlis. Ibid.—1198. Enguerrand de Fontaines. Gall. christ. 1203. Florent, abbé de St-Josse. Cart. St.-Josse. — 1240. Jean de Ponthieu. Cart. du Gard.

Balanciæ, 1144. Eugène III, pape. Cart. de Valloires.— 1150. Pierre, abbé de St.-Riquier. Dom Cotron. — 1162. Gautier Tyrel. Gall. christ.— 1205. Roger, abbé de Valloires. Cart. St.-Josse.— 1233. Guillaume, abbé de Balance. Cart. de Bertaucourt. — 1244. Innocent IV, pape. Cart. de Valloires. — 1492. Jean de la Chapelle.

Balancœ, 1147. Beaudouin, abbé de St.-Riquier.

Balanchiœ, 1234. Abbé de Citaux. Cart. de Bertaucourt. — 1260. Actes du Parlement. M. Boutaric. — 1301. Pouillé.

Bellancie, 1492. Jean de la Chapelle.

Balanches, 1492. Id.

Ballance, 1646. Hist. eccl. d'Abbeville.

Ballances, 1757. Cassini. — 1764. Desnos.

Belache, 1761. Robert.

Balance, 1763. Expilly.

Balances (les), 1836. Etat-major. — Ordo.

Balance (la), 1840. Almanach d'Abbeville.

BALATRE (canton de Roye), 225 hab.

Baala... M. Decagny.

Balastre, 1179. Alexandre III. Cart. de Noyon. — 1248-1249. Cart. de Noyon. — 1337. Rôle des nobles et fieffés. — 1648. Pouillé gén. — 1752. D'Oisy. — 1763. Expilly.

Balâtre, 1567. Cout. de Roye. — 1757. Cassini. — Ordo.

Balâtres. M. Decagny.

Balussire, 1761. Robert.

Doy. de Nesle, dioc. de Noyon, élect. de Péronne, intendance d'Amiens.

Dist. du cant., 6 k. — de l'arr., 25. — du dép., 48.

BALENCOURT, lieu dit au terroir de Davenescourt.

BALENTREUX (le), lieu dit au terroir d'Offoy.

BALEUSE, fief sis à Thoix.

Fief Baleuse. Daire. Doy. de Granvillers.

BALIFOUR, ferme dép. de Rue, 21 hab.

Balefour, 1733. G. Delisle. — 1861. Dénomb. quinq.

Balifour, 1757. Cassini. — 1764. Bellin. Atlas maritime. — 1764.

Desnos. — Ordo. — 1836. Etat-major. — 1840. Almanach d'Abbeville.

Balfour, 1778. De Vauchelle.

Batifour, 1787. Picardie mérid.

BALINGUAN, fief sis à Quend.

Fief de Balinguan. Louandre. Hist. d'Abbeville.

BALLANT, fief sis à Gamaches.

Fief Ballant. M. Darsy.

BANLIEUE (la), dép. de Ponthoile.

Banlieue (la), 1750. Le Couvreur de Boulainviller.

BAPALMES, fief sis à la Faloise.

Fief de Bapalmes. Daire. D. de Moreuil.

BAQUEVAL, dép. de Nibas.

Baqueval, 1750. L. C. de Boulainviller.

BARAQUE (la), dép. de Gruny, 17 hab.

Barraque (la), 1829-62. Ordo.

Baraque (la), 1861. Dénomb. quinq.

BARAQUES (les), écart de St.-Germain-sur-Bresle.

BARDES (les), fief sis à Coulonvillers.

Fief des Bardes... Dom Grenier.

Fief des Gardes. Ibid.

BARLETTE, hameau dépendant de Franqueville. 83 hab.

Barlette, 1507. Cout. locales.— 1757. Cassini.— Ordo.—1857-61. Dénomb. quinq.

Barlettes, 1692. Nobil. de Picardie.

Barlete, 1743. Friex.

BARLEUX (canton de Péronne), 556 hab.

Barlous, 882. Annales Vedastini. Rec- des hist. de France.

Bailos, 1044. Bulle de Grégoire VI.

Barlos, 1108. Cart. de Lihons.

Barlues, 1127. Jean, abbé de St.-Barthélemy de Noyon. Cart. de

Libons. — 1214. Dénomb. Reg. de Philippe-Auguste. — 1221. Etienne, évêque de Noyon. Cart. de Noyon.

Barlus, 1147. Eugène III, pape. Marrier. Hist. de St.-Martin-des-Champs.

Ballues, 1256. Vidimus donné par S. Louis. M. Cocheris.— 1269. Actes du Parlement.

Bailues, 1300. Aveu de Jean de Picquigny. Cart. noir de Corbie.

Barleux, 1429. Recette des droits de bâtardise de la prévôté de Péronne. — 1519. Compte de la commanderie d'Eterpigny.— 1567. Cout. de Péronne. — 1648. Pouillé général. — 1733. G. Delisle. — 1763. Expilly.

Barleu, 1640. Pouillé. M. Decagny.

Berleux, 1757. Cassini. — 1792. La Républ. en 88 dép.

Berleu — Berlu — Balues... M. Decagny.

Dioc. de Noyon, doy. et élection de Péronne, intendance d'Amiens.

Barleux fut l'un de 16 cantons du district de Péronne en 1790; il n'est pas en l'an VIII chef-lieu d'arrondissement communal, et devient en l'an X simple commune du canton de Péronne.

Dist. du cant., 5 k. — de l'arr., 5. — du dép., 44.

BARLY (canton de Bernaville), 577 hab.

Barly, 1075. Ch. de Philippe Ier. Gall. christ. — 1327. Lettre de Philippe-le-Bel. — 1507. Coutumes locales. — 1757. Cassini. — 1763. Expilly.

Barli, 1108. Adèle de Péronne. Cart. de Lihons. — 1733. G. Delisle. — 1743. Friex.

Baslis, 1138. Garin évêque d'Amiens. Gall. christ.

Barliacum, 1160. Cart, du Gard.

Basly, 1301. Pouillé du diocèse.

Doy. de Labroye, puis d'Auxi-le-Chateau, arch. du Ponthieu, dioc. d'Amiens, élection et prévôté de Doullens.

Dist. du cant., 13 k. — de l'arr., 9. — du dép., 39.

BARRAQUIN, fief sis à Fransières en-Vimeu.

Fief de Barraquin. Dom Cotron.

BARRE (la), partie de Machy.

Aujourd'hui ce hameau est réuni à Machy, et n'en fait plus partie distincte.

Bare (la), 1300. Proc.-verbal. Cart. de Valloires. — 1720. Ms. de Monsures. — 1757. Cassini.

Barre (la), 1646. Hist. eccl. d'Abb. — 1753. D'Oisy. — 1761. Robert. — 1836. Etat-major.

Doyenné de Rue, archid. d'Abbeville, élect. de Doullens.

BARRE (la), fief sis à Francières. Dom Cotron.

BARRETTE (la), ferme, dép. de Corbie.

Barete (la), 1757. Cassini.

Barrette (la), 1829-43. Ordo.

Barette (la), 1843-62. Ordo.

BARRETTE (la), ferme, dép. de Vaux-sous-Corbie.

BARRIÈRE (la), dép. de Rue.

Barrière (la), 1757. Cassini. — 1764. Desnos.

BARRIÈRE-BONTEMPS, maison de garde sur le chemin de fer, dépend. de Dommartin.

BARRIÈRE-MALLOYÉ, maison de garde sur le chemin de fer, dépend. de Dommartin.

BARVILLE (le), lieu dit au terroir d'Acheux et de Tours.

Barville (le), cadastre.

BARVILLERS, lieu dit au terroir d'Aigneville.

BAS-BRUTEL, dép. de Rue, 15 hab.

Bas-Broutel, 1757. Cassini. — 1764. Desnos.

Bas-Brutel, 1857. Dénomb. quinq.

Non indiqué sur la carte de l'Etat-major.

BAS-CAUBERT (le), partie de Caubert.

Bas-Caubert (le), 1826-29. Ordo.

Bas-Froise (le), ferme dép. de Quend, 8 hab.

Bas-Froise (le), 1857. Dénomb. quinq.

Bas Here (le), dép. de Quend. 191 hab.

Bas Here, 1757. Cassini. — 1764. Desnos. — 1836. Etat-major.—
1844. Ordo.

Bas Here (le), 1840. Alm. d'Abb. — 1841. Ordo.

Here. 1857-1861. Dénomb. quinq.

Bas-Santerre, lieu dit au terroir de Longpré-les-Amiens.

Bas-Santerre. Cadastre.

Basin, fief sis au Plessier-Rozainvillers.

Le fief Basin. Daire. Doy. de Fouilloy.

Bas-Routiers (les), bois dép. de Taisnil. — Défriché.

Basse-Boulogne, dép. d'Arrest. 152 hab.

Basse-Boulogne, 1862. Dénomb. quinq.

Basse-Boulogne, ferme dép. de Noyelles-sur-Mer.

Basse-Boulogne, 1785. Dom Grenier.

Basse-Boulogne, dép. de Ronsoy.

Basse-Bolene, 1757. Cassini.

Basse-Boulogne, 1844. Fournier.

Bassée (la), dép. du Crotoy, 27 hab.

Bassée (la), 1733. G. Delisle. — 1757. Cassini. — 1764. Desnos.
— 1836. Etat-major.

Basse (la), 1764. Bellin. Atlas maritime.

Basse-Neuville, ferme dép. de Neuville-Coppegueulle, 8 hab.

Neuville-sur-Bresle, 1778. De Vauchelle.

Neuville-Basse, 1826-65. Ordo.

Basse-Neuville, 1757. Cassini. — 1857. Dénomb. quinq.

Basse-Neuville (la). Adm.

Basse-Rosière, ferme dép. de Neuville-Coppegueul .

Basse-Rosière (la), 1826-28. Ordo. — Adm.

Rosière-Basse, 1829-62. Ordo.

Basse-Rosière, 1757. Cassini. — 1861. Dénomb. quinq.

BAS-SOLINET, rivière.

Bas-Solinet, 1836. Etat-major.

Indiqué, non nommé par Cassini, le Bas-Solinet prend sa source vers la ferme des Tartarons et vient se perdre au-dessous du Crotoy, après s'être grossi de petits ruisseaux entre le Crotoy et Rue.

BASTILLE (la), ferme et moulin dép. de Marcelcave.

BASTRINGUE (la), dép. de Blangy-sous-Poix.

Bastringue (la), 1836. Etat-major. — 1844. Fournier.

BASTRINGUE (la), dép. de Doullens. 6 hab.

Bastringue (la).

Bastrigue (la), 1861. Dénomb. quinq.

BASTRINGUE (la), dép. de Mézières.

BATIÈRE (la), étang dép. de Languevoisin.

Batière (la). M. Decagny.

BATON ROUGE (le), écart dép. de Rivery. 6 hab.

Baton-Rouge (le), 1861. Dénomb. quinq.

BAUCHEN, fief sis à Andainville.

Fief Bauchen. Dom Grenier. — M. Prarond.

BAUDET, fief sis au terroir de Hérissart.

BAVELINCOURT (canton de Villers-Bocage), 215-235 hab.

Bavelainecort, 1148, Eugène III, pape. Cart. S. Laurent. — 1223. Doyen d'Am. Cart. de Fouilloy.

Bavelainnecort, 1148, Eugène III, pape. Cart. noir de Corbie.

Bavelanacurt, 1164. Thierry, évêque d'Amiens. — 1168. Robert, év. d'Am. Cart. St.-Laurent.

Bavelainecurt, 1180. Guillaume, arch. de Reims. Cart. S. Laurent.

Bavelenecurt, 1181. Luce III, pape.   Ib.

Baveleinecurt, 1184. Thibaut, év. d'Am.   Ib.

Bavelanecurt, 1184.   —   Ib.

Bavelanecort, 119.. De territorio fracti molendini   Ib.

Bainelanecurt, 118.. Thibaut, év. d'Am. Cart. S. Laurent.

Bavencourt, 1204. M. Decagry.

Bavlainecort, 1212. Everard, évêq. d'Amiens. Cart. de Fouilloy.

Bavelencort, 1223.   Id.   Ib.

Bavelaincort, 1301. Pouillé.

Bavelincourt, 1567. Cout. de Péronne. — 1592. Sorhonius. —
    1638. Tassin. — 1733. G. Delisle. — 1757. Cassini. — 1763.
    Expilly. — 1836. Etat-major.

Ravelancourt, 1648. Pouillé général.

Bavellincourt, 1764. Desnos.

    Doyen. de Mailly, arch. et dioc. d'Amiens, élect. de Péronne,
    Dist. du cant., 12 k. — de l'arr., 17. — du dép., 17.

Bavincourt, lieu dépendant de Vaux-en-Amienois.

    Bavencourt.

    Bavincourt.

Bayard, fief sis à Rosières.

    Fief Bayard. Daire. Doy. de Montdidier.

Bayard, fief sis au Quesnel.

    Fief Bayard, 1725. Revenu de l'évêché.

Bayard, fief sis à St.-Riquier.

    Bagarda, 830. Louis-le-Débonnaire.

    Bagardas, 844. Dipl. Caroli-Calvi. Hariulfe.

    Bayardæ, 1166. Baudouin, évêq. de Noyon.

    Baiardes juxta Ivrench, 1492. Jean de la Chapelle.

    Bayarde, 1646. Hist. eccl. d'Abbeville.

    Fief Bayardes, 1703. Aveu.

    Bayart. Dom Cotron.

    Fief Bayard. Etat des fiefs.

Bayard, fief sis à Longueau.

    Le fief Bayard.

    Bayart. Daire. Doy. de Fouilloy.

BAYEMPONT, fief sis à Harbonnières.

Fief de Bayempont. Daire. Doy. de Libons.

BAYEMPONT, fief sis à Bonnay.

Fief Bayempont, 1672. Arch. de Corbie.

BAYENCOURT (canton d'Acheux), 205 hab.

Baiencurt, 1165. Dom Cotron. Chr. Cent. — 1449. Chron. de Mathieu d'Escouchy.

Baillescourt, 1301. Pouillé du diocèse. — 1608. Quadum.

Bayancourt, 1503. Arrêt du Parlement. Généal. de Mailly.

Baillencourt, 1503. Ib. Ib.

Bayencourt, 1534. Devis pour Doullens. — 1618. Pouillé général. — 1692. Nobil. de Picardie. — 1733. Delisle. — 1757. Cassini. — 1836. Etat-major.

Baïencourt, 1646. Hist. eccl. d'Abbeville.

Dioc. d'Amiens, secours de Coigneux, doy. de Doullens, élect. de Péronne.

Dist. du cant., 8 k. — de l'arr., 21. — du dép., 37.

BAYENCOURT-LÈS-BIACHES, dép. de Biaches.

Baiencurt, 1164. Mathieu de Bertrancourt. Cart. d'Arrouaise.

Biallencurt, 1178. Alexandre III, pape. Id.

Beillencourt, 1199. Philippe de Flandres. Id.

Boiencort, 1250. Philippe, prieur des Hospitaliers. M. Cocheris.

Baiencourt, 1322. Acte de non préjudice. Hist. d'Arrouaise.

Bayencourt, 1534. Travaux au château de Doullens. M. V. de Beauvillé. — 1733. G. Delisle. — 1757. Cassini. — 1763. Expilly.

Bayancourt, 1567. Cout. de Péronne.

Ce lieu n'existe plus.

BAYNE, fief sis au terroir de Proyart.

Fief de Bayne.

BAYONVILLERS (canton de Rosières), 877 hab.

Bahenviller... M. Decagny. Arrond. de Péronne.

Baienviller, 1147. Thierry, év. d'Am. Gall. christ

Baconvillers, 1186. Délimitation du comté d'Amiens. Du Cange.

Baienviler, 1201. Robert de Boves. Cart. St.-Jean.

Bayenviller, 1202.   Id.   Ib.

Bayenviler, 1301. Pouillé du diocèse.

Bayonvilliers, 1567. Cout. de Montdidier.

Bienvillers, 1579. Ortelius.

Bienviller, 1592. Surbonius.

Baronville, 1638. Tassin.

Bajonvillier, 1648. Pouillé général.

Baconville, 1657. Jansson.

Bayonvillers, 1710. N. De Fer. — 1757. Cassini. — 17 brumaire
   an X. — 1836. Etat-major.

Bayonvillé, 1761. Robert. — 1778. De Vauchelle.

Bayonviller, 1763. Expilly. — 1765. Daire. Hist. de Montdidier.
   Doy. de Lihons, archid. et dioc. d'Am., élect. de Montdidier.
Dist. du canton, 8 kil. — de l'arr., 29 — du dép., 25.

BAZENTIN-LE-PETIT (canton d'Albert), 260-356 hab.

Basentinus. Daire.

Basentin-le-Petit, 1301. Pouillé.

Basentinum, 1377. Charles V. Cart. Néhémias de Corbie.

Bazentin-Petit, 1567. Cout. de Péronne.

Basent, 1592. Surbonius.

Bassentin-le-Petit, 1648. Pouillé général.

Grand Basentin, 1733. G. Delisle.

Petit-les-Basentin, 1743. Friex.

Petit-Bazantin, 1757. Cassini.

Bazentin-le-Petit, 1836. Etat-major. — Ordo. — 17 brum. an X.
   Doy. d'Albert, archid. et dioc. d'Amiens, élect. de Péronne.
Dist. du canton, 10 kil. — de l'arr., 21 — du dép., 39.

BAZENTIN-LE-GRAND, annexe de Bazentin-le-Petit, 96 hab.

Basentin, 1186. Délimitation du comté d'Amiens. — 1240. Offi-

cial d'Amiens. Cart. du Gard. — 1295. Olim. — 1374. Gérard
de Tertry. Colliette — xiv⁰ siècle. Armorial.— 1385. Titres de
Corbie. — 1579. Ortelius. — 1608. Quadum.

Basentin-le-Grand, 1301. Pouillé.

Bazentinus, 1377. Lettre de Charles V. Daire.

Bazentin-Grand, 1567. Cout. de Péronne. — 1733. Expilly.

Petit Basentin, 1733. G. Delisle.

Grand-lès-Basentin, 1743. Friex.

Bazantin-Grand, 1757. Cassini.

Bazantin-le-Grand, 17 brum. an X.— 1836. Etat-major. — Ordo.

BAZINCAMPS, dép. d'Airaines.

Bazincamp, 1616. Hist. eccl. d'Abbeville.

Bazincamps, 1657. Procès-verbal des Coutumes. — 1757. Cassini.
— 1763. Expilly. — Administration.

Basincamp, 1733. G. Delisle. — 1778. De Vauchelle.

BAZINCOURT, ferme dép. de Biaches.

Basencurt, 1177... Colliette.

Basincurt, 1178. Alexandre III, pape. Cart. d'Arrouaise.

Basincort, 1214. Dénomb. Reg. de Philippe-Auguste.

Bazincourt, 1339. Bailly de Vermandois. Cart. de Libons. —
1567. Cout. de Péronne. — 1733. G. Delisle. — 1757. Cassini.
— Ordo.

Bazencourt, 1519. Compte de la commanderie d'Eterpigny. —
1580, Aveu. M. Cocheris.

Abazincourt, 1763. Expilly.

Basincourt, 1778. De Vauchelle.

Badincourt, 1787. Picardie méridionale.

BAZINLIEU, lieu dit terroir de Chépy.

BÉALCOURT (canton de Bernaville), 323 hab.

Bealcurii, 1140. Garin, évêq. d'Am. Cart. Bertancourt.

Bialcourt, 1507. Cout. loc.

Baillalencourt, 1579. Ortelius. — 1592. Surhonius.

Béalcourt, 1638. Tassin. — 1646. Hist. eccl. d'Abbeville. — 1757.
Cassini. — 1836. Etat-major.

Béallecourt, 1567. Procès-verbal des cout.

Bealcour, 1733. G. Delisle.

Beulcourt, 1764. Expilly.

Realcourt, 18... Hérisson. Carte de Picardie.

Election et prévôté de Doullens, secours de Frohen.

Dist. du canton, 10 — de l'arr., 14 — du dép., 41.

BÉALLIÈRES, dép. de Béalcourt.

Beallières, 1507. Cout. loc.

Bialières, 1726. Coutumier de Pic.

BEAUCAMP-LE-JEUNE (canton d'Hornoy), 560 hab.

Beauchamps-le-jeune, 1657. Jansson.

Beaucamp-le-jeune, 1729. Etat des manufactures d'Aumale. —
1757. Cassini. — 17 brum. an X. — 1829-33. Ordo.

Boecamp-le-jeune, 1733. G. Delisle.

Beaucamps-le-jeune, 1854-62. Ordo.

Doyenné d'Aumale, diocèse de Rouen, élect. de Neufchâtel,
généralité de Rouen.

Dist. du canton, 13 kil. — de l'arr., 45 — du dép., 45.

BEAUCAMP-LE-VIEUX (canton d'Hornoy), 1,767 hab.

Ealdegni campus... Dom Cotron. Chron. S. Richarii.

Bellus campus, 1233. Jean de Beauchamps. — 1262. Henri d'Airaines. Cart. Selincourt.

Beaucamp, 1387. Montre. Trés. gén. — 1657. Hist. des comtes
de Ponthieu. — 1682. Lettre de Louvois.

Baucham, XVe siècle. Armorial.

Bauchain, XVe   Ib.

Beaucamp-le-Vieil, 1710. N. De Fer. — 1741. Titres de Selincourt. — 1763. Expilly. — 1834-50. Ordo.

Boecamp-le-Vieux, 1733. G. Delisle.

Baucamp-le-Vieil, 1750. Le Couvreur de B.

Beaucamp-le-Vieux, 1757. Cassini. — 17 brum. an X.

Bocamp-le-Vieux, 1778. De Vauchelle.

Beaucamps-Levieil, 1783. Alm. du Ponthieu.

Beaucamps-le-Vieil, 1829-33-62. Ordo.

　　Doy. d'Airaines, arch. d'Abbeville, dioc. d'Amiens, cout. et
　　élection d'Abbeville, bailliage d'Airaines.

　　Dist. du cant., 10 — de l'arr., 42 — du dép. 42.

BEAUCHAMP (canton de Gamaches), 393-421 hab.

Balcidunum...

Balchen, 1191. Bernard de St.-Valery. M. Prarond.

Balchem, 1192. Fondation de l'abbaye de Lieu-Dieu. Gall. Christ.

Bauchien, 1232. Geoffroy, évêq. d'Amiens. Cart. de Bertaucourt.
　　— 1269. Lettre de l'official d'Amiens. M. Cocheris. — 1301.
　　Pouillé. — 1337. Rôle des nobles et fieffés.

Beaucamp, 1337. Rôle des nobles et fieffés.

Beauchien, 1337. Rôle des nobles et fieffés. — 1541. Lettre du roi
　　François Ier. M. Cocheris.

Beauchamp, 1380. Montre du sire de Sempi. Trésor général. —
　　1425. Armorial de Sezille. — 1763. Expilly. — 17 brum. an X.
　　— 1836. Etat-major.

Beauchan, 1493. Lettre du roi Charles VIII. M. Cocheris.

Bauchin, xve siècle. Armorial. — 1692. Nobil. de Picardie.

Bauchain. Ibid.

Baucham. Ibid.

Beauchen, 1507. Cout. loc. — 1778. De Vauchelle.

Bauchen, 1646. Hist. eccl. d'Abbeville. — 1657. Procès-verbal
　　des cout. — 1662. N. Sanson. — 1710 N. De Fer. — 1757.
　　Cassini. — 1778. Alm. du Ponthieu.

Bouchen, 1648. Pouillé général.

Beauchamps, 1675. Hadrien de Valois. — 1763. Expilly. — 1735.
　　Inscription dans l'église de Gamaches. — 1864. Sceau de la
　　commune.

Bellus campus, 1675. Hadr. de Valois.

Beauchain, 1726. Anselme. Hist. généal.

Beauchin, 1787. Picardie méridionale.

Doy. de Gamaches, dioc. et élect. d'Am., baill. d'Airaines.

Dist. du cant., 5 kil. — de l'arr., 28 — du dép., 62.

BEAU CHÊNE (le), terroir de Heuzecourt.

BEAUCOURT-EN-AMIÉNOIS (canton de Villers-Bocage), 440 hab.

Boocourt, xv⁰ siècle. Obit. du chap. d'Amiens.

Beaucourt, 1638. Tassin. — 1733. G. Delisle. — 1757. Cassini. —
1836. Etat-major.

Doy. de Mailly, arch. et dioc. d'Amiens, élect. de Doullens,
prévôté de Beauquesne.

Dist. du canton, 11 kil. — de l'arr., 16 — du dép., 16.

BEAUCOURT-EN-SANTERRE (canton de Moreuil), 333 hab.

Setucis. Table Théodosienne. M. Walkenaer.

Stevia. Colonne de Tongres.   Id.

Boecort, 1301. Pouillé du diocèse.

Boncourt, 1567. Cout. de Montdidier. — 1648. Pouillé gén. —
1733. G. Delisle. — 1778. De Vauchelle. — 17 brum. an X.

Baucourt, 1638. Tassin. — 1657. Jansson.

Bomancourt, 1707. Fr. en 4 feuilles. G. Sanson.

Bocourt, 1710. N. De Fer.

Boncour, 1761. Robert.

Beaucourt, 1763. Expilly. — 1765. Daire. — 1757. Cassini.

Beaucourt-en-Santerre, 1836. Etat-major. — 1844. M. Fournier.

Boucourt, 1733. G. Delisle. — 1788. De Vauchelle.

Dioc. d'Amiens, doy. de Fouilloy, élect. de Péronne.

Dist. du canton, 8 — de l'arr., 19 — du dép., 25.

BEAUCOURT-LES-MIRAUMONT (canton d'Albert), 216 hab.

Bella curtis... M. Decagny.

Boccourt... Daire.

Beaucourt-lez-Miraumont, 1567. Cout. de Péronne.

Beaucourt, 1733. G. Delisle. — 1757. Cassini. — 1763. Expilly.

Beaucour, 1713. Friex.

Dioc. et arch. d'Amiens, doy. d'Albert, élect. de Péronne.

Dist. du canton, 10 — de l'arr., 31 — du dép., 39.

BEAUFLOS, fief sis à Yaucourt.

Beauflos, 1245. Renier d'Yaucourt. Dom Cotron.

BEAUFORT-EN-SANTERRE (canton de Rosières), 387 hab.

Bellum forte, 1220. Jean de Villers. Cart. de Lihons. — 1247. Titres du Paraclet.

Beaufort, 1222. Raoul de Nesle. Cart. d'Ourscamp.— 1161. Cart. de Fouilloy. — 1567. Cout. de Montdidier. — 1648. Pouillé général. — 1757. Cassini. — 1836. Etat-major.

Biaufort, 1223. Aubert Canis. Cart. de Noyon. — — 1224. Cart. d'Ourscamp. — 1301. Pouillé. — 1324. Arch. du chap. d'Am.

Bella fortis, 1267. Cart. de Corbie.

Beauffort en Senters, 1423. Revenus de l'évêché. —1513. Arrêt du Parlement. Généal. de Mailly.

Doy. de Rouvroy, arch. et dioc. d'Am., élect. de Montdidier.

Dist. du canton, 6 — de l'arr., 18 — du dép., 32.

BEAUFORT, fief sis à Canaples.

Belfort, 1202. Cart. St.-Martin-aux-Jumeaux.

Beaufort, 1733. G. Delisle. — 1778. De Vauchelle.

Le Beaufort. Etat des fiefs.

BEAUFORT, fief sis à St.-Ouen.

Fief Beaufort. Etat des fiefs.

Le Beaufort. Cadastre.

BEAULIEU, dép. d'Abbeville.

Beaulieu, 1733. G. Delisle.

Baulieu, 1761. Robert. —1778. De Vauchelle.

Beaulieu-les-Abbeville... Dom Grenier. M. Prarond.

Beaulieu-St.-Milfort. Dom Grenier. M. Prarond.

Non indiqué par Cassini.

BEAULIEU-LÈS-HOCQUELUS, fief sis à Houdent.

Fief de Beaulieu-les-Hocquelus, xviiie siècle. M. Prarond.

BEAUMARTIN, dép. de Manancourt.

Beaumartin, 1567. Cout. de Péronne. — 1763. Expilly.

BEAUMANOIR, fief sis à La Motte en-Santerre.

Fief de Beaumanoir, 1683. Arch. de Corbie.

Fief de Gand, 1733. · Ib.

BEAUMER, ferme dép. de Woignarue, 7 hab.

Bomel, 1713. Inscription de la cloche de Rue.

Bomer, 1733. G. Delisle. — 1778. De Vauchelle.

Beaumelle, 1756. Etat des revenus du chapitre de Longpré.

Beaumer, 1757. Cassini. — 1836. Etat-major.

Beaumetz, 1840. Almanach d'Abbeville.

BEAUMESNIL, fief sis à Etelfay.

Fief de Baumesnil, 1765. Daire. Doy. de Montdidier.

Beaumesnil. Etat de fiefs.

BEAUMETZ (canton de Bernaville), 525 hab.

Beimeis, 1133. Garin, évêque d'Amiens. Cart. de St.-Laurent. —
    1160. Cart. St.-Martin-aux-Jumeaux.

Delmes, 1176. Alexandre III, pape. Cart. Bertaucourt.

Belmetz, 1200. Rôle des feudataires de l'abbaye de Corbie.

Biaumes, 1301. Pouillé du diocèse.

Beaumez, 1507. Coutumes locales. — 1778. De Vauchelle.

Beaumes, 1579. Ortelius. — 1608. Quadum. — 1733. G. Delisle.

Beaume, 1638. Tassin. — 1710. De Fer. — 1743. Friex.

Beaumetz, 1757. Cassini. — 1836. Etat-major.

Béaumet, 1761. Robert.

    Doy. de St.-Riquier, arch. d'Abbeville, dioc. d'Amiens, élect.
        de Doullens, prévôté de Beauquesne.

    Dist. du canton, 4 k. — de l'arr., 19 — du dép., 34.

BEAUMETZ, lieu sis près Breilly.

Belmez, 1200. Thibaut, évêque d'Amiens. Cart. St.-Jean.

Bellum mansum, 1231. Geoffroy, évêque d'Amiens. — 1232. Official d'Amiens. Cart. St.-Jean.

BEAUMETZ, hameau dép. de Cartigny, 87 hab.

Bello meso, 1295. Olim.

Baumes, 1391... Colliette.

Bellum mansum, 1391. Colliette.

Beaumez, 1519. Compte de la commanderie d'Eterpigny.

Beaumetz, 1567. Cout. de Péronne. — 1757. Cassini.

Beaumet, 1656. Bail. M. Cocheris.

Beaumé, 1733. G. Delisle. — 1750. L. C. de Boulainviller.

Beaunez, 1761. Robert.

Beaumont... M. Decagny.

BEAUMONT-HAMEL (canton d'Albert), 379-666 hab.

Bellus mons, 1227. Baudouin de Beauvoir. Cart. de Fouilloy.

Biaumont, 1280. Hesse de Biaumont. Cart. noir de Corbie. —
1301. Pouillé.

Beaumont, 1567. Cout. de Péronne. — 1648. Pouillé général. —
1733. G. Delisle. — 1743. Friex. — 1757. Cassini.

Belmont, 1784. Daire. Hist. du doy. d'Albert.

Mons speciosus... Daire.

Beaumont-Hamel, 1763. Expilly. — 1836. Etat-major.

Beaumont-le-Pré, 1687. Picardie mérid.

Doy. d'Albert, arch. et dioc. d'Amiens, élect. de Péronne.
Dist. du canton, 10 k. — de l'arr., 32 — du dép., 38.

BEAUPRÉ, dép. de Bettencourt-Rivière.

Beaupré, 1733. G. Delisle. — 1757. Cassini. — Cadastre.
Non indiqué par l'Etat-major.

BEAUPRÉ, fief sis à Contre. — 1772. Inféodation.

BEAUQUESNE (canton de Doullens), 2864-2871 hab.

Pulcra Quercus, 1140. Guy Camp d'Avène. Cart. St.-Jean.

Bella Quercus, 1150. Robert d'Orville. Cart. St.-Jean. — 1198.
Thibaut, évêque d'Amiens. — 1202. Guy de Ponthieu. —

1230. Hugues, official d'Amiens. — 1248. Compte des prévôts et des baillis. — 1259-1261. Arch..de l'hosp. de St.-Riquier. 1260. Actes du Parlement. M. Boutaric. — 1301. Pouillé.

Belcaisne, 1175. Hugues d'Orville. Cart. St.-Jean.

Biauquesne, 1186. Délimitation du comté d'Amiens. Du Cange. — 1331. Cart. du Gard.

Belscasnes, 1195. Gillebertus Montensis. Chron. Hannoniæ.

Beaucquèsne, 1253. Cart. de Fieffes.

Biaukaine, 1260. Compte des villes de Picardie.

Biaukaisne, 1260.   Ib.   —1303. Sentence du prévôt.

Beaucaine, 1260. Sceau de la commune.

Biaucaisne, 1301. Dénombrement de l'évêché d'Amiens. — 1318. Arch. de Doullens.

Beaucaisne, 1339. Transaction des habitants avec Philippe VI. — 1365. Lettre de Charles V. Rec. des ord.

Beauquesne, 1351. Désistement du seigneur des Autheux.—1365. Lettre de Charles V. Rec. des ordonn. — 1465. Hist. de Montdidier.—1507. Cout. loc. — 1594. Palma-Cayet.—1638. Tassin. — 1683. Etat des revenus du domaine du roi. —17 br. an X. — 1836. Etat-major.

Beauquene, 1365. Lettre du roi Charles V. — 1710. N. De Fer. — 1757. Cassini. — 1707. G. Sanson.

Bellequercus, 1369. Lettre de Charles V. Rec. des ordonn.

Beauquaisne, 1375. Lettre de Charles V. Rec. des ord.

Beauchaine, 1579. Ortelius.—1592. Surhonius.—1608. Quadum.

Beauchesne, 1648. Pouillé général.

Beauquesnes, 1763. Expilly.

Doyen. et élect. de Doullens, arch. et dioc. d'Amiens. Chef-lieu d'une prévôté royale.

Dist. du canton, 9 k. — de l'arr., 9 — du dép., 25.

BEAUREGARD, fief sis à Allonville.

BEAUREGARD, dép. de Bernay. 1750. Le Couvreur de Boulainviller.

BEAUREGARD, fief sis à Coisy.

Beauvoir, 1720. Ms. de Monsures.

BEAUREGARD, lieu dit à Longpré-lès-Amiens. Cadastre.

BEAUREGARD, ferme dép. de Miraumont, ancien hameau, 7 hab.

Beauregart, 1567. Cout. de Péronne.

Beauregard, 1733. G. Delisle. — 1757. Cassini. — Ordo.

BEAUREGARD, fief sis à Outrebois.

BEAUREPAIRE, ferme dép. de Doullens, 40 hab.

Bello reditus, 1208. Inventaire de Corbie.

Beaurepaire, 1241. Hist. de Doullens. — 1733. G. Delisle.

Belrepaire, 1293. Daire. Hist. de Doullens..

Beaurevoir, 1579. Ortelius. — 1592. Surbonius.

Beaurepair, 1608. Quadum. Fascicul. géogr.

Baurepaire, 1757. Cassini.— 1827-50. Ordo.— 1836. Etat-major.

Le Beau repaire, 1778. De Vauchelle.

BEAUREPAIRE, dép. de Fourcigny.

Beaurepaire, 1733. G. Delisle. — 1757. Cassini.

BEAUREPAIRE, habit. isolée, sise au faubourg de Noyon, près Amiens. appartenant au chapitre, détruite vers le commencement du XVIIIe siècle. Ms Pagès.

BEAUSAULT, fief sis à Davenescourt.

Fief Beausault, 1728. Aveu.

BEAUSÉJOUR, dép. de Péronne, 10 hab.

Beauséjour, 1861. Dénomb. quinq. — 1826-50. Ordo.

BEAUSÉJOUR, dép. de Villers-Faucon.

Beauséjour, 1857. Dénomb.

BEAUSSART, dép. de Gueschart.

Belesart, 1337. Rôle des nobles et fieffés.

Beausart, 1579. Ortelius.

BEAUSSART, dép. de Mailly, 248 hab,

Beausac, 1230-1234. Sceau de Guillaume de Beaussart.

Bellum sartum, 1230-1234. Charte du même.

Beaussart, 1358. Aveu. M. Cocheris. — 1757. Cassini. — 1836. Etat-major.

Baussart, 1567. Cout. de Péronne.

Beausart, 1592. Surhonius. —1657. Jansson. —1733. G. Delisle. —1840. Duclos. Dict. des comm.

BEAUVAIS, fief sis à Andechy.

Fief de Beauvais, 1765. Daire. Doy. de Montdidier.

BEAUVAL (canton de Doullens), 2674-2716 hab.

Bella vallis, 1140. Guy Camp d'Avène. Cart. St.-Jean. — 1219. Ch. de Beauval. M. Bouthors. Cout. loc.— 1243. Raoul de Beauval.— 1246. Aelis, abbesse de St.-Michel de Doullens.—1286. Philippe-le-Bel. Aug. Thierry. — 1300-1334. Philippe-le-Bel. — 1301. Pouillé.

Belval, 1140. Guy Camp d'Avène. Cart. St.-Jean. — 1172-1198. Thibaut, évêque d'Amiens. Cart. St.-Jean. 1202. Charle de Doullens. — 1266. Cout. loc.

Pulchra vallis, 1162. Guy Camp d'Avène. Cart. de St.-Jean,

Biauval, 1186. Délimitation du comte d'Amiens, Du Cange. — 1266. Cout. loc. — 1301. Pouillé. — 1314. Sceau de Robert de Beauval. — 1492. Jean de La Chapelle.

Beaural, 1243. Cart. d'Artois à Lille. — 1363. Lettre du roi Jean.. — 1386. Lettre de Charles V. — 1408. Vente aux Célestins d'Amiens. — 1507. Cout. loc. — 1574. Testament d'Ant. de Créquy. — 1757. Cassini. —1836. Etat-major.

Biauvals, 1342. Quittance de Jean de Beauval. Trésor gén.

Beaval, 1579. Ortelius. — 1592. Surhonius. —1638. Tassin.

Biaval, 1648. Pouillé général.

Bellearal, 1648. Ib.

Doy., élec. et prévôté de Doullens, arch. et dioc. d'Amiens. Dist. du canton, 6 k. — de l'arr., 6 — du dép., 24.

BEAUVILLERS, dép. de Bus.

Bauvillers, 1757. Cassini.

Beauvoir, fief sis à Coisy. — 1720. Ms. de Monsures.

Beauvoir-l'Abbaye, ferme du doyenné de Rue.

Beauvoir-les-Rue, 1495. Procès-verbal des coutumes.

Bauvoir-l'abbaye, 1646. Hist. eccl. d'Abbeville.

Beauvoir-lès-Hocquincourt, dép. d'Hocquincourt.

Beauvoir, 1337. Rôle des nobles et fieffés. — 1778. De Vauchelle. 1787. Picardie mérid. — 1840. Almanach d'Abbeville.

Beauvoir-sur-Hocquincourt, 1423. M. Prarond.

Beauvoir-lès-Hocquincourt, xviie siècle. Etat des fiefs de Picardie.

Beauvoire, 1826-1827. Ordo.

Non indiqué par Cassini.

Beauvoir-lès-Villette, dép. de Rollot, 114 hab.

Beauvoier, 1230. Dénomb. de la terre de Nesle.

Beauvoir-lès-Villette, 1567. Cout. de Montdidier.

Beauvoir, 1765. Daire. — 1826-28. Ordo.

BEAUVOIR-RIVIÈRE (canton de Bernaville), 350 hab.

Belvereolum, xiie siècle. Bernard de St-Valery. Cart. Bertaucourt.

Beauveoir, 1210. Guill. de Ponthieu. Mém. de la Soc. d'Em. d'Abb.

Biauvooir, 1260. Sceau de Mathieu de Beauvoir. — 1300. Jean de Picquigny. Cart. noir de Corbie.

Bellus visus, 1267. Girard de Querrieux. Cart. noir de Corbie.

Biauvoir, 1301. Dénombrement de l'évêché d'Amiens.

Biavoir, 1318. Guillaume d'Arras. Cart. du Gard.

Beauvoir, 1507. Cout. loc.

Beauvoir-lès-Ponthieu, 1567. Procès-verbal des coutumes.

Beauvoye, 1573. Ortelius. — 1592. Surhonius.

Beauvoir-Rivière, 1646. Hist. eccl. d'Abbeville. — 1763. Expilly. — 17 brum. an X. — Ordo.

Beauvoir-Picardie, 1757. Cassini. — 1836. Etat-major.

Doy. de Labroye, arch. d'Abbeville, dioc. d'Amiens, élect. et prévôté de Doullens.

Dist. du canton, 11 k. — de l'arr., 15 — du dép., 42.

BEAUVOIR, fief sis à Rainneville.

Beauvoir-lès-Rainneville, 1421. Titres de St.-Acheul.

Beauvoir, 1720. Ms. de Monsures.

BEAUVOIS, fontaine qui prend sa source à Beaucourt, canton d'Al bert, et se perd dans l'Encre.

BEAVAL, fief sis à Occoches.

Beaval, 1378. Aveu de Robert de Beaval. M. Cocheris.

Biaval, 1378. Ib.

BÉCORDEL, partie de Bécourt-Bécordel, 113 hab.

Becourdel, 1301. Pouillé. —1363. Exemption du droit de péage. M. Cocheris. — 1567. Coutume de Péronne. — 1638. Tassin. — 1710. N. De Fer.

Bécordel, 1637. Marrier. —1733. G. Delisle. —1757. Cassini.— 1763. Expilly.

Becoudel, 1648. Pouillé général.

Beccordel, 1784. Daire. Doy. d'Albert.

Doy. d'Albert, archid. et dioc. d'Amiens, élection de Péronne.

BÉCOURT (canton d'Albert), 74-187.

Becurt, 1207. Enguerrand de Picquigny. Cart. du Gard.

Becourt, 1278. Gilles de Bécourt. Cart. noir de Corbie. — 1637. Marrier. — 1733. G. Delisle. — 1748. Friex. — 1757. Cassini.

Becourt-aux-Bois, 1567. Cout. de Péronne.

Becourt-au-Bois, 1784. Daire. Doy. d'Albert.

Becourt-Bécordel, 17 brum. an X. — 1836. Etat-major. — Ordo. Doy. d'Albert, archid. et dioc. d'Amiens, élect. de Péronne. Dist. du canton, 3 k. — de l'arr., 23 — du dép., 32.

BECQUEREL, écart dép. du Crotoy, 12 hab.

Bequerel, 1733. G. Delisle.— 1734. Atlas maritime de Bellin.

Becquerel, 1757. Cassini.—1764. Desnos.

Bequerol, 1778. De Vauchelle.

Bequerelle, 1787. Picardie méridionale.

BECQUEREL, ham. dép. de Favières, 41 hab.

Becquerel, 1861. Dénombr.

BECQUEREL, dép. de Rue, 64 hab.

Bekerel, 1210-11. Accord entre Montreuil et le comte de Ponthieu. — 1210. Guillaume, comte de Ponthieu. Mém. de la
Société d'Em. d'Abbeville. 1836.

Bequerel, 1257. Olim.

Pont Becquerel, 1257. Actes du Parlement.

Becquerel, 1757. Cassini. — 1840. Almanach d'Abbeville. — 1826-
1845. Ordo.

Requerol, 1778. De Vauchelle.

Becquerelle, 1836. Etat-major. — 1844. M. Fournier. — 1856.
M. Prarond. — 1846-65. Ordo.

BECQUEREL, cours d'eau venant de Becquerel, affluent de la Maye.

BECQUERELLE, faubourg de Montdidier.

Faubourg de Becquerelle, 1861. Dénomb.

BECQUIGNY (canton de Montdidier). 219 hab.

Bekenirs, 1119. Calliste II, pape. Hist. d'Arrouaise.

Bekegnies, 1163. Raoul de Vermandois. Cart. St.-Corneille. —
1301. Pouillé.

Bequegnics, 1218. Jean de Cardonnois. Cart. de St.-Corneille. —
1231. Mathieu de Roye. Ibid.

Besquegnies, 1255. Cart. de St.-Corneille. — 1440. Registre Jacobus de Corbie.

Becquegnies, 1364. Dénombrement de Jean du Hamel. — 1710.
N. De Fer.

Bequignies, 1380. Montre de Hue de Soyecourt. — 1786. Gosse.
Hist. d'Arouaise.

Becquignies, 1497. Relief de Jean du Hamel. — 1726. Anselme.

Becquigny, 1567. Cout. de Montdidier. — 1757. Cassini. — 1836.
Etat-major.

Boquequier, 1648. Pouillé général.

Becquegnier, 1657. N. Sanson.

Bequigny, xvi° siècle. Cart. St.-Corneille. — 1692. Pouillé. — 1765. Daire.

Becquigni, 1694. Inscription de Roye-sur-le-Matz.

Bequigni, 1733. G. Delisle. — 1778. De Vauchelle.

Bequignie, 1761. Robert.

Doy. et élect. de Montdidier, puis de Davenescourt, dioc. et archid. d'Amiens.

Dist. du canton, 7 k. — de l'arr., 7 — du dép., 36.

BECQUINCOURT (canton de Bray), 170 hab.

Bethonis curtis... M. Decagny.

Bechincourt,... M. Decagny.

Bechincourt, 1143. Célestin II, pape. Cart. de Prémontré.

Bequincort, 1214. Dénomb. Regist. de Philippe-Auguste.

Bequincourt, 1579. Ortelius — 1592, Surhonius. — 1638. Tassin. — 17 brum. an X.

Becquincourt, 1648. Pouillé général. — 1657. Jansson. — 1757. Cassini. — 1763. Expilly.

Doyen. et élect. de Péronne, dioc de Noyon.

Dist. du canton, 9 k. — de l'arr., 11 — du dép., 41.

Becqcinval ('e), lieu dit au terroir de Bric. On distingue le grand et le petit Becquinval.

Becnel, dép. de Bailleul, 17 hab.

Bequerel, 1733. G. Delisle. — 1778. De Vauchelle. — xvii° siècle.

Becrel, 1757. Cassini. — Ordo. — 1836. Etat-major.

Etat de fiefs.

Bequeret, 1764. Desnos.

Becquerel. Adm. loc.

Becquerelle, 1840. Almanach d'Abbeville. — Cad.

BEHEN (canton de Moyenneville), 455-828 hab.

Behem, 1301. Pouillé. — 1763. Expilly.

Behen, 1337. Rôle des nobles et fieffés. — 1470. Hist. des mayeurs d'Abbeville. — 1623. M. Prarond. — 1646. Hist. eccl.

d'Abbeville. — 1657. Proc. verbal des cout.— 1757. Cassini.
—1763. Expilly.— 1778. Alm. du Ponthieu.

Behein, 1337. Rôle des nobles et fieffés.

Beham, xve siècle. Obituaire du chap. d'Amiens.

Le Behen, 1733. G. Delisle.

Le Bohen, 1787. Picardie mérid.

Behen-Baisnat, 1851. Almanach d'Abbeville.

Doyen. d'Oisemont, puis de Mons, archid. du Ponthieu, dioc.
et élect. d'Amiens, prévôté de Vimeu, bailliage d'Abbeville.

Dist. du canton, 2 k. — de l'arr., 10 — du dép., 49.

BEHEN, fief sis près Terramesnil.

Behen, 1784. Daire. Hist. de Doullens.

BEHENCOURT (canton de Villers-Bocage), 544-553 hab.

Behencort, 1174. Thibaut, évêque d'Amiens. Cart. St.-Laurent.

Behencurt, 117... Robert, évêque d'Amiens.   Ib.

Behencourt, 1293. Aveu. —1300. Jean de Picquigny. Cart. noir
de Corbie. — 1579. Ortelius. — 1592. Surhonius. — 1705.
Etat gén. des unions des maladreries. — 1757. Cassini. —
1836. Etat-major.

Becncourt, 1302. Pouillé.

Byencourt, 1333. M. Decagny.

Behancourt, 1567. Cout. de Péronne. — 1707. France en 4
feuil.—1763. Expilly.

Beancourt, 1638. Tassin.

Béhancour, 1733. G. Delisle. — 1778. De Vauchelle.

Doy. de Mailly, archid. et dioc. d'Amiens, élect. de Péronne.
Dist. du cant., 12 — de l'arr., 16 — du dép., 16.

BEINE, rivière.

Blaine, 1733. G. Delisle.

Rivière de Beine, 1757. Cassini.

Haine, R. 1778. De Vauchelle.

Ruisseau des Beines, 1833. M. Graves. Statistique de l'Oise.

Beine, 1836. Etat-major.— 1862. M. Buteux. Géologie du départ.
La Baine prend sa source dans l'argile à lignite des bois
de ce nom, passe à Villeselve (Oise), à Brouchy, à Aubigny
et se perd dans les marais près de Ham.

PEL AIR, moulin dép. de Brutelles.

Moulin de Bel-Air.

Belair, 1840. Almanach d'Abbeville. — Ordo.

Belaire, 1856. Franc-Picard.

BEL AIR, ferme dép. de Fonchette, 5 hab.

Belair, 1861. Dénomb. quinq.

BEL AIR, dép. de Huppy.

Bellaire, 1829-1852. Ordo

Belair, 1857-1862. Ordo.

BEL AIR, habitation isolée dép. de Puzeaux.

BELANCOURT, fief sis à Figuières.

Fief de Belancourt. Daire. Doy. de Davenescourt.

BELESSART, terroir de Puchevillers.

Belesars, 1231. Titres de S. Nicolas d'Amiens.

BELGIQUE (la), dép. de Fontaine-sous-Montdidier, 4 hab.

Belgique (la), 1856. Dénombr. quinquennal.

BELGIQUE (la), auberge dép. de Richemont.

BELIVEUX, fief sis à Querrieux et à Frechencourt.

Burnieu, 1164. Thierry, évêque d'Amiens. Cart. St.-Laurent.

Burineu, 1189. Thibaut, évêque d'Amiens. Cart. St.-Laurent.

Berine, 1293. Relief. Dom Grenier.

Berineux, 1512.   Id.

Belliveux, 1572. Titres du chap. — Cad. de Fréchencourt.

Berineul, 1596.

Fief Beliveux, 1720. Ms. de Monsures. — 1765. Daire. Doy. de
Mailly. — IV... Etat des fiefs.

Fief Lebel, 1765. Daire.

BELLANCOURT (canton d'Abbeville), 323-427 hab.

Bellacourt, 1070. Ch. des comptes de Lille.

Bellencurt, 1134.

Bellaincort, 1184. Flandrine, abbesse de Bertaucourt. Cart. de Bertaucourt. — 1237. Arnould, évêque d'Amiens. Ibid.

Ballencort, 1210. Hugues de Cayeux. Ib.

Bellencourt, 1301. Pouillé. — 1763. Expilly. — 1766. Cout. du Ponthieu. — 1777. Alm. du Ponthieu. — Ordo.

Bellancourt, 1339. Quittance de Jean de Bellaucourt. Trésor généal. — 17 brum., an X. — 1836. Etat-major.

Belencourt, 1710. Defer. — 1763. Expilly.

Bellencour, 1757. Cassini.

Belencour, 1761. Robert.

Doy. d'Abbeville, archid, coutume et élect. du Ponthieu, dioc. d'Amiens, bailliage d'Abbeville.

Dist. du cant., 6 kil. — de l'arr., 6 — du dép., 39.

BELLAVESNES, dép. de Tœufles, 29 hab.

Avisnas, 750. Placitum Pippini regis. M. Jacobs ?

Beleavesne, 1146. Thierry, évêq d'Am. Cart. de Selincourt.

Belavesna, 1147. Eugène III, pape.   Ib.

Belavena, 1166. Henri, archev. de Reims. Cart. de Selincourt.

Bellavenna, 1176. Henri, arch. de Reims, ib.

Bella avesna, 1222. Renier de Saulchoy, ib.

Bellavesne, 1483. Arrêt du Parlement. Cart. de Selincourt. — 1763. Expilly. — 1864. Desnos. — 1856. Franc-Picard. — 1864. Adm.

Bellavennes, 1646. Hist. eccl. d'Abbeville.

Bellavenne, 1757. Cassini. — 1852. Ordo.

Bellavesnes, 1763. Expilly.

Bellavêne, 1836. Etat-major.

BELLE-ASSISE, dép. de Fontaine-sous-Montdidier.

Bellassis, 1581. Etat des revenus de la commanderie de Fontaine-sous-Montdidier.

Belle-assise, 1733. G. Delisle.— 1757. Cassini.— 1857. Dénomb. quinq. — 1830-62. Ordo.

Belassise, 1765. Daire. Hist. de Montdidier. — 1827-29. Ordo. Ne figure point au dénombrement de 1861.

BELLECOURT, fief sis à Contoire.

Fief de Bellecourt, 1729. Aveu. — 1785. Daire.

BELLE-EGLISE, ferme, dépendance d'Arquèves, 7 hab.

Bella ecclesia, 1238. Enguerrand de Demuin. M. Cocheris.

Beleglise, 1239. Jean de Dours.   Ib.

Belle esglise, 1279. Adam de Puchevillers. Cart. de Fieffes.

Bele Yglisse. 1283. Thibaut, évêque d'Amiens.   Ib.

Bele Iglisse, 1283. Jean de Montonvillers. M. Cocheris.

Bele eglise. 1283. Guillaume de Bresle.   Ib.

Beleglisse, 1720. Ms. de Monsures.

Bellenglise, 1733. G. Delisle. — Daire.

Bel Eglise, 1743. Friex.

Belle-église, 1757. Cassini. —1836. Etat-major.

Belleglise, 1763. Expilly.

BELLEGENT, fief sis à Buigny-l'Abbé.

Feodum de Bellegente. Dom Cotron.

Fief de Bellegueulle, 1506. Dom Cotron.

Fief Bellegent. Etat des fiefs.

BELLE-PERCHE, fief sis à Oisemont.

Fief Belleperche. M. de Belleval.

BELLE-PERCHE, fief séant à St.-Maulvis.

Bellepérche, M. de Belleval.

BELLE-PERCHE, fief sis à Rambures.

Bella Pertica, 1211. Robert de Frettemeulle. — 1297. Philippe-le-Bel.

Bele-Perche, 1300-1323. Marnier. Cout. de Picardie.

Belle-Perche-en-Vimeu, 1342. Généal. de la maison de Belleval.

Belleperche, XIVe siècle. Armorial.

BELLET, fief sis à Gueschart.

Le fief Bellet.

BELLETTRE, dép. de Pernois, 15 hab.

Belestre, 1238. Vente au prieur de Domart. — 1778. De Vauchelle. — 1757. Cassini. — Ordo.

Belleste, 1297. Vente par Giles de Belleste à l'év. d'Am. Arc. de l'év.

Bellete, 1301. Dénomb. de l'évêché d'Amiens. — 1304. Charte du
sire de Bellettre. Arch. de l'évêché.

Belletre, 1761. Robert. — 1787. Picardie méridionale.

Bellettre, 1733. Guill. de Delisle. — 1857. Dénombr.

Beletre, 1743. Friex.

Belettre, 1836. Etat-major.

BELLEUSE (canton de Conty), 870-873 hab.

Bellursis..... Daire. Doy. de Conty.

Beeleuse, 1225. Cart. de l'hospice d'Amiens. — 1229. Jean de
Conty. Arch. S. Quentin de Beauvais. — 1301. Pouillé.

Belleuse, 1229. Jean de Conty. Daire. — 1692. Pouillé. — 1733.
G. Delisle. — 1762. An X. — 1757. Cassini. — Ordo.

Beleuses, 1292. Vente par Jean de Frettemeule.

Belleuses, 1303. Compte de la ville de Clermont, Oise.

Beeleuses, 1304. Lettre d'Agnès de la Tournelle. Arch. de l'abb.
de S. Quentin de Beauvais.

Belleze, 1579. Ortelius. — 1592. Surhonius. — 1621. Mercator.
Atlas minor.

Belleuze, 1626. Damiens.— 1648. Pouillé général.— 1692. Nobil.

Beleuse, 1657. Jansson. — 1763. Expilly.

Bellenzes, 1635. Louvet. Ant. de Beauv. — 1657. Sanson.

Belleure, 1707. France en 4 feuilles.

Beleuze, 1752. D'Oisy.

Doy. de Conty, archid., dioc. et élect. d'Amiens, prévôté
royale de Beauvaisis à Amiens.

Dist. du cant., 5 kil. — de l'arr., 26 — du dép. 26.

BELLEVAL, fief sis à Bouvaincourt.

Fief de Belleval, M. Prarond.

BELLEVAL, dép. de Forceville.

Belleval, 1761. Robert.

Beleval, 1743. Friex.

Belvalle, Cad.

BELLEVAL, fief sis à Huppy.

Belleval, fief. 1260. Notice sur la famille Bouterie.

BELLEVAL, dép. de Naours. — Hameau ruiné.

Bella vallis, 1144. Cart. noir de Corbie.

Belleval, 1200. Titre de Moreaucourt. — 1733. G. Delisle. — 1761. Robert. — 1778. De Vauchelle. Avec la mention : *Ruiné*.

Bellus visus, 1220. Arch. de Reims. Cart. noir de Corbie.

Belval, 1720. Ms. de Monsures. — 1743. Friex.

Boneval, 1787. Picardie mérid.

BELLEVAL, fief sis à Yvrencheux.

Feodum de Bellavalle, Dom Cotron.

Fief de Belleval, Etat des fiefs.

Le Belval, Cad.

BELLEVILLE, fief sis à Toutencourt.

BELLEVILLE, fief sis à Raineville. 1720. Ms. de Monsures.

BELLE-VUE (la), hab. isol. dép. d'Ault.

BELLE-VUE, ferme dép. de Bertangles, 5 hab.

Bellevue, 1857. Dénomb. quinquennal. — 1836. Etat-major.

BELLE-VUE, dép. de Thésy-Glimont, 15 hab.

Bellevue, 1857. Dénomb.

BELLE-VUE (la), dép. de Hem, 4 hab.

Belle vue, 1857. Dénomb. quinquennal. — Ordo.

La Belle vue, 1861. Dénomb. quinquennal.

BELLE-VUE, hab. isol. dép. de Heudicourt, 3 hab.

Belle vue, 1861. Dénomb. quinq.

BELLE-VUE, dép. d'Esmery-Hallon, hab. isol.

Belle-vue, dép. de Péronne, 7 hab.

Belle vue, 1861. Dénomb. quinq.

Bellifontaine, dép. de Bailleul, 160 hab.

Bonus fons, 1183. Dom Grenier. M. Prarond.

Bellifontaine, 1337. Rôle des nobles et fieffés. — 1507. Cout. loc.
— 1757. Cassini. — 1763. Expilly.

Belle fontaine, 1634. Théât. géog. — 1638. Tassin. — 1657. Jansson. — 1673. Contrat de mariage d'Antoine de Mailly. — 1690.
De Fer. Les côtes de France. — 1750. C. de Le Boulainviller.
— 1856. Franc-Picard.

Belly-Fontaine, 1646. Hist. eccl. d'Abbeville.

Bely-Fontaine, 1678. Généalog. de Mailly.

Brely fontaine, 1761. Robert.

Belifontaine, 1733. G. Delisle.

Belli-Fontaine, 17... Dom Grenier.

Bellinval, dép. de Brailly, 22 hab.

Bellainvallis, 1176. Alexandre III, pape. Cart. de Bertaucourt.

Bellainval, 1233. Doy. de St.-Riquier. Ibid. — 1657. Procès-verbal des coutumes. — 1673. Dom Cotron.

Belleinval, 1234. Hosp. de St.-Riquier.

Bellenval, 1279. Dom Cotron. — 1733. G. Delisle.

Bellinvallis... Dom Cotron.

Bellinval, 1407. Dénombrem. Dom Grenier. — 1646. Hist. eccl.
d'Abbeville. — 1757. Cassini. — Ordo. — 1840. Almanach
d'Abbeville. — Adm.

Betanval, 1643. Friex.

Belival. 1720. Ms. de Monsures.

Bellival, 1752. d'Oisy. — 1763. Expilly.

Belinval, 1761. Robert.

Bellinval-le-Grand, ferme. Partie de Bellinval. — Adm. — Dom
Cotron. — 1836. Etat-major. — 1856. Franc-Picard.

BELLINVAL-LE-PETIT, ferme. Partie de Bellinval. — Adm. — Dom
    Coiron. — 1836. État-major, — 1856. Franc-Picard.

BELLONE, fief sis à Pienne.

Fief Bellone, Daire. Doy. de Montdidier.

BELLOY-EN-SANTERRE (canton de Chaulnes), 404 hab.

Badolitum... M. Decagny.

Baala... M. Decagny.

Beeloi, 1221. Etienne, évêq. de Noyon. Cart. de Noyon.

Beloi, 1239. Robert, doyen d'Andegnicourt. Cart. d'Ourscamp.—
    1733. G. Delisle.

Beeloy, 1255. Official d'Amiens. Cart. de Fouilloy.

Belloy, 1519. Compte de la Commanderie d'Eterpigny. — 1648.
    Pouillé général. — 1763 Expilly. — 17 brum. An X.

Belloy-en-Vermandois, 1567. Cout. de Péronne.

Belloy-en-Santerre, 1836. Etat-major. — 1844. M. Decagny.

Beloy, 1757. Cassini.

    Doy., baill., prév. et élect. de Péronne, dioc. de Noyon.

    Dist. du cant., 9 kil. — de l'arr., 9 — du dép., 41.

BELLOY-SAINT-LÉONARD (canton d'Hornoy), 215 hab.

Beeloi, 1183. Thibaut, évêque d'Amiens. Cart. Selincourt.

Beeloy, 1184. Luce III, pape.   Ibid.   — 1301. Pouillé.

Belloy-Saint-Liénard, 1507. Cout. loc. — 1692. Nob. de Picardie.
    — 1763. Expilly.

Belloy, 1646. Hist. eccl. d'Abbeville.

St.-Liénard. 1646.   Ib.

Belloi-Saint-Lienard, 1733. G. Delisle.

Belloy-Saint-Léonard, 1757. Cassini.

Belloi S. Leonard, 1778. De Vauchelle.

    Doy. d'Airaines, puis d'Hornoy, arch. du Ponthieu, dioc. et
    élect. d'Amiens, prévôté royale de Beauvaisis à Amiens et
    prévôté de Vimeu en partie.

    Dist. du cant., 8 kil. — de l'arr., 32 — du dép., 32.

BELLOY-SUR-SOMME (canton de Picquigny), 1139-1153.

Bedolium. Aug. Thierry.

Beeloium, 1144. Gérard de Picquigny. Cart. St.-Jean.

Beelloi, 1166. Cart. St.-Jean

Beeloi, 1167. Raoul, doyen de l'église d'Amiens. Aug. Thierry.
1181. Thibaut, évêq. d'Amiens. — 1206. Cart. St.-Martin-aux-
Jumeaux. — 1206. Richard, évêque d'Amiens. Cart. du Gard,
1213. Ib. — 1547. Cart. du Gard.

Beleium, 1174. Thibaut, évêque d'Amiens. Cart. du Gard.

Beloy, 1174. Thibaut, évêque d'Amiens. Cart. St.-Laurent.—
1419. Registre aux délibérations de l'évêché d'Amiens.

Beeleium, 1177. Thibaut, évêque d'Amiens. Aug. Thierry.

Beeloy, 1182. Thibaut, évêque d'Amiens. Cart. S. Laurent. —
1192. Enguerrand de Fontaines. Gall. christ. — 1301. Pouillé:

Beesloi, 1212. Garin de Belloy. Cart. du Gard.

Beelloy, 1301. Dénomb. de l'évêché d'Amiens.

Boelloy, 1417. Registr. aux délib. de l'évêché d'Amiens.

Belloy-sur-Somme, 1507. Cout. loc. — 1757. Cassini.

Balloz, 1561. État des bénéficiers du diocèse d'Amiens. M. V. de
Beauvillé.

Belloy, 1561. Etat des bénéficiers du diocèse d'Amiens. — 1695.
Nobiliaire de Picardie. — 1710. N. De Fer. — 1763. Expilly.

Veraine, 1638. Tassin. — 1657. Jansson.

Besloy, 1686. Arch. du prieuré du Bosquel.

Belloi-sur-Somme, 1733. G. Delisle.

Doy. de Vignacourt, archid. et dioc. d'Amiens, élect. de Doullens, prévôté de Beauquesne, mouvance de Picquigny.

Dist. du cant., 3 kil. — de l'arr., 16 — du dép., 16.

BELLOY (haut), partie de Belloy-sur-Somme. — 1787. Pic. mérid.

BELLOY (bas), partie de Belloy-sur-Somme. — 1787. Ibid.

BELLOY-SUR-MER, dép. de Friville, 308 hab.

Belloy, 1646. Hist. eccl. d'Abbev. — 1763. Expilly. — 1836. Etat-major.

Beloi, 1733. G. Delisle.

Belloy-sur-Mer, 1757. Cassini.

BELLOY, ferme dép. de Bernes. — 1750. Le C. de Boulainviller.

BELLOY, fief sis à Cocquerel.

Beeloy, 1372. Dom Grenier.

Belloy, fief. 1703. Dom Grenier. Topogr.

BELLOY, fief sis à Dromesnil.

Fief de Belloy, Etat des fiefs.

BELLOY, fief sis à Nouvion. — 1703. Dom Grenier.

BELLOY (le grand), terroir d'Halloy-lès-Pernois.

BELLOY (le petit), dép. d'Halloy-lès-Pernois.

BELVAL, fief sis à Thory.

Fief Belval.

Belleval. Etat des fiefs.

BELZAISES, moulin dép. de Péronne.

Molendinum de Bellisacis, 1046. Grégoire VI. Colliette.

Belasia, 1152. Eugène III, pape. Cart. d'Arrouaise.

Belesaises, 1188. Robert de Lihu. M. Cocheris.

Belzaize, 1682. Fénier. Siége de Péronne.

Belles-Aises, 1770. E. de Sachy. Hist. de Péronne.

Moulin de Belzaises, 1844. M. Decagny.

BEMONT, fief sis à Vron.

Fief Bemont, Dom Grenier. M. Prarond.

BÉQUIS (les), fief sis à Ham. — 1545. Dom Grenier.

BENCQ, lieu dans le Marquenterre, placé en face du Crotoy.

Bercq, 1579. Ortelius.

Bertus, 1608. Quadum. Fasciculus geogr.

BERGICOURT (canton de Poix), 252 hab.

Bergicuria.... Daire.

Bergicort, 1164. Alexandre III, pape. Cart. de Selincourt.

Berchicourt, 1206. Richard, évé.j. d'Am. Cart. du Gard. — 1237. Cart. du Gard. — 1301. Dénomb. de l'évêché d'Amiens. — 1322. Gérard de Picquigny. Cart. du Gard.

Bergicurt, 1206. Richard, évéq. d'Am. Cart. du Gard.

Berchicort, 1237. Cart. du Gard.

Berchicurt, 1237. Ibid.

Bergicourt, 1301. Pouillé. — 1733. G. Delisle. — 1757. Cassini. Doy. de Poix ; arch. dioc. et élect. d'Amiens, prévôté royale de Beauvaisis à Amiens.

Dist. du canton, 5 k. — de l'arr., 28 — du dép., 28.

BERLANCHE, hab. isol. dép. d'Ercheu.

BERLINCAN, terroir de Coulonvillers.

BERLUSÉES (les), lieu dit au terroir de Puzeaux.

BERMONT (le), terroir de Marquais et de Roisel.

BERNAGE, fief sis à Montdidier, au Pont de l'Ave Maria. Daire. Doy. de Montdidier.

BERNAPRÉ (canton d'Oisemont), 165 hab.

Bernapré, 1337. Rôle des nobles et fieffés. — 1380. Revue de Jean de Belloy. — 1553. Hommage de Fr. de Sarcus. — 1562. Regist. aux délib. de l'évêché d'Amiens.— 1757. Cassini.

Binapré, 1698. Arrêt du Parlement.

Bernaprez, 1731. Etat des manufactures d'Aumale.

Bernard Pré, 1787. Picardie méridionale.

Prévôté de Vimeu, secours de Senarpont, dioc. d'Am.

Dist. du canton, 8 k. — de l'arr., 47 — du dép., 47.

BERNAPRÉ (le), fief sis à Oisemont. Etat des fiefs.

Bernapré-lès-Oisemont, 1696. Etat des armoiries.

BERNAPRÉ, fief sis à Nibas.

BERNATRE (canton de Bernaville), 172 hab.

Bernastrum, 1184. Bulle du pape Luce III. Hist. de Roye.

Bernastre, 1301. Pouillé du diocèse. — 1300-1323. Cout. de Pic.

Benastre, 1337. Rôle des nobles et fieffés.

Bernattre, 1561. Etat des bénéficiers du diocèse d'Amiens. M. V.
de Beauvillé. — 1696. Etat des armoiries.

Bernat, 1579. Ortelius. — 1592. Surhonius.— 1608. Quadum.

Berndtre, 1648. Pouillé général — 1710. N. Defer. — 1757.
Cassini. — 1836. Etat-major.

Bernatte, 1701. Titres de l'évêché d'Am.

Benatre, 1787. Picardie méridionale.

Doy. de Labroye, puis d'Auxy-le-Château, arch. de Ponthieu,
élect. d'Abbeville, dioc. d'Amiens, baill. de Crécy.

Dist. du canton, 10 k. — de l'arr , 21 — du dép., 41.

BERNAULT, fief sis à Rubempré.

Fief Bernault, Daire. Doy. de Doullens.

BERNAVILLE (chef-lieu du canton de Bernaville). 1,115 hab.

Novavilla, 1160. Cart. de St.-Martin-aux-Jumeaux.

Bernardi villa, 1160. Cart. de St.-Martin-aux-Jumeaux. — 1178.
Thibaud, évêq. d'Am. Hist. d'Abb. — 1301. Pouillé.

Bernarvile, 1241. Cart. de St.-Martin-aux-Jumeaux.

Bernavile, 1301. Pouillé du diocèse. — 1743. Friex.

Bernaville, 1355. Cart. de Selincourt. — 1394. Lettre de Charles
VI. M. Cocheris. — 1507. Cout. loc. — 1521. Mém. de du
Bellay.—1574. Testament d'Antoine de Créquy.— 1592. Sur-
honius. — 1757. Cassini. — 1836. Etat-major.

Bernardi vila, xv⁰ siècle. Obituaire du chap. d'Am.

Bernavil, 1648. Pouillé général.

Beravillie, 1787. Picardie mérid.

Doyenné de S. Riquier, archid. de Ponthieu. dioc. d'Amiens,
élect. de Doullens, prévôté de Beauquesne.

Dist. de l'arr., 16 k. — du dép., 31.

BERNAY (canton de Rue), 180-503 hab.

Berniacum, 843. Dipl. en faveur de l'abb. de Foresmontiers.
Chron. Centul.

Berneia, 1144. Eugène III, pape. Cart. de Valloires.

Brenay, 1200. Guillaume, comte de Ponthieu.

Bronay, 1387.... Dom Grenier.

Bernay, 1507. Cout. loc. — 1757. Cassini. — 1763. Expilly. —
1764. Desnos.

Bernai, 1710. N. De Fer. — 1733. G. Delisle.

Bernay-Beauregard, 1720. Ms. de Monsures. — 1763. Expilly.
Doy. et baill. de Rue, archid. d'Abbeville, dioc. d'Amiens,
élect. de Doullens ; poste de garde-côtes.
Dist. du canton, 7 k. — de l'arr., 20 — du dép., 64.

BERNES (canton de Roisel), 526-691 hab.

Bagerna, 820 ..

Baierna, 1100...

Baerne, 1214. Dénomb. Registre de Philippe-Auguste.

Belnes, 1248. Compotus præpositorum et baillivorum.

Berne, 1295. Lettre de Philippe-le-Bel. — 1757. Cassini.

Bernes, 1519. Comptes de la commanderie d'Eterpigny. — 1567.
Cout. de Péronne. — 1733. G. Delisle. — 1778. De Vauchelle.
— 1865. Sceau de la commune.

Berue, 1573. Ortelius.

Bernee. 1638. Tassin.

Bornes, 1648. Pouillé général.

Bemezes, 1752. D'Oisy.

Bernezes, 1763. Expilly.

Bergnes, 1750. L. C. de Boulainviller. — 17 brum. an X.
Dioc. de Noyon, doy. d'Athies, élect., baill. et prév. de Péronne.
Dist. du canton, 5 k. — de l'arr., 14 — du dép., 62.

BERNEUIL (canton de Domart), 876 hab.

Bernoldiacum, xe siècle. Flodoart.

Bernues, 1140. Garin, évêq. d'Amiens. Cart. de Bertaucourt. —
1210. Hugues de Cayeux. — 1301. Pouillé.

Bernuez, 1150. Bernard de S. Valery. M. Prarond.

Barnoyum, 1292. Ch. de Philippe IV.

Bernieulles, 1387. Montre de Jean Blanchard. Tr. gén. — 1692.
Nobil. de Pic.

Berneux, 1507. Cout. loc.

Barnes, 1634. Théât. géogr.

Barneu, 1638. Tassin.

Brenoeil, 1646. Hist. eccl. d'Abb.

Berneu, 1648. Pouillé général. — 1710. N. De Fer. — 1743. Friex.

Bernueil, 1657. Procès-verbal des coutumes.

Barneux, 1657. Jansson.

Berneuil, 1692. Pouillé. — 1757. Cassini. — 1763. Expilly. —
1836. Etat-major.

Bernoeuil, 1720. Ms. de Monsures.

Berneiul, 1733. G. Delisle.

Bernoeuille, 1750. Le Couvreur de Boul.

    Doy. de S. Riquier, arch. de Ponthieu, dioc. d'Amiens, élect.
de Doullens, prévôté de Beauquesne.

    Dist. du canton, 4 k. — de l'arr., 16 — du dép., 28.

Bernier, fief sis à Eplessier.

Fief Bernier, Cad.

BERNY-EN-SANTERRE (canton de Chaulnes), 285 hab.

    Berni, 1177. Pierre, chatelain de Péronne. Cart. d'Arrouaise. —
1214. Dénombr. Registre de Philippe-Auguste. — 1254. Official de Noyon. Cart. de Lihons.

    Breny, 1434-1435. Comptes d'amendes de la prévôté de Péronne.
· M. V. de Beauvillé. — xvi⁰ siècle. Dénombr. de Louis d'Ognies.

    Bregny, 1648. Pouillé général.

    Berny, 1757. Cassini. — 1765. Daire. — 1763. Expilly.

    Berny-en-Santerre, 1836. Etat-major. — 1840. Duclos. Dict. des
villes de France.

    Dioc. de Noyon, doy. de Curchy, élect. de Péronne.

    Dist. du canton, 7 k. — de l'arr., 11 — du dép., 41.

BERNY-SUR-NOYE (canton de Montdidier), 271 hab.

Berni, 1186. Thibaut, évêque d'Amiens. Cart. noir de Corbie.

Berny, 1301. Pouillé du diocèse. —1507. Cout. loc. — 1757. Cassini. — Ordo.

Breny, xive siècle. Registre Lucas de Corbie. — 1337. Rôle des nobles et fieffés.

Breny-sur-Noye, 1331. M. Decagny. État du dioc.

Breni, 1515. Cart. noir de Corbie.

Berny-sur-Noye, 1836. Etat-major. —1840. Duclos.

Doy. de Moreuil, dioc. d'Amiens, élection de Montdidier.

Dist. du canton, 2 k. — de l'arr., 22 — du dép., 18.

Béronville (le), lieu dit au terroir de Fieffes.

Bersacles, dép. de Millencourt-en-Ponthieu.

Bersaccæ, 864. Dipl. Caroli Pii. Hariulfe.

Bersacles.... 1190. Donation au prieuré de Biencourt. — 1492. Chronique de Jean de la Chapelle. — 1646. Hist. eccl. d'Abb. — Louandre. Topogr. du Ponthieu.

Bersaques, 1199. Hospice de S. Riquier. — 1233. Magister Waucourt. Cart. de Berlaucourt. — 1241-1673. Dom Cotron. — 1352. Hosp. de S. Riquier.

Bersacques, 1492. Jean de la Chapelle.

Bersakes, 1239. Hosp. de S. Riquier.

Besakes, 1263. Official d'Amiens. Hosp. de S. Riquier.

Bessacles, Louandre. Topogr. du Ponthieu.

Vallis Bersacca, Daire.

Vallée de Bersaque, ferme. M. Decagny. Arrond. de Péronne.

Bersaque, ferme. M. Decagny. Arrond de Péronne.

Le P. Daire et M. Decagny ont confondu Millencourt près S. Riquier avec Millencourt près Albert, et ils placent Bersacles dans cette localité, ce qui est une erreur grave ; les titres ne laissent aucun doute sur la position de ce lieu.

Bersaucourt, ham. dép. de Pertain, 115 hab.

Brechoucort, 1230. Dénomb. de la terre de Nesle.

Bersaincort, 1243. Official de Noyon. **Cart. de Noyon.**

Bersencourt, 1648. Pouillé général.

Bersaucourt, 1757. Cassini. — 1827-50. Ordo. — 1836. Etat-maj.

Berthaucourt..... M. Decagny.

Berseaucourt, 1851-62. Ordo. — 1856. Franc-Picard.

Bertancourt, seigneurie sise au terroir d'Erchu.

Bertancourt, 1759. Aveu. — 1856. Franc-Picard.

BERTANGLES (canton de Villers-Bocage), 596-606 hab.

Bagusta, 662. Diplôme de Clotaire en faveur de Corbie.

Baretangra, 1147. Thierry. — 1173. Thibaut, évêq. d'Am. Cart. S. Laurent.

Baratangla, 1160. Thierry, évêq. d'Am. Ibid. — 1163. Ibid.

Bartangla, 1163. Alexandre III, pape. Cart. S. Jean.

Baretangla, 1164. Thierry. — 1169. Robert, évêq. d'Am. Car. S. Laurent.

Baretangre, 1174. Cart. Nehemias de Corbie.

Bartangles, 1186. Délimitation du comté d'Am.

Baretangle, 1196. Célestin III, pape. Cart. S. Jean.— 1300. Jean de Picquigny. Cart. noir de Corbie.

Bartangle, 1196. Célestin III, pape. Cart. S. Jean. — 1252. André de Bertangles. Cart. du chap. — 1301. Pouillé. — 1337. Rôle des nobles. — xiv⁰ siècle. Armorial.— 1363. Reçu de Guillaume de Bertangles.

Bartangue, 1256. Sentence relative à Corbie. Aug. Thierry.

Barthengle, 1257. Olim.

Bertengles, 1339. Quittance de Gauthier de Bertangles. Trés. gén. — 1429. Nobil. de Pic.

Bertangles, 1339. Sceau de Gauthier de Bertangles. — 1449. Chron. de Mathieu d'Escouchy. — 1486. Lettre du bailly d'Amiens. Cart. de l'université des chapelains. — 1507. Cout. loc. — 1757. Cassini.

Bertangle, 1445. Délimit. de la banlieue d'Am. — 1648. Pouillé.

Bretangle, 1445. Ib.

Berthanges, 1561. Etat des bénéficiers des environs d'Amiens.

Bertrange, 1579. Ortelius. — 1592. Surhonius. — 1608. Quadum.

Berthangle, xvi° siècle. Obituaire des Célestins d'Amiens.

Bertanglie, 1657. Jansson.

Bertanguc, 1696. Etat des armoiries.

Bertrangle, 1761. Robert.

Betangles, 1764. Desnos.

Bertrangles, 1787. Picardie méridionale.

 Doy. de Vignacourt, arch. et dioc. d'Am., élect. de Doullens, prévôté de Beauquesne.

 Dist. du cant., 4 kil. — de l'arr., 10 — du dép., 10.

BERTAUCOURT-LÈS-DAMES (canton de Domart), 715 hab.

Bettonis curtis, 1090. Anscher. Vita S. Angilberti. Act. SS. O. S. B.

Bertonis curtis, 1090. Ib. Bolland.

Pratum, 1095. Gervin, évêq. d'Am. Gallia christ.

Bertolcurt, 1095. Gervin, évêque d'Am. Cart. Bertaucourt. — 1145. Girard de Picquigny. Cart. S. Jean.

Bertolcort, 1109. Bulle de Pascal II, pape. — 1129. Hugues Bouteric. — 1180. Thibaut, évêque d'Am. Cart. Bertaucourt. — 1233. Cart. de Valloires.

Beata Maria de Prato, 1137-1146. Thierry, évêq. d'Am. — 1154. Cart. St.-Martin-aux-Jumeaux.

Bertolcuria, 1146. Thierry, évêque d'Am. Cart. de S. Jean.

Bertaucort, 1146. Id. — 1196. Pierre d'Am. Cart. Bertaucourt.

Bertaulcort, 1168. Alexandre III, pape. Ib.

Bettalcort, 1211. Raoul, archid. de Ponthieu. Cart. du Gard.

Bertaucourt, 1215. Official d'Amiens. Cart. Bertaucourt — 1225. Thibaut, pénitencier. — 1286. Cart. du chap.. — 1301. Dén. de l'évêché. — 1646. Hist. eccl. d'Abbeville. — 1648. Pouillé. — 1692. Pouillé. — 1763. Expilly. — 1764. Gén. Desnos.

Bertaudicurt, 1218. Abbé de S. Jean des Vignes. Cart. Bertaucourt. — 1230. Geoffroy, évêq. d'Amiens. — 1235. Jean, Thibaut, Aléaume et Bernard d'Amiens. Ibid.

Bertoldicurt, 1225. Baudouin, abbé du Gard. Cart. Bertaucourt. — 1235. Official d'Amiens. Ibid.

Bertholdicurt, 1225. Ava abbesse. Arch. du Gard.

Bertodicurt, 1234. Official d'Amiens. Aug. Thierry.

Bertaudi curia, 1235. Official d'Amiens. Cart. de Bertaucourt. — 1282. Isabelle, abbesse de Bertaucourt. Cart. de l'université des chapelains. — 1301. Pouillé.

Bertolcurtium.... Antiquiss. breviarum B. M. de Bertolcurtio.

Bertocourt, 1232. Geoffroy, évêq. d'Am.

Bertoldicuria, 1301. Pouillé du diocèse.

Bertancourt, 1301. Dénomb. de l'évêché d'Amiens. — 1648. Pouillé gén.— 1657. Jansson.— 1743. Friex.— 1764. Desnos.

Bertcaucourt, 1507. Coutumes locales. — 17 brum. an X.

Berthancourt, 1567. Procès-verbal des coutumes.

Bertincourt, 1579. Ortelius.—1592. Surhonius.—1608. Quadum.

Berthuncourt, 1707. G. Sanson. France en 4 feuilles.

Berthaucourt, 1733. G. Delisle. — Ordo.

Bertaucourt-lès-Dames, 1757. Cassini.

Bertcaucourt-lès-Dames, 1836. Cart. de l'Etat-major.

Doyenné de Vignacourt, arch. et dioc. d'Amiens, élection de Doullens, prévôté de Beauquesne.

Abbaye de Dames de l'ordre de S. Benoît fondée en 1090.

Dist. du cant., 6 kil. — de l'arr., 23 — du dép., 23.

Bertaucourt-lès-Rue, dép. de Rue.

Lieu détruit.

Betaucourt, 1126. Jean de Nesle, comte de Ponthieu. M. Prarond.

Bertoucourt juxta Ruam, 1197. Thibaut, évêq. d'Amiens.

Bertaucort juxta Ruam, 1197. Id.

Bertaucourt, 1224. Jean de Ponthieu. Lefils. Hist. de Rue.

Bertaucourt-lès-Rue, 1506. M. Prarond.

BERTAUCOURT-LÈS-THENNES (canton de Moreuil), 517 hab.

Bertolcurt, 1133. Barthélemy, évéq. de Laon.

Bertaucourt, 1579. Ortelius. — 1592. Surhonius. — 1757. Cassini.
— 17 brum. an X. — 1801. Dénomb. quinq. — 1826-56. Ordo.

Berteaucourt. 1857-65. Ordo.

Berthaucourt-lès-Thennes, 1567. Procès-verbal des cout.

Berteaucourt-lès-Thennes, 1836. Etat-major.

Berteaucourt, 1864. Sceau de la commune.

Doy. de Moreuil, arch., dioc. et élect. d'Amiens, prévôté de
Fouilloy et de Beauvaisis à Amiens en partie.

Dist. du cant., 6 kil. — de l'arr., 22 — du dép., 16.

BERTEVILLE, fief sis à Valines.

Fief de Berteville, 1696. Etat des armoiries. — M. Prarond.

Bertheville, Etat de fief.

BERTINVAL, fief sis à Morchain. Dom Grenier.

BERTRANCOURT (canton d'Acheux), 656 hab.

Bertramecurt, 1164. Mathieu de Bertrancourt. Cart. d'Arrouaise.
— 1181. Thibaut, év. d'Am. Cart. S. Laurent. — 1566. Cout.

Bertreminecurt, 117.. Thibaud, évéq. d'Am. Cart. S. Laurent.

Bertramecort, 1186. Daire. Hist. de Doullens. — xv⁰ siècle. Obit.
du chap. d'Am.

Bertramni curtis. Daire. Ib.

Bertrandi curia. Daire.

Bertraincourt, 1186. Délimitation du comté d'Amiens. Du Cange.

Bertramecourt, 1255. Arch. du chapitre. — 1301. Pouillé du
diocèse. — 1536. M. Decagny. — 1648. Pouillé.

Bertrancourt, 1567. Cout. de Péronne. — 1692. Nobil. de Pic. —
1757. Cassini. — 1765. Daire. — 17 brum. an X.

Bétrancourt, 1692. Pouillé.

Doy. de Doullens, archid. et dioc. d'Amiens, élec. de Péronne.
Dist. du canton, 3 k. — de l'arr., 19 — du dép., 33.

BERTRICOURT, dép. de Longpré-lès-Amiens.

Bertricicurtisvilla, 1121. Roger, doyen du chap. d'Am. Cart. S. Jean.

Villula Bertincuria, 1137. Innocent II, pape.   Ib.

Bertrincourt, 1141. Sanson, arch. de Reims.   Ib.

Bertincort, 1147. Eugène III.   Ib.

Bertrincort, 1146. Thierry, évêq. d'Am.   Ib.

Bertricort, 1161. Philippe, comte d'Amiens.   Ib.

Betricort, 1196. Célestin III, pape.   Ib.

Betrincort, 1196.   Id.   Ib.

Betricourt, 1311. Philippe de Valois. — 1384. Déclaration du temporel de l'abb. de S. Jean. — 1445. Délimitation de la banlieue d'Amiens. Aug. Thierry.

Bertricourt, 1638. Déclaration du temporel de l'abb. de S. Jean. — 1757. Cassini. — Ordo.

BESONVILLE, terroir de Beauchamp et de Bouvaincourt.

Besonville (le). Cadastre de Beauchamp.

Bezonville (le). Cadastre de Bouvaincourt.

BESSANCOURT, lieu dit au terroir d'Ercheu.

Bessencourt, 1229. Cart. de Guise. — Cadastre.

    Ce lieu est-il le même que Bertrancourt cité plus haut ?

BETHENCOURT-LE-BLANC, fief sis à Marcelcave.

Bertincultis, 1139. Garin, év. d'Am. Cart. S. Jean.

Bethencourt-le-Blanc, 1455-1547. Arch. de Corbie. — 1638. Décl. du temporel de l'abbaye de St.-Jean.

BETHENCOURT-LE-NOIR, ferme, dép. de Marcel-Cave.

Bethencourt-le-Noir, 1547-1564. Arch. de Corbie. — 1638. Décl. du temporel de l'abbaye de St.-Jean.

Betencourt, 1761. Robert.

BETHENCOURT-SUR-MER (canton d'Ault), 748 hab.

Bettonis chortes... Hadrien de Valois.

Bethleencort, 1201. Anscher de Fressenneville. Dom Grenier.

Betencuria, 1284. Philippe-le-Bel.

Betencourt, 1337. Rôle des nobles et fieffés.

Bethencourt-sur-la-mer, 1549. Lettre de Henri II. M. Cocheris.

Bethencourt, 1646. Hist. eccl. d'Abbeville — 1763. Expilly. — 1836. Etat-major. — Ordo.

Bethencourt-sur-mer, 1757. Cassini. — 17 brum. an X. — 1840. Alm. d'Abbeville.

Betancourt-sur-mer, 1778. De Vauchelle.

Betencourt-sur-mer... M. Decagny. Etat du dioc.

Doy. de Gamaches, puis de St.-Valery, autrefois secours de Tully, élect. d'Eu, généralité de Normandie.

Dist. du cant., 5 k. — de l'arr., 27 — du dép., 68.

BETHENCOURT-SUR-SOMME (canton de Nesle), 155 hab.

Betonis curt, 987. Le Vasseur. Ann. de Noyon.—1050. Gall. christ.

Betuncurt, 1032. Othon, comte de Vermandois. Colliette.

Bethincurt, 1135. Innocent II, pape. Cart. de Prémontré.

Bettencort, 1146. Ives de Soissons. Cart. d'Arrouaise.

Botencurt, 1147. Eugène III, pape. Marrier.

Betencurt, 1142. Simon, évêque de Noyon. Cart. de Prémontré. —1175. Ives, comte de Soissons. Cart. d'Arrouaise.

Bethincourt, 1153. Chap. de St.-Quentin.

Bethencurt, 1153. Beaudouin, évêq. de Noyon. Cart. d'Arrouaise.

Bethlencort, 1153. Beaudouin, évêq. de Noyon. Cart. de Noyon.

Bethencort, 1177. Simon, évêque de Noyon. Cart. de Prémontré.

Bethencourt, 1182. Renaud, évêque de Noyon. Cart. de Noyon.— 1209. Cart. d'Ourscamp.— 1234. Epitaphe de Hugues de Bethencourt. — 1415. Chron. de Monstrelet. — 1589. Reg. de l'échevinage d'Amiens. — 1648. Pouillé. — 1692. Nobil. de Pic. — 1763. Expilly, —1836. Etat-major. — Ordo.

Betencourt, 1197-1200-1203-1243. Cart. d'Ourscamp. — 1246. Official de Noyon. Cart. d'Ourscamp. — 1438. Comptes de la commanderie d'Eterpigny.

Bethincuria, 11... Cart. de Noyon, f. 84.

Betencort, 1209. Cart. d'Ourscamp. — 1216. Dénomb. de Odon de Ham. — 1230. Dénomb. de la terre de Nesle. — 1243. Cart. de Noyon.

Berthencourt, 1343. Déclarat. de Philippe VI. Rec. des ord.

Bettencourt, 1573. Ortelius. — 1592. Surhonius. — 1638. Tassin. 1657. Jansson. — 1710. N. De Fer.

Betancourt, 1623. Itinéraire de Du Buisson. M. Cocheris.

Bethancourt, 1733. G. Delisle. — 1757. Cassini.

Bellencourt, 1761. Robert.

Béthencourt-sur-Somme, 1772. M. Decagny. État du dioc.

Berthancourt, 1787. Pic. mérid.

Bellancourt, 17 brum. an X.

Dioc. de Noyon, doy. de Curchy, élect. de Péronne.

Dist. du cant., 7 k. — de l'arr., 20 — du dép., 55.

BÉTHENCOURT, fief sis à Frohen.

Béthencourt, 1507. Cout. loc.

Betencourt, 1720. Ms. de Monsures.

BÉTHISY, dép. d'Harbonnières.

Bestisiacum, 1224. Jean de Béthisy.

Béthizy, 1535. Arch. de Corbie.

Bétizy, 1567. Cout. de Péronne.

Béthisy, 1757. Cassini.

Bethizi, 1856. Franc-Picard.

Non indiqué par l'Etat-major.

BÉTHISY, fief sis à Courtemanche.

·*Fief de Bethisy*, 1765. Daire. Doy. de Montdidier.

BÉTHISY, écart, dép. de Bray-sur-Somme.

Béthisy. Cadastre.

Quartier du Hasard. Cadastre.

BETHLÉEM, ferme, dép. de Pendé, 7 hab.

Bethelchem, 1733. G. Delisle.

Bethléem, 1757. Cassini. — 1810. Alm. d'Abbeville.

Non indiqué sur la carte de l'Etat-major.

BÉTONVAL, fief sis à Béthencourt-sur-Mer.

Fief de Bétonval, 1560. Aveu.

BETTEMBOS (canton de Poix), 267 hab.

Betembos, 1154. Thierry, évêque d'Amiens. Cart. de Selincourt.
— 1301. Pouillé. — 1337. Rôle des nobles et fieffés. — 1345.
Etat de la ville d'Amiens. Aug. Thierry. — 1692. Pouillé. —
1757. Cassini. — 1772. Arch. de Selincourt.

Betemboiz, 1177. Thibaut, év. d'Am. Cart. de Selincourt.

Betthembos, 1206. Richard, év. d'Amiens. Cart. du Gard.

Bedembos, 1337. Rôle des nobles et fieffés.

Bethembos, 1349. Jean de Bettembos. M. Pouillet. — 1499. Délib.
de l'évêché d'Amiens. — 1567. Procès-verbal des cout.

Bettembos, 1483. Reg. de l'évêché d'Amiens. — 1507. Cout. loc.
. — 1763. Expilly. — 17 brum. an X.

Betembo, 1648. Pouillé général. — 1731. Etat des manufactures
d'Aumale. — 1707. France en 4 f.

Betenbos, 1710. N. De Fer. — 1761. Robert.

Betenbo, 1733. G. Delisle.

Bettenbos, 1750. Le Couvreur de Boulainviller.

Betanbo, 1778. De Vauchelle.

Doy. de Poix, arch., dioc. et élect. d'Amiens, prévôté royale de
Beauvaisis à Amiens, mouvance de Picquigny.

Dist. du cant., 9 k. — de l'arr., 38 — du dép., 38.

BETTENCOURT-RIVIÈRE (cant. de Molliens-Vidame), 339-431 h.

Bettonicurtis, 834. Chronicon Fontanellense.

Betencurt, 115.. Thierry, évêq. d'Am. Cart. St.-Laurent.

Bethencurt, 117.. Thibaut, év. d'Amiens. Cart. St.-Laurent.

Betencort, 1190. Girard de Picquigny. Cart. du Gard.

Betencourt, 1204. M. Decagny. — 1301. Pouillé. — 1648. Pouillé.
— 1705. Etat des unions des maladreries. — 1733. G. Delisle.

Bertencort, 1209. Cart. des hosp. — 1215-1239. Cart. St.-Martin-aux-Jumeaux. — 1235. Invent. de l'évêché.

Betthencourt, 1316. Serment du curé. — 1757. Cassini.

Bettencourt, 1316.   Ib.

Bethencourt, 1491. Dom Cotron. Chr. cent. — 1507. Cout. loc. — 1648. Pouillé gén. — 1834-1862. Ordo.

Bethencourt-Rivière. 1689. Aveu de Guill. de Montigny. Hist. de Long. — 1692. Nobil. de Picardie.

Bettencourt-Rivière, 1763. Expilly. — 17 brum. an X. — 1826-33. Ordo. — 1836. Etat-major.

Bavencourt...

Bettencourt-et-Rivière, 1750. L. C. de Boulainviller.

Doy. d'Airaines, arch. de Ponthieu, dioc. et élect. d'Amiens, prévôté de Vimeu.

Dist. du cant., 17 k. — de l'arr., 29 — du dép., 29.

BETTENCOURT-SAINT-OUEN (canton de Picquigny), 436 hab.

Bethincurt, 1150. Alaume de Flixecourt. M. V. de Beauvillé.

Bettencort, 1168. Arnould, comte d'Artois. Cart. St.-Jean. — 1232. Guy de Bettencourt. Cart. de Bertaucourt.

Bettincort, 1210. Hugues de Cayeux. Cart. de Bertaucourt.

Betencort, 1232. Jean de la Rosière.   Ib.

Betencourt, 1301. Pouillé du diocèse. — 1337. Rôle des nobles et fieffés. — 1648. Pouillé général. — 1710. N. De Fer.

Bethencourt, 1507. Cout. loc. — 1561. Etat des bénéficiers du diocèse d'Amiens. — 1589. Reg. de l'échev. d'Amiens. — 1692. Pouillé. — 1757. Cassini. — 1834-62. Ordo.

Bentencourt, 1634. Trésor général.

Benrecourt, 1657. Jansson.

Bettencourt, 1763. Expilly. — 1827-33. Ordo.

Bettencourt-St.-Ouen, 17 brum. an X. — 1824-26. Ordo. — 1836. Etat-major. — 1864. Sceau de la commune.

Bettencourt-St.-Ouin, 1857. Dénomb. quinq.

Bethencourt S. Ouen. Administration.

Doy. de Vignacourt, archid. et dioc. d'Amiens, élect. de Doullens, mouvance de Picquigny, prév. de Beauquesne.

Dist. du cant., 11 k. — de l'arr., 24 — du dép., 24.

BEUVRAIGNES (canton de Roye), 1066-1224 hab.

Bebrinias, 1048. Beaudouin, év. de Noyon. Cart. de Prémontré.

Beurini, 1185. Gotson, abbé de Corbie. Dom Grenier.

Beurigne, 1236. Raoul de Corbie. Cart. d'Ourscamp.

Bouveretes, 1256. Simon de Clermont,   ib.

Buvrignes, 1196. Cart. d'Ourscamp.

Buvraine, 1475. Grégoire. Hist. de Roye. — 1733. G. Delisle.

Buvraingnes, 1475.   Ib.

Baueringnes, 1567. Cout. de Roye.

Buveren, 1579. Ortelius. — 1592. Surhonius.

Buveringnes, 1648. Pouillé général.

Beuvraignes, 1653. Grégoire. Hist. de Roye. — 1671. Pillage de Roye. — 17 brum. an X — 1828-62. Ordo.

Beuverem, 1626. Damiens. — 1657. Jansson.

Cheproi, 1733. G. Delisle. — 1778. De Vauchelle.

Buveraine, 1752. D'Oisy.

Beuvraines, 1757. Cassini. — 1836. Etat-major.

Buveraines, 1764. Expilly.

Buvraines, 1765. Daire. Hist. de Montdidier. — 1750. L. C. de Boulainviller.

Beuvraine, 1824-27. Ordo.

Doy. de Nesle, dioc. de Noyon, élect. de Montdidier, prév. et baill. de Roye.

Dist. du cant., 7 k. — de l'arr., 16 — du dép., 47.

BEZENCOURT, ferme, dép. de Brailly, 7 hab.

Bezencourt, 1692. Nobil. du Ponthieu. — 1757. Cassini. — 1764. Desnos. — 1766. Cout. du Ponthieu. — 1830-65. Ordo. — 1840. Almanach d'Abbeville.

Besencourt, 1761. Robert. — 1778. De Vauchelle.

Bezancourt, 1763. Expilly. — 1836. Etat-major.

Berencourt, 1783. Alm. du Ponthieu.

Bezincourt, 1826. Ordo.

Bailliage de Crécy.

BEZENCOURT, dép. de Tronchoy, 205 hab.

Beusencort, 1149. Accord entre Ste-Marie d'Hornoy et Selincourt. Cart. de Selincourt — 1234. Dreux de Bezencourt. Ib. — 1295. Philippe-le-Bel. Ib.

Busencort, 1149. Ib.

Bosencort, 1198. Hugues de Bailleul. Cart. de Selincourt. — 1208. Bernard, évêque d'Amiens.

Bezencourt, 1301. Pouillé. — 1507. Cout. loc. — 1567. Proc.-verb. des cout. — 1757. Cassini. — 1778. Arch. de Selincourt.

Bisancourt, 1692. Nobil. de Picardie.

Bezancourt, 1731. Etat des manuf. d'Aumâle. — 1763. Expilly.

Besencour, 1733. G. Delisle.

BIACHES (canton de Péronne), 422-488 hab.

Biart, 1216. Odon de Ham. Cart. de Noyon.

Biarch, 1186. Urbain III, pape. Cart. d'Arrouaise. — 1216. Odon de Ham. Cart. de Noyon. — 1220. Raoul de Carrépuis. Cart. de Noyon. — 1235. Grégoire IX, pape. Gall. chr. — 1236-1237. Cart. de Noyon. — 1384. Dén. du temporel de N.-D. de Ham.

Biachum, 1235. M. Decagny.

Biachia... M. Decagny.

Biachium, 1240. Fursy, évêque d'Arras. Gall. christ.

Biach-les-Nonnains, 1519. Compte de la command. d'Eterpigny.

Biaches, 1567. Cout. de Péronne. — 1594. Edit. — Ordo.

Bias, 1579. Ortelius. — 1638. Tassin. — 1657. Jansson.

Bais, 1592. Surhonius.

Briache, 1648. Pouillé. — 1733. G. Delisle. — 1757. Cassini.

Biarh, 1653. Lettres d'amortissement de Pierre Turpin. Arch. de Roye.

Biarck, 1653.   Ibid.

Biache, 1653. Etat des revenus de N.-D. de Ham. — 1761. Robert. — 1763. Expilly. — 17 brum. an X.

*Blaise,*1763. Expilly.

Doy., baill., prév. et élect. de Péronne, dioc. de Noyon.

Abbaye de filles de l'ordre de Citeaux.

Dist. du cant., 3 k. — de l'arr., 3 — du dép., 49.

BIARRE (canton de Roye), 120 hab.

Biarth, 1216. Cart. de Noyon.

Biarh, ... Grégoire. Hist. de Roye.

Biarch, 1308. Ord. des biens de l'évêq. de Noyon. Livre rouge.

Bier, 1567. Cout. de Roye.

Biaire, 1618. Pouillé général.

Biarre, 1733. G. Delisle. — 1757. Cassini. — 17 brum. an X. — 1836. Etat-major. — Ordo

Dioc. de Noyon, doy. de Nesle, élect. de Péronne, baill. et prév. de Roye.

Dist. du cant., 8 k. — de l'arr., 27 — du dép. 50.

Bias, ferme, dép. de Carligny, 12 hab.

Biart, 1160. Alexandre III, pape. Cart. de Prémontré.

Cense de Bias, 1567. Cout. de Péronne.

Bias, 1733. G. Delisle. — 1757. Cassini. — 1826-50. Ordo. — 1844. M. Decagny.

Biares, 1836. Etat-major.

Biare, 1850-62. Ordo.

Biauval, fief sis à Sains.

Fief de Biauval. Daire. Doy. de Moreuil.

Bichecourt, dép. de Hangest-sur-Somme, 15 hab.

Bischecourt, 1604. Cart. du Gard.

Bichecourt, 1733. G. Delisle. — 1757. Cassini. — 1826-53. Ordo.

Buscourt, 1836. Etat-major.

Richecourt, 1841-52. Ordo. — 1787. Picardie mérid.

Bicourt, château, dép. de Bailleul, 11 hab.

Bicourt, 1861. Dénomb. quinq.

Château de Bicourt. Administration.

Bicourt, fief sis à Liercourt. M. Prarond.

Bief, rivière.

Riv. de Poix, 1757. Cassini. — 1764. Desnos. — 1836. État-major.

Riv. de Bief, 1757. Cassini.

La Poix (à Famechon).

> Le Bief ou rivière de Poix prend sa source à Souplicourt, va de l'Est à l'Ouest à Ste-Segrée, la Chapelle, Poix, Blangy, Famechon, où elle reçoit la rivière des Evoissons, à Uzenneville, Frémontiers, Contre, où elle reçoit la rivière des Parquets, à Fleury, à Rivière et se jette dans la Selle un peu au-dessous de Conty.

BIENCOURT (canton de Gamaches), 209 hab.

Bonidicurtis, 1090. Louandre. Topogr. du Ponthieu.

Biencourt, 1118. Godefroy, évêque d'Amiens. Daire. — 1204. Raoul de Rambures. Hist. de l'abb. de Sery. — 1301. Pouillé. 1337. Rôle des nobles et fieffés. — 1371. Quittance de Colinet de Biencourt. — 1603. Lettre de Louvois. — 1757. Cassini. — 1763. Expilly. — 17 brum. an X.

Buiacort, 1147. Eugène III, pape. Cart. St.-Jean.

Buincurt, 1152. Thierry, évêq. d'Amiens. Cart. de Valloires.

Buencort, 1160. Jean, abbé de Corbie. Cart. St.-Jean.

Buiencurt, 1164. Thierry, évêque d'Amiens. Gall. christ. — 1184. Hervé, abbé de Marmoutiers. Gallia christ.

Baiencourt, 1165. Dom Cotron. Chron centulense. — 1337. Rôle des nobles et fieffés. — 1648. Pouillé gén.

Briencourt, 1177. Jean du Pont. Hist. de Sery.

Biencort, 1192. Enguerrand de Fontaine. Gall. christ. — 1237. Arnould, évêque d'Amiens. Cart. de Bertaucourt.

Buiercourt, 1160-1229. Cart. de Corbie. — 1280. Dreux de Biencourt. Cart. de l'évêché.

Byencourt, 1472. Hosp. de St.-Riquier.

Biencourt-en-Vimeu, 1782. Dom Grenier.

Doy. d'Oisemont, arch. du Ponthieu, dioc. et élection d'Amiens, prévôté de Vimeu.

Dist. du cant. 11 k. — de l'arr., 19 — du dép., 48.

BIENCOURT, fief sis à Senlis.

Biencourt, 1612. Arch. de Corbie.

BIENFAY, dép. de Moyenneville, 269.

Goubinfai, 1191. Bernard de St.-Valery. — M. Prarond.

Guebefay, 1337. Rôle des nobles et fieffés.

Bienfay, 1541. M. Louandre. — 1693. M. Prarond. — 1757. Cassini. — 1763. Expilly. — 1778. Alm. du Ponthieu. — Ordo.

Guibienfait, 1749. Aveu. M. Cocheris.

Bienfait, 1764. Desnos. — 1840. Almanach d'Abbeville.

Bienfai, 1766, Cont. du Ponthieu.

Guibienfay. Dom Grenier.

Guebreffray.   Ib.

Guebeffay.   Ib.

BIENFAY-LÈS-OISEMONT, fief.

Bienfay-lès-Oisemont, 1591. M. Prarond.

BIENVAL, lieu dit au terroir de Dominois.

BIERVAL, fief sis à Molliens-Vidame. — 1778. Vente.

BIGACHE (la), lieu dit au terroir de Mesnil-en-Arronaise.

BIGANT, fief sis à Toutencourt.

BIGAUDÈT, ferme sise à Beaucourt et à Mirvaux.

Begeudet, 1692. Nobil. de Picardie.

Begaudele, 1701. Armorial.

Bigneudelle, 1707. France en 4 feuilles. — 1733. G. Delisle. — 1778. De Vauchelle.

Bigaudet, 1720. Ms. de Monsures. — 1750. L. C. de Boulainviller.

Ferme de Begeudet, 1784. Daire. Doy. de Fouilloy.

Ferme de Bigaudes, 1784.   Ibid.

Bigaudel, ferme. Prévôté de Fouilloy.

Bigaudel (le). Cadastre de Mirvaux.

Bihen, dép. de le Crotoy, 49 hab.

Bihen, 1757. Cassini. — 1764. Desnos. — Ordo. — 1836. Etat-major. — 1857. Dénomb. quinq.

Behen, 1826. Ordo.

Behem, 1840. Alm. d'Abbeville.

Bihen, cours d'eau venant de Bihen, affluent de la Maye.

BILLANCOURT (canton de Roye), 281-283 hab.

Baislancort, 1230. Dénomb. de la terre de Nesle.

Builencort, 1230.   Ib.

Billiencourt, 1567. Cout. de Roye.

Billancourt, 1605. Dénomb. du fief de Bus. — 1763. Expilly. — 17 brum. an X. — 1836. Etat-major. — Ordo.

Bilencourt, 1733. G. Delisle.

Billencourt, 1757. Cassini.

Billescourt, 1761. Robert.

Dioc. de Noyon, doy. de Nesle, élect. de Péronne, baill. et prév. de Roye.

Dist. du canton, 1 k. — de l'arr., 29 — du dép., 51.

Billon, ferme dép. de Suzame.

Buillon, 1567. Cout. de Péronne.

Billon, 1733. G. Delisle. — 1757. Cassini. — 1836. Etat-major.

Bouillon, cense, 1750. Le C. de Boulainviller.

Bion, dép. de Ham. — 1757. Cassini.

Non indiqué par l'Etat-major.

Bis-Pont, dép. de Rouy-le-Petit, 15 hab.

Bipont, 1733. G. Delisle. — 1757. Cassini.

Bispont, 1861. Dénomb. quinq.

BIZET, fief sis à Dommartin.

Fief Bizet. Daire. Doy. de Moreuil.

Fief Hutin. Ib.

BLAMONT, dép. d'Amiens.

Le Blamont, 1733. G. Delisle.

Blancmont, 1757. Cassini.

BLAMONT, fief sis à Boves.

Fief de Blamont. Daire. Doy. de Moreuil.

BLAMONT (le), bois dép. d'Ignaucourt.

BLANC (le), dép. de Doingt.

Le Blanc, 1778. De Vauchelle.

BLANCARTS (les), dép. de Woignarue.

Les Blancarts, 1856-1861. Dénomb. quinq.

BLANCHE ABBAYE, ferme dép. de Buigny-S.-Maclou.

Beauvoir l'Abbaïe, 1757. Cassini. — 1763. Expilly.

Blanche Abbaye, 1836. Etat-major. — Ordo.

Blanque-Abbaye, 1840. Almanach d'Abbeville.

BLANCHE ABBAYE, dép. de Villers-Bocage.

Blanc-Abie, 1733. G. Delisle. — 1778. De Vauchelle.

Blanq Abbye, 1761. Robert.

BLANCHE-MAISON, ham. dép. d'Hornoy, 38 hab.

Blanchemaison, 1733. G. Delisle. — 1757. Cassini.

Blanquemaison, 1761. Robert.

Blanche-Maison... Cadastre.

BLANCHISSERIE (la), dép. de Doullens.

La Blanchisserie, 1829-30. Ordo.

BLANC-MONT, hab. isol. dép. de Beauval, 8 hab.

Blanc-Mont, 1861. Dénomb. quinq.

Le Blamont. Administration.

BLANC-MONT, dép. de Surcamps, 9 hab.

Blanc-Mont, 1857. Dénomb. quinq.

BLANC-MONT, ferme dép. de Templeux-le-Guérard, 7 hab.

Blanc-Mont, 1861. Dénomb. quinq.

BLANC PIGEONNIER, dép. de Cambron.

Blanc-Pigeonnier, 1757. Cassini.

Le Colombier, 1836. Etat-major.

BLANC PIGEONNIER, dép. de Rue.

Blanc-Pigeonnier, 1757. Cassini. — 1764. Desnos.

Le Blanc Pigeonnier, 1836. Etat-major.

BLANC PIGNON, fief sis à Belleuse.

Fief du Blanc Pignon. Daire. Doy. de Conty.

BLANC PIGNON (le), hab. isol. dép. de Nouvion.

BLANC RIEZ (le), bois dép. de Chipilly, défriché.

BLANCS MONTS (les), dép. de Rivery.

Les Blammonts, 1733. G. Delisle.

Ancien camp, 1757. Cassini.

Les Blanmons, 1778. De Vauchelle.

Les Blancs-Monts. — Nom vulgaire.

BLANCS MONTS (les), dép. de Mesnil-Martinsart.

Les Blancs-Monts, 1664-1670. Titres de l'évêché.

BLANCS MURETS (les), fontaine de Montdidier, affluent du Don.

BLANGI, fief sis à Bellancourt M. Prarond.

BLANGIEL, fief sis à Maigneville. M. Prarond.

BLANGIEL, ham. dép. de Montmarquet, 132 hab.

Blangiel, 1337. Rôle des nobles et fieffés. — 1733. G. Delisle. —
1757. Cassini.

BLANGY-SOUS-POIX (canton de Poix), 187 hab.

Blangeium. Daire. Doy. de Poix.

Blanziacum.   Ib.

Blanciacum.   Ib.

Blangiacum, 1167.

Blangies, 1201. Cart. du Gard.

Blangy, 1206. Jean de Conty. — 1301. Pouillé. — 1592. Reg. de l'échevinage d'Am. — 1692. Pouillé. — 17 brum. an X.

Blangi, 1393. Lettre de Charles VI. Rec. des ord. — 1787. La Picardie méridionale.

Blangy-sous-Poix, 1567. Procès-verbal des cout. — 1763. Expilly.

Blangis, 1707. France en 4 feuilles.— 1710. N. De Fer.— 1733. G. Delisle.

Blangy-lès-Poix, 1757. Cassini.

Blangis-le-Poix, 1778. De Vauchelle.

Doy. de Poix, arch., dioc. et élect. d'Amiens, prévôté royale de Beauvaisis à Amiens, mouvance de Picquigny.

Dist. du canton, 2 k. — de l'arr., 28 — du dép., 28.

BLANGY-TRONVILLE (canton de Sains), 404-434 hab.

Blangium, 1149. Alexandre III, pape. Aug. Thierry.

Blangi, 1197. Thibaut, évêq. d'Am. —1242. Bernard de Moreuil. Daire. — 1260. Compte des villes de Picardie. —1301. Pouillé.

Blangiacum, 1200. Rôle des feudataires de l'abb. de Corbie.

Blangi-sur-Somme, 1416. Cart. Esdras de Corbie.

Blangy, 1440. Registre Jacobus de Corbie. — 1648. Pouillé général. — 1757. Cassini. — 1836. Etat-major.

Blangys, 1579. Ortelius. — 1592. Surhonius.

Blangis, 1707. France en 4 feuilles. — 1710. N. De Fer.— 1733. G. Delisle. — 1778. De Vauchelle.

Blangy et Tronville, 1763. Expilly.

Blangy-Tronville, 17 brum. an X.

Doy. de Fouilloy, arch.; dioc. et élect. d'Amiens.

Dist. du canton, 12 k. — de l'arr., 11 — du dép., 11.

BLANGY, fief sis à Flesselles.

BLANQUE TAQUE, dép. de Noyelles-sur-Mer.

Blanche tache, 1346. Froissart.—1440. Frais de divers messagers. M. V. de Beauvillé. — 1579. Ortelius. — 1592. Surhonius.

Blance taque, 1423. Mémoire de Pierre de Fenin.

Blanque taque, 1423. Mém. de Pierre de Fenin. — 1763. Expilly.

Planque taque, 1423. Mém. de Pierre de Fenin.

Blancque tacque, 1492. Jean de la Chapelle.

Blanche tacqz, 1579. Ortelius.

Blanque taque (le), 1634. Notice par Maupin. M.V. de Beauvillé.

Blanquetade, 1763. Expilly.

BLINGUE, ferme, dép. de Mers, 4 hab.

Blaingue, 1757. Cassini.

Blengue, 1778. De Vauchelle.

Blainque... Ordo. — 1840. Alm. d'Abbeville.

Blingue... Cadastre.

Blaingues, ferme, 1836. Etat-major. — 1844. M. Fournier.

BLOCAUS (les), bois dép. de Montmarquet.

BLOTTEFIÈRE, fief sis à Saucourt.

Blottefiére, 1695. Nobil. de Pic.

Blotefière, ... Dom Grenier. Topog.

BLOIXUS, lieu près de Beaurepaire-lès-Doullens.

Bloixus, 1241. Hist. de Doullens.

BOBET, fief sis à Thennes, 1584. Tit. de Corbie.

BOCACOURT, dép. de La Viéville. — Hameau disparu. Daire y trouvait encore 10 habitations en 1784.

Non marqué sur la carte de l'Etat-major.

Bourcarcourt, 1207. Inv. de l'évêché.

Bourgarcourt, 1235. Cart. noir de Corbie. — 1301. Pouillé.

Bourgacourt, 1288. Cart. de Fieffes.

Boucacourt, ferme, 1559. D. Grenier. Prévôté de Fouilloy. — 1567. Procès-verbal des cout. — 1720. Ms. de Monsures.

Fouquaucourt, 1579. Ortelius.

Bocacourt, 1757. Cassini. — 1784. Daire.

Bocancourt, 1764. Desnos.

Doyen. d'Albert, élect. de Doullens.

BOCQUET (le), dép. de Nibas, 66 hab.

9

Bocquet, 1757. Cassini. — Admin.

Bosquet (le), 1835. Etat-major. — 1841. Ordo.

Bosquel (le), 1840. Almanach d'Abbeville.

Bocquet (le), 1852. M. Prarond.

BOCQUET (le), dép. de Ramburelles, 66 hab.

Boquet, 1757. Cassini.

Boquets (les), 1778. De Vauchelle.

Bocquet. Ordo.

Bosquet (le), 1840. Almanach d'Abbeville. — Administration.

Bocquet (le), 1857-61. Dénomb. quinq. — Administration.

BOCQUEUX (les), bois dép. d'Authuille. — Défriché.

BODOAGE (le), ferme, dép. de Vron.

Baudnage, ferme, 1720. Ms. de Monsures. —1750. Le Couvreur de Boulainviller.

Bodoage (le), 1757. Cassini. — 1764. Desnos.

Bodoage, 1761. Robert.— 1836. Etat-major.— 1844. M. Fournier.

Bodouage, 1780. Inscription de la cloche de Nampont.

Bois Douage... Dom Grenier.— M. Prarond.

Bos du Vuage... Ib.

BOENCOURT, dép. de Behen, 170 hab.

Bauencourt, 1220. Robert de Dreux. Layette du trés. des chart.

Bancourt, 1648. Pouillé. — 1703. Dom Grenier. Topogr.

Boencourt, 1757. Cassini.—1766. Cout. d'Abbeville.—1778. Alm. du Ponthieu. —1829. Ordo.

Bouancourt, 1763. Expilly.

Bohencourt, 1764. Desnos.

Boencourt-les-Alleux, 1827. Ordo.

Boancourt, 1703. Ib.

Election et bailliage d'Abbeville.

BOFFLET, fief sis à Neuilly-l'Hôpital.

BOGNIE, fief sis à Luchuel.

Boʜu, fief sis à Wanel.

> Peut-être *Bois Hu* à cause du bois de ce nom.

Fief noble dit Bohu. Dom Grenier.

Bohus. Dom Grenier.

Fief Waucourt. Ib.

Boɪɢɪcouɴᴛ, fief sis à Revelles.

Boɪʟᴇᴀu, fief sis à Etelfay. Daire.

Boɪɴᴠɪʟʟᴇ, fief sis à Saucourt.

Fief de Boinville. Dom Grenier.

Boɪʀɪᴇʀ (le), bois sis à Bergicourt.

Boɪʀoɴ, dép. d'Inval-Boiron, 53 hab.

Bois rond (le), 1733. G. Delisle.

Bos rond, 1761. Robert.

Boiron, 1757. Cassini. — 1852-62. Ordo. — Dén. quinq.

Boirond, 1826-51. Ordo.

Boɪʀoɴ (le), bois dép. de Le Quesne.

Boɪs, dép. de Combles. N'existe plus.

Bois, 1567. Cout. de Péronne.

BOISBERGUES (canton de Bernaville), 289 hab.

Basberga, 1170. Alexandre III, pape. Dom Cotron.

Buscus Binbergis. Dom Cotron.

Buscus Raimbergi. Ibid.

Buscus Reimbergis, 1248. Richard du Candas. Ib.

Boibergues, 1204. Robert de Doullens. Cart. de Fieffes. — 1492. Jean de la Chapelle. — 1561. Etat des bénéficiers du diocèse d'Am. — 1567. Procès-verbal des cout. — 1836. Etat-major.

Bosberguœ, 1224. Honoré III, pape. Dom Cotron.

Boisbergues, 1231. Hugues, abbé de St.-Riquier. Arch. du Gard. — 1372. Aveu. M. Cocheris.

Boibergue, 1507. Cout. locales. — 1743. Friex.

Baubergue, 1589. Pagès.

Bois Bergues, 1672. Reg. du Conseil d'Etat. — 1710. N. De Fer.

Boisberg, 1692. Pouillé.

Boisbergue, 1733. G. Delisle. — 1757. Cassini. — Ordo. — Dénombr. de 1857.

Bois-Bergue, 1778. De Vauchelle. — 17 brum. an X.

Bois Bergures, 1787. Picardie mérid.

Doy. de Labroye, puis d'Auxi-le-Château, arch. d'Abbeville,
dioc. d'Amiens, élect. et prévôté de Doullens.

Dist. du canton, 6 k. — de l'arr., 10 — du dép., 34.

Bois Boullon, ferme, dép. de Drucat.

Bois Boullon, 1861. Dénomb. quinq.

Boisleau, bois dép. de Bernaville, défriché en partie.

Boiselier, fief sis à Morival. M. Prarond.

BOISLE (le) (canton de Crécy), 678-790 hab.

Broese (la), 1592. Surhonius.

Boile (le), 1710. N. De Fer. — 1743. Friex. — 1761. Robert.

Boisle, 1757. Cassini.

Boisle (le), 17 brum. an X. — 1836. Etat-major.

Dist. du cant., 9 k. — de l'arr., 23 — du dép., 56.

BOISMONT (canton de St-Valery), 387-695 hab.

Belmon, 1191. Bernard de St.-Valery. Gall. christ.

Barmons, 1284. Philippe-le-Bel.

Baimont-sur-mer, 1507. Coutumes locales.

Baimond, 1507.   Ib.

Boymont, 1646. Hist. eccl. d'Abbeville.

Boiemond, 1638. Tassin. — 1657. Jansson. — 1690. De Fer. Les
côtes de France.

Boismond, 1750. Le Couvreur de Boulainviller.

Boisemont, 1752. D'Oisy.

Boimont, 1757. Cassini. — 1764. Bellin. Atlas maritime.

Boismont, 1763. Expilly. — 17 brum. an X. — 1836. Etat-
major. — Ordo.

Boyemont... M. Decagny. Etat du diocèse.

Doy. de Gamaches, puis de St.-Valery, archid. d'Abbeville, dioc. et élect. d'Amiens, prévôté de Vimeu.

Dist. du cant., 6 k. — de l'arr., 14 — du dép., 59.

BOISMONT, dép. de Brouchy.

Boismont, 1826-28. Ordo. — Ne paraît plus ensuite.

Bosmont mal placée, 1856. Franc-Picard.

BOIS RANDON, fief sis à Fouilloy. — 1635. Dom. Grenier.

BOISRAULT (canton d'Hornoy), 191 hab.

Tencenosmaisnil, 1131. Garin, évêq. d'Am. Chart. de Selincourt.

Teneulmaisnil, 1131. Garin, évêq. d'Amiens. Gallia christ. .

Tenteneulmainil, 1135. Renaud, arch. de Reims. Cart. Selincourt.

Tencenoelmaisnil, 1137. Innocent, pape.   Ib.

Tencencusmaisnil, 1164. Alexandre III, pape.—1176. Henri, arch. de Reims. Ib.

Tentenelmaisnil, 1166. Henri, arch. de Reims.   Ib.

Tenchereumaisnil, 1252. Guillaume de Boisraut. Ib. — 1277. Philippe III, roi. Ib.

Tencheumaisnil, 1277. Philippe III. Chart. de Selincourt.

Boscus Radulfi, 1252. Id. Ib. — 1301. Pouillé.

Bos Raoul, 1271. Hugues de Selincourt. Ib. — 1361. Généal. de Belleval. — 1364. Procès-verbal de serment des sénéchaux de Ponthieu. — 1567. Proc.-verb. des cout. — 1763. Expilly.

Boscus Radulphi, 1301. Pouillé.

Le Bois Raoul, 1646. Hist. eccl. d'Abb.

Boireau, 1692. Pouillé. — 1731. Etat des manufact. d'Aumale.

Boreau, 1698. Arrêt du Parlement. Hist. d'Aumale.

Boisrault, 1733. G. Delisle. — 1757. Cassini. — 1778. Arch. de Selincourt. — 1864. Sceau de la commune.

Bois Raoult, 1763. Expilly.

Boirault, 1764. Desnos.

Le Bois Rault, 1772. Arch. de Selincourt.

Boisrolt, 1778. De Vauchelle.

Le Boirault, 17 brum. an X. — Ordo.

Boiraut. Etat des fiefs.

    Doy. d'Airaines, puis d'Hornoy, arch. d'Abbeville, dioc. et élect. d'Amiens.

    Dist. du canton, 2 k. — de l'arr., 34 — du dép., 34.

Boisrault, fief sis à Monsures.

Fief de Boisrault. Daire. Doy. de Conty.

Bois Rifflart, ham. dép. de Ligescourt.

Maison du Bois Rifflart, 1750. Le C. de Boulainviller.

Boisriflart, 1757. Cassini. — 1764. Desnos.

Beauflart, 1761. Robert.

Bois Rifflart, 1840. Alm. d'Abbeville.

    Il n'y a plus de maisons aujourd'hui.

Bois-Rifflart, dép. de Vironchaux.

Bois Rifflard, 1763. Expilly.

Bois Rifflare, 1840. Alm. d'Abbeville.

Bois Riquier, dép. de Ville-S.-Ouen, 13 hab.

Bus Riquier, 1733. G. Delisle. — 1778. De Vauchelle.

Ferme du Bois Riquier, 1757. Cassini.

Buriquier, 1761. Robert.

Buriquet, 1766. Cout. de Ponthieu. — 1777. Alm. de Ponthieu.

Burignier, 1787. Picardie méridionale.

Le Bois Riquier, 1836. Etat-major.

Boisselle (la), partie de Ovillers-la-Boisselle, 263 hab.

Broisseles, 1301. Dénomb. de l'évêché d'Amiens.

Le Boissieres, 1567. Cout. de Péronne.

Bastille, 1579. Ortelius. — 1592. Surhonius.

Boisselle, 1637. Marrier. Hist. de St.-Martin-des-Champs.

Le Boissele, 1733. G. Delisle.

La Boiselle, 1757. Cassini.

Le Boissel, 1752. D'Oisy. — 1763. Expilly. — 1840. Duclos.

La Boisselle, 1763. Expilly. — 1836. Etat-major.

La Boissière, 1761. Robert.

Boisselle (la), 1784. Daire. Doy. d'Albert.

Le Boissele, 1844. M. Decagny. — 1850. Tableau des distances.
Elect., baill. et prév. de Péronne.

Boisset (le), dép. d'Onvillers. 1856. Franc-Picard.

BOISSIÈRE (la), canton d'Hornoy, 235 hab.

La Bossere, 1164. Alexandre III, pape. Cart. de Selincourt.

Buxaria, 116.. Accord. Ib. — 1250. Official de Rouen. Ib.

Buisseria, 1234. Pierre de la Boissière. Ib.

La Boissière, 1246. Henri de Brocourt. Ib. — 1337. Rôle des nobles.
— 1698. Arrêt du Parlement. — 1757. Cassini. — Ordo.

Buxeria, 1247. Pierre de la Boissière. Ib.

La Buxiere, 1247.   Id.   Ib.

La Boisières, 1731. Etat des manufactures d'Aumale.

La Boissierre, 1778. Alm. du Ponthieu.
Elect. d'Abbeville, bailliage d'Airaines.
Dist. du canton, 8 k. — de l'arr., 40 — du dép., 40.

BOISSIÈRE (la), canton de Montdidier, 225-245 hab.

Buxeria, 1100. Eléonor de Beaumont.

Bosseria, 1206. Etienne, évêq. de Noyon. Cart. de Noyon.

La Boissière, 1215. Dénomb. de Jean de Nesle. — 1230. Dénomb.
de la terre de Nesle. — 1308. Ordre des biens de l'évéq. de
Noyon. — 1340. Lettre de Philippe VI. — 1692 Pouillé. —
1733. G. Delisle. — 1757. Cassini. — Ordo.

Le petit Boissière, 1294. Lettre du maire de Thennes. Cart. noir
de Corbie.

Laboissière, 1567. Cout. de Montdidier. — 17 brum. an X. —
1836. Etat-major. — Ordo.

Boissière, 1626. Damiens. — 1761. Robert.

Boisière, 1648. Pouillé général.

Boissière-la-Chaussée, 1657. N. Sanson.

La Boisière, 1764. Desnos.

Laboissières, 1865. Titres de la commune.

  Doy. de Montdidier, puis de Davenescourt, diocèse et intendance d'Amiens, élection de Montdidier.

  La Boissière fut le chef-lieu de l'un des 12 cantons du district de Montdidier en 1790.

  Dist. du canton, 9 k. — de l'arr., 9 — du dép., 41.

Boissière (la), fief sis à Rumaisnil.

La Boissière. Daire. Doy. de Conty.

Boisville, fief sis à Oisemont.

Boiville, 1575.

Boisville-les-Oisemont, fief, 1696. Etat des armoiries. — D. Grenier.

Boinville. M. De Belleval.

Bois-ville, 17... Etat des fiefs.

Boisville, fief sis à Vismes.

Fief de Boisville.

Boiville. Dom Grenier.

Boiteau, hab. isolée, dép. de La Boissière.

Bustelli, 1.... Helgot. Doy. de Roye. Ib.

Bustelli, 1198. Alexandre III, pape. Cart. de St.-Corneille.

Bvistelli, 1205. Cart. de St.-Corneille.

Boisteaux, 1218. Official de Noyon. Ib. — 1657. N. Sanson.

Boitiaus, 1240. Cart. St-Corneille.

Boisteaus, 1248. Mathieu de Roye. Ib. — 1293 Actes du Parl.

Boisteaulx, 1293. Actes du Parlement.

Boistiaux, 1301. Pouillé.

Boyteaux, 1567. Cout de Montdidier.

Boiteau, 1692. Pouillé. — 1733. G. Delisle. — 1757. Cassini.

Boisteau, 1710. N. De Fer.

Boiteaux, 1726. Cout. de Picardie. — 1856. Franc-Picard.

Boitteau, 1761. Robert.

Boitteaux, 1763. Expilly. — 1765. Daire.

Boiteau (le), 1826-28. Ordo.

Non indiqué par l'Etat-major.

Boiteau était une paroisse du doy. de Montdidier.

BOLLEMPRÉ, près du Mesge.

Vallée de Bollempré, 1253. Revenus du chapitre.

BOMICOURT, fief sis à Vironchaux.

Bomicourt, 1692. Nobil. de Picardie. — 1701. Armorial.

Fief Bomicourt. D. Grenier. — M. Prarond.

BOMY, fief sis à St.-Riquier.

Fief de Bony, 1720. Ms. de Monsures.

Fief de Bomy, 1750. Le Couvreur de Boulainviller.

BONANCE, ferme, dép. de Port-le-Grand.

Bonantia, 1060. Guy, comte de Ponthieu. Cart. de Valloires. — 1138. Milon, évêque de Théronanne. Cart. de Valloires.

Bunantiœ, 1144. Eugène III, pape. Cart. de Valloires.

Bonances, 1160. Alexandre III, pape. Ib. — 1766. Coutumes de Ponthieu.

Bonantie, 1214. Innocent IV, pape. Cart. de Valloires.

Bonnances, 1312. Philippi IV mansiones et itinera.

Bonnance, 1646. Hist. eccl. d'Abbev. — 1720. Ms. de Monsures. — 1733. G. Delisle. — 1763. Expilly. — 1787. Picardie mérid.

Bonance. Ordo.

Bonnonie, 1840. Alm. d'Abbeville.

Premier siége de l'abbaye de Valloires.

BONDE (la), dép. de Ruc.

Bourne, 1750. Le Couvreur de Boulainviller.

Bonde (la), 1757. Cassini. — 1764. Desnos. — 1836. Etat-major.

BON-AIR, dép. de Doullens, 6 hab.

Bon air, 1861. Dénomb. quinquennal.

Le Bon air. Administration.

BONCOURT, fief sis à Folie.

Fief de Boncourt. Daire. Doy. de Rouvroy.

BONNAY (canton de Corbie), 562 hab.

>*Bonaium*, 1127. Garin, évêque d'Amiens. Marrier. Hist. de St.-Martin-des-Champs. — 1200. Rôle des feudataires de l'abbaye de Corbie.
>
>*Bonnai*, 1225. Godefroy, évêque d'Amiens. Cart. de Fouilloy.
>
>*Bonayum*, 1228. Comte de St.-Pol. Cart. noir de Corbie.
>
>*Bonnayum*, 1229. Cart. noir de Corbie.
>
>*Bonnay*, 1247. R. de Boves. Cart. noir de Corbie. — 1297. Philippe-Auguste. — 1301. Pouillé. — 1524. Lettre de Louise, régente de France. — 1733. G. Delisle. — 1757. Cassini.
>
>*Boumay*, 1579. Ortelius. — 1592. Surhonius.
>
>*Bonnaye*, 1662. Registre du Conseil d'Etat. Corbie.
>
>*Domye*, 1638. Tassin. — 1657. Jansson.
>
>Doy. de Mailly, arch. et dioc. d'Amiens, élect. de Doullens, prév. de Doullens et de Fouilloy en partie.
>
>Dist. du cant., 3 k. — de l'arr., 19 — du dép., 19.

Bonne Dame (la), ferme, dép. de Quend.

>*La Bonne dame*, 1757. Cassini.—1764. Desnos.—1836. Etat-major.

Bonnelle, dép. de Pontboile, 58.

>*Bonella*, 844. Hariulfe. — Charles-le-Chauve.
>
>*Bonnelles*, 1565. Trésor généalogique.
>
>*Bonnelle,* 1638. Tassin. —1763. Expilly. — Ordo.
>
>*Bonele*, 1710. N. De Fer.
>
>*Bonelle*, 1733. G. Delisle. — 1757. Cassini. — 1836. Etat-major.
>
>*Bonel*, 1840. Alm. d'Abbeville. — Cadastre.
>
>*Bonnel*, 1856. Franc-Picard.

Bonneuil, hameau, dép. de Esmery-Hallon, 40 hab.

>*Bonogilum*. Dipl. de Lothaire.
>
>*Bonolium*, 1124, Simon, évêque de Noyon. Cart. de Noyon. — 1129-1142. Cart. de Prémontré. — 1240. Hugues, abbé de Prémontré. Ib. — 1265. Jean de Tracy. Cart. de Noyon.
>
>*Bonoueil*, 1300. Oudart de Ham. Cart. de Prémontré.

Bonneuil, 1500. Dénomb. de Jean de Hangest. — 1757. Cassini.

Bonoeul, 1638. Tassin. — 1657. Jansson.

Boneuil, 1733. G. Delisle. — 1778. De Vauchelle.

Boneville, 1761. Robert.

Bozeuil, 1787. Picardie mérid.

Ferme de Bonneuil, 1836. Etat-major. — 1844. Fournier.

BONNEVAL, ferme, dép. de Buigny-St.-Maclou.

Bonneval, 1646. Hist. eccl. d'Abbeville. — 1757. Cassini.

Boneval, 1761. Robert.

Bonne Val, 1787. Picardie mérid.

BONNEVILLE (canton de Domart, 959 hab.

Bona villa, XIIe siècle. Orderic Vital.

Bonneville, 1507. Cout. loc. — 1757. Cassini. — 1763. Expilly.
— 17 brum. an X.

Boneville, 1733. G. Delisle. — 1743. Friex.

Doy.·de Vignacourt, archid. et dioc. d'Amiens, élect. et pré-vôté de Doullens.

Dist. du cant., 11 k. — de l'arr., 13 — du dép. 26.

BON TEMPS (le), remise dép. de Daours.

BORDELET (le), maison isolée, dép. de Brie.

BORNE BÉNITE (la), terroir de Plessier-Rozainvillers.

BORNE DE CAMONS. — Limite de la banlieue d'Amiens fixée par contrat entre l'évêque et la ville d'Amiens le 24 nov. 1236.

BORNE DE CHEVAIN, dép. de Nurlu.

Borne de Chevain, 1836. Etat-major.

BORNE DU LION (la). Limite de la banlieue de Montdidier.

BORNE FERRÉE (la), terroir de Beauquesne.

BORNE MONTOIRE (la), terroir de Morlancourt.

BORNE PLATE (la), terroir de Vrély.

BORNE ST.-BARTHÉLEMY, terroir de Pargny.

BORNE ST.-HILAIRE, terroir de Roiglise.

BORNES DE RENAUGARD, bornes placées dans la Somme pour servir de limites aux pêcheries de l'abbaye du Gard et des seigneurs de Picquigny.

Bonnes Renaigart, 1313. Bailly d'Amiens. Cart. du Gard.

Bornes de Renaugard. Titres de Picquigny.

BOSQUEL (le) (canton de Conty), 789 hab.

Bosculus, ... Daire. Doy. de Conty.

Boskeel, 1248. Official d'Amiens. — 1301. Pouillé.

Bosquel (le), 1248. Thibaut de Tilloy. Arch. du Chapitre. — 1303. Comptes de la ville de Clermont (Oise). — 1404. Mandement de Charles VI. Aug. Thierry. — 1575-1590-1621-1665-1711. Baux du prieuré. — 1844. M. Fournier. — Ordo.

Boskellum, 1257. Id.

Bosquellum, 1295. Official d'Amiens. Cart. de Fouilloy.

Bosquet, 1648. Pouillé gén. — 1733. G. Delisle. — 1763. Expilly.

Bocquel (le), 1657. N. Sanson. — 1662-1665. Bail. — 1750. Transaction. Arch. du prieuré.

Bosquet (le), 1673. Titres de St.-Martin-aux-Jumeaux. — 1757. Cassini.

Bosquel, 1692. Pouillé. — 17 brum. an X. — 1840. Duclos.

Boquet (le), 1710. N. De Fer.

Roquet, 1761. Robert. — 1763. Expilly.

Bosquets (les), 1778. De Vauchelle.

Doy. de Conty, arch., dioc. et élect. d'Amiens, prévôté royale de Beauvaisis à Amiens.

Siége d'un prieuré de l'ordre de St.-Augustin.

Dist. du canton, 5 k. — de l'arr., 20 — du dép. 20.

BOSQUET (le), ferme, dép. de St.-Quentin-en-Tourmont.

Bosquet (le), 1757. Cassini. - 1764. Desnos. — 1840. Alm. d'Abb.

Non indiqué par l'Etat-major.

BOSQUET (le), bois sis au terr. d'Allonville.

Bosquet (le).

Boquet (le). Cadastre.

Bosquet (le), bois dép. d'Armancourt.

— dép. d'Ayencourt.

Petit bois (le).

Bosquet (le), bois dép. de Bécourt-Bécordel.

— bois dép. de Bourdon.

— bois dép. de Bricquemesnil.

— petit bois dép. de Chaulnes.

— bois dép. de Devise.

— bois dép. de Gézaincourt.

— bois dép. de Glisy.

— bois dép. d'Hallivillers.

— bois dép. de La Viéville.

— bois dép. de Mesnil-St.-Georges.

— bois dép. de Puzeaux.

— bois dép. de Rancourt. — Défriché.

— bois dép. de Sailly-le-Sec.

— bois dép. de St.-Maxent.

— bois dép. de Tilloy-lès-Conty. — Défriché.

Bois du Bosquet.

Bosquet (le).

Bosquet (le), bois dép. de Villecourt.

— bois dép. d'Yaucourt-Bussus.

— bois dép. d'Ytres.

Bosquet a chêne, bois dép. de Prouzel.

— a la borne, bois dép. de Prouzel.

— a loup, bois dép. de Velennes. — Défriché.

— aux fraises (le), bois dép. du Mazis. — Défriché.

— aux robinettes, dép. de Prouzel.

— Badoux, dép. d'Arry.

— Cagnet (le), dép. de Morcourt. — Défriché.

— Choix, dép. d'Aizecourt-le-Bas.

Bosquet Claude Mouton, dép, de Morcourt. — Défriché.

— Deleau, dép. de Saleux.

— Féerie, dép. de Dompierre-sur-Authie.

— Fleur, bois dép. de Thièvres.

— Franleu, bois dép. de Saleux.

— Gilles, dép. de La Viéville.

— Godin, bois dép. de Popincourt.

— Guilmau, bois dép. d'Ercheu.

— Jardin, bois dép. de Bray-sur-Somme.

— Jean Minard, bois dép. de Rollot. — Défriché.

— Lambert, bois dép. de Dompierre-sur-Authie.

— Louis-Henry, dép. d'Aizecourt-le-Bas.

Le Champ à part.

Bosquet Monroy, bois dép. de St.-Léger-lès-Authie.

— M. Duval, bois dép. de Saleux.

— M. Froment, bois dép. de Velennes.

— Plet, bois dép. de Beuvraignes.

— Proville, bois dép. de Blangy-sous-Poix.

— Ringard, bois dép. de Thièvres.

— Rose, bois dép. de Tœufles.

— St.-Charles, dép. de Manancourt.

— St.-Quentin, dép. d'Aubercourt.

— d'Enneveux, dép. d'Allonville.

Bosquet des Neveux,

Bosquet d'Enneveux. Adm.

Bosquet d'Hénencourt, bois dép. de Millencourt.

— de Faveilles, bois dép. d'Arry.

— de la ferme, dép. de St.-Léger-lès-Authie.

— de la folie, dép. de Templeux-le-Guérard.

— de la fosse morderie, bois dép. de Thièvres.

— de M. de Biville, petit bois dép. de Woincourt.

— de M. Tiré, petit bois dép. de Woignarue.

Bosquet M. Tiré.

Bosquet (le).

Petit bois (le).

Bosquet des carrières, bois dép. de Framerville.

— des dix, bois dép. de Thièvres.

— des vignes, bois dép. de Doingt.

— des vingt, bois dép. de Buigny-lès-Gamaches.

— — bois dép. de Rambures.

— du Chaussoy, bois dép. de Tœufles.

— du chemin des Baudets, dép. de Templeux-le-Guérard.

— du chemin d'Amiens, dép. d'Albert.

Bosquet (le).

Bosquet du marais, bois dép. de Senarpont.

— du moulin, bois dép. de Liancourt-Fosse.

— du sacré-mont, bois dép. de Thièvres.

— du Val, bois dép. de Vaux-sous Corbie.

Bosquieu-Etole (le), bois dép. d'Allery.

Bosse-cul, ruisseau qui passe à Gorges.

Boubens, dép. de Mons-Boubers, 475 hab.

Bobert, 1166. Henri, arch. de Reims. Cart. de Selincourt.

Boberc, 1176. Ib.

Bobers, 1186. Dom Grenier. — M. Prarond.

Bouberc, 1209. Thomas de St.-Valery. Layette.

Bouberch, 1220. Guillaume d'Abbeville. Gall. christ. — 1239. Hospice de St.-Riquier. — 1285. Girard d'Abbeville. Cart. de l'évêché. — 1301. Pouillé. — 1337. Rôle des nobles et fieffés. — 1350. Hosp. de St.-Riquier. — 1355. Cart. de Selincourt. — 14. . Armorial. — 1507. Cout. loc. — 1616. Montre de Louis d'Abbeville, seigneur de Bouberch.

Buliert, xive siècle. Armorial.

Bonberch, 1410. Rôle des gens armés pour le duc Jean.

Bomberch, 1410. Ib.

Bourberch, 1429. Lettre de Henri VI. Mém. de Pierre de Fenin.

Boubers, 1648. Pouillé général. — 1763. Expilly.

Boubercq, 1648. Pouillé général.

Bourbers, 1726. Coutumier de Picardie.

Bouber, 1733. G. Delisle.

Beaubert, 1743. Arch. de Selincourt.

Boubert, 1757. Cassini. — 1763. Expilly. — 1764. Bellin. Atlas maritime. — 1778. Alm. du Ponthieu. — 1836. État-major.

Boubers les monts, 1766. Coul. de Ponthieu.

Doy. de Gamaches, arch., élect. et baill. d'Abbeville, dioc. d'Amiens, prév. de Vimeu ; poste de garde-côtes.

Boucault, fief sis à Méaulte. 1661. Titres de Corbie.

BOUCHAVESNE (canton de Péronne), 716 hab.

Buisceauvesnes, 1133-1161. Hugues, abbé de Prémontré. M. V. de Beauvillé.

Buszavenes, 1133-1161. Ib.

Buschavesnes, 1138. Simon, évêque de Noyon. Cart. de Noyon.

Bussavennes, 1156. Adrien IV, pape. Cart. d'Arrouaise. — 1178. Alexandre III, pape. Ib.

Buissavesnœ, 1174. Beaudouin, évêque de Noyon.

Boissavesnes, 1174. Beaudouin, évêque de Noyon. — 1230. Dénomb. de la terre de Nesle.

Bossier avenœ, 1202. Cart. de Lihons.

Buscheavesne, 1204. Etienne, évêq. de Noyon. Cart de Noyon.

Bossavesnes, 1214. Dénomb. Reg. de Philippe-Auguste.

Boiscavesne, 1214. Ib.

Boissavesnes, 1214. Ibid. — 1242. Official de Noyon.

Puchesavene, 1215. Dénomb. de Jean de Nesle.

Boissavenne, 1215. Ib.

Boisceavesne, 1217. Nivelon. Layette du trés. des ch.

Boussavesnes, 1242. 1er cart. d'Artois. Chambre des comptes de Lille. — 1451. Valeran de Soissons. Cart. des chapelains d'Am.

Bouchavesnes, 1266. Lettre de Guillaume de Longueval. — xv*
siècle. Armorial. — 1763. Expilly. — 1850. Tabl. des dist.

Boussarennes, 1304. Chron. de la guerre de Philippe-le-Bel et de
Guy de Dampierre.

Bouchavènes, 1322. Lettre de non préjudice. Hist. d'Arrouaise. —
1743. Friex.

Buissavènes, 1520. Hist. d'Arrouaise.

Bouchavannes, 1534. Travaux au château de Doullens. M. V. de
Beauvillé. — 1648. Pouillé général. — 1692. Nobil. de Pic. —
1757. Cassini.

Bouchavanes, 1567. Cout. de Péronne.

Boucavennes, 1567.   Ib.

Bouchavesne, 1733. G. Delisle. — 1778. De Vaucbelle. — 17 br.
an X. — 1851-62. Ordo.

Bouchanvenes, 1761. Robert.

Bouchavennes, 1824-50. Ordo.

Dioc. de Noyon, doy., élect., baill. et prév. de Péronne.

Dist. du cant., 7 k. — de l'arr., 7 — du dép. 52.

Boucnans (les), dép. de Saigneville.

Bouchers (les), 1757. Cassini.

Non indiqué par l'Etat-major.

BOUCHOIR (canton de Rosières), 664 hab.

Bucheria, 12... Cart. St.-Corneille.

Euchuherre, 1215. Dénomb. de Jean de Nesle.

Bouchoerre, 1215. Ib. — 1230. Ib.

Búchuerre, 1217. Jean de Condren. Cart. de Noyon. — 1230.
Dénomb. de la terre de Nesle. — 1301. Cart. d'Ourscamp.

Bucheurre, 1237. Cart. de Noyon.

Bouchuere, 1246. Robert, év. de Beauvais. Cart. St.-Corneille.

Bouchoire, 1247. Mathieu de Tournelle. Cart. St.-Corneille. —
1430. Monstrelet. — 1582. Dénomb. d'Ant. de Lancry. —

1648. Pouillé général. — 1757. Cassini. — 1763. Expilly. —
17 brum. an X. — 1836. Etat-major.

Buchoirre, 1248. Official de Noyon. Cart. de Noyon. — 1300.
Cart. d'Ourscamp.

Bouchuerre, 1267. Titres de St.-Barthelémy de Noyon.

Bouchoirre, 1301. Pouillé.

Bouchoir, 1567. Cout. de Roye. — 1707. G. Sanson. — Ordo. —
1850. Tableau des distances. — Sceau de la commune.

Bouchoires, 1692. Pouillé. — 1761. Robert.

Doy. de Rouvroy, archid. et dioc. d'Amiens, élect. de Montdidier, baill. et prév. de Royc.

Dist. du cant., 8 k. — de l'arr., 15. — du dép., 32.

BOUCHON (canton de Picquigny), 391 hab.

Buccio, 1108. Geoffroy, évêq. d'Am. Cart. de Bertaucourt.

Bucio, 1109. Pascal II, pape. Ib. — 1147. Eugène III. Ib.

Buchon, 113... Garin, évêq. d'Amiens. Ib.

Busco, 1176. Alexandre III, pape. Ib.

Bouchon, 1210. Hugues de Cayeux. Cart. de Bertaucourt. —
1301. Dénomb. de l'év. — 1337. Rôle des nobles et fieffés.
— 1507. Cout. loc. — 1535. Cout. du chap. d'Am. — 1710.
N. De Fer. — 1757. Cassini.

Bouchan, 1638, Tassin.

Doy. et archid. d'Abbeville, dioc. d'Amiens, élect. de Doullens,
prévôté de St.-Riquier.

Dist. du cant., 15 k. — de l'arr., 28 — du dép., 28.

BOUCLY, partie de Tincourt-Boucly, 222 hab.

Bucli, 1186. Urbain III, pape. Cart. d'Arrouaise.

Boclianum, 1210. Philippe-Auguste.

Bocliacum, 1210. Gautier, châtelain de Péronne.

Boucli, 1212. 1er cart. d'Artois. Chambre des comptes de Lille.

Boucly, 1301. Pouillé. — 1339. Cart. de Libons. — 1399. Hommage. — 1416. Hommage de Louis Vassiers. — 1567. Cout. de Péronne. — 1757. Cassini.

Bouquely, 1429. Recette des droits de bâtardise dans la prévôté de Péronne. V. M. de Beauvillé.— 1519. Compte de la commanderie d'Eterpigny.

Bouchi, 1573. Ortelius. — 1787. Picardie mérid.

Bouchy, 1650. Jansson.— 1761. Robert.

Bourli, 1733. G. Delisle.

BOUFFLERS (canton de Crécy), 341. hab.

Boufflers... Rotrou, arch. de Rouen. Cart. de Selincourt.—1337. Rôle des nobles et fieffés. —1385. Montre de Guillaume du Cauroy.—1763. Expilly. — 1766. Cout. de Ponthieu. — 1836. État-major.

Bonflers, 1423. Mém. de Pierre de Fenin.

Bonfleurs, 1423.   Ibid.

Boufler, 1710. N. De Fer. — 1743. Friex.

Bouflers, 1720. Ms. de Monsures. — 1757. Cassini.— 1783. Alm. du Ponthieu. — 17 brum. an X.— Ordo.

Boufleres, 1764. Desnos.

Doyen. de Labroye, arch. d'Abbeville, dioc. d'Amiens, élect. de Doullens et d'Abbeville, bailliage de Crécy.

Dist. du cant., 11 k. — de l'arr., 25 — du dép., 53.

BOUGAINVILLE (canton de Molliens-Vidame), 892-899.

Bogainvile, 1197. Ch. de N.-D. d'Amiens. — xv° siècle. Obituaire du chap. d'Amiens.

Bouguevile, 1249. Warin de Bougainville. Cart. du Gard.

Bougainville, 1260. M. Decagny. — 1297. Jean de Picquigny. — 1301. Pouillé. — 1337. Rôle des nobles et fieffés. — 1369. Montre de Guillaume de Beauvais. — 1531. Lettre de François Ier. — 1733. G. Delisle. — 1757. Cassini. — 1763. Expilly. — 17 brum. an X.

Bougainvile, 1297. Jean de Picquigny. Arch. du Bosquel.

Bouginville, 1554. Sentence du présidial d'Amiens. M. Pouillet.— 1692. Pouillé.

Baugainville, 1648. Pouillé gén.

Bouguinville, 1692. Pouillé.

Bouquain, 1710. N. De Fer.

Bouquainville, ... M. Decagny. État du dioc. d'Am.

    Doy. de Picquigny. arch. dioc. et élect. d'Amiens, prévôté royale de Beauvaisis à Amiens, mouvance de Picquigny.

    Dist. du cant., 2 k. — de l'arr., 20 — du dép., 20.

BOUILLANCOURT (canton de Montdidier), 261 hab.

Boullencourt, 1227. Doy. de Fouilloy. Cart. de Fouilloy. — 1301. Pouillé. — 1513. Arrêt du parlement.

Boillencort, 1227. Ibid.

Boulencourt, 1228. Odon, doy. de Tabula. Cart. d'Ourscamp. — 1567. Coutume de Montdidier.

Boillencourt, 1248. Official d'Amiens. Cart. de Fouilloy.

Bollencourt, 1277. Invent. de l'évêché.

Boullancourt prope Mondisderium. — 1513. Arrêt du parlement. Généal. de Mailly. — 1648. Pouillé général.

Bouillencourt, 1692. Pouillé.

Bouillancour, 1726. Cout. de Picardie. — 1733. G. Delisle.

Bouillancourt, 1757. Cassini. — 1763. Expilly. — 1765. Daire. Hist. de Montdidier. — 17 brum. an X. — Ordo.

    Doy. de Montdidier, puis de Davenescourt, dioc. et archid. d'Amiens, élect., baill. et prév. de Montdidier.

    Dist. du cant., 7 k. — de l'arr., 7 — du dép., 31.

BOUILLANCOURT-EN-SERY (canton de Gamaches), 819-981 hab.

Ballencurt, 1164. Thierry, évêq. d'Amiens. Gall. christ.

Boulaincort, 1185. Fondation de l'abbaye de Sery. Gall. christ.

Bolencuria, 1185. Louandre. Topogr. du Ponthieu.

Boullaincuria, 1185.   Ib.

Bouillancourt, 1244. Arnaud, évêq. d'Amiens. Hist. de Sery. — 1778. Alm. du Ponthieu. — 17 brum. an X.

Bouillencourt, 1234. Sentence de l'évêq. d'Am. Hist. de Sery. — 1400. Donation d'Adam de Gouvion. Hist. de Gamaches. — 1418. Epitaphe de Mathieu de Cayeux.—1764. Desnos.—Ordo

Boulaincourt, 1269. Lettre de Guillaume de Cayeux. M. Cocheris.

Boulaincuria, 1348. Philippe VI. Dict. d'Am.

Boullancourt-en-Sery, 1507. Cout. loc.

Bouillancourt-en-Serie, 1507. Cout. loc.

Boullencourt-en-Seriz, 1513. Arrêt du Parl. Généal. de Mailly.

Boullencourt-en-Scriez, 1513. Ib.

Bou.iencourt-en-Sery, 1514. Ib.

Bouillencourt-en-Sery, 1646. Hist. eccl. d'Abbev. — 1726. Cout. de Picardie.— 1757. Cassini.— Ordo. — 1836. Etat-major.

Bouencourt, 1657. Jansson.

Bouillancour, 1733. G. Delisle.

Bcuillencourt-en-Serg, 1763. Expilly.

Bouillancourt-en-Sery, 1778. De Vauchelle. — 1840. Alm. d'Abb. Doy. de Gamaches, arch. d'Abbeville, dioc. d'Amiens, élect. d'Amiens et d'Abbeville, prévôté de Vimeu.

Dist. du cant., 7 k. — de l'arr., 23 — du dép., 52.

BOUILLANCOURT-SUR-MIANNAY, dép. de Moyenneville, 338 hab

Bouillancour juxta Malnaium, 1185. Henri de Fontaines. Hist. de l'abbaye de Sery.

Boullaincort, 1185. Fondation de l'abbaye de Sery. Gall. christ.

Boullaincourt, 1337. Rôle des nobles et fieffés.

Boillencort, xve siècle. Obituaire du chapitre d'Amiens.

Boullencourt-sur-Myannai, 1522. Dénomb. de l'évêché d'Amiens.

Boulliencourt-sous-Miannay, 1557.

Boullencourt-sur-Miannay, 1557. — 1750. Le Couvreur de Boul.

Bouillencourt, 1638. Tassin.— 1692. Pouillé. — 1761. Robert.

Bouillencourt-sus-Miannay, 1646. Hist. eccl. d'Abb.

Bollaincourt, 1648. Pouillé général.

Bouillencourt-sous-Miannay, 1657. Hist. des comtes de Ponthieu.

Bouillancourt-sous-Miannay, 1696. Etat des armoiries. — 1827. Ordo. — 1852. M. Prarond. — Dom Grenier.

Baullencourt-sur-Bleaunay, 1753. Doisy.

Bouillancourt-sur-Miannay, 1757. Cassini. — Ordo.

Bouillancourt, 1763. Expilly. — 1764. Bellin. Atlas maritime. — 1836. Etat-major. —1840. Alm. d'Abbeville.

Baullencourt-sous-Bliannay, 1763. Expilly.

Beuillencourt-sur-Bliannay, 1763. Expilly.

Bouillancourt-lès-Miannay, 1861. Hist. de l'abbaye de Sery. Election d'Amiens et d'Abbeville, prévôté de Vimeu.

BOUILLARDERIE, ferme, dép. de Boismont.

Bouillarderie (la), 1776. Alm. du Ponthieu. — 1836. Etat-major. *Bouillarderie.* Ordo.

BOUILLÈRE (la), ferme, dép. de Bouillancourt-en-Sery, 4 hab. *Bouillère* (la), 1861. Dénomb. quinq.

BOUILLETS (les), bois dép. de Morcourt. — Défriché.

BOUISE, petit cours d'eau qui prend sa source à Pernois et se jette dans la Nièvre.

BOUJONNIER, fief sis à Boubers. M. Prarond.

BOULAINVILLERS, ham. dép. de Trouchoy, 116 hab.

Boslainviler, 1146. Thierry, évêq. d'Amiens. Cart. Selincourt.

Bouslainviler, 1150. Accord entre Airaines et Selincourt.

Butlainviler, 1150. Marrier. Hist. de St.-Martin-des-Champs.

Bosleinviler, 1164. Alexandre III, pape. Cart. de Selincourt.

Belinviler, 1164.   Ib.   — 1176. Henri, arch. de Reims.

Boleinviler, 1176. Henri, arch. de Reims. Chart. de Selincourt.

Bolleinviler, 1176.   Ib.

Boulainvillers, 1386. Montre de Jean de Boulainvillers. Trés. gén. — 1337. Rôle des nobles et fieffés. — 1757. Cassini. — 1826-1833. Ordo.

Boulainvilers, 1386.   Ib.

Boulainvilez, 1474. Cédule de Pierre de Boulainvillers.   Ib.

Boullainviler, 1507. Cout. loc.

Boulainvillier, 1523. Montre faite à Rue. Trésor gén. — 1692. No_bil. de Pic.

Boulainvylliers, 1523.   Ib.   Ib.

Boullaynvilliers, 1523.   Ib.   Ib.

Boulainviller, 1634. Aveu d'Alex. Tillier. Hist. de Long. — 1733. G. Delisle. — 1761. Robert. — 1763. Expilly.

Bullumiller, 1634. Trésor géogr.

Boulain-Viller, 1646. Hist. eccl. d'Abbeville.

Bellumillier, 1657. Jansson.

Boullainvilliers, 1720. Chevillard.

Boullainvillier, 1726. Cout. de Pic.

Boulinvillers, 1772. Arch. de Selincourt.

Boulain-Villers, 1787. Pic. mérid.

Boulainvilliers, 1840. Duclos.

Boulainvillers, 1851-52. Ordo.

Boullainvillers, 1861. Ordo.

Elect. d'Amiens, doy., prév. et baill. d'Airaines.

BOULAINVILLERS, dép. de Domart-sur-la-Luce.

Boulainvillers, 1672. Titres de l'évêché.

Boulinvillé, 1733. G. Delisle. — 1778. De Vauchelle.

Boulinvillers... Boulinviller...

Boulainviller, 1750. Le Couvreur de Boulainviller.

BOULAN, château dép. d'Albert.

Boulant, 1311. Jean de Boulan. M. Decagny — 1750. Le Couvreur de Boulainviller.

Boulan, 1692. Nobil. de Pic. — 1757. Cassini. — 1765. Daire.

Boullan, 1696. Etat des armoiries.

Boullant, 1710. Bail.

Boulen, 1778. De Vauchelle. — 1839-62. Ordo.

Boulan (le), 1827-38. Ordo.

Non indiqué par l'Etat-major.

BOULANGERIE (la), rivière. — Branche de l'Encre qui passe à Corbie
et à Bonnay et se perd dans la Somme.

Boulangerie (la), rivière, 1757. Cassini.

Eau de la Boulangerie. Titres de Corbie.

BOULEAUX (les), fief sis à Pernois.

Fief des Bouleaux.

Boulois (les). Cad.

BOULE D'EAU, étang dép. d'Epenancourt.

BOULINCOURT, dép. de Driencourt. Lieu disparu.

Boulincourt, 1567. Cout. de Péronne. — 1764. Expilly.

Boulaincourt... Dom Grenier.

Boullencourt... Dom Grenier.

BOUQUEAUX (les), fief sis à Bray-sur-Somme.

Fief des Bouqueaux, 1542. Titres de Corbie.

Boucquehault, 1726. Cout. de Picardie.

BOUQUEMAISON (canton de Doullens), 1160 hab.

Villa Bucci. Daire. Hist. de Doullens.

Bukemaison, 1161. Cart. d'Arrouaise.

Boukemaisons, 1301. Pouillé du diocèse.

Bocquemaison, 13... Dénomb. de l'abbaye de St.-Michel.

Boucquemaison, 1372. Hist. de Doullens. — 1507. Cout. loc. —
1713. Revenus de Doullens. — 1757. Cassini.

Bonguemaison, 1648. Pouillé général.

Boucquemaisons, 1567. Procès-verbal des coutumes.

Bouquemaison, 1743. Friex. — 1753. Doisy. — 1763. Expilly.
— 1836. Etat-major. — 1850. Tabl. des distances.

Bouque-Maison, 17 brum. an X.

Doy., élect. et prévôté de Doullens, arch. et dioc. d'Amiens.

Dist. du cant., 7 k. — de l'arr., 7 — du dép., 37.

BOUQUETS (les), remise dép. de Fransart.

BOURDON (canton de Picquigny), 510-536. hab.

Bordon, 1108. Geoffroy, évêq. d'Am. Cart. de Berlaucourt. — 1206. Thomas de St.-Valery. Cart. du Gard. — 1208. Ibid. — 1301. Pouillé.

Bordum, 1140. Garin, évêq. d'Am. Ib.

Bordons, 1210. Hugues de Cayeux. Cart. de Berlaucourt.

Bourdon, 1301. Dénomb. de l'évêché. — 1303. Jean Levasseur. Cart. du Gard. — 1313. Cart. du Gard. — 1492. Jean de la Chapelle. — 1549. Cart. du Gard. — 1561. Etat des bénéficiers· du diocèse d'Amiens. — 1757. Cassini. — 17 brum. an X.

Bourdons, 1379. Montre faite à St.-Valery. M. V. de Beauvillé.

Bourdon-sur-Somme, 1507. Cout. loc.

Doy. de Vignacourt, arch. et dioc. d'Amiens, élect. de Doullens, prévôté de Beauquesne.

Dist. du cant., 8 k. — de l'arr., 21 — du dép., 21.

BOURE (le), ferme, dép. de St-Firmin.

Bours, 1337. Rôle des nobles et fieffés. — 1492. Jean de la Chapelle. — 1666. M. Prarond.

Bourne, 1733. G. Delisle. — 1761. Robert. — 1778. De Vauchelle.

Boure (le), 1757. Cassini.

Non indiqué par l'Etat-major.

BOURGACOURT, dép. de Grandcourt.

Burgacurt, 1164. Thierry, évêq. d'Amiens. Cart. St.-Laurent. — 1176. Hugues, abbé de Corbie.   Ib.

Borgarcurt, 116... Thierry, évêque d'Amiens. Ib. — 119... Hugues, comte de St.-Pol. Ib.

Borcarcort, 1188. Charte de Ham et d'Albert.

Bourgarcourt, 1229. Cart. de Corbie.

Bourgaucourt, 1287...

BOURGEON, fief sis à Sailly-le-Sec. — 1554. Titres de l'évêché.

BOURGES, fief sis à Mesnil-St.-Georges.

Fief de Bourges. Daire. Doy. de Montdidier.

Bourg-Fontaine, dép. de St.-Riquier.

    Borfontaine, 1207. Hosp. de St.-Riquier. — 1243. Ib.

    Bourfontaine, 1507. Cout. loc.

Bourie (la), fontaine ou source passant à Fonches, Fonchettes et Curchy et qui forme l'Ingon. — Plusieurs sources parlant du même lieu portent ce nom.

    Bourie (la). M. Coët. Hydrologie du canton de Roye.

    Boury.

Bouri-Fosse, lieu dép. de Fonches, où sont les sources de l'Ingon.

    Bouri-Fosse, 1733. G. Delisle. — 1778. De Vauchelle. — Cadast.

    Bourie (la). M. Coët. Ibid.

Bourjonval, dép. de Ytres. — Lieu détruit.

    Bourjonval, 1733. G. Delisle. — 1778. De Vauchelle.

    Bourgeonval, 1757. Cassini. — 1826-28. Ordo.

Bours (le), fief sis à Montonvillers.

Bourse, fief sis à Harbonnières. Daire. Doy. de Lihons.

BOURSEVILLE (canton d'Ault), 561-713 hab.

    Bousseville, 1301. Pouillé. — 1300-1323. Cout. de Picardie. — 1567. Procès-verbal des coutumes. — 1763. Expilly.

    Bourseville, 1692. Nobil. de Picardie. — 1733. G. Delisle. — 1757. Cassini. — 1763. Expilly. — 17 brum. an X.

    Boursevile, 1710. N. De Fer.

    Bourceville, 1778. Alm. du Ponthieu. — 1840. Alm. d'Abbeville.

    Doy. de Gamaches, puis de St.-Valery, arch. d'Abbeville, dioc. et élect. d'Am., prév. de Vimeu; poste de garde-côtes.

    Dist. du cant., 7 k. — de l'arr., 26 — du dép., 71.

BOUSSICOURT (canton de Montdidier), 130 hab.

    Buxicurtis... Daire.

    Bosencurt, 1164. Thierry, évêq. d'Am. Gall. christ.

    Bousicourt, 1237. Cart. Néhémias de Corbie.

    Boussicourt, 1248. Cart. noir de Corbie. — 1369. Ib. — 1563.

Ordon. du bailly d'Amiens. Aug. Thierry. — 1567. Cout. de
Montdidier. — 1757. Cassini. — 17 brum. an X. — Ordo.

Bouchicourt, 1649. Titres des Cordeliers. — 1784. Daire. Doy.
de Davesnecourt.

Boussencourt, 1710. N. De Fer.

Boussicour, 1733. G. Delisle.

Buissencourt, 1752. Doisy.

Doyen. de Montdidier, puis de Davesnecourt, élect., baill. et
prév. de Montdidier, arch. et dioc. d'Amiens.

Dist. du cant., 7 k. — de l'arr., 7 — du dép., 31.

BOUSSICOURT, fief sis à Revelles. Daire. Doy. de Conty.

BOUT DE BAS, dép. de Meneslies.

Bout de Bas, 1826. Ordo. — 1840. Alm. d'Abbeville.

BOUT DE NOYLES, hab. isolée, dép. de Boufflers.

— DE RAYE, écart dép. de Dompierre-sur-Authie.

— DE TORTEFONTAINE, dép. de Dompierre-sur-Authie.

BOUT DE VILLE, dép. de Ville-St.-Ouen.

Bout de le ville (le), 1733. G. Delisle.

Bout de ville, 1757. Cassini. — 1766. Cout. de Ponthieu.

Boudeleville, 1761. Robert.

Bout de la ville (le), 1778. De Vauchelle.

Boude la ville, 1787. Picardie mérid.

Boudeville. Ordo.

Non indiqué par l'Etat-major.

BOUT DE VILLE, hab. isol., dép. de Halloy-les-Pernois.

BOUT DES CROCS, dép. de Quend.

Bout des crocqs (le), 1757. Cassini.

Bout des crocs (le), 1764. Desnos. — 1836. Etat-major.

Bout des crocs, 1840. Alm. d'Abbeville.

BOUT DES CROCS, dép. de St.-Quentin-en-Tourmont.

BOUT DES PRÉS, ham., dép. de Doullens, 77 hab.

Bout des prés, 1757. Cassini. — Ordo.

Bout des Prés, ham. dép. de Grouches-Luchuel, 139 hab.

Bout des près, 1757. Cassini. — 1836. Etat-major.

Bout du Bois (le), ferme, dép. de Bouttencourt-en-Sery.

Bouteillerie (la), lieu sis près de Corbie. — 1517. Déclaration du revenu de l'abbé.

Bouteillerie (la), fief sis à Coullemelle. — 1503. Tit. de Corbie.

Boutelet (le), dép. de Lignières-Châtelain, 90 hab.

Boutelet (le), 1857. Dénomb. quinq.

Boutillerie, ham., dép. d'Amiens, 192 hab.

Buticularia, 1238. Guillaume de Cagny. Daire. — 1301. Dénomb. de l'évêché d'Am.

Bouteillerie lez Caigny (la), 1458. Registre de l'échevinage d'Am.

Boutillerie (le), 1526. Terrier de St.-Fuscien. Dom Grenier.

Bouteillerie (la), 1567. Cout. loc. — 1692. Nobil. de Pic. — 1725. Cout. de Pic. — 1733. G. Delisle.

Bouty, 1579. Ortelius. — 1592. Surhonius. — 1621. Mercator.

Boutillerye (la), 1598. Reg. de l'échevinage d'Amiens.

Boutillerie (la), 1612. Arrêt du Parlement. Cout. d'Amiens.

Boutellerie, 1751. Titre de St.-Acheul.

Bouteillerie, 1757. Cassini. — 1836. Etat-major.

Boutris, fief sis à Maisnières. M. Prarond.

BOUTTENCOURT (canton de Gamaches), 288-679 hab.

Burdonis chortes... Had. de Valois.

Botencort, 1203. Guillaume de Cayeux. Topogr. du Ponthieu.

Bottencort...

Buttencourt...

Boutencourt, 1203. Guillaume de Cayeux. M. Darsy. — 1705. Etat général des unions des maladreries. —1761. Robert.

Boutancourt, 1360. Vente par Nicolas d'Eu. M. Cocheris. — 1524. M. Prarond. — 1757. Cassini.

Boutencourt-en-Sery, 1449. Généal. de Mailly.

Bouthencourt, 1513. Arrêt du Parlement. Généal. de Mailly. —
1646. Hist. eccl. d'Abbeville.

Bourdencourt, 1675. Bad. de Valois.

Bouttencourt, 1763. Expilly. — 1726. Cout. de Picardie. — 1738.
M. Prarond. — Sceau de la commune.

Bouttencourt-sur-Gamaches, 1836. Etat-major.

Bouttencourt-lès-Blangy, 1778. Alm. du Ponthieu. — 1852. M.
Prarond.

Bouttancourt, 17 brum. an X.

Doy. de Gamaches, arch. d'Abb., élect. d'Am., prév. de Vimeu.

Dist. du canton, 8 k. — de l'arr., 25 — du dép., 53.

BOUVAINCOURT (canton de Gamaches), 372 hab.

Bovencurt, 1109. Henri, comte d'Eu. Mabillon. Dipl.

Bovincort, 1184. Flandrine, abbesse. Cart. de de Berlaucourt.

Bovaincourt, 12... Thomas de St.-Valery. M. Cocheris.

Bouvaincourt, 1215. Sceau. — 1301. Pouillé. — 1337. Rôle des
nobles et fieffés. — 1425. Armorial de Sézille. — 1735. Inscription de l'Eglise de Gamaches. — 1763. Expilly. — 17 br.
an X. — 1836. Etat-major. — 1841. Ordo.

Bouvincourt, 14... Armorial. — 1757. Cassini. — 1763. Expilly.
1766. Cout. de Ponthieu. — 1826-40. Ordo. — H. Darsy.

Boenille, 1592. Surhonius.

Bonnincourt, 1648. Pouillé général.

Boviacou, 1634. Trésor généal. — 1657. Jansson. — 1690. N. De
Fer. Les côtes de France.

Ouvincourt, 1705. Etat général des unions des maladreries.

Bouvincour, 1733. G. Delisle.

Bouancour, 1761. Robert.

Bouvencour, 1778. De Vauchelle.

Doy. de Gamaches, arch. d'Abbeville, élection d'Eu, diocèse et
généralité de Rouen.

Dist. du cant., 7 k. — de l'arr., 30 — du dép., 64.

Bouvaque (la), dép. d'Abbeville.

Bouvaca, 1121. Jean, comte de Ponthieu. Hist. eccl. d'Abbeville.

Bouvaque, 1205. Guillaume, comte de Ponthieu. Hist. eccl. d'Abbeville. — 1733. G. Delisle.

Bouvaque (la), 1381. Montre de Jean Bouterie. — 1757. Cassini.

Bouraque, 1764. Expilly.

Bouevaque (la), 1764. Desnos.

Bonvaque, 1778. De Vauchelle.

Bouvaque (la), lieu sis entre Picquigny et St.-Pierre-à-Goy.

Bouvaque (la),, 1271. Jean de Picquigny.

Bouve, fief sis à Longueau. 1750. Titres de l'évêché.

BOUVINCOURT (canton de Péronne) 281 hab.

Bouvaincort, 1248. Official de Noyon. Cart. de Noyon.

Bouvincourt, 1757. Cassini. — 17 brum. an X.

Bouvaincourt, 1763. Expilly. — Ordo.

Bouvencourt, 1787. Picardie mérid.

Bovincourt, M. Decagny.

Dioc. de Noyon, élect. de Péronne.

Dist. du cant., 10 k. — de l'arr., 10 — du dép., 55.

Bouzencourt, ham., dép. de le Hamel, 38 hab.

Bosonis curtis. Had. de Valois. — Daire.

Bosincort, 1153. Thierry, évêq. d'Amiens. Cart. St.-Laurent.

Bosencort, 1153. Thierry. — 1174. Thibaut.   Ib.

Bosencurt, 1174. Thibaut.   Ib.

Busencurt, 117... Guerric, abbé de St.-Vast.   Ib.

Bozancort, 1200. Rôle des feudataires de l'abbaye de Corbie.

Bousencourt, 1295. Cart. noir de Corbie. — 1301. Pouillé. — 1579. Ortelius. — 1733. G. Delisle.

Bouzencourt, 1295. Cart. noir de Corbie. — 1567. Proc.-verb. des cout. — 1580. Aveu. — 1710. N. De Fer. — 1757. Cassini.

Bouzencourt-en-Sanglers, 1568. Aveu de L. du Hamel.

Bouzincourt, 1637. Marrier. Hist. sancti Martini de campis.

Bouzancourt, 1657. Jansson,

Bousancourt, 1648. Pouillé général.

Bozencourt, 1753. Doisy. — 1763. Expilly.

Boutzencour, 1761. Robert.

  Non indiqué par l'Etat-major.

Prieuré. — Doy. de Lihons, dioc. et arch. d'Amiens.

BOUZINCOURT (canton d'Albert), 743 hab.

Buzencuria... Gall. christ.

Bosencort, 118... Simon de Querrieux. Cart. St.-Laurent.

Bosincort, 1188. Charte de Ham et d'Albert.

Bozencort, 1300. Daire. Doy. d'Albert.

Buisincourt, 1347. M. Decagny.

Bouzincourt, 1545. Epitaphe d'Anne de Humières à Nesle. —
  1567. Cout. de Péronne. — 1657. Jansson. — 1743. Friex. —
  1761. Robert. — 17 brum. an X. — 1836. Etat-major.

Bousincourt, 1592. Surhonius. — 1648. Pouillé général. — 1733.
  G. Delisle. — 1757. Cassini.

Bousiacourt, 1579. Ortelius. — 1592. Surhonius.

Bouzaincourt, 1692. Nobil. de Pic. — 1763. Expilly. — Ordo.

Bouzencourt, 1784. Daire. Doy. d'Albert.

  Doy. d'Albert, arch. et dioc. d'Amiens, élect. de Péronne, prévôté de Fouilloy.

  Dist. du cant., 4 k. — de l'arr., 29 — du dép., 30.

Bove, dép. de Cartigny.

Bove, 1733. G. Delisle.

Banc (le), 1778. De Vauchelle.

BOVELLES (canton de Molliens-Vidame), 548 hab.

Bovella, 1178. Enguerrand de Fontaine. Gall. christ. — 1223.
  Jean de Riencourt. Cart. du Gard. — 1301. Dénomb. de l'év.

Bouele, 1286. Béatrix d'Ernencourt. — Cart. du Gard.

Bovel, 12... Cart. des hospices d'Am.

Bovele, 1301. Pouillé. — 1325. Titres des Minimes.

Bovelles, 1487. Hommage. M. Cocheris. — 1733. G. Delisle. — 1757. Cassini. — Loi de l'an VIII. — 17 brum. an X.

Bovelle, 1507. Cout. loc. — 1792. La France en 88 dép.

Boüelle, 1648. Pouillé général.

Boüelles, 1692. Pouillé. — 1753. Doisy.

Bovesles, 1726. Coutumier de Picardie.

Bovelles de Bricquemesnil, 1726. Ib.

Brouelle, 1761. Robert.

Doyenné de Picquigny, diocèse, arch. et élection d'Amiens, prévôté de Beauvaisis à Amiens.

Bovelles fut l'un des 18 cantons du district d'Amiens en 1790, et des chefs-lieux d'arrondissements communaux en l'an VIII; en 1790 il n'est plus qu'une commune du canton de Molliens-Vidame.

Dist. du cant., 10 k.—de l'arr., 12 — du dép., 12.

BOVENT, hameau, dép. d'Ablaincourt, 13 hab.

Biauvent, 1214. Dénomb. Reg. de Philippe-Auguste.

Bauvent, 1230. Abbé de St.-Barthelémy de Noyon. Cart. de Lihons. — 1254. Ib.

Bovent, 1519. Compte de la commanderie d'Eterpigny. — 1567. Cout. de Péronne. — 1763. Expilly. — 1836. Etat-major.

Boven, 1733. G. Delisle. — 1757. Cassini.

Boüen, 1753. Doisy.

BOVES (canton de Sains), 1680-1739 hab.

Bova, 1044. Cart. de l'église d'Am. — 1069. Raoul, évêq. d'Am. 1145. Thierry, év. d'Amiens. — 1156. Thierry, év. d'Amiens. Cart. de S. Acheul. — 1205. Asso, prieur de Lihons. — 1208. Renaud, comte de Boulogne. — 1301. Dén. de l'év. d'Amiens.

Botua, 1105. Fondation de l'abbaye de St.-Fuscien. —1131. Garin, évêq. d'Am. Cart. de Lihons.

Bothua, 1147. Thierry, évêq. d'Am. Cart. S. Acheul.

Bobœ (castrum Bobarum), 1184. Rigord. — 1220. Philippide.

Bovc, 1212. Guillaume de Ponthieu. Dom Grenier. — 1247. Cart. noir de Corbie. — 1255. Guillaume de Nangis. — 1336. Galeran de Vaux, bailly d'Amiens. — 1579. Ortelius.

Boue, 1247. Cart. noir de Corbie.

Terra de Bovis, 1255. Guillaume de Nangis.

Boves, 1292. Sceau de Mabille de Boves. — 1301. Pouillé. — 1487. Aveu. — 1733. G. Delisle. — 1757. Cassini.

Bosve, 1397. Titres du Paraclet.

Bouves, 1483. Aveu.

Bona super Ambianis, 1492. Jean de la Chapelle.

Boulles, 1634. Théâtre géogr. — 1638. Tassin. — 1657. Jansson.

Boués, 1753. Doisy.

> Doyenné de Moreuil, dioc. et élect. d'Amiens, prévôté de Beauvaisis à Amiens.

> Terre et seigneurie érigées en marquisat en 1630.

> Boves fut l'un des 18 chefs-lieux de canton du district d'Amiens en 1790, et l'un des 18 chefs-lieux d'arrondissements communaux de l'an VIII ; il n'est plus en l'an X qu'une commune du canton de Sains.

> Dist. du cant., 7 k. — de l'arr., 9 — du dép., 9.

BOYARD, fief sis à Hallencourt.

BOYENVAL, fief sis à Sailly-Laurette.

Fief de Boyenval, 1715. Titres de Corbie.

Fief de Beauval.　　　　　　Ib.

BRACHE (canton de Moreuil), 241-260 hab.

Brachum, 1127. Garin, évêq. d'Amiens. Cart. noir de Corbie. — 1200. Rôle des feudataires de l'abbaye de Corbie.

Bracheum, 1146. Thierry, évêq. d'Am. Gall. christ.

Brachium, 1185. Urbain III, pape. Daire. Hist. de Montdidier. — 1221. Etienne de Braches. Cart. de Fouilloy.

Brach, 1224. Cart. noir de Corbie. — 1295. Ibid. — 1301.

Pouillé. — 1324. Arch. du chap. d'Am. — 1336. Sentence du bailly de Vermandois. — 1470. La Chesnaye des Bois. Généal. d'Ailly. — 1710. N. De Fer.

Bracq, 1336. Sentence du bailly de Vermandois. Arch. du chap.

Brache, 1567. Coutume de Montdidier. — 1757. Cassini.. — 17 brumaire an X.

Braches, 1763. Expilly. — 1836. Etat-major. — Sceau de la commune. — 1850. Tableau des distances.

Doy. de Montdidier, puis de Davenescourt, arch. et dioc. d'Amiens, élect., baill. et prév. de Montdidier.

Dist. du cant., 6 k. — de l'arr., 12 — du dép., 26.

Braache, petite rivière passant à Pierrepont.

Bracné (le), bois dép. de Chipilly.

BRAILLY (canton de Crécy), 323-465 hab.

Brasli, 1166. Wilfrid, abbé de St.-Riquier. Dom Cotron. — 1210. Hugues de Cayeux. Cart. de Bertaucourt.

Brasly, 1301. Pouillé. — 1407. Dénomb. Dom Grenier.

Brailly, 1330. Dom Cotron. Chron. de St.-Riquier. — 1392. Revue de H. de Bournouville. — 1507. Cout. loc. — 1763. Expilly. — 1783. Alm. du Ponthieu — 17 brum. an X. — 1824. Ordo. — 1836. Etat-major.

Brally, 1337. Rôle des nobles et fieffés. — 1648. Pouillé général.

Brailly-le-Cauchie, 1567. Proc.-verb. des cout.

Bressy, 1638. Tassin.

Breilli, 1707. France en 4 f. — 1710. N. De Fer.

Brailli, 1733. G. Delisle. — 1766. Cout de Ponthieu.

Brailly-Cornehotte, 1757. Cassini. — 1829. Ordo.

Brailly-Cornechotte, 1764. Desnos.

Brailly-en-Chaussée, 1781. Coutumes d'Amiens.

Doy. et prév. de St.-Riquier, arch. de Ponthieu, dioc. d'Amiens, élect. d'Abbeville, bailliage de Crécy.

Dist. du cant., 7 k. — de l'arr., 18 — du dép., 50.

Brailly, fief sis à Malsnières. — 1584. Titres de Corbie.

Brancourt, fief sis à Lanchères. M. Darsy.

Branleiers, lieu inconnu.

Branleiers, 1186. Délimitation du comté d'Amiens. Du Cange.

Branlicourt, ferme, dép. d'Estrées-lès-Crécy.

Brandicort, 1180. Dreux d'Amiens: Cart. de Berlaucourt. — 1202. Pierre d'Amiens. Ibid.

Brandicourt, 1702. Armorial. — 1836. Etat-major. — 1849. Ordo.

Branslicourt, 1733. Expilly.

Branlicourt, 1757. Cassini. — 1764. Desnos. — 1766. Cout. de Ponthieu. — 1830-1848. Ordo. — 1840. Alm. d'Abb. — Adm. Elect. d'Abbeville, bailliage de Crécy.

Braquemont, terroir de Goyencourt et de Roye.

Braquemont, 1411. Déclaration de St.-Ouen. Pièces pour le règne de Charles VI. — 1757. Cassini.

Bracquemont, 1695. Nobil. de Picardie.

Non indiqué par l'Etat-major.

Brasserie du pré Jumel, hab. isol., dép. de Ribemont.

BRASSY (canton de Conty), 139 hab.

Brasiz... Raoul de Vermandois.

Brassi, 1733. G. Delisle.

Brassy, 1757. Cassini. — 1763. Expilly. — 17 brum. an X. Doy. de Poix, archid., dioc. et élection d'Amiens, prévôté de Beauvaisis à Amiens.

Dist. du cant., 9 k., — de l'arr., 28 — du dép., 28.

Bray, partie de Sailly-Bray.

Brée, 1750. Le Couvreur de Boulainviller.

Bray, 1763. Expilly.

BRAY-LÈS-MAREUIL (canton d'Abbeville) (sud), 414 hab.

Bray juxta Marolium, 1301. Pouillé.

Bray-lès-Marœul, 1507. Cout. loc.

Braye, 1638. Tassin. — 1690. De Fer. Les côtes de France.

Bray-lez-Marœil, 1646. Hist. eccl. d'Abbeville.

Bray-prez-Mareuil, 1648. Pouillé général.

Bray, 1710. N. De Fer. — 1761. Robert. — 1821. Inscription de la cloche.

Brai, 1733. G. Delisle.

Bray-sous-Mareuil, 1757. Cassini.

Bray-lès-Mareuil, 1763. Expilly.— 17 brum. an X.— 1836. Etat-major. — Ordo.

Brai-sous-Mareuil, 1778. De Vauchelle.

Doy. et arch. d'Abbeville, dioc. et élect. d'Amiens, prévôté de Vimeu.

Dist. du cant., 8 k. — de l'arr., 8, du dép. 39.

BRAY-SUR-SOMME (chef-lieu du canton de Bray), 1,468 hab.

Samarobriva. César. — Ortelius. — Bruneau. Mémoire de l'Acad. de Douai. — Magnier et Gaillard. Mémoires de l'Acad. de Rouen. 1833.

Brai, 1128. Carta de molendinis de Ponte. Cart. de Lihons.— —1214. Registre de Philippe-Auguste. — 1260. Compte des villes de Picardie.

Braium, 1140. Garin, évêq. d'Amiens. Cart. d'Ourscamp.—114.. Nicolas, abbé de Corbie. Cart. de St.-Laurent. — 1147. Thierry, évêq. d'Amiens. Cart. d'Ourscamp. — 1186. Délimitation du comté d'Amiens. — 1262. Actes du Parlement.

Brahium, 1172. Dom Cotron. Chron. centul. — 1224. Honoré III, pape. Ibid.

Braina, 1195. Gilbert de Mons. Chron. Hannoniæ.

Braia super Summam, 1210. Philippe-Auguste. Colliette.

Braium super Summam, 1210. Gautier, châtelain de Péronne. — 1260. Actes du Parlement.

Brayum, 1248. Compotus præpositorum et baillivorum. — 1260. Actes du Parlement. — 1301. Pouillé.

Braya, 1259. Actes du Parlement. M. Boutaric. — 1265. Ibid.

Braia, 1260. Actes du Parlement.

Bray super Sommam, 1260. Compte des villes de Picardie. — 1492. Jean de la Chapelle.

Brayum super Somam, 1265. Olim.

Braia, 1265. Olim.

Bray, 1301. Pouillé.— 1393. Lettre de Charles VI. Rec. des ord. —1492. Jean de la Chapelle.—1567. Cout. de Péronne.—1592. Surhonius.— 1611. Des Rues. — 1757. Cassini.—17 br. an X.

Breya, 1353. Lettre du roi Jean. Rec. des ord.

Bray-sur-Somme, 1489. Accord entre J. de la Gruthuse et le maire de Bray. M. Cocheris. — 1763. Expilly.—1784. Daire. —1836. Etat-major.

Braium super Somonam, 1492. Jean de la Chapelle.

Braium ad Samaram, 1573. Ortelius.

Brayum ad Suminam... Hadr. de Valois. — M. Decagny.

Braye, 1665. Arch. du chap. d'Amiens. — Pouillé.

Bray, doy. d'Encre, dioc. et arch. d'Amiens, élect., baill. et prév. de Péronne.

Bray, un des 16 cantons du district en 1790, un des 13 chefs-lieux d'arr. communaux de l'an VIII, fut maintenu l'un des 8 chefs-lieux de canton de l'arrond. de Péronne en l'an X.

Dist. de l'arr., 18 k. — du dép., 34.

BREBIS (la), dép. de Biaches, 28 hab.

Brebis (la). Cadastre. — Admin.

Berbis (la), 1861. Dénomb. quinq.

BREDOUIL, fief sis à Hiermont. — 1769. Aveu. M. Cocheris.

BRÉHONVILLE, fief sis à Canaples.

BREILLOIRE (la), écluse et maison dép. de Flixecourt, 3 hab.

Breilloire (la), 1836. Etat-major.

Ecluse de la Breilloire.

BREILLY (canton de Picquigny), 519-527 hab.

Braili, 1120. Enguerrand, évêq. d'Amiens. — 1200. Thibaut, évêq. d'Am. Cart. St.-Jean. — 1263. Jean de Picquigny. Arch. d'Amiens. — 1267. Colars de Breilly. Ib.

Breli, 1174. Thibaut, évêq. d'Amiens. Cart. du Gard.

Braily, 1279. Vente par Jean de Breilly. Cart. de Picquigny. — 1301. Pouillé.

Brely 1579. Ortelius.

Bresly, 1612. Reg. de l'éch.d'Am. — 1567. Proc.-verb. des cout.

Brilly, 1638. Tassin. — 1657. Jansson.

Bresly, 1648. Pouillé général.

Brailly, 1648. Ib. — 1567. Proc.-verb. des cout. — 1707. France en 4 f. — 1710. De Fer.

Breilly, 1692. Pouillé. — 1757. Cassini. — 17 brum. an X.

Brailli, 1733. G. Delisle.

Doy. de Picquigny, arch., dioc. et élect. d'Amiens, mouvance de Picquigny.

Dist. du cant., 3 k. — de l'arr., 10 — du dép., 10.

BRESLE (canton de Corbie), 357 hab.

Breslia... Daire.

*Berella,*1168. Robert, év. d'Am. Cart. St-Laurent.—1301. Pouillé.

Bragellœ, 1262 ?

Berele, 1283. Guillaume de Bresle. M. Cocheris.

Breele, 1294. Colard de Bresle. Cart. noir de Corbie.

Breelle, 1331. Reg. Johannes. — 1337. Rôle des nobles et fieffés.

Brelles, 1579. Ortelius. — 1592. Surhonius.

Brelle, 1638. Tassin. — 1657. Jansson.

Bresle, 1648. Pouillé général. — 1726. Cout. de Pic. — 1763. Expilly. — 17 brum. an X. — 1836. Etat-major.

Brèle, 1733. G. Delisle. — 1757. Cassini.

Breles, 1781. Coutumes d'Amiens.

Doy. de Mailly, arch. et diocèse d'Amiens, élect. de Doullens, prévôté de Fouilloy.

Dist. du cant., 10 k. — de l'arr., 23 — du dép., 23.

Bresle, rivière.

Han flumen, 921. Dipl. Caroli. Dom Grenier.

Auva, VIIIe siècle. Vie de St.-Valery. Boll. Act. Sanct.

Aucia, IXe siècle. Vie de St.-Loup.

Augia, 1138. Dom Grenier.

Ou, 1150. Orderic Vital.

Aucum flumen, 1150. Orderic Vital.

Augum, 1151. Jean, comte d'Eu. Hist. de l'abb. de Sery.

Vimina, Chronicon Fontanellense.

Auscia... Dom Grenier.

Essua... Expilly.

Essia...

Aulia...

Au...

Brisella... Had. de Valois. — Dom Grenier.

Phrodes, 1641. Nic. Sanson. Gallia antiqua.

Bresle, 1646. Coulon. Riv. de France. — 1710. N. De Fer. — 1733. G. Delisle. — 1757. Cassini. — 1763. Expilly.

Riv. de Senarpont, 1698. Bignon. Etat de la France.

La riv. de Breselle. Vasseur. Carte de Normandie.

Rivière d'Eu. Dom. Grenier.

Dresle, 1829. Mazas. Vie des grands capitaines.

La rivière de Bresle prend sa source à Blargies (Oise), coule du S. au N. jusqu'à Senarpont, puis au N.-O jusqu'à la mer; elle arrive dans le Département un peu au-dessous d'Aumale, passe à Guémicourt, St-Germain, St.-Léger, Senarpont, où elle reçoit le Liger, Nesle-L'Hôpital, Neslette, Bouttencourt, Ancenne, Gamaches où elle reçoit la Visme, à Lieu-Dieu, Beauchamp, Bouvaincourt, Oust-Marais, de là à la ville d'Eu et au Tréport où elle se jette dans la mer, après un parcours de 40 kil.

Bretagne, dép. de Villers-sur-Authie, 91 hab.

Britannia. César. — Morel de Campanelle. — De Poilly. Mém. de la Soc. d'Emul. d'Abb.

Bretagne, 1757. Cassini. — 1764. Desnos. — 1840. Alm. d'Abb.

BRETAGNE, faubourg de Péronne.

Breteigne, 1230. Dénomb. de la terre de Nesle.

Bretaigne, 1478. Arch. de Péronne.

Faubourg de Bretagne, 1836. Etat-major.

BRETEL-LÈS-BOISMONT, dép. de Boismont.

Bretolium, 1200. Louandre. Topogr. de Ponthieu.

Brestel, 1284. Philippe-le-Bel. — 1648. Fief.

Braitel, 1337. Rôle des nobles et fieffés.

Braietel, 1337.   Ib.   — 1374. Trésor généal.

Bristel, 1673. Contrat de mariage d'Antoine de Mailly.

Bretel, 1757. Cassini. — 1763. Expilly. — 1766. Cout. de Pon- thieu. — 1778. Alm. du Ponthieu. — Ordo.

Bretelles...

Brelet, 1840. Alm. d'Abbeville.

Election et bailliage d'Abbeville.

BRETEL-LÈS-GÉZAINCOURT, hameau, dép. de Gézaincourt, 78 hab.

Braietel, 1202. Daire. Hist. de Doullens. — 1378. Aveu de Henri de Beauval. M. Cocheris.

Braitel, 1243. Raoul de Beauval. M. V. de Beauvillé.

Braiteil, 1243.   Id.   Ib.

Braieteil, 1243.   Id.   Ib.

Le Frétel, 1384. Robert de Frétel.

Brestel, 1424. Hist. de Doullens. — 1507. Cout. loc. — 1763. Expilly,

Bretelle, 1579. Ortelius. — 1592. Surhonius. — 1608. Quadum.

Bretel, 1733. G. Delisle. — 1743. Friex. — 1757. Cassini. — 1836. Etat-major.

La Motte Bretel, 1784. Daire. Hist. de Doullens.

Bretel-les-Gézaincourt. Administration.

BRETEL, fief sis à Bouvaincourt.

Fief de Bretel, 1574. Généal. de Belleval.

Bretel, 1778. Alm. du Ponthieu.

BRETELESSART, fief sis à Boves. Daire. Doy. de Moreuil.

BRETEUIL, ferme, dép. de Montmarquet, 19 hab.

Breteuil, 1733. G. Delisle. — 1757. Cassini.

BRETIZEL, ham. dép. de St.-Germain-sur-Bresle, 72 hab.

Bretescllum, 1149. Accord. Cart. de Selincourt.

Bretesel, 117... Guillaume de Brétizel. Ib.

Bertizel, 1733. G. Delisle.

Bretisel, 1757. Cassini.

Bertisel, 1778. De Vauchelle. — 1844-62. Ordo.

Berthisel, 1826-44. Ordo.

Bretizel, 1857. Dénomb. quinquennal.

BRETTENCOURT, dép. de Frettemolle, 134 hab.

Bretencort, 1251. Actes du Parlement. M. Boutaric.

Bretencuria, 1260.   Id.   Ib.

Betencourt, 1301. Pouillé.

Bretencourt, 1731. Etat des manufactures d'Aumale. — 1733. G. Delisle. — 1836. Ordo. — 1844. M. Fournier.

Bertrancourt, 1750. L. C. de Boulainviller.

Bethencourt,   Ib.

Bertencourt, 1757. Cassini. — 1836. Etat-Major.

Bretoncourt, 1778. De Vauchelle.

Bertroncourt, 1781. Cout. d'Amiens.

Bretincourt, 1851-52. Ordo.

Bettencourt, 1857. Dénomb. quinq. — 1827-50-62. Ordo.

Brettencourt, Administration.

BREUIL (canton de Roye), 201-219 hab.

Brogilum... M. Decagny.

Broïlum...   Ib.

Bruisle, 1241. Official de Noyon. Cart. de Noyon.

Bruile, 1242.　　　Id.　　　　Ib.

Brolium, 1242.　　　Id.　　　　Ib.

Bruolium, 1248. D. Decagny.

Brueil, 1260. Olim.

Le Breuil, 1357. Montre de Jean de Fransures.

Breuil, 1733. G. Delisle. — 1757. Cassini. — 17 brum. an X. —
　　1836. Etat-major. — Ordo.

Breul, 1844. M. Decagny. Arr. de Péronne.

　　Dioc. de Noyon, doy. de Nesle, élect., baill. et prév. de
　　　Péronne.

　　Dist. du cant. 14 k. — de l'arr., 33 — du dép., 56.

BRÉVILLERS (canton de Doullens), 156 hab.

Bruviler, 1301. Dénomb. de l'évêché d'Amiens.

Bréviller, 1696. Etat des armoiries. — 1733. G. Delisle. — 1757.
　　Cassini. — 1763. Expilly.

Breviler, 1743. Friex.

Brinvilliers, 1744. Lettre pat. du roi. Généal. de Mailly.

Brévillers, 17 brum. an X. — 1836. Etat-major.

　　Doy., prév. et élect. de Doullens, dioc. d'Amiens.

　　Dist. du cant., 9 k. — de l'arr., 9 — du dép., 40.

BRICQUEMESNIL (canton de Molliens-Vidame), 236 hab.

Brikmaisnil, 1223. Gérard de Dreuil. Cart. du Gard.

Brikemaisnil, 1271. Jean de Bricquemesnil. Cart. du Gard. —
　　1301. Pouillé.

Bricmesnil, 1638. Tassin. — 1657. Jansson.

Bricqmesnil, 1648. Pouillé général.

Bricquemaisnil, 1657. Proc.-verb. des cout. — 1726. Cout. de Pic.

Bricquemesnil, 1692. Pouillé. — 17 brum. an X.

Bricqménil, 1696. Etat des armoiries.

Brique, 1707. France en 4 f.

Briquemaisnil, 1710. De Fer. — 1757. Cassini. — 1763. Expilly.
— 1764. Desnos.

Briquemenil, 1733. G. Delisle.

Bricminy, 1756. Etat des revenus du chap. de Longpré.

Briquemesnil, 1763. Expilly. — 1864. Sceau de la commune.

Briquemainil, 1764. Desnos. — 1781. Cout. d'Amiens.

Bacquemenil, 1787. Picardie méridionale.

Doy. de Picquigny, arch., dioc., élect. d'Amiens, prévôté de
Beauvaisis à Amiens.

Dist. du cant., 5 k. — de l'arr., 17 — du dép. 17.

BRIDELLE, fief sis à Rosières.

Fief Bridelle, 1539. Titres de Corbie.

Fief du bois Régnier, 1539. Ib.

BRIE (canton de Péronne), 477-483 hab.

Bria, 1108. Adèle de Péronne. Cart. de Lihons. — 1133. Official de Noyon. Ibid.

Brie, 1197. Carta de molendinis de Ponte. Cart. de Lihons. —
1215. Dénomb. de Jean de Nesle. — 1230. Dénomb. de la
terre de Nesle. — 1277. Lettre de Gilles de Pœuilly. — 1453.
Lettre du bailly de Corbie. — 1733. G. Delisle — 1757. Cas-
ni. — 17 brum. an X.

Bri. 1214. Regist. de Philippe-Auguste.

Brye, 1567. Cout. de Péronne — 1710. N. De Fer. — 1761.
Robert.

Bryes, 1648. Pouillé général.

Dioc. de Noyon, doy. de Curchy, élect., baill. et prév. de Péronne.

Dist. du cant., 9 k. — de l'arr., 9 — du dép., 47.

BRIENCNON, saline et fief sis à Mers. — 1200. R. de Belleval.

BRIOCNE, ferme, dép. de Bouchavesne.

Brioche, 1757. Cassini. — 1836. Etat-major.

BRIOCNE (la), ferme, dép. de Maricourt.

La Brioche, 1757. Cassini. — 1778. De Vauchelle.

Moulin de Maricourt, 1336. Etat-major.

BRIOT, ham., dép. de Saint-Christ, 150 hab.

    Brios, 1353. Lettre de Jean II. Baluze. Rec. des ord. — 1648.
        Pouillé général.

    Brice, 1353.   Id.   Ib.

    Briotis, 1356. Lettre de Charles V. Rec des ord. — 1692. Nobil.
        de Picardie.

    Bryot, 1567. Cout. de Péronne.

    Briot, 1589. Reg. de l'échevinage d'Amiens. — 1733. G. Delisle.
        1757. Cassini. — 17 brum. an X. — 1827-50. Ordo.

    Bryotz, 1591. Arch. de Péronne.

    Briolt, 1750. L. C. de Boulainviller.

    Bryois, 1761. Robert.

    Briois, 1787. Picardie mérid.

    Brigod... M. Decagny. Etat du diocèse.

    Briost, 1836. Etat-major. — 1851-62. Ordo.

    Dioc. de Noyon, doy. de Curchy, élect., baill. et prév. de Pé-
        ronne. — Ancienne baronie.

BRIOT, fief sis à Hallivillers.

BRIQUES, fief sis à Herleville.

    Briques, 1764. Aveu.

    Brisques, 1764. Aveu.

BRIQUETERIE (la), hab. isolée, dép. d'Ayencourt.

       —   dép. de Cappy.

       —   hab. isolée, dép. de Cavillon.

       —   dép. de Cressy-Omancourt.

    Briquerie, 1757. Cassini.

    La Briqueterie. Cad.

BRIQUETERIE (la), hab. isol., dép. de Fréchencourt.

       —   dép. de La Fresnoye.

       —   hab. isol., dép. de Fressenneville.

BRIQUETERIE (la), hab. isol., dép. de Guerbigny.

— dép. de Ham. 1856. Franc-Picard.

— hab. isol., dép. de Lignières-hors-Foucaucourt.

— hab. isol., dép. de Long.

— ferme, dép. de Mametz.

— hab. isol., dép. de Marcelcave.

— · dép. de Matigny. 1828-30. Ordo.

Ne se trouve plus ensuite.

— dép. de Nesle. 1757. Cassini.

— dép. de Pissy.

— hab. isol., dép. de Quiry-le-Sec.

— BAULT, dép. de Croix-Rault.

— BEAUMONT, hab. isol., dép. de Croix-Rault.

— MERCIER, dép. de Croix-Rault.

BRISEPOT, ferme, dép. de Montmarquet, 9 hab.

Brisepot, 1836. Etat-major. — 1857. Dénomb.

Brispot. Administration.

Non indiquée par Cassini.

BROCOURT (canton d'Hornoy), 184-191 hab.

Broecort, 1131. Garin, év. d'Am. Gall. christ. — 1164. Alexandre III, pape. Cart. de Selincourt. — 1184. Luce III, pape. Ibid.

Broelcort, 1164. Alexandre III, pape. Cart. de Selincourt.

Broolcurt, 1164. Alexandre III, pape. Ch. de Selincourt.

Brouecort, 1166. Henri, arch. de Reims. Ib.

Broucurt, 1176. Henri, arch. de Reims.

Broecort in valle, 1208. Richard, évêq. d'Amiens. — 1234. Dreux de Bezencourt. Cart. de Selincourt.

Broocort, 1246. Henri de Brocourt. Cart. de Selincourt. —1272. Official de Rouen.

Brocort, 1268. Aelis d'Hallencourt. Cart. de Selincourt.

Broecourt, 1300-23. Coutumier de Picardie. — 1337. Rôle des nobles et fieffés.

Brouecourt, 1301. Pouillé.

Brocourt, 1507. Cout. loc. — 1648. Pouillé général. — 1757. Cassini. — 17 brum. an X.

Bauecourt, 1648. Pouillé général.

Brocour, 1710. N. De Fer. — 1733. G. Delisle.

Doy. d'Airaines, puis d'Hornoy, archid. et élect. d'Abbeville, dioc. d'Amiens, coutume de Ponthieu, bailliage d'Airaines.

Dist. du cant., 6 k. — de l'arr., 38 — du dép., 38.

BROGAZAILLE (le), lieu dit au terroir de Morcourt.

BROMONCOURT, dép. de Brutelles.

Bromocourt, 1733. G. Delisle.

Bromoncourt. Cadastre.

BROSSART, fief sis à Beauquesne.

Fief Brossart. Daire. Hist. de Doullens.

Fief de Ville. Ibid.

BROUCHY (canton de Ham), 403-560 hab.

Bruci, 1135. Innocent II, pape. Cart. de Noyon.—1160. Alexandre III, pape. Ibid. — 1163. Baudry, évêq. de Noyon. Cart. de Prémontré. — 1177. Rainaud, évêq. de Noyon.

Broci, 1169. Wautier Aries. Cart. de Prémontré.—1182. Rainaud, évêq. de Noyon. — 1216. Dénomb. de Odon de Ham.

Brociacum. M. Decagny.

Bruchi, 1202 Wautier de Ham. Cart. de Prémontré. — 1246. Barthelémy de Roye. Dom Grenier.

Buchi, 1208. Jean de Nesle. Cart. de Noyon. — 1248. Official de Noyon. Ibid.

Brouci, 1212. Odon de Ham. Cart. de Prémontré. — 1224. Honoré III, pape. Ibid.

Buchy, 1260. Olim.

Buciacum, 1265. Lettre de Louis IX.

Brouchi, 1282. Cart. de Fervaques. M. Cocheris. — 1331. Lettre de Robert de Condé confirmée par Philippe VI. — 1341. Dé-

nomb. de Pierre de Brouchy. — 1344. Oudard de Ham. —
1728. Dénomb. d'Elisabeth Lebel. — 1733. G. Delisle.

Brouchy, 1357. Montre de Jean de Fransures. — 1373. Dénomb.
de Drieux de Fieffes. — 1384. Dénomb. du temporel de N.-D.
de Ham. — 1648. Pouillé général. — 1757. Cassini. — 17
brum. an X.

Broucy, 1373. Dénomb. de Drieux de Fieffes.

Broussy, 1579. Ortelius. — 1710. N. De Fer.

Bouchi, 1592. Surhonius.

Brossy, 1592. Surhonius.

Bouchy, 1638. Tassin.

Dioc. et élect. de Noyon, doy. de Ham, génér. de Soissons.
Dist. du cant., 4 k. — de l'arr., 29 — du dép., 67.

BROUSTEL, faubourg de Rue. Dom Grenier. — M. Prarond.

Broutel (le), 1856. Franc-Picard.

BRUCAMPS (canton d'Ailly-le-Haut-Clocher); 500 hab.

Burchamp, 1118. Enguerrand, évêq. d'Amiens.

Burcampus, xiiie siècle. Thomas de St.-Valery. M. Cocheris.

Bruncamp, 1289. Jean Menier de Brucamp. Cart. des chapel.

Burcamp, 1301. Pouillé.

Brucamps, 1337. Rôle des nobles et fieffés. — 1567. Procès-verbal des coutumes. — 1757. Cassini. — 17 brum. an X.

Brusquant, 14... Monstrelet.

Brucamp, 1507. Cout. loc. — 1634. Trésor géogr. — 1733. G.
Delisle. — 1743. Friex.

Bruchamps, 1753. Doisy.

Boucamps, 1763. Dénombrement de la seigneurie de la Ferté-lès-
St.-Riquier.

Doy. de St.-Riquier, arch. d'Abbeville, élect. de Doullens,
prévôté de St.-Riquier.

Dist. du cant., 5 k. — de l'arr., 18 — du dép., 30.

BRUILE, lieu situé près d'Abbeville vers la porte du Bois.

Bronoilum, 830. Louis-le-Débonnaire. Hariulfe.

Bruillum, 1100. Fondation de St-Pierre d'Abbeville.

Brulleum, 1199. Guillaume, comte de Ponthieu.

Bruile, 1217. Dom Cotron.

Bruille, 1245. Mathieu, comte de Ponthieu. — 1646. Hist. eccl. d'Abbeville.

Bruail, 1646. Hist. eccl. d'Abbeville.

Bruile, dép. de Gentelles.

Bruile, 1250. Enguerrand de Gentelles. Cart. de Fouilloy.

Brule, bab. isol. dép. d'Erchen.

Brule (le), bois dép. d'Erchen. — Défriché.

Brule (le), lieu dit à Fignières. 1728. Aveu.

Brulots (les), dép. de Noyelle-sur-mer.

Les Brulots, 1733. G. Delisle. — 1778. De Vauchelle.

Non indiqué par Cassini.

Brunalieu, lieu dit au terroir de Bresle.

Brunefai, dép. de Bray-sur-Somme. — Lieu détruit.

Brunfay, 1567. Cout. de Péronne. — Cadastre.

Brunefai, 1733. G. Delisle. — 1778. De Vauchelle, avec la note: *Ruiné*.

Brunefay, 1750. Le Couvreur de Boulainviller.

Brune-Fay... M. Decagny.

Brunel, fief sis à Cerisy. — 1712. Titres de Corbie.

Bruneville, fief sis à Aigneville. — 1678. Dom Grenier.

Bruntel, ferme dép. de Mesnil-Bruntel.

Bruletel, XIIIᵉ siècle. Délim. de la banlieue du castel de Péronne.

Brunetel, 1320. Cart. S. Barthélemy de Noyon. Dom Grenier. — 1567. Cout. de Péronne. — 1602. Sentence de la prévôté de Péronne. — 1657. Jansson. — 1763. Expilly.

Brunatel, 1392. Anselme. Généal.

Brunetelle, 1573. Ortelius. — 1592. Surhonius. — 1638. Tassin.

Brenetelle, 1592. Surhonius.

Bruntel, 1741. Plan de bornage. M. Cocheris. — 1757. Cassini.

Brunnetel, 1770. E. de Sachy. Hist. de Péronne.

Non indiqué par l'État-major.

BRUNVILLE, fief sis à Aigneville. — Érigé en 1607.

Brunville, 1607-1672-1678. Aveu. M. Darsy.

BRUQUENTIN, fief sis à Milly.

Bourguentares juxta Dullendium, 1224. Hist. de Doullens. Hue Camp d'Avesne. — 13... Dénomb. de l'abbaye de S. Michel.

Bruquenthin, 1602. Donation de Robert de Grouches. Titres des Cordeliers d'Amiens.

Brouquentin, 1701. Titres de l'évêché.

Bruquentin, 1730. Titres de l'évêché. — 1784. Daire. Hist. de Doullens.

BRUQUETEL, fief sis à Drucat. M. Prarond.

BRUSLE, dép. de Cartigny. 196 hab.

Brulli, 1160. Alexandre III, pape. Dom Grenier.

Brul... M. Decagny.

Bruël .. M. Decagny.

Bruile, 1174. Cart. d'Arrouaise. — 1198. Raoul de Vermandois.

Le Brulle, 1519. Compte de la commanderie d'Éterpigny.

Brusle, 1567. Cout. de Péronne. — 1757. Cassini.

Brule, 1648. Pouillé général.

Brusles, 1733. G. Delisle. — Ordo.

Brulle, 1750. L. C. de Boulainviller.

BRUSQUEVAL, fief sis à Sains. Daire. — Doy. de Moreuil.

BRUTELETTE, ferme, dép. de Woignarue, 9 hab.

Brouteicite, 1224-1234. Généal. de Belleval. — 1756. État des revenus du chap. de Longpré. — 1778. De Vauchelle.

Broutelete, 1733. G. Delisle.

Brutelette, 1757. Cassini. — 1763. Expilly. — 1836. État-major.

BRUTELLES (canton de St.-Valery), 336 hab.

Broustele, 1185. Fondation de l'abbaye de Sery. Gall. christ.

Brostel, 1210. Guillaume, comte de Ponthieu. Mém. de la Soc. d'émul. d'Abb. 1836.

Broustel, 1262. Cart. de Gamaches. — 1648. Pouillé gén.

Brustel, 1262. Dom Grenier. — M. Decagny.

Brontelles, 1507. Cout. loc.

Broutelles, 1556. Relief. Tr. généal. —1694. Reg. de l'état-civil. — 1726. Cout. de Pic. — 1766. Cout. de Ponthieu.

Broutelle, 1567. Proc.-verb. des cout. —1648. Hist. eccl. d'Abb. — 1763. Expilly.

Broustelle, 1657. Jansson. — 1690. De Fer. Les côtes de France.

Brouteles, 1710. N. De Fer. — 1778. De Vauchelle.

Boutele, 1733. G. Delisle.

Brutelle, 1757. Cassini. — 1764. Bellin. Atlas maritime.— Ordo.

Broutelles-Notre-Dame, 1764. Reg. de l'état-civil.

Broutel, 1778. Alm. du Ponthieu.

Bruste... M. Decagny. État du dioc.

Brutelles, 17 brum. an X. — 1836. Etat-major.

    Doy. de Gamaches, puis de St.-Valery, arch. et élect. d'Abbeville, dioc. d'Amiens, cout. de Ponthieu.

    Dist. du canton, 10 k. — de l'arr., 26 — du dép., 71.

BRUYÈRE (la), bois dép. de Vraignes (canton de Roisel).

BRUYÈRES (les), ferme dép. de Boismont.

    Les Bruieres, 1757. Cassini.

    Briere, 1764. Bellin. Atlas maritime.

    Les Bruyères, 1836. État-major. — 1840. Alm. d'Abb.

BUCAILLE, dép. de Bernay, 314 hab.

    La Bucaille, 1701. Armorial. — 1722. M. Prarond. — 1757. Cassini. — 1764. Desnos. — 1840. Alm. d'Abbeville.

    Bucaille, 1733. G. Delisle. — 1781. Cout. d'Amiens.

    Bucaille (le), 1781. Cout. d'Amiens.

BUCAILLE (la), bois ou parc dép. de Bovelles.

BUCAILLE (la), lieu dit au terroir de Tilloy-lès-Conty.

La Busquaille, 1510. Arch. du prieuré du Bosquel.

La Bucaille, 1639.

Bricourt, près Senlis.

Buhiercurt, 1181. Thibaul, év. d'Amiens. — C... S. Laurent.

Buccori, 1190.   id.   ib.

Bricourt juxta Senlis, 1317. Cart. de Corbie.

Byencourt de les Senlis, 1331. Reg. Johannes de Corbie.

BUIGNY-L'ABBÉ (canton d'Ailly-le-Haut-Clocher), 502 hab.

Buniacus, 831. Louandre. Topogr. du Ponthieu. — 1088. Harinlfe.

Bugna... Dom Cotron. — Chron. centulense.

Bugny, 1140. Garin, évêq. d'Amiens. Cart. de Berlaucourt.

Buniacum, 1167. Gautier de la Ferté-lès-St.-Riquier. Dom Cotron.

Buigny, 1176. Alexandre III, pape. Cart. de Berlaucourt. — 1231. Grégoire IX, pape. Hist. eccl. d'Abb. — 1256. Sentence relative à Corbie. Aug. Thierry. — 1571. Proc.-verb. — 1777. Alm. du Ponthieu.

Bougny, 1210. Hugues de Cayeux. Cart. de Berlaucourt.

Bognotum, 1224. Honoré III, pape. Dom Cotron.

Buygnacum, 1260. Olim.

Bvignyacum, 1478. Dom Cotron.

Buigni l'Abbé, 1492. Jean de la Chapelle.

Bugny Labé, 1638. Tassin.

Buigny l'Abbé, 1646. Hist. eccl. d'Abb. — 1726. Cout. de Pic.— 1757. Cassini. — 1763. Expilly. — 17 brum. an X.

Begny l'Abbé, 1657. Jansson.

Bugni l'Abé, 1733. G. Delisle.

Buguy-l'Abbé, 1761. Robert — 1764. Desnos.

Buigny-Labbé, 1840. Alm. d'Abb.

     Doy. et arch. d'Abbeville, dioc. d'Amiens, élect. de Doullens, prév. de St.-Riquier.

     Dist. du cant., 6 kil. — de l'arr., 9 — du dép., 38.

BUIGNY-LÈS-GAMACHES (canton de Gamaches), 504 hab.

Bugniacum... M. Darsy. Canton de Gamaches.

Baigny, 1648. Pouillé général.

Bugni-lez-Gamaches, 1733. G. Delisle.

Bugny-les-Gamaches, 1757. Cassini.

Bugny-les-Gamaches, 1763. Expilly. — 17 brum. an X.

Bugni-en-Vimeu, 1766. Cout. de Ponthieu.

Buigni-Vimeu, 1776. Alm. du Ponthieu.

Boigny. Nom vulgaire.

    Doy. de Gamaches, arch., élect. et baill. d'Abbeville, dioc.
      d'Amiens, cout. de Ponthieu.

    Dist. du canton, 5 k. — de l'arr., 24 — du dép., 62.

BUIGNY-SAINT-MACLOU (canton de Nouvion), 413 hab.

Buniacum, 1100. Fondation de St-Pierre d'Abbeville. Gallia christ.

Buigny, 1138. Jean, comte de Ponthieu. Hist. eccl. d'Abb. —
    1366. Charles V. Rec. des Ord. — 1777. Alm. du Ponthieu.

Bugny, 1205. Guillaume, comte de Ponthieu. Hist. des comtes de
    Ponthieu. — 1638. Tassin.

Buigniacum, 1224. Honoré III, pape. Dom Cotron.

S. Maclavius de Buniaco, 1304. Dom Cotron.

Managium de Cluodio, 1492. Jean de la Chapelle.

Buigny-S.-Maclou, 1646. Hist. eccl. d'Abb. — 1757. Cassini. —
    1763. Expilly. — 17 brum. an X.

Bugni-S.-Maclou, 1733. G. Delisle.

Bugny-S.-Maclou, 1761. Robert.

Buigny-St.-Macloux, 1763. Expilly. — 1840. Alm. d'Abb.

Buigni près Onville, 1766. Cout. du Ponthieu.

    Doy., arch., baill. et élect. d'Abbeville, dioc. d'Amiens, prév.
      de St.-Riquier.

    Dist. du canton, 7 k. — de l'arr., 6 — du dép., 50.

BUIRE-EN-HALLOY, ferme dép. de Nampont.

Buires, 1147. Eugène III, pape. Cart. de Valloires. — 1257.

Jeanne, comtesse de Ponthieu. — 1337. Rôle des nobles et fieffés. — 1492. Jean de la Chapelle. — 1763. Expilly. — 1766. Cout. de Ponthieu. — 1836. Etat-major.

Buiræ, 1150. Pierre, abbé de St.-Riquier. Dom Cotron.

Les Buirois, 1298. Proc.-verb. des bois. Cart. de Valloires.

Buyres, 1489. Hommage du comte de Dunois. M. Cocheris.

Buires-en-Halloy, 1646. Hist. eccl. d'Abb.

Buir en Alois, 1757. Cassini.

Buir en Aloy, 1757. Cassini.

Buyre en Aloy, 1761. Robert.

Buire en Alois, 1764. Desnos.

Buire et Halloy, 1810. Alm. d'Abb. — Adm.

Buire, 1856. M. Prarond. — Ordo.

BUIRE-COURCELLES (canton de Péronne), 424-491 hab.

Buriacum, 1044. Grégoire VI, pape. Colliette.

Buicieriæ, 1080. Sohier de Vermandois. — M. Decagny.

Buires, 1102. Baudry, év. de Noyon. Cart. de Noyon. — 1128. Cart. de Libons. — 1174. Baudouin, év. de Noyon. Cart. d'Arrouaise. — 1220. Sceau de Mathieu de Buire. — 1221. Robert de Dreux — 1302. Pierre de Brouchy. — 1733. G. Delisle. — 1778. De Vauchelle.

Buri, 1221. Philippe-Auguste.

Bruyres, 1399. Hommage de Gilles Mallet. M. Cocheris.— 1710. N. De Fer.

Buyres, 1416. Hommage de Louis Vasiers. M. Cocheris.

Buirres, 1567. Cout. de Péronne.

Buire, 1573. Ortelius. — 1638. Tassin. — 1757. Cassini — 17 brum. an X. — 1836. Etat-major.

Buire et Courcelle, 1763. Expilly.

Bruires, 1787. Pic. mérid.

Buire-Courcelles, 1850. Tabl. des dist. — Sceau de la commune.

Buire-Courcelle... Pringuez. Géog. de la Somme.

Doy. d'Athies, dioc. de Noyon, élect., baill. et prév.de Péronne.

Dist. du canton, 6 k. — de l'arr., 6 — du dép., 56.

BUIRE-SOUS-CORBIE (canton d'Albert), 391 hab.

Buriacum... M. Decagny.

Bubseria, 1168. Robert, év. d'Am. M. V. de Beauvillé.

Buires, 1279. Offic. d'Am. M. Cocheris.— 1301. Pouillé.—1726. Cout. de Pic. — 1757. Cassini. — 1763. Expilly.

Buires vers Encre, 1284. Vente. M. Cocheris.

Buyr, 1579. Ortelius. —1592. Surhonius.

Buyres, 1648. Pouillé général. — 1761. Robert.

Buire, 1733. G. Delisle. — 1778. De Vauchelle. — Ordo.

Buire-sous-Corbie, 17 brum. an X. — 1836. Etat-major.

Doy. d'Albert, arch. et dioc. d'Amiens, élect. de Doullens.

Dist. du canton, 7 k. — de l'arr., 29 — du dép., 26.

BUIRES, lieu près de Selincourt.

Buires, 1149. Accord avec Ste-Marie d'Airaines. —1164. Alexandre III, pape. — 1176. Henri, arch. de Reims. — 1177. Thibaut, év. d'Am. —1184. Luce III, pape. — 1208. Richard, év, d'Am. Cart. de Selincourt.

BUISSIÈRE (la), bois dép. de Tilloy-lès-Conty. — Défriché.

BUISSON (le), fief sis à Fleury.

Fief du Buisson, 1772. Inféodation. — Daire. — Doy. de Conty.

BUISSON-BELLOY, terroir d'Y.

BUISSON-DAUSSIN, calvaire sis à Mesnil-Bruntel.

BUISSON DES TROIS ÉVÊCHÉS, terroir de Bazentin, borne commune aux trois diocèses d'Amiens, d'Arras et de Noyon.

Buisson des trois Évêchés. Cadastre.

Buisson des trois Évêques. M. Decagny.

BUISSON-NOTRE-DAME, fief sis à Sailly-le-Sec (canton de Bray).

Fief du Buisson-N.-D., 1621. Titres de l'évêché.

BUISSON-POUILLEUX, bois dép. de Buigny-lès-Gamaches.

BUISSON-S.-MAUR, terroir de Bazentin.

Boisson-S.-Pierre, fief sis à Sailly-le-Sec (canton de Bray).

Fief du Buisson S. Pierre, 1715. Titres de l'évéché.

Bulrcamps, lieu près de Crécy.

1657. Plan de la bataille de Crécy. Hist. des mayeurs d'Abbeville.

Buleux, partie de Cérisy-Buleux.

Bulloes, 1337. Rôle des nobles et fieffés.

Bulleux, 1425. Armorial de Sézille. — 1453. Lettre du bailly de Corbie. Cart. des chapelains d'Am. — 1623. M. Prarond. — 1692. Nobil. de Pic. — 1726. Cout. de Pic. — 1738. Inscription de la cloche. — 1761. Robert. — 1763. Expilly.

Buleux, 1456. Amendes pour délits de chasse. M. V. de Beauvillé. — 1507. Cout. loc. — 1646. Hist. eccl. d'Abbeville. — 1757. Cassini. — 1836. Etat-major. — 1841. Ordo.

Buleu, 1657. Jansson.

Buleux, fief sis à Cambron. Dom Grenier. — M. Prarond.

Buny, dép. de Voyennes, 170 hab.

Bouni, 1152. Eugène III. — 1156. Adrien IV. — Cart. d'Arrouaise.

Beeunni, 1153. Baudouin, évêq. de Noyon. Cart. d'Arrouaise.

Beuni, 1226. Roger, abbé de Ham. Cart. de Noyon.

Beveni, 1241. Official de Noyon.　　　Ib.

Buveni, 1242.　　　Id.　　　・Ib.

Buni, 1733. G. Delisle.

Buny, 1757. Cassini. — 1829-62. Ordo. — 1836. Etat-major.

Burcy, 1761. Robert.

Beuny... M. Decagny.

Beugny... M. Decagny.

Bugny, 1826-28. Ordo.

Burbures, fief sis à Longuevillette. — 1250. Cart. du Gard.

Burineu (le), dép. de St.-Gratien.

Le Burineu, 1295. Aveu. Cart. noir de Corbie.

BUS-LÈS-ARTOIS (canton d'Acheux), 755 hab.

Bus, 1147. Thibaut, évêque d'Am. Cart. St. Laurent. — 1168.

Robert, év. d'Am. — 1213. Everard, év. d'Amiens. — 1258
Titres de l'évêché. — 1301. Pouillé.

Busrorgum, 116.. Thierry, év. d'Am. Cart. S. Laurent.

Bus Borgum, 1168. Robert, év. d'Am. M. V. de Beauvillé.

Buscus. Daire. Histoire de Doullens.

Bosci... M. Decagny. Etat du diocèse.

Bus-lez-Artois, 1557. Procès-verbal des cout. — 1757 Cassini.

Bu, 1638. Tassin. — 1710. N. De Fer.

Bus-lès-Artois, 1728. Titres de l'év — 17 brum an X. — 1836.
Etat-major.

Bu-lès-Artois, 1733. G. Delisle.

Bu des Artois, 1787. Picardie méridionale.
Doy. et élect. de Doullens, arch. et dioc. d'Amiens, prévôté de
Beauquesne.
Dist. du cant., 4 k. — de l'arr., 18 — du dép. 34.

BUS (canton de Montdidier), 258-275.

Buscus, 1050. Daire. Doy. de Rouvroy.

Bus, 1183. Cart. noir de Corbie. — 1197. Thibaut, év. d'Am.
Daire. — 1567. Cout. de Roye. — 1638. Pillage de Roye. —
1657. N. Sanson. — 1757. Cassini. — 17 brum an X. — Ordo.

Buscum, 1263. Official d'Amiens. Cart. de Lihons.

But, 1760. Arrêt du grand conseil.

Le Bus, 1778. De Vauchelle.
Doy. de Rouvroy, dioc. d'Amiens, élect. de Montdidier, baill.
et prév. de Roye.
Dist. du cant., 12 k. — de l'arr., 12 — du dép., 16.

Bus (le), fief sis à Arrest. 1615. M. Prarond.

Bus, dép. de Martainneville.

Buxidus. Dom Grenier.

Grand Bus, 1665. Dom Grenier. — 1722. M. Prarond.

Buz, 1761. Robert. — 1778. Alm. du Ponthieu.

Butz, 1763. Expilly. — 1852. M. Prarond.

Bus, 1766. Cout. de Ponthieu. — 1778. De Vauchelle.

Bus. fief sis à Nesle.

Fief de Bus, 1605. Dénomb. de ce fief par C. de Mazancourt.

Bus-lez-Neelle, 1605.   Ibid.

Bus (le), fief sis à Wailly. 1777. Aveu. M. Cocheris.

Buscamp, fief sis à Boubers. xvIIIe siècle. M. Prarond.

Buscamp, fief sis à Houdent. M. Prarond.

Buscourt, hameau dép. de Feuillières. 34 hab.

Buiscourt, 1108. Baudry, évéq. de Noyon. Cart. de Noyon.

Bucurt. 117.. Thibaut, évéq. d'Am. Cart. St.-Laurent.

Boscort, 1217. M. Decagny.

Buicourt, 1129. Recette des droits de bâtardise de la prévôté de Péronne. M. V. de Beauvillé.

Bucourt. 1567. Cout. de Péronne. — 1763. Expilly.

Buiscourt, 1633. Le Vasseur. Ann. de Noyon.

Buscourt, 1648. Pouillé général. — 1733. G. Delisle. — 1757. Cassini. — 1771. Colliette. — 1830-62. Ordo. — 1836. Etat-maj.

Bussecourt, 1826-29. Ordo.

Bosci. M. Decagny.

Buscourt fut une cure du diocèse de Noyon, du doyenné et de l'élection de Péronne.

Bus de Villers, dép. de Louvrechy.

Bus de Villers, 1337. Rôle des nobles et fieffés. 1733. G. Delisle. — 1778. De Vauchelle. avec la note : *ruiné*.

Le buf de Villiere. 1567. Cout. de Montdidier.

Busmenard, dép. de Translay. 70 hab.

Bus-Menart, 1196. Eustache d'Hélicourt. Dom Grenier.

Bus-Menard, 1278. Dénomb. de la châtellenie de Translay.

Busmenart, 1313. Olim. — 1763. Expilly.

Bois ménart, 1470. Sent. du bailly de Gamaches. M. Cocheris. — 1507. Cout. loc.

Busménard, 1699. M. Prarond. —1757. Cassini. —1766. Cout. de Ponthieu. — 1778. Alm. de Ponthieu.

Buménar, 1761. Robert.

Bumesnard, 1781. Coutumes d'Amiens.

Bussemenard, 1849. Ordo.

Election et bailliage d'Abbeville.

Busoy, fief sis à Quevauvillers. Daire. Doy. de Poix.

Bosseau, dép. de La Boissière (canton de Montdidier).

Busseau, 1657. N. Sanson. —1761. Robert.

BUSSU-BUSSUEL (canton d'Ailly-le-Haut-Clocher), 604 hab.

Buxeium, 704. Dipl. Childeberti.

Bixis, 855. Dipl. Caroli-Calvi. — Dom Cotron.

Buxionus, 960. Louandre. Topogr. du Ponthieu.

Buxudis villa, 1088. Hariulfe. Chron. centul.

Bussiacum, 1184. Dom Cotron.

Busseium, 1224. Honoré III, pape. Dom Cotron.

Bussu, 1260. Olim. — 1492. Chron. de Jean de la Chapelle. — 1507. Cout. loc. —1726. Cout. de Pic. —1733. G. Delisle. — 1757. Cassini. —1766. Cout. de Ponthieu. —1777. Alm. de Ponthieu — 17 brum. an X. — Ordo.

Buyssu, 1301. Pouillé.

Buchu, 1638. Tassin. —1657. Jansson.

Bossu, 1707. France en 4 f.

Bussu-Bussuel, 1763. Expilly. —1836. Etat-major.

Bussy, 1781. Coutumes d'Amiens.

Bussus, 1850. Tabl. des dist. — 1860. Sceau de la commune.

Doy. de St.-Riquier, arch. de Ponthieu, dioc. d'Amiens, élect. de Doullens et d'Abbeville, bailliage d'Abbeville.

Dist. du canton, 5 k. —de l'arr., 14 —du dép., 37.

BUSSU-EN-VERMANDOIS (canton de Péronne), 516 hab.

Busuos, 1059. Hubert, comte de Vermandois. M. Decagny.

Bussu, 1156. Adrien IV, pape. Cart. d'Arrouaise — 1164. Ibid. 1198. Raoul de Vermandois. Ib.— 1567. Cout. de Péronne.— 1573. Ortelius.— 1592. Surhonius. — 1648. Pouillé général. —1733. G. Delisle. — 1757. Cassini.— 17 br. an X.— Ordo.

Buissu, 1167. Philippe d'Alsace. M. Decagny. Arrond. de Péronne. — 1174. Beaudoin, évéq. de Noyon. Cart. d'Arrouaise. 1190. Rorgon de Hardecourt. Ibid. — 1214. Dénomb. Reg. de Philippe-Auguste. — 1230. Dénomb. de la terre de Nesle. — 1308. Ordre des biens de l'évêché de Noyon. — xvi⁰ siècle. Dénomb. de Louis d'Ognies.

Buissiu, 1236. Cart. de Guise. M. Cocheris.

Busu, xiii⁰ siècle. Limite de la banlieue du castel de Péronne.

Bressu, 1638. Tassin.

Boscorum sylva. M. Decagny.

  Dioc. de Noyon, doy., baill., prév. et élect. de Péronne.

  Dist. du cant., 4 k.— de l'arr., 4 —du dép., 54.

Bussu-en-Santerre, dép. de Dompierre.

  Buschu, 1226. Geoffroy, évéq. d'Am. Cart. de Fouilloy.

  Bussu, 1567. Cout. de Péronne. — 1757. Cassini.

  Bussu-en-Sangter, 1567. Cout. de Péronne.

  Bussu-en-Santerre. M. Decagny.

  Dioc. de Noyon, élect., baill. et prév. de Péronne.

Bussu, fief sis à Grattepanche.

  Fief de Bussu. Daire. Doy. de Conty.

  Fief de Lazoy. Ibid.

Bussuel, dép. de Bussu-Bussuel.

  Buchuel, 1476. Lettre de Louis XI.

  Bussuelle, 1701. Armorial.

  Bussuel, 1701. Armorial.—1733. G. Delisle. — 1761. Robert. — 1763. Expilly. — 1777. Alm. du Ponthieu.

  Bussuelles, 1766. Cout. du Ponthieu.

BUSSY-LÈS-DAOURS (canton de Corbie), 479 hab.

Busci, 1153. Thierry, évêq. d'Am. Cart. St.-Laurent.

Buxeria, 1164.   Id. —1176. Thibaut. Ib.

Bubseria, 1168. Robert, évêq. d'Am.   Ib.

Busciacum, 117.. Thibaut, évêq. d'Am.   Ib.

Buisci, 1174.   Id.   Ib.

Buissiacum. Mabillon. Dipl.

Buxidum. Daire.

Bussiacum. Ibid.

Buxis prope Durdem. Cart. S. Laurent.

Bussy, 1217. Cart. Néhémias de Corbie. —1705. Union des maladreries. —1710. N. De Fer.

Busseria, 1234. Ricard, doyen. Cart. de Fouilloy. —1261. Ib.

Buisseria, 1258. Aleaume, évêq. d'Am.   Ib.

Buissiu, 1288. M. Decagny.

Buyssi, 1301. Pouillé.

Buissi, 1322. Gérard de Fréchencourt. Cart. des chap. d'Am.

Bouissi, 1322. Hugues Quiérel. Cart. des chapel.

Buissy, xive siècle. Obit. du chap. d'Am. — 1579. Ortelius. — 1720. Ms. de Monsures. — 1733. Doisy. — 1763. Expilly.

Buissi-lez-Dours, 1567. Proc. verb. des coutumes. — 1692. Pouillé. — 1733. G. Delisle.

Brussu, 1638. Tassin. — 1657. Jansson.

Bussi, 1648. Pouillé général.

Bussy-lès-Dours, 1726. Cont. de Pic. — 1757. Cassini.

Bussy-lès-Daours. 17 brum. an X. — 1836. État-major.

Doy. de Mailly, arch. et dioc. d'Amiens, élect. de Doullens, prévôté de Fouilloy.

Dist. du cant., 7 k. —de l'arr., 11 —du dép., 11.

BUSSY-LÈS-POIX (canton de Poix), 186 hab.

Bussi, 1148. Accord. Cart. de Selincourt. — 1710. De Fer.

Bussy, 1150. Godefroy, évêq. d'Am. Daire. — 1757. Cassini.

Buxeria, 1177. Thibaut, év. d'Am. Cart. de Selincourt.

Buxaria, 1184. Luce III, pape. Cart. de Selincourt.

Bussiacum. Daire.

Buxidum. Daire.

Buschi, 1227. Cart. St.-Firmin-le-Confesseur.

Boissy, 1229. Jean de Conty. Daire. — Arch. de St.-Quentin de Beauvais.

Buissy, 1301. Pouillé. — 1726. Cout. de Pic. — 1753. Doisy. — 1763. Expilly.

Bussy-lès-Poix, 1692. Pouillé. — 17 brum. an X.

Bussi-les-Poix, 1781. Coutumes d'Amiens.

> Doy. de Poix, arch., dioc. et élect. d'Amiens. Prévôté de Beauvaisis à Granvillers, mouvance de Famechon.

> Dist. du cant., 6 k. — de l'arr., 23 — du dép., 23.

Bussy, fief sis à Hérissart.

Le Fief de Bussi. Daire. Doy. de Doullens.

Bussy, Etat de fief. — 1728. Ms. de Monsures.

Buissy. Cadastre.

Bussy, fief sis à Piennes. Daire.

But (le), bois dép. de Domart.

Buteresse; petit ruisseau qui prend sa source à Contay et va se perdre dans l'Hallue.

Butte (la), fief sis à Cottenchy. Daire. Doy. de Moreuil.

Butte-Baligny (la), terroir de Miraumont.

— du haut marais, terroir de Bonnay.

> Ancienne redoute établie en 1636 lors du siége de Corbie par les Espagnols.

BUVERCHY (canton de Nesle), 109 hab.

Beverchi, 1175. Ives, comte de Soissons. Cart. d'Arrouaise. — 1213. Jean de Nesle. Cart. de Noyon. — 1230. Charte d'Eustache de Martinsart.

Beuverchi, 1234. Cart. de Noyon.

Buverechy, 1260. Olim.

Buvrechies, 1710. De Fer.

Buvrechi, 1733. G. Delisle.

Buverchy, 1757. Cassini. — 1763. Expilly. — 17 brum. an X.

Beuvrechy, 1761. Robert.

    Dioc. et élect. de Noyon, doy. de Ham, généralité de Soissons.

    Dist. du cant., 8 k. — de l'arr., 27 — du dép. 57.

BUYON, ham. dép. de Plachy-Buyon.

Buyon, 1638. Tassin. — 1763. Expilly. — 1857. Dénomb.

Buion, 1750. Le Couvreur de Boulainviller.

Bion, 1757. Cassini. — 1778. De Vauchelle.

BUYRES, ferme, dép. de Dernancourt.

Buyres (cense), 1567. Cout. de Péronne. — 1750. L. C. de Boulainviller.

BUZERAIN, fief sis à Coullemelles.

Fief Busozerins, 1485-1690. Titres de Corbie.

Bus-Ozerain, 1498-1760.   Ib.

Busozerain, 1760.   Ib.

Le Buzerain. Cadastre.

C.

CABARETS (les), dép. de Talmas.

Cabarets, 1757. Cassini. — 1764. Desnos.

    Le dénombrement quinquennal n'en parle pas.

CABOCHE, fief sis à Plessier-Rozainvillers.

CABOTIÈRE (la), lieu près de Vraignes (canton d'Hornoy).

Calotière (la), 1146. Thierry, év. d'Amiens. Cart. de Selincourt.

Caboteria, 1147. Eugène III, pape. Ib.

Cabotière, 1166. Henri, arch. de Reims. Ib.

Cabotière (la), 1235. Cart. de Selincourt.

CACHY (canton de Sains), 318 hab.

Cachi, 1158. Cart. noir de Corbie. — 1200. Rôle des feudataires de Corbie. — 1223. Geoffroy, év. d'Amiens. Cart. de Fouilloy. — 1243. Cart. noir de Corbie. — 1255. Sceau Roger de Cachi. — 1301. Pouillé. — 1733. G. Delisle. — 1763. Expilly.

Kachi, 1223. Geoffroy, év. d'Am. Cart. de Fouilloy.

Cachiacum, 1243. Cart. noir de Corbie. — 1334. Testament d'Albert de Roye.

Cachy, 1331. Titres de Corbie. — 1334. Testament d'Albert de Roye. — 1416. Cart. Esdras de Corbie. — 1638. Tassin. — 1646. Hist. eccl. d'Abb. — 1710. N. De Fer. — 1720. Titres de Corbie. — 1757. Cassini. — 1763. Expilly. — 17 br. an X. Dioc., arch. et élect. d'Amiens, doy. et prév. de Fouilloy. Dist. du canton, 14 k. — de l'arr., 15 — du dép. 15.

CACHY-FONTAINE, lieu dit au terroir de Blangy-Tronville.

CADOT, fief sis au Quesnel. 1489. Arch. du chap.

CAFÉ DE PARIS, hab. isol. dép. d'Huchenneville.

CAFÉ DES ALLOUETTES, hab. isol. dép. de Bertaucourt-lès-Thennes.

CAFÉ DES ALLOUETTES, hab. isol. dép. de St.-Maurice-lès-Amiens.

CAGNY (canton d'Amiens S.-E.), 448 hab.

Vadiniacum... Daire.

Cagniacum... Daire.

Caignyacum... Obit. du chap. d'Amiens.

Caniet, 1105. Fondation de St.-Fuscien. Gall. christ.

Caigni, 1146. Thierry, év. d'Am. Cart. St.-Jean. — 1225. Cart. St.-Martin-aux-Jumeaux. — 1331. Titres de Corbie.

Canniacum, 1146. Thierry, év. d'Am. Généal. de Guynes.

Cagni, 1147. Thibaut, év. d'Am. Cart. St.-Laurent. — 1378. Titres de l'Église d'Amiens.

Cagneium, 1159. Henri, év. de Beauvais. — 1264. Étienne de Neuville. Cart. de Selincourt.

Canni, 1176. Chap. de N.-D. d'Am.

Caisni, 1195. Pierre Damiens. Aug. Thierry.

Kaigniacum, 1210. Cart. St.-Martin-aux-Jumeaux.

Kaigni, 1210-1225-1235-1236. Cart. de St.-Martin-aux-Jumeaux.
1218. Everard, év. d'Am. Cart. de Fouilloy.

Caigniacum, 1210. Cart. St.-Martin-aux-Jumeaux. — 1245. Cart.
de St.-Acheul.

Kaigny, 1218. Enguerrand de Boves. Cart. de Fouilloy. — 1259.
Cart. St.-Fuscien. — 1301. Pouillé. — 1567. Procès-verbal des
coutumes.

Cagny, 1238. Guillaume de Cagny. Daire. — 1283. Philippe de
Valois. — 1739. Titres de St.-Acheul. — 1763. Expilly. — An X.

Caigny, 1244. Robert de Boves. Aug. Thierry. — 1458. Reg. de
l'échevinage d'Amiens. — 1598. Ibid. — 1614. Jehan Patte.
— 1726. Cout. de Pic.

Caisgny, 1563. Ord. du bailly d'Am. Aug. Thierry.

Cagne, 1579. Ortelius. — 1592. Surhonius.

Cany, 1634. Théâtre géogr. — 1638. Tassin.
Dioc. et arch. d'Amiens, doy. de Moreuil, prév. de Beauvaisis
à Amiens.
Dist. du cant., 5 k. — de l'arr., 5 — du dép., 5.

CAHON (canton de Moyenneville), 185-264 hab.

Dathon, 921. Dom Grenier.

Cahom, 1207. Richard, év. d'Am. M. Cocheris.

Cahon, 1207. Thomas de St.-Valery. — 1301. Pouillé. — 1639.
Cloche de l'église. — 1710. N. De Fer. — 1757. Cassini. — An X.

Kahon... 1243. Dom Grenier.

Cahon-Gouy, 1352. M. Prarond. — 1600. Epitaphe dans l'église.

Cahore, 1638. Tassin.

Cahors et *Cahour*, 1700. L. C. de Boulainviller.

Cahous, 1753. Doisy. — 1763. Expilly. — 1778. De Vauchelle.
Elect et dioc. d'Amiens, arch. et cout. de Ponthieu, doy. d'Oi-
semont, puis de Mons, prév. de Vimeu.
Dist. du cant., 7 kil. — de l'arr., 9 — du dép., 54.

Cai-le-Prêtre, lieu dit au terroir de Doullens.

Cai-le-Prestre, 1728. Déclar. pour la chapelle St.-Jacques.

Caillouel, fief sis au Quesnel. — 1576. Arch. du chapitre.

CAIX (canton de Rosières), 1350 hab.

Caium, 1131. Garin, év. d'Am. — 1169. Thierry, év. d'Am. Cart. St.-Jean.

Cais, 1131. Garin, év. d'Am. Cart. de Lihons. — 1133. Barthélemy, év. de Laon.

Caix, 1185. Urbain III, pape. Daire. Hist. de Montdidier. — 1396. M. Decagny. Etat du dioc. — 1733. G. Delisle. — 1757. Cassini. — 17 brum. An X. — Ordo. — 1836. Etat-major.

Cahys, 1202. Enguerrand de Boves. Cart. de Lihons.

Kaiex, 1220. Geoffroy, év. d'Am. Cart. de Fouilloy.

Kais, 1243. Cart. St.-Martin-aux-Jumeaux. — 1265. Arch. du chap. — 1301. Pouillé du dioc. — Annales de Noyon.

Kaies, 1248. Giles de Caix. Tit. du Paraclet.

Chais, 1267. M. Decagny. État du dioc.

Chays, 1267. Abbesse du Paraclet. Cart. noir de Corbie.

Caiz, 1269. Philippe de Flandre. Cart. St.-Corneille. — 1380. Montre de Regnaut de Domart. Trés. gén.

Kays, 1295. Abbesse du Paraclet. Cart. noir de Corbie. — 1301. Pouillé.

Cays, 1329. Remond, doyen de Lihons. Cart. de Lihons. — 1487. Hommage. Cart. noir de Corbie. —

Crais-en-Sangters, 1488. Guy, év. de Noyon. Cart. de Lihons.

Quaits, 1507. Cout. loc.

Quaix, 1538. Montre faite à Péronne. M. V. de Beauvillé.

Caite, 1592. Surbonius.

Oue, 1638. Tassin.

Ouaix, 1710. N. De Fer.

Dioc. et arch. d'Amiens, doy. de Fouilloy, élect., cout., baill. et prév. de Montdidier.

Dist. du cant., 4 k. — de l'arr., 23 — du dép., 29.

Cajolais, dép. de Cayeux-sur-mer. — 1840. Almanach d'Abbeville.

Calanges (les), dép. de Vron.

Calanges (les), 1757. Cassini. — 1764. Desnos. — Ordo.

Calenges, 1836. Etat-major.

Calenges (les), 1840. Almanach d'Abbeville.

Kalenger, 1857. Dénombrement.

Dallenges, 1861. Id.

Callenges. Adm. — 1856. Franc-Picard.

Calimont (le), fief sis à Grouches.

Calironfa (le), bois dép. de Nampty.

Calourage, dép. de Huppy.

Calenrage, 1761. Robert.

Calourage. Cadastre.

Calvaire (le) ferme dép. de Hombleux. 5 hab.

Calvaire du Pin, 1757. Cassini.

Le Calvaire, ferme. 1836. Etat-major.

Calvaire (le), ferme dép. de Sailly-le-sec, canton de Bray.

Le Calvaire, 1861. Dénomb.

Cambos, ferme dép. de Boves.

Le Cambeau, 1733. G. Delisle. — 1778. De Vauchelle.

Cambot, 1757. Cassini. — 1826-28. Ordo.

Cambos, 1829-66. Ordo. — 1856. Franc-Picard.

Le Cambos, ferme. 1836. Etat-major.

CAMBRON (canton d'Abbeville S.), 803-1179 hab.

Camberon, 1100. Fondation de St.-Pierre d'Abbeville. Gall. christ. — 1144. Guy, comte de Ponthieu. Cart. St.-Jean. — 1146. Thierry, évêq. d'Am. Cart. de Selincourt. — 1154. Cart. St.-Martin-aux-Jumeaux. — 1176. Henri, arch. de Reims. Cart. de Selincourt. — 1191. Fondation de l'abb. de Lieu-Dieu. Gall. christ. — 1199. Hosp. de St.-Riquier. — 1220. Robert de Dreux. — 1251. Actes du Parlement. — 1301. Pouillé. — 1507. Cout. loc. — 1763. Expilly.

Cambron, 1100. Fondation de St.-Pierre d'Abbeville. Gall. christ. — 1138. Jean, comte de Ponthieu. Hist. eccl. d'Abbeville. — 1198. Enguerrand de Fontaines. Gall. christ. — 1199. Hosp. de St.-Riquier. — 1301. Pouillé. — 1757. Cassini. — 1763. Expilly. — 1778. Alm. du Ponthieu. — 17 brum. an X.

Gamberon, 1177. Jean, comte de Ponthieu.

Camberun, 1191. Bernard de St.-Valery. M. Prarond.

Camberone, 1215. M. Prarond.

Camberonium, 1227. Grégoire IX, pape.

Canberon, 1300-23. Coutumier de Picardie.

Cambon, 1638. Tassin.

Crambon, 1648. Pouillé général.

Cambronne, 1695. Nobil. de Picardie.

Chambron, 1710. N. De Fer.

Caimbron, 1753. Doisy. — 1763. Expilly.

> Dioc. d'Am., arch. et cout. du Ponthieu, doy. d'Oisemont, puis Mons, élect. d'Amiens et d'Abbeville en partie, prévôté de Ponthieu et de Vimeu en partie.

> Dist. du cant., 5 kil. — de l'arr., 5 — du dép. 50.

CAMBUSE, dép. de La Boissière, canton de Montdidier, 6 hab. — 1857. Dénomb.

CAMBUSE (la), dép. de Pierrepont. — 1857-1861. Dénomb. quinq. — hab. isolée, dép. de Framerville.

CAMELUN, fief sis à Behen. — M. Prarond.

CAMON (canton d'Amiens S.-E.), 1447-1512 hab.

Camons, 1153. Thierry, évêq. d'Amiens. Cart. St.-Laurent. — 1159. Cart. St.-Acheul. — 1221. Doy. d'Amiens. Cart. de Bertaucourt. — 1301. Pouillé. — 1507. Cout. loc. — 1553. Cout. du chap. — 1757. Cassini. — 1836. Etat-major.

Caumont, 1579. Ortelius. — 1592. Surhonius.

Camont, 1634. Théâtre géogr. — 1638. Tassin.

Camon, 1727. Arch. de la Somme. — 17 brum. an X. — 1850. Tableau des distances. — Ordo.

Dioc. et arch. d'Amiens, doy. de Mailly, élect. de Doullens, prévôté de Fouilloy.

Dist. du cant., 4 k. — de l'arr., 5 — du dép., 5.

CAMPAGNE, dép. de Oust-marais, 156 hab.

Campegia, 998. M. Louandre. Topogr. du Ponthieu.

Campagne-lès-Meneslies 1757. Cassini.

Campagne, 1836. Etat-major.

CAMPAGNE, dép. de Quesnoy-le-Montant, 180 hab.

Campagne, 1300. Quittance de Colart de Campagne. Trés. généal. 1753. Doisy. — 1757. Cassini. — 1763. Expilly. — 1766. Cout. de Ponthieu.

Campaignes, 1382. Revue d'Aleaume de Campagne. Trésor gén.

La Campagne, 1505. Accord avec l'abbaye d'Epagne.

Champagne, 1763. Expilly.

Cout. et bailliage du Ponthieu, prév. de Vimeu.

CAMP DE CÉSAR, dép. de Caubert. — 1836. Etat-major.

Non indiqué par Cassini.

CAMP DE CÉSAR, dép. de l'Etoile.

Camp de l'Etoile, 1734. Fontenu. Acad. des Inscrip. XIII.

Camp de César, 1757 Cassini.

Camp romain, 1836. Etat-major.

CAMP DE CÉSAR, dép. de Liercourt.

Camp de César, 1757. Cassini. — 1836. Etat-major.

CAMP DE CÉSAR, dép. de Tirancourt.

Camp de Péquigny, 1734. Fontenu. Acad. des Inscrip. X.

Camp de César. Daire.

Camp romain, 1836. Etat-major.

Camp de Tirancourt.

Non indiqué par Cassini.

CAMP DE LIANCOURT, lieu dit à Gézaincourt. Daire. Doy. de Doullens. — 1836. Etat-major.

CAMP DES TOMBELLES lieu dit au terroir de Marcelcave. — 1638. Dénomb. du temporel de l'abb. de S. Jean.

CAMP DU BOURG, fief sis à Saigneville. — 1567. Dénomb. des fiefs de St.-Riquier. Dom Cotron.

CAMP DU PRIEUR, dép. du Bosquel.

Camp du Prieur, 1621. Bail. — 1665. Déclaration du prieur.

CAMP-HUMAIN, entre Outrebois et Autheux.

Camp-humain, 1372. Aveu de Jean des Autheux. M. Cocheris.

CAMPIGNEUL, dép. de Regnières-Ecluse, 23 hab.

Campignolle, 1757. Cassini.

Campigneulle, 1836. Etat-major. — 1856. Franc-Picard.

Campignol... Ordo.

Campigneul, 1840. Alm. d'Abbeville.

CAMPREUX, ferme, dép. de Thoix.

Ferme de Campreux.

Ferme de Campereux.

CAMP ST.-ELOY, lieu dit au terroir de Vrely.

Camp St.-Eloi, Cadastre.

La borne plate. Ib.

Les cultivateurs en faisaient faire le tour à leurs chevaux pour les préserver des maladies.

CAMP ST.-MARTIN, lieu dit au terroir de Beauquesne.

Camp St.-Martin, 1630. Titres de l'évêché d'Amiens.

Camp Martin, 1630. Ib.

CAMPSART, hameau dép. de Villers-Campsart.

Champschart, 1238. Jean de Beauchamp. Cart. de l'évêché d'Am.

Cansehart, 1337. Rôles des nobles et fieffés.

Campsart, 1507. Cout. loc.

Cansart, 1592. Reg. de l'échev. d'Amiens.

Campsary, 1648. Pouillé général.

Cansard, 1698. Arrêt du parlement.

Cansard, 1731. Etat des manufactures d'Aumale.

Campsart, 1733. G. Delisle. — 1757. Cassini. — 1827-28. Ordo.

Campagne, 1764. Desnos.

CAMP THIBAUT, lieu dit à Esserteaux.

CAMPS DE MONCEAUX, près Dom-Léger.

Camps de Monceaux, 1377. Aveu de Jean de Clary. M. Cocheris.

CAMPS-L'AMIÉNOIS (cant. de Molliens-Vidame), 442-451 hab.

 Cans, 1169. Milon, évêq. de St.-Omer.—1262. Girard de Machue. Cart. de Selincourt.

 Campi, 1301. Dénomb. de l'évêché d'Amiens.—1264. Etienne de Neuville. Cart. de Selincourt.

 Cans-en-Aminois, 1301. Pouillé.

 Camps-en-Amienois, 1507. Cout. loc. — 1692. Pouillé. — 1763. Expilly. — 1865. Sceau de la commune.

 Camps-en-Amyenois, 1567. Cout. de Camps.

 Champs-en-Ammienois, 1648. Pouillé général.

 Calaminoy, 1710. N. De Fer.

 Camps-en-Amiennois, 1757. Cassini.

 Camps-l'Amiennois, 17 brum. an X.

  Dioc., élect. et arch. d'Am., doy. de Picquigny, prév. de Vimeu.

  Dist. du cant., 5 k. — de l'arr., 26 — du dép., 26.

CAMPVERMONT, ferme dép. de Ignaucourt.

 Quevemont, 1348. Honoré de Quevemont. Cart. de Corbie.

 Campremy, 1364. Dénomb. de Hamel.

 Campuermont, 1567. Cout. de Montdidier.

 Camp-Vermon, 1638. Décl. du temporel de l'abbaye de St.-Jean.

 Cavremont, 1733. G. Delisle. — 1778. Devauchelle. — Ordo.

 Le Cavremont, 1757. Cassini.

 Cuvermont, 1761. Robert.

 Cavermont, 1836. Etat-major.

  Cout. et bailliage de Montdidier.

CANAL (le), petit canal qui décharge les eaux des bas champs et du Hable à Cayeux.

CANAL (le), ruisseau qui vient du Mazis grossir le Liger.

— ruisseau passant à Yvrench.

CANAL BANBÉE, dérivation de la Bresle à Gamaches.

— CHAUVELIN, cours d'eau qui va de Fossemanant à la Selle.

— D'AVELUY, canal creusé pour dessécher les marais au nord de cette commune.

CANAL DE FLANDRE. Qui va de Flandre, dépendance de Villers-sur-Authie, à l'Authie.

CANAL DE FROHEN. Ce n'est autre chose qu'un fossé d'égout qui conduit dans l'Authie les eaux de Frohen-le-Grand.

CANAL DE LA FONTAINE, ruisseau qui va de Camon à la Somme.

— DE LA HERDE, ruisseau qui va de Camon à la Somme.

CANAL DE LA MAYE. Creusé en 1783 pour dessécher l'étang de Rue et faciliter le transport des bois de la forêt de Crécy au Crotoy, il conduit les eaux de la Maye de Bernay au Crotoy. .

CANAL DE LANCHÈRES. Ce canal qui a sa source au Hable se jette dans la baie de Somme au Hourdel.

CANAL DE L'ENVIETTE, dép. de Cayeux. Creusé en 1752.

Noc de l'Anviette, 1752.

Canal de l'Enviette...

CANAL DE MAMETZ. Il passe à Authuille et se jette dans l'Ancre.

Canal de Mametz.

Canal de desséchement.

CANAL DE PENDÉ. A Villers-sur-Authie.

CANAL DES BANCS. Construit pour le desséchement des marais, ce canal va de Vieux-Quend aux étangs de Vercourt.

Canal des bancs, 1836. Etat-major.

CANAL D'HEILLY. Ce canal fut entrepris en 1749 pour joindre Heilly à la Somme.

CANAL DOLIGER, dérivation de la Bresle à Gamaches.

CANAL DE BUIRE. Ce canal de décharge est une dérivation de l'Encre qui part de Buire-sous-Corbie et sert à l'usine du moulin de Treux.

CANAL DU CENTRE, ruisseau de Bergicourt.

— DU GARD. Canal construit pour dessécher le marais, et qui va de Domvoie à l'étang du Gard, près Rue.

Canal du Gard, 1836. État-major.

CANAL DU PRÉ SOLMON, à Condé-Folie.

— DU TRÉPORT A EU. Il passe à Mers où il a remplacé la Bresle.

CANAL NOCAGE. Ce canal construit pour le desséchement des marais, va de Villers au Vieux-Quend.

Canal Nocage, 1836. État-major.

CANAPLES (canton de Domart), 976 hab.

Canapes, 1160. Cart. St.-Martin-aux-Jumeaux. — 1201. Ib. — 1218. Cart. noir de Corbie. — 1235. Cart. de Bertaucourt. — 1298. Titres de Picquigny. — 1301. Pouillé. — 1638. Tassin.

Canaples, 1186. Délimitation du comté d'Amiens. Du Cange. — 1337. Rôle des nobles et fieffés. — 1507. Cout. loc. — 1561. État des bénéficiers du diocèse d'Amiens. — 1592. Surhonius. — 1757. Cassini. — 1763. Expilly. — 17 brum. an X.

Canapres, 1202. Cart. St.-Martin-aux-Jumeaux.

Kanapes, 1225. Thibaut de Canaples. Cart. St.-Jean.

Chanapes, 1226. Thibaut, év. d'Am. Ib.

Chanaples, 1268. Dom Cotron. Chron. de St.-Riquier.

Canaple, 1295. Cart. noir de Corbie. — 1733. G. Delisle.

Dioc. et arch. d'Amiens, doy. de Vignacourt, élect. de Doullens, prévôté de Beauquesne.

Dist. du cant., 10 k. — de l'arr., 16 — du dép., 22.

CANARDERIE (la), bois dép. de Brutelles. — Défriché.

CANCHY (canton de Nouvion), 490 hab.

Canchi, 1100. Fondation de St.-Pierre d'Abbeville. Gallia christ. — 1145. Samson. Arch. de Reims. Cart. St.-Acheul. — 1147. Thierry, év. d'Am. Cart. de Valloires. — 1210-25-38-1457.

Hosp. de St.-Riquier. — 1300-23. Cout. de Picardie. — 1313. Olim. — 1337. Rôle des nobles et fieffés. — 1343. Dénomb. de la pairie de Bouberch. Dom Grenier. — 1710. N. De Fer. — 1733. G. Delisle. — 1766. Cout. de Ponthieu.

Canci, 1147. Thierry, év. d'Am. Gallia christ.

Cancy, 1147. Cart. St.-Acheul. — 1153. Cart. du Bosquel.

Canchy, 1172. Cart. de Fieffes. M. Cocheris. — 1339. Reçu de Marcel de Canchy. Trés. gén. — 1366. Hosp. de St.-Riquier. — 1638 Tassin. — 1646. Hist. eccl. d'Abb. — 1709. Tit. de St.-Acheul. — 1757. Cassini. — 1763. Expilly. — 17 brum. an X.

Conchi, 1259-61. Hosp. de St.-Riquier.

Canceium, 12... Cart. de Fieffes. M. Cocheris.

Canchis, 1301. Pouillé.

Cauchi, 1648. Pouillé gén. — 1778. De Vauchelle.

Dioc. d'Amiens, arch. de Ponthieu, doy. de St.-Riquier, élect., cout. et baill. d'Abbeville.

Dist. du canton, 8 k. — de l'arr., 10 — du dép., 49.

CANCLET (le), hameau dép. de Méaulte, 37 hab.

Le Canclet, 1861. Dénomb. quinq.

CANDA (le), dép. de Gentelles.

Le Canda, 1733. G. Delisle. — 1778. De Vauchelle, avec la note: *ruiné.*

Canada, 1761. Robert.

CANDAS (canton de Bernaville), 1645-1689 hab.

Candas, 1202. Ch. de commune de Doullens. — 1215. Gérard, év. d'Am. Cart. du Gard. — 1243. 1er Cart. d'Artois à Lille. — 1266. Robert de Beauval.—1301. Pouillé. —1761. Robert. — 17 brum. an X. — 1836. Etat-major. — Ordo.

El Candas, 1228. Arch. de l'hosp. de St.-Riquier. — 1230. Enguerrand du Candas. Cart. du Gard. — 1561. Etat des bénéficiers du dioc. d'Am.

Le Candas, 1266. Accord entre Robert de Beauval et le maire de Doullens. M. V. de Beauvillé. — 1351. Guerard des Autheux. — 1507. Cout. loc. — 1733. G. Delisle. — 1757. Cassini.

Canda, 1592. Surhonius. — 1608. Quadum. Fasc. géogr.

Candal, 1638. Tassin. — 1657. Jansson.

Caude, 1657. Jansson.

Le Canda, 1743. Friex.

Dioc. et arch. d'Amiens, doy. de Vignacourt, élect. et prév. de Doullens.

Dist. du cant., 7 kil. — de l'arr., 9 — du dép. 27.

Candas (le), dép. de Dompierre, 61 hab.

Le Candas, 1857-61. Dénomb.

Cange (le), fief dép. d'Allonville. — Ancienne ferme.

Le Change, 1338. Reçu de Jean de la Vicogne. Trésor généal.

Le Cange, 1363. Quittance de Gauthier de Berlangles. Ib. — 1733. G. Delisle. — 1778. De Vauchelle, avec la note : *ruiné*.

Cange, ferme. Prévôté de Fouilloy.

Canisy, dép. de Hombleux, 415 hab.

Canisy, 1308. Ordre des biens de l'évêque de Noyon. Livre rouge. — 1757. Cassini.

Chansi, 1573. Ortelius.

Ouenessy, 1638. Tassin.

Camisy, 1775. Honneurs de cours.

Canisi, 1733. G. Delisle.

Canizy, 1836. Etat-major.

Canisy, ferme dép. de Villers-Campsart.

Canizelle (la). Petit cours d'eau commençant à Tincourt Boucly, affluent de la Cologne.

Leau de la Canizelle, 1315. Vente. Arch. de l'évêché.

La Canizelle.

CANNESSIÈRES (canton d'Oisemont), 180 hab.

Canessart, 1204. Raoul de Rambures. Hist. de l'abbaye de Sery. 1235. André de Rambures. Hist. de Sery.

Canechières, 1221. Guillaume de Canessières. Cart. de Selincourt.

Cannessart, 1242. André de Rambures. Hist. de l'abbaye de Sery.

Kanechières, 1304. Epitaphe de Hugues, abbé de Sery.

Canecières et *Cavechières*, 1337. Rôle des nobles et fieffés.

Quenechières, 1337. Rôle des nobles et fieffés.

Camessières, 1567. Procès-verbal des cout.

Canessière, 1733. G. Delisle.

Cannecières, 1733. Doisy. — 1763. Expilly.

Cannessières, 1757. Cassini. — 1763. Expilly. — 17 brum. an X. 1865. — Sceau de la commune.

Cannesières, 1764. Desnos. — 1778. Alm. du Ponthieu.

Cannessière, 1766. Cout. de Ponthieu. — 1844. Fournier.

Canessières..... Pringuez. Géog. de la Somme.

Elect., cout. et baill. d'Abbeville, prév. de Vimeu.

Dist. du cant., 2 k. — de l'arr., 42 — du dép., 42.

CANNY-LÈS-CAPPY, dép. de Cappy. — Lieu détruit.

Calneium, 1135. Innocent III, pape. Cart. de Prémontré.

Canny, 1331. Dom Cotron. — 1451. Valeran de Soissons. Cart. des chapel. d'Am. — 1567. Cout. de Péronne. — Ordo.

Canay, 1579. Ortelius.

Casny, 1710. N. De Fer. — 1761. Robert.

Ruines de Cany, 1757. Cassini.

Cany, 1852. Annuaire. — 1856. Franc-Picard.

Cout. de Péronne.

CANNY-LÈS-VOYENNES, dép. de Voyennes. Lieu détruit, conservé comme lieu dit.

Kanni, 1177. Renaud, év. de Noyon. Cart. de Noyon.

Canni, 1237. Raoul Flament. Cart. de Noyon.

Canny, 1452. Chron. de Mathieu d'Escouchy. — 1517. Accord

entre Jean de Canny et Eterpigny. M. Cocheris. — 1567. Cout. de Péronne. — 1763. Expilly.

Ucani, 1733. G. Delisle. — 1778. De Vauchelle.

Ecany, 1757. Cassini. — Cad.

Cany (hameau détruit). M. Decagny.

Elect. de Montdidier, cout., baill. et prév. de Roye.

CANTELEU, fief sis à Authie.

CANTELEU, fief sis à Senlis. — 1534. Arch. du chap.

CANTELEUX, ferme dép. de Bouquemaison.

CANTEPIE, dép. de Bouvaincourt.

Cantepie, 11... Dénombrement du seigneur de St.-Valery. Reg. de Philippe-Auguste. — 1646. Hist. eccl. d'Abb. — 1763. Expilly. — 1858. M. Darsy. Canton de Gamaches.

Cantepy, 1700. L. C. de Boulainviller.

Campepie, 1705. Etat général des unions de maladreries.

Campi, 1778. De Vauchelle.

Elect. et dioc. d'Amiens, prév. de Vimeu.

CANTEPIE, fief sis à Vismes. — M. Prarond.

CANTERAINE, lieu dit au terroir de Bertaucourt-lès-Dames.

CANTERAINE, dép. de Brutelles.

Chantreine, 1676. Etat des armoiries.

Canteraine... Cadastre.

Cantraine, 1840. Alm. d'Abbev.

Chantereine... Ordo.

Chantraine, 1852. Annuaire.

Chanteraine, 1856. Franc-Picard.

CANTERAINE (la), lieu dit au terroir de Longueval.

CANTERAINE, ferme dép. de Quend.

Cantereine, 1757. Cassini.

Cantereinne, 1764. Desnos.

Non indiquée par l'Etat-major.

CANTERAINE, dép. de Rue, 134 hab.

Cantereine, 1757. Cassini. — 1826-41. Ordo.

Cantreine, 1764. Desnos.

Cantraine, 1836. Etat-major. — M. Prarond.

Cameraine, 1849-62. Ordo.

Canterenne, 1857-61. Dénomb. quinq.

CANTERAINE, dép. de Saigneville. — 1757. Cassini.

CANTIGNY (canton de Montdidier), 210 hab.

Categnii, 1163. Thierry, év. d'Am. Dom Cotron. Hist. de l'abb. de Nogent.

Cantegniæ, 1185. Thibaut, év. d'Am. Gallia christ.

Cantaigni, 1193. Célestin III, pape. Dom Cotron. Ibid.

Catheni, 1224. Baudouin de Goyencourt. — 1227. Enguerrand de Coucy. Cart. d'Ourscamp.

Cantignies, 1234. Cart. de Chaalis.

Categnies, 1260. Renaus Waignart. Cart. d'Ourscamp.

Cantegnies, 1261. Raoul de Framicourt. Cart de l'évêché. —1301. Pouillé. — 1665. Dom Cotron. Ibid.

Canthignies, 1439. Daire. Hist. de Montdidier.

Canteignes, 1567. Cout. de Montdidier.

Contegnirs, 1648. Pouillé général. — 1657. N. Sanson.

Cantenni, 1665. Dom Cotron. Ib.

Cataignes, 1665. Dom Cotron. Ib.

Cantigny, 1707. G. Sanson. — 1757. Cassini. —1763. Expilly. — 1765. Daire. — 17 brum. an X.

Cantignie, 1761. Robert.

Dioc. et arch. d'Amiens, doy., élect., baill. et prév. Montdidier.

Dist. du cant., 6 k. — de l'arr., 6 — du dép., 32.

CANTINE (la), ferme dép. de Sailly-le-Sec, (canton de Nouvion).

CAOURS (canton d'Abbeville N.), 236-339 hab.

Cathortum, 1129. Testam. de Robert de la Ferté-lès-St.-Riquier.

Cahors, 1138. Jean, comte de Ponthieu. Hist eccl. d'Abb.—1206. Richard de Gerberoy, év. d'Am.

Caours, 1222. Guillaume, doy. d'Abb. Cart. de Bertaucourt. —
1300-23. Cout. de Pic. — 1301. Pouillé. — 1337. Rôle des
nobles et fieffés. —1492. Jean de la Chapelle. — 1507. Cout.
loc. — 1777. Alm. de Ponthieu. —17 br. an X. — 1865. Sceau
de la commune.

Caors, 1227. Grégoire IX, pape.

Caos, 1260. Olim.

Caux, 1616. Hist. eccl. d'Abb.— 1657. Hist. des comtes de Ponthieu. —1674. Lettre de Marie de Bourbon au maître des eaux
et forêts de Picardie. — 1692. Pouillé. —1707. France en 4
feuilles. — 1710. N. De Fer. — 1733. G. Delisle. — 1757.
Cassini. — 1763. Expilly. — 1766. Cout. de Ponthieu. —
1840. Alm. d'Abbev. — 1850. Tab. des dist.

Caeurs, 1648. Pouillé gén.

Caours-lès-Prez, 1753. Doisy. — 1763. Expilly.

Cahours, 1763. Expilly. — Ordo.

Dioc. d'Amiens, doy. d'Abbeville, arch., cout. et baill. de Ponthieu, élect. d'Abbeville et de Doullens en partie.

Dist. du cant., 5 k. — de l'arr., 44 — du dép., 44.

CAPELETTE (la), calvaire sis à Argoules.

CAPELLERIE (la), ferme dépend. de St.-Quentin-la-Motte–Croix-au–
Bailly.

La Chapellerie, 1857. Dénomb. quinq.

La Capellerie, 1861. Dénomb. quinq.

CAP-HORNU, dép. de St.-Valery, 12 hab.

Hornensis locus... Malbrancq. — 1833. Estancelin. Mém. de la
Soc. d'émul. d'Abb.

Catrorin, 1648. Tassin. — 1657. Jansson.— Van Lochon.

Cat–Cornu, 1695. Nobiliaire de Picardie.

Cacornu, 1733. G. Delisle. — 1757. Cassini.

Kakorum, 1772. Jaillot.

Leucacornus, 178.. Lettre à Dom Grenier par Lesueur.

Leucornus. Ibid.

Cap-Horas, 1829. Ravin. Journal de Rouen (sans doute pour Cap-Hornu).

Cap-Cornu, ferme, 1836. Etat-major. — Adm.

Le Cap Hornu, 1840. Alm. d'Abb.

Cap-Hornu, 1844. Fournier.

Cap Hornus... Estancelin. Mém. de la Soc. d'émul. d'Abb-, 1833.

CAPLAIS, fief sis à Scry. — 1322. R. de Belleval.

CAPPY (canton de Bray), 1157 hab.

Capiacum, 877. Dipl. Caroli Calvi. — 1091. Odon de Péronne. — 1108. Adèle de Péronne. Cart. de Lihons. — 1169. Olim. — 1269. Actes du Parlement. M. Boutaric.

Capy, 1086. Radbod, évêq. de Noyon. Marrier. — 1110. 2e cart. de Flandre. Arch. de Lille. — 1301. Pouillé. — 1679. Titres de Corbie. — 1757. Cassini. — 17 brum. an X.

Capi, 1108. Adèle de Péronne. Cart. de Lihons. — 1150. Roger, châtelain de Péronne. Cart. d'Arrouaise. — 1175. Philippe de Flandres. Ib. — 1195. Dom Cotron. Chron. cent. — 1214. Dénomb. Reg. de Philippe-Auguste. — 1223. Geoffroy, év. d'Am. Cart. de Lihons. — 1224. Cart. de Noyon. — 1308. André, évêq. de Noyon. Cart. d'Ourscamp. — 1733. G. Delisle.

Cappi, 1147. Simon, évêq. de Noyon. Cart. de Prémontré. — 1178. Alexandre, pape. Cart. d'Arrouaise. — 1195. Dom Cotron. Chron. centul.

Capeium, 1184. Luce III, pape. Marrier. — 1206. Raoul de Clermont. Cart. de Lihons.

Capis, 1195. Gilbert de Mons. Chron. Hannoniæ.

Capiacus, 1243. Compotus præpositorum et baillivorum.

Capyacum, 1248.   Ib.

Cappy, 1360. Lettre de Charles de Dommartin. M. Cocheris. — 1393. Lettre de Charles VI. Rec. des ord. — 14... Dénomb.

— 208 —

fourni par Isabelle de Coucy. — 1544. Epitaphe de Jean de S^te-
Maure à Nesle. —1567. Cout. de Péronne. —1592. Surhonius.
1648. Pouillé général. — 1836. Etat-major.

Cœppy, 1492. Jean de la Chapelle.

Diocèse de Noyon, élect., doy., baill. et prév. de Péronne.

Dist. du cant., 3 kil. —de l'arr., 15. — du dép. 37.

CARCAILLOT (le), écart, dép. de Meaulte.

— lieu dit, près Amiens, où l'on fit de nombreuses
trouvailles d'objets gallo-romains.

CARDEL, dép. de Boismont. — 1757. Cassini. — 1836. Etat-major.

CARDONNETTE (canton de Villers-Bocage), 358-369 hab.

Cardonnelle, 1279. Cart. de Fieffes.

Le Cardonnele, 1300. Jean de Picquigny. Cart. noir de Corbie.

Cardonnette, 1300. Titres de Picquigny. — 17 brum. an X.

La Cardonnette, 1567. Proc.-verb. des cout. —1761. Robert. —
1778. De Vauchelle.

Cardonette, 1579. Ortelius.

La Cardonete, 1701. Armorial. — 1733. G. Delisle.

Cardonnet, 1753. Doisy. — 1757. Cassini —1763. Expilly.

Dioc. et archid. d'Amiens, doy. de Mailly, élect. de Doullens,
prévôté de Beauquesne.

Dist. du canton, 7 k. —de l'arr., 9 —du dép., 9.

CARDONNOIS (le) (canton de Montdidier), 108 hab.

Cardoneium, 1157-63. Barthélemy, évêq. de Beauvais.

Cardinetum, 1159-1244. Daire. Hist. de Montdidier. — 1189.
M. Decagny. Etat du diocèse. — 1272. Lettre de Jean de
Cardonnois. M. Cocheris. — 1327. G. de Cardonnois.

Cardonetum, 1211. Cart. St-Martin-aux-Jumeaux. — 1222. Ib. —
1222. Ade de Cardonnois. Cart. de Bertaucourt. —12.. Sceau
d'Ade de Cardoneto.

Cardonoi, 1218. Jean de Cardonnois. Cart. St.-Corneille.

Cardunetum, 1244. Daire   Ib.

Cardonnois, 1272: M. Decagny. Etat du dioc.

Cardonnoy, 1301. Pouillé du diocèse. — 13... Sceau de G. de Cardonnoy. — 1567. Cout. de Péronne. — — 1757. Cassini.

Cardonnay, 1302. Gilles de Cardonnoy. Cart. noir de Corbie. — 14... Dénomb. par Isabelle de Coucy.

Le Cardonnoy, 1657. N. Sanson. — 1753. Doisy. — 1763. Expilly. 1857-61. Dénomb. quinq.

Le Cardonnay, 1701. Armorial.

Le Cardonoi, 1707. G. Sanson. — 1733. G. Delisle.

Cardenois, 1761. Robert.

Lecardonnois, 17 brum. an X.

Les Cardonnois, Ordo.

Le Cardonnois, 1847. Dénomb. quinq. — 1850. Tableau des dist. Dioc. et archid. d'Amiens, doy., élect., bailliage et prév. de Montdidier.

Dist. du cant., 7 k. — de l'arr., 7 — du dép., 37,

CARDONNOIS (le), fief sis à Hallencourt. — M. Prarond.

CARDONNOY, moulin et ferme, dép. de Gauville.

CARDONVAL (le), terroir de Sailly-le-Sec (canton de Bray).

CARIVARI, dép. de Brutelles.

Carivari, 1840. Alm. d'Abbeville.

Carivart, 1841-1862. Ordo.

Carivary, 1852. Annuaire. — 1856. Franc-Picard.

CARME (le), dép. de Barleux.

Le Carme, 1829-52. Ordo. — M. Decagny.

Moulin du Carme.

·Indiqué par Cassini.

CARNOY (canton de Combles), 129.

Carnai, 1184. Luce III, pape. Marrier.

Karnoi, 1214. Dénomb. Reg. de Philippe-Auguste.

Carnoia, 1225. Robert, doyen d'Arras. Cart. d'Ourscamp.

Carnois, 1567. Cout. de Péronne. — 1829-33-62. Ordo.

Carnoy, 1648. Pouillé général. — 1757. Cassini — 1764. Expilly.
— 17 brum. an X. — 1831-52. Ordo.

Curnoy, 1696. Etat des armoiries.

Carnoi, 1733. G. Delisle. — 1707. G. Sanson. Fr. en 4 f.
Elect., bailliage et prév. de Péronne.

Dist. du cant., 10 k. — de l'arr., 17 — du dép., 38.

CARNOY (le), dép. de le Meillard, 7 hab.

Le Carnoie, 1372. Aveu de Jean Amans. M. Cocheris.

Les Carnois, ferme, 1700. L. C. de Boulainviller. — 1852. Ann.

La Carnois, 1757. Cassini.

Lécarnoix, 1828-1862. Ordo.

Lerarmoy, 1836. Etat-major.

Carnoy, 1856. Franc-Picard.

Lescarnois, 1856. Franc-Picard.

Le Carnoy, 1857. Dénomb. quinquennal.

L'Ecarnoy. Administration.

CARNOY, lieu dit à Naours.

Cartense, 660. Clotaire III. Gall. christ. M. Labourt. M. Delgove.

Castenith, 1064. Foulque, abbé de Corbie. Gall. christ.

Castenoi, 1144. Cart. blanc de Corbie.

Castelus, 1202. Ch. de commune de Doullens. Dom Grenier.

Castelnum, 1202. Charte de commune de Doullens.

Cartenoy, 1776. Mémoires pour Picquigny.

Castenoy, 1776.   Ib.   — Dom Grenier.

CARNOYE, lieu dit à Toutencourt. Cadastre.

CARON, fief sis à Cerisy-Gailly. — 1615. Dom Grenier.

CARONNE, fief sis à Molliens-Vidame. Dom Grenier.

CAROTTIÈRE, ferme, dép. de Sailly-Saillizel. — 1836. Etat-major.
Non indiqué par Cassini.

CAROUGE, lieu dit au terroir d'Autheux.

CAROUGE, dép. de Villers-sur-Authie, 24 hab.

Carrugium...

Carouge, 1757. Cassini. — 1764. Desnos. — 1840. Alm. d'Abbeville. — Ordo.

Le Carouge, 1836. Etat-major.

Carrouge, 1852. Annuaire. — 1856. Franc-Picard.

CAROUGE, fief sis à la Villette-lès-Rollot. Daire.

CARRÉPUITS (canton de Montdidier), 216 hab.

Quadratus puteus, 1179. Alexandre III, pape. Cart. de Noyon. —
   1224. Baudoin de Goyencourt. — 1227. Cart. d'Ourscamp.

Carepuy, 1184. Luce III, pape. Hist. de Roye. — 1761. Robert.
   — 1763. Expilly.

Cadratus puteus, xIIe siècle. Cart. de Noyon.

Quarrepuis, 1216. Cart. de Noyon. — 1220. Raoul de Quarré-
   puits. Ib. — 1280-1286. Cart. d'Ourscamp.

Carrepuis, 1567. Cout. de Roye. — 1653. Siége de Roye.— 1757.
   Cassini. — 17 brum. an X. — 1861. Dénomb.

Quarraimpuis, 14... Cart. d'Ourscamp.

Carrempuis, 1605. Dénomb. du fief de Bus. — 1648. Pouillé.

Carrépuits, 1751. Plan des terres de N.-D.-aux-Bois. — M.
   Decagny. — Pringuez. Géogr. de la Somme.

Carepuis, 1778. De Vauchelle.

Carrépuids, 1808. Grégoire d'Essigny. Hist. de Roye.

Carépuits. Ordo.

Crupeium... M. Decagny. Etat du dioc.

Carempuis... Ibid.

   Elect. de Péronne, baill. et prév. de Roye, dioc. de Noyon,
   doy. de Nesle.

   Dist. du cant., 3 k. — de l'arr., 21 — du dép., 44.

CARRIÈRE (la), fief sis à Bougainville.

CARRIÈRE (la), ferme, dép. de Frohen. — 1720. Ms. de Monsures.
   —1750. L. C. de Boulainviller. — Ordo.

CARRIÈRE (la), fief sis à Mautort. —1605. Epitaphe de Jacques
   Boujonnier à Cambron. M. Prarond.

CARRIÈRE (la), écart, dép. de Sailly-Laurette. 27 hab. 1861. Dénomb.

— hab. isolée, dép. de Driencourt.

— ferme, dép. de Vaux-sous-Corbie.

La Carrière.

Le Queue de vache, 1666. Titre de Corbie.

CARRIÈRE (la), fief sis à Yseux. 1545. Tit. du Gard.

CARRIÈRE A PIGEON (la), bois, dép. de Chipilly.

— Ste-COLETTE, dép. de Vaux-sous-Corbie.

Carrière Ste.-Colette, 1665. Titres de Corbie.

La grande carrière. Ib.

CARRIÈRE LUQUET, dép. de Vaux-sous-Corbie. — 1665. Titres de Corbie.

CARRIÈRES (les), moulin, dép. de Noyelles-sur-Mer.

— hab. isolée, dép. de Mailly-Raineval.

— ham. dép. de Roisel.

CARPENTIN, fief sis à Yvrench. Dom Grenier.

CARTIGNY (canton de Péronne). 541-863 hab.

Cartainse, 659. Dipl. Clotarii III.

Casthenitz, 1046. Guy, évéq. d'Am. Gall. christ.

Cartheni, 1133-61. Hugues, abbé de Prémontré. V. de Beauvillé.
— 1153. Beaudouin, évéque de Noyon. Cart. de Noyon. —
1265. Lettre de Louis XI.

Carteniacum, 1140. Adèle de Péronne. Cart. de Prémontré.

Cartigni. 1143. Célestin II, pape. Cart. de Prémontré. — 1204.
Etienne, évéq. de Noyon. Cart. de Prémontré. — 1573. Ortelius. — 1733. G. Delisle. — 1764. Expilly.

Cartenni, 1160. Alexandre III, pape. Cart. de Prémontré.

Carteigni, 1211. Gilles de Marchais. — 1245. Jean de Cartigny.

Karteigni, 1214. Dénomb. Reg. de Philippe-Auguste.

Cartegniacum, 1214. Dénomb. Reg. de Philippe-Auguste.

Casteni, 1215. Dénomb. de Jean de Nesle.

Cartegnevim, 1218. Lettre de Philippe-Auguste. M. Cocheris.

Quartiniacum, 1245. Jean de Cartigny.   Ib.

Carthegni, 1258. Vente à l'abbaye de Fervaques.   Ib.

Castigniacum, 1260. Olim.

Cartegni, 1263. Cart. Esdras de Corbie.

Carteigny, 1339. Bailly de Vermandois. Cart. de Libons.

Cartegny, 1384. Dénomb. du temporel de N.-D. de Ham.

Cartigny, 1384. Dénomb. du temporel de N.-D. de Ham. —1592.
   Surbonius. — 1638. Tassin. — 1648. Pouillé général. —1757.
   Cassini. —17 brum. an X.

Carthigny, 1567. Cout. de Péronne.

Carthegny, 1648. Pouillé général.

Castegny, 1710. De Fer.

Castigny... M. Decagny. Arr. de Péronne.
   Elect. baill. et prév. de Péronne, dioc. de Noyon, doy. d'Athies.
   Dist. du cant., 7 k. — de l'arr., 7 — du dép. 55.

CARUE (la), fief sis à Longpré-les-Amiens.

Fief de la Carue, 1638. Décl. du temporel de l'abb. de St.-Jean.

CARTONNIÈRE (la), bois, dép. d'Eppeville.

CASERNE DE HAUTEBUT, dép. d'Hautebut, 26 hab.

Caserne des douaniers d'Hautebut, 1857-61. Dénomb. quinquennal.

CASERNE DE ST.-MAXENT, dép. de St. Maxent.

Caserne de gendarmerie, 1836. Etat-major.

La Caserne. Administration.

CASERNES (les), dép. de Valines.

Les Casernes. Cad.

La Gendarmerie. Adm.

CASTEL (canton d'Ailly-sur-Noye), 344 hab.

Castellum, 1105. Fondation de St.-Fuscien. — 1200. Rôle des
   feudataires de l'abbaye de Corbie. — 1237...

Castieel, 1163. Thierry, év. d'Am. Cart. St.-Laurent.

Castel, 1249. Bernard de Moreuil. Cart. de Corbie. — 1301.

Pouillé. — 1361. Sceau Jean de Castel. — 1757. Cassini. — 17 brum. an X.

Chastel, 1300. Jean de Picquigny. Cart. noir de Corbie.

Castel-lès-Moreul, 1441. Valeran de Soissons. Cart. des chapelains d'Amiens.

Catel, 1453. Bailly de Corbie. Ib.

Castol, 1567. Cout. de Montdidier. — 1726. Cout. de Picardie.

Catte, 1579. Ortelius. — 1638. Tassin.

Cattelette, 1579. Ortelius. — 1592. Surhonius. — 1657. Jansson.

Cathel, 1710. N. De Fer.

Dioc. et arch. d'Amiens, doy. de Moreuil, élect., cout., baill. et prév. de Montdidier.

Dist du cant., 9 k. — de l'arr., 20 — du dép., 18.

CASTELIERS-SUR-AUTHIE.

Casteler, 1140. Alexandre III, pape. Cart. de Doullens.

Casteliers-sur-Authie, 1377. Aveu de Jean de Clari. M. Cocheris.

CATEL (le), dép. de Lœuilly.

Le Catel ou le Hamel. Daire. Doyenné de Conty.

CATELET, hameau dép. de Cartigny, 27 hab.

Castellum, 1214. Dénomb. Reg. de Philippe-Auguste.

Chastelair, 1245. Jean de Cartigny. M. Cocheris.

Castelletum, 1270... Colliette.

Le Casteller, 1438. Compte de la commanderie d'Eterpigny.

Le Chastellet (cense), 1567. Cout. de Péronne.

Cense du Catelet, 1638, Tassin. — 1657. Jansson.

Le Catelet, 1733. G. Delisle. — 1757. Cassini.

Le Castelet, 1761. Robert.

Catelet. Ordo. — 1857-61. Dénomb.

CATELET (le) (cense), dép. de Cléry.

CATELET (le), fief sis à Frettemeule. — M. Prarond

CATELET, dép. de Long, 81 hab.

Les Castiaux, 1291. Wilasse de Fontaine. M. Delgove.

Catelet, 1562. Aveu des échevins de Long. M. Delgove. — 1757. Cassini. — 1766. Cout. de Ponthieu. —Ordo.

Le Catelet, 1722. Accord entre le seigneur et les habitants de Long. — 1733. G. Delisle. — 1757. Cassini.

Castelet, 1753. Doisy. — 1763. Expilly.

Le Catalet, 1761. Robert. — 1840. Alm. d'Abb.

Le Castelet, 1764. Expilly. — 1840. Alm. d'Abb. Cout. et baill. de Ponthieu.

CATELET (le), lieu dit dans le bois de Marieux.

CATHELINVAL, fief sis à Saigneville. — xviiie siècle. M. Prarond.

CATIGNY, dép. d'Arrest, 410 hab.

Cantagnii, 1185. Thibaut, év. d'Am. Gallia christ.

Katigny, 1205. Guillaume, comte de Ponthieu. Hist. eccl. d'Abb.

Categni, 1259. Henri d'Airaines. Cart. de Selincourt.

Catengni, 1259. Archid. de Ponthieu. Ib.

Categny, 1341. Dom Cotron.

Cataigny, 1492. Jean de la Chapelle.

Cartigny, 1646. Hist. eccl. d'Abb. — 1761. Robert. — 1763. Expilly. — 1844. Ordo.

Cattigny, 1700. Le C. de Boulainviller.

Catigni, 1733. G. Delisle. — 1766. Cout de Ponthieu.

Catigny, 1757. Cassini. — 1763. Expilly. — 1778. Alm. de Ponthieu. — 1826-41-62. Ordo. — 1840. Alm. d'Abbev. Elect. d'Amiens, cout. et baill. de Ponthieu.

CATIGNY, fief sis à Digeon. — 1749. Généal. de Belleval.

CATON, fief sis à Arry. Dom Grenier. — M. Prarond.

CATONET, fief sis à Arry. Dom Grenier. — M. Prarond.

CAUBERT, dép. de Marcuil, 261 hab.

Calbertum, 1100. Fondation de St.-Pierre d'Abb. Gallia christ.— 1184. Jean, comte de Ponthieu.

Caubertum, 1121. Jean, comte de Ponthieu. Hist. eccl. d'Abbev.

Caubercum, 1164. Thierry, év. d'Am. Gallia christ.

Caubert, 1184. Charte de commune d'Abbeville. Mém. de la Soc. d'émul. d'Abbeville, 1836. — 1301. Pouillé. —1337. Rôle des nobles et fieffés. — 1380. Revue de Colart d'Aussy. — 1752. Titres de Corbie. — 17 brum. an X. — 1830-62. Ordo. — 1836. Etat-major.

Cauberc, 1202. M. Louandre. — 1300-23. Cout. de Picardie.

Cauberch, 1283. Esteule de Querrieux. — 1408. Notice sur la famille Bouterie.

Cobert, 1424. Lettre de Henri VI. Mém. de Pierre de Fenin.

Cauberg, 1579. Ortelius.

Cauberq, 1592. Surhonius.

Cauber, 1634. Théâtre géogr. — 1733. G. Delisle.

Camber, 1638. Tassin.

Caubercq, 1648. Pouillé — 1757. Cassini. — 1763. Expilly. — . 1764. Desnos.

Cauter, 1657. Jansson.

Cuber, 1710. N. De Fer.

Caubert-sur-les-Monts, 1826-29. Ordo.

    Dioc. et élect. d'Amiens, arch. de Ponthieu, doy, d'Oisemont, puis de Mons, prév. de Vimeu.

CAUBERT-LE-BAS, dép. de Caubert. —1700. L. C. de Boulainviller.

CAUBERT (le), bois dép. de Raincheval.

CAUCHIE, dép. de Vaire-sous-Corbie. — 1761. Robert.

CAUCHIETTE, écart dép. d'Abbeville.

    Cochiette, 1757. Cassini.

    Cauchiette. Admin.

    Non indiqué par l'Etat-major.

CAULIÈRES (canton de Poix), 301 hab.

    Cauleriæ... Daire.

    Caolières, 1146. Thierry, év. d'Am. Cart. de Selincourt. — 1164. Alexandre III, pape. Cart. de Selincourt.

    Caoulières, 1147. Eugène III, pape. Ib. — 1301. Pouillé.

Cauolières, 1147. Eugène III, pape. Cart. de Selincourt.

Caulières, 1176. Henri, arch. de Reims. Cart. de Selincourt. —
1731. Etat des manuf. d'Aumale. — 1763. Expilly. — Ordo.

Cavelières, 1345. Etat de la ville d'Amiens. Aug. Thierry. —
1337. Rôle des nobles et fieffés.

Caullières, 1507. Cout. loc. — 1757. Cassini. — Daire. — Pringuez.

Caulers, 1507. Procès-verbal des cout.

Colliers, 1634. Théâtre géogr. — 1657. Jansson.

Coüillier, 1648. Pouillé général.

Cauliers, 1648.   Ib.

Collière, 1710. N. De Fer. — 1733. G. Delisle.

Collières, 1761. Robert.

Caulière, 17 brum. an X.

Caulerettes... Obit. du chapit.

    Elect., dioc. et arch. d'Amiens ; doy. de Poix ; prév. de Beau-
vaisis à Amiens. — Prieuré cure.

    Dist. du cant., 7 k. — de l'arr., 35 — du dép., 35.

CAUMARTIN, dép. de Crécy, 275 hab. — 1733. G. Delisle. — 1757.
Cassini. — 1766. Cout. de Ponthieu. — Ordo.

    Cout. et baill. de Ponthieu.

CAUMESNIL, fief sis à Outrebois.

Caumesnil, 1638. Déclaration du temporel de l'abbaye de S. Jean.
— 1700. L. C. de Boulainviller.

Cauménil, 1720. Ms. de Monsures.

CAUMONDELLE, dép. de Huchenneville.

.*Caumondel*, 1164. Thierry, év. d'Am. Gallia christ. — 1380.
Montre de Jean de Caumondel. Trésor gén. — 1658. M.
Louandre. — 1701. Armorial. — 1766. Cout. de Ponthieu. —
1778. Alm. de Ponthieu.

Caumondelle, 1733. G. Delisle. — 1840. Alm. d'Abb.

Comodel, 1757. Cassini. — 1836. Etat-major. — Admin.

Camandelle, 1778. De Vauchelle.

Comondel, **1826** Ordo.

Commondel, **1852.** Ordo.

Commandel, **1860.** Ordo.

    Cout. et baill. de Ponthieu.

CAUMONT, dép. de Huchenneville, 172 hab.

Calvus mons, 1160. Jean, comte de Ponthieu. Cart. St. Jean.
— 1170. Id. Cart. de Valloires.

Caumundus, 1164. Thierry, évêq. d'Am. Gall. christ.

Caumont, 1164. Id. Ib. — 1177. Thibaut, évêq. d'Am. Dom
Cotron. — 1185. Guillaume de St.-Omer. Gall. christ. — 1201.
Thibaut, évêq. d'Am. Ib. — 1337. Rôle des nobles et fieffés. —
— 1423. Mém. de Pierre de Fénin. — 1424. Hist. d'Abbeville.
— 1561. Etat des bénéficiers du diocèse d'Amiens. — 1757.
Cassini. — 1763. Expilly. — 1766. Cout. de Ponthieu. — Ordo.

Calmont, 1165. Dom Cotron.

Calmous... Geoffroy, évêq. d'Amiens. Cart. de Berlaucourt.

Caumond, 1700. L. C. de Boulainviller.

    Cout. et bailliage de Ponthieu.

CAUQUES (les), ferme, dép. d'Arry. — 1757. Cassini.

    Non indiqué par l'Etat-major.

CAUQUIÈRES, dép. d'Arrest.

Cauquis les mons Boubers, 1570. Généal. de Belleval.

Caucquis, 1573. M. Prarond,

Cauquiere, 1733. G. Delisle. — 1761. Robert.

Canquières, près Catigny, 1766. Cout. de Ponthieu.

Canquière, 1778. De Vauchelle.

Cauquy, xviiie siècle. Ib.

Caupierre. Id. Ib.

Cauquires, 1700. L. C. de Boulainviller.

    Cout. et baill. du Ponthieu.

CAUQUIL, fief sis à Boismont. — xviiie siècle. M. Prarond.

CAUQUILLICO, dép. d'Arrest. — 1778. Alm. du Ponthieu.

Caurel (le), bois, dép. de Castel. Défriché.

Caunoy, dép. de Marcheville.

 Caucroy, Monstrelet. Ms. de la Bibl. imp.

 Cauroi, 1733. G. Delisle. — 1778. De Vauchelle.

 Caurroi, 1766. Cout. de Ponthieu.

 Chaufour, 1757. Cassini.

 Cauroy, 1761. Robert. — 1840. Alm. d'Abbeville.

 Corroy, 1826-28. Ordo.

 Camproy, xɪvᵉ siècle. Armorial.

  Cout. et baill. de Ponthieu.

Cauvigny, ferme, dép. de Pœuilly.

 Caviniacum, 687. Bulle du pape Agapit II.

 Calveni, 1143. Célestin II, pape. Cart. de Prémontré.

 Calveniacum, 1158. Chapitre de St.-Quentin.

 Cauvegny, 1277. Gilles de Pœuilly. — Ordo. — 1844. M. Decagny. Arr. de Péronne.

 Kavegny, 1280. Dam. Hesse de Biauval. Cart. noir de Corbie.

 Cauvergny, 1429. Recette des droits de bâtardise dans la prévôté
  de Péronne. — 1852. Annuaire.

 Canvigny, 1567. Cout. de Peronne. — 1856. Franc-Picard.

 Cauvigny, 1631. Cout. du Vermandois. — 1757. Cassini.

 Covigny, 1857. Dénomb. quinq.

 Calveny... M. Decagny.

 Cavigny... M. Decagny.

  Elect., baill. et prév. de Péronne.

Cavée (la), dép. de Bernay.

 La Cavée-Genville, 1826. Ordo

 La Cavée, 1829. Ordo.

Cavée (la), remise, dép. de Poulainville.

Cavillers, terroir d'Aubigny.

 Cavileir, 1224. Cart. de Corbie.

 Caviler, 1326. Jean, prieur de Méricourt. Cart. de Lihons.

CAVILLON (canton de Picquigny), 275 hab.

Cavellon, 1166. Henri, arch. de Reims. Cart. de Selincourt. —
1279. Vente par Jean de Breilly. — 1301. Pouillé.

Kavellon, 1215. Cart. St.-Martin-aux-Jumeaux.

Caveillon, 1301. Dénomb. de l'évéché d'Amiens. — 15... Obit.
des Célestins d'Am. — 1484. Hist. de l'abbaye de Breteuil.

Cavillon, 1567. Proc.-verb. des cout. — 1648 Pouillé. — 1757.
Cassini. — 17 brum. an X.

Elect., dioc. et arch. d'Amiens, doy. de Picquigny, prévôté de
Beauvaisis à Amiens.

Dist. du cant., 5 k. — de l'arr., 17 — du dép., 18.

CAYEUX-EN-SANTERRE (canton de Moreuil), 250 hab.

Setuci. Table Théodosienne. — D'Anville. — 1764. Expilly.

Kaien, 1196. Arnould de Cayeux. Généal. de Coucy. — 1225.
Cart. St.-Jean. — 1230. Dénomb. de la terre de Nesle.

Kaeu, 1196. Chron. de l'Abbaye d'Andres. Généal. de Coucy.

Caious, 1201. Enguerrand de Boves. Ib.

Caieu, 1201. Cart. noir de Corbie. — 1227. Généalogie de la
maison de Guynes. — 1314. Sceau d'Arnould de Cayeux.

Caieus, 1201. Cart. noir de Corbie.

Caieux, 1201. Robert de Boves. Ib. — 1692. Pouillé.

Caues, 1230. G. de Cayeux.

Caus, 1230.   Id.

Kailleu, 1252. Cart. St.-Martin-aux-Jumeaux.

Kaillieu, 1252.   Ib.

Chaieus, 1267. Hugues de Boves. Cart. noir de Corbie.

Cayeus, 1301. Pouillé du diocèse.

Cayeux, 1384. Déclaration du temporel de l'abb. de St.-Jean.
— 1507 cout. loc. — 1757 Cassini. — 17 brum. an X.

Cayeu, 1314. Sceau de Arnould de Cayeux. — 1434. Le Vasseur.
Annales de Noyon.

Cayeus-en-Santer, 1487. Hommage. M. Cocheris.

Cayeurs-en-Santers, 1487.   Ib.

Cajeux, 1648. Pouillé général.

Ouiu, 1638. Tassin.

Quiu, 1657. Jansson.

Quaieu, 1710. N. De Fer.

Cayeux-en-Santerre, 1836. Etat-major.

Cadocum? Grégoire d'Issigny. Hist. de Roye.

Caiotum?   Id.   Ib.

Catuci? D'Anville.

> Doy. de Fouilloy, arch., et dioc. d'Amiens; élection, cout., et bailliage de Montdidier.

> Cayeux fut le chef-lieu de l'un des 11 cantons du district. de de Montdidier en 1790.

> Dist. du cant., 11 k. — de l'arr., 23 — du dép., 26.

CAYEUX-SUR-MER (canton de St.-Valery), 2281-2868 hab.

Caldis, VIIIe siècle. M. Louandre. Topogr. de Ponthieu.

Caiotum...   Ib.

Choae. Monnaies mérovingiennes. Revue numismatique, VII.

Cayodum, 1168. Mathieu de Boulogne. Cart. St.-Josse.

Caiacum, 1185. Thibaut, évêq. d'Am. Gall. christ. — 1250. Aubert de Cayeux. M. Prarond.

Cayacum, 1186. Guillaume de Cayeux. M. Darsy. Hist. de Sery. — 1301. Pouillé.

Kaeu, 1191. Fondation de l'abbaye de Lieu-Dieu. Gall. christ.— 1200. Jean, roi d'Angleterre. — 1199-1247. Chambre des comptes de Lille.

Caeu, 1191. Guillaume, arch. de Reims. Augustin Thierry.

Caieu, 1191.   Ib.   M. Boutbors.—1252. Cart. de Valloires. — 1339. Quittance de Mathieu de Cayeux.

Kaieu, 1196. Arnoul de Cayeux. Généal. de Coucy.— 1197. 1er cart. de Hainaut. — 1277. Marie de Cayeux. M. Louandre.

Topogr. de Ponthieu. — 1418. Epitaphe.

Cahieus, 1202. Charte de commune de Doullens.

Chaier, 1202. Guillaume, comte de Ponthieu. Rec. des ord.

Cahieu, 1209. Traité entre Guillaume, comte de Ponthieu et Thomas de St.-Valery.

Caiocum, 1209. Thomas de St.-Valery. Layette.

Kaieium, 1209. Guillaume de Cayeux. Trésor des Chartes.

Kayotum, 1209. Guillaume de Cayeux. Trésor des chartes. — 1344. Aug. Thierry.

Cayen, 1210. Hugues de Cayeux. Cart. de Bertaucourt. — 1300-1323. Cout. de Picardie. — 1337. Role des nobles et fieffés. — 1345. Lettre de Philippe VI. Rec. des ord. — 1348. Hôsp. de St.-Riquier. — 1382. Quittance de Jean de Cayeux. — 1560. Lettre du duc de Nivernais. — 1423. Mémoires de P. de Fenin. 1567. Proc.-verb. des cout. — 1579. Ortelius. — 1607. Mercator. — 1608. Quadum. — 1646. Hist. eccl. d'Abbev. — 1675 Hadrien de Valois. Not. Gall. — 1719 N. De Fer.

Kaicho, 1222. Chambre des comptes de Lille.

Cheu, 1226.   Ib.

Kaou, 1223. Guillaume de Cayeux. Trésor des chartes.

Koieu in Pontivo, 1447. Expensa pro militiâ Philippi III.

Chaeu, 1255. Armand de Cayeux. Cart. de Valloires.

Kayeu, 1301. Pouillé. — 1341. Arrêt du Parlement. Augustin Thierry. — 1344. Philippe-de-Valois. Id.

Keus, 1316. Requête de la comtesse Mahaut.

Quayeux, 1453. Monstrelet. M. de Belleval.

Caieu-sur-la-Mer, 1507. Cout. loc.

Caieux, 1513. Arrêt du Parlement. Généal. de Mailly.

Cayeux, 1513. Arrêt du Parlement. Généalogie de Mailly. — 1757. Cassini. — 1763. Bellin. Cart. de la Manche. — 1770. Relief du marquisat de Gamaches. — 17 brum. an X.

Cayeux-sur-la-Mer, 1547. Lettre de Henri II. M. Cocheris.

Cayen-sur-la-Mer, 1567. Cont. loc. de Cayeux.

Cayen, 1592. Surhonius.

Roc de Cayeux, 1610. 1789. Mémoire pour le prieuré.

Pays et roc de Cayeux, 1610.　　　　Ib.

Cadocum... 1675. Had. de Valois.

Cayeux-sur-Mer, 1836. Etat-major. — 1840. Alm. d'Abbeville.

Doyenné de Gamaches, arch. d'Abbeville, prévôté de Vimeu, diocèse et élection d'Amiens. Prieuré de l'ordre de St.-Benoît. Capitainerie de garde-côtes.

Cayeux fut le chef-lieu de l'un des 17 cantons du district d'Abbeville, en 1790.

Dist. du cant., 11 k. — de l'arr., 31 — du dép, 76.

Cempuis, fief sis à Fleury.

Chempuy. Dom Grenier.

Cempuis. Daire. Doy. de Conty.

Cent louis d'or, fief sis à Fontaine-sur-Somme.

Fief des cent louis d'or, 1575. Dom Grenier.

Cenières, dép. de Epehy. — 1827-28. Ordo.

CÉRISY-BULEUX (canton de Gamaches), 498 hab.

Cerisy, 1217. Everard, évêq. d'Am. Hist. eccl. d'Abbev. — 1836. Etat-major.

Cherisiacum, 1255. Ancher de Cerisy. Dom Grenier.

Cherisy, 1301. Pouillé.

Cherisi, 1337. Rôle des nobles et fieffés.

Cherissy, 1648. Pouillé général.

Cerisi-Bulleux, 1692. Pouillé.

Serizy-Bulleux, 1713. Vente de la seigneurie de Vaudricourt.

Cerist, 1733. G. Delisle.

Cerizy-Buleux, 1757. Cassini.

Seriez, 1761. Robert.

Cerisy-Bulleux, 1763. Expilly. — 1731. Inscription de la cloche.

Cerisy-en-Vimeu, 1763. Dénomb. de la seigneurie de La Ferté-lès-St.-Riquier.

Cerisi, 1778. De Vauchelle.

Serisy-les-Buleux, 1781. Cout. d'Amiens.

Serizi, 1787. Picardie mérid.

Cerisy-Buleux, 17 bum. an X. — 1850. Tabl. des distances. Elect. et dioc. d'Amiens, arch. de Ponthieu, doy. d'Oisemont, prévôté de Vimeu.

Dist. du cant., 14 k, — de l'arr., 18 — du dép., 44.

CERISY-GAILLY (canton de Bray), 731-775 hab.

Ciriciacus, 1066. Guy, évêq. d'Am. Gall. christ.

Cerisiacum, 1079. Cart. de Corbie. Généal. de Guynes. —1190. Thibaut, évêq. d'Amiens. Cart. de Selincourt.

Cherisy, 1126. Enguerrand év. d'Amiens. Cart. noir de Corbie. — 1301. Pouillé. —1337. Rôle des nobles et fieffés. — 1778. Inscription d'un tableau de l'église.

Cherisiacum, 1176. Gall. christ.—1225. Geoffroy, évêq. d'Am. Cart. de Fouilloy.

Ceresi, 1190. Thibaut, évêq. d'Am. Cart. St.-Laurent.

Chirisiacum, 1200. Rôle des feudataires de l'abbaye de Corbie.

Cerisi, 1200. Ib. —1733. G. Delisle.

Cherisi, 1200. Ib. — 1201. Enguerrand de Boves. Généal. de Coucy. — 1249. Cart. de Fouilloy. — 1265. Arch. du chap. — 1295. Raoul de Gaucourt. Cart. noir de Corbie.

Cyrisiacum, 1200. Rôle des feudataires de l'abbaye de Corbie.

Cheresi, 1249. Cart. de Fouilloy.

Cheri, 1257. Hugues de Fouilloy. Cart. de Fouilloy.

Chierisi, 1260. Compte des villes de Picardie.

Cerisy, 1567. Procès-verbal des cout. — 1710. N. De Fer. — 1757. Cassini. — 1844. M. Decagny.

Serizy, 1634. Théâtre géogr. — 1638. Tassin. —1701. D'Hozier.

Serisay, 1636. Mém. de Fontenay-Mareuil.

Cerizy, 1648. Pouillé général.

Sinay, 1657. Jansson.

Cerizi, 1692. Pouillé.

Cerasetum... Hadrien de Valois. Not. Gall.

Cerisy-le-Vieil... M. Decagny.

Sirisy...   Id.

Cerasium...   Id.

Cerisium...   Ib.

Cerisy-Gailly, 17 brum. an X. — 1836. État-major.

> Elect., dioc. et arch. d'Amiens, doy. de Lihons, prévôté de Fouilloy.

> Dist. du cant., 9 k. — de l'arr., 27 — du dép., 28.

CERTEMONT, dép, de Roisel.

Certemont, 1733. G. Delisle. — 1757. Cassini.

Cartomont, 1764. Desnos.

CESSIER (le), dép. de Beuvraignes.

Cessier, 1733. G. Delisle.

Le Cessier, 1757. Cassini. — 1836. Etat-major.

Le Cerisier, 1778. De Vauchelle.

CHALONS, fief dép. de Esmery-Hallon.

CHAMP-à-L'ARGENT, terroir de Ronsoy.

— ARGER, dép. d'Yaucourt-Bussu.

Campus Angeri, 1672. Dom Cotron.

CHAMP BOURDEAU, dép. de Thiepval. — 1757. Cassini.

— DE BATAILLE, terroir de Pœuilly.

— DE DOINGT, fief sis à Ennemain. — 1380. M. Decagny.

— DE L'ATTAQUE, terroir de Templeux-la-Fosse.

— DE L'AUMÔNE, terroir de Boisbergues.

— DE L'OR, lieudit au terroir de Marcel-cave. 1638. Déclar. du temporel de l'abbaye de St.-Jean.

— D'OFFUN (le), terroir de Morlancourt.

— HARANGUIER, dép. de Gapennes. — 1564. Dom Cotron.

CHAMPIEN (canton de Roye), 451-459 hab.

Cempien, 1142. Innocent, II pape. Cart. d'Arrouaise. — 1146. Simon, évêq. Cart. de Noyon. — 1153. Baudouin, évêque de Noyon. Cart. d'Arrouaise. — 1222. Cart. d'Ourscamp.

Cempieng, 1146. Simon, évêque de Noyon. Cart. d'Arrouaise. — 1156. Adrien, IV pape. Ib. — 1179. Alexandre III, pape. Cart. de Noyon. 1198 Etienne év. de Noyon. Ib.

Cemping, 1152. Eugène, III pape. Cart. d'Arrouaise.

Cempiens, 1153. Beaudouin, évêq. de Noyon. Cart. de Noyon.

Chempieng, 1153. Baudouin, évêque de Noyon. Le Vasseur. Ann. de Noyon. — 1224-66. Cart. d'Ourscamp. — 1567. Cout. de Roye. — 1648. Pouillé gén.

Cempeieng, 1206. Etienne, évêq. de Noyon. Cart. de Noyon.

Champieng, 1217. Enguerrand de Coucy. Cart. d'Ourscamp. — 1224. Baudouin de Guyencourt. Ib. — 1249. Cart. de Noyon. — 1265. Bailly de Vermandois. Cart. d'Ourscamp. — 1298. Olim.

Campieng, 1239. Gall. christ. — Dom Grenier.

Champien, 1425. Mém. de P. de Fenin.

Champiegne, 1579. Ortelius. — 1592. Surhonius.

Champaigne, 1626. Damiens.

Champien, 1653. Pillage de Roye. — 1733. G. Delisle. — 1757. Cassini. — 17 brum. an X. — Ordo.

Elect. de Péronne, dioc. de Noyon, doy. de Nesle, baill. et prév. de Roye.

Dist. du cant., 5 k. — de l'arr., 24 — du dép., 47.

CHAMP NEUF (le), ferme, dép. de Le Crotoy. — 1836. Etat-major. Non indiqué par Cassini.

CHAMP PANCHE A VACHE, dép. de Bouillancourt (canton de Montdidier.) — 1728. Déclaration du curé.

CHAMP-RENARD, remise, dép. de Daours.

— St.-Eloy, hab. isolée, dép. de Tincourt-Boucly.

— St.-Gille, bois dép. de Le Cardonnois.

CHAMP ST.-PIERRE, terroir de Mirvaux. 1369-1680. Titres de Corbie.

— THIBAUT, terroir de Villers-Bocage.

CHANTERAINE, dép. de Bouvaincourt.

Chanteraine, 1696. Etat des armoiries.

Chantereine, 1757. Cassini.

Cantraine, 1856. Franc-Picard.

Non porté sur la carte de l'Etat-major.

CHANTERAINE, dép. de Cayeux, 11 hab.

Chantereine... Ordo. — Administration.

CHANTIER, dép. de Port-le-Grand.

Chantier de Port, 1757. Cassini.

Chantiers, 1836. Etat-major.

CHANTIER (le), dép. de St.-Valery, 159 hab.

Le Chantier, 1861. Dénomb. quinq.

CHANVRIÈRES, dép. de Limeux. •

Ferme de Chanvrière, 1700. L. C. de Boulainviller.

Camvrière, 1757. Cassini. — 1764. Desnos.

Canvrières, 1840. Alm. d'Abbeville. — 1856. Franc-Picard.

Non indiqué par l'Etat-major.

CHAPELLE-SOUS-POIX (la) (canton de Poix), 69 hab.

Capella, 1301. Pouillé.

Le Cappelle, 1337. Rôle des nobles et fieffés.

La Chapelle, 1507. Cout. loc. — 17 brum. an X. — 1865. Sceau
    de la commune.

Chapelle, 1648. Pouillé général.

La Chapel, 1710. N. De Fer.

Capelle, 1733. G. Delisle.

Le Cappel, 1753. Doisy. — 1763. Expilly.

La Chapelle-sur-Poix, 1757. Cassini. — 1844. M. Fournier.

Le Capel, 1764. Expilly.

La Chapelle-sous-Poix, 1781. Cout. d'Amiens. — Ordo.

Lachapelle, 1857. Dénomb.

Lachapelle-sur-Poix, 1850. Tabl. des distances.

    Elect., dioc. et arch. d'Amiens, doy. de Poix; prévôté de Beauvaisis à Granvillers.

    Dist. du cant., 3 k. — de l'arr., 31 — du dép., 31.

CHAPELLE (la), dép. de Lucheux. — 1857. Dénomb. — Ordo.

    Il n'en est plus question en 1861.

CHAPELLE (la), hab. isolée, dép. d'Hédauville.

    —   chapelle dép. de Merville-au-Bois. — Cassini.

    —   dép. de Rue. — 1757. Cassini. — 1836. Etat-major.

CHAPELLE (la), dép. de St.-Valery. — 1733. G. Delisle.

    Non indiqué par Cassini.

CHAPELLE (la), hab. isolée, dép. de Vaux-en-Amiénois.

CHAPELLE (la), ruisseau qui passe à Sorel-le-Grand.

CHAPELLE BLANCHARD, chapelle dép. de Ville-sous-Corbie.

    —   BONNAY, dép. de Piennes.

    —   BOUCHER, à Villeroy (canton d'Oisemont).

    —   CASSEL, dép. d'Omiecourt.

    —   CATHERINE, dép. de Buigny-l'Abbé.

    Chapelle Catherine.

    La petite Chapelle.

CHAPELLE COUVREUR, à Villeroy (Canton d'Oisemont).

    —   DOBEL, dép. de Maricourt.

    Chapelle Dobel.

    La Vierge Dobel. Cadastre.

CHAPELLE FONDUE, calvaire sis à Cartigny.

    —   GALAND, dép. de Domvast.

    —   GONTHIER, dép. d'Eterpigny.

    —   MADAME, dép. de La Faloise.

    —   MILLERET, dép. d'Omiecourt.

    —   MENTION, dép. de Le Boisle.

    —   PIOT, dép. d'Andechy.

    —   TOINE-GILLES, dép. de Rambures.

Chapelle Toine-Gilles.

Chapelle de la Vierge.

CHAPELLE ZACHARIE, dép. de Quiry-le-Sec.

— DE CASTÉJA, dép. de Framerville.

— D'HAUDOINE, dép. de Mesnil-Martinsart.

— DUENIN, dép. de Combles.

— DE LA FERME, dép. de Villers-Faucon.

Chapelle de la Ferme.

Chapelle de Lœuilly.

CHAPELLE DE L'ENFANT-JÉSUS, petite chapelle dép. de Douilly.

— DE L'EXALTATION DE LA STE.-CROIX, sise au Catelet, dép. de Cartigny.

CHAPELLE DE L'IMMACULÉE CONCEPTION, dép. de Ste.-Segrée.

— DE MADAME D'WELLES, dép. de Méaulte, bâtie en 1840.

CHAPELLE DE MADAME GAUDEFROY, dép. de Aizecourt-le-Bas.

Elle est située au chemin de Liéramont.

CHAPELLE DE Mᵉ HOUSSARD, dép. de la Neuville-lès-Bray.

— DE MONSIEUR, dép. de St.-Gratien.

— DE M. DE BRANDT, dép. de Havernas.

— DE M. LERMINIER, dép. d'Estrebœuf.

— DE M. RAPPE, dép. d'Ailly-sur-Somme.

CHAPELLE DE M. VACOSSIN, dép. de St.-Maulvis.

— DE MOREAUMESNIL, dép. de Brailly.

Chapelle de Moreaumesnil, 1757. Cassini. — 1766. Desnos.

Moriamini.

Gloriamini. Cadastre.

CHAPELLE DE PARIS, dép. de Le Boisle. — 1757. Cassini.

— DU CHEMIN D'AMIENS, dép. de La-Motte-Brebière.

CHAPELLETTE, dép. de Péronne.

La Chapelette, 1567. De Sachy. Hist. de Péronne. 1826-50. Ordo.

La Chapellette, 1757. Cassini.

CHARBONNIÈRE, écart, dép. de Cayeux-en-Santerre.

CHARLET, fief sis à Marquivillers. — 1535. Arch. du dép.

CHARNY, ham. dép. de Morvilliers-St.-Saturnin, 142 hab.

    Charniacum, 1334.

    Charny, 1733. G. Delille.

    Cherny, 1757. Cassini. — 1826-28. Ordo. — 1836. Etat-major.

    Charny, 1829-66. Ordo. — 1857-61. Dénomb.

CHARTREUX (les), dép. d'Abbeville.

    Chartreuse, 1733. G. Delisle.

    Les Chartreux, 1757. Cassini. — 1778. De Vauchelle.

CHATEAU (le), hab. isol. dép. de Breilly.

    Le Château.

    Château de M° Fougeron.

CHATEAU (le), hab. isol. dép. de Molliens-Vidame

    —   ferme dép. de Cappy.

CHATEAU BLEU, dép. de Fransart.

    Château Bleu, 1757. Cassini.

    Le Bleu Château, 1778. De Vauchelle.

CHATEAU BYRON, dép. de Wattebleric. — M. Darsy. — Ruine.

CHATEAU EBUTERNE, dép. de Etinehem. Lieu détruit.

    Hebuterne, 1567. cout. de Péronne. — 1733. G. Delisle.

    Calet, 1579. Ortelius.

    Château Ebutherne, 1757. Cassini.

    Ebuterne. Cad.

CHATEAU-FORT, dép. de Longuevoisin.

    Châteaufort, 1577. Actes notariés.

    Chasteau-Fort 1605. Dénomb. du fief de Bus, sis à Nesle. — 1757. Cassini.

    Château-Fort, 1733. G. Delisle. — 1836. Etat-major.

    Le Château-Fort, 1825-27. Ordo. Plus en suite.

CHATEAU GAILLARD, dép. de Saint-Sulpice.

    Château Gaillard, 1757. Cassini. — 1778. De Vauchelle.

    Château, 1836. Etat-major.

CHATEAU-NEUF (le), ferme dép. de Quend.

    Le Château-Neuf, 1757. Cassini.—1826. Ordo.—1836. Etat-maj·

    La Mollière, 1757. Cassini.

    La Molière du Château-Neuf, 1764. Desnos.

    Le grand Château-Neuf, 1840. Alm. d'Abbeville.

CHATEAU RAOUL, hutte dans le bois du Gard.

    — D'ANCENNES, ferme dép. de Bouillancourt-en-Séry.

    — DE BELLEVUE(le), hab. isol. dép. de Fontaine-sous-Montdidier.

    — DE BROUTEL, dép. de Rue, 19 hab. —

            1857. Dénomb. Ne figure plus au dénomb. de 1861.

    — DE LA FOLIE, dép. de Gamaches. — 1830. Ordo.

    — DE LA RAMÉE, dép. d'Epagne. — 17... Dom Grenier.

    — DE LA TRIQUERIE, dép. de Neuilly-l'Hôpital.

    — DE M. DE BUISSY, dép. de Warlus.

    — DE MONTIÈRES (le), dép. de Bouillancourt-en-Sery. — 1840.
            Alm. d'Abbeville.

    — DE PONT-REMY, dép. de Pont-Remy.

    Château de Pont de Remy, 1427. Chron. de Monstrelet.

CHATEAU DE VAIRE, dép. de Vaire-sous-Corbie. — 1757. Cassini.

    — DE WACOURT, hab. isol. dép. de Machiel.

    — DES MOTTES, dép. de Rue. — XVIIe siècle. Carte manuscrite
            de Rue.

    — DU BOIS DE BONANCE, dép. de Port-le-Grand.

    — DU BOIS L'ABBÉ, hab. isol. dép. de Cachy.

    — DU CHANTIER, dép. de Port-le-Grand.

CHATEAU DU TITRE, dép. de Le Titre.

    Château ruiné, 1757. Cassini.

    Château, 1836. Etat-major.

CHATIGNY, fief sis à Boencourt. XVIIIe siècle. M. Prarond.

CHATILLON, fief sis à Boves. Daire. Doy. de Moreuil.

CHAUDIÈRE (la), bois dép. de Buigny-l'Abbé.

CHAUFOUR, habit. isolée près Abbeville, vers Epagnette.

Chauffour, 1757. Cassini.

Chaufour, 1764. Desnos.

    Non indiqué par l'Etat-major.

CHAUFOUR (le), hab. isol. dép. de Long.

CHAUFOUR, dép. de Marcheville.

Chaufour, 1757. Cassini. — 1764. Desnos. — 1840. Alm. d'Abb.

Chauffour, 1826. Ordo.

    Non indiqué par l'Etat-major.

CHAUFOUR (le), dép. de Vaux-sous-Corbie.

CHAUFOUR (le), écart dép. de Villecourt.

CHAUFOUR DU COUPE-GORGE (le), hab. isol. dép. de Mesnil-St.-George.

Le Chauffour du Coupe-Gorge.

Le Chauffour.

Le Coupe-Gorge.

CHAUFOUR MATHIEU, hab. isol. dép. d'Erameccourt.

CHAULNES (chef-lieu du canton). 1059 hab.

Cenla. Diplom. de Clotaire en faveur de S. Eloy de Noyon.

Centla, 889.... Dom Grenier.

Cenlula, 1103. Baudry, évéq. de Noyon.

Chanle, 1123. Charte de commune de Lihons. — 1217. Nivelon. Dom Grenier. — 1230. Dénomb. de la terre de Nesle. — 1239. Pierre Woignars. Cart. d'Ourscamp. — 1341. Dénomb. de Jean de Molinsentex. — 1423. Mém. de Pierre de Fenin.

Chaule, 1214. Regist. de Philippe-Auguste. — 1218. Robert de Chaulnes. Cart. de Lihons. — 1241. Cart. de Noyon. — 1415. Chron. de Monstrelet. — 1423. Mém. de Pierre de Fenin.

Chaula, 1214. Dénomb. Reg. de Philippe-Auguste. — 1258. Actes du Parlement. M. Boutaric.

Chaules, 1369. Montre de Guillaume de Beauvais.

Chaulle, XVe siècle. Armorial.

Chaulnes, 1557. Mém. de Gaspard de Coligny. — 1589. Reg. de

l'échev. d'Amiens. — 1591. Arch. de Péronne. — 1648. Pouillé.
— 1757. Cassini. — 1764. Expilly. — 17 brum. an X.

Chaunes, 1563. Ordon. de Blanchart. — 1567. Cout. de Péronne.
— 1592. Surhonius. — 1632. Louis XIII. — 1677. Louis XIV.

Chaulne, 1573. Cahier des doléances de la ville d'Amiens. Arch.
— 1633. Louis XIII. — 1677. Louis XIV. — 1763. Expilly.

Chaune, 1579. Ortelius. — 1662. N. Sanson. — 1710. De Fer. —
1733. G. Delisle.

Calnæ, 1731. Nolin. Carte de la Gallia christ.

Calneiæ. M. Decagny.

Calniacum. M. Decagny.

Dioc. de Noyon, doy. de Curchy, élect., baill. et prév. de Péronne.

La terre de Chaulnes d'abord seigneurie, puis baronnie au
xvie siècle, devint comté en 1563 et duché en 1621.

Chaulnes fut le chef-lieu de l'un des 16 cantons du district de
Péronne en 1790, de l'un des 13 arrondiss. communaux de
l'an VIII, et enfin de l'un des 8 cantons en l'an X.

Dist. de l'arr., 18 kil. — du dép., 39.

Chaclsoy, fief sis à Drucat. — M. Prarond.

Chaumont, fief sis à Etelfay. — Daire. Doy. de Montdidier.

Chaussée Brunehaut, fief sis à St.-Mard-en-Chaussée. — Daire.

Chaussée Brunehaut, voie romaine allant de Reims à Boulogne par
Soissons, Roye, Amiens.

Chaussée Brunehaut. Cassini. — Etat-major.

Voie romaine.

Cette chaussée qui entre dans le département à Roiglise, passe
à Roye, Villers-lès-Roye, Bouchoir, Fresnoy-en-Chaussée,
Domart, Amiens, St.-Vast, St.-Ouen, Gorenflos, Donqueur,
Maison-Roland, Coulonvillers, Yvrench, Noyelles-en-Chaussée, Brailly, Estrées-lès-Crécy et Ponches.

Chaussée Brunehaut, voie romaine allant de Beauvais à Amiens et
à Arras.

Chaussée Brunehaut. Cassini.

Chaussée romaine. Etat-major.

> Cette chaussée passe à Rogy, Fransures, Esserteaux, St.-Sauflieu, Hébecourt, Dury, Amiens, Poulainville, Rainneville, Pierregot, Rubempré, Puchevillers, Raincheval, Marieux et Thièvres.

CHAUSSÉE BRUNEHAUT, voie romaine allant de Vermand à Amiens.

Chaussée Brunehaut. Cassini.

Chaussée romaine. Etat-major.

> Elle passe à Pœuilly, Mons-en-Chaussée, Brie, Villers-Carbonnel, Estrées, Foncaucourt, La Motte, Villers-Bretonneux, Longueau et Amiens.

CHAUSSÉE BRUNEHAUT, allant d'Amiens à Rouen.

Chaussée romaine. Etat-major.

> Elle passe à Quevauvillers, Poix, Saulchoix-sous-Poix et Hescamps-St.-Clair.

CHAUSSÉE ROMAINE, d'Amiens à Dieppe.

Vingtième branche de la voie militaire. Dom Grenier.

> Elle passe à Saveuse, Ferrières, Bovelles et Camps-l'Amiénois.

CHAUSSÉE ROMAINE, d'Amiens à Paris.

Route d'Amiens à Breteuil. Cassini.

Chaussée romaine. Etat-major.

> Cette voie passe à St.-Fuscien, Sains, Estrées et Chaussoy-Epagny.

CHAUSSÉE ROMAINE, d'Amiens à Bavay.

> Cette voie passe à Querrieux, Pont, La Houssoye, Franvillers, Ribemont, Albert, Ovillers-la-Boisselle, Pozières et Courcellettes.

CHAUSSÉE ROMAINE, de Reims à Arras.

Chaussée Brunehaut. Etat-major.

> Elle passe à Ronsoy, Epehy, Heudicourt, Fins et Equancourt.

CHAUSSÉE DE DOURIER, dép. de Dominois. 1750. L. C. de Boulainviller.

CHAUSSÉE (la), hab. isol. dép. de Tertry.

CHAUSSÉE (la), fief sis à Fleury.

La Chaussée, Daire. Doy. de Conty.

La Creuse. Daire. — Dom Grenier.

CHAUSSÉE-TIRANCOURT (la), (canton de Picquigny), 769-872 hab.

Le Cauchie, 1142. Robert, év. d'Am. Du Cange. — 1240-1267. Cart.
rouge de Picquigny. — 1263. Jean de Picquigny. Arch. d'A-
miens. — 1301. Dénomb. de l'évêché. — 1380. Quittance de
Jean de Cayeux. — 1511. Sentence du bailly d'Amiens. — 1567.
Proc.-verb. des cout. — 1579. Ortelius. — 1607. Mercator.

Calceia, 1174. Thibaut, évêq. d'Am. Cart. du Gard. — 1218.
Enguerrand de Picquigny. — 1247. Jean d'Hangest. Cart. de
Picquigny.

Calceia Pinconiensis, 1209. Enguerrand de Picquigny.

Calceia de Pinconio, 1218. Dénomb. de l'évêché.

Le Cauchie de Pinkeigny, 1279. Vente par Jean de Breilly. — 1315.
Jean Biaute. Cart. du Gard. — 1547. Cart. du Gard.

La Chaucée de Piquigny, 1296. Cart. rouge de Picquigny.

Calceya Pinkonii, 1301. Pouillé.

Calcheya, 1301. Dénomb. de l'évêché d'Amiens.

La Cauchie de Pinquegny, 1301. Ibid.

Le Cauchie de Picquegny, 1561. Etat des bénéficiers du dioc. d'Am.

La Chaussée de Picquigny, 1599. Regist. de l'échevinage d'Amiens.

Conchie, 1634. Théâtre géog.

Canchie, 1638. Tassin.

Calcey près Picquigny, 1648. Pouillé général.

Calceis près Picquigny, 1648. Ib.

La Chaussée de Pequigny, 1680. Lettre de Colbert. — 1692. Pouillé.
— 1733. G. Delisle. — 1763. Expilly. — 1778 De Vauchelle.

La Chaussée prez Pecquigny, 1701. Armorial.

La Chaussé, 1710. N. De Fer.

La Chaussée, 1757. Cassini. — Ordo.

La Chaussée-Tyrancourt, 17 brum. an X.

La Chaussée-lez-Picquigny, 1781. Cout. d'Amiens.

Lachaussée-Tirancourt, 1850. Tableau des distances.

La Chaussée-Tirancourt. Pringuez, Géog. de la Somme. — Dén.
Elect., dioc. et arch. d'Amiens, doy. de Vignacourt, prév. de
Beauquesne.

Dist. du cant., 1 k. — de l'arr., 14 — du dép., 14.

CHAUSSIOTTE, fief sis à Caours. — M. Prarond.

CHAUSSOY (le), bois dép. de Beaucourt-en-Amiénois.

CHAUSSOY-EPAGNY (canton d'Ailly-sur-Noye), 310-613 hab.

Saucois, 1239. Robert doyen d'Andegnicourt. Cart. d'Ourscamp.

Salchetum, 1301. Pouillé du diocèse.

Sauchoy, 1301. Pouillé du diocèse. — 1477. Hommage de Antoine
de Crévecœur.

Sauchoy-sur-Espargny, 1567. Procès-verbal des coutumes.

Le Sauson, 1579. Ortelius. — 1592. Surhonius.

Le Chaussoy, 1589. Reg. de l'échev. d'Amiens. — 1757. Cassini.

Chauchoy, XVIe siècle. Obituaire des Célestins d'Amiens.

Sanchoy, Salchet ou *Calchet,* 1648. Pouillé général.

Chochoy, 1710. N. De Fer. — 1761. Robert.

Le Chaussoi, 1733. G. Delisle.

Chaussoy Damehaut, 1736.

Le Chaussoir-Epagny, 1753. Doisy. — 1763. Expilly.

Sauchoy-Espagny, 1765. Daire. Hist. de Montdidier.

Le Chausson, 1778. De Vauchelle.

Saulchoy et Epagny, 17 brum. an X.

Chaussoy-Epagny, 1836. Etat-major. — Ordo. — Tabl. des dist.
Dioc. et arch. d'Amiens, doy. de Moreuil; élec. baill. et prév.
de Montdidier, et prév. de Beauvaisis à Amiens en partie.

Dist. du canton, 5 k. — de l'arr., 22 — du dép., 19.

CHAUSSOY-LES-AVESNES. ham. dép. d'Avesnes-Chaussoy, 52 hab.

Saulsoy, 1574. Inscription de a cloche de Ramburelles.

Saulchoy, 1589. Reg. de l'échev. d'Amiens.

Sauchoy, 1589. Reg. de l'échev. d'Amiens. — 17 brum. an X.

Le Sauchoy, 1646. Hist. eccl. d'Abbeville.

Chaussoir, 1696. Etat des armoiries.

Chochoy, 1698. Arrêt du Parlement.

Cochoy, 1710. N. De Fer. — 1761. Robert.

Sauchoi, 1733. G. Delisle. — 1778. De Vauchelle.

Chaussoy, 1757. Cassini. — 1857. Denomb.

Chaussoy-les-Avesnes, 1781. Cout. d'Amiens.

Clochoi, 1787. Picardie mérid.

Le Chaussoy, 1836. Etat-major. — Ordo. — 1844. Fournier.

CHAUSSOY-LES-TŒUFFLES, dép. de Tœufles. 96 hab.

Chaussoy, 1709. Titres de S. Acheul. — 1757. Cassini. — Ordo. — 1836. Etat-major. — 1840. Alm. d'Abbeville.

Chossoi, 1733. G. Delisle. — 1778. De Vauchelle.

Chossoy, 1752. Sangnier d'Abancourt. — M. Prarond.

Chessoy, 1761. Robert.

Chaussoy-les-Teufles. 1761. Cout d'Amiens.

Le Chaussoy, 1857-1861. Dénomb. quinq.

CHAVATTE (la), (canton de Rosières), 104 hab.

Chavate, 1228. Geoffroy, évêq. d'Am. Cart. de Fouilloy. — 1255. Jean, châtelain de Noyon. Cart. d'Ourscamp.

Le Chavate, 1255. Jean de Dreslincourt. Cart. d'Ourscamp. — 1280. Jean d'Essomes doy. de Roye. ib. — 1733. G. Delisle.

La Chavate, 1280. Cart. d'Ourscamp. — 1301. Pouillé.

Lachavette, 1567. Cout. de Roye.

Chavates, 1692. Pouillé.

La Savatte, 1751. Plan général des terres de N.-D.-au-Bois. — 1785. Dom Grenier.

La Chavatte, 1757. Cassini.—1764. Expilly.—1808. Hist. de Roye.

Lachavatte, 17 brum. an X.

> Dioc. et arch. d'Amiens, doy. de Rouvroy, élect. de Péronne ;
> baill. et prév. de Roye.

> Dist. du cant., 9 k. — de l'arr., 21 — du dép., 40.

CHEMIN D'AMIENS (le), écart dép de Marcelcave.

— DE DOMART, écart dép. de Bouchon.

— D'HALLOY, dép. de Pernois, 18 hab. — 1857. Dénomb. quinq.

> Ne figure plus dans le dénombrement de 1861.

CHEMIN DE LA MER, grande voie passant à Bertangles.

Chemin d'Elmer.

LE CHEMIN DE LA MER, route passant à La Motte-Brebière.

CHEMIN DES SAUNIERS, route passant à Bavelincourt, à Beaucourt.

Chemin des Sauniers.

Chemin des Saniers.

CHÈNE MAHUET (le), terroir de Bouchavesne.

— ROBIN, terroir de Puchevillers.

— CARVIN, terroir de Beauval.

CHÉPY (canton de Moyenneville), 984-1070.

Chepy, 1301. Pouillé. — 1567. Cout. du bailliage d'Amiens. —
1757. Cassini. — 1763. Expilly. — 17 brum. an X.

Chepi, 1337. Rôle des nobles et fieffés.

Cheppy, 1452. Dom Cotron.

Sepy, 14... Armorial.

Chepie, 1557. M. Prarond.

Ceppy, 1588. Comptes de Gamaches. M. Darsy.

> Elect. et dioc. d'Amiens, arch. de Ponthieu, doy. de Gamaches.
> prév. de Vimeu.

> Dist. du canton, 8 k. — de l'arr., 16 — du dép., 58.

CHESSOY, dép. de Laucourt.

Ceysoy, 1204. Thibaut, évêq. d'Am. Daire.

Cessoy, 1207. Richard, évêq. d'Am. — 1236. Hugues de Cessoy.

Tit. du Paraclet. — 1248. Simon de Clermont. — 1269. Philippe de Flandre. Cart. de S. Corneille.

Cesseium, 1208. Jean de Nesle. Cart. de Noyon.

Cessoi, 1217. Renaud de Coucy. Ib.

Cessoy infra Roye, 1243. Jean de Laucourt. Cart. d'Ourscamp.

Chessoi, 1249. Cart. d'Ourscamp. — 1733. G. Delisle.

Chessoy, 1301. Pouillé du diocèse. — 1567. Cout. de Roye.

Chaussoy, 1757. Cassini.

Chessois, 1761. Robert. — 1764. Expilly.

Chesoi, 1778. De Vauchelle.

La carte de l'Etat-major et le dénomb. n'en font point mention.

CHESSOY (le), terroir de Rouy-le-Grand.

CHEVIENCOURT, lieu dit au terroir de Grandcourt.

Chevicourt, M. Decagny. arr. de Péronne.

Cheviencourt. Cadastre.

CHILLY (canton de Rosières), 435 hab.

Chilli, 1150. Ives de Soissons. Cart. de Prémontré. — 1188. Thierry, évêq. d'Amiens. Cart. de Lihons. — 1198. Raoul de Vermandois. Cart. d'Arrouaise. 1215. Dén. de Jean de Nesle. — 1230. Dén. de la terre de Nesle. — 1733. G. Delisle.

Cilli, 1197. Thibaut, évêq. d'Am. Daire.

Chilliacum, 1230. Jean de Nesle. Cart. de Lihons. — 1294. Ib.

Chilly, 1301. Pouillé. — 1408. Hommage au roi par Humbert de Boisy. — 1567. Cout. de Roye. — 1757. Cassini. — An X.

Chily, 1648. Pouillé général.

Elect. de Péronne, dioc. et arch. d'Amiens, doy. de Rouvroy; baill. et prév. de Roye.

Dist. du cant., 6 k. — de l'arr., 24 — du dép., 40.

CHIPILLY (canton de Bray), 407 hab.

Cipiliacum, 660. Dipl. Clotarii III. Gall. christ.

Chipilliacum, 660.   Ib.   Cart. noir de Corbie.

Cipelli, 1158. Dom Grenier.

Cipilli, 1200. Rôle des feudataires de l'abbaye de Corbie.

Chipelli, 1240. Official d'Am. Cart. du Gard. — 1294. Lettre du comte de St.-Pol. Cart. noir de Corbie,

Chipelly, 1265. Arch. du chap. — 1301. Pouillé.

Chippelli, 1295. Cart. noir de Corbie.

Chippelly, 1345. Cart. noir de Corbie.

Chippilly, 1547. Déclaration du temporel de l'abb. de Corbie.

Chipeilly, 1567. Procès-verb. des coutumes.

Chipilly, 1567. Cout. de Péronne. — 1648. Pouillé général. — 1764. Expilly. — 1836. Etat-major. — 17 br. an X.

Chaquenelle, 1579. Ortelius. — 1592. Surhonius.

Chipily, 1757. Cassini.

Chepilly, 1781. Cout. d'Amiens.

Cepisiacum... M. Decagny.

    Dioc. et arch. d'Amiens, doyen. de Libons, élect. de Doullens et de Péronne, cout. et baill. de Péronne, prév. de Fouilloy.

    Dist. du cant., 8 k. — de l'arr., 25 — du dép., 30.

CHIRMONT (canton d'Ailly-sur-Noye), 200 hab.

Cirelmons, 1164. Thierry. évêque d'Amiens. Gall. christ.

Chiraumont, 1258. Alexandre III, pape. Robert Wuyard.

Chiromons, 1279. Dom Cotron. Chron. cent.

Chireumont, 1301. Pouillé du diocèse.

Chirremont, 1567. Cout. de Montdidier.

Chiremont, 1648. Pouillé général. — 1657. N. Sanson. — 1757. Cassini. — 1765. Daire.

Chirmont, 1733. G. Delisle. — 1744. Lettres pat. du roi. Généal. de Mailly. — 1764. Expilly. — 17 brum. an X.

Chermont, 1744. Généal. de Mailly.

Clermont, 1761. Robert.

    Dioc. et arch. d'Amiens, doyen. de Moreuil, élect., cout. baill. et prév. de Montdidier.

    Dist. du cant., 6 k. — de l'arr., 17 — du dép. 23.

Cᴴɪᴠʀᴇ (le), ruisseau et fontaine d'Airaines.

Cʜᴏꜰꜰʟᴇᴛ, fief sis à St.-Firmin, dép. du Crotoy

Cʜᴏǫᴜᴇ (la), bois dép. de Buigny-l'Abbé.

Cʜᴏǫᴜᴇ (la), ferme, dép. de Contalmaison.
Ferme de la Choque.
Ferme du bois de la Choque.

Cʜᴏǫᴜᴇ, hab. isolée, dép. de Maricourt.
Auberge Choque.
Maison Choque, cadastre.

Cʜᴏǫᴜᴏʏ, fief sis à Famechon.
Grand Choquoy, plan du domaine de Famechon.
Petit Choquoy. Ibid.

Cʜᴏʀᴄʜᴇʟᴀɪɴᴇ, petit bois, dép. de Hancourt.

Cʜʀɪsᴛ (le), calvaire, dép. du Crotoy.

— ᴅ'Hᴜʟᴇᴜx, croix sise au terroir de Buigny-l'Abbé.

CHUIGNES (canton de Chaulnes) 318 hab.
Ciconiæ, 1124. Enguerrand, évêq. d'Am. Cart. de Libons.
Chuivignes, 1229. Thomas de Hardecourt. Cart. de Fouilloy.
Chevrigne, 1243. Dom Grenier.
Chiuwignes, 1260. Compte des villes de Picardie.
Chuignes, 1276. Arrêt du Parlement. — 1301. Pouillé. — 1757.
Cassini. — 17 brum. an X.
Chuigne, 1276. Actes du Parlement. M. Boutaric. — 1701. Armo-
rial. — 1761. Robert. — 1764. Expilly.
Chinquignes, 1492 Jean de la Chapelle.
Chuines, 1567. Cout. de Péronne.
Suync, 1579. Ortelius. — 1592. Surbonius.
Sauine, 1638. Tassin.
Chaingnes, 1648. Pouillé général.
Chume, 1733. G. Delisle. — 1778. De Vauchelle.
Dioc. et arch. d'Amiens, doy. de Libons, élect., cout. baill.
et prév. de Péronne.
Dist. du cant., 12 k. — de l'arr., 17 — du dép., 37.

16

CHUIGNOLLES (canton de Bray), 322 hab.

Cevinioli, 1124. Enguerrand, évêq. d'Am. Cart. de Libons.

Cevinnioli, 1124.   Id.   Ib.

Choinnoles, 1184. Luce III, pape. Marrier.

Cuignoles, 1214. Dénomb. Reg. de Philippe-Auguste.

Chuignoles, 1243... M. Decagny.

Chevignoles, 1243. Dom Grenier.

Chuignoles, 1301. Pouillé.

Chugnolles, 1302. Charte de Robert de Boucly

Chignolle, 1492. Chron. de Jean de la Chapelle. — 1696. Etat des armoiries.

Chuignolles, 1567. Cout. de Péronne. — 17 brum. an X.

Suinette, 1579. Ortelius. — 1582. Surhonius.

Chignoles, xvie siècle. Dénomb. de Louis d'Ognies.

Chignolles, 1648. Pouillé. — 1761. Robert. — 1764. Expilly.

Chignol, 1710. N. De Fer.

Chignole, 1733. G. Delisle. —1778. De Vauchelle.

Chuignolle, 1757. Cassini.

Dioc. et arch. d'Amiens, doy. de Libons, élect., cout. baill. et prév. de Péronne.

Dist. du cant., 5 k., — de l'arr., 19 — du dép., 34.

CIMETIÈRE (le), dép. de Doullens. 18 hab.

1857. Dénombr. quinquennal. Non indiqué en 1862.

CITADELLE (la), dép. de Doullens. 66 hab. —1857-62. Dénomb. quinq.

CITADELLE RUINÉE (la), dép. de Rue. — 1757. Cassini.

CITERNE (canton d'Hallencourt), 489-519 hab.

Cisterna, 797. Dipl. Caroli Magni. Chron. centul.

Cysternes, 1231. Cart. de St.-Valery. Dom Grenier.

Cisternæ, 1259. Ch. de Jean de Retonval. Dom Grenier.

Cisternes, 1284. Philippe-le-Bel.

Chisternes, 1301. Pouillé.

Chiterne, 1337. Rôle des nobles et fieffés.

Citerne, 1646. Hist. eccl. d'Abb.—1733. G. Delisle.—17 br. an X. — 1836. Etat-major. — Ordo. — 1865. Sceau de la commune.

Cisterne, 1648. Pouillé — 1692. Pouillé. — 1761. Robert.

Citernes, 1657. Jansson. — 1757. Cassini. — 1787. Pic. mérid. — 1840. Alm. d'Abbeville.

Cyterne, 1781. Cout. d'Amiens.

Citernes-Yonval, 1851. Alm. d'Abbev.

Elect. et dioc. d'Amiens, arch. de Ponthieu, doy. d'Oisemont, prév. de Vimeu.

Dist. du cant., 4 k. — de l'arr., 17 — du dép., 39.

CIZANCOURT (canton de Nesle), 97 hab.

Chisencourt, 1147. Simon, évêq. de Noyon. Cart. de Prémontré.

Chisencort, 1215. Dénomb. de Jean de Nesle. — 1230. Dénomb. de la terre de Nesle. — 1243. Pierre de Manancourt.

Coisiancourt, 1337. Rôle des nobles et fieffés.

Sizencourt, 1567. Cout. de Péronne.

Chizancourt, 1617. Registre de Cressy-lès-Roye.

Chizencourt, 1648. Pouillé général.

Cizencour, 1733. G. Delisle.

Cizencourt, 1753. Doisy. — 1763. Expilly.

Cisancourt, 1757. Cassini. — M. Decagny.

Sezincourt, 1761. Robert.

Sizencourt, 1764. Desnos.

Sizancourt, 1767. Alm. de Picardie.

Gisencourt, 1778. De Vauchelle.

Cizancourt, 17 brum. an X. — Ordo. — 1844. M. Decagny.

Dioc. de Noyon, doy. de Curchy, élect., baill. et prév. de Péronne.

Dist. du cant., 11 k. — de l'arr., 12 — du dép., 49.

CLABAUT, fief sis à Neuilly-l'Hôpital.

CLAIREFEU, fief sis à Rogy. Daire. Doy. de Conty.

CLAIRFAY, dép. de Varennes, 11 hab.

Clarofaium, 1138. Garin, évêq. d'Amiens. Cart. noir de Corbie.

Clarumfagetum, 1174. Gall. christ.

Clerfay, 1174. Didier, év. des Morins — 1293. Cart. noir de Corbie. — 1757. Cassini. — Ordo. — 1836. Etat-major.

Clairefay, 1634. Théâtre géogr.

Clerfai, 1733. G. Delisle.

Le Clerfai, 1778. De Vauchelle.

Abbaye de Clerfay, 1861. Dénomb. quinq.

Clair-Fay. Pringuez. Géog. du dép.

    Élect. de Doullens, prév. de Beauquesne.

    Abbaye de l'ordre de St.-Augustin fondée en 1140.

CLAIRS (les), étang, dép. d'Authuille.

CLAIRY-SAULCHOY (canton de Molliens-Vidame), 532-548.

Clareia... Daire. Doy. de Conty.

Clari, 1152. Robert, évêq. d'Am. Du Cange. — 1163. Thierry, évêq. d'Amiens. Cart. St.-Laurent. — 1195. Thibaut, évêq. d'Am. Cart. St.-Jean. — 1197. Enguerrand de Picquigny. Ib. — 1215. Enguerrand de Picquigny. Cart. du Gard.

Cleriacum, 1218. Dénomb. d'Enguerrand de Picquigny.

Clary, 1218. Enguerrand de Picquigny. Dom Grenier. — 1301. Pouillé. — 1507. Cout. loc.

Clarry, 1300. Titres du chapitre d'Amiens.

Cléry, 1350. Guy de Nesle. Cart. du Gard. — 1579. Ortelius. — 1638. Tassin. — 1648. Pouillé. — 1781. Cout. d'Am. — 17 brum. an X. — 1826-29. Ordo.

Clairy, 1567. Proc.-verb. des cout. — 1615. Jehan Patte. — 1757. Cassini, — 1830-62. Ordo.

Clairi, 1733. G. Delisle.

Clairy et le Saulchoy, 1750. L. C. de Boulainviller.

Clayri, 1764. Desnos.

Clairy-Saulchoy, 1850. Tabl. des dist. — 1856. Franc-Picard.

Clairy-Saulchoix, 1865. Sceau de la commune.

    Elect., dioc , arch. d'Amiens, doy. de Conty, prévôté de Beau-
vaisis en Amiens.

    Dist. du cant., 13 k. — de l'arr., 10 — du dép., 10.

CLAPET (le), moulin, dép. de Domart-en-Ponthieu.

Le moulin Clapart, 1826-30. Ordo.

Le moulin Clapet, 1831-60. Ordo.

Le Clapet, 1857. Dénomb. quinquennal.

Le moulin Clapel, 1862. Ordo.

CLAUSET, fief sis à Frohen-le-Grand.

CLERMONT, fief sis à Courtemanche. — Daire. Doy. de Montdidier.

    —. (le), lieu dit au terroir de Villecourt.

CLÉRY-SUR-SOMME (canton de Péronne), 850-928 hab.

Clastris, 944. Flodoard. Had. de Valois.

Clairy, 1090. Ann. de St-Bertin.— 1764. Expilly. — 17 br. an X.

Clary, 1147. Eugène III, pape. Marrier. — 1339. Bailly de Vermandois. Cart. de Lihons. — 1496. Arch. de Péronne. —
1559. Hommage au roi. — 1579. Ortelius. — 1592. Surhonius.
— 1638. Tassin. — 1675. Had. de Valois.

Clariacum, 1148. Raoul de Vermandois. — 1178. Dom Grenier.
1181. Hugues, abbé du Mont St.-Quentin. Gall. christ.—1214.
Reg. de Philippe-Auguste. — 1248. Compotus præpositorum
et baillivorum. — 1269. Actes du Parlement. — 1270. Olim.

Clari, 1152. Robert, évêq. d'Amiens. — 1190. Rorgo de Hardecourt Cart. d'Arrouaise.—1224. M. Decagny.—1228. Doyen
de Péronne. Cart. de Prémontré.

Claris, 1195. Gilbert de Mons. Chron. Hannoniæ.

Clery, 1497. Jean de Cléry. Arch. du chap. — 1567. Cout. de
Péronne.— 1648. Pouillé. — 1757. Cassini. — Ordo.

Cléry-Créquy, xve siècle. — 1764 Expilly.

Clais, 14... Monstrelet. Ms. de la Bibl. imp

Clary-sur-Somme, 1559. Dénombrement.

Cleriacum ad Somonam, 1637. Marrier.

Cléri, 1778. De Vauchelle.

Cler, 1787. Picardie mérid.

Cléry-sur-Somme, 1844. M. Fournier.

    Dioc. de Noyon, élect., cout., baill., doy. et prév. de Péronne.

    Cléry fut, en 1790, chef-lieu de l'un des 16 cantons du district de Péronne.

    Dist. du cant., 6 k. — de l'arr., 6 — du dép., 48.

CLÉRY-LES-PERNOIS, dép. de Pernois, 13 hab.

    Clary, 1196-1202. Pierre d'Amiens. Cart. de Bertaucourt.

    Fief Clairy. Etat des fiefs.

    Cléry, 1857-61. Dénomb. quinq.

CLOISTRE (le), fief sis à Vignacourt. — 1720. Ms. de Monsures. — 1750. Le Couvreur de Boulainviller.

CLOS ST.-ADHÉLARD, dép. de Corbie.

    Clos St.-Adalard, 1547. Décl. du temporel de l'abbaye de Corbie.

    Clos St.-Adhélard, 1604-1740. Titres de Corbie.

COCQUELET, ferme dép. de Flers (c^on d'Ailly). — 1781. Cout. d'Am.

COCQUELET, fief sis à Jumel.

COCQUEREL (canton d'Ailly-le-Haut-Clocher), 363-420 hab.

    Cokerellum, 1050. Gall. christ. — 1301. Pouillé.

    Cocherellum, 1109. Guido de Villers. Cart. de Bertaucourt.

    Cocquerel, 1138. Jean, comte de Ponthieu. Hist. eccl. d'Abbeville. — 1579. Ortelius. — 1692. Pouillé. — 1710. N. De Fer. — 1757. Cassini. — 1777. Alm. de Ponthieu. — Ordo. — 1836. Etat-major.—1840. Alm. d'Abbeville.—Sceau de la commune.

    Chocherel, 1155. Jean, comte de Ponthieu. Dom Grenier.

    Coquerel, 1192. Enguerrand de Fontaines. Gall. christ. —1707. France en 4 f. — 1761. Robert. —1763. Expilly. — 17 brum. an X. — 1826. Ordo. — 1861. Dénomb. quinq.

    Kokerel, 1208. Richard, évêque d'Amiens. — Dom Grenier. — Louandre. Topogr. du Ponthieu.

Quoquerel, 1293. Everard Porion, député de Philippe-le-Bel.

Coqrel, 1293.   **Ib.**

Cokerel, 1301. Pouillé.

Cocqueril, 1608. Quadum. Fasciculus geographiæ.

Coquerelle, 1638. Tassin. — 1790. Etat des électeurs.

Coeucrelle, 1657. Jansson.

Cocquerelle, 1756. Etat des revenus du chapitre de Longpré.

Cocqueret, 1763. Expilly.

    Cout., arch. et baill. de Ponthieu, prév. de St.-Riquier et d'Abbeville, doy. d'Abbeville.

    Dist. du cant., 6 k. — de l'arr., 11 — du dép., 34.

COCQUEREL-LÈS-BAILLEUL, ferme, dép. de Bailleul.

Coquerel, 1733. G. Delisle. — Ordo.

Cocquerel-sur-Bailleul, 1757. Cassini.

Cocquerel-lez-Bailleul, 1781. Cout. d'Am.

Coquerel-sur-Bailleul, 1836. Etat-major.

Cocquerel, 1840. Alm. d'Abb.

COCQUEREL, fief sis à Flesselles.

COCQUEREL, fief de la prévôté de Fouilloy.

    — fief sis à Esmery-Hallon.

Le Coquerel... Aveu.

COCQUERIAMONT (le), lieu dit au terroir de Boisbergues.

COCRIAMONT, lieu dit au terroir d'Allery.

Coqueriamont, 1324. Reg. du chap. d'Amiens.

Cauquereaumont, 1695. Nobil. de Picardie.

Cocriamont .. Cadastre.

COCRIAMONT (le), lieu dit au terroir de Vignacourt.

COGUE (la), fief sis à Barly.

La Cogue, fief, 1720. Ms. de Monsures.

La Logue, 1720. Ibid. — 1750. L. C. de Boulainviller.

COHU, dép. d'Hangest-sur-Somme. — Ferme détruite.

L'Escohue, 1750. L. C. de Boulainviller.

Cohu, 1757. Cassini. — Cadastre.

Ferme de Cohue, 1852. Ann. — 1856. Franc-Picard.

COIGNÉE (la), bois, dép. de Cardonnette.

La Cuignie, xvᵉ siècle.

COIGNEUX (canton d'Acheux), 170-181 hab.

Coignuel, 1223. Geoffroy, év. d'Amiens. Titres de l'évêché.

Coegnel, 1227.　　　　Ib.　　　Cart. de Fouilloy.

Congnieut, 1513. Arrêt du Parlement. Généal. de Mailly.

Congnieux, 1513.　　　Id.　　　　　Ib.

Coigneul, 1513.　　　Id.　　　　Ib.

Cognieu, 1513.　　　Id.　　　　Ib.

Coigneux, 1567. Cout. de Péronne. —1733. G. Delisle. — 1757.
　　Cassini. — 1763. Expilly. — 17 brum. an X.

Cagnoeulle, 1579. Ortelius. —1592. Surhonius.

Caignoeule, 1608. Quadum. Fasciculus geog.

Coignin, 1649. Coulon. Rivières de France.

Couguin, 1657. Jansson.

Coigneu, 1710. N. De Fer.

　　Elect. de Doullens et de Péronne, cout., prév., dioc. et arch.
　　d'Amiens, baill. de Péronne, doy. de Doullens.

　　Dist. du canton, 7 k. — de l'arr., 19 — du dép., 36.

COISY (canton de Villers-Bocage), 485 hab.

Choisi, 1156. Thierry, év. d'Am. — 1182. Thibaut, év. d'Am.

Chosi, 1246. Thomas de Doullens. Cart. St.-Jean.

Coisi, 1246. Jean d'Amiens. Ib. — 1300. Titres de Picquigny.—
　　1301. Dénombr. de l'évêché. — 1733. G. Delisle.

Coisy, 1300. Jean de Picquigny. Cart. noir de Corbie. — 1561.
　　Etat des bénéficiers du dioc. d'Amiens. — 1648. Pouillé géné-
　　ral. —1757. Cassini. — 17 brum. an X.

Choisy, 1579. Ortelius. —1592. Surhonius.

Quoissy, 1634. Théâtre géograph. — 1638. Tassin.

Coissy, 1707. Arrêt du grand conseil.

Quoisy, 1710. N. De Fer. — 1761. Robert.

Coizy, 1730. Déclar. du temporel de l'abbaye de Corbie.

Croissy, 1764. Expilly.

Quoisi, 1787. Picardie méridionale.

Dioc. et arch. d'Amiens, doy. de Vignacourt, élect. de Doullens, prévôté de Beauquesne.

Dist. du cant., 5 k. — de l'arr., 9 — du dép., 9.

COLINCAMPS (canton d'Acheux), 304 hab.

Coluncamp, 1230. Cart. Néhémias de Corbie.

Coulencamp, 1252. Cart. noir de Corbie.

Coloncamp, 1262. Cart. Néhémias de Corbie.

Coulincampt, 1513. Arr. du Parlement. Généal. de Mailly.

Coullincampt, 1513. Ib.

Coilencamps, 1567. Cout. de Péronne.

Coullincamp, 1657. Jansson.

Colincamp, 1733. G. Delisle. — 1757. Cassini.

Calincamps, 1764. Expilly.

Collenchamp, 1787. Picardie méridionale.

Colincamps... Ordo. — Tableau des distances. — Sceau de la commune. — 1836. Etat-major.

Colini campus... Historia Corbeiensis.

Cout., baill. et prév. de Péronne, doy. de Mailly.

Dist. du cant., 6 k. — de l'arr., 22 — du dép., 36.

COLLÉGE (le), dép. de Doullens, 186 hab. — 1861. Dénomb.

COLOGNE, rivière.

Grusio, 977. Albert-le-Pieux. Colliette.

Fluvius Grinsio, 980. Albert-le-Pieux. Gall. christ. — 1116. Cart. du Mont-St.-Quentin.

Aqua de Gruison, 1198. Raoul de Vermandois. Cart. d'Arrouaise.

Coulogne, 1208. Ordre des biens de l'évêque de Noyon.

Moyen-Pont, 1710. N. De Fer.

Le Doingt, 1757. Cassini.

Grêle, 1770. Projet pour le canal de Picardie. — De Sachy.

Cologne... M. Decagny. Arr. de Péronne. — 1836. Etat-major.

Coulette de Doingt... Ib.

Coulette, 1770. De Sachy. Hist. de Péronne.

Le Grignon, 17... Dom Grenier.

Coulogne. M. Decagny.

Rivière des Colonnes, 1864. Administration.

La Cologne est ainsi nommée du hameau de Cologne, dép. de Hargicourt (Aisne), où elle prenait sa source ; elle ne commence plus actuellement qu'au-dessous de Marquais, entre Tincourt et Boucly ; elle passe entre Brusle et Buire, à Cartigny, à Courcelles, à Doingt où elle met en mouvement plusieurs usines et se répand dans les fossés de Péronne avant de s'unir à la Somme. Elle reçoit en chemin la Rivièrette et la Rivière neuve.

COMBES (les), fief noble sis à Sains. — Daire. Doy. de Moreuil.

COMBLES (chef-lieu du canton), 1620-1648 hab.

Camuli, 1090. Annales ord. S. Bened.

Combla, 1106. Gallia christ.

Cumbi, 1129. Barthélemy, évêq. de Laon. Dom Grenier.

Cumbles, 1177. Pierre, châtelain de Péronne. Cart. d'Arrouaise. — 1214. Dénomb. Regist. de Philippe-Auguste.

Combles, 1177. Pierre, châtelain de Péronne. Cart. d'Arrouaise. — 1190. Baudouin d'Encre. Ib. — 1242. Chambre des comptes de Lille. — 1273. Marotte, fille de Gilles de Roye. Dom Grenier. — 1532. Du Boulay. — 1567. Cout. de Péronne. — 1648. Pouillé. — 1757. Cassini. — 17 brum. an X.

Comblæ, 1181. Hugues, abbé du Mont-St.-Quentin. Gall. christ.

Comble, 1733. G. Delisle. — 1764. Expilly.

Dioc. de Noyon, doy., élect., cout., baill. et prév. de Péronne. Combles qui n'est que simple commune en 1790, devient en l'an VIII le chef-lieu de l'un des 13 cantons de l'arrondisse-

ment de de Péronne, et demeure en l'an X l'un des 8 chefs-
lieux de justice de paix.

Dist. de l'arr., 12 k. — du dép., 49.

COMBLES (les), fief sis à Sailly-Laurette. — 1508. Titres de l'évêché.

COMBLES D'AUMONT (les), bois dép. de Selincourt.

COMMANDERIE (la), terroir de Fontaine-sous-Montdidier.

COMMUNES (les), écart dép. de Roye.

COMPPITAIN, fief sis à Saigneville. — Dom Grenier. — M. Prarond.

CONDÉ, fief sis à Hérissart. — Daire. Doy. de Doullens.

CONDÉ-FOLIE (canton de Picquigny), 721-1297 hab.

Condatus, 1090. Anscher. Vie de S. Angilbert. Dom Cotron.

Condetum, 1106. Gall. christ.

Condet, 1120. Enguerrand, évêq. d'Am.

Condeium, 1199. Cart. S. Germer. Dom Grenier.

Condé, 1646. Hist. eccl. d'Abb.

Condé-Folie, 1756. État des revenus du chap. de Longpré. —
1757. Cassini. — 1836. Etat-major. — Ordo.

Condé et Follie, 1763. Expilly.

Condé-Follies, 1772. Pouillé.

Condéfolie, 17 brum. an X.

Elect. et dioc. d'Amiens, arch. de Ponthieu, doy. d'Airaines,
prév. de Vimeu.

Dist. du cant., 12 k. — de l'arr., 25 — du dép., 25.

CONTALMAISON (canton d'Albert), 318-324 hab.

Guntar Maisuns, 117.. Robert, évêq. d'Am. Cart. S. Laurent.

Goutart Maisons, 1261. Bauduin le Paumiers. Arch. du chap.

Contalmaison, 1261. Jean de Fricourt. Arch. du chap. — 1567.
Cout. de Péronne. — 1757. Cassini. — 1836. Etat-major.

Contarmaisons, 1261. Arch. du chap. d'Amiens. — 1301. Pouillé.

Contal, 1707. France en 4 feuilles. G. Sanson.

Contalmison, 1743. Friex.

Conté-Maison, 1787. Picard. mérid.

Contal-Maison, 17 brum. an X.

> Dioc. et arch. d'Amiens, doy. d'Encre, élect., cout., baill. et prév. de Péronne.

> Dist. du canton, 7 k. — de l'arr., 22 — du dép. 36.

CONTAY (canton de Villers-Bocage), 910 hab.

Contey, 1147. Gall. christ.

Contai, 1174. Thibaut, évêq. d'Am. Cart. S. Laurent. — 1226. Geoffroy, év. d'Am. Cart. de Fouilloy. — 1733. G. Delisle.

Contaium, 1227. Jean de Contay. Cart. de Fouilloy.

Contay, 1301. Pouillé. — 1447. Chron. de Mathieu d'Escouchy. — 1579. Ortelius. — 1589. Reg. de l'échev. d'Amiens. — 1710. N. De Fer — 1757. Cassini. — 17 brum. an X. — Ordo.

Contiacum, 1343. Arrêt du Parlement.

Contiagum, 1389. Gall. christ.

> Doy. de Mailly, arch. et dioc. d'Amiens, élect. de Doullens, prév. de Beauquesne et de Fouilloy en partie.

> Contay, créé en 1790 chef-lieu de l'un des 18 cantons du district d'Amiens, maintenu en l'an VIII chef-lieu de l'un des 18 arrondissements communaux, n'est plus qu'une simple commune après l'an X.

> Dist. du cant., 13 k. — de l'arr., 19 — du dép., 19.

CONTAY, fief sis au terroir de Bus-lès-Artois.

CONTENVILLERS, fief sis à Domart-en-Ponthieu.

Constanvilliers, 1447.

Contenvillers.

Contenvillé.

CONTEVILLE (canton de Crécy), 323-335 hab.

Comitis villa, 1027. Enguerrand, comte de Ponthieu. Hariulfe. Chron. cent. — 1140. Garin, évêq. d'Am. Cart. de Bertaucourt. — 1146. Thibaut, abbé de S. Josse. — 1243. Hospice de S. Riquier. — 1301. Pouillé.

Constancii villare, 1118. Enguerrard, évêq. d'Amiens.

Cunta villa, 1123. Enguerrard, évêq. d'Amiens. Cart. S. Josse.

Constanvillaris, 1170. Alexandre III, pape. Louvet.

Contevilla, 1203. Hugo Rabies. — 1206. Raoul de Clermont. Cart. de Lihons. — 1234. Hospice de S. Riquier.

Conteville, 1210. Hugues de Cayeux. Cart. de Bertaucourt. — 1232. Geoffroy, év. d'Am. — 1337. Rôle des nobles et fieffés. — 1362. Jean, roi. Cart. du Gard. — 1422. Henri, roi d'Angleterre. — 1458. Lettre de Charles VI. Cart. des chapel. — 1489. Hommage de Dunois. — 1507. Cout. loc. — 1561. Etat des bénéficiers du diocèse d'Amiens. — 1733. G. Delisle. — 1757. Cassini. — 17 brum. an X.

Contevile, 1743. Friex.

Elect. d'Abb. et de Doullens en partie, prév. de S. Riquier, arch., cout. et baill. de Ponthieu, doy. de Labroye.

Dist. du canton, 16 k. — de l'arr., 20 — du dép., 40.

CONTEVILLE, cense dép. de Méaulte.

Condeville-Méaulte. Daire.

Conteville... Cadastre.

CONTOIRE (canton de Moreuil), 199-443 hab.

Contorium, 1146. Thierry, évêq. d'Am. Gall. christ. — 1185. Bulle d'Urbain III. Daire. Hist. de Montdidier.

Contuerra, 1186. Cart. noir de Corbie.

Cantuerra, xiiie siècle. M. Decagny. Etat du dioc.

Conterel, 1240. Cart. de S. Corneille. Lettre de l'abbé de Cluny.

Contuerre, 1301. Pouillé du diocèse.

Contoirre, 1352. Cart. de Froidmont. M. Cocheris.

Contoir, 1567. Cout. de Péronne.

Contoire, 157.. Aveu. — 1648. Pouillé général. — 1707. G. Sanson. — 1757. Cassini. — 17 brum. an X.

Comtoir, 1649. Titres des Cordeliers d'Amiens.

Contoirs, 1710. N. De Fer.

Dioc. et arch. d'Amiens, élect., cout., baill. et prév. de Montdidier, doy. de Montdidier, puis de Davenescourt.

Dist. du cant., 9 k. — de l'arr., 10 — du dép., 30.

CONTRE (canton de Conty), 292 hab.

Contri, 1150. Thibaut, évêq. d'Am. M. V. de Beauvillé.

Contres, 1150. De pignoratione vicecomitatum de Belvasi. Daire.
— 1166. Henri, arch. de Reims. Cart. de Selincourt. — 1221.
Philippe II, roi. Cart. de Beaupré. — 1236. Mathieu d'Estrées.
Ibid. — 1260. Cart. du chap. d'Am. — 1275. Manessier de
Conty. Cart. S. Germer. — 1293. Everard Porion, député de
Philippe-le-Bel. — 1301. Pouillé. — 1567. Procès-verbal des
cout. — 1594. Brevet de Henri IV pour l'exercice de la religion
réformée. — 1648. Pouillé général. — 1763. Expilly.

Contre, 1176. Henri, arch. de Reims. Cart. de Selincourt. —
1579. Ortelius. — 1599. Regist. de l'échev. d'Amiens. — 1707.
France en 4 feuilles. — 1757. Cassini. — 17 brum. an X.

Elect., dioc. et arch. d'Amiens, doy. de Poix, prév. de Beauvaisis à Granvillers.

Dist. du cant., 5 k. — de l'arr., 24 — du dép., 24.

CONTY (chef-lieu de canton), 916-1007 hab.

Conteium, 1042-1203-1230. Généal. de Guines.—1079. Enguerrand
de Boves. Généal. de Guynes. — 1140. Odon, év. de Beauvais.
Louvet. — 1150. Geoffroy, év. d'Am. Daire. — 1179. Ger-
mon, vidame de Picquigny. — 1181. Thibaut, év. d'Am. —
1190. Cart. St.-Martin-aux-Jumeaux.— 1193. Arch. de l'abb.
de Breteuil.— 1203. Jean de Conty. Arch. S. Quentin de Beauvais.—1206. Richard, évêq. d'Am. Cart. du Gard. — 1214.
Cart. de Selincourt.

Conteyum, 1066. Fondation de la collégiale de Picquigny. Gall.
christ.—1206. Ch. Jean de Conty. — 1235. Garin, év. d'Am.
Arch. de S. Quentin de Beauvais. — 1301. Pouillé.

Conteiense castellum, 1069. Guy, évéq. et Raoul, comte d'Am.

Honor Conteiensis, 1069. Aug. Thierry.

Contiacum, 1142. Innocent II, pape. Marrier. Hist. de St.-Martin-des-Champs. — 1154. Louis VII. Daire. — 1189. Arch. de Breteuil. — 1231. Cart. de St.-Martin-aux-Jumeaux.

Conty, 1161. Pierre, abbé de S. Lucien de Beauvais. Marrier. — 1164. Alexandre III, pape. Cart. de Selincourt. — 1206. Jean de Conty. — 1274. Paul, prieur des prédicateurs d'Amiens. — 1301. Pouillé. — 1507. Cout. loc. — 1757. Cassini. — An X.

Cunteium, 1169. Louis VII, roi. Arch. de S. Lucien de Beauvais.

Contheium, 1190. Cart. St.-Martin-aux-Jumeaux. — 1280. Sentence contre E. de Leuilly. Arch. de Cuiaval.

Conti, 1194. Robert de Conti. Cart. de Beaupré. — 1284. Jean, abbé de S. Fuscien. Cart. S. Quentin de Beauvais. — 1301. Dénomb. de l'évéché. — 1681. Lettre de Colbert. — 1733. G. Delisle.

Conthiacum, 1269. Arch. de l'abbaye de Froidmont. Dom Grenier.

Contheyum, 1301. Dénomb. de l'évéché d'Amiens.

Couthy, 1303. Comptes de la ville de Clermont, Oise. — 1304. Lettre d'Agnès de la Tournelle. Arch. S Quentin de Beauvais.

Courty, 1423. Mém. de Pierre de Fenin.

Contis, 1507. Mercator.

Comty, 1682. Lettre de Louvois.

Doy. de Conty, arch., dioc. et élect. d'Amiens, prév. de Beauvaisis à Amiens en partie.

Conty possédait un prieuré de l'ordre de S. Benoît.

Conty, baronie en 1472, principauté en 1551, fut, en 1790, le chef-lieu de l'un des 18 cantons du district d'Amiens, en l'an VIII celui de l'un des 18 arrondissements communaux, en l'an X l'un des 13 chefs-lieux de justice-de-paix.

Dist. de l'arr., 21 k. — du dép. 21.

CONTY, fief sis à Amiens au coin des rues de Beauvais et des Lirois.
Les nouveaux fossés furent creusés à travers cet enclos.

Conti, 1384-1390. Aveus.

Conty, 1487. Jean Robaut, procureur.

COPPEGUEULE, dép. de Nampty-Coppegueule.

Campe gueulle, 1554. La Guide des chemins de France.

Capegneulle, 1607. Mercator.

Couppe gueulle, 1635. Louvet. Hist. de Beauvais. — 1662. Titres de l'église d'Amiens.—1673. Titres de St.-Martin-aux-Jumeaux.

Coupe guele, 1681. Lettre de Colbert.

Coppegueule, 1733. G. Delisle. — 1781. Cout. d'Am. — 1831-62. Ordo. — 1850. Tabl. des dist.

Coppegueulle, 1757. Cassini. — Ordo. — 1856. Franc-Picard.

Copegueulle, 1763. Expilly.

Copegueule, 1763. Expilly. — 1778. De Vauchelle.

Coupegueulle, 1787. Picardie méridionale.

Coupegueule, 1826-33. Ordo.

La Vierge. Adm.

COPPEGUEULE, dép. de Neuville.

Coupigneule, 1727. Etat de la France.

Coppegüeil, 1780. Arch. de Selincourt.

Coppegueule, 1781. Cout. d'Am.

COQ GAULOIS (le), hab. isol. dép. de Morvillers-St.-Saturnin, sur la route de Rouen à Amiens.

CORBENY, ham., dép. de Douilly. — Lieu détruit.

Corbeny, 1733. G. Delisle.

Corbeni. M. Decagny. Arrond. de Péronne.

CORBIE (chef-lieu de canton), 2124-3196 hab.

Curmiliaca, Itinér. d'Antonin. Dom Bouquet. Rec. des hist. de Fr.

Corbeia, 660. Dipl. Clotarii III. Gall. christ. — 987. Hugues. Du Cange.— 1048. Monnaie de Foulque.— 1096. D'Everard.— 1172. De Jean. — 1175. Cart. d'Arrouaise. —1182. Philippe-

Auguste. — 1184. Charte de commune d'Abbeville. — 1186. Délimitation du comté d'Amiens. — 1265. Actes du Parlement. — 1301. Dénomb. de l'évêché d'Am. — 1361. Jean, roi de France. — 1371. Gérard de Montégu. Layette.

Corbegia, vii⁰ siècle. Vita S. Balhildis.

Corbeya, 1150. Lettre de Louis VII. Aug. Thierry. — 1186. Délim. du comté d'Amiens. — 1282-1291. Actes du Parlement. — 1380. Sceau d'Arnaud de Corbie.

Corbia, 1180. Philippe–Auguste. Arch. d'Am. — 1252. Guy, châtelain. Cart. d'Ourscamp. — 1260. Compte des communes de Picardie. — 1495. Rob. Gaguin.

Corbie, 1184. Ch. de commune d'Abbeville. — 1202. Droits de travers. — 1250. Enguerrand de Gentelles. Cart de Fouilloy. — 1294. Cart. noir de Corbie. — 1361. Lettre du roi Jean.— 1391. Sceau d'Arnaud de Corbie. — 1520. Mémoires de Du Bellay. — 1592. — Reg. de l'échev. d'Amiens. — 1611. Des Rues. — 17 brum. an X.

Corbye, 1260. Sentence contre les bourgeois. Aug. Thierry. — 1298. Lettre du maire de Londres. — 1314. Ligue des seigneurs contre Philippe. — 1329. Robert de Rivery. — 1507. Cout. loc. — 1547. Déclarat. du temporel de l'abbaye. — 1547. Marché pour une épitaphe. — 1589-1592-1746. Reg. de l'éch. d'Amiens. — 1615. Chron. de Jehan Patte.

Corbeye, 1301. Dénomb. de l'év. d'Am. — 1354. Lettre du légat du Pape. Cart. Esdras de Corbie. — xv⁰ siècle. Chron. d'Edmond de Dynter. — 1593. Echev. d'Amiens.

Corbere, 1425. Mém de Pierre de Fenin.

Doy. et prév. de Fouilloy, dioc. d'Amiens, élect. de Doullens. Abbaye célèbre de Bénédictins fondée en 657.

Corbie, créé en 1790 l'un des 18 chefs-lieux de canton du district d'Amiens, resta en l'an VIII l'un des 18 chefs-lieux d'arrondissements communaux, et en l'an X l'un des 13 chefs-lieux de justice-de-paix.

Dist. de l'arr., 17 k. — du dép., 17.

CORBIE-LÈS-BONNAY, dép. de Corbie.

Corby-les-Bonnay, 1856. Franc-Picard.

CORBILLON, fief sis à Bergicourt. — 1733. G. Delisle. — 1778. De Vauchelle.

CORBIOIS, petit pays dont Corbie était le centre.

Courbiois, 1315. Lettre de Louis-le-Hutin. Dom Grenier.

Ager Corbeiensis, 1675. Had. de Valois.

Le Corbiois, 1675. Had. de Valois.

CORDELIERS (les), dép. de Mailly.

Cordeilliers, 1733. G. Delisle.

Les Cordeliers, 1757. Cassini.

Les Cordelliers, 1778. De Vauchelle.

CORDELIERS (les), dép. de Moyencourt. — 1757. Cassini.

— dép. de Roye. — 1757. Cassini.

Non indiqué sur la carte de l'État-major.

CORDIER (le), fief sis à Cayeux. — Etat des fiefs. — Cadastre.

CORDONNAY, fief sis à Allery.

Fief du Cordonnay... Dom Grenier.

Manoir de Cordonnoy... Ib.

Manoir du Cordonnai... Ib.

Manoir du Cardonnoy.

CORNEHOTTE, dép. de Brailly, 113 hab.

Cornehotte, 1165. Composition entre l'abbé de St.-Riquier et Guy de Calmont. Dom Cotron. — 1571. Procès-verbal. — 1757. Cassini. — 1763. Expilly. — 1766. Cout. de Ponthieu.

Cornehote, 1202. Hospice de St.-Riquier. — 1733. G. Delisle.

Cournehotte, 1781. Cout. d'Am.

CORNEHOTTE, ham. dép. de Dargnies.

Cornehote, 1571. Procès-verbal de foy et hommage de Claude de Buigny. M. Prarond.

Cornehotte, 1840. Alm. d'Abbeville. — 1856. Franc-Picard.

Cornechotte, 1764. Desnos.

Cournehotte, 1781. Cout. d'Am.

Cornchotte, 1787. Picardie mérid.

CORNET, fief sis à Bourdon. — 1457. Arch. du chapitre d'Amiens.

— (le), fief sis à Sailly-Laurette. — 1670. Tit. de l'évêché.

CORNIAMONT, fief sis à Authieulle.

Fief de Corniamont ou *Coriamont,* 1784. Daire. Hist. de Doullens.

CORNILLOIS, dép. d'Aizecourt-le-Bas.

Corvilloy, 1567-1660. Cout. de Péronne.

Cornillois, 1750. L. C. de Boulainviller. — 1763 Expilly.

CORNILLON, dép. de Lanchères, 143 hab.

Cornillon, 1757. Cassini. — 1844. Ordo.

Cournillon, 1826-41. Ordo.

Cornilloy-lès-Cours, 1840. Alm. d'Abbeville.

Cornilloy, 1856. Franc-Picard.

Non indiqué sur la carte de l'Etat-major.

CORNU, fief sis à Houdent. — xviiie siècle. M. Prarond.

CORPS-DE-GARDE DE BALIMONT, dép. de Suzanne. — 1757. Cassini.

— DE BIACHES, dép. de Biaches.

— dép. de Boismont.— 1757. Cassini.— 1764. Desnos.
Non indiqué sur la carte de l'Etat-major.

— dép. de Cayeux.— 1757. Cassini.— 1836. Etat-maj.

— (sud), dép. de Cayeux— 1836. Etat-major.
Non indiqué par Cassini.

— D'ETINEHEM, dép. d'Etinehem. — 1757. Cassini.

— dép. de Hautebut.— 1836. Etat-major.
Non indiqué par Cassini.

— dép. de Froissy. — 1757. Cassini.

— DE LA DUNE BLANCHE, dép. de Quend.

Corps-de-garde de la blanche dune, 1757. Cassini.

— *de la blanche d'Une*, 1764. Desnos.

— *de la Dune blanche*, 1836. Etat-major.

CORPS-DE-GARDE DE LA GRANDE VALLÉE, dép. d'Hangest-sur-Somme. — 1757. Cassini.

CORPS-DE-GARDE DE LAMIRE, dép. de Barleux. — 1757. Cassini.

— DE LA PLACE ROYALE, dép. de Liercourt.—1757. Cassini. — Non indiqué sur la carte de l'Etat-major.

CORPS-DE-GARDE DE LA VALLÉE PICARD, dép. de l'Etoile. — 1757. Cassini.

CORPS-DE-GARDE DE LA VIEILLE ÉGLISE, dép. du Crotoy.—1757. Cassini. — 1764. Desnos. — Non indiqué sur la carte de l'Etat-major.

CORPS-DE-GARDE DE LA VOYE A BAUDET, dép. de Quend.

Corps-de-garde de la voye à Baudet, 1757. Cassini.—1764. Desnos. *Corps-de-garde*, 1836. Etat-major.

CORPS-DE-GARDE DE L'HÔPITAL, dép. d'Offoy.

Corps-de-garde de l'hôpital, 1757. Cassini.

Corps-de-garde, 1764. Desnos.

CORPS-DE-GARDE DE LONGUET, dép. de Long. — 1757. Cassini.

— DE MOLLENELLE, dép. de St.-Valery.—1757. Cassini. —1764. Desnos. — Non porté sur la carte de l'Etat-major.

CORPS-DE-GARDE dép. de Morlay. — 1834. Etat-major.

Non indiqué par Cassini.

— dép. de Noyelles-sur-Mer. — 1836. Etat-major.

Non indiqué par Cassini.

— DE PARGNY. — 1757. Cassini.

— dép. de Petit-Lavier. — 1836. Etat-major.

Non indiqué par Cassini.

— dép. de Petit-Port.—1757. Cassini.

Non porté sur la carte de l'Etat-major.

— DE St-GILLES, dép. d'Abbeville. —1757. Cassini. — 1764. Desnos.

CORPS-DE-GARDE DE VOYENNES. — 1757. Cassini. — 1764. Desnos.

— DES CLOIETTES, dép. de Buscourt. — 1757. Cassini.

— DES MOULINS BLEUS, dép. de l'Etoile. Ib.

— DU BAC, Id. Ib.

— DU BOURG D'AULT.

Corps-de-garde du Bourg d'Ault, 1757. Cassini.

Corps-de-garde. 1836. Etat-major.

CORPS-DE-GARDE (du Cap Hornu), dép. de St.-Valery. — 1757. Cassini. Non porté sur la carte de l'Etat-major.

CORPS-DE-GARDE, dép. du Hourdel.— 1757. Cassini.—1836. Etat-maj.

— DU TROU MADAME, dép. de Long. — 1757. Cassini.

CORROY, dép. de Tours, 258 hab.

Cora, 696. Chronique de Fontenelle. Dom Grenier.

Colretum, 1108. Geoffroy, év. d'Amiens. — Cart. de Bertaucourt.

Cosobrona? Dom Grenier.

Cauroy, 1121. Jean, comte de Ponthieu. Hist. eccl. d'Abbeville. — 1337. Rôle des nobles et fieffés. — 1507. Cout. loc. — 1733. G. Delisle.—1761. Robert. — 1778. Alm. du Ponthieu. — 1840 Alm. d'Abbeville.

Coldreium, 1140. Garin, évêq. d'Am. Cart. de Bertaucourt.

Colreium, 1176. Alexandre III, pape. Ib.

Caurroy, 1205. Guillaume comte de Ponthieu. Hist. eccl. d'Abb. — 1337. Rôle des nobles et fieffés. — 1557. Regist. aux délib. de l'évêché d'Am. — 1739. Epitaphe du prince d'Epinoy.

Cauvroy, 1657. Procès-verb. des cout.

Le Canoroy, 1657. Ib.

Le Cauroy, 1750. L. G. de Boulainviller.

Coroy, 1757. Cassini.—Dom Grenier.—1826-27. Ordo.—1836. Etat-major.—1852. M. Prarond.

Couroi, 1778. De Vauchelle.

Cauroy-lès-Tours, 178.. Dom Grenier.

Corroy, 1830-62. Ordo.—1852. M. Prarond.

CORTINEL, dép. de St.-Germain-sur-Bresle. — 1844. M. Fournier.

CÔTE BOYARD (la), hab. isol., dép. de Montmarquet.

CÔTES (les), bois, dép. de le Quesne.

COTTENCHY (canton de Sains), 599-638 hab.

Costenceium, 1069. Guy, év. d'Amiens. Généal. de Guines.

Costencey, 106..   Id.   Daire.

Costeney, 1105. Fondation de l'abb. de St.-Fuscien. Gall. christ.

Costenciolum, 1140. Dom Grenier.

Costenci, 116.. Thierry. comte de Flandre. Cart St.-Laurent. — 1197. Thibaut, évêq. d'Amiens. Daire. — 1219. Fondation de l'abbaye du Paraclet. Gall. Christ.

Costenceul, 1164. Alexandre III, pape. Cart. de Selincourt.

Costencol, 1164. Alexandre III, pape.   Ib. — 1181. Richoward. Cart. St.-Fuscien.

Costencheul, 1166. Henri, arch. de Reims. Ib.

Costencuel, 1176,   Id.   Ib.

Costenchi, 1245. Focard de Cottenchy. Cart. d'Ourscamp. — 1337. Rôle des nobles et fieffés.

Costenchuel, 1247. Hugues de Cottenchy. Cart. de Selincourt.

Costenchy, 1301. Pouillé. — 1363. Arch. du chapitre.

Constanchuel, 1337. Rôle des nobles et fieffés.

Cotenchi, 1345. Etat de la ville d'Amiens. Aug. Thierry.

Cotherity, 1487. Hommage par Michel Gaillard. M. Cocheris.

Cotency, 1507. Cout. loc. — 1535. Cout. du chap. d'Am.

Cotenchy, 1507. Ib.   Ib.

Contenchy, 1507. Ib. — 1631. Théâtre géogr. — 1638. Tassin. — 1692. Pouillé. — 1763. Expilly. — 1781. Cout. d'Am.

Cottensy, 1579. Ortelius.

Cothenchy, 1657. Proc.-verb. des cout.

Conterchy, 1657. Jansson.

Cournechy, 1710. N. De Fer.

Contenchi, 1733. G. Delisle.

Cottenchy, 1757. Cassini. — 17 br. an X. — 1836. Etat-major.

Elect., dioc. et arch. d'Amiens, doy. de Moreuil, prév. de Beauvaisis à Amiens.

Dist. du cant., 5 kil. — de l'arr., 14 — du dép. 14.

Coucou (le), moulin, dép. de Rosières.

Coufignon (le), écart, dép. de Le Forest.

COULLEMELLE (canton d'Ailly-sur-Noye), 200 hab.

Culmellæ, xe siècle. Cart. de Corbie. Dom Grenier.

Colomellæ, 1174. Raoul de Clermont. Cart. noir de Corbie. — 1219. 1224. Cart. blanc de Corbie.

Columelli, 1174. Hugues, abbé de Corbie. Dom Grenier.

Columelles, 1200. Rôle des feudataires de l'abbaye de Corbie.

Coloumeles, 1253. Robert de Roquencourt. Cart. noir de Corbie.

Coulommeles, 1301. Pouillé du diocèse.

Coulonmeles, 1310. Cart. noir de Corbie, — 1360. Simon de Clermont. Dom Grenier.

Coloumelles, 1347.   Ib.

Coulourmelles, 1347. Cart. Néhémias de Corbie.

Coullemelles, 1567. Cout. de Péronne.

Collonmelle, 1648. Pouillé général.

Coulemelle, 1657. N. Sanson. — 1733. G. Delisle. — 1760. Arrêt du grand conseil. — 1824-27. Ordo. — 1861. Dénombr.

Coullemelle, 1690. Titres de Corbie. — 1764. Expilly. — 1765. Daire. — 1836. Etat-major. — Ordo. — 17 br. an X.

Coulme, 1710. N. De Fer.

Coulmelle, 1757. Cassini.

Coullemel, 1760. Arrêt du grand conseil.

Couslemelle, 1761. Robert.

Coulemele, 1778. De Vauchelle.

Dioc. et arch. d'Amiens, doy. de Moreuil, élect., cout. et baill. de Montdidier.

Dist. du cant., 12 kil. — de l'arr., 12 — du dép. 29.

COULOMBEAUVILLE, fief sis à Neufmoulin.

Colombeauville. Dom Cotron.

Coulombeauville. Etat des fiefs.

COULOMBEVILLE, fief sis à Outrebois.

Colombani mansi, 1118. Enguerrand d'Amiens.

Coulombeville.

Coulombleville.

COULONVILLERS (canton d'Ailly-le-Haut Clocher), 344-477 hab.

Columviler, 11... Enguerrand de Villers. Cart. de Bertaucourt. — 1160. Cart. St.-Martin-aux-Jumeaux. — 1224. Honoré III, pape. Dom Cotron. Chron. centul.

Columvilla, 1172. Alexandre III, pape. Dom Cotron.

Columbe villarium, 1260. Olim.

Coulonviler, 1301. Pouillé.

Coulonvilleir..., Dom Grenier.

Coulonviller, 1507. Cout. loc.

Coullonnier, 1634. Théâtre géogr. — 1638. Tassin.

Coulonvillers, 1646. Hist, eccl. d'Abbeville. — 1757. Cassini. — 1763. Expilly. — 1766. Cout. de Ponthieu. — 17 br. an X.

Coullonviller, 1648. Pouill. —1657. Proc.-verb. des cout.

Coulonville, 1709. Titres de St.-Acheul. — 1763. Expilly.

Coulomvillers, 1836. Etat-major.

Coulenviler, 1733. Friex.

Coulon-Villers, 1761. Robert. —1787. Picardie mérid.

Coulonvilliers, 1763. Expilly.

Elect. d'Abb. et de Doullens en partie, cout. et baill. de Ponthieu, prév. et doy. de St.-Riquier.

Dist. du cant., 10 k. — de l'arr., 14 — du dép., 41.

COUP DE DAGUE, lieudit au terroir de Sailly-Laurette.

COUPEL, dép. de Revelles.

Le Coupel, fief, 1574-1729. Arch. du chapitre.

Coupel, 1701. Armorial. — Plan d'Amiens.

Coupelle. Daire. Doy. de Conty.

COUPE-VOIE, hameau, dép. d'Eppeville, 71 hab..

Couppe-Voy-lès-Ham, 1728. Dénomb. d'Isabelle-Le-Bel.

Couppe voye, 1757. Cassini. — 1856 Franc-Picard.

Coupe voie, ferme, 1836. Etat-major.

COURCELETTE (canton d'Albert), 147 hab.

Curtis Cœlestini... M. Decagny.

Courcelettes, 1421. Lettre du roi Charles VI.

Courchelettes, 1567. Cout. de Péronne.

Courcelete, 1743. Friex. — 1764. Expilly.

Courcellette, 1753. Doisy. — 1757. Cassini. — 1764. Expilly.

Courtelette, 1787. Picardie mérid.

Courcelette, 17 br. an X. — 1836. Etat-major. — Ordo.

Diocèse d'Arras, doy. de Bapaume, élect., cout., baill. et prév. de Péronne.

Dist. du cant., 10 k. — de l'arr.; 21 — du dép., 39.

COURCELLES-AUX-BOIS (canton d'Acheux), 184 hab.

Curcelles, 1148. Eugène III, pape. Cart. St.-Laurent.

Curcelli, 1168. Robert, évêq. d'Amiens. Ib. — 1190. Hue Camp-d'Avène. Ib.

Courceles, 1186. Délimitation du comté d'Amiens. Du Cange.

Courcheles, 1301. Pouillé du diocèse.

Courchelles, 1384. Déclaration du temp. de l'abb. de St.-Jean.—

Courchelles-au-Bois, 1567. Cout. de Péronne.

Courchelle, 1657. Jansson.

Courcelles-au-Bois, 1733. G. Delisle. — 1757. Cassini.

Courcele-au-Bois, 1743. Friex.

Courcelle-au-Bois, 1764. Expilly.

Courcelles-aux-Bois, 17 brum. an X. — 1836. Etat-major.

Dioc. et arch. d'Amiens, doy. de Mailly, élect., cout., baill. et prév. de Péronne.

Dist du canton, 5 k. — de l'arr., 21 — du dép., 36.

COURCELLES-SOUS-MOYENCOURT (cant. de Poix), 269-281 h.

Cortisels, 1185. M. Decagny Etat du dioc.

Curtellœ, 1225.

Curcelli, 1229. Arch. de St.-Quentin de Beauvais.

Courchelles, 1301. Dénomb. de l'évéché d'Am.

Courcelles-soubz-Moiencourt, 1301. Pouillé — 1507. Cout. loc.

Courcelles, 1337. Rôle des nobles et fieffés. — 1733. G. Delisle.

Courchelles-soubz-Moiencourt, 1508. Reg aux comptes d'Am.

Courselle, 1648. Pouillé général.

Courcelles-Moyencourt, 1689. Aveu de Guillaume de Montigny. M. Delgove.

Courcelles-lès-Poix, 1757. Cassini.

Courcelles-sous-Moyencourt, 1763. Expilly. — 17 brum. an X. — 1836. Etat-major. — Dénomb. — Ordo.

Elect., dioc. et arch. d'Amiens, doy. de Poix, prév. de Beauvaisis à Amiens.

Dist. du cant., 7 k. — de l'arr., 21 — du dép., 21.

COURCELLES-SOUS-THOIX (canton de Conty), 223 hab.

Curticellœ... Daire.

Curcellœ, 1105. Fondation de l'abb. de St.-Fuscien. Gall. christ.

Curcelli, 1140. Odon, évêque de Beauvais. Louvet.

Corcellœ, 1189. Clément VIII, pape. Louvet. Hist. de Beauvais.

Corcelli, 1189. Ib. —1227. Geoffroy, évêq. d'Am.

Courcelles, 1229. Jean de Conty. Daire. — 1757. Cassini.

Courcheles-soubz-Thoys, 1301. Pouillé.

Corcelles-sous-Thoix, 1657. N. Sanson. — 1763. Expilly.

Courcelles-sous-Thoix, 1692. Pouillé. — 17 brum. an X. —

Courcelle, 1761. Robert.

Dioc., élect. et arch. d'Amiens, doy. de Poix, prév. de Beauvaisis à Amiens.

Dist. du cant., 6 k. — de l'arr., 28 — du dép , 28.

COURCELLES-EN-VIMEU, dép. d'Aigneville, 60 hab.

Curticula, 831. Dipl. Ludovici Pii. Louandre. Topogr. de Ponthieu.

Curticella, 844. Dipl. Caroli Calvi. Hariulfe.

Cortisels, 1185. Henri de Fontaines. Hist. de Sery.

Cortiseols, 1186. Guillaume de Cayeux. Hist. de Sery.

Courcelles, 1492. Jean de la Chapelle. — 1757. Cassini. — 1766. Cout. de Ponthieu. — 1778. Alm. de Ponthieu.

Courcelle-en-Vimeu, 1703. Dom Grenier.

Courchelles, 1753. Doisy. — 1763. Expilly.

Courselles, 1782. Dom Grenier.

COURCELLES-LÈS-BUIRE, ham. dép. de Buire-Courcelles, 68 hab.

Curticella, 950. Dom Grenier.

Curticulæ, 980. Albert-le-Pieux. Colliette.

Curticulus, 980. Albert-le-Pieux. Gall. christ.

Curcelli, 1044. Grégoire VI, pape. Colliette. — 1127. Garin, évêq. d'Amiens.

Curtioli, 1073. Philippe I, roi. Cart. de S. Denys.

Corcellæ, 11... Reg. de Philippe-Auguste.

Curtelles, 1148. Eugène III, pape. Cart. noir de Corbie.

Corceles, 1174. Beaudouin, évêq. de Noyon. Cart. d'Arrouaise.

Corcelles, 1214. Dénomb. Reg. de Philippe-Auguste.

Courcheles, 1295. Lettre du roi Philippe IV.

Courcelles, 1567. Cout. de Péronne. — 1763. Expilly.

Courcelle, 1733. G. Delisle. — 1757. Cassini. — Ordo.

COURCELLES-LES-CHIRMONT, dép. de Chirmont.

Curcelli, 1164. Thierry, évêq. d'Amiens. Gall. christ.

Corcelli, 1258. Alexandre IV, pape. Hist. de Breteuil.

Courchelles, 1567. Cout. de Montdidier.

Courcelle, 1733. G. Delisle. — 1757. Cassini. — Ordo.

Courcelles, ferme. 1836. Etat-major.

COURCELLES-LES-DEMUIN, dép. de Démuin, 125 hab.

Curcellæ, 1256. Alexandre III, pape.

Courcelle prope Demvin, 1364. Dénomb. du Hamel. — xvi⁰ siècle.
Obituaire des Célestins d'Amiens. M. V. de Beauvillé.

Courcelles-sur-Noye, 1701. Armorial.

Courcelle, 1733. G. Delisle. — 1757. Cassini.

Courcelles, 1764. Expilly. — 1836. Etat-major. — Ordo.

Courcelles-lès-Démuin, 17... Dom Grenier.

COURCELLES-CAUMESNIL, dép. de Mézerolles.

Courchelles, 1507. Cout. loc.

Courcelle, 1733. G. Delisle. — 1778 De Vauchelle.

Courcele, 1743. Friex.

Courcelle-Caumesnil, 1757. Cassini.

Courcelles, 1764. Expilly. — 1836. Etat-major.

COURCELLES, fief sis à Cérisy-Buleux. — M. Prarond.

COURCHONS, dép. d'Airaines.

Corchons, 1190. Aleaume de Fontaine. — 1203. Innocent III, pape.

Courchon, 1301. Dénomb. de l'évêché. — 1733. G. Delisle. — 1826. Ordo. — 1856. Franc-Picard. — 1836. Etat-major.

Courchelles, 1301. Ib.

Courchons, 1757. Cassini. — 1827-62. Ordo.

COUR DE FIEF, fief sis à Vignacourt. — 1720. Ms. de Monsures. — 1750. L. C. de Boulainviller.

COUREAUX, ham., dép. d'Orival, 162 hab.

Coriau, 1733. G. Delisle. — 1778 De Vauchelle.

Courreau, 1757. Cassini.

Couraux, 1836. Etat-major.

Les Correaux, Ordo.

Couveaux, 1856: Franc-Picard.

Coureaux, Adm. loc. 1857. Dénomb. quinq.

COURS (les), dép. de Lanchères. — 1856. Franc-Picard.

COURS D'EAU DE LA RUE VOISIN, ruisseau qui traverse le village d'Assainvillers du nord au midi.

Cours d'eau du Roussoy, ruisseau qui longe le village d'Assainvillers au midi, et va de l'est à l'ouest.

Cours de Longueau, fief sis à Longueau. — Daire. Doy. de Fouilloy.

Course (la), petit cours d'eau qui de Villers-sur-Authie se jette dans le canal de Flandre.

Course, fief sis à Guillaucourt. — Daire. Doy. de Fouilloy.

Court-au-Bois, moulin dép. de Quesnoy-le-Montant.

  Le Court au bois, 1701. Armorial.

  Court-au-Bois, 1757. Cassini.

  Moulin, 1836. Etat-major.

  La Courte-au-Bois. Cadastre.

Courte-Haleine, hab. isol. dép. de Doullens, 4 hab. — 1857. Dénombr. Ne se trouve plus dans le dénomb. de 1861.

COURTE-MANCHE (canton de Montdidier), 126-136 hab.

  Curtis dominica, 982. Carta Lotharii regis. — 1146. Thierry, év. d'Am. Gall. christ.

  Courtis dominica, 1185. Urbain III, pape. Hist. de Montdidier.

  Cordemence, 1190. Nicolas, abbé de Corbie. Tit. de Corbie.

  Courdemenche, 11... Cart. noir de Corbie.

  Cordemanche, 1214. Dénomb. Reg. de Philippe-Auguste. M. Léop. Delisle. — 1257. Actes du Parlement. M. Boutaric.

  Courdemange, 1257. Actes du Parlement.

  Courdemanche, 1301. Pouillé de l'évéché. — 1438. M. Decagny.

  Courtement, 1380. Revue de Robert de Coucy. Trés. gén.

  Courtemanche, 1567. Cout. de Montdidier. — 1757. Cassini. — 1763. Expilly. — 1850. Tabl. des distances.

  Courdemanches, 1648. Pouillé général.

  Courte-Mouche, 1707. G. Sanson. France en 4 feuilles.

  Courte-Manche, 1733. G. Delisle. — 17 brum. an X.

  Kuée Courte-manche, 1764. Desnos.

  Dioc. et arch. d'Amiens, doy , élect., cout. et baill. de Montdidier.

  Dist. du cant., 3 k. — de l'arr., 3 — du dép., 35.

COURTE-MANCHE-LES-VOYENNES, dép. de Voyennes.

> *Coiz de manche*, 1215. Dénomb. de Jean de Nesle.

> *Cort de menche*, 1230. Dénomb. de la terre de Nesle.

> *Cordemanche*, 1254. Lettre de l'Official de Noyon.

> *Caudemanche*, 1331. Lettre de Robert de Condé confirmée par Philippe VI.

> *Courdemanche*, 1341. Dénomb. de Aélis de Courtemanche.

> *Courdemences*, 1438. Comptes de la commanderie d'Eterpigny.

> *Courtemenches*, 1458. Bail fait par la commanderie d'Eterpigny (1).

> *Courdemanches-lès-Voyennes*, 1519. Comptes de la commanderie d'Eterpigny. M. Cocheris.

> *Courte-Manche*, 1757. Cassini. — 1778. De Vauchelle.

> *Courtemanche*, 1836. Etat-major. — 1856. Franc-Picard.

COURTGAIN (le), dép. de S. Valery, 577 hab. — 1857-61. Dénomb.

COURTIEUS FLEURIS (les), fief sis à Lignières-Châtelain. — Daire. Doy. de Poix.

COURTIEUX, dép. de Maisnières, 104 hab.

> *Courtils*, ...

> *Courtillet*, ...

> *Courthieu*, 1674. M. Darsy. Canton de Gamaches.

> *Courtieux*, 1701. Armorial. — 1757. Cassini. — 1766. Cout. de Ponthieu. — 1778. Alm. de Ponthieu. — 1836 Etat-major.

COURTIL, ferme dép. de Crouy. — 1750. L. C. de Boulainviller.

> *Cense de Courtil.*

> *Cense du Courtil.*

COURTILLET (le), bois dép. de Fluy.

COURTILLET, dép. de Lanchères, 13 hab.

> *Courtillier*, 1757. Cassini. — Ordo.

> *Courtillé*, 1836. Etat-major. — 1844. M. Fournier.

---

(1) M. Cocheris confond cette cense avec le village de Courtemanche, arrond. de Montdidier; le compte de 1519 ne laisse aucun doute.

Courtillet, 1810. Alm. d'Abb.

Courtillette, 1852. Annuaire — 1856. Franc-Picard.

COUTEAU, fief sis à Bussy-lès-Poix. — Daire. Doy. de Poix.

COUTINCHEUL, fief sis à Molliens-Vidame. — Dom Grenier.

COUTURE DE LONG FEU, ferme dép. de Rainneville. — 1547. Titres de Corbie.

COUTURE MALHEUREUSE (la), fief sis à St.-Taurin.

COUTURE-QUEVAL (la), fief sis à Contoire.

> *Fief de la Couture-Queval*, 1729. Déclarat. du curé. — Daire. Doy. de Davenescourt.
>
> *Le petit Cardonnoy.* Ibid.

COUTURE ST.-PIERRE, fief sis à Boisrault. — 1778. Arch. de Selincourt.

COUTURELLES (les). bois dép. d'Authuille, défriché.

COUTURES (les), remise dép. de Daours.

CRAIN, fief sis à Vironchaux. — Dom Grenier. M. Prarond.

CRAMONT (canton d'Ailly-le-Haut-Clocher), 608 hab.

> *Cromons*, 1100. Gall. christ. — 1206. Richard, évéq. d'Am. — 1227. Grégoire IX, pape.
>
> *Cromont in valle*, 1239. Hosp. de S. Riquier.
>
> *Cromont*, 1263. Hosp. de S. Riquier. — 1264. Ch. Mathieu de Roye. Dom Grenier. — 1301. Pouillé. — 1453. Lettre de rémission de Charles VII. — 1733. G. Delisle. — 1764. Expilly.
>
> *Cramont*, 1507. Cout loc. — 1710. N. de fer. — 1743. — Friex. — 1757. Cassini. — 1764. Expilly. — 17 brum. an X.
>
> *Cramon*, 1763. Dénomb. de la seigneurie de la Ferté-lès-S.-Riquier.
>
> *Cramont*, 1778. De Vauchelle.
>
> Elect. de Doullens, dioc. d'Amiens, arch. de Ponthieu, doy. et prév. de St.-Riquier.
>
> Dist. du cant., 12 k. — de l'arr., 17 — du dép , 30.

CRANIÈRE (la), écart dép. de Flamicourt-lès-Doingt.

CRÉCY (chef-lieu de canton), 1424-1732 hab.

Crisciacum, 660. Præcept. Clotarii III. Folquin. Cart. Sithiense.
— 1239. Hosp. de S. Riquier.

Cricecum, 674.

Cariciaco, 687. Dipl. Theodorici III.

Criscecum, vii° siècle. Fredegaire. (Criscecum villa in Pontivo).

Crisciaccus, 709. Præcept. Childeberti III.

Crisciagum, ... Gesta Francorum. Dom Bouquet.

Crisiacum, ... Chron. Moissiacensis cœnobii.

Choisciacum. Testament de S. Leger.

Cressrium, 1138. Thibaut, évèq. de Thérouanne. Cart. de Valloires.

Cresseia, 1144. Eugène III, pape. Cart. de Valloires.

Crasseia, 1147.   Id.   Ib.

Cressi, 1160. Alexandre III, pape. Cart. de Valloires. — 1176.
Jean, comte de Ponthieu. Cart. de Valloires. — 1223-1224.
Hosp. de St.-Riquier. — 1456. Amendes pour délits de chasse.
— 1492. Jean de la Chapelle. — 1646. Hist. eccl. d'Abbev.
— 1764. Expilly. — 1777. Alm. du Ponthieu.

Cresci, 1165. Jean, comte de Ponthieu. Collection de M. de
Beauvillé. — 1243. Hosp. de S. Riquier. — 1301. Pouillé.

Crescy, 1181. Guillaume, comte de Ponthieu. Mém. de la Soc.
d'Emul. d'Abb. — 1781. Mém. pour le C. d'Artois. M. Prarond.

Carisiacum, ... Expilly.

Cressy, 1192. Thomas, abbé de S. Jean. Aug. Thierry. — 1492.
Jean de la Chapelle. — 1495. Robert Gaguin. — xv° siècle.
Chron. d'Edmond de Dynter. — xv° siècle. Chron. de Wielant.
— 1507. Cout. loc. — 1579. Ortelius. — 1587-1605. Diane de
France. Hosp. de S. Riquier. — 1638. Tassin. — 1646. Hist.
eccl. d'Abbev. — 1648. Hosp. de S. Riquier. — 1753. Doisy.
— 1757. Cassini. — 1764. l'esnos. — 1764. Expilly. — 1776.
Alm. du Ponthieu. — 1787. Pic. mérid. — 1824-42. Ordo.

Grisciacum palatium, xii° siècle. Folquin. Cart. Sithiense.

Crissiacum villa, xii° siècle. Ib.

Creciacum, 1220-1221. Hugues de Châtillon. Trésor des chartes.
— 1309. Philippi IV mansiones et itinera.

Cressiacum, 1228. Hosp. de S. Riquier. — Expilly.

Cresciacum, 1244. Innocent IV. Cart. de Valloires. — 1255.
Jeanne de Castille, comtesse de Ponthieu. Hist. eccl. d'Abbev.

Cresi, xiiiᵉ siècle. Chron. de S. Denys.

Crécy, 1370. Lettre de Charles V. Rec. des ord. — 1442. Chron.
de Mathieu d'Escouchy. — 1559. Lettre de François Iᵉʳ. Hosp.
de S. Riquier. — 1611. Des Rues. — 1631. Hosp. de S. Riquier.
— 1635. Louvet. Hist. de Beauvais. — 1648. Pouillé gén. —
1710. N. De Fer. — 1763. Expilly. — 1778. De Vauchelle. —
1836. Etat-major. — 1842-62. Ordo. — 17 br. an X.

Villa Cressiaci, 1492. Jean de la Chapelle.

Cryssi, xvᵉ siècle. Chron. d'Edmond de Dynter.

Crécy-en-Ponthieu, 1635. Arrêt du conseil d'Etat.

Créci, 1733. G. Delisle. — 1759. Moreri.

Doy. de Rue. arch. d'Abbeville, dioc. d'Amiens, élect. d'Abbeville, cout. de Ponthieu ; chef-lieu d'un bailliage royal et
d'une prévoté.

Ce lieu est célèbre par la triste bataille du 26 août 1346.

Crécy fut désigné l'un des 17 chefs-lieux de canton du district
d'Abb. en 1790, l'un des 14 chefs-lieux d'arr. comm. en l'an
VIII, et l'un des 11 chefs-lieux de justice de paix en l'an X.
Dist. de l'arr., 19 — du dép., 54.

CRÉCY-GRANGES, dép. de Crécy, 17 hab.

Cryssy-Grange, 1646. Hist. eccl. d'Abbev. — 1842. Ordo.

. Grange, 1787. Pic. mérid.

Crécy-Grange, 1810. Alm. d'Abb. — 1856. Franc-Pic. — Ordo.

Crécy-Granges. Administration. — Dénomb.

CRÉMERY (canton de Roye), 107 hab.

Cremeri, 1142. Simon, évêq. de Noyon. Cart. de Prémontré. —
1231-1296. Cart. de Noyon. — 1243. Cart. d'Ourscamp.

Crimeri, 1195-1243-1273. Cart. d'Ourscamp. — 1207. Etienne, évêq. de Noyon. Cart. de Noyon.

Crimery, 1215. Dénomb. de Jean de Nesle. — 1230. Dénomb. de la terre de Nesle.

Cresmery, 1567. Cout. de Roye.

Crémery, 1757. Cassini. — 17 brum. an X.

Dioc. de Noyon, doy. de Nesle, élect. de Péronne, baill. et prév. de Roye.

Dist. du cant., 6 k. — de l'arr., 25 — du dép., 44.

Crémery, fief sis à Rosières. — 1589. Titres de l'évêché.

Cressonnière (la), ruisseau et fontaine d'Airaines.

La Cressonnière.

Les Cressonnières.

Cressonnières (les), fief sis à La Faloise. — Daire. Doy. de Moreuil.

CRESSY-OMANCOURT (canton de Roye), 283-312 hab.

Creci, 1143. Célestin II, pape. Cart. de Prémontré.

Creissy, 1153. Baudouin, év. de Noyon. Le Vasseur. Ann. de Noyon.

Creissi, 1153. Id. Cart. de Noyon.

Cresci, 1164. Thierry, évêq. d'Am. Gall. christ.

Cressi, 1215. Dénomb. de Jean de Nesle. — 1230. Dénomb. de la terre de Nesle. — 1237. Cart. de Noyon. — 1733. G. Delisle.

Cresi, 1260. Olim.

Creciacum, 1271. Olim.

Cressy, 1384. Dénomb. du temporel de N.-D. de Ham. — 1567. Cout. de Roye. — 1648. Pouillé. — 1710 N. de fer. — 1757. Cassini. — 17 brum. an X. — 1836. Etat-major.

Cressy-Omancourt, xive siècle. M. Leroy.

Cressy-lez-Neelle, xviie siècle. M. Leroy.

Crespiniacum. — Colliette. — M. Decagny. Arr. de Péronne.

Cressey, ... M. Decagny.

Crécy-lès-Roye, 1821-47. Ordo.

Cressy-lès-Roye, 1848-62. Ordo.

Dioc. de Noyon, doy. de Nesle, élect. de Péronne, baill. et prév. de Roye.

Dist. du cant., 10 k. — de l'arr., 29 — du dép., 52.

CRETIN (le), ruisseau qui passe à Laleu.

CRETU, fief sis à Cérisy. — 1445. Arch. du chapitre.

CREUSE (canton de Molliens-Vidame), 171 hab.

Crosa. — *Crosia*. Dairc.

Cretoza. Chap. Notre-Dame. M. Goze.

Creusa, 1189. Thibaut, évêq. d'Am. Cart. de Selincourt. — 1234. Arch. du chap. d'Am.

Creuse, 118.. Alvarède, abbé de Breteui: Cart. de Selincourt. — 1301. Pouillé. — 1761. Robert. — 17 brum. an X.

Creuze, 1638. Tassin.

Creusses, 1648. Pouillé général.

Creuses, 1733. G. Delisle. — 1757. Cassini.

Creuzes, 1753. Doisy. — 1763. Expilly.

Dioc., élect. et arch. d'Amiens, doy. de Conty, prév. de Beauvaisis à Amiens.

Dist. du cant., 13 k. — de l'arr., 12 — du dép., 12.

CREUSE, ancienne cense dép. de Rivery.

Creuse, 1733. G. Delisle. — 1757. Cassini.

Creuzes, 1763. Expilly.

La Creuse, fief.

Creuze, 1781. Cout. d'Amiens.

CRIMONT, fief sis à Gamaches. M. Darsy.

CRINQUET (le), dép. de Millencourt (canton de Nouvion).

Crinquet, 1826. Ordo.

Le Crinquet, 1840. Alm. d'Abb. — 1856. Franc-Picard.

CROCQ (le), hab. isol., dép. de Dreuil-les-Molliens.

Le Crocq.

Moulin du Crocq.

CROCQ (le), bois, dép. de Domvast.

CROCQUET (le), fief sis à Gentelles. — Daire. Doy. de Fouilloy.

CROCS (les), dép. du Crotoy, 113 hab. — 1861. Dénomb. quinq.

CROQUET (le), bois dép. d'Herleville.

CROISETTE, croix sise entre Quivières et Guizancourt.

CROISETTES, dép. de Behen, 16 hab.

   Les Croisetes, 1733. G. Delisle.

   Les Croisettes, 1757. Cassini. — Ordo. — Cadastre.

   Croizette, 1766. Cout. de Ponthieu.

   Ecroisette, 1840. Alm. d'Abb.

   Les Croiselles, 1852. Annuaire. — 1856. Franc-Picard.

   Ecroisettes, 1857-61. Dénomb.

CROISETTES (les), dép. de Maurepas (canton de Combles). — 1757. Cassini. — Non indiqué par l'Etat-major.

CROISETTES (les), calv., dép. de Métigny.

CROIX DE FER (la), hab. isolée, dép. de Longueau.

CROIX DE HAUTE-AVESNE, ancienne limite de la banlieue d'Abbeville.

   Crux Altavesne, 1184. Limite de la banlieue d'Abbeville.

   Croix de Haute-Aveine, 1283. Limite de la banlieue d'Abbeville.

   Haute-Avesne, 1337. Rôle des nobles et fieffés.

   Crux de Altavenne, 1350. Lettre du roi Jean. Rec. des ord.

CROIX DE L'INDICT, dép. de Camon.

   Croix du Lundi, 1733. G. Delisle. — 1778. De Vauchelle.

   Croix de l'Indict, 1757. Cassini. — 1836. Etat-major.

   Croix du Landy.

CROIX-L'ABBÉ, dép. de St.-Valery, 558 hab. —

   Croix-l'Abbé, 1757. Cassini. — 1836. Etat-major.

CROIX-MOLIGNAUX (canton de Ham), 404-503 hab.

   Cruces, 1024. Cart. de Noyon. — xi° siècle. Le Vasseur. Ann. de Noyon. — 1265. Jean de Tracy. Cart. de Noyon.

   Crux, 1116-1190. Cart. de Noyon. — 1174. Thibaut, évêque d'Amiens. Cart. St.-Laurent.

Croiz, xiiᵉ siècle. Cart. de Noyon.

Crois, 1242. Official de Noyon. Cart. de Noyon. — 1293. M. Decagny. — 1573. Ortelius. — 1592. Surbonius.

Croy, 1567. Proc.-verb. des cout.

Croix, 1648. Pouillé général. — 1733. G. Delisle. — 1757. Cassini. — 1764. Expilly. — 1836. Etat-major.

Croys, 1710. N. De Fer. — 1761. Robert.

Croix-Moligneux… Ordo.

Croix-lès-Matigny… M. Decagny.

Croix-Molineau. M. Decagny. Etat du dioc.

Croix-Molignaux, 17 brum. an X. — 1824-45. Ordo.

Croix-Moligneaux, 1846-62. Ordo.

Dioc. de Noyon, doyenné de Ham, élect., cout., baill. et prév. de Péronne.

Dist. du cant., 10 kil. — de l'arr., 16. — du dép. 59.

CROIX-RAULT (canton de Poix), 512 hab.

Crux Radulphi, 1146. Thierry, évêq. d'Amiens. Cart. de Selincourt. — 1166. Henri, arch. de Reims. Ib.

Croirals, 1186. Manassé Francastel. Dom Grenier.

Croix Raoult, 1527. Cout. de Poix. — 1763. Expilly.

Croixrault, 1733. G. Delisle. — 1840. Duclos.

La Croix Raoult, 1753. Doisy.

La Croix Raoul, 1761. Robert.

Croiserault, 1781. Cout. d'Amiens.

Croix-Rault, 17 brum. an X. — 1836. Etat-major. — 1865. Sceau de la commune.

Croix Raoul, 1397. Lettre de rémission.

Croirault, 1702. D'Hozier.

Dist. du canton, 2 k. — de l'arr., 27 — du dép., 27.

CROIX ROUGE (la), hab. isolée, dép. de Misery.

CROQUET, fief sis à Aigneville. — 1551. Aveu. Généal. de Belleval.

CROQUOISON, ham., dép. d'Heucourt-Croquoison, 56 hab.

Croquoison, 1264. Godefroy de Bretisel. — 1337. Rôle des nobles et fieffés. — 1339. Quittance de Jean de Croquoison. Trés. gén. — 1692. Pouillé. — 1757. Cassini. — 1766. Cout. de Ponthieu. —17 brum. an X.

Crokoyson, 1301. Pouillé.

Croque-oison, XIVe siècle. Armorial.

Crocquoison, 1562. Lettre de Charles IX. Aug. Thierry.

Croque-Oyson, 1637. Marrier. Hist. de St.-Martin-des-Champs. — 1782. D. Grenier.

Croicosson, 1648. Pouillé général.

Cocroison, 1761. Robert.

Dioc. d'Amiens, doy. d'Airaines, archid. élect., cout. et baill. d'Abbeville.

CROTOY (le), (canton de Rue), 1061-1411 hab.

Carocotinum. Itinéraire d'Antonin. — Hadrien de Valois. — Dom Bouquet. Rec. des hist. de France. — Expilly.

Portus Itius. César. — Boucher. Mém. de la Soc. d'Emul. d'Abbeville. — 1833. Estancelin. Ibid.

Gravinum. Tab. Peutingeri. — Hadr. de Valois.

Quartensis locus. Nic. Sanson. — Estancelin.

Creta, 663. Vie de Ste. Austreberte. — Malbrancq.

Crotoy, 1121. Jean, comte de Ponthieu. Hist. eccl. d'Abb. — 1177. Thibaut, év. d'Am. Gall. christ. — 1220. Robert de Dreux. — 1301. Pouillé. — 1341. Sent. du bailly d'Amiens. Aug. Thierry. — 1346. Chron. de Froissart. — 14... Chron. de Wielant. — 1423. Mém. de Pierre de Fenin. — 1492. Jean de la Chapelle. — 1530. Remontrance à Charles Quint. — 1579. Ortelius. — 1611. Des Rues.

Castrum del Crotois, 1150. Bernard de St.-Valery. M. Prarond. — 1174 Dom Grenier.

Crotoi, 1210. Guillaume, comte de Ponthieu. Mém. de la Société d'Emul. d'Abbev. 1836. — 1763. Bellin. Carte de la Manche.

Croteium, 1237. Simon, comte de Ponthieu. M. Prarond.— 1495. Robert Gaguin.

Crotoyum, 1244. Innocent IV, pape. Cart. de Valloires. — 1369. Lettre du roi Charles V. Recueil des ord.

Crotolium, 1257. Jeanne, comtesse de Ponthieu.

Crotoye, 1366. Edouard III d'Angleterre. Rymer. — 1641. Arrêt du Conseil d'Etat du 23 août.

Croteyum, 1369. Lettre de Charles V. Rec. des ord.

Le Crotoy-sur-la-Mer, 1386. Salaire de mariniers. M. de Beauvillé.

Crotoy-en-Ponthieu, 1397. Lettre de Charles VI. Rec. des ord.

Le Croetoy, xv° siècle. Chron. de Wielant.

Crottoy, 1470. Chron. de Georges Chastelain. — 1492. Chron. de Jean de la chapelle. — 1507. Cout. loc. — 1579. Ortelius. — 1646. Hist. eccl. d'Abb. — 1701. Armorial. — 1763. Expilly.

Le Crothoy, 1489. Hommage du comte de Dunois. M. Cocheris.

Crestoy, 1492. Jean de la chapelle.

Le Crottouer, 1594. Lettre de Henri IV du 20 avril.

Le Crottoir, 16... Rapp. de l'ing. Leroux d'Infreville. F. Lefils.

Le Crotoy, 1681. Lettre de Colbert. — 1710. N. De Fer. — 1757. Cassini. — 1763. Expilly. —1766. Cout. de Ponthieu. — an X.

Le Crottoy, 1683. Revenus du roi dans la généralité d'Amiens.

Le Cottoy, 1763. Expilly.

Crottoi, 1766. Cout. de Ponthieu.

Le Crotoi, 1776. Alm. du Ponthieu.

Cretense castrum, ... Expilly.

Dioc. d'Am., arch. du Ponthieu, doy. de Rue, élect.; cout. et baill. d'Abbeville. — Capitainerie de gardes-côtes.— Bureau des cinq grosses fermes.

Dist. du cant., 8 k. — de l'arr., 25 — du dép., 70.

Скотоy (le), rivière.

Le Crotoy. M. Buteux. Géologie du département.

Ruisseau de Favières. — *Rivière de Favières.*

Le Crotoy qui prend sa source à Favières, se jette dans la baie de Somme au Crotoy, après un parcours de 10 kil.

CROUEN (le), bois, dép. de Caulières.

Le Crouen. — *Le grand Crouen.* Cadastre.

CROUY (canton de Picquigny), 325-393 hab.

Croy, 1066. Fondation de la collégiale de Picquigny. Gall. christ. — 1120. Enguerrand, évêq. d'Amiens. — 1206-1207-1215. Gérard, évêq. d'Amiens. Cart. du Gard. — 1210. Enguerrand de Picquigny. Ib. — 1224. Hugues de Fourdrinoy. Ib. — 1236. Gérard; doy. d'Amiens. Gall. christ. — 1301. Pouillé. — 1337. Rôle des nobles et fieffés. — 1444. Chron. de Mathieu d'Escouchy. — 1507. Cout. loc. — 1524. Mém. de Commines. — 1547. Cart. du Gard. — 1757. Cassini. — 1763. Expilly.

Croi, 1167. Firmin, maire d'Amiens. — 1174. Thibaut, év. d'Am. Cart. du Gard. — 1823-41. Ordo.

Croii, 1252. Gui du Candas. Cart. de Corbie.

Crouy, 1414. Chron. de Mathieu d'Escouchy. — 1524. Mém. de Commines. — 1763. Expilly. — 1785. Daire. — 17 brum. an X. — 1836. Etat-major. — 1842-62. Ordo.

Croyacum super Sommam, XVIe siècle. Obit. du chap. d'Am.

La Croix, 1638. Tassin.

Craux, 1657. Jansson.

Croï-sur-Somme, 1826-27. Ordo.

Elect., dioc. et arch. d'Amiens, doy. de Picquigny, prév. de Beauvaisis à Amiens.

Crouy fut érigée en duché-pairie en 1598 en faveur de Charles de Croy, duc d'Arschot.

Dist. du cant., 5 k. — de l'arr., 18 — du dép., 18.

CUIAVAL, siége d'un ancien prieuré transporté au Bosquel, aujourd'hui lieu dit au terroir de Tilloy-les-Conty.

Cuiaval, 1153. Thierry, évêq. d'Amiens. Cart. du prieuré. — 1665. Déclaration du prieuré.

Cuvialval, 1218. Cart. de St.-Martin-aux-Jumeaux.

Cuviaval, 1235.   Ib.

Cuivalval, 1235-43.   Ib.

Cuivaval et *Cuvalval*, 1243.   Ib.

Cuiaval, 1243. Robert de Forest. 1252. — Id. — 1510. Bail. — 1761. Déclaration du prieuré.

Cuvelval, 1244. Cart. de St.-Martin-aux-Jumeaux.

Guiauval et *Quiauval*, 1252.   Ib.

Kioval, 1301. Pouillé.

Cuiavalle, 1621. Bail.

Le Cul à Val. Cadastre.

CUIAMONT, fief sis à Authieulle, réuni en 1531 à celui d'Haudrimont. — Daire. Hist. de Doullens.

CUIAVAL, fief sis à Authieulle, réuni en 1531 à celui de Corniamont. — Daire. Hist. de Doullens.

CULBUTE (la), écart, dép. de Machy, 4 hab.

La Culbute.

Les prés de la Barre.

CUL DE FOI (le), bois dép. du Mazis. — Défriché.

CUL-DU-MONT, bois dép. de Naours.

La Queue du Mont, 1547. Décl. des revenus de l'abb. de Corbie.

Le Cul-du-Mont, 1708. Titres de Corbie.

CUL ÉVENTÉ, moulin ruiné, dép. de Cardonnette.

Le Cul éventé.

Le vieux moulin.

CULMONT (le), hab. isol., dép. de Vers-Hébecourt.

CULOTTE DE CAMON, hab. isol., dép. de Camon.

CUMONT, ferme, dép. de Coulonvillers.

Cumont, 1646. Hist. eccl. d'Abb. — 1757. Cassini. — 1763. Expilly. — Ordo. — 1836. Etat-major.

Camont, 1840. Alm. d'Abbeville.

Cᴏᴍᴏɴᴛ, ferme, dép. de Bailleul. — 1750. L. C. de Boulainviller.

Cᴜᴍᴏɴᴛ, fief sis à Neuilly-le-Dieu. — 1750. L. C. de Boulainviller.

Cᴜᴍᴏɴ-ᴠɪʟʟᴇ, dép. de Gueschart, 53 hab.

   Cumont ville, 1733. G Delisle. — 1757. Cassini.

   Gamont vile, 1743. Friex.

   Cumont, 1761. Robert.

   Cumonville, 1766. Cout. de Ponthieu. — Ordo. —

   Cumonville, 1778. De Vauchelle.

Cᴜɴᴇᴛᴛᴇ (la), fossé de Doullens qui se perd dans l'Authie.

Cᴜɴᴇᴛᴛᴇ, canal ou mieux fossé d'égout conduisant les eaux du faubourg St.-Pierre à Amiens dans la Somme. Destiné à l'écoulement des eaux des sources qui prennent naissance dans les entailles de ce faubourg et de Rivery, il sert aussi à l'écoulement des eaux qui. de la Somme et du Malaquis s'épanchent dans ces marais.
   Fossé de la Cunette. — Canal de la Cunette.

CURCHY (canton de Roye), 259 hab.

   Curci, 1132. Raoul de Nesle. Cart. de S. Corneille. — 1143. Célestin II, pape. Cart. de Prémontré. — 1215. Dénomb. de Jean de Nesle. — 1230. Dénomb. de la terre de Nesle.

   Curchi, 1160. Beaudouin, év. de Noyon. Dom Cotron. Hist. de l'abb. de Nogent. — 1219. Jean de Nesle. Cart. de Noyon. — 1246-1277. Cart. d'Ourscamp.

   Curciaum, 1189. Etienne, év. de Noyon. Dom Cotron. Ib.

   Curchum, 1200. Etienne, év. de Noyon. Cart. d'Ourscamp.

   Curchy, 1277. Cart. d'Ourscamp. — 1307. Imbert de Beauvais. Cart. de Lihons. — 1567. Cout. de Péronne. — 1648. Pouillé général. — 1757. Cassini. — 17 brum. an X.

   Cursi, 1665. Dom Cotron. Ib.

   Couchy, 1710. N. De Fer.

   Courchy, 1761. Robert.

Curchil. M. Decagny. Arrond. de Péronne.

> Diocèse de Noyon, chef-lieu d'un doyenné, élect. et cout. de
> Péronne, baill. et prév. de Roye.
>
> Dist. du cant., 11 k. — de l'arr., 29 — du dép., 46.

CURLU (canton de Combles), 374-392 hab.

Corlu, 1090. Gérard de Hamel. Cart. d'Arrouaise. —1190. Rorgo
de Hardecourt. Ib. — 1230. Jean de Hamel. Ib.

Curvus locus, 1104. Dom Grenier. Confirmat. de l'autel. — 1188.
Philippe, comte de Flandre.

Curlu, 1155. Cart. d'Arrouaise. — 1576. Cout. de Péronne. —
1648. Pouillé général. — 1733. G. Delisle. — 1757. Cassini.
— 1786. Hist. d'Arrouaise. — 17 brum. an X.

Corliu, 1160. Baudouin, év. de Noyon. Cart. d'Arrouaise.

Cuerlu, 1190. Baudouin d'Encre. Cart. d'Arrouaise. — 1256.
Arnould, abbé de S. Barthélemy de Noyon. — 1414. Chron.
de Monstrelet.

Cherlus, 1198. Pierre, prieur de Libons. Cart. de Libons.

Querlu, 1202. Gilles de Marquais. — 1237. Cart. de Noyon.

Quellu, 1241. Cart. d'Arrouaise.

Ceurleu, 1579. Ortelius. — 1592. Surhonius. — 1638. Tassin.

Courleu, 1657. Jansson.

Curli, 1710. N. De Fer.

Cœurlu, 1753. Doisy. — 1764. Expilly.

> Dioc. de Noyon, doy., élect., cout. et baill. de Péronne.
>
> Dist. du cant., 7 k. — de l'arr., 12 — du dép, 43.

CUVIÈRES, dép. de Bernaville.

Cuignières. Dom Grenier.

Cuvierü, 1140. Garin, év. d'Am. — 1343. Enguerrand, év. d'Am.

Cuverii, 1210. Hugues de Cayeux.

Cuvieres, 1226. Giraud, abbé de S. Germer. — xvie siècle. Obit.
du chap. — Dom Grenier.

Cuverie, 1227. Edèle de S. Valery.

Cvvière. Cadastre.

Cuvilly, ham. dép. de Sancourt, 118 hab..

    Curelli, 1153. Baudouin, év. de Noyon. Cart. d'Arrouaise. —
    1288. Cart. d'Arrouaise.

    Escuvilly, 11... Cart. de Noyon.

    Cuvilly, 1290. Actes du Parlement. — 1757. Cassini.

    Cuvilli, 1733. G. Delisle.

    Cuvilliers..... M. Decagny.

D.

DAMERY (canton de Roye), 416 hab.

    Domno regium, 875. M. Decagny. Etat du dioc.

    Dalmerio, 10... Benoît IX, pape. C. de Noyon. — 1126. Louis VI.

    Damneri, 1200. Titres de St.-Florent de Roye. — 1213. Philippe-
    Auguste. Gall. christ.

    Daumeri, 1213. Etienne, évêq. de Noyon. — 1223. Cart. St.-Mar-
    tin-aux-Jumeaux. — 1225. Florent d'Hangest. Cart. de Fouilloy.
    — 1231. Geoffroy, év. d'Am. Cart. de Noyon. — 1257. Guy,
    châtelain de Corbie. Cart. d'Ourscamp.

    Dameri, 1218. G. de Mello. Cart. de Fouilloy. — 1301. Pouillé.

    Damery, 1218. Guillaume de Mello. Cart. de Fouilloy. — 1567.
    Cout. de Roye. — 1757. Cassini. — 17 brum. an X.

    Daumeriachum, 1224. Florent d'Hangest. Cart. de Fouilloy.

    Danmeri, 1259. Official de Noyon. Cart. d'Ourscamp.

    Dalmereium, 1265. Jean de Tracy. Cart. de Noyon.

    Dampmery, 1648. Pouillé général.

    Amery, 1695. Nobil. de Picardie.

    Elect. de Montdidier, dioc. et arch. d'Amiens, doy. de Rou-
    vroy, baill. et prév. de Roye.

    Dist. du cant., 6 k. — de l'arr., 17 — du dép., 38.

DAMERY, fief sis à Mesnil-St.-Georges. Daire. Doy. de Montdidier.

DAMERY, fief sis au Quesnel. — Daire. Doy. de Montdidier.

DANCOURT (canton de Roye), 124 hab.

Doencurt, 1135. Gosson, abbé de Corbie.

Dodonis curtis, 1160 ?

Drecort, 1204. Thibaut, évêq. d'Am. Daire.

Driencuria, 1209. Cart. de Corbie.

Dancourt, 1503. Gén. de Mailly. — 1757. Cassini. — 17 br. an X.

Daucourt, 1563. Ord. du bailly d'Amiens. Aug. Thierry.

Dampcourt, 1567. Cout. de Roye.

Dancecourt, 1567. Cout. de Péronne.

D...court, 1707. France en 4 f. G. Sanson.

Elect. de Montdidier, baill. et prév. de Roye.

Dist. du cant., 6 k. — de l'arr., 13 — du dép., 44.

DAOURS (canton de Corbie), 746 hab.

Dors, 704. Diploma Childeberti III. Pardessus. Dipl. — 1174. Thibaut, év. d'Am. Cart. St.-Laurent. — 1228. Cart. d'Ours-camp. — 1233. M. Decagny. Etat du diocèse.

Durdis, 843. Dipl. Caroli Calvi.

Dorzs, 1140. Carta de Roseriis. Cart de Libons.

Dursi, 1140.   Ib.   Ib.

Durs, 1144. Gerard de Picquigny. Cart. St.-Jean. — 1233. M. Decagny. Etat du dioc. — 116.. Thierry, évêq. d'Amiens. Cart. St.-Laurent.

Dorr, 1153. Thierry, évêq. d'Amiens. Cart. St.-Laurent.

Dours, 1159. Thierry, év. d'Amiens. Cart. de St.-Acheul. — 1186. Délimitation du comté d'Amiens. — 1265. Actes du Parlement. — 1283. Cart. noir de Corbie. — 1295. Titres du chapitre. — 1301. Pouillé. — 1322. M. Decagny. — 1445 Délimitation de la banlieue d'Amiens. — 1522. Testament de Charles d'Ailly. — 1579. Ortelius. — 1592. Reg. de l'échevinage d'Amiens. — 1615. Jehan Patte. — 1695. Nobil. de Picardie. — 1733. G. Delisle. — 1757. Cassini. — 1781. Cout. d'Amiens.

Daours, 1348. Procès entre la commune et le seigneur d'Am. —
1507. Cout.loc.—1764. Expilly.—1836. Etat-maj.—17 b. an X.

Dur, xve siècle. Armorial.

Dourscha, 1607. Mercator.

Doure, 1638. Tassin. — 1657. Jansson.

D'aours, 1750. L. C. de Boulainviller.

  Elect. de Doullens, dioc. et arch. d'Amiens, doy. de Mailly,
prév. de Fouilloy.

  Dist. du cant., 5 k. — de l'arr., 12 — du dép., 12.

DARGNIES (canton de Gamaches), 882 hab.

Dareneyum, 704. Dipl. Childeb--ti III.

Daregni, 1223. Geoffroy, év. d'Amiens. Cart. de Fouilloy.

Daregny, 1223. Ib. — 1229. Gautier, abbé de Lieu-Dieu. Cart.
de Bertaucourt. — 1263. Lettre du doyen de Gamaches. —
1301. Pouillé. — xive siècle. Armorial.

Darregny, 1263. M. Decagny. Etat du diocèse.

Dargny, 1397. Jugement du prévôt de Vimeu. M. Cocheris. —
1425. Armorial de Sézille. — 1433. Epitaphe de Guill. le Faulqueur. M. Darsy. — 1482. M. Prarond. — 1567. Proc.-verb.
des cout. — 1648. Pouillé. — 1757. Cassini. — 1761. Robert.

Argny, 1567. Proc.-verb. des cout.—1695. Nobil. de Picardie.

Dargnies, 1646. Hist. eccl. d'Abbeville. —1733. M. Darsy. —
17 brum. an X. — 1836. Etat-major.

Dergny, 1713. Testament de Marie de Paschal. M. Darsy.

Dergni, 1778. De Vauchelle.

Dargni-en-Vimeu. Trésor généalogique.

Dargnies-Cornehotte, 1851. Alm. d'Abbeville.

  Dioc. d'Amiens, élect. d'Abbeville, arch. de Ponthieu, doy.
de Gamaches, prév. de Vimeu.

  Dist. du cant., 8 k. — de l'arr., 27 — du dép., 65.

DARNATA, fief sis à Rue. — 1703. Dom Grenier. — M. Prarond.

DATHON, village du Vimeu.— 921. Dipl. Caroli IV.— Lieu inconnu. Ce village paraît avoir été situé sur la Trie.

DAVENESCOURT (canton de Montdidier), 889 hab.

Avenescuria.

Davenescourt, 1118. Geoffroy, év. d'Am. Daire.— 1388. Partage. Cart. de Lihons. — 1471. Lettre de Louis XI. Recueil des ord. — 1757. Cassini. — 1764. Expilly. — 17 brum. an X.

Davenescort, 1141. Garin, év. d'Amiens. Cart. de St.-Corneille.— 1198. Pierre, prieur de Lihons. Cart. de Lihons — 1202-1244. Cart. de St.-Corneille.

Davenoiscort, 1162. Alexandre III, pape. — 1197. Guy Camp-d'Avène. Cart. de Lihons.

Avenescourt, 1184. Luce III, pape. Hist. de Roye. — 1351. Jean d'Hangest. — 1705. Etat des unions des maladreries.

Davenaiscort, 1198. Alexandre III, pape. Cart. St.-Corneille.

Avenis curtis. 1202. M. Decagny. Etat du dioc.

Davenescurt, 1206. Raoul de Clermont. Cart. de Lihons.

Daveniscurt, 1217. Cart. Néhémias de Corbie.

Davenoiscourt, 1301. Pouillé du diocèse.

Avesnecourt, 1387. Anselme. Généal. — 1648. Pouillé général.

Davencourt, 1411. Aveu. — 1579. Ortelius. — 1592. Surhonius.

Danencourt, 1425. Mém. de P. de Fenin.

Davenencourt, 1589. M. Decagny. Etat du diocèse. — 1591. Montre faite à Davenescourt. M. V. de Beauvillé.

Daves, 1710. N. De Fer.

Davenecourt, 1733. G. Delisle.— 1707. G. Sanson.

Davesnecourt, 1753. Doisy.

Divinecourt, 1787. Picardie mérid.

Dioc. et arch. d'Amiens, doyen. de Montdidier, puis de Davenescourt, élect., baill. et prév. de Montdidier.

Dist. du cant., 8 k. — de l'arr., 8 — du dép., 33.

DAVID, fief sis à Onicourt. xviiie siècle. M. Prarond.

DÉRAICUIS (les), bois dép. de Templeux-le Guérard.

DÉMUIN (canton de Moreuil, 668-793 hab.

Dommus Audoenus, 822. Statuts de St.-Adhélard. D. Grenier. — 1131-1249. M. Decagny. Etat du diocèse.

Dommoin, 1131. Garin, évêq. d'Am. Cart. de Lihons.

Damuin, 1133. Barthélemy, év. de Laon. Dom Grenier.

Domiunum, 1146. Thierry, év. d'Am. Généal. de Guynes.

Domuin, 1147. Thibaut, év. d'Amiens. Cart. St -Laurent.—1163. Thierry, évéq. d'Am. Ib. — 1238. M. Decagny. Etat du dioc.

Domoin, 1202. Thibaut, év. d'Amiens. M. Cocheris.

Demuin, 1219. Enguerrand de Boves. Cart. de Fouilloy. — 1226. Geoffroy, évêque d'Amiens. — 1240. Cart. St.-Martin-aux-Jumeaux. — 1243. Cart. noir de Corbie. — 1301. Dénomb. de l'évêché d'Am. — 1507. Cout. loc. — 1589. Reg. de l'échev. d'Am. — 1733. G. Delisle. — 1757. Cassini. — 17 br. an X.

Doumouin, 1238. Enguerrand de Démuin.

Demuin, 1240. Cart. de St.-Martin-aux-Jumeaux.

Demuyn, 1240. Cart. St.-Martin-aux-Jumeaux. — 1301. Pouillé du diocèse. — 1364. Dénomb. du Hamel. — 1526. Lettre de François Ier. — 1579. Ortelius. — 1592. Surhonius.

Dimuin, 1245. Othon de Démuin. Cart. St.-Jean.

Domeur, 1400. Pièces pour le règne de Charles VI.

Muing, 1425. Mém. de P. de Fenin.

Muin, 1425.   Ib.   — 1636. Lettre de Louis XIII.

Denum, 1425.   Ib.

Demuy, 1567. Cout. de Montdidier.

Demmin, 1638. Tassin.

Dennin, 1648. Pouillé général.

Doumin, 1648. Pouillé général.

Desmuin, 1753. Doisy. — 1764. Expilly.

Dumain, 1781. Coul. d'Amiens.

Dioc. et arch. d'Amiens, doy. de Fouilloy, élect. de Montdidier et d'Amiens, prévôté de Fouilloy et de Montdidier en partie.

Dist. du cant., 7 k. — de l'arr., 22 — du dép., 21.

DENIÉCOURT, partie d'Estrées-Deniécourt, 155 hab.

Dyonisii curtis... M. Decagny.

Deniscourt, 11... Cart. Néhémias de Corbie. — 1278. M. Decagny. — 1308. Ordre des biens de l'évêq. de Noyon.

Digniscourt, 1090. Cart. St.-Quentin-en-l'Isle. Dom Grenier.

Dignicourt, 1110.   Id.   Ib.

Dignescort, 1254. Cart. de Lihons.   Ib.

S. Dionysii curia, 1265. Odon de Ronqueroiles.   Ib.

Dionisii curia, 1265. M. Decagny.

Denicourt, 1357. Montre de Jean de Fransures.—1423. Mém. de Pierre de Fenin. — 1648. Pouillé. — 1695. Nobil. de Pic.

Deniécourt, 1626. Damiens. —1757. Cassini. — 1764. Expilly.— 1774. Relief. M. Cocheris.

Benicourt, 1753. Doisy.—1764. Expilly.

Demiecourt, 1753. Doisy. — 1787. Picard. mérid.

Demicourt, 1761. Robert.

DENIS WILLOT LE BOULLENOIS, fief sis à Authieulle. Daire. Hist. de Doullens.

DERNANCOURT (canton d'Albert), 505 hab.

Dernencurt, 1184. Thibaut, év. d'Amiens. Cart. St.-Laurent.

Dernencort, 1190.   Id.   Ib.

Derinencourt, 1301. Pouillé.

Darnancourt, 1567. Coul. de Péronne.

Denencourt, 1579. Ortelius. — 1592. Surbonius.

Dernecourt, 1638. Tassin. — 1657. Jansson.

Demencourt, 1648. Pouillé général.

Dernencourt, 1710. N. De Fer. — 1814. M. Decagny.

Dernancourt, 1733. G. Delisle. — 1757. Cassini. — 17 br. an X.

Drencourt, 1787. Picard. mérid.

Dioc. et arch. d'Amiens, doy. d'Albert, élect., baill. et prév. de Péronne.

Dist. du cant., 4 k, — de l'arr., 27 — du dép., 28.

DESCENTE ST.-JULIEN, hab. isol. dép. de Doullens. 1856. Fr.-Pic.

DESCHAMPS, fief sis à Vignacourt.

DESCLAY, fief sis à Barly.

DESJARDINS, fief sis à Tours. — M. Prarond.

DEVISE (canton de Ham), 178 hab.

Devise, 1567, Coutume de Péronne. — 1573. Ortelius. — 1648. Pouillé. — 1733. G. Delisle. — 1757. Cassini. — 17 br. an X.

Devize, 1638. Tassin. — 1750. L. C. de Boulainvilier.

Devisze, 1657. Jansson.

Denise, 1710. N. De Fer.

Dioc. de Noyon, doy. d'Athies, élect., baill. et prév. de Péronne.

Dist. du cant., 16 k. — de l'arr., 13 — du dép., 56.

DIEN (le), rivière qui prend sa source dans l'enclos du château de Nouvion, et va à Noyelles-sur-Mer se perdre dans la Somme.

Riv. Le Dien, à Noyelles-sur-mer.

Riv. Le Dieu, à Nouvion.

Pont-Dien, 1757. Cassini. — 1836. Etat-major.

Rivière de Bonelle, 1865. M. Buteux. Géolog. du dép.

DIENCOURT, dép. de l'Echelle-St.-Taurin, 5 hab.

Diencourt, 1260. Compte des villes de Picardie. — 1567. Cout. de Montdidier.— 1757. Cassini.— 1836. Etat-major.— 1861. Dén.

Diancourt, 1567. Cout. de Montdidier. — 1765. Daire. — 1808. Hist. de Roye. — Ordo.

Denecourt, 1657. Jansson.

Diancour, 1657. N. Sanson.— 1733. G. Delisle.

Dincourt, 1761. Robert. — 1764. Expilly.

DIEU DE PITIÉ, calvaire sis à Mesnil-St.-Georges. — 1757. Cassini.

DIEVAL, fief sis à Beauval. Daire. Doy. de Doullens.

Digeon, ham. dép. de Morvillers-St.-Saturnin, 236 hab.

Dijon, 1729. Etat des manufactures d'Aumale. — 1757. Cassini.
— Ordo. — 1844. M. Fournier.

Digeon, 1857-61. Dénomb. quinq.

Diglitis, village du Ponthieu. — Inconnu.

Diglitis, 866. Miracles de St.-Vandrille. Bolland. Act. SS.

Dileta, 1042. Gall. christ.

Dionval, terroir de Rouy-le-Grand.

Dionval. — Dionvalle.

Dixmage (le), dép. de Hocquelus.

Doigt, bras de la Somme qui passe à Rouvroy-lès-Abbeville.

Riparius de Doyto, 1285... M. Prarond.

Rivière de Dommartin, 1332.   Ib.

Riv. de Doigt. M. Prarond.

R. de Doingt. Annuaire 1852.

DOINGT (canton de Péronne), 671-1032 hab.

Donincum, 9... Flodoard.

Dowicum, 931. M. Decagny. Etat du dioc.

Donius, 977. Albert-le-Pieux, comte de Vermandois. Colliette.

Douin, 980.   Ib.   Gall. christ.

Dodonicus, 1046. Grégoire VI. — 1116. Cart. du Mont-St-Quentin.

Donmus, 1133-63. Hugo, abbé de Prémontré. M. V. de Beauvillé.

Dompnium, 1152. Beaudouin, évêq. de Noyon. Cart. d'Arrouaise.
1199. Préface de l'abbé Robert. Hist. d'Arrouaise.

Domnium, 1152. Beaudouin, év. de Noyon. Cart. d'Arrouaise. —
1162. Translation des reliques de Ste.-Monique. Acta SS. —
1174-1186. Cart. d'Arrouaise.

Domninum, 1162. Translation des reliques de Ste.-Monique.

Dombinus, 1162.   Ib.

Donnium, 1164. Doy. de Péronne. Cart. d'Arrouaise. — 1175. Ib.

Dung, 1214. Dénomb. Reg. de Philippe-Auguste.

Dowing, 1218. Lettre de Philippe-Auguste. M. Cocheris.

Doingt, 1228. Limite de la banlieue de Péronne. — 1417. Chron. de Ruisseauville. — 1594. Edit du Parlement. — 1770. De Sachy. — Ordo. — 1857-61. Dénombr. — 17 brum. an X.

Doing, 1339. Bailly de Vermandois. Cart. de Libons. — 1348. Ordre de péage. Cart. Néhémias de Corbie. — 1370. Histoire d'Arrouaise. — 1567. Cout. de Péronne. — 1638. Tassin. — 1710. N. De Fer. — 1764. Expilly.

Douën, 1579. Ortelius. — 1648. Pouillé. — 1668. Ordre des biens de l'évêque de Noyon. — 1733. G. Delisle. — 1757. Cassini.

Douingt, 1656. Bail. M. Cocheris.

Deing, 1761. Robert.

Doinght, 1770. De Sachy. Hist. de Péronne.

Doings, 1790. Etat des électeurs.

Doïn... — *Doinincum*... M. Decagny.

Dominium... Ib. — E. De Sachy. Hist. de Péronne.

Elect., doy., baill. et prév. de Péronne, dioc. de Noyon.

Dist. du cant., 3 k. — de l'arr., 3 — du dép., 54.

DOMART-EN-PONTHIEU (chef-lieu de canton), 1402-1457 hab.

Sanctus Medardus, 831. M. Louandre. Topographie du Ponthieu.

Castellum Domne darsense. Ib.

Domnus Medardus, 1090. Anscher. Vita S. Angilberti. — 1206. Richard, év. d'Am. Cart. du Gard. — 1207. Thomas de St.-Valery. — 1238. Vente au prieuré. — 1492. Jean de la Chapelle.

Dompnus Medardus. 1108. Geoffroy, év. d'Amiens. Cart. de Bertaucourt. — 1262. Jean, doy. de St.-Vulfran. Cart. de Fouilloy. 1366. Lettre de Charles V. Rec. des ord.

Dommedardus, 1118. Enguerrand, év. d'Amiens.

Dommeardus, 1137. Cart. de St.-Martin-aux-Jumeaux.

Domeart, 1150. Bernard de St.-Valery. M. Prarond.

Domart, 1160. Cart. de St.-Martin-aux-Jumeaux. — 1301. Pouillé. — 1507. Cout. loc. — 17 br. an X. — Sceau de la commune.

Domaart, 1160. Cart. de St.-Martin-aux-Jumeaux.

Dommeart, 1160. Ib. — 1174. Thibaut, év. d'Am. Cart. du Gard.

Domeardum, 1168. Robert, évêq. d'Amiens. Cart. St.-Laurent. — 1178. Thibaut, évêq. d'Amiens (1).

Dummaert, 1200. M. Louandre. Topogr. du Ponthieu.

Donnus Medardus, 1259. Archidiacre du Ponthieu. Cart. de Selincourt. — 1301. Pouillé.

Dommart. 1262. Robert de Dreux. Dom Grenier. — 1271. Testament de Géraud, arch. de Ponthieu. — 1492. Jean de la Chapelle. — 1507. Cout. loc. — 1753. Doisy. — An VIII.

Doumart, 1300-23. Marnier. Cout. de Pic.

Dampmare, 1393. Sentence du bailly d'Amiens. M. Darsy.

Dempnimedardus, 1394. Lettre de Charles VI. Rec. des ord.

Donnut. Armorial du xive siècle.

Donmart, 1413. Jean de Puchevillers. Tit. du chap. — 1677. Act. SS., ord. S. B. — 1453. Lettre de rémission de Charles VII.

Dompmart, 1416. Jean de Craon. Tit. du Chap. — 1507. Cout. loc.

Dommart-en-Ponthieu, 14... Mém. de Pierre de Fenin.

Dampmart, 1445. Délimitation de la banlieue d'Amiens.

Dammares, Armorial du xve siècle.

Dompmart-lez-Ponthieu, 1507. Cout. loc.

Dompmartz-lez-Ponthieu, 1507. Ib.

Dommartz, 1574. Testament d'Ant. de Créquy. Gall. christ.

Dommarts, 1574. Ib.

Domar, 1638. Tassin. — 1657. Jansson. — 1662. Sanson.

Dommard, 1646. Hist. eccl. d'Abbeville.

Dournac, 1698. Bignon. Etat de la France.

Domart-lez-Ponthieu, 1733. G. Delisle.

Dommart-lès-Ponthieu, 1757. Cassini. — 1790. Administration.

Domart-en-Ponthieu, 1781. Cout. d'Am. — 1790. Etat des élect.

(1) M. Teulet a fait de *Domeardum.* Domesmont. (Voyez ce mot.)

Dommartum, Malbrancq de Morinis.

Elect. de Doullens, dioc. d'Amiens, doy. de St.-Riquier, arch. de Ponthieu, prév. de Beauquesne.

Domart fut créé en 1790 chef-lieu de l'un des 17 cantons de l'arr. de Doullens ; en l'an VIII, chef-lieu de l'un des 8 arr. comm., et en l'an X l'un des 4 chefs-lieux de justice de paix.

Dist. de l'arr., 20 k. — du dép., 27.

DOMART-SUR-LA-LUCE (canton de Moreuil), 630-693 hab.

Dommedardus, 1105. Fondation de S. Fuscien. Gall. christ.

Domeart super Aluciam, 116.. Thierry, év. d'Am. Cart. St-Laurent.

Donmart, 1214. Registre de Philippe-Auguste.

Domnus Medardus, 1228. Hugues de St.-Taurin. Aug. Thierry.

Domart, 1301. Pouillé du diocèse. — 1380. Revue de Regnaud de Domart. — 1572. Surhonius. — 1762. Titres de St.-Acheul.

Dommard, 1331. Titres de Corbie.

Dommart, 1337. Rôle des nobles et fieffés.

Dompmart-sur-la-Luce, 1375. Anselme. Généal.

Domart-sur-la-Luce, 1507. Cout. loc. — 1781. Cout. d'Amiens. — 17 brum. an X. — Ordo. — 1836. Etat-major.

Domar, 1638. Tassin. — 1657. Jansson.

Dompmart, 1648. Pouillé général.

Damars, 1750. L. C. de Boulainviller.

Domard, 1757. Cassini.

Dommart-sur-Baluze, 1763. Expilly.

Dommart-sur-Beleuse, 1764. Id.

Domart-sur-la-Luce, 1840. Duclos. Dict. des villes de France.

Elect., dioc. et arch. d'Amiens, doy. et prév. de Fouilloy.

Dist. du cant., 7 k. — de l'arr., 23 — du dép., 16.

DOMESMONT (canton de Bernaville), 87 hab.

Donmainmont, 1137-1201. Cart. St.-Martin-aux-Jumeaux.

Dommainmont, 1245.   Ib.   — 1301. Pouillé.

Domemont, 1447. Trés. gén. — 1638. Tassin. — 1733. G. Delisle.
— 1764. Expilly. — 1781. Cout. d'Am. — 1836. Etat-major.

Donemont, 1579. Ortelius.

Denemont, 1592. Surhonius. — 1608. Quadum. Fascicul. geogr.

Dommanmont, 1648. Pouillé général.

Domaimont, 1710. N. De Fer. — 1743. Friex.

Domesmond, 1757. Cassini.

Damemont, 1778. De Vauchelle.

Domesmont, 17 brum. an X. — Sceau de la commune (1).

Elect. de Doullens, dioc. d'Amiens, arch. de Ponthieu, doy. de
St.-Riquier, prév. de Beauquesne.

Dist. du cant., 2 k. — de l'arr., 18 — du dép., 32.

DOMINOIS (canton de Crécy), 279-440 hab.

Dominatorum, 1000. M. Louandre. Topogr. du Ponthieu.

Dominiensis, 1042.   Ib.   — Gallia christ.

Dominois, 1123. Enguerrand, év. d'Am. Cart. St.-Josse. — 1507.
Cout. loc. — 1757. Cassini. — 1763. Expilly. — 17 br. an X.

Daminois, 1124.-1154. Gall. christ. — 1160. Alexandre III, pape.
Cart. de Valloires. — 1217. Evrard, év. d'Am. Hist. eccl. d'Ab-
beville. — 1244. Innocent IV, pape. Cart. de Valloires. — 1301.
Pouillé. — 1341. Hosp. de St.-Riquier.

Dominica curtis, 1200. Miracles de St.-Angilbert.

Domoire, 1554. La guide des chemins de France.

Dominis, 1579. Ortelius.

Domynois-sur-Authie, xvi⁰ siècle. M. Decagny.

Dominoy, 1638. Tassin.

Domino, 1707. France en 4 f.

Dominot, 1710. N. De Fer.

(1) M. Teulet (*Layette du trésor des chartes*) attribue à Domesmont
le nom de *Domeardum* dans une charte de Thibaut, évêque d'Amiens,
de 1178; il ne s'agit pas de cette localité mais de Domart-en-Ponthieu.

Dominoi, 1733. G. Delisle.

Dominais, 1764. Desnos.

Elect. d'Abbeville, dioc. d'Amiens, archid. et cout. de Ponthieu, doy. de Rue, baill. de Crécy, prév. de St.-Riquier.

Dist. du cant., 10 k. — de l'arr., 29 — du dép., 63.

DOMINOT, ferme, dép. de Quend. — 1836. Etat-major.

Non indiqué par Cassini.

DOM-LÉGER (canton de Crécy), 339 hab.

Domnus Leodegarius, 1108. Geoffroy, év. d'Amiens. Cart. de Bertaucourt.

Domlegier, 1210. Hugues de Cayeux. Cart. de Bertaucourt.

Don Legier, 1232. Geoffroy, év. d'Am.   Ib.

Douliger, 1377. Aveu de Jean de Clari. M. Cocheris.

Douligier, 1377.   Ib.

Doliger, 1567. Proc.-verb. des cout.

Dousies, 1579. Ortelius.

Dausirs, 1608. Quadum. Fasc. geogr.

Doulger, 1638. Tassin. — 1657. Jansson.

Dom-Leger, 1646. Hist. eccl. d'Abbev. — 17 brum. an X.

Donleger, 1733. G. Delisle. — 1743. Friex.

Dom Léger, 1757. Cassini. — 1763. Dénomb. de la seigneurie de La Ferté-lès-St.-Riquier.

Donliger, 1764. Expilly.

Domeger, 1787. Picardie mérid.

Prév. de St.-Riquier.

Dist. du cant., 19 k. — de l'arr., 20 — du dép. 38.

DOMMARTIN (canton de Sains), 334-383 hab.

Domnus Martinus, 1105. Fondation de St.-Fuscien. Gall. christ. — 1226. Robert de Boves.

Dominus Martinus, 1301. Pouillé.

Dompmart, 1440. M. Decagny. Etat du diocèse

Dompmartin, 1567. Cout. de Montdidier. — 1648. Pouillé. — 1753. Doisy.

St -Josse-au-Bois... M. Decagny. Etat du dioc.

Domartin, 1707. France en 4 f. — 1733. G. Delisle. — 1778. De Vauchelle. — 1781. Cout. d'Amiens.

Dommartin, 1757. Cassini. — 1765. Daire. — 17 brum. an X.

Dommartin-Gollancourt, 1857. Dénombr. quinq.

Dioc. et arch. d'Amiens, doy. de Moreuil, élect., baill. et prév. de Montdidier.

Dist. du cant., 7 k. — de l'arr., 15 — du dép., 15.

DOMPIERRE-EN-SANTERRE (canton de Chaulnes), 600 hab.

Domus Petri. — *Dominus Petrus.* — *Dom-Pierre.* M. Decagny.

Domnapetra, 1119. Louis VI. Layette du trésor des chartes.

Donpierre, 1145. Simon, évêque de Noyon. Cart. de Noyon.

Dampetra, 1217. M. Decagny. Etat du dioc.

Domni Petra, 1219. Ch. de Pétronille de Marigny.

Dompierre, 1301. Pouillé. — 1429. Recette des droits de bâtardise. — 1757. Cassini. — 17 brum. an X.

Dompierre, 1567. Cout. de Péronne. — 1710. N. De Fer.

Dampierre, 1778. De Vauchelle.

Elect., doy., baill. et prév. de Péronne, dioc. de Noyon.

Dist. du cant., 12 kil. — de l'arr., 12 — du dép., 40.

DOMPIERRE-SUR-AUTHIE (canton de Crécy), 342-1009 hab.

Sancti Petri villa, viiie siècle. Act. SS. O. S. Ben.

Domnus Petrus, 1138. Garin, év. d'Amiens. Bibl. Cluniac.

Dom Petrus, 1144. Luce II, pape. Bibl. Cluniac.

Dompierre, 1162. Gautier Tyrel. Gall. christ. — 1463. Lettre de Louis XI. Rec. des ord. — 1507. Cout. loc. — 1561. Etat des bénéficiers du dioc. d'Amiens. — 1710. N. De Fer. — 1733. G. Delisle. — 1757. Cassini. — 1764. Expilly. — 17 br. an X.

Donnus Petrus, 1202. Ch. de commune de Doullens. Daire.

Domna Petra, 123.. Grégoire IX, pape. M. Louandre.

Domperre, 1300-23. Marnier. Cout. de Picardie.

Donna Petra, 1301. Pouillé.

Dompierre-en-Ponthieu, 1565. Lettre de Charles IX.

Dompier, 1579. Ortelius.

Dampieres, 1579. Ortelius.

Dompire, 1608. Quadum. Fasc. geogr.

Dom Pierre, 1646. Hist. eccl. d'Abbeville.

Dompierre-sur-Autie, 1683. Etat du domaine du roi dans la généralité d'Amiens. M. Cocheris.

Dompiere, 1701. Armorial.

Dampierre, 1761. Robert.

Dompierre-sur-Authie, 1836. Etat-major. — 1840. Alm. d'Abbev.
Elect. de Doullens, dioc. d'Amiens, arch. d'Abbeville, doy. de
Labroye, prév. de S..-Riquier.

Dist. du canton, 7 k. — de l'arr., 26 — du dép., 61.

DOMVAST (canton de Nouvion), 439-444 hab.

Domnus Vedastus, 1147. Thierry, év. d'Am. Gall. christ. — 1228.
Hosp. de St.-Riquier.

Donvcast, 1160. Cart. de St.-Martin-aux-Jumeaux. — 1212.
Guillaume de Ponthieu. Dom Grenier. — 1237. Girard d'Abbeville. — 1259. Hospice de St.-Riquier.

Donvast, 1237. Titres de l'église d'Amiens. — 1301. Pouillé. —
1733. G. Delisle. — 1778. De Vauchelle.

Donvaast, 1239. Hospice de St-Riquier. — 1301. Dén. de l'évêché.

Donvaas, 1260. Compte des villes de Picardie.

Donnus Vedastus, 1301. Pouillé. — 1233-59. Hosp. de St.-Riquier.

Dom-Vast, 1343. Dén. de la pairie de Bouberch. Dom Grenier.

Dompvast, 1638. Tassin. — 1753. Doisy. — 1766. Cout. du Ponthieu. — 1763. Expilly.

Domvaast, 1646. Hist. eccl. d'Abb.

Domvan, 1698. Bignon. Etat de la France.

Donvat, 1710. N. De Fer.

Domvast, 1757. Cassini. — 17 brum. an X. — 1836. Etat-major.
Elect. d'Abbev., dioc. d'Amiens, arch. et cout. de Ponthieu,
doy. de St.-Riquier, baill. de Crécy.
Dist. du cant., 12 k. — de l'arr., 14 — du dép., 47.

Dom-voie, ferme dép. de Quend.

Dom-Voie, 1757. Cassini.

Damvoie, 1764. Desnos.

Domvoy, 1836. Etat-major.

Don, rivière.

Don, 1733. G. Delisle. — 1761. Robert. — 1763. Expilly.

Dom, 1757. Cassini. — 1764. Desnos. — 1765. Daire.

Rivière des Dons, 1836. Etat-major.

Les trois Doms, à Ayencourt.

Le Don prend sa source à Dompierre (Oise), coule du S. au N.,
passe à Ayencourt, au-dessous de Montdidier, à Courte-
Manche, à Marestmontier, à Bouillancourt et se joint à l'Avre
entre Hargicourt et Pierrepont.

Donchelle. — Lieu disparu, dont le nom a été conservé à un bois
dépendant du territoire de St-Gratien.

Douncel, 1148. Eugène III, pape. Cart. St.-Laurent. — 1180.
Guillaume, arch. de Reims. Ib.

Douncellum, 1164. Thierry, év. d'Amiens. Cart. St.-Laurent. —
117.. Robert, év. d'Amiens. Ib.

Dooncel, 1164. Henri, arch. de Reims. Ib. — 1184.
Thibaut, év. d'Amiens. Ib.

Donchelle. Cadastre.

Donjon (le), fief sis à Cambron. — M. Prarond.

Donquerelle, ferme, dép. de Donqueur.

Dontkarel, 1137. Thierry, év. d'Am. St.-Martin-aux-Jumeaux.

Dulquerellum, 1140. Gervin, évêque d'Am. Cart. de Bertaucourt.

Dulcherrel, 1146. Thierry, év. d'Am. Ib.

Dulquerel, 1146. Gerardus de Friaucourt. Ib.

Dulquerrel, 1154. Cart. de St.-Martin-aux-Jumeaux.

Donquerrel, 1154-1160-1201. Cart. St.-Martin-aux-Jumeaux.

Duncerel, 1176. Alexandre III, pape. Cart. de Bertaucourt.

Dumquerel, 1210. Hugues de Cayeux. Cart. de Bertaucourt.

Dontcarel, 1231. Titres de St.-Martin-aux-Jumeaux.

Donquarel, 1572. Titres de St.-Martin-aux-Jumeaux.

Domquerœil, 1646. Hist. eccl. d'Abbev.

Donquerel, 1673. Titres de St.-Martin-aux-Jumeaux. — 1753.
   Doisy. — 1757. Cassini. — 1764. Expilly. — 1836. Etat-major.

Donkarel, 1675. Titres de St.-Martin-aux-Jumeaux.

Doncœurrel, 1695. Nobil. de Picardie.

Donqueurel, 1733. G. Delisle.

Donquerelle, 1780. Alm. du Ponthieu.

Domquerelle, Ordo. — Dénomb. — Adm. — Franc-Picard.

Domquerel, 1840. Alm d'Abbev.

DONQUEUR (canton d'Ailly-le-Haut-Clocher), 692-873 hab.

Duroicoregum. Table théodosienne. Dom Grenier.

Dominica curtis, 1090. Anscher. Vita S. Angilberti. Acta SS.

Dulcurium, 1090. Fondation du prieuré de Biencourt. — 113..
   Garin, év. d'Am. Cart. de Bertaucourt.

Dulcorium. 11...: Godefridus episcopus. Cart. de Bertaucourt.

Dulcarium, 1140. Gervin, év. d'Amiens. Cart. de Bertaucourt. —
   1176. Alexandre III, pape. Ib.

Dulcorrium, 1146. Thierry, év. d'Amiens   Ib.

Donquerre, 1160. Cart. St.-Martin-aux-Jumeaux. — 1202. Guill.,
   comte de Ponthieu. Rec. des ord. — 1202. Ch. de commune de
   Doullens. Daire. — 1203. Gall. christ. — 1205. Accord entre le
   seigneur de St.-Valery et le comte de Ponthieu. — 1210-11.
   Accord entre Montreuil et le comte de Ponthieu. — 1221. Confirmation par Philippe Auguste de la charte de Doullens. —
   1224. Cart. St.-Martin-aux-Jumeaux, — 1300-23. Marnier. —
   1301. Pouillé. 1425. Armorial. — 1507. Cout. loc.

Dunquerre, 118.. Thibaut, évêq. d'Amiens. Cart. St.-Laurent.

Doncuerre, 1201. Cart. St.-Martin-aux-Jumeaux.

Dunkore, 1202. Hosp. de St.-Riquier.

Donqueres, 1203-1204. Florent, abbé. Cart. de St.-Josse.

Donquera, 1209. Guillaume, comte de Ponthieu. Dom Cotron.

Donkuerre, 1211. Raoul, arch. de Ponthieu. Cart. de Fouilloy.

Doulquerre, 121.. Renaud et Bernard de St.-Valery. Cart. de Bertaucourt.

Doncqquerre, 1300-23. Marnier. — 1400. Pièces pour le règne de Charles VI.

Donquoirre, 1337. Rôle des nobles et fieffés.

Donceur, 1351. Guillaume de Donqueur. Titres du chap.

Donquure, 1392. Sceau de Huc de Donqueur. Trés. généal.

Donqueir, 1392. Sceau de Hugues de Donqueur.—1507. Cout. loc.

Donqueerre, 1425. Armorial de Sézille.— 1554. La guide des chemins de France. — 1642. Description sommaire de la France. — 1657. Hist. des comtes de Ponthieu.

Doncquœure, 14... Armorial.

Donqueur, 1507. Cout. loc. — 1710. N. De Fer.—1757. Cassini. — 1764. Expilly. — 17 br. an X. — 1836. Etat-major.

Donqueure, 1646. Hist. eccl. d'Abbeville. — 1733. G. Delisle.

Doncqueurre, 1648. Pouillé général.

Donqueourt, 1657. Jansson.

Donkeurre, 1683. Lettre de Louvois.

Doncœur, 1695. Nobil. de Picardie.

Domqueur, 1840. Alm. d'Abb. — Ordo. — Sceau de la commune.

Domqueurre... M. Decagny. Etat du dioc.

Elect. de Doullens., dioc. d'Amiens, arch. de Ponthieu, doy. de St.-Riquier, prév. de St-Riquier et d'Abbeville.

Dist. du cant., 7 k. — de l'arr., 18 — du dép. 33.

DONVILLE, habitation dép. de Pont-Querrieux donné par l'abbé de St.-Vast au prieuré de St.-Laurent, en 1152. — N'existe plus.

Dodonis villa... Dom Grenier.

Donvilla, 1147. Thibaut, év. d'Am. Cart. St.-Laurent.

Dounvile, 1148. Eugène, pape. — 1180. Thibaut, év. d'Am. Ib.

Dounvilla, 116.. Thierry, év. d'Am. Ib.

Dormirie (la), hab. isolée, dép. de Etinehem.

DOUDELAINVILLE (canton d'Hallencourt), 378-469 hab.

Dulciniane vallis villa, 1088. Hariulfe. Chron. centul.

Dodelanivilla, 1109 à 1147. Memoriale Guidonis de Villis. Cart. de Bertaucourt. — 113.. Garin, év. d'Amiens. Ib.

Dodeleinvilla, 1140. M. Louandre. Topogr. du Ponthieu.

Dodeleinville, 1140. Garin, évêq. d'Am. Dom Grenier.

Dudelanavilla, 1154. Thierry, év. d'Amiens. Cart. de Selincourt.

Doudelainvile, 1165.　　　Id.　　　Ib.

Dodelinvilla, 1176. Alexandre III, pape. Cart. de Bertaucourt. — 11.. Dén. du seigneur de St-Valery. Reg. de Philippe-Auguste.

Dodainville, 1201. Renaud, comte de Boulogne. Dom Grenier.

Doudelainville, 1301. Pouillé. — 17... Dénomb. de la seigneurie de St.-Valery. — 1763. Expilly. — 17 brum. an X.

Doudelinville, 1657. Jansson.

Doudelinvile, 1710. N. De Fer.

Dodelainville, 1730. Revenus du chap. d'Amiens. — 1753. Doisy.

Dondelinville, 1757. Cassini.

Doudelainville, 1761. Robert. — 1766. Cout. du Ponthieu.

Dodelinville, 1778. De Vauchelle.

Elect. d'Abbeville, dioc. d'Amiens, arch. de Ponthieu, doy. d'Oisemont, prév. de Vimeu et de Ponthieu en partie.

Dist. du cant., 8 k. — de l'arr., 14 — du dép., 43.

DOUILLY (canton de Ham), 454-463 hab.

Ovilliacum, 922. Dom Grenier.

Dulgiacus, 986. Dipl. Lotharii regis.

Dolli, 1107. Paschal II, pape. Cart. d'Arrouaise. — 1145. Eugène III, pape. Ib. — 1184. Luce III, pape. Ib. — 1190-1215. Odon de Ham. M. Cocheris.

Dulli, 1116. Pascal II, pape. Cart. d'Arrouaise. — 1149. Gérard de Ham. Cart. de Prémontré. — 1152. Baudouin, év. de Noyon. Cart. d'Arrouaise. — 1771. Colliette.

Douilli, 1142. Simon, évêq. de Noyon, Cart. de Prémontré. — 1169. Wautier Aries. Ib. — 1182. Wautier, abbé d'Arrouaise. Ib. — 1733. G. Delisle.

Doilli, 1145. Girard de Ham. Cart. de Prémontré. — 1182. Renaud, évêq. de Noyon. — 1186. Urbain III, pape. Cart. d'Arrouaise. — 1207. Godefroy de Guise. M. Cocheris. — 1210. Odon de Ham. Cart. de Prémontré.

Dully, 1149. Gérard de Ham. Cart. de Prémontré. — 1417. Chron. de Monstrelet.

Duliacum, 1188. Philippe d'Alsace. Colliette.

Dulliacum, 1201. Odon de Ham.

Doulli, 1238. Cart. d'Arrouaise. — 1309. Lettre de Philippe IV. — 1373. Dénomb. de Drieux de Fieffes. — 1384. Dénombr. du temporel de N.-D. de Ham. — 1552. Surhonius.

Douelli, 1258. Actes du Parlement.

Doully, 1263. Jean de Ham. Tit. de Corbie. — 1638. Tassin.

Douilly, 1290. Actes du Parlement. — 1295. Lettre du roi Philippe. — 1757. Cassini. — 1764. Expilly.

Douilly-Margère, 17 brum. an X.

Elect. de St.-Quentin, dioc. de Noyon, doy. de Ham.

Dist. du cant., 7 k. — de l'arr., 22 — du dép., 63.

DOULAINCOURT, paroisse sise près de Davenescourt. — Lieu détruit.

Dollaincurt, 114.. Garin, év. d'Amiens. Cart. d'Arrouaise.

Dollencort, 1140. Cart. d'Ourscamp. — 1162. Alexandre III, pape. Cart. de St.-Corneille.

Dolaincourt, 1174. Gall. christ.

Dolencort, 1183. Luce III, pape. Cart. de St.-Corneille.

Dollaincort, 1218. Jean de Cardonnois. Ib.

Doulaincourt, 1244. Pierre, abbé de St.-Corneille. Cart. de St.-Corneille. — 1301. Pouillé du diocèse.

DOULLENS (chef-lieu d'arrondissement), 3617-4930 hab.

Duroicoregum, ve siècle. Carte théodosienne. — Walckenaer.

Dominicus locus, 660. Dipl. de Clotaire III. — Dom Grenier.

Donincum castrum, 931. Flodoard. — Hadrien de Valois. — Dom Grenier. — Expilly. — M. Delgove. Hist. de Doullens.

Dowicum, xe siècle. Recueil des hist. de France. Dom Bouquet.

Dourlens, 1075. Philippe Ier. — 1100. Fondation de St.-Pierre d'Abbeville. Gall. christ. — 1287. M. Delgove. Hist. de Doullens. — 1350. — 1361. Ordon. du roi Jean. — 1365. Lettre de Charles V. — 1386. Lettre de Charles VI. — 1417. Cb. de Monstrelet. — 1540. Lettre de François Ier. — 1592. Surhonius. — 1595. Palma Cayet. — 1682. Lettre de Louvois. — 1706. Titres de Corbie. — 1707. Arrêt du grand conseil. — 1764. Expilly.

Dorlens, 1075. Hist. de Doullens. — 1080. Ib. — 1139. Garin, év. d'Am. — 1144. Guy, comte de Ponthieu. Cart. St.-Jean. — 1150. Cart. St.-Martin-aux-Jumeaux. — 1201. Ib. — 1204. Guillaume III de Ponthieu. — 1207. Godefroy de Doullens. Cart. du Gard. — 1276. Actes du Parlement. — 1278. Olim. — 1355. Lettre du roi Jean. — 1365. Lettre de Charles V. — 1611. Des Rues.

Doningium, 1076. Sigeberti chronicon.

Durlens, 1100. Fondation de St.-Pierre d'Abbeville. Gall. christ. — 1140. Guy, camp d'Avène. Cart. St.-Jean. — 1160. Cart. du Gard. — 1161. Cart. d'Arrouaise. — 1595. Palma Cayet.

Dorlenz, 1138. Garin, év. d'Am. — 1202. M. Delgove. Hist. de Doullens. — 1206. Jean d'Authieulle.

Dullendium, 1140. Alexandre III, pape. — 1147. Thierry, év.

d'Amiens. — 1202. Charte de commune. — 1207. Guillaume, abbé d'Anchin. — 1211. — 1213. Guillaume, comte de Ponthieu. — 1221. Philippe-Auguste. — 1230. Geoffroy, év. d'Am. — 1243. Raoul de Beauval. Cart. du Gard. — 1264. Lettre de Louis IX. — 1269. Actes du Parlement. — 1286. Lettre de Philippe IV. — 1301. Pouillé. — 1363. Louis XI. — 1366. Charles V. — 1492. Jean de La Chapelle.

Durleng, 1147. Thierry, év. d'Amiens. Cart. de Valloires.

Durlendum, 1147, Thierry, év. d'Am. Gall. christ. — 1198. Jean Mauclerc. — 1198-1202. Thibaut, év. d'Am. Inv. de l'évêché. — 1206. Richard, évêque d'Amiens. Cart. du Gard. — 1207. Hugues Tacon. — 1236. Hue Camp d'Avesne. — 1300. Philippe-le-Bel. — 1302. Guy, comte de Ponthieu.

Dorlendum, 1180. Jean, comte de Ponthieu.

Doullens, 1195. Philippe-Auguste. — 1225. Accord fait à Chinon. 1266. Robert de Beauval. — 1280. Hue de Rosières. — 1351. Gérard des Autheux. — 1363. Lettre du roi Jean, — 1365. Lettre de Charles V. — 1413. Monstrelet. — 1431. Bail. — 1463. Louis XI. — 1507. Cout. loc. — 1534. Devis de travaux. — 1580. Bail. — 1583. Lettre de Henri III. — 1605. Lettre de Henri IV. — 1683. Lettre de Louvois. — 17 brum. an X.

Dullense oppidum, 11... Guibert de Nogent.

Dollendium, 1201. Philippe-Auguste. — 1243. Raoul de Beauval. Dom Grenier.

Durlendium, 1207. Guillaume, abbé d'Anchin. — 1215. Cart. du Gard. — 1219. Hue Camp d'Avesne. — 1246. Aalis, abbesse de St.-Michel de Doullens. — 1361. Lettre du roi Jean.

Dullens, 1210. Hugues de Cayeux. Cart. de Bertaucourt. — 1273. Daire. Hist. de Doullens.

Dulencum, 1220-1222. Evrard, évêque d'Amiens. Gall. christ.

Doulent, 1225. Marie, comtesse de Ponthieu. — 1225. Louis VIII.

Dorlenc, 1238. Magna recepta anni 1236.

Diolendium, 1242. Chambre des comptes de Lille.

Dulendium, 1244. Official d'Amiens. Cart. St.-Corneille.

Dullendum, 1248. Compte des prévôts et des baillis.

Doulevens, 1250. Joinville.

Dorlans, 1260. Compte des communes de Picardie.

Dorllens, 1265. Olim.

Doulens, 1266. Contestation entre Doullens et le seigneur de
Beauval. — 1453. Lettre de rémission de Charles VII. — 1595.
Journal de Jehan Patte. — 1683. Lettre de Louvois. — 1698.
Etat de la France. — 1705. Etat général des unions des ma-
ladreries. — Loi de l'an VIII.

Dulentium, 1273. Philippe-le-Hardi.

Dourlan, 1278. Déclaration de Philippe III. — 1520 Mém. de du
Bellay. — 1556. Lettre d'Ambroise Paré. — 1611. Des Rues.

Dollens, 1285. Daire. Hist. de Doullens.

Dorlhanum, 1300. Philippe-le-Bel.

Dullenium, 1301. Dénombr. de l'évêché d'Amiens.

Dolentium, 1312. Philippe-le-Bel. Lettre d'amortissement.

Dourlen, 1329. Arch. de Lille. 1er carton d'Artois.

Durlendis, 1361. Lettre du roi Jean.

Doullenz, 1366. Certificat des revenus du bailliage d'Amiens.
— 1408. Vente aux Célestins d'Amiens.

Dullondium, 1366. Lettre de Charles V. Rec. des ord.

Doulans, 1384. Aveu de Robert Fretel. — 1594. Privilége accor-
dé par Henri IV aux habitants d'Amiens. — 1710. N. De Fer.

Dourlans, 1417. Chron. de Monstrelet, — 1551. Jean Boucher.
1594. Palma Cayet. — 1595. Lettre du maréchal de Bouillon.
— 1633. Tassin. — 1648. Pouillé général.

Doullent, 1420. Mém. de Pierre de Fenin.

Dorlenum, 1495. Annales de Robert Gaguin.

Doullans, 1592. Regist. de l'échev. d'Amiens. — 1594. Lettre de
Henri IV. — 1638. Tassin.

Dorlendia, 1595. Carmen chronologicum.

Dulincum, 15... Meyer. Annales de Flandre. — Expilly.

Dorlant, 1611. Des Rues.

Durelinum. — Dulengium. — Durlensum. Daire. Hist. de Doullens.

Doullens, au diocèse d'Amiens, chef-lieu d'élection de la généralité et d'un doyenné, possédait une prévôté royale, un bailliage, un grenier à sel et une maréchaussée. L'élection comprenait 9 doyennés et 231 paroisses.

Doullens fut choisi en 1790 pour chef-lieu de l'un des 5 districts du département, en l'an VIII pour chef-lieu d'arrondissement.

Dist. du chef-lieu du dép., 30 kil.

Dourien, fief sis à Manchecourt. — 1267. Dom Grenier.

Dourrier-lès-Airaines, dép. d'Airaines.

Dunrech, 1180. Thibaut, év. d'Am. Marrier.

Donrihier, 1301. Pouillé.

Donrier, 1301. Dénomb. de l'évêché d'Am.

Dourier, 1637. Marrier. — 1733. G. Delisle. — 1836. Etat-major. 1851-65. Ordo.

Dourieres, 1648. Pouillé général.

Douriers, 1710. N. De Fer. — 1764. Expilly.

Douriere, 1753. Doisy. — 1764. Expilly.

Dourier-les-Ayraines, 1757. Cassini.

Douviers-lès-Airaines, 1764. Desnos.

Dourrier près Airaine, 1766. Cout. de Ponthieu.

Douriers-Saint-Riquier, 1772. M. Decagny. Etat du diocèse.

Dourrier, 1829-50. Ordo.

Douvrier, 1856. Franc-Picard.

Dioc. et élect. d'Am., baill. et doy. d'Airaines, prév. de Vimeu.

Douns, fief sis à Vignacourt. — 1720. Ms. de Monsures.

Douvieux, ham. dép. de Monchy-Lagache.

Dooul, 1127. Cart. de Noyon.

Douviel, 1249.   1b.

Donvieul, 1519. Compte de la commanderie d'Eterpigny.

Douvieux, 1567. Cout. de Péronne. — 1757. Cassini.

Douchieux, 1761. Robert.

Domvieux, 1771. Colliette. Hist. du Vermandois.

Dourieux, 1852. Annuaire.

DRANCOURT, dép. d'Estrebœuf, 76 hab.

Druisencurt. Dom Grenier.

Drancourt, 1513. Arrêt du Parlement. Généal. de Mailly. — 1638. Tassin. — 1757. Cassini. — 1763. Expilly.

Drencourt, 1513. Arrêt du Parlement. Généal. de Mailly.

Droincourt, 1696. Etat des armoiries.

DRESLINCOURT (canton de Roye), 55 hab.

Drelincort, 1215. Dénomb. de Jean de Nesle. — 1230. Dénomb. de la terre de Nesle.

Derlencourt, 1246. Official de Noyon. Cart. d'Ourscamp.

Drailincort, 1275. Actes du Parlement.

Dreslincourt, 1375. Anselme. Généalogie. — 1764. Expilly. — Ordo. — 17 brum. an X.

Derlincourt, 1567. Cout. de Péronne.

Drelincourt, 1701. Arm. — 1757. Cassini. — 1808. Hist. de Roye.

Derlancourt, 1761. Robert. — 1787. Pic. mérid.

Dressincourt, 1764. Expilly.

Drellincourt, 178.. Dom Grenier.

Elect. de Péronne.

Dist. du cant., 13 k. — de l'arr., 31 — du dép., 47.

DRESLINCOURT, hameau dép. de Curchy.

DREUIL-HAMEL (canton d'Hallencourt), 343-483 hab.

Droilum, 1120. M. Louandre. Topogr. du Ponthieu.

Druogilum. Daire.

Drœuil, 1138. Jean, comte de Ponthieu. Hist. eccl. d'Abb.

Drueul, 1166. Henri, arch. de Reims. Cart. de Selincourt. — 1301. Pouillé.

Druel, 1199-1205-15. Gautbier de Hallencourt. — 1215. Guillaume, comte de Ponthieu.

Drucicil, 1300-23. Marnier. Cout. de Picardie.

Drueil, 1583. Aveu.

Druoeul, 1300-23. Marnier. — 1646. Hist. eccl. d'Abbeville.

Droeul, 1657. Jansson.

Drueuil, 1669. Trans. entre Nicolas et Charles de Fontaine.

Dreuil, 1733. G. Delisle. — 1764. Expilly. — 1766. Cout. du Ponthieu. — 1836. Etat-major.

Dreuil-sous-Ayrains, 1757. Cassini.

Dreuil et Hamel, 1763. Expilly. — 1780. Alm. du Ponthieu. — 17 brum. an X.

Dreuil-sous-Airaines, 1772. M. Decagny. — 1857. Dénomb.

Dreuil-lès-Airaines, 1824-41. Ordo. — 1854. M. Prarond.

Dreuil-Hamel, 1840. Duclos. Dict. des villes de France. — 1842. Ordo. — 1850. Tabl. des dist. — 1861. Dénomb. quinq.

Elect. d'Abbeville, dioc. d'Amiens, arch. de Ponthieu, doy. d'Airaines, baill. et cout. de Ponthieu.

Dist. du canton, 5 k. — de l'arr., 20 — du dép., 30.

DREUIL-LÈS-AMIENS (canton d'Amiens, N.-E.), 441 hab.

Droilum, 1120. Enguerrand, évêque d'Am.

Druolium, 1198. Gérard de Picquigny. Cart. St.-Jean.

Druoil, 1219. Cart. des hospices.

Drueul versus Amb., 1301. Pouillé. — Dén. de l'évêché.

Druœul, 1384. Dén. du temporel. de l'abb. de St.-Jean. — 1567. Proc.-verb. des cout.

Drueul-les-Monstiers, 1416. Registre des revenus des hospices.

Druelle, 1579. Ortelius. — 1638. Tassin. — 1657. Jansson.

Druels vers Amiens, 1648. Pouillé général.

Drueuil, 1710. N. De Fer.

Dreuil, 1733. G. Delisle. — 1757. Cassini. — 17 brum. an X.

Drueuil-lès-Amiens, 1753. Doisy.

Dreuil-lès-Amiens, 1763. Expilly. — 1850. Tabl. des dist.

Dreuil-sur-Somme, 1781. Cout. d'Amiens.

Elect., dioc. et arch. d'Amiens, doy. de Picquigny, prévôté de Beauvaisis à Amiens.

Dist. du cant., 6 k. — de l'arr., 6 — du dép., 6.

DREUIL-LÈS-MOLLIENS (c. de Molliens-Vidame), 101-105 hab.

Druellum, 1154. Thierry, év. d'Amiens. Cart. de Selincourt.

Drueul, 1164. Alexandre III, pape. Ib.

Druol, 1164. Ib.

Druoil, 1175. Thibaut, évêque d'Amiens. Gall. christ.

Druel, 1176. Henri, arch. de Reims. Cart. de Selincourt. — 1184. Luce III, pape. Ibid.

Druuel, 1215. Cart. de St.-Martin-aux-Jumeaux.

Dreul, 1223. Gérard de Dreuil. Cart. du Gard.

Drueul juxta Molanum, 1301. Pouillé.

Drueul dessous Moilliens, 1301. Dénomb. de l'évêché.

Droeul, 1371. Bailly d'Am. Ib.

Drueil, 1710. N. De Fer.

Dreuil, 1733. G. Delisle.

Dreuil-sous-Molliens, 1757. Cassini. — 1781. Cout. d'Amiens.

Dreuil-lès-Molliens, 1763. Expilly. — 17 brum. an X.

Dreuil vers Molliens. M. Decagny. Etat du dioc.

Elect., dioc. et arch. d'Amiens, doy. de Picquigny, prévôté de Beauvaisis à Amiens.

Dist. du cant., 2 k. — de l'arr., 21 — du dép., 21.

DREUX, fief sis à Valines. — M. Prarond.

DRIENCOURT (canton de Roisel), 439 hab.

Adriani curtis. M. Decagny.

Driercurt, 1096. Dom Grenier.

Drincurt, 1149. Cart. du Mont-St.-Quentin. Dom Grenier.

Driencurt, 1164. Cart. d'Arrouaise. — 1174. Beaudouin, évêq. de Noyon. Cart. d'Arrouaise. — 1180. Alexandre III, pape.

Drecort, 1204. Thibaut, évêq. d'Amiens.

Driencourt, 1226. Contrat de vente. M. Cocheris. — 1429. Recette des droits de bâtardise de la prévôté de Péronne. — 1567. Cout. de Péronne. — 1648. Pouillé. — 1757. Cassini.

Drencort, 1275. Actes du Parlement.

Adriencourt, 1308. Ordre des biens de l'évêque de Noyon.

Driancourt. M. Decagny.

Elect., doy., baill. et prévôté de Péronne, dioc. de Noyon.

Dist. du cant., 8 k. — de l'arr., 7 — du dép., 57.

DRIENCOURT, fief sis à Vaux-en-Amiénois.

Driencourt, 1146. Thierry, év. d'Amiens. Cart. St.-Jean.

Driercort, 1163. Mathieu de Septenville.   Ib.

Diencort, 1178. Thibaut, év. d'Amiens.   Ib.

Drihercort, 1178.   Id.   Ib.

Dricourt, 1469. Décl. du temporel de l'abbaye de St.-Jean.

DROMESNIL (canton d'Hornoy), 328 hab.

Drogomaisnil, 1149. Accord entre Ste-Marie d'Hornoy et Selin-court. Cart. de Selincourt.

Droonmaisnil, 1164. Alexandre III, pape. Cart. de Selincourt.

Maisnil Drogonis, 1170.   Id.   Louvet.

Droumaisnil, 1252. Guillaume de Boisrault. Cart. de Selincourt. — 1253. Cart St.-Martin-aux-Jumeaux. — 1301. Pouillé.

Droumaignil, 1337. Rôle des nobles et fieffés.

Dromaisnil, 1507. Cout. loc. — 1720. Chevillard. Généal. de la famille Famechon.

Dromaisville, 1646. Hist. eccl. d'Abb.

Doucaisnil, 1648. Pouillé général.

Drosmesnil, 1648.   Ib.   — 1698. Etat de la France.

Dromesnil, 1657. Proc.-verbal des cout. —1720. Chevillard. —
1757. Cassini. — 1763. Expilly. — 17 brum. an X.

Dromenil, 1695. Nobil. de Picardie. — 1733. G. Delisle.

Drosmenil, 1696. Etat des armoiries.

Elect., dioc. et arch. d'Amiens, doy. d'Airaines, puis d'Hornoy, prév. de Vimeu.

Dist. du cant., 5 k. — de l'arr., 34 — du dép., 34.

DROMESNIL, fief sis au Translay. — xviiie siècle. M. Prarond.

DRUCAT (canton d'Abbeville, Nord), 337-598 hab.

Durcaptum, 863. Dipl. Caroli-Calvi.—Hariulfe.—1090. Anscher.
Vita S. Angilberti. Act. SS. O. S. Ben.

Durchat, 1170. Jean, comte de Ponthieu. Cart. de Valloires. —
1180. Jean, comte de Ponthieu. — 1240. Ib.

Drucat, 1177. Thibaut, évèq. d'Amiens. Dom Cotron. — 1337.
Rôle des nobles et fieffés. — 1372. M. Decagny. Etat du dioc.
1492. Chron. Jean de la Chapelle. — 1507. Cout. loc. — 1757.
Cassini. — 17 brum. an X.

Durcat, 1184. Charte de commune d'Abbeville. Mém. de la Soc.
d'Emul. — 1205. Accord entre Th. de St.-Valery et G. de
Ponthieu. — 1208. Hosp. de St.-Riquier. — 1210. Guy du
Candas. Dom Cotron. — 1214. Guillaume, comte de Ponthieu.
—1300-23. Marnier. Cout.—1301. Pouillé. — 14... Armorial.

Dorcat, 1184. Hist. des comtes de Ponthieu.

Durcart, 1192. Enguerrand de Fontaines. Gall. christ. — 1300-
1323. Marnier.

Durocatum, 1301. Dénomb. de l'évêché d'Amiens.

Dencat-lès-Abbeville, 1423. Mém. de Pierre de Fenin.

Drucat-lès-Abbeville, 1427. Aveu.

Druchault, 1579. Ortelius.

Drachault, 1608. Quadum. Fasc. géogr.

Doucat, 1696. Etat des armoiries.

Druca, 1707. Fr. en 4 f.— 1710. N. De Fer. — 1733. G. Delisle.

Drucas, 1753. Doisy. — 1763. Expilly.

Elect. d'Abb. et de Doullens, doy. d'Abbeville, baill., cout. et archid. de Ponthieu, prév. de St.-Riquier.

Dist. du cant., 5 k., — de l'arr., 5 — du dép., 46.

Drucloy, lieu dit au terroir de Morival. — Dom Grenier.

Druelle (la), dép. de Louvrechy. — Non indiqué par l'Etat-major.

La Drucle, 1733. G. Delisle.

Druel, 1750. L. C. de Boulainviller.

La Druelle, 1757. Cassini.

Pruelle, ferme, 1785. Daire. Doy. de Moreuil.

La Bruel, 1787. Picardie méridionale.

Drugy, dép. de St.-Riquier, 103 hab.

Drusciacum, 830. Dip. Ludovici Pii. — Hariulfe. Cron. centul. — 1110. Miracles de S. Angilbert. — M. Louandre. Topogr.

Drussiacum, 1088. Hariulfe.

Drusiacum, 1088. Ib. — 1090. Anscher. Vita S. Angilberii.

Drugiacum, 1184. Gaucher de la Ferté. Dom Cotron. — 1290. Gall. christ. — 1272-1457-92. Jean de la Chapelle.

Drusy, 1217. Dom Grenier.

Druysi, 1260. Oiim.

Drusi, 1261. Hospice de St.-Riquier. — 1272. Olim.

Drugy, 1375-1406. Dén. — 1428. M. Quicherat. — 1434. Arch. de Lille. — 1492. Jean de la Chapelle. — 1646. Hist. eccl. d'Abb. — 1757. Cassini. — 1764. Expilly. — Ordo.

Drugi, 1492. Jean de la Chapelle. — 1733. G. Delisle.

Drugy-lès-St.-Riquier, 1516. Généal. de Belleval.

Dioc. d'Amiens, arch. d'Abbeville, doy. et prév. de St.-Riquier, élect. de Doullens.

Drusencourt, fief sis à Gamaches. — 1238. De Belleval. Généal.

Dubos, fief près le bois de Montdidier. — Daire. Doy. de Montdid.

Duncq, dép. de Liercourt.

Dun, 1137. Fondation de l'abbaye de Valloires. Gall. christ. —

1143. Guy, comte de Ponthieu. Gall. christ.—1160. Louandre. Topogr. du Ponthieu. — 1250. Comtesse de Ponthieu. M. Prarond.—1299. Robert de Vismes. Cart. du Gard. — 1337. Rôle des nobles et fieffés.

Dumum, 1155. M. Louandre. Topogr. du Ponthieu.

Dum... Memoriale Godefridi, epis. Amb. Cart. de Bertaucourt.

Duncq-sur-Somme, 1638. Le Nain. — Dom Grenier.

Dunq, 1733. G. Delisle. — 1761. Robert. — 1763. Expilly.

Duncq, 1757. Cassini.— 1766. Cout. de Ponthieu.

Dunecq, 1764. Desnos.

Dunck, 1827. Ordo.

Non indiqué sur la carte de l'Etat-major ni dans l'Ordo.

DUNE (la), dép. du Crotoy, 33 hab.

Dunes de St-Firmin, 1857. Dénomb. quinq.

La Dune, 1861. Dénombr. quinq.

DUNOIS, fief sis à Rambures. — Dom Grenier.

DUQUESNE, fief sis à Hérissart.

DURANDAL, fief sis à Digeon. — 1749. Généal. de Belleval.

DURQUELET, fief sis à Drucat.

Durquelet. — *Durkzlet,* 1703. Etat des fiefs.

DURY. (canton de Sains), 766 hab.

Duri, 1084-1095. Guy et Ives, comte d'Amiens. Du Cange. — 1733. G. Delisle.

Durcum villa, 1146. Thierry, évêq. d'Amiens. Dom Grenier.

Dury, 1147. Thierry, év. d'Am. Gall. christ. — 1301. Pouillé. — 1324. Doyen du chapitre. A. Thierry. — 1554. La guide des chemins de France. — 1757. Cassini. — 17 brum. an X.

Duriacum, 1209. Cart. de St.-Martin-aux-Jumeaux.

Dury-Ameilly, 1753. Doisy. — 1763. Expilly.

Durenum. Dairo.

Elect., dioc. et arch. d'Amiens, doy. de Conty, prév. de Beauvaisis à Amiens.

Dist. du cant., 5 k. — de l'arr., 6 — du dép., 6.

E.

EAUCOURT-SUR-SOMME (canton d'Abbeville, sud), 380 hab.

Adulficurt, 830. Dipl. Ludovici Pii. Hariulfe.

Aldulficurt, 844. — *Hardulficurt*, 855. Dipl. Caroli Calvi.   Ib.

Eeaucort, 1210. Hugues de Cayeux. Cart. de Berlaucourt.

Yawecort, 1237. Arnould, év. d'Am.   Ib.

Aquacuria. — Aquacurtis, 1301. Pouillé.

Yeucourt, 1319. Gall. christ.

Iaucourt, 1423. Mém. de Pierre de Fenin.

Eaucourt, 1423. Mém. de Pierre de Fenin. — 1579. Ortelius. —
    1646. Hist. eccl. d'Abbeville. — 1766. Cout de Ponthieu.

Eaucourt-lès-Pont-Remy, 1472. Registre terrier d'Epagne.

Eaucourt-sur-Somme, 1571. Procès-verbal de foy et hommage de
    Claude de Buigny. M. Prarond. — 1755. Aveu de cette sei-
    gneurie. M. Cocheris. — 1757. Cassini. — 17 brum. an X. —
    1784. Inscription de la cloche.

Beaucourt, 1695. Nobil. de Pic.

Eaucour, 1733. G. Delisle.

Caucourt, 1763. Expilly. — 1777. Alm. de Ponthieu.
    Dioc. d'Amiens, arch. de Ponthieu, doy., élect., baill. et
    prév. d'Abbeville.
    Dist. du cant., 6 k. — de l'arr., 6 — du dép., 40.

EAU DES PRÉVOSTS (l'), ruiss. de Camon qui se jette dans la Somme.

EAU DU TOURNEL, ruisseau allant de Fortmanoir vers Longueau. —
  ⁓1378. Titres de l'évêché.

EAU STE-BATHILDE. Ruisseau passant à Corbie.
    Aqua sanctæ Bathildis, 1285. Gautier d'Etinehem. Tit. de Corbie.
    Eaue de Ste-Baulthe, 1432. Cart. Esdras de Corbie.
    Eau Ste.-Batture, 1547. Titres de Corbie.

EAUETTE (l'), rivière. C'est une branche du Scardon ou plutôt une prise d'eau de cette rivière qui s'en détache près du couvent des Dames de St.-Joseph, commence au pont Grenet à Abbeville, passe rue de la Planquette, rue Pado, rue Médarde, rue de l'Eauette, souterrainement sous la place Médarde et se joint à la Sotine. — M. Prarond.

EAUETTE (l'), petit cours d'eau qui passe à Métigny et à Airaines et forme un des affluents de l'Airaines.

EAUETTE (l'), petit ruisseau qui va du terroir de Crouy à Hangest et se perd dans la Somme.

EBALET, dép. de St.-Blimont, 76 hab.

L'Emblets, 1750. L. C. de Boulainviller.

Esbaleth, 1757. Cassini. — Ordo.

Elisabet, 1764. Desnos.

Ebalet, 1836. Etat-major. — 1844. M. Fournier. — Adm.

Eballes, 1840. Alm. d'Abbeville.

EBART, ham. dép. de Bavelincourt, 20 hab. (1).

Barres, 1567 Cout. de Péronne.

Les Barres, 1733. G. Delisle. — 1778. De Vauchelle.

Esbarres, 1757. Cassini.

Ebart, 1761. Robert. — 1781. Cout. d'Am. — 1857. Dénomb.

Esbart, 1851-61. — *Esbares*, 1826-50. Ordo.

Eshart, ferme, 1836. Etat-major.

ECCE HOMO, terroir d'Ailly-sur-Somme. — 1757. Cassini.

   —   terroir d'Ailly-le-Haut-Clocher. — 1757. Cassini.

   —   terroir d'Airaines.

   —   DE BARLETTE, terroir de Franqueville.

   —   terroir de Belloy-St.-Léonard. — 1757. Cassini.

   —   terroir de Boisrault. — 1757. Cassini.

   —   terroir de Cardonnette.

(1) La Picardie méridionale place Ebart à droite de Contay et les Barres au-dessus d'Agnicourt, en faisant ainsi deux localités distinctes.

Ecce Homo, terroir de Cayeux. — 1757. Cassini.

— dép. de Dreuil-lès-Molliens. — 1757. Cassini.

— dép. d'Eaucourt. — 1757. Cassini. — 1764. Desnos.

— chapelle, dép. de l'Etoile.

— dép. de Flixecourt. — 1757. Cassini.

— chapelle, dép. de Guerbigny.

— dép. de Guillaucourt. — 1757. Cassini.

— terroir de Lanchères. — 1757. Cassini.

— chapelle, dép. de Louvrechy. — 1757. Cassini.

— calvaire, dép. de Marcel-cave.

— dép. de Mesnil-Donqueur. — Cassini. — Etat-major.

— terroir de Moyencourt-sous-Poix.

— dép. de Neuilly-l'Hôpital.

— dép. de Nolette. — 1757. Cassini. — 1836. Etat-major.

— dép. de Quevauvillers.

— dép. de Saulchoy. — 1757. Cassini.

— dép. de Tours-en-Vimeu.

— terroir de Vaquerie.

— dép. de Villers-Bocage.

— dép. de Villers-Tournelles. — Cassini. — Etat-major.

Echaffaut (l'), lieu sis près de Leuilly.

L'Escafault, 1510. Bail. Arch. du Bosquel.

L'Echa.Taut, 1761. Déclaration du Prieur du Bosquel.

Echault, rivière qui prend sa source à Remiencourt, passe à Guyen-court et se jette dans la Noye entre Dommartin et Cottenchy.

Echault... Pringuez. Geogr. — M. Buteux. Géol.

Echaut. Cadastre.

Ecuaux de Fossemanant, ruiss. qui va de Fossemanant à la Selle.

Ecuaux des Trente (l'), ruiss. qui va de Fossemanant à la Selle.

ECHELLE St.-TAURIN (l') (canton de Roye), 112-222 hab.

Escheliæ, 1196. Daire. Hist. de Montdidier.

Léchele, 1301. Pouillé du diocèse

Le Chel, 1567. Cout. de Montdidier.

Schelle, 1626. Damiens.

L'Echelle, 1626. Damiens. — 1757. Cassini. — 1765. Daire. —
1775. Honneurs de cour. — 1840. Duclos.

Lachelle, 1648. Pouillé général.

Le Chele, 1733. G. Delisle.

Léchelle, 1753. Doisy. — 17 brum. an X. — Ordo.

La Chelée, 1765. Daire. Hist. de Montdidier.

L'Echelle St-Aurin, 1836. Etat-major.

Eschelle. M. Decagny. Etat du diocèse.

Dioc. et arch. d'Amiens, doy. de Rouvroy, élect., baill. et
prév. de Montdidier.

Dist. du canton, 6 k. — de l'arr., 14 — du dép., 39.

Eclerech, fief sis à Bouzencourt. — 1584. Titres de Corbie.

Ecluse de l'Agrapin. Sur la Somme au-dessus d'Amiens.

— 1159. Thierry, évêque d'Am. Cart. de St.-Acheul.

Ecluse de Douilly, dép. de Douilly.

L'Escluse de Douilly, 1290. Actes du Parlement.

Ecluse de Hangest.

Esclusa de Hangest. 1206. Girard de Picquigny. Cart. du Gard.

Ecluse de Ravine. Ecluse située à la hauteur de Camon, l'une des
limites de la juridiction des eaux.

Sclusa de Ravina, 1159. Thierry, évêq. d'Am. Cart de St.-Acheul.

Ravine, 1283. Philippe, roi. Tit. du Chap. — 1669. Tit. du Chap.

ECLUSIER-VAUX (canton de Bray), 123-236 hab.

Escluppes, 1214. Dénomb. Regist. de Philippe-Auguste.

Esclusiers, 1393. Lettre de Charles VI. Rec. des ord. — 1423.
Mém. de Pierre de Fénin.

Escluzières, 1567. Cout. de Péronne. — xvie siècle. Dénomb. de
Louis d'Ognies.

Eclusière, 1733. G. Delisle. — 1778. De Vauchelle.

Eclusier, 1757. Cassini. — Ordo. — 1836. Etat-major.

Eclusières, 1761. Robert.

Esclusien et Vaux, 1753. Doisy. — 1764. Expilly.

L'Eclusier. M. Decagny. Arr. de Péronne.

Exclusier, 1764. Expilly.

Eclusier-et-Vaux, 17 brum. an X.

Eclusier-Vaux, 1840. Duclos. — 1850. Tabl. des distances.
Dioc. de Noyon, élect., doy., baill. et prév. de Péronne.
Dist. du cant., 6 k. — de l'arr., 13 — du dép., 40.

ECOREAU, ferme dép. de Frettecuisse.

Colreaus, 1160. Henri III, roi d'Angleterre. Hist. d'Aumale.

Colreium, 1219. Raoul de Milly.

Caurriaus. — *Caurriaux*, 1302. Dénomb. de l'évêché.

Les Carreaux, 1646. Hist. eccl. d'Abbeville. — 1752. Doisy. — 1757. Cassini. — 1763. Expilly.

Coraux, 1733. G. Delisle.

Corceau, 1731. Etat des manufactures d'Aumale.

Les Careaux, 1764. Desnos.

Ecoraux, 1781. Cout. d'Amiens.

Le Carrum, 17 brum. an X.

Carreau, 1826-27-28. Ordo. — *Correau*, 1829-52. Ordo.

Le Coreau, 1836. Etat-major. — 1844. M. Fournier.

Ecoreau, 1856. Franc-Picard. — 1857. Dénomb. quinq.

ECRESSIN, moulin et habitation dép. de Contoire.

EGLISE BRULÉE, dép. de Framerville. — M. Decagny.

EGOUT DES JARDINS, ruisseau qui déverse les eaux des entailles de Bray-lès-Mareuil, situées du côté d'Airondel, dans la fausse rivière.

ELFAY, forêt dép. de Sailly-Saillisel.

Elfaica silva, 1255. Simon, abbé du Mont-St.-Quentin. Gall. chr.

Forêt d'Elfay. M. Decagny.

ELINCOURT, dép. de St.-Blimont, 153 hab.

Elencurt, 1207. Thomas de St.-Valery.

Ellencourt. — *Elcourt*, 1337. Role des nobles et fieffés.

Ellecourt, 1657. Proc.-verb. des cout.

Belcourt, 1696 Etat des armoiries.

Elincourt, 1733. G. Delisle. — 1763. Expilly. — 1764. Bellin. Atlas maritime. — Ordo. — Cadastre.

Eilincourt, 1757 Cassini. — 1840. Duclos. Dict.

Délincourt, 1836. Etat-major. — M. Prarond.

Elencourt. N. Paris.

Eloscourt, dép. de Noyelles-en-Chaussée.

Elescourt, 1733. G. Delisle.

Ellecourt. — *Elicourt,* 1750. L. C. de Boulainviller.

Elecourt, 1753. Doisy. — 1780. Alm. du Ponthieu.

Elcourt, 1763. Expilly. — 1766. Cout. de Ponthieu.

Eloscourt, 1778. De Vauchelle.

Ellescourt, 1787. Picardie mérid.

Non indiqué par Cassini.

EMBREVILLE (canton de Gamaches), 449 hab.

Hamberi villa. M. Darsy. Canton de Gamaches.

Embrevilla, 1191. Fondation de l'abb. de Lieu-Dieu. Gall. christ.

Embrevile, 1196. Pierre d'Amiens. Cart. de Bertaucourt. — 1300-1323. Marnier.

Embriacum, 1229. Spicilegium. Chron. Andrense.

Embrevillier, 1657. Proc.-verb. des cout.

Amreville, 1696. Etat des armoiries. — 1753. Doisy. — 1761. Robert. — 1763. Expilly. — 1778. De Vauchelle.

Embreville, 1757. Cassini. — 1763. Expilly. — 1766. Cout. du Ponthieu. — 1778. Alm. du Ponthieu. — 17 brum. an X.

Elect. d'Amiens et d'Abbeville, paroisse de Beauchamps, baill. et prév. de Vimeu.

Dist. du cant., 6 k. — de l'arr., 26 — du dép., 63.

Emme, dép. de Mesnil-Bruntel.

Emmes, 1076. Ratbod, évêque de Noyon. — 1770. De Sachy. Hist. de Péronne.

Emma, 1100. Baudry, év. d'Amiens. Cart. de Noyon. — 1135. Henri II, pape. Cart. de Prémontré. — 1157. Josbert, doyen de Péronne. — 1174. Baudouin, év. de Noyon. Cart. d'Arrouaise. — 1226. Havide de Hardecourt.

Esmes, 1567. Cout. de Péronne.

Esme, 1619. Compte de la Commanderie d'Eterpigny. — 1750. L. C. de Boulainviller. — 1764. Expilly.

Eme, 1733. G. Delisle. — 1778. Du Vauchelle.

Esmel, 1750. L. C. de Boulainviller.

Emonts (les), écart dép. de Lucheux.

Emonville, fief sis à Chepy.

Emonville, fief, 1579. Inscription de la cloche de Saigneville. M. Prarond. — 1657. Proc.-verb. des cout.

Esmailleville. 1695. Haudicquer de Blancourt. Nobil. de Pic.

Esmonville, 1693. M. Prarond. — 1695.   Ib.

Empire (la), dép. de Ronsoy.

Empire, 1733. G. Delisle. — 1778. De Vauchelle.

Lumpire, 1757. Cassini.

Lempire, 1836. Etat-major. — 1844. M. Fournier.

La Empire... M. Decagny.

Enconnay, ferme, dép. de le Boisle.

Anconnai, 1202. Hugues de Caumont. Cart. d'Auchy-lès-Moines. — 1766. Cout. de Ponthieu. — 1787. Picardie mérid.

Ankené, 1202. Hugues de Caumont. Cart. d'Auchy-lès-Moines.

Hutinangle, 1205-45-48. Cart. de Valloires.

Hatynanyse, 1211. De Cayrol. Mém. de la Soc. d'émul. d'Abbev.

Aconay. — Ancoing, 1579. Ortelius.

Conai, 1743. Friex.

Enconnay, 1750. L. C. de Boulainviller. — 1757. Cassini.

Anconay, 1761. Robert. — Ordo.

Anconnay, 1763. Expilly. — 1780. Alm. de Ponthieu.

Aconnay, 1840. Alm. d'Abbev.

Dioc. d'Amiens, élect. d'Abbeville, baill. de Crecy.

Encre, rivière.

Corbeia fluviolus, VII° siècle. Vie de St.-Fursy. Act. SS. O. S. B.

Corbia... — *Incra*... — *Anchora*... Had. de Valois.

Miraumont, 1415. Chron. de Monstrelet. — 1757. Cassini.

Ancre, 1547. Décl. des rev. de l'abb. de Corbie. — 1733. G. Delisle. — 1864. Administ.

Encre, 1649. Coulon. Riv. de France. — 1757. Cassini. — 1761.
Robert. — 1763. Expilly. — 1778. De Vauchelle. — 1787. Picardie mérid. — 1836. Etat-major.

La Corbie... *Riv. d'Albert*, 1699. Dom Grenier.

Ruisseau de Bresle, 185.. Lair. De moribus Normanniæ. Mém.
de la Soc. des Ant. de Normandie, XXIII, 287.

L'Encre prend sa source à Miraumont, coule du N. au S.,
passe à Miraumont, Grandcourt, Beaucourt où elle reçoit le
ruisseau de ce nom, à Divion, Hamel, Authuile, Albert où
elle forme une belle chute, à Méaulte ; là elle se dirige au
N.-O. à Dernancourt, entre Buire et Ville-sous-Corbie, à
Treux, entre Ribemont et Méricourt, à Heilly où elle se
partage en deux branches au moulin de la Grenouillère, la
principale passant à Corbie, l'autre vers Bonnay et la Neuville, et se jette dans la Somme.

Enfer (l'), lieu dit au terroir de Sailly-Laurette.

Engelier, lieu sis à Vimeu ?

Pratum Engelier, 1191. Fond. de l'abb. de Lieu-Dieu. Gall. christ.

Engenolcourt, en Ponthieu. 1134. — Lieu inconnu.

ENGLEBELMER (canton d'Acheux), 570 hab.

Englebertmes, 1301. Pouillé du diocèse.

Englebermes, 1306. Cart. de Guise. — 1338. Dom Grenier.

Anglebromer, 1369. Quittance de Jean d'Anglebromer. Trés. gén.

Anglebermes, 1521. Montre faite à Doullens.

Englebelmer, 1567. Cout. de Péronne.— 1733. G. Delisle.— 1757.
Cassini. — 17 br. an X. — 1836. Etat-major.

Englesbermer, 1637. Marrier. Hist. S. Martini de campis.

Encre-Bellemer, 1648. Pouillé général.

Vucrebellemer, 1657. Jansson.

Encrebelmer, 1750. L. C. de Boulainviller.

Anglebermer, 1695. Nobil. de Picardie.

Englebellemère, 1750. L. C. de Boulainviller.— 1709. D. Grenier.

Englebelmere, 1753. Doisy. — 1763. Expilly.

Anglebelmer, 1761. Robert. — 1787. Picardie mérid.
Dioc. et arch d'Amiens, doy. d'Albert, élect., baill. et prév.
de Péronne.
Dist. du cant., 7 k. — de l'arr., 25 — du dép., 32.

ENGLEISCOURT, lieu détruit, entre Licourt et Epénancourt. — 1230.
Dénomb. de la terre de Nesle.

ENGUILLAUCOURT, dép. de Guillaucourt, 9 hab.

Engeliercort, 1219. Enguerrand de Boves. Cart. de Fouilloy.

Engelicort, 1248. Jean de Hangard. Titres du Paraclet.

Engeliercurt, 1250. Robert de Remiencourt. Cart. de Fouilloy.

Engelicurt, 1295. Abbesse du Paraclet. Cart. noir de Corbie.

Enghelliecourt. 1301. Pouillé du diocèse.

Enguillencourt, 1567. Cout. de Montdidier. — 1710. N. De Fer.

Engilcourt, 1579. Ortelius. — 1592. Surhonius.

Inglencourt, 1638. Tassin.

Engeguillecourt, 1648. Pouillé général.

Enguillaucourt, 1757. Cassini. — Ordo. — 17 brum. an X.

Enguillacourt, 1764. Expilly.

Anguillaucourt... M. Decagny. Arr. de Péronne.
Dioc. et arch. d'Amiens, doy. de Fouilloy, élect. de Montdid.

ENNOLT. — 845. Dipl Caroli Calvi. M. Louandre. Topogr.
Lieu inconnu en Ponthieu dép. de l'abb. de Forestmontiers.

ENNEMAIN (canton de Ham), 435 hab.

Nemincum, 875. Marlot. Hist. Rem. — 894. Gall. christ.

Memnincum, 875. Marlot.   Ib.   — Bolland.

Memmium, 894. Bolland. Acta Sanctorum.

Nemaing. — Nemeing. — Annemaing. — Annemain. — Ennemaing.
    M. Decagny. Arr. de Péronne.

Aneman, 1170. Cart. de Noyon.

Uennemaing, 1384. Dénomb. du temporel de N.-D. de Ham.

Ennemain, 1567. Cout. de Péronne. — 1710. N. De Fer. — 1757.
    Cassini. — 1764. Expilly. — 17 brum. an X.

Dennemain, 1648. Pouillé général.

Ennemin, 1695. Nobil. de Pic.

Enemain, 1733. G. Delisle. — 1778. De Vauchelle.

Ernemain, 1761. Robert.

    Dioc. de Noyon, doy. d'Athies, élect., baill. et prév. de Pér.

    Dist. du canton, 15 k. — de l'arr., 13 — du dép. 52.

ENTRE DEUX VILLES, lieu sis entre Bernaville et le fief de Vaquerie.

ENVIETTE (l'), ferme dép. de Cayeux.

    L'Envicte, 1733. G. Delisle.

    Lenviette, 1757. Cassini. — 1764. Bellin. Atlas mar. — Ordo.

    L'Enviet, 1763. Expilly. — 1764. Desnos.

    L'Enviette, 1778. De Vauchelle.

    Louriette, 1810. Alm. d'Abbeville.

EPAGNE (canton d'Abbeville, sud), 371-577 hab.

    Spania, 855. Dipl. Caroli-Calvi. Hariulfe. Chron. Cent.

    Espanum, 1121. Jean, comte de Ponthieu. Hist. eccl. d'Abbev.

    Hispania, 1178. Enguerrand de Fontaine. Gall. christ. — 1202.
        Ch. de commune de Doullens. Dom Grenier.

    Espaigne, 1203. Enguerrand, sénéchal. Cart. de Berlaucourt. —
        1300-23. Marnier. — 1428. Guillaume, abbesse. Cart. de Cha-
        pitre. — 1579. Ortelius. — 1638. Tassin. — 1683. Etat des
        revenus du domaine du roi. M. Cocheris.

Espagne, 1209. Guillaume de Ponthieu. — 1507. Cout. loc. — 1761. Robert.

Yspania, 1215. M. Louandre. Topogr. du Ponthieu. — 1252. Lettre de Philippe, dame de Ponthieu. — 1301. Pouillé.

Hispane, 1227. Bulle de Grégoire IX.

Hyspania, 1271. Testament de Géraud, archid. de Ponthieu.

Espaingne, 1284. Guillaume de Hangest. Aug. Thierry.

Espane, 1337. Rôle des nobles et fieffés.

Epaigne, 1337.   Ib.   — 1612. Aveu du fief d'Epagne. M. Cocheris. — 1646. Hist. eccl. d'Abb.

Epagne, 1646. Hist. ecc. d'Abbev. — 1710. N. De Fer. — 1757. Cassini. — 1763. Expilly. — 17 brum. an X.

Elect., archid., doy., baill. et prév. d'Abbeville, dioc. d'Am.

Abbaye de femmes de l'ordre de Cîteaux, fondée en 1178.

Dist. du cant., 5 k. — de l'arr., 5 — du dép., 41.

EPAGNETTE, dép. d'Epagne, 206 hab.

Hyspancta, 1121. Jean, comte de Ponthieu. Hist. eccl. d'Abbev.

Hispaniola, 1134. M. Louandre. Topogr. du Ponthieu.

Hispancta, 1138. Jean, comte de Ponthieu. Hist. eccl. d'Abb. — — 1211. Jean. comte de Ponthieu. Ib. — 1301. Pouillé.

Epaignette, 1205. Guillaume, comte de Ponthieu. Hist. eccl.

Espaignete, 1283. Esteule de Querrieux.

Espaignette, 1638. Tassin. — 1657. Jansson.

Epagnette, 1646. Hist. eccl. d'Abbev. — 1710. N. De Fer. — 1757 Cassini. — 1763. Expilly. — 17 br. an X.

Espaignel, 1648. Pouillé général.

Espagnette, 1761. Robert.

Epagnelle, 1778. De Vauchelle.

Autrefois paroisse de l'arch. et doy. d'Abbeville.

EPAGNY, dép. de Chaussoy-Epagny, 237 hab.

Espanny, 1079. Enguerrand de Boves. Généal. de Guynes.

Espany, 1105. Fondat. de l'abb. de St.-Fuscien. Gall. christ.

Hispaniacum. — *Hispania*, 1164. Thierry, év. d'Am. Gall. christ.

Espaigny, 1195. Pierre d'Amiens. A. Thierry. — 1301. Dénomb. de l'évêché d'Amiens. — 1387. Montre de Guillaume de Beauvais. — 1477. Hommage d'Antoine de Crèvecœur.

Hespaini, 1266. Thierry, évêq. d'Am.

Espagny, 1322. Gérard de Fréchencourt. Cart. des chapelains d'Amiens. — 1657. N. Sanson. — 1765. Daire.

Epaigny, 1334. Testament d'Albert de Roye.

Espaigni, 1387. Montre de Guillaume de Beauvais. Trés. généal.

Espeny. — *Espaingny*, xv⁣e siècle. Armorial.

Espeigniacum, xvi⁣e siècle. Obit. du chap. d'Am.

Epagny, 1757. Cassini. — 1763. Expilly. — 17 brum. an X.

Epagny, fief dép. de Davenescourt.

Petit Epagny, 1733. G. Delisle. — 1778. De Vauchelle.

Fief Espagny, 1757. Cassini.

EPAUMESNIL (canton d'Oisemont), 279-289 hab.

Espesmaisnil, 1170. Cart. St.-Martin-aux-Jumeaux. — 1170. Bernard, maycur d'Amiens. Aug. Thierry.

Espemaignil, 1337. Rôle des nobles et fieffés.

Espaumesnil, 1507. Cout. loc. — 1757. Cassini.

Espomenil, 1646. Hist. eccl. d'Abbev.

Espoumaisnil, 1648. Pouillé général.

Epaumenil, 1733. G. Delisle. — 1764. Desnos. — 1781. Cout. d'Am.

Espomesnil, 1750. L. C. de Boulainviller.

Epaumesnil, 1761. Robert. — 1766. Cout. de Ponth. — 17 br. an X.

Espaumenil, 1763. Expilly.

Epomesnil. Daire.

Elect. et dioc. d'Amiens, arch. de Ponthieu, doy. d'Airaines, baill. et prév. de Vimeu.

Dist. du cant., 9 k. — de l'arr., 37 — du dép., 37.

Epaves, bois dép. de Moreuil. — Défriché en partie.

Epaves de l'Eglise, bois dép. de Thennes.

ÉPÉCAMPS (canton de Bernaville), 68 hab.

Spissus campus, 1137. Cart. de St.-Martin-aux-Jumeaux. — 1141. Thierry, év. d'Amiens. Cart. de Bertaucourt. — 1152. Titres de Moreaucourt. — 1160. Jean, abbé de Corbie. — 1161. Robert, abbé de St.-Jean. Cart. de St.-Jean.

Espeschamp, 1160. Cart. de St.-Martin-aux-Jumeaux.

Vespere campi, 1164. Gall. christ.

Epescamp, 1201. Cart. de St.-Martin-aux-Jumeaux.

Pissus campus, 1301. Pouillé du diocèse.

Especamps, 1567. Procès-verbal des coutumes.

Pécamp, 1646. Hist. eccl. d'Abb. — 1761. Robert.

Espécamp, 1673. Titres de St.-Martin-aux-Jumeaux. — 1733. G. Delisle. — 1778. De Vauchelle.

Epécamp, 1675. Titres de St.-Martin-aux-Jumeaux. — Ordo.

Pécamps, 1720. Ms. de Monsures.—1753. Doisy.—1764. Expilly.

Epé-Camps, 1750. L. C. de Boulainviller.

Epécamps, 1757. Cassini. — 17 br. an X.

Elect. de Doullens, dioc. d'Am., arch. d'Abbeville, doy. de St.-Riquier, baill. et prév. de Beauquesne.

Epécamp possédait un prieuré de l'ordre de St.-Augustin.

Dist. du canton, 2 k. — de l'arr., 18 — du dép., 31.

EPEHY (canton de Roisel), 1993-2010 hab.

Despauhi, 1080. Testament de Sohier, comte de Vermandois.

Spechiæ, 1081. Testament d'Herbert IV, de Vermandois.

Espainacus, 1214. Dénomb. Regist. de Philippe-Auguste.

Espchy, 1554. La guide des chemins de France. — 1567. Cout. de Péronne. — 1573. Ortelius. — 1638. Tassin. — 1790. Etat des électeurs.

Espehi, 1592. Surhonius.

Espechy, 1607. Mercator.—1592. Surhonius.

Despesy, 1648. Pouillé général.

Epelu, 1733. G. Delisle.

Espechy-Espezière, 1753. Doisy. —1764. Expilly.

Epchy, 1757. Cassini. — 1828-62. Ordo. — 17 brum. an X.

Epchi, 1778. De Vauchelle.

Espechie, 1787. Picardie mérid.

Eppehy, 1824-27. Ordo.

Spehiacum. — *Espanhy.* M. Decagny.

    Elect., doy., baill. et prév. de Péronne, dioc. de Noyon.

    Dist. du cant., 8 k. — de l'arr., 20 — du dép., 70.

EPÉNANCOURT (canton de Nesle), 480 hab.

    Panencourt, 1143. M. Decagny. État du dioc.

    Spanencurt, 1175. Ives, comte de Soissons. Cart. d'Arrouaise.

    Espanancourt, 1201. Etienne, év. de Noyon. — 1750. L. C. de
        Boulainviller. — 1763. Expilly.

    Spanencort, 1230. Dénomb. de la terre de Nesle.

    Espenencourt, 1248. Simon d'Epenancourt. —1567. Cout. de
        Péronne. — 1648. Pouillé général. —1695. Nobil. de Picardie.

    Espenancourt, 1707. G. Sanson. Fr. en 4 f. — 1733. G. Delisle.
        — 1753. Doisy. —1763. Expilly. — 1778. De Vauchelle.

    Hespenencourt, 1710. N. De Fer.

    Epenencourt, 1757. Cassini.

    Eppenancourt. M. Decagny.

    Epénancourt, 17 brum. an X. — 1850. Tabl. des dist.

    Dioc. de Noyon, doy. de Curchy, élect., baill. et prév. de
        Péronne.

    Dist. du cant., 9 k. — de l'arr., 15 — du dép., 51.

EPERON DORÉ, fief sis à Rancourt. — 1772. Aveu. M. Cocheris.

EPERON (l'), fief sis à Sailly-le-Sec. — 1538. Dom Grenier.

EPINE DE CORBIE, lieu dit au terroir de Nampty.

EPINE DE LA BELLE MAGDELAINE, près Abbeville, à l'entrée du chemin
    qui mène à Hautvillers. — M. Prarond.

EPINE AU PUITS, fief sis près d'Abbeville. — 1762. M. Cocheris.

EPINE HARVOISE, 1283. Limite de la banlieue d'Abb. vers Epagnette.

Epine (fief de l'), fief sis à Buigny-l'Abbé.

Fief de l'Espine. Etat des Fiefs.

L'Espines apud Buigniacum. Dom Cotron.

Epine (l'), dép. de Haute-Visée-l'Epine. — 1840-62. Ordo.

— fief sis à Lamotte-en-Santerre. — 1588. Dom Grenier.

— fiefs's à Authieulle. — 1531-1785. Daire. Hist. de Doullens.

— (l'), dép. de Falvy.

Ad Spinam, 1237. Official de Noyon. Cart. de Noyon.

Epine Crémery (l'), terroir d'Y.

— Hubert (l'), terroir de Ovillers-la-Boisselle.

— Marie-Marthe (l'), terroir de Ovillers-la-Boisselle.

— de Malassise, dép. de Bouchavesne. — 1836. Etat-major.

— des trois évêques, dép. de Longueval. — Limite entre les évêchés d'Amiens, d'Arras et de Noyon.

Epinette (l'), fief sis à Drucat. — M. Prarond.

Epineux (l'), fief sis à Caix. — Cadastre.

Epinoy (l'), dép. de Domart-en-Ponthieu.

Espineum, 1140. Garin, évêq. d'Am. Cart. de Bertaucourt.

Espinoy, 1176. Alexandre III, pape. Ib. —1646. Hist. eccl. d'Abb.

Spinoy, 1210. Hugues de Cayeux. Ib.

Espynoy, 1282. Isabelle, abbesse de Berlaucourt. Cart. des chap.

Epinoy, 1825-31. Ordo. — 1781. Cout. d'Amiens.

Lepinoy, 1832-62. Ordo.

Epinoy, fief sis à Framerville.

Fief de l'Epinoy. Daire. Doy. de Libons.

Fief de l'Epinon. M. Decagny.

Epinoy (l'), dép. de St.-Léger-le-Pauvre.

Spinetum, 1191. Fondation de l'abb. de Lieu-Dieu. Gall. christ.

Epinoy (l'), fief sis à Yzeux.

L'Epinoy. Etat des fiefs.

L'Epine. Cadastre.

Epinoye (l'), ferme dép. de Moreuil, 8 hab.

Spinetum, 1140. Carla de Roseriis. Cart. de Lihons.

Espinoy, 1216. Everard, évêq. d'Am. Cart. de Fouilloy. — 1648. Pouillé général. — 1836. Etat-major. — 1844. M. Fournier.

Epinoy, 1301. Pouillé.—1710. N. De Fer.—1778. De Vauchelle.

L'Epinoi, 1733. G. Delisle.

L'Epinoy, 1757. Cassini. — Ordo.

Esquenoy, 1761. Robert.

L'Epinoye, 1861. Dénomb. quinq. — Cadastre.

EPLESSIER (canton de Poix), 385 hab.

Placeta, 1203. Lettre de Charles VI. Aug. Thierry. Rec. des ord.

Pleisseium, ... Daire.

Les Plaissies, 1301. Pouillé.

Plessiers-sous-Poix, 1418. Lettre de rémission de Charles VI.

Les Plaissiers, 1527. Cout. de Poix. M. Pouillet.

Les Plaisiers, 1648. Pouillé général.

Plaisier, 1657. Jansson.

Epleciel, 1731. Etat des manufactures d'Aumale.

Le Plessiez-le-Poix, 1733. G. Delisle.

Esplessies, 1750. L. C. de Boulainviller.

Esplaisiers, 1753. Doisy. — 1763. Expilly.

Eplessier, 1757. Cassini. — 17 brum. an X. — Ordo.

Le Plessier, 1761. Robert.

Le Plessiez-lès-Poix, 1778. De Vauchelle.

Elect., dioc., arch. et baill. d'Amiens, doy. de Poix, prév. de Beauvaisis à Granvillers.

Prieuré dépendant de S. Lucien de Beauvais.

Dist. du cant., 2 k. — de l'arr., 30 — du dép., 30.

EPPEVILLE (canton de Ham), 86-666 hab.

Espevile, 1143. Célestin II, pape. Cart. de Prémontré. — 1211. Cart. de Noyon.—1240. Official. de Noyon. Cart. de Prémontré. — 1267. Jean Chaignars. Cart. des Prémontrés de Ham — 1308. Ordre des biens de l'évêque de Noyon.

Espeti villa, 1155. Hugo, abbé de Prémontré. Cart. de Prémontré.

Pevilla, 1168. Alexandre III, pape. Cart. de Prémontré.

Espeville, 1178. Hugo, abbé de Prémontré. Ib. — 1220. Roger, abbé de Ham. Ib.— 1316. Cart. de Prémontré.— 1331. Lettre de Robert de Coudé confirmée par Philippe VI. — 1648. Pouillé général. — 1695. Nob. de Picardie.

Espevilla, 1212. Etienne, év. de Noyon. Cart. de Noyon.— 1216. Dénomb. de Odon de Ham.

Speville, 1254. Vermond, év. de Noyon. Cart. de Noyon.

Estieville, 1371. Reconnaissance. Cart. de Prémontré.

Eppeville, 1573. Ortelius. — 1757. Cassini. — 17 brum. an X.

Ebeville, 1638. Tassin.

Espervilles, 1710. N. De Fer.

Epeville, 1733. G. Delisle. — 1764. Expilly.

Esperil, 1761. Robert.

Eperville, 1778. De Vauchelle. — 1787. Picard. mérid.

Dioc., élect. et baill. de Noyon, doy. de Ham.

Dist. du cant., 2 k. — de l'arr., 27 — du dép., 62.

EQUANCOURT (canton de Combles), 946 hab.

Scaincurt, 977. Colliette. — 1014-1046. Bulle de Grégoire VI.— 1107. Echange entre S. Fursy et l'abb. de S. Quentin.

Eschaincurt, 1100. Cart. de Libons.

Escaiencort, 1102. Baudry, év. de Noyon. Cart. de Noyon.

Scaiencurt, 1174. Beaudouin, év. de Noyon. Cart. d'Arrouaise.— 1188. —1199. Philippe de Flandre. Cart. d'Arronaise.

Squaiencort, 1202. Philippe-Auguste. Amplissima Collectio. — 1209. Registre de Philippe-Auguste.

Eschaiencurt, 12... Raoul, comte de Vermandois. Cart. de Libons.

Esquaincort, 1214.— *Scaincourt,* 1218. M. Decagny. Etat du dioc.

Escauncort, 1236. Cart. de Noyon.

Escaiecourt, 1303. Isabeau de Croisille. Cart. de Bertaucourt.

Esquencourt, 1567. Cout. de Péronne.— 1633. Levasseur. Annales de Noyon. — 1753. Doisy. — 1764. Expilly.

Echencourt, 1579. Ortelius. — 1592. Surhonius. — 1638. Tassin.

Quencourt, 1618. Pouillé général.

Echancourt, 1657. Jansson.

Esquincourt, 1695. Nobil. de Picard. — 1771. Colliette.

Escancourt, 1703. Relief. Dom Grenier.

Equencourt, 1733. G. Delisle. — 1778. De Vauchelle.

Équincourt, 1743. Friex.

Esquancourt, 1750. L. C. de Boulainville. — 1790. Etat des élect.

Equancourt, 1757. Cassini. — 17 brum. an X. — Ordo.

Equeaucourt, 1764. Desnos. — 1787. Picardie mérid.

Hesquencourt, ... M. Decagny. Arr. de Péronne.

Dioc. de Noyon, doy., élect., baill. et prév. de Péronne.
Dist. du cant., 13 k. — de l'arr., 16 — du dép., 65.

EQUENNES (canton de Poix), 363-370 hab.

Les Quesnes, 1148. Guillaume Tyrel. M. Pouillet. — 1337. Rôle des nobles et fieffés. — 1397. Lettre de rémission.

Les Kaisnes, 1301. Pouillé

Eskesnes, 1337. Rôle des nobles et fieffés.

Esquennes, 1381. Montre de Jean Bouterie. — 1383. Aveu de Souplicourt. M. Pouillet. — 1423. Mém. de Pierre de Fenin.— 1648. Pouillé général. — 1753. Doisy. — 1763. Expilly.

Esquene, 1657. Jansson. — 1750. L. C. de Boulainviller.

Esquenne, 1695. Nobil. de Picard.

Equenne, 1736. M. Decagny. Etat du dioc.

Esquesnes, 1757. Cassini.

Esquesne, 1781. Cout. d'Amiens.

Equennes, 17 brum. an X. — 1865. Sceau de la commune.

Equesnes, Ordo. — 1850. Tabl. des dist.

Elect., dioc. et arch. d'Amiens, doy. de Poix, prév. de Beauvaisis à Amiens.
Dist du canton, 5 k. — de l'arr., 33 — du dép., 33.

Equipée (l'), dép. du Bosquel.

  L'Esquipée, 1510. Bail. Arch du Bosquel.

  Esquippes, 1665. Déclaration du prieur du Bosquel.

Equipée (l'), dép. de Cayeux-en-Santerre.

  L'Equipée-lès-Cayeux, 1757. Cassini.

Equipée (l'), dép. de Hautvillers. — Non indiqué par Cassini.

  Lesquipée, 1638. Tassin.

  L'Esquipée, 1657. Jansson.

  L'Equipée, 1733. G. Delisle. — 1778. De Vauchelle.

  Fief de l'Equipée, 1774. Aveu. — M. Cocheris.

  Le Quipée, 1787. Picard. mérid.

Equipée (l'), dép. d'Ugny-l'Equipée.

  Lesquippée, 1554. La Guide des chemins de fer.

  Lequippe, 1573. Ortelius. — 1592. Surbonius.

  L'Equipée, 1761. Robert.

Equipée (l'), dép. de Wiencourt. — Non indiqué par l'Etat-major.

  L'Esquipée, 1567. Procès-verbal des cout. — 1750. L. C. de Boulainviller.

  L'Esquipées, 1750. L. C. de Boulainviller.

  L'Equipée, 1763. Expilly. — Ordo.

  Léquipée, 1763. Expilly.

ERAMECOURT (canton de Poix), 79-91 hab.

  Erembercurt, 1118. Geoffroy, év. d'Amiens. Louvet. — Daire.

  Erembocurt, 115.. Pignoratio vicecomitatus de Belvais. Daire.

  Erembecourt, 1301. Pouillé.

  Excembecourt. — *Erebencourt*, 1648. Pouillé général.

  Esraucourt, 1657. N. Sanson.

  Eraucourt, 1710. N. De Fer.

  Eramecourt, 1733. G. Delisle. — 17 brum. an X. — 1851. Ordo.

  Esramecourt, 1753. Doisy. — 1761. Robert. — 1763. Expilly.

  Erempcourt, 1757. Cassini. — 1784. Daire. — 17 brum. an X.

Erampcourt, 1826-50. Ordo.

Elect., dioc. et arch. d'Amiens, doy. de Poix, prév. de Beauvaisis à Amiens.

Dist. du cant., 7 kil. — de l'arr., 35 — du dép. 35.

ERCHES (canton de Montdidier), 327-348 hab.

Hercie, 877. Charles-le-Chauve. Cart. S. Corneille. — 1244. Doy. de Noyon. Ib.

Harceii, 1115. Mabillon. Diplomat. — ..... Geoffroy, év. d'Am.

Herces, 1162. Alexandre III, pape. Cart. S. Corneille. — 1230. Ib. — 1244. Official. de Noyon. Ib.

Ercii, 1182. Luce III, pape. Ib.

Hercii, 1183. Luce III, pape. Ib. — 1198. Innocent III, pape. Cart. S. Corneille. — 1214. Doy. de Roye.

Herchii, 1192. Célestin III. Ib.

Erches, 1233. Geoffroy, év. d'Am. Cart. de Noyon. — 1244. Official. de Noyon. Cart. S. Corneille. — 1301. Pouillé. — 1567. Cout. de Roye. — 1757. Cassini. — 1763. Expilly. — 17 br. an X.

Herchiæ, 1234. Mathieu de Roye. Cart. S. Corneille. — 1246. Ib.

Herches, 1240. Official. de Noyon. Ib. — 1764. Expilly.

Herche, 1694. Inscription de Roye sur le Matz.

Elect. de Montdidier, dioc. et arch. d'Amiens, doy. de Montdidier, puis de Rouvroy, baill. et prév. de Roye.

Dist. du cant., 13 kil. — de l'arr., 13 — du dép. 35.

ERCHEU (canton de Roye), 1034-1091 hab.

Arceium, 988. Bulla Johannis XV, papæ.

Archeium, 1048. Henri, roi de France.

Erceium, 1050. Guy, év. de Noyon. Gall. christ. — 1191. Etienne, év. de Noyon. Cart. de Noyon.

Herchiu, 1170. Renard, év. de Noyon. Cart. d'Arrouaise. — 1236. Pierre du Bois. M. V. de Beauvillé. — 1291. Cart. de Noyon. — 1300. Cart. d'Ourscamp.

Herciacus, 1191. Etienne, év. de Noyon.

Erchiu, 1234. Official. de Noyon. — 1237. Doy. de Noyon. Cart. de Noyon. — 1271-1308. Olim. — 1304. Cart. d'Ourscamp.

Erchin, 1237. Doy. de Noyon. Cart. de Noyon. — 1308. Olim.

Herchieu, 1243. Official. de Noyon. Cart. de Noyon.—1260. Olim.

Erchieu, 1248. Actes du Parlement. — 1297-1309. Olim. — 1366. Compte de Oudart de Jansy. — 1360. Ann. de Noyon.

Erchieux, 1308. Ordre des biens de l'évêché de Noyon.

Erchevium, ... M. Decagny. Arrond. de Péronne.

Ercheux, 1538. Rôle pour les fortifications de Roye. M. V. de Beauvillé. — 1824-27. Ordo. — 1856. Franc-Picard.

Ercheu, 1579. Ortelius. — 1592. Surhonius. — 1638. Tassin.

Ercheu, 1633. Ann. de Noyon. — 1710. N. De Fer. — 1757. Cassini. — 1828-62. Ordo. — 1836. Etat-major.

Erchu, 1633. Levasseur. Ann. de Noyon. — 1733. G. Delisle.— 1759. Aveu de Sezille. — 1764. Expilly. — 17 brum. an X.

Archeux, 1705. Etat général des maladreries.

Erchue, 1738. Acte de mesurage. M. Corheris.

Hercheux, 1753. Doisy. — 1790. Etat des électeurs.

Herchen, 1764. Expilly.

Dioc., élect. et baill. de Noyon, doy. de Nesle.

Dist. du cant., 12 k. — de l'arr., 31 — du dép, 53.

ERCOURT (canton de Moyenneville), 365 hab.

Aierdicuria, ... Dom Grenier.

Ercort, 1129. Hugues Boutery. Cart de Berlaucourt.

Aercort, 1185. Fondation de l'abbaye de Sery. Gall. christ.

Aercurt, 1185. Henri de Fontaine. Hist. de Sery.

Ercourt, 1300-23. Marnier. — 1301. Pouillé. — 1638. Tassin. — 1657. Jasson. — 17 brum. an X. — 1836. Etat-major.

Monchel-Ercourt, 1757. Cassini.

Ercour, 1761. Robert.

Hercourt, 1763. Expilly.

Erecourt, 17... Dom Grenier.

Elect. et arch. d'Abbeville, dioc. d'Amiens, doy. de Gamaches puis de Mons, baill. et prév. de Vimeu.

Dist. du cant., 4 k. — de l'arr., 12 — du dép., 51.

ERGNIES (canton d'Ailly-le-Haut-Clocher), 231 hab.

Pagus Evercinus, 960. Louandre. Topogr. de Ponthieu.

Gregnies, 1301. Pouillé.

Euregnies, 1485. Lettre de Charles VII. M. Cocheris.

Ergnies, 1507. Cout. loc. — 1539 Dénomb. de l'évéché d'Amiens. — 1757. Cassini. — 1764. Expilly. — 17 brum. an X.

Ergnies-en-Vimeu, 1539. Dénomb. de l'évéché dAmiens.

Ergnieres, 1561. Registre aux délib. de l'évéché d'Amiens.

Ergnie, 1567. Procès-verbal des cout. — 1733. G. Delisle.

Erigniez, 15... Obit. des Célestins d'Amiens. M. V. de Beauvillé.

Ernicq, 1638. Tassin. — 1657. Jansson.

Ernies, 1646. Hist. eccl. d'Abb.

Erguies. — Erquies, 1648. Pouillé général.

Ernie, 1743. Friex.

Elect. de Doullens, dioc. d'Amiens, doy., bail. et prév. de S. Riquier.

Dist. du cant., 3 k. — de l'arr., 16 — du dép , 33.

ERMES, lieu inconnu en Ponthieu. — En 1221, Philippe-Auguste confirma la coutume de cette commune.

ERMITAGE, dép. de Péronne. — 1770. E. de Sachy.

ERONDEL, dép. de Chirmont. — Non indiqué par Cassini.

Arondel, 1174. Baudouin, év. de Noyon. Cart. d'Arrouaise.

Erondel, 1695. Nobil. de Picardie. — 1733. G. Delisle.

ERPIN (le grand), fief sis à Bouquemaison.

Fief du grand Erpin. Daire. Doy. de Doullens.

Fief Herpin. Etat des fiefs.

Fief d'Erpin, 1720. Ms. de Monsures.

ERPIN (le petit), fief sis à Bouquemaison.

Fief du petit Erpin. Daire. Doy. de Doullens.

Fief Herpin. Etat des fiefs.

ERPTIAS, lieu inconnu. Peut-être Erches?

Erptias in pago Ambianensi, 877. Dipl. Caroli Calvi.

ERQUERY, fief sis au Pont-de-Metz.

ESCARBOTIN, dép. de Friville, 797 hab.

Escarbotin, 1557. M. Prarond. — 1646. Hist. eccl. d'Abb. — 1757. Cassini. — 1763. Expilly.

Escarbottin, 1781. Cout. d'Amiens.

ESCLAINVILLERS (canton d'Ailly-sur-Noye), 321 hab.

Esclemviller, 1105. Fondation de l'abb. de S. Fuscien. Gall. christ.

Esclenviler, 1301. Pouillé du diocèse.

Esclinvilliers, 1567. Cout. de Montdidier.

Esclinviller, 1648. Pouillé général.

Esclainviller, 1657. N. Sanson. — 1744. Généal. de Mailly. — 1790. Etat des électeurs.

Eclainviller, 1733. G. Delisle.

Esclainvillers, 1757. Cassini. — 1765. Daire. — 17 brum. an X.

Eclinviller, 1778. De Vauchelle.

Eclinvillers. M. Decagny. — Etat du diocèse.

Elect., baill. et prév. de Montdidier, dioc. et arch. d'Amiens, doy. de Moreuil. Prieuré dép. de S. Faron de Meaux.

Dist. du cant., 9 k. — de l'arr., 15 — du dép., 26.

ESCLUSÈLE, ancien pont sis près d'Eterpigny. 1180. Aveu.

ESCOUDET, dép. de Doullens, 55 hab.

Escoudé, 1826-43. Ordo.

Escoudée, 1844-50. Ordo. — Ne paraît plus ensuite.

L'Escoudet, 1861. Dénomb. quinq.

ESCUME, fief sis à St.-Léger-lès-Authie. — Daire. Hist. de Doullens.

Il avait sa coutume particulière en 1559, et appartenait alors à Jean de Sangterre.

ESGOUETTE, fief sis près Montdidier. — Daire. Doy. de Montdidier.

Esgueville, fief séant à Rue. — Dom Grenier. — M. Prarond.

Eskenpol, moulin dép. de Sancourt.

Escofol, 1181. Renaud, évêq. de Noyon.

Scofol, 1186. Urbain III, pape. Cart. d'Arrouaise.

Eskenfol, 1210. — *Eskenfoel*, 1215. Odon de Ham.

Moulin de l'écu faux.

Esloges, fief sis à Etelfay. — Daire. Doy. de Montdidier.

ESMERY-HALLON (canton de Ham), 1271-1340 hab.

Esmeriacum... M. Decagny. Arr. de Péronne.

Hesmeri, 1135. Innocent II, pape. Cart. de St.-Corneille.

Vesmeri, 1145. Baudouin, évêq. de Noyon. Cart. de Noyon.

Vesmery, 11... Le Vasseur. Annales de Noyon.

Hesmereium, 11... Cart. de Noyon.

Wesmeri, 1193. Hugues, doyen de Noyon. Cart. de Noyon.

Hesmeirio, 11... Benoit, pape.   Ib.

Aismeri, 1222. Wautier de Vandeuil.   Ib.

Esmeri, 1230. Official. de Noyon. Cart. de Noyon. — 1237. Ib.

Moiri, 1230. Dénomb. de la terre de Nesle.

Vesmerium, 12 .. Cart. de Noyon.

Esmery, 1341. Dénomb. de Jean de Molin Sentex. — 1647. Reconnaissance des habitants d'Esmery. — 1710. N. De Fer. — 1757. Cassini. — 1764. Expilly. — 1827-62. Ordo.

Esmeries, 1465. Lettre de Louis XI. Mém. de la Soc. d'Emul. d'Abbeville. 1836.

Aymery, 14... Armorial. — 1573. Ortelius.

Aismery, 14... Armorial. — 1536. M. Decagny.

Aymery-Chatteau, 1592. Surhonius.

Emery, 1638. Tassin. — 1657. Jansson.

Desmery, 1648. Pouillé général.

Emeri, 1733. G. Delisle.

Esmery-Hallon, 1764. Expilly. — 17 brum. an X.

Emerie, 1778. De Vauchelle.

Eaner, 1787. Picardie mérid.

Hemery, 1790. Etat des électeurs.

Emmery, 1824-28. Ordo.

Emery-Hallon, 1836. Etat-major.

    Dioc. et élec. de Noyon, doy. de Ham, baill. de Chauny.

    Dist. du cant., 6 k. — de l'arr., 28 — du dép., 61.

Espérance (l'), ferme dép. de Hombleux, 4 hab. — 1857-61. Dén.

Essarts, fief sis entre Liancourt-Fosse et Fresnoy.

Fief des Essarts, 1704. Arch. de l'évêché d'Am.

Fief de Lessart. Cadastre.

ESSERTAUX (canton de Conty), 534 hab.

Sartelli, 1190. Cart. de St.-Martin-aux-Jumeaux.

Essertialis, 1200. Daire.

Essartiaus, 1271. Hugues Havet. Cart. du chap. — 1301. Pouillé.

Essartiaux, 1337. Rôle des nobles et fieffés. — 1429. Jean de Beauval. Cart. du Gard.

Essertiaus, 1429. — *Escharteaux*, 1630. Cart. du Gard.

Les Sarteaux, 1567. Proc.-verb. des cout. — 1695. Nobil. de Pic.

Isserteaux. — *Essarreaux*, 1648. Pouillé général.

Eschurreau, 1657. Jansson.

Esserteaux, 1679. Titres de l'église d'Amiens. — 1710. N. De Fer. — 1763. Expilly.

Isceteaux, 1696. Etat des armoiries.

Essertaux, 1733. G. Delisle. — 1757. Cassini. — 17 br. an X.

    Elect., dioc., arch. d'Am., doy. de Conty, prév. de Beauvaisis.

    Dist. du cant., 7 k. — de l'arr., 18 — du dép., 18.

Essorbier, lieu sis près de Lœuilly.

Essorbier, 1235. Oibon d'Encre. Arch. du prieuré du Bosquel.

L'Essorbier. — *Lessiobier*, 1235. Cart. St.-Martin-aux-Jumeaux.

Estalondes, fief sis à Hallencourt.

Estalonde. — Estalondes.

Estocoi, lieu près de Vaux-en-Amiénois. — Dom Grenier.

ESTOUILLY (canton de Ham), 181 hab.

Stuliacum. — *Hai-toulieu*... M. Decagny. Arr. de Péronne.

Stoilli, 1143. Célestin II, pape. Cart. St.-Corneille. — 1182. Renaud, év. de Noyon. Ib.

Estulli, 1160. Alexandre III, pape. Dom Grenier. — 1162 Baudouin, év. de Noyon. Cart. de Noyon.

Estoilli, 1177, Renaud, év. de Noyon. Cart. de St.-Corneille.

Estoli, 1200. Cart. d'Ourscamp.

Etouilli, 1200. M. Decagny.

Aestoulli, 1224. Honoré III, pape.

Estaliers, 1231. Godefroy de Ham. Cart. de Prémontré.

Estolli, 1232. Official de Noyon.

Estouilli, 1232. Gui d'Etouilly. — 1331. Lettre de Robert de Condé confirmée par Philippe VI.

Estouillacum, 1276. Jean de Ham.

Estouilly, 1276. Jean de Ham. — 1334. Dénomb. du temporel de N.-D. de Ham. — 1695. Nobil. de Picardie — 1764. Expilly. — 1836. Etat-major. — 1834-65. Ordo. — Sceau.

Estovillé, 1333. Jacques de St.-Simon. Carlier.

Estoully, 1384. Dénomb. du temporel de N.-D. de Ham.

Etoulli, 1573. Ortelius. — 1592. Surhonius.

Etoully, 1638. Tassin. — 1657. Jansson

Etouilly, 1710. N. De Fer. — 1757. Cassini. — 1766 Desnos. — 17 br. an X. — 1826-33. Ordo.

Estoulli, 1733. G. Delisle. — 1778. De Vauchelle.

Elect. de St.-Quentin ; dioc. et baill. de Noyon, doy. de Ham. Dist. du cant., 2 k. — de l'arr., 26 — du dép., 66.

ESTREBŒUF (canton de St.-Valery), 193-319 hab.

Scalbacius, 960. M. Louandre. Topogr. du Ponthieu.

Scalbacis. — *Scalbatis,* 960. Dom Grenier.

Destribouis, 1284. Philippe-le-Bel.

Destrebeuf, 1301. Pouillé. — 1763. Expilly.

Estrebuef, 1337. Rôle des nobles et fieffés.

Estrebeuf-Neuville. . M. Louandre. Topogr. du Ponthieu.

Estrebœuf, 1648. Pouillé général. —1757. Cassini. — 1763. Expilly. — 17 brum. an X.

Etrebeuf, 1710. N. De Fer.

Etrebœuf, 1763. Expilly. —1764. Bellin. Atlas maritime.

Estruine... — *Etrée-Beuf.* Dom Grenier.

Destrebues. M. Decagny. Etat du diocèse.

> Elect. et dioc. d'Amiens, arch. de Ponthieu, doy. d'Abbeville puis de St.-Valery, baill. et prév. de Vimeu.

> Dist. du cant., 5 k. — de l'arr., 20 — du dép., 65.

ESTRÉES (canton de Sains), 290 hab.

Estrées, 1191. Béatrix de Boves. Cart. St.-Jean. — 1243. Cart. St.-Martin-aux-Jumeaux. —1297. Philippe-Auguste. — 1308. Testament de Pierre d'Estrées. Titres du Paraclet. — 1337. Rôle des nobles et fieffés. — 1416. Hommage. M. Cocheris. —17 brum. an X. —1836. Etat-major. — Ordo.

Strata, 1230. Petrus de Stratis. Titres du Paraclet. —1282. Ch. Philippe- Auguste. —1301. Pouillé.

Estreti, 1234. Chap. de N.-D. d'Am.

Les Statres, 1648. Pouillé général.

Estrée, 1733. G. Delisle. — 1757. Cassini. —1764. Expilly.

Estrées-lez-Guyencourt, 1781. Cout. d'Am.

> Elect., dioc., arch. d'Am., doy. de Moreuil, prév. de Beauvaisis.

> Dist. du cant., 4 k. — de l'arr., 12 — du dép., 12.

ESTRÉES-DÉNIÉCOURT (canton de Chaulnes), 429-587 hab.

Strata, 1148. Enguerrand de Coucy. — 1157. Baudouin, évéq. de Noyon. Gall. christ.

Strata sancti Dionisii, 1162. M. Decagny. Etat du diocèse.

Hestres, 1200. Rôle des feudataires de l'abbaye de Corbie.

Estrée-en-Sanglers, 1519. Compte de la commanderie d'Eterpigny. — 1567. Cout. de Péronne.

Estrée, 1579. Ortelius. — 1592. Surhonius. — 1733. G. Delisle.

Maillou, — *Mailleu*, 1733. G. Delisle.

Estré, 1753. Doisy. — 1757. Cassini. — 1764. Expilly. — 1766. Desnos. — 1776. Honneurs de cour.

Estrées-en-Santerre, 1770. Relief et Aveu. M. Cocheris.

Entré ou *Malleu*, 1787. Picardie mérid.

Mallicux.. M. Decagny.

Estrées-Déniécourt, 17 brum. an X. — 1850. Tabl. des dist.
 Doy. de Noyon, doyen., élect., baill. et prév. de Péronne.
 Dist. du cant., 7 k. — de l'arr., 12 — du dép., 38.

ESTRÉES-EN-CHAUSSÉE (canton de Péronne), 93-108 hab.

Strata... M. Decagny.

Estrées, 1148. Eugène III, pape. Cart. St.-Laurent. — 1236. Cart. de Lihons. — 1836. Etat-major. — Ordo.

Estrees in calceia, 1296. Dom Grenier.

Estrée-en-le-Cauchie, 1519. Compte de la comm. d'Eterpigny.

Estrée-en-Cauchye, 1567. Cout. de Péronne.

Estrée, 1573. Ortelius. — 1638. Tassin. — 1648. Pouillé.

Estrée-en-Cauchie, 1733. G. Delisle.

Estré-en-Cauchy, 1753. Doisy. — 1763. Expilly.

Etrée, 1757. Cassini.

Estré-en-Cauchie, 1764. Expilly. — 1778. De Vauchelle.

Estrées-en-Chaussée, 1771. Colliette. — 17 br. an X. —
 Elect., baill. et prév. de Péronne, dioc. de Noyon. doy. d'Athies.
 Dist. du cant., 11 k. — de l'arr., 11 — du dép., 54.

ESTRÉES-LÈS-CRÉCY (canton de Crécy), 938 hab.

Strata, 1235. Cart. de Bertaucourt. — 1301. Pouillé.

Estrées, 1301. Pouillé. — 1492. Jean de la Chapelle. — 1507. Cout. loc. — 1763. Dénomb. de la seigneurie de la Ferté-lès-St.-Riquier. — 17 br. an X.

Estrée, 1646. Hist. eccl. d'Abbev.

Estrée-lès-Cressy, 1646. Hist. eccl. d'Abbev. — 1763. Expilly.

Estrée-Cauchie, 1733. G. Delisle.

Estrée-lez-Cressy, 1753. Doisy. — 1842. Ordo.

Estrées-lès-Cressy, 1757. Cassini. — 1764. Desnos.

Estrée-lez-Crecy, 1764. Expilly.

Entre-Cauchie, 1778. De Vauchelle.

Estrées-lès-Crécy, 1836. Etat-major. — 1843. Ordo.

Elect. de Doullens, dioc. d'Amiens, arch. de Ponthieu, doy. de
Rue, baill. et prév. de St.-Riquier.

Dist. du cant., 4 k. — de l'arr., 20 — du dép., 54.

ESTRUVAL, dép. de Pouches, 61 hab.

Heutruval, 1298. Visite des bois d'Oisemont. Cart. de Valloires.

Hestruval, 1595. Généal. de Belleval. — 1646. Hist. eccl. d'Abb.

Estreval. Dom Grenier.

Eiruval, 1757. Cassini. — 1764. Desnos. — Ordo.

Estruval, 1764. Expilly. — 17 brum. an X. — 1836. Etat-major.

Hetrouval. — *Hezouval*, 1781. Cout. d'Amiens.

ETALMESIL, dép. de Hocquincourt, 75 hab.

Stalunmaisnil, 1144. Girard de Picquigny. Cart. St.-Jean. —
1152. Accord entre les abbés du Gard et de Selincourt.

Stalummaisnil. — *Stalonmaisnil*, 1144. Girard de Picquigny. Ib.

Estalonmaisnil, 1150. Cart. de St.-Martin-aux-Jumeaux.

Statolo Maisnil, 1154. Thierry, év. d'Amiens. Cart. de Selincourt.
— 1206. Girard de Picquigny. Cart. du Gard.

Estalhommaisnil, 1174. Thibaut, év. d'Am. Cart. du Gard.

Estalummaisnil, 1206. Richard, év. d'Am. Cart. du Gard.

Estale Maignil, 1337. Rôle des nobles et fieffés.

Estalmaisnil, 1646. Hist. eccl. d'Abbeville.

Estalleminy. — *Estalmeny*, 1673. Généal. de Mailly.

Etalménil, 1733. G. Delisle. — 1836. Etat-major.

Estalmenil, 1753. Doisy. — 1764. Expilly.

Etalminil, 1757. Cassini. — 1852. Annuaire.

Etalminy... Ordo.

Estalminil, 1840. Alm. d'Abbeville.

ÉTALON (canton de Roye), 264 hab.

 Estalons, 1215. Dénomb. de Jean de Nesle. — 1230. Ib. — 1246-
  1248. — 1277. Cart. d'Ourscamp. 1757. Cassini.

 Estallons, 1230. Dénomb. de Jean de Nesle. — 1567. Cont. de
  Roye. — 1648. Pouillé général.

 Estailons, 1710. N. De Fer.

 Estalon, 1733. G. Delisle. — 1757. Cassini. — 1764. Expilly.

 Estallon, 1761. Robert.

 Etalote, 1787. Picardie méridionale.

 Etalon, — 17 brum. an X. — 1850. Tabl. des dist.

 Etalons, 1808. Grégoire. Hist. de Roye.

  Dioc. de Noyon, doy. de Curchy, élect. de Péronne, baill. et
   prév. de Roye.

  Dist. du cant., 10 k. — de l'arr., 28 — du dép., 47.

ETAMPES, ham. dép. de Corbie, 217 hab.

 Estampes-lez-Corbie, 1308. Cart. Néhémias de Corbie.

 Etampes, 1733. G. Delisle. — 1836. Etat-major.

 Estampes, 1757. Cassini. — 1856. Franc-Picard.

 Etampré, 1778. De Vauchelles.

 Etemples, 1752. Titres de Corbie.

 Etampe, 1856. Franc-Picard.

ETANFICHES (les), dép. de Liercourt. — Cadastre. — M. Prarond.

ETANG (l'), dép. de St.-Blimont. — 1757. Cassini.

ETANG D'ARRIVAUX, dép. de Moyencourt (canton de Roye). Desséché
 depuis 1792.

ETANG BLANC. A Bergicourt il termine le *Canal du centre*.

ETANG DE BRUSLE, dép. de Brusle et de Cartigny.

 — DE BUSCOURT, dép. de Cléry et de Feuillères.

 — DE HAUT, dép. de Cléry.

 — DE CLÉRY ou *Etang de Bas*, dép. de Cléry.

 — DE FARGNY, dép. de Curlu.

ETANG DE LA GUERRE, dép. de Morcourt.

— DE LANNOY, dép. d'Ercheu.

— DE L'AVERNE, dép. de Morcourt,

— DE MAIGREMONT, dép. de Chipilly.

— DE MANANCOURT, dép. de Manancourt.

— DE RUE, dép. de Rue, aujourd'hui desséché ; il commençait à Lannoy et s'étendait vers Genville et Arry ; en 1667 il comprenait 407 journaux.

Vivier de Rue, 1733. G. Delisle.

Etang de Rue, 1667. Procès-verbal d'arpentage de la forêt de Crécy. — 1757. Cassini. — 1764. Desnos.

L'Etang château, 1836. Etat-major.

ETANG (l'), dép. de Ste.-Radegonde.

L'Etang, 1857-61. Dénomb. quinq. — *Le Commun*.

ETANG DE ST.-CHRIST, dep. de St.-Christ.

— DE PONT-LÈS-BRIE, dép. de Villers-Carbonnel.

— DES MAITRESSES, dép. de Morcourt.

— DU BOS, dép. de Fossemanant.

— DU GARD, dép. de Vercourt. — Cassini. — Etat-major.

L'étang du Gard, y compris les foursières qui sont à Ronville, comprenait 187 journaux.

ETELFAY (canton de Montdidier), 387 hab.

Stallefay, 1140. Garin, év. d'Am. Cart. d'Ourscamps.

Estallefay, 1140. Id. Ib. — 1254. Actes du Parlement. — 1324. Arch. du chap. d'Am. — 1567. Cout. de Montdidier.

Estallefai, 1140. Garin év. d'Amiens. Cart. d'Ourscamp.

Etalfay, 1146. Thierry, év. d'Am. Gall. christ.

Estailliefai, 1168. Cart. S. Martin-aux-Jumeaux.

Etelliefay, 1206. Gall. christ.

Estalfai, 1256. Official d'Amiens. Cart. S. Corneille.

Estailles-Faie, 1285. Actes du Parlement.

Estaillefay, 1301. Pouillé — 1865. Sanson. — 1710. N. De Fer.

Estelfay, 1648. Pouillé général. — 1753. Doisy. — 1761 Robert. — 1765. Daire. Hist. de Montdidier.

Etail-Fay, 1695. Nobil. de Picardie.

Etelfai, 1733. G. Delisle. — 1764. Desnos.

Etelefay, 1750. L. C. de Boulainvillers.

Etelfay, 1757. Cassini. — 1765. Daire. — 17 brum. an X.

Esteffai, 1787. Picardie mérid.

    Dioc. et arch. d'Am., élect., baill., prév. et doy. de Montdidier.
    Dist. du cant., 4 k. — de l'arr., 4 — du dép., 38.

ETERPIGNEUL, dép. d'Eterpigny.

Sterpignolium, 1150. Raoul, comte de Vermandois.

Esterpenniel, 1180. Aveu. M. Cocheris.

Eterpegnel.—Esterpegnel, 1219. Richard d'Eterpigny. M. Cocheris.

Esterpignuel, 1228. Délimitation de la banlieue du château de Péronne. — 1261. Vente aux hospitaliers d'Eterpigny.

Estrepegnel, 1250. Philippe, prieur des hospitaliers.

Sterpigneul, 1286. — *Eterpigneulx*. Dom Grenier.

Eterpigneul, 1474, Aveu et dénomb. de fiefs.

Eterpigneulx, 1518. Compte de la commanderie.

Esterpigneulles, 1567. Cout. de Péronne.

Esterpigneul, 1764. Expilly. — 1787. Picardie mérid.

ETERPIGNY (canton de Péronne), 250-266 hab.

Sterpiniacum, 977. Albert-le-Pieux.-Colliette.—1044. Grégoire VI, pape. — 1134. M. Decagny.— 1177 Philippe de Flandre.

Strepenni, 1046. M. Decagny. Etat du diocèse. — 1134. Simon, év. de Noyon. Marrier.

Sterpigni, 1100. Ansel, maître du temple. — 1171. Baudouin, év. de Noyon. Cart. de Noyon.

Esterpegni, 1134. Simon, év. de Noyon. Cart. de Noyon. — 1261. Vente à la maison d'Eterpigny.

Stripeium, 1147. Eugène III, pape. Marrier.

Esterpinniacum, 1150. Raoul de Vermandois. M. Cocheris.

Sterpenni, 1180. Aveu. — 1190. Cart. du mont S. Quentin.

Sterpengi, 1190. Eudes de Ham. M. Cocheris.

Estrepigni, 1214. Dénomb. Regist. de Philippe-Auguste.

Estirpeigni, 1216. Accord entre Eterpigny et Lihons.

Estrepigny juxta Peronam, 1226. Roger, abbé de Ham. — 1343. Déclaration du roi Philippe VI. Rec. des ordonnances. — 1637. Marrier. — 1710. N. De Fer. — 1761. Robert.

Esterpeigni, 1226. Don de Marguerite de Warvillers. — 1438. Compte de la commanderie.

Esterpegny, 1261. Vente aux hospitaliers d'Eterpigny.

Esterpenig, 1289. Accord entre Homblières et Eterpigny.

Aterpeigny, 1303. Lettre du prieur de Lihons.

Esterpeigny, 1308. Ordre des biens de l'évêque de Noyon. — 1410. Bail fait à Aubers de Riencourt.

Eterpeygny. — *Estrepeygni.* — *Estrepeigny.* — 1321. Simon Moniele, garde du sceau de la baillie de Vermandois.

Esterpigniacum, 1326. Jean, prieur de Méricourt. Cart. de Lihons.

Estreppegny, 1370. Accensement des moulins de Frise.

Esterpigny, 1518. — 1582. Comptes de la commanderie. — 1567. Cout. de Pér. — 1648. Pouillé. — 1753. Doisy. — 1764. Expilly.

Eterpine, 1573. Ortelius. — 1692. Surhonius.

Eterpeine, 1638. Tassin. — 1657. Jansson.

Eterpigni, 1733. G. Delisle.

Etrepigny, 1757. Cassini. — 1764. Espilly.

Eterpigny, 1267. Vente à l'hôpital d'Eterpigny. — 1443. Compte de la commanderie. — 17 brum. an X.

Dioc. de Noyon, doy., élect., baill. et prév. de Péronne.

Ancienne commanderie fondée en 1150.

Dist. du cant., 5 k. — de l'arr., 5 — dép., 46.

ETERPIGNY-LÈS-BARLEUX, dép. de Barleux. — 1829-62. Ordo.

ETINEHEM (canton de Bray), 674 hab.

Stephani Hamus... Dom Grenier.

Tegeri-Hamus, 980. Albert-le-Pieux. Gall. christ.

Aitenhem, 1158. Dom Grenier.

Aitineham, 1174. Cart. du chap. d'Amiens. — 1200. Rôle des feudataires de l'abbaye de Corbie.

Itaincham et Itincham, 1240. Official d'Amiens. Cart. du Gard.

Estinehan, 1246. Gauthier d'Etinehem. Cart. noir de Corbie.

Athineham, 1266. Cart blanc de corbie. — M. Decagny.

Hestinehan, 1282. Déclarat. du temp. de l'abb. de Corbie.

Etinehan, 1285. Titres de Corbie.

Esthinean, 1294. Lettre du comte de St.-Paul. Ib.

Estincham, 1301. Pouillé.

Estinehem, 1345. Jean de Fouilloy. Titres de Corbie. — 1679. Factum pour Corbie. — 1710. N. De Fer. — 1733. G. Delisle.

Ethinnehem, 1547. Déclarat. du revenu de l'abb. de Corbie.

Estimehen. — *Grand et petit,* 1567. Cout. de Péronne.

Attinghem, 1579. — *Attingen,* 1607. Ortelius. — 1592. Surhonius.

Etinhen, 1638. Tassin. — 1657. Jansson.

Estinaut prope Bray.... Dom Cotron.

Elvichan, 1648. Pouillé général.

Estinchen (grand et petit.) 1695. Aveu. Dom Grenier.

Etinchen, 1701. D'Hozier.

Etinehem, 1705. Etat général des unions des maladreries. — 1757. Cassini.

Estincheu, 1761. Robert.

Estinchem, 1764. Expilly. — 1778. De Vauchelle.

Estinchum. — *Estinchem le grand et le petit,* 1764. Expilly.

Estinchen, 1784. Daire. doy. d'Albert.

Etinchem, 17 brum. an X.

Elect. de Doullens et de Péronne, dioc. d'Amiens, doy. d'Albert, baill. et prév. de Péronne.

Dist. du cant., 3 k, — de l'arr., 21 — du dép., 33.

ETOILE (l'), (canton de Picquigny), 799-864 hab.

Sidera, 660. Dipl. de Clotaire III.

Sidrutis, 830. Diploma Ludovici pii.

Sidrudis, 842. Dipl. Caroli Calvi. — 1088. Hariulfe.

Sigetrudis, 8... Dom Cotron. Chron. cent.

Sidrunis et *Sidrutes*, 1088. Hariulfe.

Stella, 1104. Garin, év. d'Amiens. Cart. du Gard. — 1197. Thibaut, év. d'Amiens. Daire. — 1218. Aleaume d'Amiens. — 1226. Thibaut, év. d'Amiens. Cart. S. Jean. — — 1235. Cart. de Bertaucourt. — 1301. Pouillé. — 1334. Arch. du chap.

Sidus, 1186. Délimitation du comté d'Amiens.

Siderum, 1186. Dom Grenier.

Lestoile, 1186. Délimit. du comté d'Amiens. — 1608. Quadum.

L'Estoile, 1301. Dénomb. de l'évêché.—1514. Arrêt du Parlement. — 1764. Expilly.

Lestoille, 1492. Jean de la Chapelle. — 1638. Tassin. — 1646. Hist. eccl. d'Abbeville. — 1753. Doisy.

Lestelle, 1514. Arrêt du Parlement. Généal. de Mailly.

L'Estoille, 1535. Cout. du chap. d'Am. — 1567. Cout. d'Amiens.

Lestoielle, 1579. Ortelius.

L'Etoile, 1733. G. Delisle. — 1757. Cassini. — 1790. Etat des électeurs. — 17 brum. an X. — Ordo.

L'Etoille, 1761. Robert. — 1764. Desnos.

Dioc. d'Amiens, arch. et doy. d'Abbeville, élect. de Doullens, baill. et prév. de St.-Riquier.

Dist. du cant., 14 kil. — de l'arr., 27 — du dép. 27.

Etoile (l'), fief sis à Sailly-le-Sec. — 1585. Dom Grenier.

Etotonne, ham. dép. de Morvillers-St.-Saturnin, 80 hab.

Ettotuna, 117.. Rotrou, archev. de Rouen. Cart. Selincourt.

Etothune, 1240. Hugues d'Etotonne. Hist. d'Aumale.

Etotonne, 1729. Etat des manufactures. Hist d'Aumale. — Ordo. — 1857-1861. Dénomb.

Estotone, 1733. G. Delisle.

Estotonne, 1757. Cassini. — 1856. Franc-Picard.

Ebotone, 1761. Robert.

Estolone, 1778. De Vauchelle.

Estalone, 1852. Annuaire.

Estatonne, 1856. Franc-Picard.

Etouvy, dép. de Montières-lès-Amiens.

Estous, 1161-85. Philippe d'Alsace. Aug. Thierry.

Estoui, 1214. Cart. St.-Martin-aux-Jumeaux. — 1301. Pouillé.

Estouvi, 1223. Enguerrand de Picquigny. Cart. du Gard. — 1248. Bernard de Morcuil. — 1301. Dénomb. de l'évêché. — 1380. Hue de montagne. Cart. du chapitre.

Estouvy, 1423. Bertrand d'Etouvy. Cart. du chapitre. — 1456. Aveu. — 1567. Proc.-verb. des cout. — 1695. Nobil. de Picardie. — 1696. Etat des armoiries. — 1781. Cout. d'Amiens.

Estovyes, 1507. Cout. loc.

Estounny, 1648. Pouillé général.

Etouvi, 1733. G. Delisle.

Estouvy-lès-Amiens, 1750. L. C. de Boulainviller.

Etouvy, 1757. Cassini. —17 brum. an X.

ETREJUST (canton d'Oisemont), 189 hab.

Estroisils, 1131. Garin, év. d'Amiens. Cart. de Selincourt.

Estruisuiz, 1131. Ib. Gall. christ.

Estrujuiez, 1131. M. Louandre. Topogr. du Ponthieu.

Struisuis, 1135. Renaud, arch. de Reims. Cart. de Selincourt.

Strusiu, 1137. Innocent II. Cart. de Selincourt.

Struiseux, 1166. — *Estrisis*, 1176. Henri. arch. de Reims. Ib.

Struisiis. — *Estruisix*. — *Struisils*. — 1177. 1183. Thibaut, évêq. d'Am. Cart. de Selincourt.

Estrivisiex, 1301. Pouillé.

Etréjus, 1376. Trésor général. — 1757. Cassini. —17 brum. an X.

Estruisculx, 1507. Cout. loc.

Estrujeu, 1637. Marrier. Hist. S. Martini de campis.

Estrujeux, 1646. Hist. eccl. d'Abbeville. — 1761. Robert.

Estinheux, 1648. Pouillé général.

Estruine, 1657. Hist. des comtes de Ponthieu.

Estrujus, 1657. Proc. verb. des cout. — 1782. Etat du dioc.

Etrejeu, 1733. G. Delisle. — 1778. De Vauchelle.

Etrujeux, 1736. — *Estréjus* 1772. M. Decagny. Etat du dioc.

Estrejeux, 1750. L. C. de Boulainviller.

Estrieux, 1753. Doisy. — 1764. Expilly.

Estrujus, 1782. M. Decagny. Etat du diocèse.

Etrejust, 1850. Tabl. des dist. — Ordo. — Sceau de la comm.

 Elect. et dioc. d'Amiens, arch. de Ponthieu, doy. d'Airaines, baill. et prév. de Vimeu.

 Dist. du cant., 12 k. — de l'arr., 33 — du dép., 33.

ETRICOURT, dép. de Manancourt, 733 hab.

 Ostricurt, 1044. Grégoire VI, pape. — 1094. Gall. christ.

 Estricurt, 1209. Etienne, év. de Noyon.

 Estricourt, 1567. Cout. de Péronne. — 1763. Expilly.

 Etricourt, 1173 Arch. du Mont-St.-Quentin. 1638. Tassin. — 1733. G. Delisle. — 1757. Cassini.

 Eraucourt, 1761. Robert.

EUDIN, partie de Mesnil-Eudin.

EVAST, lieu inconnu, dans le Vimeu. — 1206. Hist. de Sery.

EVICOURT, fief sis à Noyelles-en-Chaussée.

F.

FABRIQUE CRESPEL, hab. isol., dép. de Roye.

 — PERRET,   Ib.

FABRIQUE (la), sucrerie dép. de Hombleux.

 — moulin, dép. de Sailly-Laurette.

FAFEMONT, dép. de Combles. — Lieu détruit.

Fafemont, 1273. Marotte, fille de Giles de Roye. — 1567. Cout. de Péronne.

Faffemont. Administration.

Falemprise, ferme dép. de Neslette, 6 hab.

Falamprise, 1757. Cassini.

Falemprise, 1857. Dénomb. quinq. — Cadastre.

Folle en Prise. — Folemprise.

Falentin, fief sis à Beauval. — Daire. Doy. de Doullens.

Falize (le), bois dép. de Beaucourt (Villers-Bocage).

Falise (la), bois dép. d'Ignaucourt.

Falvieux (le), terroir de Biarre.

FALOISE (la) (canton d'Ailly-sur-Noye), 363-368 hab.

Falosia, 1164. Thierry, év. d'Amiens. Gall. christ.

Falesia, 1177-1790-1240. Dom Grenier.

Le Falaise, 1251. Cart. Néhémias de Corbie.

Faloise. — Faloisia, 1301. Pouillé du diocèse.

Faloize, 1567. Cout. de Montdidier.

La Falloize, 1589. Reg. de l'échev. d'Amiens.

La Saloye, 1579. Ortelius. — 1592. Surhonius.

La Salloye, 1626. Damiens. — 1657. Jansson.

Falloise, 1648. Pouillé général. — 1657. Proc.-verb. des cout.

La Falloise, 1657. Sanson. — 1753. Doisy. — 1763. Expilly. — 1824-41. Ordo. — 1781. Cout. d'Amiens.

Fallois, 1701. D'Hozier.

La Faloise, 1757. Cassini. — 1836. Etat-maj. — 1842-65. Ordo.

La Fallaise, 1761. Robert.

Lafaloise, 17 brum. an X. — 1850. Tabl. des dist.

Doy. de Moreuil, baill. et prévôté de Montdidier et de Beauvaisis à Amiens.

Dist. du cant., 8 k., — de l'arr., 19 — du dép., 23.

FALVY (canton de Nesle), 480 hab.

Faleviacum, 1135. Innocent II, pape. Cart. de Noyon. — 1220.
Jean de Nesle. Cart. de Libons.

Falevi, 1142. Ives de Soissons. Cart. d'Arrouaise. — 1156. Cart.
de Noyon. — 1170. Ives de Nesle. Ib. — 1175. Baudouin, év.
de Noyon. Cart. de Prémontré — 1241-42. Official de Noyon.
Cart. de Noyon. — 1265. Cart. d'Ourscamp. — 1265. Simon,
châtelain de Roye. Ib. — 1298. Olim.

Falvi, 1143. Célestin II, pape. Cart. de Prémontré. — 1237.
Cart. de Noyon. — 1272. Sceau de Jean de Nesle. — 1295.
Lettre de Philippe-le-Bel. — 1476. Lettre de Louis XI.

Phalevi, 1146-1175. Ives, comte de Soissons. Cart. d'Arrouaise.

Flavi, 1152. Baudouin, év. Cart. de Noyon. — 1275. Actes du
Parlement. — 1733. G. Delisle. — 1778. De Vauchelle.

Falevy, 1230. Dén. de la terre de Nesle. — 1275. Tit. de Corbie.

Falvy, 1347. Cart. Néhémias de Corbie. — 1567. Cout. de Péronne. — 1618. Pouillé. — 1764. Expilly. — 17 brum. an X.

Falevy-sur-Somme, 1567. Lettre de Charles IX.

Falny, 1573. Ortelius.

Flavy, 1579. Ortelius. — 1653. Dénomb. de l'abbaye de Ham. —
1761. Robert.

Tahy, 1638. Tassin. — *Tany*, 1657. Jansson.

Sulvy, 1681. Baudouin, év. de Noyon. Cart. de Prémontré.

Faalvy, 1697. Arrêt en faveur de Corbie.

Flavy-sur-Somme, 1728. Titres de Corbie.

Dioc. de Noyon, doy. de Curchy, élect., baill. et prév. de Pér.
Dist. du cant., 10 k. — de l'arr., 16 — du dép., 54.

FAMECHON (canton de Poix), 267 hab.

Folmuchon, 1184. Luce III, pape. Cart. de Selincourt.

Foumechon. — *Fomechon*, 1204. Arch. des hospices.

Faumechon, 1207. Cart. du Gard. — 1301. Pouillé. — 1337. Rôle
des nobles et fieffés.

Faumuchon, 1277. Henri de Hallencourt. Cart. du chap.

23

Fumechon, 1300. Daire. Doy. de Poix.

Famechon, 1361. Ord. du roi Jean. Rec. des ord. — 1592. Reg.
de l'échev. d'Amiens. — 1757. Cassini. — 17 brum. an X.

Faumenchon, 1374. Arrêt du bailly de Vermandois.

Femechon, 1400. Pièces pour le règne de Charles VI.

Famachon, 1710. N. De Fer.

Elect., dioc. et archid. d'Amiens, doy. de Poix, baill. et prév.
de Beauvoisis à Amiens.

Dist. du cant., 5 k. — de l'arr., 28 — du dép., 28.

FAMECHON-LÈS-AILLY, dép. d'Ailly-le-Haut-Clocher.

Fanmechon, 1261. Hosp de St.-Riquier. — 1350. Ibid.

Famechon, 1733. G. Delisle. — 1757. Cassini. — 1763. Expilly.
1766. Cout. du Ponthieu. — 1790. Etat des électeurs.

Famechon-lès-Ailly, 1781. Cout. d'Amiens.

Dioc. d'Am., élect. d'Abb., baill. de Rue, prév. de St.-Riquier.

FAMECHONNETTE, dép. d'Ailly-le-Haut-Clocher. — Ordo.

FANCAMP, fief sis à Hébecourt. Non indiqué par Cassini.

Fancamp, 1733. G. Delisle. — Daire. Doy. de Moreuil.

FARGNY, dép. de Curlu, 18 hab.

Farniez, 1104. Confirmation de l'autel de Curlu. Dom Grenier.
— 1567. Cout. de Péronne.

Farnerii, 1145. Eugène III, pape. Cart. d'Arrouaise. — 1188.
Etienne, év. de Noyon. Dom Grenier.

Farnires, 1155. Cart. d'Arrouaise.

Pharncres, 1160. Baudouin, év. de Noyon. Cart. d'Arrouaise.

Farniers, 1178. Alexandre III, pape. Cart. d'Arrouaise. — 1186.
Urbain III, pape. Ib. — 1190. Achard de Hardecourt. Ib.

Fargniers, 1238. Hist. de l'abbaye d'Arrouaise.

Farnières, 1322. Lettre de non préjudice. Ibid. — 1343. Lettre
de Philippe VI. Rec. des ord.

Farnier, 1579. Ortelius. — 1592. Surhonius. — 1638. Tassin.

Fargny, 1757. Cassini. — 1329-65. Ordo.

Farvière, 1761. Robert. — *Farvier*, 1763. Expilly.

Forvier, 1788. Picardie mérid.

Moulin de Fargny, 1836. Etat-major.— *Fargnies*, 1826-28. Ordo.

FAUBOURG D'ALBERT, dép. de Bray-sur-Somme.

— DE BEAUVAIS, dép. d'Amiens. — Etat-major.

— DE CAYEUX, écart dép. de Marcel-Cave.

— DE CORBIE, écart dép. de Vaux-sous-Corbie.

— DE LA MONTAGNE, dép. de Berny-sur-Noye.

— DE MÉRICOUT, écart dép. de Vaux-sous-Corbie.

— DE NOYON, dép. d'Amiens. — Etat-major.

— DU BOIS, dép. d'Abbeville. — 1733. G. Delisle. — 1778. Alm. du Ponthieu. — 1836. Etat-major.

— ST.-GILLES, dép. d'Abbeville. — 1836. Etat-major.

FAUCAUCOURT, fief sis à Condé-Folie.

Fulcolcurt, 1249. Guillaume de Bougainville. Cart. du Gard.

Faucaucourt..... Titres du Gard.

FAULVY, fief sis à Boisrault. — 1778. Arch. de Selincourt.

FAUSSE RIVIÈRE, ruisseau qui prend sa source à Esmery-Hallon et se perd dans l'Allemagne.

— cours d'eau qui d'Ayencourt se jette dans le Don.

— affluent de l'Avre à La Neuville-Sire-Bernard.

— ruisseau qui passe à Montigny, affluent de l'Hallue.

— ruisseau qui de Thièvres se perd dans la Kilienne.

— ruisseau qui, à Bray-les-Marcuil, déverse dans la Somme les eaux des tourbières.

FAUX-TIMON (le), fief dépendant de Cottenchy.

Bois de Fontimont — de Fontimont — de Fulimont. Affiches.

Fief de Fouttimont, Daire. Doy. de Moreuil.

FAVEILLES, dép. d'Arry, 14 hab. — Non indiqué par l'Etat-major.

Faveilles, 1673. Contrat de mariage d'Antoine de Mailly. Généal. de Mailly. — 1766. Cout. de Ponthieu. — 1840. Alm. d'Abb.

Faveille près Rue, 1695. Nobil. de Picardie.

Faveille, 1733. G. Delisle. — 1757. Cassini. — 1764. Desnos. — 1829-1843. Ordo.

Favelle, 1761. Robert.— *Favielle,* 1844-1865. Ordo.

FAVEROLLES (canton de Montdidier), 194 hab.

Faverolœ, 1114. Adèle. — 1130. Raoul de Vermandois.

Fabarollœ, 1172. Alexandre III, pape. — 1248. Dom Grenier.

Faverollœ et *Faveroliœ.* Daire. Doy. de Montdidier.

Faverolles, 1178. Alexandre III, pape. Cart. St.-Corneille. — 1183. Luce III, pape. — 1327. Vente au comte de Valois. — 1380. Revne de Robert de Coucy. — 1567. Cout. de Montdidier. — 1648. Pouillé. — 1757. Cassini. — 17 brum. an X.

Faveroles, 1182. Gislebert de Mons. Chronicon Hannoniæ. — 1198-1200-1240. Cart. St.-Corneille. — 1237-1249. Cartul. d'Ourscamp. — 1301. Pouillé.

Faberollæ, 1192. M. Decagny. — 1198. Cart. St.-Corneille.

Faverolle, 1657. N. Sanson.

Dioc. et arch. d'Am., élect., doy., baill. et prév. de Montd. Dist. du cant., 4 k. — de l'arr., 4 — du dép., 40.

FAVIÈRES (canton de Rue), 519-657 hab.

Favières, 1138. Jean, comte de Ponthieu. Hist. eccl. d'Abbev. — 1215. Guillaume, comte de Ponthieu. Hist. des comtes de Ponthieu. — 1301. Pouillé. — 1337. Rôle des nobles et fieffés. — 1507. Cout. loc. — 1757. Cassini. — 1764. Expilly. — An X.

Faveriœ, 1210. Guillaume, comte de Ponthieu. Mém. de la Soc. d'Emul. d'Abbeville. 1836.

Favière, 1284. Philippe-le-Bel. Hist. des comtes de Ponthieu. — 1701. D'Hozier. — 1710. N. De Fer. — 1733. G. Delisle. — 1763. Expilly. — 1776. Alm. du Ponthieu.

Savières, 1300. M. Decagny. Etat du dioc.

Favielle, 1638. Tassin. — 1657. Jansson.

Favierre. — *Favierres,* 1720. Ms. de Monsures.

Fanière, 1787. Picardie mérid.

Faviers, 1750. L. C de Boulainviller.

> Dioc. d'Amiens, élect. de Doullens, arch. d'Abb., baill. et doy.
> de Rue, prév. de St.-Riquier. — Poste de garde-côtes.
> Dist. du cant., 5 k. — de l'arr., 21 — du dép., 66.

Favières, lieu dép. de St.-Vast-en-Chaussée.

> *Fevières*, 1369. Dénomb. Cart. noir de Corbie.
> *Favières*, 1733. G. Delisle. — 1761. Robert.

Favry (le), bois dép. de Revelles. — Défriché.

FAY-EN-SANTERRE (canton de Chaulnes), 232 hab.

> *Fayetum*, 1145. Hugues, abbé du Mont-St.-Quentin.
> *Faihel*, 1150. Raoul de Vermandois. M. Cocheris.
> *Fagum*, 1157. Baudouin, év. de Noyon. Gall. christ.
> *Faies*, 1246. Official d'Amiens. Cart. de Lihons.
> *Fay*, 1280. Gilles de Fay. Cart. d'Ourscamp. — 1567. Cout. de
> Péronne. — 1648. Pouillé. — 1757. Cassini. — 17 br. an X.
> Dioc. de Noyon, doy., élect., baill. et prév. de Péronne.
> Dist. du cant., 9 kil. — de l'arr., 12 — du dép., 38.

Fay-Frettecuisse, ham., dép. de Frettecuisse, 77 hab.

> *Fai*, 1191. Fondation de l'abbaye de Lieu-Dieu. Gall. christ. —
> 1733. G. Delisle.
> *Fay*, 1301. Pouillé. — *Le Fay*, 1507. Cout. loc.

Fay (le Petit), dép. de Flers-en-Amiénois. 1750. L. C. de Boulainviller. — 1763. Expilly.

Fay (le), dép. de Mesnil-Bruntel.

> *Le Fay*, 1761. Robert. — *Fay-le-Petit*, 1764. Expilly.

Fay, dép. de Roisel. — Lieu détruit. — 1757. Cassini.

Fay-les-Hornoy, ham. dép. de Thieulloy-l'Abbaye, 193 hab.

> *Le Fay*, 1146. Thierry, év. d'Am. Cart. de Selincourt.
> *Le Fai*, 1166. Henri, arch. de Reims. Cart. de Selincourt.
> *Fagiacum*, 1200. Philippe, év. de Beauvais. Ib.
> *Fay-les-Hornoy*, 1507. Cout. loc. — 1757. Cassini. — 1763.
> Expilly. — 1781. Cont. d'Amiens. — Ordo.

Fay-Tulloy, 1731. Etat des manufactures d'Aumale.

Fai, 1733. G. Delisle.

Fay-le-Hernoy, 1761. Robert.

Fai-lès-Hernois, 1778. De Vauchelle.

Fays, 1857. Dénomb. quinq.

Elect. et dioc. d'Amiens, prév. de Beauvaisis à Amiens.

FAY-VERGIES, dép. de Vergies, 86 hab.

Fai-Vergies, 1757. Cassini. — *Le Fay*, 1761. Robert.

Fay, 1763. Expilly. — 1857. Dénomb. quinq.

Fay-Vergies, 1764. Desnos. — 1826. Ordo.

Fay-Vergie, 1778. Alm. du Ponthieu.

Fay-Vergi, 1778. De Vauchelle.

Faye, 1778. Cloche de Lambercourt.

Fay-lez-Vergies, 1781. Cout. d'Am.

FAY (le), fief sis à Marcelcave.

— fief sis à Talmas.

— fief sis à Beaumetz.

— MOYEN, bois dép. de Meillard.

FAYEL, ham. dép. de Montagne, 76 hab.

Faiel, 1135. Renaud, arch. de Reims Cart. de Selincourt. — 1137. Innocent III, pape. Ib.

Faiellum, 1154. Thierry, évêq. d'Amiens. Cart. de Selinconrt.

Fayel, 1176. Henri, arch. de Reims. Ib. — 1202. Henri d'Airaines. Ib. — 1844. M. Fournier.

Le Fayel, 1646. Hist. eccl. d'Abbeville. — 1733. G. Delisle. — 1761. Robert. — 1763. Expilly.

Le Fayelle, 1757. Cassini. — *Le Fayette*, 1764. Desnos.

La Fayelle, 1836. Etat-major.

Fayelles, ferme. 1856. Franc-Picard.

FAYEL (le), partie du bois de St.-Riquier. — 1472. J. de la Chapelle.

FAYEL, fief sis à Crécy. — M. Cocheris.

FECQ, lieu détruit, près St.-Cren (Mons-en-Chaussée.)

Fesch, 1174. Baudouin, évêq. de Noyon. Cart. d'Arrouaise.

Le Fecq, 1733. G. Delisle. — 1778. De Vauchelle. — Cadastre.

Fecq (le), lieu dit au terroir de Mesnil-Bruntel.

Fedoye, dép. de Dompierre-sur-Authie, 8 hab.

   Fedoye, 1810. Alm. d'Abb. — Ordo. — Franc-Picard.

   Fedoy, 1857. Dénomb: Ne figure plus au dén. de 1861.

Ferme (la), dép. de Hem. — 1836. Etat-major.

   —   dép. dép. de Nampty-Coppegueule.

Ferme Allart, dép. de Nurlu.

   —   a Mouches, ferme dép. de Cottenchy. — 1857. Dénomb.

   —   aux Mouches, dép. de Pont-de-Metz,

Ferme Brunet, dép. d'Abbeville.

Ferme Charlet, dép. de Favières. 1836. Etat-major.

   Ferme Charles. Ordo.

Ferme Coquart, dép. de Guyencourt-Saulcourt.

   Ferme Coquart. — Maison Coquart. — Les Moulins.

Ferme Douzinel, dép. du Crotoy. — Ordo.

   — Dubellet, dép. de St.-Firmin. — 1827. Ordo.

   — Dufour, hab. isol., dép. de Ponthoile.

   — Duquenne, dép. de Quivières.

   — Fournet, dép. de Matigny.

   — Guillaume, dép. du Crotoy. — Ordo.

   — Joseph Parfait, dép. de Herbecourt.

   — Leviel, dép. de Lignières-lès-Roye.

   — Maillet, dép. du Crotoy. — Ordo.

   — Maillet, dép. de Saigneville.

   — Poulet, hab. isol., dép. d'Athies.

   — Poultier, dép. de Fontaine-sur-Somme.

   — Quentin, dép. de Saigneville.

   — Vasseur, dép. de St.-Firmin. — 1827. Ordo.

   — d'Ayencourt, hab. isol., dép. d'Ayencourt.

   — d'en Haut, dép. d'Ennemain.

Ferme d'Harcourt, dép. de Guyencourt-Saulcourt.

— de Busses, dép. de Dompierre-en-Santerre.

— de Defoy, dép. d'Assainvillers. — *De Deffoy.* Daire.

— de la vallée Acart, dép. de Bacouel.

— de Mme Delgorgue, dép. de Saigneville.

— — d'Welles, dép. de Méaulte. — *La Ferme.*

— de Mme la princesse de Bergues, dép. de Saigneville.

— de M. de Biville, dép. de Woincourt.

— de M. Desgardins, dép. du Crotoy.

— de M. Doudoux, dép. de Favières.

— de M. Duquesnoy, dép. d'Ailly-sur-Somme.

— de M. Manier, dép. du Crotoy.

— de M. Robin, dép. de Nouvion.

— de Montenoy, dép. de Montenoy, partie de St.-Aubin.

— de Pas, dép. de Rubescourt.

— de Valloires, dép. de Nouvion.

— du Bois, dép. de Colincamps.

— du bois de bon air, dép. de Sains.

— — de Bonance, dép. de Port-le-Grand.

— — de Cottenchy, dép. de Cottenchy.

— — de Fransures, dép. de Fransures.

— — de Pommeroy, dép. de Sains.

— — de Rouvrel, dép. de Rouvrel.

— — du Flazelle, dép. de Bertaucourt-lès-Dames.

— — du Sart, dép. d'Harbonnières, 10 hab.

— — Dussart (du Sart), dép. de Morcourt. — Cadastre.

— — l'Abbé, dép. de Bouchavesne.

— — Madame, dép. de St.-Léger-lès-Domart.

— du Chateau, dép. de Cayeux. — 1757. Cassini.

— du Chateau, ferme isolée, dép. de Remiencourt.

— Dupont, dép. de Cambron.

— du Moulin, dép. de Barleux.

Ferme du Moulin, dép. de Becquincourt.

— — dép. de Templeux-le-Guérard.

— du Quénu, dép. de Cottenchy.

FERRIÈRES (canton de Picquigny), 468 hab.

Ferraria, 1175-77. Thibaut. év. d'Am. Cart. de Selincourt.

Ferrerii, 1189. Clément VIII, pape. Louvet.

Ferevia, 1197. Enguerrand de Picquigny. Cart. St.-Jean.

Ferreviæ, 1197. Enguerrand de St.-Sauflieu.   Ib.

Ferière, 1301. Pouillé.

Ferrières, 1337. Rôle des nobles et fieffés. — 1726. Titres de l'église d'Amiens. — 1763. Expilly. — 17 brum. an X.

La Ferrière, 1350. Guy de Nesle. Cart. du Gard. — 1567. Proc.-verb. des cout.

Ferrière, 1638. Tassin. — 1733. G. Delisle.

Ferières, 1648. Pouillé général. — *Ferriers*, 1657. Jansson.

Ferrière-lès-Amiens, 1695. Nobil. de Picardie.

La Ferrières, 1757. Cassini. — *La Ferières*, 1764. Desnos.

Elect., dioc. et arch. d'Am., doy. de Conty, prév. de Beauvaisis à Amiens, mouvance de Picquigny.

Dist. du cant., 7 k. — de l'arr., 10 — du dép., 10.

Ferté-lès-St.-Riquier (la), dép. de St.-Riquier.

Firmitas, 981. Act. SS. O. S. Ben.

Feritas, 1138. Gall. christ. — 1184. Gauthier de la Ferté. Dom Cotron. — 1316. Baudouin de Gueschart. Ibid.

Firmitas S. Richarii, 1186. Délimitation du comté d'Amiens.

Le Fertei, 1210-11. Accord entre Montreuil et Gui de Ponthieu.

La Freté de St.-Richier, 1264. Mathieu de Roye. Dom Grenier.

La Ferté, 1269. Mathieu de Roye. Dom Cotron. — 1353. Gautier de Châtillon. Aug. Thierry. — 1492. Chron. de Jean de de la Chapelle. — 1733. G. Delisle. — 1778. De Vauchelle.

La Freté. — *La Fresté*, 1305. Denys d'Aubigny, bailly d'Amiens. Aug. Thierry. — 1434. Arch. de Lille.

La Ferté en costé St.-Riquier, 1300-23. Marnier.

La Freté-en-Ponthieu, 1322. Huc Quiérel. Cart. des chapel.

La Ferté-en-Ponthieu, 1325. Jean de Châtillon. Dom Cotron. — 1342. Marguerite de Picquigny. Cart. de l'évêché. — 1733. Anselme. Généal.

La Fiesté, 1423. Mém. de Pierre de Fenin.

Firmitas juxta S. Richarium, 1482. Jean de la Chapelle.

La Ferté-lez-St.-Riquier. — La Fresté-lez-St.-Riquier. — La Freté-lez-St.-Riquier. — La Fretté-lez-St.-Riquier, 1507. Cout. loc.

FERTÉ-LÈS-ST.-VALERY (la), dép. de St.-Valery, 974 hab.

Firmitas. Miracles de St.-Valery. Bolland.

Ferté, 1634. Lettre de Maupin au card. de Richelieu. M. Prarond.

La Ferté, 1638. Tassin. — 1657. Jansson. — 1710. N. De Fer. — 1757. Cassini. — 1840. Alm. d'Abb.

FERTÉ (la), fief sis à Gapennes.

FERVAQUES, fief sis à Péronne. — 1760. Aveu.

FESCAMPS (canton de Montdidier), 308 hab.

Fiscampus, 1112. Adèle de Vermandois.

Fescampus, 1112. Cart. Néhémias. — 1135. Cart. blanc de Corbie.

Fiscamnum... Grégoire. Hist. de Roye.

Fœcamps, 1348. M. Decagny. Etat du dioc.

Feschamps, 1567. Cout. de Roye.

Fescamp, 1657. N. Sanson. — 1730. Décl. du temporel de l'abbaye de Corbie. — 1763. Expilly.

Fecamp, 1733. G. Delisle. — 1778. De Vauchelle.

Fescamps, 1753. Doisy. — 1757. Cassini. — 17 brum. an X.

Fecamps, 1761. Robert.

Dioc. et arc. d'Am., élect. et doy. de Montd., bail. et pr. de Roye. Dist. du cant., 9 k. — de l'arr., 9 — du dép., 45.

FESTEL, dép. de Oneux, 102 hab.

Le Festel, 1270. Don de Robert du Festel. Dom Cotron. — 1507. Cout. loc. — 1673. Dom Cotron. — 1733. G. Delisle.

Festel, 1301. Pouillé. — 1757. Cassini. — Cadastre. — Ordo.

Fuiette, 1638. Tassin.

Festé-près-Cumont, 1705. Etat des unions des maladreries.

Le Fetel, 1720. Ms. de Monsures.—1761. Robert.— 1743. Friex. — 1787. Picardie méridionale. — 1836. Etat-major.

Le Festelu, 1753. Doisy. — 1764. Expilly.

Lefestel, 1840. Alm. d'Abbev. — *Le Fertel,* 1856. Franc-Picard.

FESTONVAL, fief et seigneurie sis à Toutencourt.

Fescoral, 1186. Délimitation du comté d'Amiens. Du Cange.

Fetunval, 1202. Richard, év. d'Amiens. M. Cocheris.

*Fetouval,*1238. Vente par Enguerrand de Demuin.— 1239. Vente par Jean de Dours. — 1432. Marché fait au commandeur de Fief. — 1461. Bail.

Fetonval-lès-Toutencourt, 1301. Dénombr. de l'évêché d'Amiens.

Festouval, 1598. Bail. M. Cocheris.

FETEL, dép. de Morvillers St.-Saturnin. — 1757. Cassini.

FEUILLAUCOURT, ham. dép. d'Allaines, 125 hab.

Filercurt, 1107. Echange entre S. Furcy et St.-Quentin.

Filecourt, 1228. Limite de la banlieue de Péronne. E. De Sachy.

Filiecort, 1242. Official de Noyon. — Cart. de Noyon.

Fillecourt, 1338. Cart. Néhémias de Corbie.

Feuillecourt, 1567. Cout. de Péronne.

Fillaucourt, 1733. G. Delisle. — 1778. De Vauchelle.

Meulencour-au-Bois, 1743. Friex.

Fouciliecaucourt, 1753. Doisy.

Feuillaucourt, 1757. Cassini. — 1764. Desnos. — Ordo.

Freullencourt, 1761. Robert. —1787. Picardie mérid.

Fœuillecaucourt. — *Feuillecaucourt,* 1763. Expilly.

Feuilleaucourt, 1770. De Sachy. Hist. de Péronne.

Feuillancourt, 1856. Franc-Picard.

FEUILLÈRES (canton de Péronne), 254 hab.

Feleires, 1182. Cart. d'Arrouaise.

Fulières, 1313. Déclaration de Philippe VI. Rec. des ord. — 1423. Lettre de rémission. M. Cocheris.

Fuillères, 1567. Cout. de Péronne.

Fusiers, 1579. Ortelius. — *Fuliers,* 1592. Surhonius. — 1657. Jansson.

Feuillierc, 1707. G. Sanson. France en 4 f.

Feuillères, 1710. N. De Fer. — 1757. Cassini. — 17 brum. an X.

Fruillère, 1733. G. Delisle.

Fœuillet, 1753. Doisy. — *Fœuilliet,* 1764. Expilly.

Fullière, 1761. Robert. — *Fullier,* 1787. Picardie mérid. Dioc. de Noyon, doy., élect., baill. et prév. de Péronne. Dist. du canton, 9 k. — de l'arr., 9 — du dép., 46.

FEUQUERETTE, fief sis à Bourseville. Dom Grenier.

FEUQUEROLLES, dép. de Feuquières-en-Vimeu, 504 hab.
yeuquerolles, 1257. Dom Cotron. — 1542. Aveu. M. Prarond. — 1646. Hist. eccl. d'Abbeville. — 1764. Expilly.

Fouquerolle, 1733. G. Delisle. — 1764. Expilly.

Feuqueroles, 1750. L. C. de Boulainviller.

Feuquerolle, 1757. Cassini. — 1778. De Vauchelle.

Feuquerol, 1840. Alm. d'Abbev.

FEUQUIÈRES-EN-SANTERRE, dép. d'Harbonnières.
Flequières, 1326. Cart. de Libons. — Dom Grenier.

Flekières, 1326. Jean, prieur de Méricourt. Cart. de Lihons.

Feuquière, 1567. Cout. de Péronne.

Feuquières, 1757. Cassini. — 1856. Franc-Picard.

FEUQUIÈRES-EN-VIMEU (canton de Moyenneville), 992-1563 hab.
Filcuria, 856. Louandre. Topogr. de Ponthieu.

Filcariæ, 1067. Gall. christ. — 1083. Hariulfe. Chron. centul.

Fulcherense territorium..... Translation du corps de S. Valery.

Filcheri, 1186. Ursion, abbé de S. Riquier. Dom Cotron.

Feuquicra, 1187. Dom Cotron.

Feukières, 1253. Guillaume de Maisnières. — 1301. Pouillé.

Feukeriæ, 1271. Testament de Gérard d'Abb., archid. de Ponthieu.
— 1301. Pouillé.

Fouquières, 1279. Actes du Parlement.

Feuquieriæ, 1280. Arrêt du Parlement. Dom Cotron.

Feuquières, 1280. Arrêt du Parlement. Dom Cotron. — 1337.
Rôle des nobles et fieffés. — 1507. Cout. loc. — 1583. Aveu.
— 1757. Cassini. — 1764. Expilly. — 17 brum. an X. — Ordo.

Feuqueriæ, 1281. Olim. — *Feucheriæ,* 1281. Act. du Parlement.

Feuquières-en-Vimeu, 1511. Généal. de Belleval. — Dom Grenier.

Feuguerre, 1648. Pouillé général.

Feuquères, 1657. Hist. des comtes. — 1778. Alm. du Ponthieu.

Feuquière, 1710. N. De Fer. — 1763. Expilly.

Feucquierres, 1753. Doisy.

Feuquières-en-Vimeux, 1757. Cassini. — 1836. Etat-major. —
1840. Alm. d'Abbeville.

Feucquières, 1763. Expilly. — *Fuquières-en-Vimeux,* 1764. Desnos.

Feuquerre, 1766. Cout. du Ponthieu.

Feuquière-en-Vimeu, 1840. Alm. d'Abbeville.
Dioc. et élect. d'Amiens et d'Abbev., doy. de Gamaches, arch.
et baill. d'Abbev., prév. de Vimeu et d'Amiens en partie.
Dist. du cant., 11 k. — de l'arr., 19 — du dép., 59.

Feuquières, fief sis à Bernaville. — Dom Grenier.

Fief de l'Aigle, terroir de Wiencourt. — 1487. Tit. de Corbie.

— Doré (le), terroir de Falvy.

— l'Évèque, bois dép. de Rumigny.

— Poudré (le), terroir de Domart-en-Ponthieu.

—, Fortier, terroir de Sourdon.

Fieffe, rivière, indiquée sans nom par Cassini.

Fieffes. Pringuez. Géogr. du dép.

Petite Nièvre, à Fieffes. — Ce petit ruisseau qui prend sa source à
Monstrelet, passe à Fieffes, s'y grossit d'un petit cours d'eau
venant du bois de la Haye et se jette à Canaples dans la Nièvre.

FIEFFES (canton de Domart), 392 hab.

Ficca, 660. Dipl. de Clotaire III en faveur de Corbie.

Fefie, 1140. Garin, év. d'Amiens. Cart. de Bertaucourt.

Fifes, 1144. Cart. noir de Corbie.

Fiefes, 1144. Ib. — 1204. Cart. de Fieffes. — 1275. Actes du Parlement. — 1453. Lettre de rémission de Charles VII.

Fifie, 1146. Garin, év. d'Am. Cart. de Bertaucourt.

Fieffes, 1202. Cart. St.-Martin-aux-Jumeaux. — 1218. Cart. de Fieffes. — 1281. Actes du Parlement. — 1301. Pouillé. — 1337. Rôle des nobles et fieffés. — 1380. Arch. du chapit. d'Amiens. — 1394. Lettre du roi Charles VI. — 1453. Lettre de rémission de Charles VII. — 1507. Cout. loc. — 1638. Tassin. — 1733. G. Delisle. — 1757. Cassini. — 17 brum. an X.

Fiffæ. — *Fiffiæ*, 1204-1206. Cart. de Picquigny.

Feifes, 1210. Hugues de Cayeux. Cart. de Bertaucourt.

Fieffe, 1301. Pouillé. — 1507. Cout. loc. — 1728. Tit. de l'évêché.

Leff, 1579. Ortelius. — 1592. Surhonius. — 1608. Quadum.

Fresses, 1648. Pouillé général.

Fiefe, 1710. N. De Fer. — *Fief*, 1781. Cout. d'Amiens.

Fiesses, 1784. Daire. Hist. de Doullens.

Dioc. et arch. d'Amiens, doy. de Vignacourt, élect. et prév. de Doullens. — Ancienne commanderie.

Dist. du canton, 9 k. — de l'arr., 13 — du dép., 24.

FIENVILLERS (canton de Bernaville), 1364 hab.

Finvillers, 1108. Geoffroy, év. d'Amiens. Cart. de Bertaucourt.

Finviler, 1204. Geoffroy de Doullens. Cart. de Fieffes.

Fienviler, 1204. Cart. de Fieffes. — 1301. Pouillé. — 1713. Friex.

Fenviler, 1225. Donation aux hospitaliers de Fieffes. Cart. de Fieffes.

Fienviles, 1225. Edèle de Fienvillers. Ib. — 1710. N. De Fer.

Fyesvile, 1225. M. Decagny. Etat du diocèse.

Feodum villare, 1240. Edèle de Fienvillers. Cart. de Fieffes.

Fiesviler. — *Fiesvilez*, 1470. Cueilloir de Fieffes.

Fienvillé, 1507. Coutumes locales. — 1728. Titre de l'évêché.

Fienviller, 1561. Etat des bénéficiers du dioc. — 1646. Hist. eccl.
d'Abb. — 1764. Expilly. — 1790. Etat des électeurs.

Fianvillers, 1579. Ortelius. — 1592. Surhonius.

Fréhulier, 1648. Pouillé général.

Sienvil, 1657. Jansson.

Fienvillers, 1664. Lettres du roi Casimir. Généal. de Mailly. —
1733. G. Delisle. — 1757. Cassini. — 17 brum. an X.

Dioc. et arch. d'Amiens, doy. de Vignacourt, élect. et prév.
de Doullens.

Dist. du cant., 5 k. — de l'arr., 11 — du dép., 30.

FIGNIÈRES (canton de Montdidier), 236 hab.

Fencriæ, 1146. Thierry, év. d'Amiens. Gall. christ.

Fresnerie, 1184. Luce III, pape.

Fenières, 1301. Pouillé. — *Finières*, 1692. Pouillé.

Flignières, 1384. Dénomb. du temporel de Notre-Dame de Ham.

Feignières, 1567. Cout. de Montdidier. — 1761. Robert.

Fresnières, 1657. N. Sanson. — 1710. N. De Fer.

Fignières, 1733. G. Delisle. — 1764. Expilly. — 17 brum. an X.

Figniers, 1757. Cassini.

Dioc. et arch. d'Amiens, élect. et doy. de Montdidier, puis de
Davenescourt, baill. et prév. de Montdidier.

Dist. du cant., 5 k. — de l'arr., 5 — du dép., 34.

FILATURE (la), dép. de Gamaches, 54 hab. — 1857-61. Dénomb. quinq.

FILESCAMPS, dép. de Braches, 19 hab..

Filescamps, 1444. Reg. aux délib. de l'échev. d'Am. Aug. Thierry.

Filescamp, 1567. Cout. de Montdidier. — 1861. Dénomb. quinq.

Filecamp, 1733. G. Delisle. — 1757. Cassini.

Filecamps, 1765. Daire. Hist. de Montdidier. — Ordo.

Felescamps, 1856. Franc-Picard.

FINCHEL (le), lieu dit au terroir de Brie.

FINS (canton de Roisel), 571-606 hab.

Fins, 1107. Echange entre St.-Fursy et l'abb. de St.-Quentin. —
1112. Baudry, év. de Noyon. Cart. de Noyon. — 1190. Notice
du Mont-St.-Quentin. — 1214. Dénomb. Regist. de Philippe-
Auguste. — 1648. Pouillé général. — 1710. N. De Fer. —
1757. Cassini. — 17 brum. an X. — 1836. Etat-major.

Fyns, 1214. Dénomb. Regist. de Philippe-Auguste.

Fynes, 1567. Cout. de Péronne.

Pin, 1592. Surhonius.

Feins, 1733. G. Delisle. — 1761. Robert. — 1778. De Vauchelle.

Flus, 1763. Expilly.

Dioc. de Noyon, élect., doy., baill. et prév. de Péronne.

Dist. du cant., 13 k. — de l'arr., 15 — du dép., 65.

FLAMICOURT-LÈS-DOINGT, dép. de Doingt, 361 hab.

Flaminicurtis, XIᵉ siècle. Bulle du pape Léon IX.

Flamincurt, 1156. Adrien IV, pape. Cart. d'Arrouaise. — 1174.
Baudouin, év. de Noyon. Cart. d'Arrouaise.

Flamicort, 1174. Id. Ib.

Flamicourt, 1322. Lettre de non préjudice. Hist. d'Arrouaise. —
1567. Cout. de Péronne. — 1757. Cassini. — 1763. G. Delisle.

Flemicour, 1761. Robert.

FLAMICOURT-LÈS-HAM, ham. dép. de Muille Vilette, 41 hab.

Framercurt, 1155. Hugo, abbé de Prémontré. Cart. de Prémontré.

Flamicourt, 1647. Concordat pour l'abbaye de Ham. — 1733.
G. Delisle. — 1757. Cassini. — Ordo. — 1836. Etat-major.

FLANDRE, dép. de Rue, 40 hab.

Flandres, 1750. L. C. de Boulainviller. — 1856. M. Prarond.

Flandre, 1757. Cassini. — 1761. Robert. — 1764. Desnos. —
Ordo. — 1836. Etat-major.

FLANDRE, dép. de Villers-sur-Authie. — Cadastre.

FLAQUE (la), dép. d'Epagne. — Ancien lit de la Somme. — Cad.

La Vuate rivière. — *La Flarque*, 1492. Terrier d'Epagne.

FLAQUE (la), dép. de Hombleux, 5 hab.

Fiasca, 1271. Olim.

La Flaque moulin, 1827-50. Ordo. — 1844. M. Decagny.

Moulin des Flaques, 1836. Etat-major.

La Flaque, 1851-65. Ordo. — 1857-61. Dénomb.

FLAQUE DE LA FÈRE (la), lieu dit au terroir de Ham.

FLAUCOURT (canton de Péronne), 456 hab.

Flavescurt, 1126. Lettre de Louis VI.

Floocort, 1214. Dénomb. Reg. de Philippe-Auguste.

Flocourt, 1295. M. Decagny. Etat du diocèse. — 1761. Robert.

Flaucourt, 1303. Testament de Gossuin le grénetier. Colliette. —
    1567. Cout. de Péronne. — 1648. Pouillé général. — 1757.
    Cassini. — 17 brum. an X.

Flancourt, 1353. Lettre du roi Jean. Rec. des ord.

Flecourt, 1415. Aveu de Jean d'Ailly.

Floucourt, 1579. Ortelius. — 1592. Surhonius.

Flaucaucourt, 1710. N. De Fer.

    Dioc. de Noyon, élect., doy., baill. et prév. de Péronne.

    Dist. du cant., 7 k. — de l'arr., 7 — du dép., 45.

FLAUVAL (le), ferme dép. de La Motte-Croix-au-Bailly, 5 hab.

Le Flauval, 1857-61. Dénomb. quinq.

Le Flanval. Cadastre. Etat de sections.

FLAVI-LE-SEC, dép. de Cressy-Omancourt. Lieu détruit.

Falevi, 1156. Baudouin, év. de Noyon. Cart. de Noyon.

Falvi, qui siet de lez-Omiécour. 1230 Dén. de la terre deNesle.

Flavi-le-Sec, 1733. G. Delisle. — 1778. De Vauchelle.

FLAVIEUX, dép. de Flavi-le-Sec. Lieu détruit. — 1733. G. Delisle.

FLECHINS, dép. de Bernes, 165 hab.

Felchin, 1198. Etienne, év. de Noyon.

Fleschin, 1198. Simon, abbé d'Honnecourt. — 1214. Registre
    de Philippe-Auguste. — 1303. Quittance de Boule de Flechin.
    — 1386. Sceau de Rifflard de Flechin. — 1567. Cout. de
    Péronne. — 1757. Cassini.

Flossies, 1214. Dénomb. Regist. de Philippe-Auguste.

Flechin, 1217. Philippe de Caulincourt. — 1239. Charte de Jean Quercus. M. Cocheris. — 1341. Dénomb. de Jean de Molin-senlex. — 1519. Compte de la commanderie d'Eterpigny. — 1648. Pouillé. — 1653. Etat des revenus de l'abbaye de Ham. — 1733. G. Delisle. — Ordo.

Fleuci, 1244. Chapit. de St.-Quentin. M. Cocheris.

Flechinum, 1258. Gall. christ.

FLERS-EN-AMIÉNOIS (canton d'Ailly-sur-Noye), 486 hab.

Flers, 1399. Cart. Néhémias de Corbie. — 1657. Proc.-verb. des cout. — 1733. G. Delisle. — 17 brum. an X. — Ordo.

Flaix, 1657. Jansson. — *Fleres,* 1787. Picardie méridionale.

Elect. et dioc. d'Amiens, prév. de Beauvaisis à Amiens.

Dist. du cant., 9 k. — de l'arr., 28 — du dép., 19.

FLERS-EN-VERMANDOIS (canton de Combles), 676 hab.

Flers, 1170. Renaud, év. de Noyon. Cart. d'Arrouaise. — 1195. Cart. d'Arrouaise. — 1203. Hugues, doyen de Péronne. — 1214. Regist. de Philippe-Auguste. — 1240. Lettre de Louis IX. — 1733. G. Delisle. — 1757. Cassini. — 17 brum. an X.

Fleres, 1567. Cout. de Péronne.

Dioc. d'Arras, doy. de Bapaume, élect., baill. et prév. de Péronne.

Dist. du cant., 7 k. — de l'arr., 20 — du dép., 44.

FLESSELLES (canton de Villers-Bocage), 1625-1661 hab.

Flaiscerii, 1120. Enguerrand, év. d'Amiens. — 1182. Thibaut, év. d'Amiens. Dom Grenier.

Flascerii, 1150. Aléaume de Flixecourt. M. V. de Beauvillé.

Flaiscières, 1163. Mathieu de Septenville. Cart. S. Jean.

Floissiel, 1183. Thibaut. év. d'Amiens. Cart. de Selincourt.

Floischiel, 1190. Id. Ib.

Flassières, 1233. Cart. des hospices.

Flaissières, 1248. Bernard de Moreuil. — 1265. Enguerrand do

Saveuse. Cart. des chapelains. — 1300. Jean de Picquigny.
Cart. noir de Corbie. — 1301. Pouillé. — 1310. Arch. du Chap.
— 1445. Délimitation de la banlieue d'Amiens.

Flessières, 1260. Ms. de la Bibl. d'Amiens, n° 519.

Flessieles, 1323. Simon, év. d'Amiens. Aug. Thierry.

Flaissielles, 1460. Lettre du bailly d'Amiens. Cart. des chapelains.

Flesselles, 1507. Cout. loc. — 1579. Ortelius. — 1595. Reg. de
l'échev. d'Amiens. — 1707. France en 4 feuilles. — 1733.
G. Delisle. — 1764. Expilly. — 1836. Etat-major.

Fleschelles, 1535. Cout. du chapitre. — 1599. Reg. de l'échev.

Flessielles, 1561. Etat des bénéficiers. M. V. de Beauvillé.

Hosselles, 1608. Quadum. Fasc. geogr.

Faisselles, 1648. Pouillé général.

Flecelles, 1695. Nobil. de Pic. — 1720. Chevillard. — 1757. Cassini.

Fleselles, 1753. Doisy. — *Flexelles,* 1761. Robert. — Etat des fiefs.

Flechelles, 1764. Desnos. — *Flesselle,* 1781. Cout. d'Amiens.

Fresselles, 17 brum. an X.

Dioc. et arch. d'Amiens, doy. de Vignacourt, élect. de Doullens,
prév. de Beauquesne, mouvance de Picquigny.

Dist. du cant., 5 k. — de l'arr., 14 — du dép., 14.

FLESSEROLLES, dép. de Coisy. — Ancien prieuré fondé au xiie siècle,
dépendant de l'abbaye de Corbie.

Flaisoroles.— *Flaisseroles,* 1156. Thierry, év. d'Am. Dom Grenier.

Flaisserolez, 1295. Cart. de Corbie. — 1300. Arch. du chap.

Franseroles, 13... Obit. du chap.

Flescherelles, 1561. Etat des bénéficiers. M. V. de Beauvillé.

Flescherolies, 1662. Regist. du Conseil d'Etat. Tit. de Corbie.

Frecherolle, 1720. Ms. de Mensures.—1750. L. C. de Boulainviller.

Flecherollks, 1728. Titres de Corbie.

Frecherolles, 1750 L. C. de Boulainviller.

Fresserolle, fief, 1781. Cout. d'Amiens.

Flesserolle, lieu dit. Cadastre.

Fleuron, vicomté, fief sis à Manchecourt. — M. Praroud.

FLEURY (canton de Conty), 270 hab.

Flori, 1141. Garin, év. d'Am. — 1229. Jean de Conty. Arch.
S. Quentin de Beauvais — 1230. Geoffroy, év. d'Amiens.

Fleuriacum, 1170. Cart. du Gard.

Floury, 1229. Jean de Conty. Daire. — 1301. Pouillé. — 1567.
Proc.-verb. des cout. — 1701. Armorial. — 1763. Expilly.

Flory-lès-Conty, 1303. Comptes de Clermont (Oise). M. Cocheris.

Fleury, 1337. Rôle des nobles et fieffés. — 1657. Jansson. —
1757. Cassini. — 17 brum. an X. — 1836. Etat-major.

Flouwy, 1579. Ortelius.

Fleuri, 1707. France en 4 feuilles. — 1733. G. Delisle.

Fleurie, 1772. Inféodation. Ms. Monsures.

Elect., dioc. et arch. d'Amiens, doy. de Conty, prév. de
Beauvaisis à Granvillers.

Dist. du cant., 2 k. — de l'arr., 23 — du dép., 23.

Flexicourt, dép. de Nampont, 58 hah.

Flexicurt, 1147. Thierry, év. d'Am. Cart. de Valloires.

Flexicourt, 1757. Cassini. — 1764. Desnos. — 1766. Cout. de
Ponthieu. — 1826. Ordo. — 1836. Etat-major.

Flechicourt, 1761. Robert. — Flixcourt, 1763. Expilly.

Flixecourt, 1780. Inscription de la cloche de Nampont.

Fixecourt, 1781. Cout. d'Amiens.

Floxicourt, 1844. M. Fournier. — 1849. Ordo.

Flixicourt, 1856. Franc-Picard. — 1857-61. Dénomb.

Flez, ham. dép. de Monchy-Lagache, 56 hab.

Flez, 1567. Cout. de Péronne. — 1733. G. Delisle. — 1757.
Cassini. — Etat-major. — M. Decagny.

Flay, 1761. Robert.

Flibeaucourt, dép. de Sailly-le-Sec (en Ponthieu), 306 hab.

Phlibaucourt. 1121. Jean, comte de Ponthieu. Hist. eccl. d'Abbev.

Flebiaucourt, 1227. Grégoire IX, pape.

Flibaucourt, 1284. Philippe-le-Bel. — 1733. G. Delisle. — 1757. Cassini. — 1781. Cout. d'Amiens.

Flibeaucourt, 1507. Cout. loc. — 1763. Expilly. — 1777. Alm. du Ponthieu — 1766. Cout. de Ponthieu.

Flibeucourt, 1638. Tassin. — 1657. Jansson.

Flibaubourt, 1763. Expilly. — *Philibaucourt,* 1701. D'Hozier. Elect. d'Abbeville et de Doullens. Poste de garde-côtes.

FLIXECOURT (canton de Picquigny), 1793-1803 hab.

Flessicort, 1110. Hugues de Cayeux. Cart. de Bertaucourt. — 1139. Raoul de Vermandois. Cart. St.-Jean.

Flescicort, 1139. Id. Ib. — 1146. Thierry, év. d'Am. Ib. — 1160. Jean, comte de Ponthieu. Ib.

Flessicourt. 1146. Thierry, év. d'Amiens. Inventaire de l'évêché. — 1298. Titres de Picquigny. — 1301. Pouillé.

Flescicurt, 1147. Eugène III, pape. Cart. St.-Jean.

Flessicurt, 1151. Aléaume d'Amiens. Cart. St.-Jean. — 1168. Robert, év. d'Am. Cart. St.-Laurent.

Flexicurtis. — *Frixicuriæ,* 1157. Aléaume d'Am. Aug. Thierry.

Flexicort, 1239. Jean d'Amiens. Cart. de Bertaucourt.

Fleschicourt, 1248. Jean d'Amiens. Tit. de Moreaucourt.

Flixicourt, 1270. Aug. Thierry. — 1384. Cart. St.-Jean. — 1682. Lettre de Louvois.

Flessicuria, 1275. Mabillon. Dipl. — Ms. 704, f. St.-Germain.

Flissicourt, 1301. Dénomb. de l'évêché.

Flichicourt, 1313. Philippi IV mansiones et itinera.

Flexicourt, 1479. Contrat de mariage de Jean de Mailly. — 1561. Etat des bénéficiers du diocèse d'Amiens. — 1648. Pouillé.

Flixcourt, 1507. Cout. loc. — 1707. France en 4 f. — 1720. Ms. de Monsures. — 1764. Expilly. — Picardie mérid.

Flixecourt, 1507. Cout. loc. — 1757. Cassini. — 17 brum. an X.

Fliscourt, 1521. Mém. de Du Bellay.

Flichecourt, 1567. Lettre de Charles IX. — 1733. G. Delisle. —

1766. Cout. de Ponthieu. — 1561. Etat des bénéficiers du dioc. d'Am. — 1695. Nobil. de Picardie. — 1771. Desnos.

Dioc. et arch. d'Amiens, élect. d'Abbeville et de Doullens, doy. de Vignacourt, baill. et prév. d'Amiens et d'Abbeville en partie, mouvance de Picquigny. — Prieuré dépendant de St.-Lucien de Beauvais. — O. S. B.

Flixecourt fut en 1790 et en l'an VIII chef-lieu de l'un des 18 canton du district d'Amiens.

Dist. du cant., 10 k. — de l'arr., 22 — du dép., 22.

FLORENCOURT, fief sis à Authie.

FLORIVILLE, dép. de Tilloy-Floriville, 107 hab.

Floriville-lès-Gamaches, 1757. Cassini.

Floriville, 1763. Expilly. — Ordo. — 1836. Etat-major.

Florenville, 1696. Etat des armoiries.

FLOS, terroir de Coullemelle.

Terra de Flos, 1174. Tit. de Corbie.

FLOS DU CHEVAL, fief sis à St.-Riquier.

Flos du Cheval. — *Flos du Queval.* Dom Cotron.

FLOT CHRISTOPHE, ruisseau qui de Guerbigny se jette dans l'Avre.

FLOXICOURT (canton de Molliens-Vidame), 64 hab.

Flexicurt, 1157. Sanson, arch. de Reims. Louvet. — 1206. Richard, év. d'Amiens. Cart. du Gard.

Floiscicourt, 1277. Arch. de l'hosp. de Vignacourt.

Floyssicourt, 1301. Pouillé. — *Flisincourt*, 1648. Pouillé.

Flichecourt, 1561. Etat des bénéficiers. — 1778. De Vauchelle.

Flochecourt, 1698. Etat de la France. — 1781. Cout. d'Amiens.

Floihecourt, 1710. N. De Fer.

Floxecourt, 1757. Cassini. — *Floixcourt*, 1761. Robert.

Floixccourt, 1764. Expilly. — *Floixicourt*, 1790. Etat des élect.

Floxicourt. — 17 brum. an X. — 1836. Etat-major. — Ordo.

Elect. et dioc. d'Amiens, prévôté de Beauvaisis à Amiens.

Prieuré de Bénédictins dép. de St.-Germer.

Dist. du cant., 4 k. — de l'arr., 18 — du dép., 18.

FLUY (canton de Molliens-Vidame), 530 hab.

>*Floy*, 1066. Fondation de la collégiale de Picquigny. Gall. christ.
>
>*Flui*, 1145. Girard de Picquigny. Cart. St.-Jean. — 1206. Richard, ev. d'Am. Cart. du Gard. — 1215. Jean de St.-Saulieu. —1733. G. Delisle.
>
>*Fluy*, 1147. Thierry, év. d'Am. — 1175. Gauthier, év. d'Amiens. Cart. de St.-Acheul.—1219-31. Cart. St.-Martin-aux-Jumeaux· — 1223. Raoul de Fluy. Pièces du procès de Picquigny. — 1301. Pouillé. — 1314. Arch. du chap. —1351. Raoul d'Iseu. Cart. du Gard. —1518. Reg. aux comptes d'Amiens. —1757. Cassini. — 1763. Expilly. — 17 brum. an X.
>
>*Flenuy*, 1638. Tassin. — *Fleuny*, 1657. Jansson.
>
>Elect., dioc., arch. d'Amiens, doy. de Poix, prévôté de Beauvaisis à Amiens, mouvance de Picquigny.
>
>Dist. du cant., 7 k. — de l'arr., 16 — du dép., 16.

FOIRETELLE (la), bois dép. de Senlis. — Defriché.

FOLEMPRISE, lieu dit au terroir de Crouy. — 1547. Dén. du Gard.

>   — fief sis à Toutencourt.

FOLIE, partie de Condé-Folie, 576 hab.

>*Stulticia*, 1301. Dénomb. de l'évêché d'Amiens.
>
>*Folie*, 1646. Hist. eccl. d'Abbeville.
>
>*Follie*, 1657. Procès-verb. des cout. — 1763. Expilly.

FOLIE (la), ferme dép. de Bacouel.

>*Ferme de la Folie.*
>
>*Ferme de la vallée Acart.*

FOLIE (la), bois dép. de Behencourt. — Défriché.

FOLIE (la), ferme dép. de Esmery-Hallon, 4 hab.

>*La Folie*, 1733. G. Delisle. — 1757. Cassini. — 1843-65. Ordo.
>
>*La Follie*, 1827-42. Ordo.

FOLIE D'EN BAS (la), dép. de Feuillères.

FOLIE D'EN HAUT (la), dép. de Feuillères.

FOLIE (la), cense dép. de Franvillers.

La Folie-lès-Francviller. 1315. Titres de Corbie. — 1331. Reg.
Johannes de Corbie. — 1593. Titres de Corbie.

La Follie, 1547. Déclaration du revenu de l'abbé de Corbie,

La Folie. Administration.

FOLIE (la), ferme dép. de Lucheux. — 1826-61. Ordo. — 1836. Et.-maj.

—   auberge dép. de Mouflers.

—   dép. de Nesle. — 1856. Franc-Picard.

—   ferme dép. de St.-Léger-lès-Authie. — 1757. Cassini.

—   dép. de St.-Romain. — 1757. Cassini.

FOLIE-GUERARD, dép. de Grivesnes, 6 hab.

Follye-Guerard, 1567. Cout. de Montdidier.

La Folie, 1657. N. Sanson. — 1836. Etat-major.

La Folie-Guerard, 1733. Delisle. — 1757. Cassini. — 1828-65. Ordo.

Folly, 1761. Robert.

Folie-Guerard, 1765. Daire. Hist. de Montdidier.

La Roue-Guerard, 1764. Desnos.

La Follie-Guerard, 1826-27. Ordo.

Baill. et prév. de Montdidier.

FOLIES-EN-SANTERRE (canton de Rosières), 407 hab.

Folies, 1224. Godefroy, doyen de Parviler. Cart. d'Ourscamp. —
1238. Official d'Amiens. Cart. de Fouilloy. — 1301. Pouillé. —
1717. Arch. du chapitre. — 1828-65. Ordo. — 1836. Etat-
major. — Sceau de la commune.

Folies-en-Santerre, 1325-1730. Arch. du chap.

Folye, 1334. Arch. du chap. d'Am. — 1757. Cassini.

Folie, xve siècle. Dénomb. fourni par Isabelle de Coucy. — 1733.
G. Delisle. — 17 brum. an X.

Follye-en-Sang-ter, 1567. Cout. de Montdidier.

Brehec, 1648. Pouillé.

Follie, 1753. Doisy. — 1764 Expilly. — 1850. Tabl. des dist.

Felchie, 1761. Robert.

Folie-en-Santerre, 1765. Daire. Hist. de Montdier.

La Folie, 1778. De Vauchelle. — *Follye*, 1824-27. Ordo.

Follies-en-Santerre. Pouillé. M. Decagny.

> Dioc. et arch. d'Amiens, doy. de Rouvroy, élect. baill. et prév. de Montdidier.

> Dist. du cant., 7 kil. — de l'arr., 17 — du dép., 32.

FOLIETTE, dép. de Folies-en-Santerre.

> *Foliete*, 1793. G. Delisle.

> *Folière*, 1778. De Vauchelle.

FOLLEMOTTE, manoir sis à Heilly.

> *Manoir de Folemotte*, 1350. Cart. Néhémias de Corbie.

> *Follemote*, ferme. Prév. de Fouilloy.

FOLLEMPRIE, dép. de Rosières. — Lieu détruit.

> *Folemprie*, 1592. Surhonius.

> *Follemprie*, M. Decagny. — Arrond. de Péronne.

FOLLEMPRISE, ferme dép. de Neslette.

> *Follenprise*, 1750. L. C. de Boulainviller.

> *Folamprise*. Cadastre. — Etat des sections.

FOLLEMPRISE, dép. de Suzanne.—1542. Tit. de Corbie.—1761. Robert.

FOLLEVILLE (canton d'Ailly-sur-Noye), 200 hab.

> *Folleville*, 1200. Rôle des feudataires de l'abbaye de Corbie. — 1369. Montre de Gilles de Beauvais.—1423. Mém. de Pierre de Fenin. — 1544. Lettre de François Ier. — 1589. Regist. de l'échev. d'Amiens. — 1757. Cassini. — 17 brum. an X.

> *Folevile*, 1278. Sceau Giles de Folleville. — 1405. Quittance de Regnaut de Folleville. — 1441. Mém. de Mathieu d'Escouchy. — 1453. Lettre de rémission de Charles VII.

> *Folevile*, 1372. Cart. noir de Corbie.—1386. Lettre de Charles VI. — 1398. Lettre de Charles VI. Rec. des ord. — 1648. Pouillé.

> *Folevilla*, 1382. Arrêt du Parlement. Aug. Thierry.

> *Folville*, 1403. Lettre de Charles VI. Aug. Thierry. — 1579. Ortelius. — 1592. Surbonius.

Falleville, 1761. Robert.

> Dioc. et arch. d'Amiens, doy. de Moreuil, élect., baill. et prév. de Montdidier.

> Dist. du cant., 11 k. — de l'arr., 17 — du dép., 26.

FONCHES (canton de Roye), 264 hab.

Fonces, 920. Dipl. de Charles-le-Simple. — 1135. Innocent II, pape. Cart. Prémontré.

Fontes super Engon, 920. M. Decagny. Etat du dioc.

Funce, 1161. Baudouin, év. de Noyon.

Fonches, 1208. Cart. de Noyon. — 1214. Regist. de Philippe-Auguste. — 1257. Arch. de l'évêché. — 1648. Pouillé. — 1757. Cassini. — Ordo. — 17 brum. an X.

Fonchez, 1237. Cart. de Noyon.

Fonche, 1733. G. Delisle.—1763. Expilly.—1790. Etat des élect.

Fouche, 1778. De Vauchelle.

> Dioc. de Noyon, doy. de Curchy, élect. de Péronne, baill. et prév. de Roye.

> Dist. du cant., 9 k. — de l'arr., 27 — du dép. 43.

FONCHETTES (canton de Roye), 45-50 hab.

Foncettœ, 1161. Gall. christ.

Fonceta, 1190. Cart. de S. Eloy de Noyon.

Funchetes, 1199. Cart. de Lihons.

Fonchettes, 1215. Dénomb. de Jean de Nesle. — 1230. Dénomb. de la terre de Nesle. — 1237. Cart. de Noyon.

Fonchetes. 1219. Jean de Nesle. Cart. de Lihons. — 1230. Dénomb. de la terre de Nesle.

Fonchette, 1567. Cout. de Roye. — 1648. Pouillé. — 1757. Cassini. —1764. Expilly. — 17 brum. an X.

Forchette, 1683. Lettre de Louvois.

> Dioc. de Noyon, élect. de Péronne, baill. et prév. de Roye.

> Dist. du cant., 10 k. — de l'arr., 28 — du dép. 44.

FOND BÉRANGER, lieu dit au terroir de Guibermesnil.

Fond Piedecocq, ruisseau de Frettecuisse.

— d'Allenay (le), hab. isol., dép. d'Allenay.

— d'Oisemont, ruisseau qui passe à Frettecuisse.

— de Roye, hab. isolée dép. de Nesle.

— de St.-Maulvis, ruisseau de Frettecuisse.

— de Warcourt, lieu dit au terroir d'Harbonnières.

Fonds des batailles, dép. de Tours.—Vallon entre Tours et Houdent.

En souvenir sans doute de la bataille de 1434.

Fondel (le), fief sis à Argœuves.

Fontaigneux (les), ruisseaux de Conty, affluents de la Selle.

FONTAINE-LÈS-CAPPY (canton de Chaulnes), 126 hab.

Fontanœ, 1147. Eugène III, pape. Marrier. — 1184. Luce III, pape. Marrier. — 1303. Cart. de Lihons. — 1637. Marrier.

Fontaignes-lès-Cappy, 1567. Cout. de Péronne.

Fonteine, 1592. Surhonius. — *Fontaines*, 1648. Pouillé.

Fontaine-lès-Capy, 1757. Cassini.

Fontaine-sous-Cappy..... M. Decagny. Etat du dioc.

Fontaine-lès-Cappy, 1764. Expilly. — Ordo. — 1836. Etat-major.

Fontaine, 17 brum. an X.

Dioc. de Noyon, élect., doy., baill. et prév. de Péronne.

Dist. du cant., 11 k. — de l'arr., 15 — du dép., 38.

Fontaine-lès-Pargny, ham. dép. de Pargny, 58 hab.

Fons, 1090. Gérard du Hamel. Cart. d'Arrouaise. — 1214. Reg. de Philippe-Auguste. — 1243. Pierre de Manancourt.

Fontanœ, 1224. Bulle d'Honoré III.

Fontaignes, 1567. Cout. de Péronne.

Fontaine, 1592. Surhonius. — 1733. G. Delisle.

Fontain, 1638. Tassin. — 1657. Jansson.

Fontaine-lès-Pargni, 1757. Cassini. — 1764. Expilly. — Ordo.

Fontaine-la-Parquenai, 1778. De Vauchelle.

FONTAINE-LE-SEC (canton d'Oisemont), 370 hab.

Fontanœ siccœ, 1183. Thibaut, év. d'Am. Cart. d'Auchy-lès-Moines.

Fontaines, 1301. Pouillé.

Fontaines-les-Secques, 1507. Cout. loc.

Fontaine-Sel, 1635. Inscription de l'église de Gamaches.

Fontaines-les-Seques, 1646. Hist. eccl. d'Abb. — 1733. G. Delisle.

Fontaine, 1657. Jansson.

Fontaine-le-Secques, 1710. N. De Fer.

Fontaine-les-Secques, 1757. Cassini.

Fontaine-les-Seques, 1761. Robert. — 1764. Desnos.

Fontaine-lez-Secq, 1763. — *Fontaine-le-Secq,* 1764. Expilly.

Fontaine-le-Sec, 1781. Cout. d'Amiens. — 17 brum. an X.

Dioc. et élect. d'Amiens, arch. d'Abbeville, doy. d'Oisemont, prév. de Vimeu.

Dist. du cant., 4 k. — de l'arr., 39 — du dép., 39.

FONTAINE-SOUS-MONTDIDIER (canton de Montdidier), 254 hab.

Fontanœ (juxta Montisdesiderium), 1138. Garin, év. d'Amiens. Dom Cotron. — 1328. Jean de Rogy. Tit. de la Commanderie.

Fontaines, 1301. Pouillé de l'évêché d'Amiens. — 1657. N. Sanson.

Fontainnes, 1301. Dénomb. de l'évêché d'Amiens.

Fontaine-sous-Montdidier, 1567. Cout. de Montdidier. — 1757. Cassini. — 17 brum. an X. — 1829-65. Ordo.

Fontaine, 1648. Pouillé général. — 1857-61. Dénomb. quinq.

Fontaine-sur-Montdidier, 1824-28. Ordo.

Dioc. et arch. d'Amiens, élect., doy., baill. et prév. de Montdidier. — Ancienne commanderie.

Dist. du cant., 4 k. — de l'arr., 4 — du dép., 34.

FONTAINE-SUR-MAYE (canton de Crécy), 368 hab.

Fontaines supra Maïam, 1121. Jean, comte de Ponthieu. Hist. eccl. d'Abbeville.

Fontanœ supra Maiam, 1138. Id. Ib. — 1244. Innocent III, pape. Cart. de Valloires.

Fontanœ super Maiam, 1215. Guillaume, comte de Ponthieu.

Fontaines supra Mare, 1301. Pouillé.

Fontaine-sur-Maye, 1507. Cout. loc. — 1733. G. Delisle. — 1764. Expilly. — 17 brum. an X. — 1836. Etat-major.

Fontaines, 1561. Etat des bénéficiers du diocèse d'Amiens.

Fontaines-sur-Maye, 1561. Reg. de l'éch. d'Am. — 1657. Proc.-verb. des cout.

Fontaine-sous-Maye. — *Fonteine,* 1646. Hist. eccl. d'Abbeville.

Fonts-sur-Mer, 1648. Pouillé. — *Fonts-sur-Maye.* M. Decagny.

Fontaine, 1710. N. De Fer. — 1761. Robert. — 1764. Expilly.

Fontaine-sur-Maïe, 1733. G. Delisle. — 1757. Cassini

- Dioc. d'Amiens, élect. de Doullens. arch. d'Abbeville, doy. de Rue, prév. de St.-Riquier.

Dist. du cant., 4 k. — de l'arr., 17 — du dép., 52.

FONTAINE-SUR-SOMME (canton d'Hallencourt), 1037-1277 hab.

Fontanæ, 851. Donation d'Angilvin à l'évêque d'Amiens. D'Achery. Spicil. — 1180. Dreux d'Amiens. Cart. de Berlaucourt. — 1184. Charte de commune d'Abbeville. — 1202. Cart. de Berlaucourt. — 1209. Thomas de S.-Valery. — 1221. Robert de Dreux.

Fontanæ super Somonam, 1138. Jean, comte de Ponthieu. Hist. eccl. d'Abbeville.

Fontaines, 1147. Milon, év. de St.-Omer. Cart. de Selincourt. — 1203. Charte de St.-Josse-sur-Mer. Gall. christ. — 1291. Witasse de Fontaines. M. Delgove. Hist. de Long.

Fontenrs 1185. Didier, év. de St.-Omer. Cart. de Selincourt.

Fontes, 1224. Hugues de Fontaine au roi Louis VIII. — 1210-11. Accord entre Montreuil et le comte de Ponthieu.

Fontainnes, 1286. Witasse de Fontaines. Aug. Thierry. — 1311. Witasse de Fontaines. Cart. du chap.

Fontaine, 1292. Witasse de Fontaines. — 1562. Aveu des échevins de Long. M. Delgove. — 1648. Pouillé. — 1657. Jansson.

Fontainez, 1300-23. Marnier.

Fontainnez, 1324. Doyen du chap. d'Amiens. Aug. Thierry.

Fontainnes-sur-Somme, 1379. Marguerite de Picquig. Cart. du chap.

Fontaine-sur-Somme, 1492. Jean de la Chapelle. — 1763. Expilly.
— 1764. Desnos. — 17 brum. an X. — 1836. Etat-major.

Fontaine-sur-Somme, 1646. Hist. eccl. d'Abbeville.

Fontaines-sur-Somme, 1705. Etat général des unions des maladreries. —1757. Cassini. — 1766. Cout. de Ponthieu.

Dioc. d'Amiens, élect., baill., arch. d'Abbeville, doy. d'Airaines, prév. de Vimeu.

Dist. du cant., 7 k. — de l'arr., 14 — du dép., 32.

FONTAINE, dép. de Doingt.—1733. G. Delisle.—1778. De Vauchelle.

— fief sis à Franvillers. — Daire. Doy. de Mailly.

— (la), fief sis à Authieulle.—1785. Daire. Hist. de Doullens.

— (la), fief sis à St.-Ouen.

— BLEUE, lieu dit au terroir de Glisy.

FONTAINES, fief sis à Boismont. — XVIIIᵉ siècle. M. Prarond.

FONTAINES (les), dép. de Vismes. — M. Prarond.

FONTENELLE, dép. d'Embreville.

Fontenelle..... M. Darsy. Hist. de Gamaches.

Le Fontenel. Cadastre.

FONTENELLE (la), lieu dit au terroir d'Oresmaux.

FONTENELLES, fief sis à Dury. — 1368. Cart. du chapitre.

Vignes de Fontenelles, 1399. Ib.

Fontenelle. Daire. Doy. de Conty.

FONTENELLES, fief sis à Hocquelus. —1573. Généal. de Belleval.

— fief sis à Lieu-Dieu. — 1602. Aveu. Ib.

— seigneurie sise à Longpré-lès-Corps-Saints. —1768. Ib.

FORCEVILLE (canton d'Acheux), 560 hab.

Fortiacu villa, 660. Dipl. de Clotaire III. Gall. christ. —814. Cart. noir de Corbie. — M. Decagny.

Fortivilla, 1174. Didier, év. des Morins.

Forcheville, 1186. Délimitation du comté d'Amiens. — 1220. M. Decagny. — 1274. Cart. d'Ourscamps. — 1301. Pouillé. — 1567. Cout. de Péronne. —1589. Reg. de l'échev. d'Am.

Forceville, 1200. Rôle des feudataires de l'abbaye de Corbie. —
1262. Cart. noir de Corbie. — 1301. Dénomb. de l'évêché. —
1733. G. Delisle. — 1757. Cassini. — 17 brum. an X.

Forchevilles, 1567. Cout. de Péronne.

Forseville, 1579. Ortelius. — 1592. Surhonius.

Foucheville, 1648. Pouillé.

Dioc. et arch. d'Am., doy. d'Alb., élect., baill. et prév. de Pér.
Dist. du canton, 2 k. — de l'arr., 20 — du dép., 29.

FORCEVILLE-EN-VIMEU (canton d'Oisemont), 244 hab.

Forcheville, 1646. Hist. eccl. d'Abbeville.

Forceville, 1757. Cassini. — 17 brum. an X.

Dioc. et élect. d'Amiens, arch. d'Abbeville, doy. d'Oisemont,
prév. de Vimeu.
Dist. du cant., 3 k., — de l'arr., 39 — du dép., 39.

FOREST (le) (canton de Combles), 119 hab.

Sylva, 1181. Gall. christ. — M. Decagny. Arr. de Péronne.

La Forest, 1215. Dénomb. de Jean de Nesle.

Foret, 1258. Enquête. — Actes du Parlement.

Forest, 1260. Dom Grenier. — 1384. Dénomb. du temporel de
N.-D. de Ham. — 1438. Compte de la commanderie d'Eterpigny.
— 1653. Etat des revenus de l'abbaye de Ham. — 1733.
G. Delisle. — 1757. Cassini. — 1764. Expilly.

Le Forest, 1567. Cout. de Péronne. — 1836. Etat-major.

Le Forêt, 1764. Expilly. — *Leforet*, 17 br. an X.

Dioc. de Noyon, élect., doy., baill. et prév. de Péronne.
Dist. du cant., 3 k. — de l'arr., 11 — du dép., 48.

FOREST, fief sis à Tilloy-lès-Conty.

Forest, 1153. Thierry, év. d'Am. — 1235. Othon d'Encre. —
1243. Simon de Leuilly. — 1252. Gilles de Warsy. — 1280.
Enguerrand de Louilly. Cart. St.-Martin-aux-Jumeaux. —
1510. Bail. Archiv. du Bosquel. — 1772. Ms. de Monsures.

FOREST, dép. de Vraignes-en-Vermandois.

Forest, 1223. Jean de Ham. Corbie. — 1567. Cout. de Péronne.

Forêt... M. Decagny.

FORESTEL (le), ferme dép. de Brocourt, 7 hab.

Foretel, 1733. G. Delisle. — *Fortel*, 1778. De Vauchelle.

Forestel, 1757. Cassini. — 1763. Expilly. — 1766. Cout. de Ponthieu. — 1778. Alm. du Ponthieu. — 1857. Dénomb.

FORESTEL (le), dép. de Courtemanche, 10 hab.

Le Foiretel, 1733. G. Delisle. — *Le Foirestel*, 1765. Daire.

Forestel, 1757. Cassini. — 1790. Etat des électeurs. — Ordo.

Le Forestel, 1857-61. Dénomb. quinquennal.

FORESTEL, fief sis à Witainéglise. M. Prarond.

FORESTIL, ferme dép. de La Boissière (cant. de Montdidier), 14 hab.

Forestelles, xvie siècle. Cart. de St.-Corneille.

Forestille, ferme, 1657. N. Sanson. — 1761. Robert.

Forretil, 1751. Plan général des terres de N.-D.-au-Bois.

Foiretille, 1733. G. Delisle. — *Foiritille*, 1757. Cassini.

Forestil, ferme, 1836. Etat-major. — 1844. M. Fournier.

Floriville, 1856. Franc-Picard.

FOREST-L'ABBAYE (canton de Nouvion), 445 hab.

Forestis, 797. Dipl. Caroli-Magni.

Forest, 1255. Jeanne, comtesse de Ponthieu. Hist. eccl. d'Abb.

Foret-l'Abé, 1610. De Fer. — *Forest-l'Abbye*, 1646. Hist. eccl. d'Ab.

Foret-l'Abie, 1733. G. Delisle. — 1778. De Vauchelle.

Forest-l'Abbaïe, 1757. Cassini.

Forest-l'Abbaye, 1763. Expilly. — 1766. Cout. du Ponthieu.

Forest-l'Abby, 1761. Robert. — *Forest-la-Bye*, 1763. Expilly.

Forest-Labbie, 1720. Ms. de Monsures.

Forest-l'Abbi, 1787. Pic. mér. — *Foret-Labby*, 1790. Etat des élect.

Forêt-l'Abbaye, 17 brum. an X. — 1836. Etat-major.

Dioc. d'Amiens, élect. de Doullens et d'Abbeville, doy. de Rue, baill. d'Abbeville, prév. de St.-Riquier. Poste de garde-côtes.

Dist. du cant., 4 k., de l'arr., 12 — du dép., 56.

FOREST-MONTIERS (canton de Nouvion), 440-708 hab.

Forestis cella, 844. — *Forestensis cellula,* 855. Dipl. Caroli-Calvi.

Forestense monasterium, 1060. Guy, comte de Ponthieu. Cart. de Valloires. — 1105. Fondation de l'abbaye de St.-Fuscien. Gall. christ. — 1225. Hosp. de St.-Riquier.

Forestensis locus, 1088. Hariulfe. Chron. centul.

Foreste monasterium, 1088. Hariulfe. — 1159. Alexandre III, pape. Dom Cotron. — 1301. Pouillé.

Foresmuster, 1160. Alexandre III, pape. Cart. de Valloires.

Forest monasterium, 1184, Jean, comte de Ponthieu. — 1193. Id. Cart. de Bertaucourt.

Forestmoustier, 1301. Pouillé. — 1456. Amende pour délits de chasse. M. V. de Beauvillé. — 1838. Ann. de l'hist. de France.

Forestæ Monasterium in Pontivo, 1309-1312. Philippi IV mansiones et itinera. Recueil des hist. de France.

Foresmoustier, 1324. Doyen du chap. d'Am. Aug. Thierry.

Foresti-monasterium, 1492. Jean de la Chapelle.

Foresmontier, 1492. Jean de la Chapelle. — 1657. Proc.-verb. des cout. — 1763. Expilly. — 1764. Desnos. — 1776. Alm. du Ponthieu. — 1781. Cout. d'Am.

Forestmontiers, 1507. Cout. loc. — 1646. Hist. eccl. d'Abbev. — Ordo. — 1861. Dénomb.

Foremoutiez, 1579 Ortelius.

Foremoutier, 1608. Quadum. — 1733. G. Delisle.

Forest-Monstier, 1646. Hist. eccl. d'Abb.

Farmonstier, 1648. Pouillé. — *Forest,* 1657. Jansson.

Forest-Montiers, 1667. Procès-verbal d'arpentage de la forêt de Crécy. — 1763. Dénomb. de la seigneurie de la Ferté-lès-St.-Riquier. — 1836. Etat-major. — 1840. Alm. d'Abb.

Forêt-Montier, 1698. Etat de la France. — 1710. N. De Fer. — Dom Grenier. — 17 brum. an X.

Forestmontier, 1712. Hist. de St.-Acheul. M. V. de Beauvillé. —

1757. Cassini. — 1764. Expilly. — 1766. Cout. du Ponthieu.

Faresmoutiers, 1761. Robert. — *Forest-Montier*, 1840. Duclos.

Forest-Montiers, 1845. Girault de S. Fargeau. — 1865. Sc. de la c.

Dioc. d'Am., élect. de Doullens, doy. de Rue, baill. et arch. d'Abb., prév. de St.-Riquier. — Poste de garde-côtes. — Grenier à sel. — Abbaye de Bénédictins fondée vers 645.

Dist. du canton, 5 k. — de l'arr., 17 — du dép. 62.

FORÊT D'AILLY, dép. d'Ailly-sur-Somme. — Défrichée en partie.
Forêt Dailly, 1333. Ordonnance de Philippe-de-Valois.
Forêt d'Hailly, 1698. Bignon. Etat de la France.
Forêt d'Ailly, 1757. Cassini. — 1778. De Vauchelle.

FORÊT D'ARGUEL, dép. de Neuville-Coppegueule. — Défr. en partie.
Forêt d'Arguelle, 1778. De Vauchelle.
Forêt d'Arguel, 1836. Etat-major.

FORÊT D'ARROUAISE. — Défrichée en partie. Voy. *Arrouaise*.
Aridagamantia silva, 1114. Lambert, év. de Noyon. Gall. christ.
Nemus de Arroasia, 1145. Cart. d'Ourscamp.

FORÊT DE BAISIEUX, dép. de Baisieux. — Défrichée.
Bellin silva, 1148. Eugène III, pape. Cart. de St.-Laurent.
Bellen silva, 1180. Thibaut, év. d'Amiens. Ib.

FORÊT DE BOYAVAL OU BOYENVAL, dép. de Beaumetz. — Défrichée.

FORÊT DE CANTATRE, dép. de Sailly-le-Sec et de Port-le-Grand. — Défr.
Cantastrum, 1100. Guy, comte de Ponthieu. Hist. eccl. d'Abbev.
Nemus de Cantastra, 1160. Alexandre III, pape. Cart. de Valloires.
— 1257. Jeanne, comtesse de Ponthieu.
Cantastre, 1244. Innocent IV, pape. Cart. de Valloires.
Bois de Cantatre, 1422. Henri, roi d'Angleterre.
Bois de Cantate, 1757. Cassini. — 1764. Desnos.

FORÊT DE COMPIÈGNE, dép. d'Arry.

— DE CRÉCY. dép. de Crécy-en-Ponthieu, Bernay, Canchy, Forest-l'Abbaye, Forest-Montiers.

Ellle s'étendait autrefois depuis la Somme jusqu'à l'Authie, et depuis la forêt de Vicogne jusqu'aux sables du Marquenterre.

Forestis, 777. Dipl. Caroli Magni.

Nemus de Crisciaco, 877. Cap. Caroli Calvi. — *Foresta de Crisciaco*, 1208. Mahieu, comte de Ponthieu et Marie, sa femme.

Chrisiacensis silva, 1088. Hariulfe. — *Crisciacensis sylva*. Vie de S. Riquier.

Nemus de Forest, 1212. Arch. des hosp. de St.-Riquier.

Forêt de Cressy, 1429. Quittance de Guillaume Lefèvre. Trésor général. — 1757. Cassini.

Nemus de Cressy, 1492. Jean de la Chapelle.

Forêt de Crécy, 1778. De Vauchelle. — 1836. Etat-major.

Forest de Crécy, 1559. Lettre de François Ier. Hosp. de St.-Riquier. — 1631. Charles de Valois, comte de Ponthieu. Ib. — 1655. Catherine de Joyeuse. Ib.

Forest de Cressy, 1587-1605. Diane de France. Hosp. de St.-Riquier. — 1648. Charles de Valois, comte de Ponthieu. Ib.

Forêt de Dompierre, dép. de Dompierre-sur-Authie.—Défr. en partie.

Forêt de Grasse, dép. d'Agnières. — Défrichée.

— de la Vicogne. —Cette forêt joignait celles de Baizieux et de Crécy, et s'étendait de l'Étoile à Outrebois.

Videgonia, 660. Dipl. Clotarii regis. Gall. christ.

Foresta Viconia, 1186. Délimitation du comté d'Amiens.

Forêt de Lihons, dép. de Lihons.

Forestum de Leonibus, 1257. Actes du Parlement.

Forêt de Lucheux, dép. de Lucheux.

Forest de Maaut, partie de la forêt de Crécy.

Foresta de Maaut, 1221-22. Layette du trésor des chartes.

Forêt de Monflières.

Foresta de Moiflires, 1208. Renaud, comte de Boulogne. Layette du trésor des chartes.

Foresta de Monfleriis, 1212-13. Guillaume, comte de Ponthieu. Ib.

Forêt de Vignacourt, dép. de Vignacourt. — Défr. en partie.

Fort (le), bois dép. de Mesnil-Bruntel.

— de Camon, hab. isol. dép. de Camon. — *Le Fort.* Cadastre.

Fortel (le), bois dép. de Franqueville.

Fortine écluse, ferme dép. de la Bouvaque.

> *Fortine écluse. . . . . .* M. Prarond.
>
> *Tortine écluse. . . . . .* M. Prarond. — 1703. Dom Grenier.
>
> *Fief de Fortaine écluse.* Dom Grenier. — M. Prarond.
>
> *Fortinecluse. . . . . .* Dom Grenier.

Formentelle (la), hab. isol. dép. de Monchy-Lagache.

> *La Formentelle.* — *La Fromentelle.*

Formentelle (la), lieu dit au terroir de Mons-en-Chaussée.

Fort-Mahon, dép. de Quend, 226 hab. — 1836. Etat-major. —
1840. Alm. d'Abbeville.

Fort-Mahon, ham. dép. de St.-Quentin en Tourmont.

Fort-Manoir, ham. dép. de Boves, 59 hab.

> *Fortmanoir,* 1301. Dénomb. de l'évêché. — 1757. Cassini.
>
> *Formanoy,* 1378. Titres de l'église d'Amiens.
>
> *Fourmanoir,* 1716. Pagès. — *Formanoir,* 1761. Robert. — Ordo.
>
> *Fort-Manoir,* 1778. De Vauchelle. — 1836. Etat-major.
>
> *Fortmanoy.* Etat des fiefs.

Fort-Nival, lieu dit au terroir de Camon. Cadastre.

Fosse, dép. de Liancourt-Fosse. — 1826-27. Ordo.

Fosse a chaudron, lieu dit au terroir de Faverolles. Daire.

Fosse Alais (la), dép. d'Amiens. — 1465. Reg. de l'échev. d'Am.

Fosse a veau (la), fief sis à Quevauvillers. — 1509. Arch. du
chap. d'Amiens.

Fosse au charbon, lieu dit à Bouquemaison. — On y pratiqua à la
fin du siècle dernier, pour l'extraction de la houille, des fouilles
qui furent renouvelées en 1838 sans plus de succès.

Fosse-Bernard (la), bois dép. de Cardonnette. — Défriché.

> *Bois de la Fosse Bernard.* — *La Fosse Bernard.* Cad.

FOSSE-BLEUET, ferme dép. de Courcelles-sous-Moyencourt, 15 hab.

Fosse Bleuet, 1561. Reg. de l'échev. d'Amiens. Aug. Thierry. — 1733. G. Delisle. — 1757. Cassini.

Fosse Bleret, 1787. Picardie mérid.

FOSSÉ DE LA VARENNE. — Fossé qui allait de la Varenne, dépendance de Longueau, aux marais de Camon.

Fossé de la Varenne, 1378-1750. Titres de l'église d'Amiens.

FOSSE DU CURÉ, bois dép. de Cauchy.

FOSSE FERNEUSE (la), dép. d'Amiens.

La Fosse Ferneuse, 1465. Reg. de l'échev. d'Amiens.

Fosse Ferneuse, 1757. Cassini.

FOSSE HERBIER, dép. d'Auchonvillers. — M. Decagny.

— JEAN BADIN, bois sis à Domart-sur-la-Luce.

— MALHEUREUSE, dép. de Carnoy. — M. Decagny.

FOSSEMANANT (canton de Conty), 151 hab.

Fossemanans, 1337. Rôle des nobles et fieffés.

Fossemanant, 1301. Pouillé. — 1638. Tassin. — 1757. Cassini.

Fossemanan, 1696. Etat des armoiries. — 1733. G. Delisle.

Fosse-Manan, 1778. De Vauchelle. —*Fosse-Manant*, 17 brum. an X.

Fossemanault, 1662. Titres de l'église d'Amiens.

Dioc., élect. et arch. d'Amiens, doy. de Conty, prév. de Beauvaisis à Amiens.

Dist. du cant., 9 k. — de l'arr., 13 — du dép., 13.

FOSSE RIMBAUDE, lieu dit au terroir de Gorges.

FOSSÉ-LÈS-CROIX, dép. d'Aizecourt-le-Haut. — M. Decagny.

FOSSES TOURNICUES, petit cours d'eau partant de Mézerolles et formant un des affluents de l'Authie.

FOSSES DE LANNOY (les), entre Rue et Lannoy.

Les fosses de Lannoy. M. Prarond.

Les fosses, 1845. Mém. de la Société d'émul. d'Abb.

FOSSÉ DU TEMPLE, ruisseau qui clôturait le Gard et allait à la Somme.

FOUCAUCOURT-EN-SANTERRE (canton de Chaulnes), 615 hab.

Fulcoucurt, 1184. Luce III, pape. Marrier.

Fokiercort, 1200. Rôle des feudataires de l'abbaye de Corbie.

Focolcort, 1208. Asso, prieur de Lihons. Cart. de Lihons.

Foucaucort, 1208-1262. M. Decagny. Etat du dioc.

Foucaucourt, 1263. Official d'Am. Cart. de Lihons. — 1426. Lettre de rémission de Henri VI. — 1507. Cout. loc. — 1567. Cout. de Péronne. — 17 brum. an X.

Foukaucourt, 1301. Pouillé. — *Faucancourt*, 1648. Pouillé.

Foucoucourt, 1519. Compte de la commanderie d'Eterpigny — 1657. Jansson. — 1771. Colliette.

Faucaucourt, 1567. Cout. de Péronne. — 1753. Doisy. — 1757. Cassini. — Loi du 4 mars 1790. — An VIII.

Fouquaucourt, 1579. Ortelius. — *Foncaucour*, 1638. Tassin.

Francaucourt, 1648. Pouillé. — *Faucoucourt*, 1771. Colliette.

Faucocourt. Dom Grenier. — *Foucancourt*, 1787. Picardie mérid.

> Dioc. et arch. d'Amiens, élect. de Péronne, doy. de Lihons, baill. et prév. de Péronne.

> En l'an VIII, Foucaucourt fut l'un des 13 chefs-lieux de canton de l'arrondissement de Péronne.

> Dist. du cant., 8 k. — de l'arr., 15 — du dép., 35.

FOUCAUCOURT-HORS-NESLE (canton d'Oisemont), 134 hab.

Fulcolcurt, 1160. Cart. du Gard.

Foucaucourt, 1249. Guillaume de Bougainville. Cart. du Gard. — 1337. Rôle des nobles et fieffés. — 1492. Jean de la Chapelle. — 1646. Hist. eccl. d'Abbeville. — 1757. Cassini. — 1778. Alm. du Ponthieu. — Ordo.

Focancourt, 1292. Dom Cotron. Chron. centul.

Foukancourt, 1301. Pouillé. — *Fauconcourt*, 1648. Pouillé.

Fauquaucourt. — *Fouquaucourt*, 1657. Proc.-verb. des cout.

Foucocourt, 1698. Arrêt du Parlement.

Faucaucourt-hors-Nesle, 1753. Doisy. — 17 brum. an X.

Foucaucourt-hors-Nesle, 1763. Expilly.

Foucaucourt-près-Neslette, 1766. Cout. du Ponthieu.

Dioc. et élect. d'Amiens, doy. d'Oisemont, paroisse de Nesle-
l'Hôpital, arch. et baili. d'Abbeville, prév. de Vimeu.

Dist. du cant., 6 k. — de l'arr., 47 — du dép., 47.

FOUENCAMPS (canton de Sains), 346 hab.

Fiscanum... Daire.

Fokencans, 1201. M. Decagny. — 1235. Cart. de Fouilloy.

Foukencamps, 1225. Geoffroy, éy. d'Amiens. Cart. de Fouilloy.

Fokencamp, 1235. Cart. des hospices.

Foukencans. — *Foukenquans,* 1239. Robert de Boves. Cart. St.-Fusc.

Fouquencans. — *Fouquencamp,* 1239. Titres du Paraclet.

Foveincamp, 1237. Cart. noir de Corbie.

Fouencamp, 1237. Généal. de Guynes — 1507. Cout. loc.

Foenqan, 1292. Sceau de Mabille de Boves.

Fovencamps, 1298. Cart. noir de Corbie. — 1764. Expilly.

Foencamp, 1301. Dénomb. de l'évêché. — *Fouencans,* 1301. Pouillé.

Frencamps, 1487. Aveu. M. Cocheris.

Fouencamps, 1507. Cout. loc. — 1567. Cout. de Montdidier. —
1764. Expilly. — Ordo. — 1865. Sceau de la commune.

Fescampus, 1540. Caulincourt. Hist. de Corbie.

Flucamps, 1638. Tassin. — 1657. Jansson.

Fouencampt, 1648. Pouillé. — *Faucamps.* M. Decagny. Etat du dioc.

Fouancamps, 1757. Cassini. — 1764. Desnos.

Fencamps, 1761. Robert.

Fancamp, 1707. France en 4 feuilles. — 1720. Chevillard. —
1733. G. Delisle. — 1778. De Vauchelle.

Fouen-Camps, 17 brum. an X. — 1836. Etat-major.

Dioc. et arc. d'Am., doy. de Mor., élect., baill. et pr. de Montd.

Dist. du cant., 9 k. — de l'arr., 12 — du dép., 12.

FOUILLOY (canton de Corbie), 735 hab.

Folietum, 660. Dipl. Clotarii III. Gall. christ. — 662. Privilége
du pape Vitalin. — 814. Dipl.

Folliacum, 1079. Enguerrand de Boves. Généal. de Guynes. — 1140. Carta de Roseriis. Cart. de Lihous. — 1218. Cart. de Fouilloy. — 1225. Cart. de Fouilloy. — 1257. Actes du Parlement.

Follyacum, 1136-1237. Cart. noir de Corbie.

Folloi, 1166. Transaction. Cart. St.-Jean. — 1187. Arch. du Bosquel. — 1257. Actes du Parlement.

Foiliacum, 1168. Robert, év. d'Amiens. Cart. St.-Laurent

Foliacum, 1168. Robert, év. d'Am. Cart. St.-Laurent. — 1206. Richard, év. d'Am. Cart. du Gard.

Foilliacum, 1211. Raoul, arch. de Ponthieu. Cart. de Fouilloy. — 1223. Geoffroy, év. d'Am. Ib. — 1291. Actes du Parlement. — 1301. Dénomb. de l'évêché.

Foilloi, 1211. Thibaud, arch. d'Am. Cart. de Fouilloy. — 1226. Nicolas, doyen de Fouilloy. Ib. — 1272. Olim.

Folloy, 1209. Richard, év. de Noyon. Cart. de Fouilloy. — 1226-34. Geoffroy, év. d'Am. — 1284. Actes du Parlement. — 1299. Olim.

Foilloy, 1226. Nicolas, doyen. Cart. de Fouilloy. — 1272. Olim. — 1297. Philippe-Auguste. — 1301. Pouillé.

Foulloy, 1250. Cart. de Fouilloy. — 1283. Philippe-le-Hardi. — Aug. Thierry. — 1286. Cart. noir de Corbie. — 1419. Aveu de N. du Hamel. — 1547. Déclaration du revenu de l'abbaye de Corbie. — 1679. Factum pour Corbie.

Fuelloy, 1250. Enguerrand de Gentelles. Cart. de Fouilloy.

Folletum, 1238. Lettre de Louis IX. — 1268. Actes du Parlement.

Villa de Foillens, 1264. Olim. — 1265. Actes du Parlement.

Foilletum, 1265. Olim. — 1266. Actes du Parlement.

Fouloi, 1265. Actes du Parlement.

Folleium, 1295. M. Decagny. — *Foilleium*, 1297. Philippe-Auguste.

Foilleyum, 1306. Olim.

Le Foulloy, 1337. Rôle des nobles et fieffés du baill. d'Am.

Foulloi, 1265. Actes du Parlement. — 1384. Dénomb. du temp.
de l'évêché. Cart. St.-Jean.

Fœulloy, 1536. M. Decagny. Etat du dioc.—*Foloye*, 1579. Ortelius.

Fauvilloy, 1638. Tassin. — 1657. Jansson.

Fouloy, 1325. M. Decagny. — 1657. Proc.-verb. des cout. —
1696. Registre aux saisines de Baisieux. — 1710. N. De Fer.

Feulloy, 1383. Lettre de rémission. — 1695. Reg. de Baizieux.

Foulois, 1683. Etat des revenus du domaine du Roy.

Fouilloy, 1757. Cassini. — 1763. Expilly. — 17 brum. an X.
Dioc., élect. et arch. d'Amiens; autrefois chef-lieu d'un
doyenné et d'une prév. royale. — Ancienne collégiale.
Dist. du cant., 1 kil. — de l'arr., 16 — du dép. 16.

FOULLEVILLER; fief sis à Coullemelles. Daire. Doy. de Montdidier.

Fuscoivillare, 1164. Gall. christ. — *Fouquevillers*... Dom Grenier.

FOULLIES, dép. de Nouvion. — 1280-1562. M. Cocheris.

FOUQUESCOURT (canton de Rosières), 369 hab.

Furcelli curtis, 1145. Gall. christ.

Foukiecourt, 1225. Renaud de Berone. —1289. Lettre de Raoul
Flameng. Cart. noir de Corbie.

Fokiercourt, 1225. Renaud de Bérone. Cart. blanc de Corbie.

Foukrecort, 1275. Actes du Parlem — *Foukiecucourt*, 1301. Pouillé.

Fouccecourt, xvᵉ siècle. M. Decagny. Etat du dioc.

Fouqurcourt, 1567. Cout. de Roye. —1728. Titres de Corbie. —
1757. Cassini. — 1764. Desnos.

Fonquecourt, 1648. Pouillé.

Fouquiecourt, 1733. G. Delisle. — 1790. Etat des électeurs.

Fouquicourt, 1753. Doisy. — 1764. Expilly.

Fouquieucourt, 1787. Picardie mérid.

Fouquescourt, 17 br. an X.—1808. Hist. de Roye.—1836. Et.-maj.
Elect. de Péronne, dioc. et arch. d'Amiens, doy. de Rouvroy,
baill. et prév. de Roye.
Dist. du cant., 7 k. — de l'arr., 21 — du dép., 38.

Four (le), fief sis à la Motte-en-Santerre. — Daire.

Four (le), ancienne ferme, dép. de Ponthoile.

Le Four, 1757. Cassini. — 1836. Etat-major.

Fourboux, hab. isol., dép. de Frohen-le Petit.

Fourchelle (la), ferme dép. de Moyencourt (canton de Nesle).

La Fourchelle, 1757. Cassini. — Cadastre.

Fonchette, 1761. Robert. — La Fourchette, 1836. Etat-major.

Fourchon, ferme dép. d'Aubvillers.

FOURCIGNY (canton de Poix), 154-225 hab.

Fortennies, 1208. Convention entre St.-Martin d'Aumale et le seigneur de Lignières.

Forsegnies, 1214. Godefroy de Bretisel.

Forsignies, 1251. Actes du Parlement.

Foursegnies, 1251. Official de Beauvais. Cart. de Froidmont.

Foursigny, 1710. N. De Fer. — 1790. Etat des électeurs.

Foursigni, 1733. G. Delisle.

Fourcigny, 1729. Etat des manufactures d'Aumale. — 1757. Cassini. — 17 brum. an X.

Dioc. de Rouen, élect. de Neufchâtel, doy. et serg. d'Aumale.

Dist. du cant., 12 k. — de l'arr., 40 — du dép., 40.

FOURDRINOY (canton de Picquigny), 661 hab.

Fordinetum, 1066. Fondation de la collégiale de Picquigny. Gall. christ. — 1198. Enguerrand de Picquigny.

Furdinetum, 1120. Enguerrand, év. d'Am.

Fordinoi, 1198. Enguerrand de Picquigny.

Fordinoy, 1223. Hugues de Belloy. Mém. pour Picquigny. — 1224. Cart. du Gard. — 13... Obit. du chapit.

Fourdinoy, 1274. Aug. Thierry. — 1301. Dénomb. de l'év. — 1315. Quittance de Jean de Picquigny. — 1693. Etat des armoiries. — 1753. Doisy. — 1764. Expilly.

Fourdrinoy, 1284. Hugues de Fourdrinoy. Cart. des chap. d'Am. — 1301. Pouillé. — 1305. Quittance de Jean de Picquigny. —

1313. Cart. du Gard. — 1507. Cout. loc. — 1587. Reg. de l'é-
chev. d'Amiens. — 1757. Cassini. — 17 brum. an X.

Foudrinoy, 1648. Pouillé général.—1761. Robert.—1764. Desnos.

Fourdrinoi, 1733. G. Delisle.

Fourdrinoy se divise en deux parties qui sont appelées : le *Bout
de Ville* et le *Bout de Haut*.

Dioc., élect., arch. d'Amiens, doy. et mouvance de Picquigny,
prév. de Beauvaisis à Amiens.

Dist. du cant., 4 k. — de l'arr., 16 — du dép., 16.

Fourneaux (les), bois dép. de Mézerolles.

Fourquerois (les) bois dép. d'Hailles.

Fourques, ham. dép. d'Athies, 167 hab.

Furces, 1170 . Ive de Nesle. Cart. de Noyon.

Forques, 1220. Jean de Nesle. Cart. de Lihons. — 1500. Dénomb.
de Jean de Hangest. — 1567. Cout. de Péronne.

Fourques, 1410. Ordonnance du garde des sceaux de Vermandois.
— 1500. Dénomb. de Jean de Hangest. — 1567. Cout. de
Péronne. — 1744. Etat des biens de l'aumône de St.-Quentin.
— 1827-50. Ordo.

Fourches, XVIᵉ siècle. Dénomb. de Louis d'Ognies.

Fourgues, 1733. G. Delisle. —1778. De Vauchelle. — 17 brum.
an X. — 1836. Etat-major.

Fourk, 1757. Cassini. — *Fouch.* 1764. Desnos.

Fourcq. — *Forcq*... M. Deragny. — *Fourges*, 1851-65. Ordo.

Fourquivillers, dép. de Coullemelle.

Fouquievillers, 1464. Cart. Néhémias de Corbie.

Fourquivillers, 1836. Etat-major.

Cassini n'indique point cette localité.

Foursières (les), dép. de Larronville. — M. Prarond.

Foy, ferme dép. de Rubescourt.

Defoy, 1567. Cout. de Montdidier. — *Deffoy* 1657. N. Sanson.

Defoye, 1733. G. Delisle. —1778. De Vauchelle.

Foy, 1757. Cassini. —1829-1865. Ordo. — *Foi*, 1826-28. Ordo.

De Foy, ferme, 1844. M. Fournier. — *Ferme Deffoy*, 1785. Daire.

Foyomont, dép. de Favières. — 1764. Desnos.

FRAMERVILLE (canton de Chaulnes), 428 hab.

Frameriaca villa, 1088. Hariulfe. Chron. cent.

Framerivilla, 1149. Arch. du chap. d'Am. — 1170. Daire. — 1183. Luce III, pape. Marrier. — 1301. Pouillé.

Framervilla, 1183. Thibaut, év. d'Am. Cart. St.-Laurent. — 1211. Dénomb. Reg. de Philippe-Auguste.

Framerville, 1240. Lettre de Louis IX. — 1260. Oda, veuve de Simon de La Porte. M. Cocheris. — 1262. Baudouin de Longueval. Daire. — 1326. Cart. de Lihons. Dom Grenier. — 1567. Cout. de Péronne. — 1638. Tassin. — 1648. Pouillé. — 1757. Cassini. —1764. Expilly. — 17 brum. an X.

Frameriville, 1260. Oda, veuve de Simon de La Porte. Ibid.

Framerivile, 1301. Pouillé.

Fremerinville, 1519. Compte de la commanderie d'Eterpigny.

Frammerville, 1637. Marrier. — *Frammerville*, 1638. Tassin.

Fraumerville, 1657. Jansson. — *Fremerville*, 1695. Nobil. de Pic.

Framville. — *Fraimville*. — *Fraimiville*. M. Decagny.

Framerville-en-Santerre, 1771. Colliette. Hist. du Vermandois.

Dioc. et arch. d'Amiens, doy. de Lihons, élect., baill. et prév. de Péronne.

Dist. du cant., 9 k. — de l'arr., 21 — du dép , 31.

FRAMERVILLE, fief sis à Fleury. — 1772. Inféodation.

FRAMICOURT-LE-GRAND (canton de Gamaches), 115-320 hab.

Fraimercort, 1185. Fondation de l'abbaye de Sery. Gall. christ.

Framicourt, 1185. Henri de Fontaines. M. Darsy. Hist. de l'abb. de Sery. — 1186. M. Louandre. Topogr. du Ponthieu. — 1301. Pouillé. — 1426. Cont. de vente. Coll. Bigant. — 1757. Cassini. —1763. Expilly. — 1778 Alm. du Ponthieu. — 17 br. an X.

Famercour, 1186. Guillaume de Cayeux. Hist. de Sery.

Framecourt, 1229. Jean de Conty. Daire.

Framiecourt, 1301. Pouillé. — *Fremercourt*, 1379. Dom Grenier.

Framicourt-sus-Lymeu, 1646. Hist. eccl. d'Abb.

Framnicourt, 1648. Pouillé. — *Francourt*, 1657. Jansson.

Fremicourt, 1710. N. De Fer — Dom Grenier.

Framicourt-le-Grand, 1750. L. C. de Boulainviller.— 1851. Ann.

Fremicourt-le-Grand, 1753. Doisy.— 1764. Expilly.

Fresmicourt-le-Grand, 1763. Expilly.

Le grand Framicourt, 1840. Alm. d'Abb.

Framercourt. — Framiercourt... Dom Grenier.

Elect. et dioc. d'Amiens, arch de Ponthieu, doy. d'Oisemont, baill. et élect. d'Abbeville en partie, prév. de Vimeu.

Dist. du cant., 11 k. — de l'arr., 21 — du dép., 48.

FRAMICOURT, fief sis à Montonvillers. — Cadastre.

FRAMICOURT, dép. de Fontaine-sous-Montdidier.

Fromeri curtis, Daire. Hist. de Montdidier.

Framericourt, 1147. Thierry, év. d'Am. Gall. christ.

Framercurt, 1155. Hugo, abbé. Cart. de Prémontré.

Framiercort, 1190. Titres de St.-Martin-aux-Jumeaux.

Framicurt, 1260. Rainaud Waignars. Cart. d'Ourscamp.—1261. Raoul de Framicourt. Arch. de l'évêché. — 1329. Cart. de Lihons. — 1384. Dénomb. du temporel de N.-D. de Ham. — 1567. Cout. de Montdidier.—1757. Cassini.—1765. Daire.

Framecourt, 1507. Cout. du chap. d'Amiens.

Flamicourt, 1636. Hist. de Montdidier. M. de Beauvillé.

Frumicour, 1733. G. Delisle.

FRANCHICOURT, dép. de Biaches.

Franchinecourt. — Franchencourt, 1326. Jean, prieur de Méricourt. Cart. de Libons.

Franchenecourt. — Franchicourt... M. Decagny.

FRANCIÈRES (canton d'Ailly-le-Haut-Clocher), 311 hab.

Franseræ, 1100. M. Louandre. Top. du Ponthieu. Gallia christ.

Fransières, 1157. Raoul d'Airaines. Cart. de Selincourt. — 11..
Enguerrand de Vilers. Cart. de Bertaucourt. — 1411. Lettre
Charles VI. — 1423. Mém. de Pierre de Fenin. — 1507. Cout. loc.

Francerii, 1205. Thibaut. de St.-Valery. Cart. de Bertaucourt.

Franssières, 1301. Pouillé. — *Franssière*, 1354. Dom Cotron.

Francières, 1413. Lettre de Henri VI. Mém. de Pierre de Fenin.
— 1646. Hist. eccl. d'Abbev. — 1757. Cassini. — 1763. Expilly. — 1766. Cout. de Ponthieu. — 17 brum. an X.

Frasiers, 1638. Tassin. — *Frasier*, 1657. Jansson.

Francière, 1646. Hist. eccl. d'Abb. — 1761. Robert.

Fransière, 1648. Pouillé.

Dioc. d'Amiens, élect., arch., doy., baill. et prév. d'Abbeville.

Dist. du cant., 5 k. — de l'arr., 10 — du dép., 37.

Franc-Mailly, dép. de Varennes. — Non indiqué par l'Etat-major.
Franc-Mailly, 1757. Cassini. — *Franmailly*. Cadastre.

Franc-Manoir, fief sis au Hamel. — Daire. Doy. de Lihons.

Franc Moulin (le), lieu dit au terroir de Contay.

Franc-Picard, hab. isol., dép. de Vron.

Francqval, fief sis à Morival.
Fief de Francqval. M. Prarond. — *Francval*. Dom Grenier.

FRANLEU (canton de St.-Valery), 758 hab.

Francorum locus, 861. M. Louandre. Topogr. du Ponthieu.

Fransleus, 1146. Thierry, év. d'Amiens. Cart. de Selincourt.

Franslues, 1166. Henri, arch. de Reims.

Franleu, 1175. Gautier, év. d'Am. Cart. de St.-Acheul. — 1343.
Dénomb. de la pairie de Bouberch. Dom Grenier. — 1657.
Proc.-verb. des cont. — 1763. Expilly. — 1766. Cout. du
Ponthieu. — 17 brum. an X.

Franlus, 1176. Henri, arch. de Reims. Cart. de Selincourt.

Franlues, 1301. Pouillé.

Francus-locus, 1320. Prieur gén. des Augustins. Tit. de l'évêché.

Franleux, 1475. Trés. généal. — 1646. Hist. eccl. d'Abb. —
1757. Cassini. — 1764. Expilly. — 1778. Alm. du Ponthieu.

Franlieu, 1610. M. Prarond. — *Fransleux*, 1648. Pouillé.

Fransleu, 1638. Tassin. — 1657. Jansson. — 1693. M. Prarond.

Francleu, 1696. Etat des armoiries. — *Clanleu*, 1701. D'Hozier.

Frans-Leux, 1753. Doisy. — 1763. Expilly. — M. Prarond.

Franleuse, 1764. Expilly.

Dioc. d'Am., doy. d'Abb. puis de St.-Valery, élect. arch.,
baill. et prév. d'Abb. et de Vimeu. — Poste de garde-côtes.

Dist. du cant., 11 k. — de l'arr., 16 — du dép., 61.

Franlieu, fief sis à Doullens. — 1696. Etat des armoiries. — Daire.
Hist. de Doullens.

Franlieux, fief sis à Saint-Sauflieu. Daire. Doy. de Conty.

FRANQUEVILLE (canton de Domart), 296-379 hab.

Francqvilla, 1042. Dipl. de Henri Ier.

Francavilla, 1146. Thierry, év. d'Am.— *Frankevile*, 1301. Pouillé.

Franqueville, 1305. Denys d'Aubigny, bailly d'Amiens. Aug.
Thierry. — 1337. Rôle des nobles et fieffés. — 1507. Cout. loc.
— 1757. Cassini. — 1764. Expilly.— 17 brum. an X.

Frenqueville, 1322. Gérard de Picquigny. Cart. du Gard.

Franqville, 1648. Pouillé. — *Francqueville*, 1731. Cout. d'Amiens.

Dioc. d'Amiens, élect. de Doullens, arch. d'Abbeville, doy. et
prév. de St.-Riquier.

Dist. du cant., 3 k. — de l'arr., 22 — du dép., 30.

Franqueville, dép. de Tœufles. — 1781. Cout. d'Amiens.

Franquevillers, dép. de Davernas. — Non indiqué par Cassini.

Frencquevillers, 1666. Compte de la comm. d'Avesnes. M. Cocheris.

Franquevillers, 1733. G. Delisle. — *Franqueviler*, 1743. Friex.

Franqueviller, 1761. Robert. — 1778. De Vauchelle.

FRANSART (canton de Rosières), 178 hab.

Franssart, 1149. Cart. du Mont-St.-Quentin. Dom Grenier. —
1567. Cout de Roye. — 1757. Cassini.

Fransart, 1195. Bernard, doyen de Roye. Cart. d'Ourscamp. —
1301. Pouillé. — 1733. G. Delisle. — 17 brum. an X.

Frossart, 1205. Asso, prieur de Lihons. Cart. de Lihons.

Fransières, 1225. Jean de Fransart.   Ib.

Franserie, 1263. Gilles, abbé d'Ourscamp.   Ib.

Franc-Sart, 1280. Hesse de Biaumont. Cart. de Corbie.
Elect. de Péronne, dioc. et arch. d'Amiens, doy. de Rouvroy,
baill. et prév. de Roye.
Dist. du cant., 8 k. — de l'arr., 22 -- du dép., 40.

FRANSU (canton de Domart), 401-458 hab.

Fransut, 1106. Cart. de Berlaucourt. — 1118. Enguerrand, év.
d'Am. — 1226. Gérard, abbé de Flavigny.

Fransu, 1140. Garin, év. d'Am. Cart. de Berlaucourt. — 1646.
Hist. eccl. d'Abb. — 1764. Expilly. — 17 brum. an X.

Franssu, 1377. Aveu de Jean de Clari. M. Cocheris,—1657. Proc.-
verb. des cout. — 1757. Cassini. — 1790. Etat des électeurs.

Fransures, 1408. Vente aux Célestins d'Amiens.

Fransus, 1507. Cout. loc. — *Fusier*, 1592. Surhonius.

Franseu, 1648. Pouillé.— *Fransur*, 1638. Tassin.—1657. Jansson.

Fransure, 1733. G. Delisle.—1713. Friex.—1778. De Vauchelle.
Dioc. d'Amiens, élect. de Doullens, arch. d'Abbeville, doy. et
prév. de St.-Riquier.
Dist. du cant., 5 k. — de l'arr., 23 — du dép., 32.

FRANSURES (canton d'Ailly-sur-Noye), 356 hab.

Fransut, 1238. Wautier de Paillart.

Franssures, 1301. Pouillé du diocèse. — 1337. Rôle des nobles et
fieffés. — 1357. Montre de Jean de Fransures. Trésor généal.
— 1710. N. De Fer.

Fransures, 1278. Sceau de Jean de Fransures. — 1301. Dénomb.
de l'évêché d'Amiens. — 1345. Etat de la ville d'Amiens. —
1362. Sceau de Jean de Fransures. — 1507. Cout. loc —
1851-65. Ordo. — 1763. Expilly. — 17 brum. an X.

Franssure, 1337. Rôle des nobles et fieffés.

Francières, xve siècle. Armorial.

La Fransure, 1700. Déclaration du chap. d'Am. Dom Grenier.

Fransure, 1733. G. Delisle. — 1826-50. Ordo.

    Dioc., élect. et arch. d'Amiens, doy. de Conty, prév. de Beau-
vaisis à Amiens.

    Dist. du cant., 12 k. — de l'arr., 28 — du dép., 23.

Franville, fief noble sis à Franvillers. — Daire. Doy. de Mailly.

FRANVILLERS (canton de Corbie), 1042-1047 hab.

Franco villaris... Daire.

Franviller, 1198. Transaction. Titres de Corbie. — 1315. Titres
de Corbie. — 1750. L. C. de Boulainviller.

Prozaines, 1198. Titres de Corbie. — xive siècle. M. Decagny.

Fransviller, 1237-63. M. Decagny. Etat du diocèse. — 1327.
Cart. noir de Corbie.

Franvilez, 1301. Pouillé.

Francviller, 1331. Reg. Johannes de Corbie.

Francvilla, 1392. Gall. christ. — *Francvillers*, 1579. Ortelius.

Franvillier, 1648, Pouillé. — *Frenviller*, 1567. Pr.-verb. des cout.

Franvillé, 1638. Tassin. — 1733. G. Delisle.

Franvillers, 1757. Cassini. — 1764. Expilly. — 17 brum. an X.

Franqueville, 1787. Picardie mérid.

    Dioc. et arch. d'Amiens, élect. de Doullens, doy. de Mailly,
prév. de Fouilloy.

    Dist. du cant., 7 k., — de l'arr., 18 — du dép., 18.

Fréchancourt, dép. de Maison-Ponthieu. Non indiqué par Cassini.

Frechencourt, 1743. Friex. — *Frechercourt*, 1733. G. Delisle.

Frechancourt, 1778. De Vauchelle.

FRECHENCOURT (canton de Villers-Bocage), 484 hab.

Fresolcurt, 1164. Robert, évêq. d'Amiens. Cart. de St.-Laurent.

Fercencurt, 1174. — *Fresencurt*, 1176. Thibaut, évêq. d'Amiens.
Cart. de St.-Laurent.

Ferchancourt, 1186. Délimitation du comté d'Amiens.

Frescurt. — *Fresecort*, 1181-1184. Thibaut, év. d'Amiens. Cart. de St.-Laurent.

Fresecurt, 118.. Guillaume, arch. de Reims. — 119.. De territorio Fracti molendini. Cart. de St.-Laurent.

Ferchencourt, 1300. Jean de Picquigny. Cart. noir de Picquigny. — 1337. Rôle des nobles et fieffés.

Fercheincort, 1301. Pouillé.

Freschencourt, 1302. Quittance. Trés. général. — 1701. D'Hozier.

Frechencourt, 1302. Sceau de Jean de Fréchencourt. — 1757. Cassini. — 17 brum. an X.

Ferthencourt, 1311. Olim.

Ferchencuria, 1322. Lettre de Charles IV.

Ferchencourt, 1300. Aveu de Jean de Picquiquy. Cart. de Picquigny. — 1322. Gérard de Frechencourt. Cart. des chap. d'Am. — 1386. Revue de M. de Heilly.

Fressancourt, 1380. Montre de Pierre de Hangest. Trés. général.

Brechancourt, 1567. Cout. de Peronne.

Flesconcourt, 1579. Ortelius. — *Fresicourt*, 1638. Tassin.

Ferencourt, 1648. Pouillé. — *Frechancour*, 1733. G. Delisle.
Dioc. et arch. d'Am. élect. de Doullens, doy. de Mailly, prév. de Fouilloy et de Beauquesne, mouvance de Picquigny.
Dist. du cant., 11 k. — de l'arr., 15 — du dép., 15.

FREDEVAL, fief sis à Hangard.

Froideval, 1600. Partage.

Fredeval, 1668. Acte de naissance de Louis Dufresne. — 1696. Nobil. de Picardie. — 1733. G. Delisle.

FRÉGICOURT, dép. de Combles, 30 hab.

Frigilcurt, 1044. Bulle de Grégoire VI.

Fregilcort, 1108. Baudouin, év. de Noyon. Cart. de Noyon.

Frigecort, 1190. Baudouin d'Encre. Hist. d'Arrouaise.

Fregicourt, 1190. Baudouin d'Encre. Cart. d'Arrouaise. — 1567.

Cout. de Péronne. — 1733. G. Delisle. — 1757. Cassini. — 1786. Hist. d'Arrouaise. — 17 br. an X.

Fregicurt, 1199. Etienne, év. de Noyon. Cart. d'Arrouaise.

Frigicuria, 1199. Etienno, év. de Noyon. Cart. d'Arrouaise.

Frigicurt, 1199. Philippe de Flandre. Cart. d'Arrouaise.

Fregicort, 1219. Philippe-Auguste — 1253. Official de Noyon.

Frigicourt, 1771. Colliette. Hist. de Vermandois.

Dioc. de Noyon, élect. de Péronne.

FRÉMONT, dép. de Nesle.

Froemont, 1215. Dénomb. de Jean de Nesle. — 1230. Dénomb. de la terre de Nesle.

Froimont, 1648. Pouillé général.

Froidmont, 1757. Cassini.

Fremont, 1831-52. Ordo. — 1836. Etat-major.

St.-Georges. Colliette. — M. Decagny.

FRÉMONT, ham. dép. de Vaux-en-Amiénois, 200 hab. — On le divisait en Haut et Bas-Frémont.

Framont, 1638. Décl. du temporel de l'abb. de St.-Jean.

Frémont, 1728. Titres de Corbie. — 1757. Cassini.

Frémon, 1781. Cout. d'Amiens.

Frémont-lès-Vaux, 1790. Etat des électeurs du dép.

FRÉMONT, dép. de Vaux-sous-Corbie. — 1784. Daire. Doy. d'Albert.

FRÉMONTIERS (canton de Conty), 248-310 hab.

Fraxinorensis villa... Daire.

Fraisnum monasterium, 1140. Odon, év. de Beauvais. Louvet.

Fraxinomons, 1178. Alexandre III, pape.　　　　　Ib.

Fresnum monasterium, 1182. Luce III, pape.　　　　Ib.

Fresnemoustier, 1206. Jean de Conty. Dom Grenier.

Frainemoustier, 1275. Cart. St.-Germer. — 1301. Pouillé.

Fresnemont, 1303. Compte de la ville de Clermont (Oise).

Frenemoustier, 1337. Rôle des nobles et fieffés.

Fresnemontier, 1450. Daire. — *Fromoustier*, 1657. Jansson.

Fresmoustier. — *Farmoustier*, 1648. Pouillé général.

Fresnemoutiers. — *Fresnemontiers*, 1567. Procès-verbal des cout.

Fresne, 1710. N. De Fer. — *Frenemontier*, 1733. G. Delisle.

Frémontier, 1753. Doisy. — 1761. Robert. — 1781. Cout. d'Am.

Fresmontier, 1757. — Cassini. — 1763. Expilly. — 17 br. an X.

Frémontiers, 1850 Tab. des dist. — 1865 Sceau de la commune. Dioc., élect., arch. d'Amiens, doy. de Poix, baill. d'Amiens et de Clermont, prév. de Beauvoisis à Amiens.

Prieuré de l'ordre de St.-Benoît, dép. de St.-Germer.

Dist. du cant., 7 k. — de l'arr., 23 — du dép., 23.

Frémoulin, fief sis à Hérissart.

Fractum molendinum, 1136. Garin, év. d'Amiens. — 1168. Robert, év. d'Amiens. Cart. de St.-Laurent.

Fracto molrio, 1148. Eugène III, pape. Cart. St.-Laurent.

Fraismolin, 1148. Eugène III, pape. Cart. noir de Corbie.

Fractum molinum, 116.. Thierry, év. d'Am. Ib. — 117.. Enguerrand, év. d'Amiens. Ib.

Fratomolin, 1164. Henri, arch. de Reims. Ib.

Fractmolin, 1178. Thibaut, év. d'Am. Cart. St.-Laurent.

Fraitmolin, 1180. Guillaume, arch. de Reims. Ib. — 1212. Everard, év. d'Am. Cart. de Fouilloy.

Fresmolin, 1198. Hugues, comte de St.-Pol. Ib.

Freimolin, 1223. Cart. de Fouilloy. *Frémolin*, 1547. Tit. de Corbie.

Fresmoulin, 1509. Bail. Titres de Corbie. — 1730. Décl. du temporel de l'abb. de Corbie.

Frémoulin, 1606. Tit. de Corbie. — 1784. Daire. Hist. de Doullens.

Frenel (le), fief sis à Bailleul. — Cadastre.

Frengneville, lieu voisin du Translay, détruit. — xii° siècle. M. Louandre. Topogr. du Ponthieu.

Frénon, fief sis à Villeroy.

Freschevillers, dép. de Doullens, 87 hab.

Frogecheviller, 1146. Thibaut, év. d'Am.

Frogeviller.— *Frocheviller,* 1325. Charte de commune de Doullens.

Frégeviller, 1507. — *Frécheviller,* 1507. Cout. de Doullens.

Frécheviller, 1733. G. Delisle. — 1784. Daire. Hist. de Doullens.

Fréchevillers, 1757. Cassini. — Ordo. — 1836. Etat-major.

Fressevillers, 1787. Pic. mér. — *Freschevillers,* 1857. Dén. quinq.

Freslemont, fief sis à Aubigny.

Fief de Freslemont 1391-1572-1698-1705. Titres de Corbie.

Fief de Flermont, 1706. Ib.

Fresne, dép. de Nampont, 130 hab. Baill. de Rue.

Fraxuli, 1244. Innocent IV, pape. Cart. de Valloires.

Fresne, 1701. Armorial. — 1757. Cassini. — 1763. Expilly. — 1767. Desnos. — 1840. Alm. d'Abbev.

Frêne, 1761. Robert. — Ordo. — *Fresnes,* 1763. Expilly.

Fresne (le), fief sis à Doullens. — Daire. Hist. de Doullens.

FRESNE-MAZANCOURT (canton de Chaulnes), 202-355 hab.

Fraxiniacum, 1045. Herbert de Vermandois. — Colliette.

Fraisne, 1106. Gauthier, abbé de Lihons. Cart. de Lihons. — 1217. Nivelon, maréchal de France.

Fresnes, 1205. Etienne, év. de Noyon. Cart. St.-Corneille. — 1215. Dénomb. de Jean de Nesle. — 1230. Dénomb. de la terre de Nesle. — 1519. Compte de la commanderie d'Eterpigny. — 1567. Cout. de Péronne. — 1648. Pouillé. — 1830-65. Ordo.

Fresne, 1215. Dénomb. de Jean de Nesle. — 1764. Expilly. — 1767. Aveu. — 17 br. an X. — 1824-29. Ordo.

Fraisnes, 1221. Etienne, év.Cart. de Noyon. — 1308. Ordre des biens de l'év. de Noyon. — 15.. Dénomb. de Louis d'Ognies.

Fraisneta, 1230. Renaud de Guny. Cart. de Noyon.

La Fraisnoie, 1241. Official de Noyon. Cart. de Noyon.

Frene, 1733. G. Delisle. — *Frênes,* 1757. Cassini.

Dioc. de Noyon, doy. de Curchy, élect., baill. et prév. de Pér. Dist. du cant., 7 k. — de l'arr., 11 — du dép., 43.

FRESNE-TILLOLOY (canton d'Oisemont), 280 hab.

Fresnum, 1207. Thomas de St.-Valery.

Fraisneium, 1232. Simon de Fresne. Dom Cotron. Chron. Cent.

Fresnes, 1390. Dén. de l'év. — 1757. Cassini. — 1763. Expilly.

Frenes, 1764. Desnos. — *Fresnes-Tilloloy*, 1836 Etat-major.

Fresne-Tilloloy, 17 br. an X. — 1840. Duclos. — 1850. Tab. dist.

Fresne-Tilloloi, 1840. Girault St.-Fargeau.

> Dioc. et élect. d'Amiens, arch. d'Abbeville, doy. d'Oisemont, baill. et prév. d'Abbeville et de Vimeu.

> Dist. du cant., 4 k. — de l'arr., 42 — du dép., 42.

FRESNEVILLE (canton d'Oisemont), 245 hab.

Fraisneville, 1301. Pouillé.

Frenneville, 1373. Dom Cotron. — 1692. Pouillé. — 1698. Arrêt du Parlement.— 1701. Armorial.— 1766. Cout. du Ponthieu. —1776. Alm. du Ponthieu. — 1790. Etat des électeurs.

Fresneville, 1507. Cout. loc. — 1757. Cassini. — 17 br. an X.

Freineville, 1567. Proc.-verb. des cout. — *Frenville*, 1657. Jansson.

Freneville, 1733. G. Delisle. — *Fresnevile*, 1710. N. De Fer.

> Dioc. d'Am., élect. d'Am. et d'Abb., arch. d'Abbeville, doy. d'Airaines puis d'Hornoy, baill. et prév. d'Abb. et de Vimeu.

> Dist. du cant., 9 k. — de l'arr., 40 — du dép., 40.

FRESNOY-ANDAINVILLE (canton d'Oisemont), 245 hab.

Fraissnoy, 1432. Dom Cotron. Chron. cent.

Fresnoy, 1507. Cout. loc.—1701. D'Hozier. — Ordo.

Fresnoye, 1567. Proc.-verb. des cout.

Frénoy, 1648. Pouillé général.—1733. G. Delisle.

Fresnoye-lès-Andainville, 1703. Dom Grenier. — 1778. Cloche de Lambercourt.

Fresnoy-Andainville, 1757. Cassini. —17 br. an X.

Le Frenoy, 1761. Robert. — *Frenoye*, 1790. Etat des élect.

Fresnoy près Andainville, 1766. Cout. de Ponthieu.

> Dioc. et élect. d'Amiens, arch. de Ponthieu, doy. d'Airaines, baill. et prév. d'Abbeville et de Vimeu.

> Dist. du cant. 6 k. — de l'arr. 40 — du dép. 40.

FRESNOY-AU-VAL (canton de Molliens-Vidame), 457 hab.

Fraxinetum in valle... Daire. Doy. de Picquigny.

Fresneium, 1127. Marrier. Hist. S. Martini in campis.

Fruisneia. — Franoia, 1219. Cart. de Bertaucourt.

Fraisnoy, 1301. Pouillé. — *Frenoyval*, 1638. Tassin.

Frenoy, 1648. Pouillé. — *Frenoy-à-Val*, 1657. Jansson.

Frenoi-au-Val, 1707. France en 4 f. — 1733, G. Delisle.

Frenoy-au-Val, 1757. Cassini. — *Fresnoy-au-Val*, 1763. Expilly.

Frenoye-au-Val, 1790. Etat des élect.

Dioc., élect. et arch. d'Amiens, doy. de Picquigny, prév. de Beauvaisis à Amiens.

Dist. du cant., 7 k. — de l'arr., 20 — du dép., 20.

FRESNOY-EN-CHAUSSÉE (canton de Moreuil), 224-231 hab.

Fresneum. — Fraxinosum. Daire. Doy. de Fouilloy.

Fresnoi, 1230. Dénomb. de la terre de Nesle.

Fraisnoy, 1301. Pouillé du dioc.

Fresnoy-en-Sanglier, 1567. Cout. de Montdidier.

Fresnoy, 1648. Pouillé. — 1764. Expilly.

Fresnois-en-Santerre ou en Cauchie, 1700. Déclar. des revenus de l'abb. de St.-Fuscien.

Frenoi-en-Cauchie, 1733. G. Delisle. — *Frenoi*, 1761. Robert.

Fresnoy-lès-S-Mard, 1753. Doisy. — 1763. Expilly. — Daire.

Frénoy-en-Chaussée, 1757. Cassini. — 1764. Desnos.

Frénoy-en-Santerre, 1765. Daire. Hist. de Montdidier.

Fresnoy-en-Chaussée, 1728. Décl. du curé. — 17 br. an X.

Elect. de Péronne, dioc. et arch. d'Amiens, doy. de Fouilloy, baill. et prév. de Montdidier.

Dist. du cant., 8 k, — de l'arr., 17 — du dép., 26.

FRESNOY-LÈS-ROYE (canton de Roye), 525 hab.

Fraisnetum prope Royam, 1146. Ive de Nesle. Cart. de Noyon. — 1202. Jean de Nesle. Ib.

Fraisnetum juxta castrum Roie, 1202. Jean de Nesle. Ib.

Fresnoi, 1215. Dénomb. de Jean de Nesle.

Fraisnetum, 1146. Yves de Nesle. — 1239. Cart. d'Ourscamp.

Fraisnoi, 1248-1260-1261-1280-1300. Cart. d'Ourscamp.

Fraisnoy, 1261. Gaucher de Fraisnoy, Ib. — 1280. Jacques,
doyen de Roye. Ib. — 1301. Pouillé.

Fraisnois, 1219-24-61. — *Fraysnoi*, 1280. Cart. d'Ourscamp.

Fresnoy, 1567. Cout. de Roye. — 1653. Siége de Roye. — 1710
N. de fer. — 1752. Aveu.

Frennoy, 1648. Pouillé. — *Frenay*, 1657. Jansson.

Fresnoy-lès-Roye, 1757. Cassini. — 17 br. an X. — Ordo.

Frenoy, 1761. Robert. — *Frenoi-lès-Roye*, 1778. De Vauchelle.
Dioc. d'Am., élect. de Péronne, doy. de Rouvroy, baill. et
prév. de Roye.
Dist. du canton, 5 k. — de l'arr., 20 — du dép., 40.

FRESNOYE (la), lieu dit au terroir de Naours. — 1638. Déclarat. du
temporel de l'abb. de St.-Jean.

FRESNOYE (la) (canton d'Hornoy), 360-366 hab.

La Fraisnoie 117. Guillaume de Bretizel. Cart. de Selincourt.

Fraxineta 1250. official de Rouen.   ib.

Le Frasnoie, 1262. Louis IX. Cart. de Selincourt.

La Fresnoye, 1657. Hist. des comtes de Ponthieu.—1657. Jansson.
— 1780. Cart. de Selincourt. — Ordo. — 1844. M. Fournier.

La Frenoy, 1729. Etat des manufacture d'Aumale.

La Frenoie, 1733. G. Delisle. — *La Frenaye*, 1757. Cassini.

Le Frenay, 1764. Desnos. — *La Fresnaye*, 1836. Etat-major.

La Fresnoye. — 17 br. an X. — 1850. Tabl. des dist.
Dioc. de Rouen, élect. de Neuchâtel, doy. et sergent. d'Aumale.
Dist. du canton. 10 k. — de l'arr., 42 — du dép. 42.

FRESSENNEVILLE (canton d'Ault), 1385 hab.

Frescenavilla, 1158. Accord entre les abbés de Frémontiers et de
Balance. Cart. de Valloires.

Frescennvilla, 1158. M. Louandre. Topogr. du Ponthieu.

Frissenevilla, 11 .. Jean, comte d'Eu. Dom Grenier.

Frescenevilla, 1165. Jean, comte de Ponthieu. — 1191. Bernard de St.-Valery. — 1201. Anscher de Fressenneville.

Fressenvilla, 1191. Abbaye de Lieu-Dieu. Gall. christ.

Fraxenevilla, 1211. Robert de Frettemeulle.

Frecenvilla, 1201. Anscher de Fressen. — 1284. Philippe-le-Bel.

Fressaineville, 1301. Pouillé. — *Fressonneville*, 1648. Pouillé.

Fressenneville, 1507. Cout. loc. — 1547. Déclaration de fiefs. — 1763. Expilly. — 17 br. an X. — 1836. Etat-major.

Fressenvile, 1567. Pr.-v. des cout. — *Fressenville*, 1710. N. De Fer.

Fresseneville, 1733. G. Delisle. — 1757. Cassini.

Frescavile, 1778. De Vauchelle. — *Fresserville*, 1787. Picardie mérid. Dioc. et élect. d'Amiens, arch. d'Abbeville, doy. de Gamaches, prév. de Vimeu.

Dist. du cant., 11 k. — de l'arr., 21 — du dép., 62.

FRETTECUISSE (canton d'Oisemont). 128-211 hab.

Fracta coxa, 1146. Thierry, év. d'Am. Cart. de Selincourt. — 1147. Eugène III, pape. — 1176. Henri, arch. de Reims. Ib.

Fratecuisse, 1301. Pouillé. — *Frecequisse*, 1301. Dén. de l'év.

Frette-Cuisse, 1507. C. loc. — *Frestecuisse*, 1567. Pr.-v. des cout.

Fretecuisse, 1637 Marrier. — 1764. Desnos. — 1840 Duclos.

Frettecuisse, 1646. Hist. eccl. d'Abb. — 1766. Cout. de Ponthieu.

Fraictecuise, — *Fretecuise*, 1648. Pouillé.

Fredecuisse, 1733. G. Delisle. — 1763. Expilly.

Fretequisse, 1753. Doisy. — 1763. Exp. — *Fretteville*, 1761. Robert.

Frettecuisse et le Carrum, 17 brum. an X. — Ordo. Elect. et dioc. d'Amiens, arch. d'Abbeville, doy. d'Airaines, baill. et prév. d'Abbeville et de Vimeu.

Dist. du canton, 5 k. — de l'arr., 39 — du dép., 39.

FRETTEMEULE (canton de Gamaches), 203-488 hab.

Quatuor molæ, 966. Chron. Fontanellense. D'Achery. Spicilège. — M. Louandre. Topogr. du Ponthieu.

Frescimaule, 1186. Ursion, abbé de St.-Riquier. Dom Cotron.

Fraistemoles, 1211. Robert de Frettemeule.

Fraitemole, 1222. Robert de Frettemeule. Hist. de Sery. — 1249. Sceau d'Eustache de Frettemole. — 1301. Pouillé.

Fracta-mola, 1249. Eustache de Frettemeule. — 1294. Official d'Amiens. Cout. de Gamaches.

Frethmeulle, 1270. Philippe-le-Hardi. Mém. de la Soc. des Antiq. de Normandie, xvi.

Fraitemuele, 1301. Dénomb. de l'évéché d'Am.

Frete mœule, 1337. Rôle des nobles et fieffés. — 1387. Compte de la ville d'Amiens.. Aug. Thierry.

Fretemoel, 1337. Rôle des nobles et fieffés.

Fretemeules, 1380. Quittance de Jean de Cayeux. Trés. généal.

Fretemele, 1389. Compte de la ville d'Amiens. Aug. Thierry.

Fraitemolle, 1390. Dénomb. de l'évéché d'Am. — 1646. Pouillé.

Frestemœulle, 1507. Cout. loc.

Frestemeulle, 1513. Arrêt du Parlement. Généal. de Mailly.

Frestemeule, 1646. Hist. eccl. d'Abb. — 1761. Robert. —

Fretemeule, 1710. N. De Fer. — 1753. Doisy. — 1764. Expilly.

Frettemeulle, 1757. Cassini. — 1764. Desnos. — 1826-41. Ordo.

Fretemeulle, 1763. Expilly. — *Frettemole*... Dom Grenier.

Frettemeule, 1764. Desnos. — 1766. Cout. du Ponthieu. — 1790. Etat des électeurs. — 17 brum. an X. — 1836. Etat-major.

Fretement, 1787. Picardie mérid.

Elect. et dioc. d'Amiens, arch. d'Abbeville, doy. de Gamaches, baill. et prév. d'Abbeville et de Vimeu.

Dist. du cant., 8 k. — de l'arr., 20 — du dép., 54.

FRETTEMOLLE (canton de Poix), 138-330 habit.

Fraismolin, 1148. M. Decagny. Etat du dioc.

Fracta mola, 1182. Luce III, pape. Louvet. — 1234. Cart. de Fouilloy. — 1301. Pouillé du diocèse.

Frete-Mole, 1228. Actes du Parlement.

Fraite mole, 1301. Pouillé. — *Fretemol*, 1381. Aveu. Dom Grenier.

Frutemole, 12... Cart. des hosp. — *Frestemolle*, 1507. Cout. loc.

Frettemolle, 1648. Pouillé. — 17 brum. an X.

Fraitemoule. — *Fraitmolle*, 1648. Pouillé général.

Fretemeulle, 1657. Jansson. — *Frettemolle*, 1701. D'Hozier.

Fretemole, 1733. G. Delisle. — *Frestemotte*, 1761. Robert.

Fretemolle, 1753. Doisy. — 1765. Expilly. — 1785. Daire.

Elect., dioc. et arch. d'Am. prév. et doy. de Granvillers.

Dist. du cant., 11 k. — de l'arr., 39 — du dép., 39.

FRIANCOURT, fief sis à Vaux-en-Amiénois. — 1638. Décl. du temporel de l'abbaye de St.-Jean.

FRIAUCOURT, fief sis à St.-Riquier. — 1720. Ms. de Monsures.

FRIAUCOURT (canton d'Ault), 340 hab.

Froocortis, 960. Hariulfe. M. Louandre. Topogr. du Ponthieu.

Friaucours, 1186. Délimitation du comté d'Amiens.

Freucort, 1201. Anscher de Fressenneville.

Frieucurt, 1202. Charte de commune de Doullens. Dom Grenier.

Friocurt, 1202. Thomas de St.-Valery. — Arch. de Longpré.

Friencourt, 1205. Accord entre Thomas de St.-Valery et Guy de Ponthieu. — 1207. Thomas de St.-Valery. — 1648. Pouillé.

Frieucourt, 1229-1564. Dom Cotron. — 1301. Pouillé.

Friecourt, 1262. Cart. de Gamaches. M. Cocheris.

Friaucuria, 1331. Arrêt du Parlement contre les pelletiers d'Am.

Frinecourt, 1337. Rôle des nobles et fieffés.

Friscourt, 1425. Armorial de Sézille. — *Feincourt*, 14... Armorial.

Fryaucourt, 1562. Regist. aux délib. de l'év. d'Am.

Friancourt, 1567. Procès-verb. des cout. — 1764. Desnos.

Friaucourt, 1567. Proc.-verb. des cout. — 1757. Cassini. — 1763. Expilly. — 17 brum. an X.

Friaucourt-sur-Aoust, 1646. Hist. eccl. d'Abbev.

Framicourt, 1761. Robert. — *Friocourt*, 1764. Bellin. Atlas marit.

Friaucour, 1778. De Vauchelle.

Bourg et Friancourt. . Dom Grenier. M. Prarond (1).

Dioc. et élect. d'Amiens, arch. d'Abbeville, doy. de Gamaches, prév. de Vimeu.

Dist. du canton, 3 k. — de l'arr., 29 — du dép., 70.

FRICAMPS (canton de Poix), 364 hab.

Fr'scamps, 1221. Jean de Fricamps. Cart. noir de Corbie.

I 'scampi, 1234. Nicolas de Fricamps. Cart. de Selincourt.

F, _ant, 1251. Actes du Parl. — *Freacamps,* 1293. M. Decagny.

Fricans, 1299. M. Pouillet. — 1387. Montre dé Guillaume de Beauvais. Trés. généal.

Friscans, 1301. Pouillé. — *Fricamps,* 1337. Rôle des nobles.

Friquans, 1461. — *Friquains,* 1516. Généal. de Belleval.

Freucamps, 1487. Hommage. M. Cocheris.

Fricamps, 1567. Pr.-v. des cont.— 1648. Pouillé— 1757. Cassini.

Fricamp, 1657. Jansson. — *Fricamp et le Viage,* 17 brum. an X.

Fricamps-le-Viage, 1836. Etat-major. — 1844. M. Fournier.

Frican, 1696. Etat des armoiries.

Dioc., élect. et arch. d'Amiens, doy. de Poix, prév. de Beauvaisis à Amiens.

Dist. du cant., 6 k. — de l'arr., 24 — du dép., 24.

FRICOURT (canton d'Albert.

Faudeharium-essartvm, 662. Dipl. de Clotaire.

Friecort, 1188. Charte de commune de Ham. — 1215. Gérard de Fricourt. Titres de l'évêché.

Freucourt, 1214. Gauthier de Châtillon. Titres de l'évêché.

Fricourt, 1214. Gautier de Chatillon. Cart. de l'évêché d'Amiens. — 1317. Lettre de Philippe V. — 1507. Cout. loc. — 1638. Tassin. — 1733. G. Delisle. — 1757. Cassini. — 17 br. an X.

Friercort, 1246. M. Decagny. Etat du dioc.

(1) Il y a ici confusion. Il s'agit, sans aucun doute, de Fricourt et de Bourgacourt au canton d'Albert.

Friencourt, 1260. Compte des villes de Picardie. — Daire.

Friencort, 1261. Jean de Fricourt. Cart. du chap. d'Amiens.

Friaucourt, 1261. Baudouin li Paumiers. Cart. du chap.

Frieucourt, 1301. Pouillé. — 1567. Procès-verb. des cout.

Frieuecourt, 1343. Cart. Esdras de Corbie.

Fryeucourt, 1421. Arch. du chap. d'Amiens.

Fricourt-près-Bray-sur-Somme, 1426. Lettre de rémission.

Freucourt, 1648. Pouillé. — *Fraucourt*, 1701. Armorial.

Fraudeharius. — *Friucourt*... Daire.

Dioc. et arch. d'Amiens, doy. d'Albert, élect., baill. et prév. de Péronne.

Dist. du cant., 6 k. — de l'arr., 21 — du dép., 35.

FRIÈRES, dép. d'Acheux-en-Vimeu, 139 hab.

Frière, 1750. L. C. de Boulainviller. — 1757. Cassini.

Frières, 1782. Dom Grenier. — Cadastre.

FRIREULLES, dép. d'Acheux, 204 hab.

Friceruelcs, 1240. M. Louandre. Topogr. du Ponthieu.

Friræilles, 1646. Hist. eccl. d'Abbev.

Frirculles, 1657. Hist. des comtes de Ponthieu. —1701. D'Hozier. — 1757. Cassini. — 1827. Ordo.

Frirœules, 1693. Haudicquer de Blancourt. Nobil. de Picardie. — 1791. M. Prarond.

Fureulle. — *Fericule*, 1753. Doisy.

Frirculcs, 1716. M. Prarond. —1761. Robert. — 1826-42. Ordo. — 1836. Etat-major. —1844. M. Fournier.

Frircule.— *Fricule*. — *Frileuse*, 1763. Expilly.

Frireulle, 1763. Expilly. — 1766. Cout. de Ponthieu. — 1840. Alm. d'Abb.

Fricule en Vimeu, 17... Hist. de St.-Valery. M. Prarond.

Frereul, 1781. Cout. d'Amiens. — *Frieulle*, 1856. Franc-Picard.

Friculcs, 1851. Ordo. — *Frierelles*, 17... M. Prarond.

Frileules, 1845-47. Ordo. — 1856. Franc-Picard.

FRISE (canton de Bray), 413-416 hab.

Frisia, 948. M. Decagny. — 957. Lettre du pape Jean XII. — 1025-1032. Augusta Veromand. — 1046. Grégoire VI.

Frise, 1230. Accord entre Fursy, prêtre de Frise, et Eterpigny. M. Cocheris. — 1592. Surhonius. — 1638. Tassin. — 1648. Pouillé. — 1733. G. Delisle. — 1757. Cassini. — 17 br. an X.

Fuse, 1343. Déclaration du roi Philippe VI. Rec. des ord.

Frize, 14... Dénomb. d'Isabelle de Coucy. — 1696. Etat des armoiries — 1710. N. De Fer. — 1753. Doisy. — 1761. Robert. — 1764. Expilly.

Frizes, 1567. Cout. de Péronne. — *Frises*...Ordo. — M. Decagny. Dioc. de Noyon, élect., doy., baill. et prév. de Péronne. Dist. du cant., 9 k. — de l'arr., 11 — du dép., 43.

FRIVILLE (canton d'Ault), 709-1814 hab,

Frivilla, 1185. Thibaut, év. d'Am. Gall. christ.

Frealvile, 118.. Alcaume de Fontaine. Cart. de Selincourt.

Frivevile, 1221. Robert de Frettemeule.

Frieuvile, 1301. Pouillé. — *Frieuville*, 1300-23. Marnier.

Friville, 1507. Cout. loc. — 1648. Pouillé — 1757. Cassini. — 1763. Expilly. — 1778. De Vauchelle. — 17 brum. an X.

Frevin, 1763. Expilly.

Dioc., et élect. d'Amiens, arch. d'Abbeville, doy. de Gamaches, prév. de Vimeu. Dist. du cant., 8 k. — de l'arr., 24 — du dép., 65.

FROCOURT, ham. dép. de St.-Romain, 67 hab.

Frotmeri-curtis, 1038.

Froccort, 1147. Eugène III, pape. Cart. de Selincourt. — 1148. Accord. — 1164. Thierry, év. d'Am. Ib.

Froolcurt, 1164. Alexandre III, pape. Cart. de Selincourt.

Froucurt, 1176. Henri, arch. de Reims. Ib.

Froccourt, 1236. Simon de Dargnies. — 1295. Philippe, roi. Ib.

Fraucourt, 1648. Pouillé. — *Friecourt*, 1567. Pr.-verb. des cout.

Fricourt, 1733. G. Delisle. — 1707. France en 4 f.

Frocourt, 1757. Cassini. — 1857. Dénomb.

FROHEN-LE-GRAND (canton de Bernaville), 430 hab.

Frohens, 1230. Enguerrand du Candas. Cart. du Gard. — 1243. Arch. de la chambre des comptes de Lille.

Forchens, 1269. Olim. — *Forhem*. Bolland. Act. SS.

Frohem. Rec. des hist. de France. — Bolland. Act. SS.

Forshem, Longueval. Hist. de l'Egl. gall. — Boll. Act. SS.

Froens, 1283. Actes du Parlement.

Frohens, 1230. Cart. du Gard. — 1301. Pouillé du dioc. — 1507. Caut. loc. — 1567. Proc.-verb. des cont. — 1648. Pouillé.

Frohens-sur-Aulthie. — *Masières-en-Ponthieu*. — *Fronheins*, xv⁰ siècle. Légende de St.-Furcy, traduite par Jean Mielot.

Frohen, 1392. M. Decagny. — 1539. Dén. de l'év. — 1743. Friex.

Frohens-le-Grand, 1561. Etat des bénéficiers du dioc. d'Amiens. — 1646. Hist. eccl. d'Abb. — 1757. Cassini.

Frochain, 1638. Tassin. — 1657. Jansson.

Frohan, 1710. N. De Fer. — *Frauen*, 1710. G. Sanson.

Frohen-le-Grand, 1733. Delisle. — 1764. Expilly. — 17 br. an X.

Froheut, 1844. M. Decagny. — *Fors-Hem*. Hist. de l'Egl. gall. Dioc. d'Am., élect. de Doullens, arch. d'Abbeville, doy. de La Broye, puis d'Auxi-le-Château, prév. de Doullens.

Frohen le-Grand fut en 1790 chef-lieu de l'un des 10 cantons du district de Doullens et, en l'an VIII, de l'un des 8 arrond. com.

Dist. du cant., 9 kil. — de l'arr., 12 — du dép., 41.

FROHEN-LE-PETIT (canton de Bernaville), 66 hab.

Frohens-le-Petit, 1301. Pouillé du diocèse. — 1561. Etat des bénéficiers du dioc. d'Am. — 1757. Cassini.

Petit Frochain, 1638. Tassin. — 1657. Jansson.

Frohent-le-Petit, 1648. Pouillé général.

Frohen-le-Petit, 1764. Expilly. — 17 br. an X. — 1836. Etat-maj.

Dioc. d'Amiens, élect. de Doullens, arch. d'Abbeville, doy. de La Broye, puis d'Auxi-le-Château, prév. de Doullens.

Dist. du cant., 8 k. — de l'arr., 12 — du dép., 42.

FROIDEVILLE, ferme dép. de Mers. 14 hab. — 1757. Cassini. — 1761. Robert. — 1852. M. Prarond.

FROIDMONT, dép. de Billancourt, 2 hab. — 1857-61. Dénomb. quinq.

FROIMENTEL, seigneurie sise au terroir de Feuillères.

Froimantel, 1367. Dom Grenier.

Froidmantel, 1367. Aveu de Jean d'Hervilly.

Fraimentel, xve siècle. Dénomb. d'Isabelle de Coucy.

Froymentel, 1749-1767-1772. Aveu et dénomb. M. Cocheris.

FROISE, dép. de Quend, 68 hab.

Froise, 1210. Guillaume, comte de Ponthieu. Mém. de la Soc. d'Emul. d'Abbeville. — 1757. Cassini. — 1764. Desnos.— 1841. Ordo. — 1836 Etat-Major.

Froize, 1761. Robert. — M. Louandre. Hist. d'Abbev.

Froisé, 1819. Ordo. — Froissé, 1810. Alm. d'Abb.

FROISSY, dép. de Neuville-lès-Bray, 11 hab.

Froissy, 1423. Lettre de rémission de Henri III. M. Cocheris. — 1679. Factum pour Corbie. — 1733. Delisle. — 1757. Cassini.

FROISSY, hab. isol., dép. de Chuignolles.

— dép. de Quend. — 1856. Franc-Picard.

FROMECAMP, fief sis à Harbonnières. — 1535. Titres de Corbie.

FROYEL, fief sis à St.-Aubin-Montenoy. — Dom Grenier.

FROYELLES (canton de Crécy), 117-124 hab.

Froeria, 1154. M. Louandre topogr. du Ponthieu.

Froyères, 1378. Dom Grenier.

Froielle, 1638. Tassin. — 1657. Jansson.

Froyelles, 1697. Vente de la haute justice. — 1766. Cout. du Ponthieu. — 1766-1774. Aveu et relief. — 1790. Etat des électeurs. — 17 br. an X. — 1836. Etat-major.

Froyele, 1733. G. Delisle. — Froïelle, 1757. Cassini.

Froyelle, 1753. Doisy. — 1763. Expilly. — 1764. Desnos.— 1844-65. Ordo. — 1850. Tabl. des dist.

Frayelle, 1761. Robert. — *Sroyelle*, 1780-83. Alm. du Ponthieu.

Troielle, 1787. Pic. mér. — *Froyelles-la-Hayette*, 1851. Alm. d'Abb.

Froyl, 1826. Ordo. — *Froyel*, 1829. Ordo.

Dioc. d'Am., élect. d'Abb., baill. de Crécy. doy. de Rue.

Dist. du canton, 5 k. — de l'arr., 16 — du dép., 51.

FRUCOURT (canton d'Hallencourt), 354 hab.

Froocurtis, XIᵉ siècle. M. Louandre. Topogr. du Ponthieu.

Friardi curtis, 1066. Fondation de la collégiale de Picquigny.

Fruicort, 1201. — *Frieucourt*, 1220. M. Prarond.

Froocourt, 1229. Test. de Robert de la Ferté-lès-St.-Riquier.

Friercort, 1246. M. Decagny. Etat du diocèse.

Froucourt, 1567. Proc.-verb. des cout.

Frucourt, 1567. Proc.-verb. des cout. — 1657. Hist. des comtes de Ponthieu. — 17 brum. an X.

Frucour, 1757. Cassini. — 1764. Desnos.

Frucourt-sur-Limeux, 1753. Doisy. — 1763. Expilly.

Dioc. et élect. d'Am., arch. d'Abb., doy. d'Oisemont, prév. de Vimeu.

Dist. du cant., 5 k. — de l'arr., 15 — du dép., 39.

FURET, moulin dép. de Douilly. Non indiqué par l'Etat-major. — 1757. Cassini. — 1778. De Vauchelle.

FUSELIER, fief sis à Nibas.

G.

GAGNY, ferme dép. de Moyencourt, canton de Poix.

Gagny ou *Bleuet*. 1856. Franc-Picard.

GAILLARDERIE (la), fief sis à Frettemeule.

La Gaillarderie, ... M. Darsy. — *La Gaillardière*. M. Prarond.

GAILLON, fief sis à Fressenneville.

Gailly, ham. dép. de Cerisy-Gailly, 44 hab. — 1551. Titres de Corbie. — 1763. Expilly. — Non indiqué par Cassini.

Gajolois (le), lieudit au terroir de Cayeux.

Galletois, bois dép. de la Faloise.

GAMACHES (chef-lieu du canton), 1932-1986 hab.

Gammapium, viii° siècle. Chron. Fontanellense. D'Achery. Spic.

Gamachez, Magni rotuli Saccarii Normanniæ. — 1234. Charte de commune de Gamaches. M. Darsy.

Gualimago, *Walimago*, Vie de St.-Valery. Act. SS. O. S. Ben.

Gamapiam. Vie de St.-Eloy. — Journal de l'évêque Rigaut.

Gamachiæ, 1150. Henri, comte d'Anjou. Dom Bouquet. Rec. des hist. de Fr. — 1178. Alexandre III, pape. — 1191. Ch. de fondation de l'abbaye de Lieu-Dieu. Gall. christ. — 1199. Thierry, év. d'Am. — 1237. Comtesse de Dreux. — 1301. Pouillé. — 1304. Accord. Cart. d'Ourscamp.

Gamachii, 1170. Lettre du pape Alexandre III. Louvet. — 1190. Charte de Mathieu de Gamaches.

Gamaci, 1190. Sceau de Mathieu de Gamaches.

Gamachiense oppidum, 1191. Dom Grenier.

Gamaciæ, 1191. Fondation de l'abbaye de Lieu-Dieu. Gall. christ.

Gamapie, 1195. Sceau de Pierre de Gamaches.

Gamache, 1207. Thomas de St.-Valery. — 1425. Armorial de Sézille. — 1567. Pr.-v. des Cout. — 1662. N. Sanson.

Gamachium, 1220. Philippide de Guillaume-le-Breton. lib. X.

Gamaches, 1262. Robert de Dreux. — 1282. Id. Dom Grenier. — 1283. Sceau de la ville de Gamaches. — 1301. Pouillé. — 1400. Chron. de Mathieu d'Escouchy. — 1411. Monstrelet. — 1757. Cassini. — 17 brum. an X.

Gamaches-en-Vimeu, 1315. Quittance de Gilles de Maubuisson. Trés. gén. — 1507. Cout. loc.

Gamasches, 1422. Lettre de rémission de Charles VI.

Gamache-en-Vimeu, 1422. Lettre de rémission de Charles VII.—
   M. Cocheris. — 1427. Monstrelet.

Gimriches, 1423. Mém. de Pierre de Fenin.

Hanache-Camache, 1638. Tassin. — *Gammache*, 1646. H. d'Abb.
   Dioc. et élect. d'Amiens, arch. d'Abb., chef-lieu de doyenné,
   prév. de Vimeu.

Gamaches, érigé en marquisat, en 1620, en faveur de Nicolas
   Rouhault, possédait un prieuré dép. de St.-Lucien de Beauvais et un chapitre composé de six chanoines.

Gamaches, chef-lieu de l'un des 17 cantons du district d'Abb.
   en 1790, de l'un des 14 arrondiss. communaux en l'an VIII,
   fut, en l'an X, l'un des 11 chefs-lieux de justice de paix.

Dist. de l'arr., 26 k. — du dép., 57.

GAMBIER, fief sis à Monflières. — M. Prarond.

GANDAREZ, fief sis au Petit-Cagny. — Daire. Doy. de Moreuil.

GAPENNES (canton de Nouvion), 766 hab.

Gatenaa, 980. M. Louandre. Topogr. du Ponthieu.

Gaspannæ, 1088. Hariulfe. Chron. centul.

Gaspannariæ. — *Gaspenna*, 1172. Alexandre III. Dom Cotron.

Gapanæ, 1.... Gautier de la Ferté. Cart. de Bertaucourt.

Gaspanes, ·11... Honoré III, pape. Cart. de Valloires. — 1300-
   23. Marrier. — 1361. Pouillé. — 1337. Rôle des nobles et
   fieffés. — 1507. Cout. loc.

Gaspannes, 1199. Arch. de l'hospice de St.-Riquier. — 1378.
   Montre de Robert de Hardenthun.

Gaspanæ, 1224. Bulle d'Honoré III. Dom Cotron.

Gaspennes, 1260. Olim. — *Gappennes*, 1492. Jean de la Chapelle.

Gaspaines, 1507. Cout. loc. — *Gapen*. 1579. Ortelius.

Gapennes, 1567. Proc.-verb. des Cout. — 1763. Expilly. — 1766.
   Cout. de Ponthieu. — 17 br. an X. — 1836. Etat-major.

Gappen, 1638. Tassin. — *Gappenes*, 1646. Hist. eccl. d'Abb.

Gappenne, 1646.   Ib.   — *Gappène*, 1657. Jansson.

Gapaines, 1648. Pouillé. — *Gapène*, 1733. G. Delisle. —1787. P. m.

Gapenne, 1757. Cassini. — *Gapeme*, 1764. Desnos.

Grapenne, 1761. Robert. — *Gapesmes*, 1780. Alm. du Ponthieu.
Dioc. d'Am., arch. du Ponthieu, doy. et prév. de St.-Riquier.
élect. d'Abb. et de Doullens, baill. de Crécy.
Dist. du cant., 14 k. — de l'arr., 13 — du dép., 45.

GAPENNE, fief sis à Rue. — 1703. Dom Grenier. Topogr.

GARBE (la), fief sis à Doullens. — 1784. Daire. Hist. de Doullens.

GARD (le), dép. de Crouy, 56 hab.

Gardum, 1060. Guy, comte de Ponthieu. Cart. de Valloires. —
1158. Thibaut, év. d'Amiens. Cart. St.-Martin-aux-Jumeaux.
— 1166. Transaction entre Amiens et l'abbaye de St.-Jean.—
1174. Thibaut, év. d'Am. Cart. du Gard. — 1257. Actes du
Parlement. — 1301. Dénomb. de l'évêché. — 1362. Jean, roi
de France. Cart. du Gard.

Gart, 1144. Garin, év. d'Am. Cart. de St.-Jean. — 1268. Accord
entre Jean de Picquigny et l'abbaye. Cart. du Gard. — 1300.
Denys d'Aubigny, bailly d'Am. Ib. — 1301. Dén. de l'évêché.
— 1336. Cart. du Gard. — 1567. Pr.-v. des Cout.

Guardum, — *Wardum*, 1206. Richard, év. d'Am. Cart. du Gard.

Gart super Sommam, 1254. Olim.

Gard, 1500. Testament de Jean d'Ailly. Généal. de Mailly.

La Garre, 1579. Ortelius. — 1592. Surhonius.

L'Abaye du Gar, 1638. Tassin. — *La Haye du Gar*, 1657. Jansson.

N.-D. du Gard, 1778. De Vauchelle. — *Le Gard*, 1763. Expilly.
Dioc. élect. et archid. d'Amiens, doy. de Picquigny.
Abbaye de l'ordre de Citeaux fondée en 1137.

GARD (l'abbaye du), écart dép. d'Abbeville.

GARD-LÈS-RUE, dép. de Rue.

Gardum, 1234. M. Prarond. — 1301. Pouillé.

Manerium regis, 1278. M. Louandre. Hist. d'Abbev.

Guet-lès-Rue, 1410-11-13. Généalogie de la maison de Belloy.

Jard-lès-Rue, 1413. Ord. de Charles VI. Rec. des ord.

Le Gard de Rue, 1646. Hist. eccl. d'Abb. — *Gard*, 1648. Pouillé.

GARDE (la), fief sis à Béhen. — xviiiᵉ siècle. M. Prarond.

GARDIN (le), fief sis à Monsures. Daire. Doy. de Conty.

GARE (la), dép. de Longueau.

— (la), dép. de St.-Valery.

GARENNE (la), petit bois dép. de Cagny.

— bois dép. de Chipilly.

— bois dép. de Chuignolles.

— bois dép. de Guillemont.

— petit bois dép. d'Havernas.

— petit bois dép. de Montonvillers.

GARENNE DE NURLU, bois dép. de Manancourt.

GARENNE (la), ferme dép. de St.-Valery. — 1836. Etat-major.

GARENNE (la), hab. isolée, dép. de Le Titre.

La Garenne. — Le Château. — Cadastre.

GARENNE (la), bois dép. de Marcheville. — Défriché.

— bois dép. de Varennes.

— DE BICHECOURT, bois dép. de Hangest-sur-Somme.

La grande Garenne. — La petite Garenne. — Cadastre.

GARENNE DU LARIS DU BOIS DE BUIRE, bois dép. de Driencourt.

Laris du bois de Buire. — La Garenne.

GARENNE SIMON, bois sis au terroir de Maricourt.

GARENNES (les), dép. de Bernes.

On donne ce nom à cinq petits bois situés en divers points du territoire de Bernes et d'une contenance d'un hectare environ.

GAUCOURT, fief sis au terroir d'Hargicourt.

Goecourt, — Gawecourt, 1277 Raoul de Gaucourt. Tit. de l'év.

Gauecourt, 1314. Sceau de Raoul de Gaucourt.

Gaucourt, 1406. Déclaration de St.-Ouen. — 1442. Lettre de Charles VII. Chron. de Mathieu d'Escouchy. — 1446. Sceau de Raoul de Gaucourt. — 1506. Burri Opera. — 1733. Anselme.

GAUVILLE (canton de Poix), 413-418 hab.

Goovilla, 1146. — *Gouvilla*, 1162. Gall. christ.

Gohovilla, 1160. Henri, roi d'Angleterre. Hist. d'Aumale.

Gauville, 1301. Dénomb. de l'évêché. — 1729. Etat des manufactures d'Aumale. — 1757. Cassini. — 17 br. an X.

Gohoville, 1710. N. De Fer. — 1778. De Vauchelle.

Gohauville, 1763. Expilly.

Dioc de Rouen, élect. de Neuchatel, doy. et sergent. d'Aumale. Dist. du cant., 15 k. — de l'arr., 43 — du dép., 43.

GAYET, fief sis au terroir de Lieramont.

GÉCOURT, lieu dit terroir de Beaumetz et de Bernaville.

Gécourt. — Le Gécourt. — Ugécourt.

GENCOURT, dép. de Domart-en-Ponthieu, 21 hab.

Jencourt, 1507. Cout. loc- — 1757. Cassini.

Gencourt, 1733. G. Delisle. — 1826-51. Ordo. — 1836. Et-maj.

Genecourt, 1852-65. Ordo.

GENDARMERIE (la), dép. de Valines. — *La Gendarmerie. — La Caserne.*

GENERMONT, ham. dép. de Fresnes, 53 hab.

Agerimons, 1106. Bulle de Pascal II. M. Decagny.

Genaromont, 1205. Asso, prieur de Lihons. Cart. de Lihons. — XVIᵉ siècle. Dénomb. de Louis d'Ognies.

Fief de Noiermont, 1215-30. Dénomb. de Jean de Nesle.

Genermont, 1567. Cout. de Péronne. — 1733. G. Delisle. — 1757. Cassini. — 1790. Etat des électeurs.

Fief de Genarmont, 1723. Aveu.

GENESTELLE (la), lieu près Mayoc. — 1209. Guillaume, comte de Ponthieu. — 1369. Lettre de Charles V. Rec. des ord.

GÉNIN, fief sis à Mézières.

GENOIVE (la), petit cours d'eau qui sépare les terroirs d'Epagne et de Mareuil, vient de Bray et se perd dans la Somme.

Génoive. Cad. — *Riv. de Bray*. Etat-Major.

GENOIVE, habit. isol. dép. de Mareuil.

Genoivre, 1757. Cassini. — *La Genoive*. Administration.

GENOIVRE, lieudit au terroir de Quesnoy-sur-Airaines.

GENOIVRE, fief sis à Yzeux.

GENONVILLE, ferme dép. de Moreuil, 6 hab.

Genisvals, 116.. Thierry, év. d'Am. Cart. St.-Laurent.

Genisval, — *Genisvalle*, 117.. Thibaut, év. d'Amiens. Ib.

Gironvile, 1220. — *Gironvilla*, 1221. Cartul. de Fouilloy.

Geronvile, 1234. Etienne. — 1239. Jean, abbés de Moreuil. Ib.

Gironville, 1300. Jean de Picquigny. Cart. noir de Corbie.

Guenauville, 1679. Lettre de Louis XIV.

Génouville, 1733. G. Delisle. — 1757. Cassini.

Genoville, 1761. Robert. — 1826-28. Ordo.

Chenonville, 1829-65. Ordo. — *Genonville*, ferme, 1836. Etat-major.

GENTELLES (canton de Sains), 701 hab.

Gentilla, 660. Gall. christ. — 1243. Cart. noir de Corbie.

Gentella, 660. Dip. Clotarii III. Cart. n. de Corbie. — 1200. Rôle des feudataires de l'abb. de Corbie. — 1223. Aubert de Longueval. Cart. de Fouilloy. — 1243. Cart. noir. de Corbie.

Gentele, — 1133. Barthélemy de Laon. Dom Grenier. — 1218. Geoffroy, év. d'Am. Cart. de Fouilloy.

Gentelle, 1174. Cart. n. de Corbie. — 1200. Rôle des feudataires de l'abbaye de Corbie. — 1220. Hugues de Vers. Cart. de Fouilloy. — 1243. M. Decagny. — 1638. Tassin.

Gentela, 1301. Pouillé. — *Gontelle*, 1648. Pouillé.

Gentelles, 1720. Titres de Corbie. — 1733. G. Delisle. — 1757. Cassini. — 1764. Expilly. — 17 br. an X.

Gentilles, 1764. Expilly. — *Gentel*. Etat des fiefs.

Le Gendalle, 1778. De Vauchelle.

Dioc., élect. et arch. d'Amiens, doy. et prév. de Fouilloy.

Dist. du cant., 12 k. — de l'arr., 13 — du dép., 13.

GENVILLE, ferme dép. de Bernay.

Argenville, 1337. Rôle des nobles et fieffés.

Ergenville, 1375. — *Esgenville*, 1387. Dom Grenier.

Genville, 1456. Amendes pour délits de chasse. M. V. de Beauvillé. —1507. Cout. loc. — 1733. G. Delisle. — 1757. Cassini.

Jenville, 1579. Ortelius. — *Lanville*, 1657. Jansson.

Genville-lès-Rue, 1703. Dom Grenier.

Jauville, 1763. Dénomb. du seigneur de La Ferté-lès-St.-Riquier.

Agenvilleretz et *Acoulon*. — *Aignevilleretz*. — *Agenvillerets* et *Accou-
lon*. — *Agenville*, 1763. Expilly.

Agenville-Rets à Coulon. — Almanach du Ponthieu.

Genville, ferme, 1829. Ordo. — 1836. Etat-major. — Cadastre.

GEORGES, fief sis à Airaines.

Georges, 1505. Aveu. — *Gorges*, 1505-47. Aveu. M. Cocheris.

GÉRARD CHOUQUET, fief sis à Fleury. — Daire. Doy. de Conty.

GERMAINE, rivière. — 1710. N. De Fer. — 1836. Etat-major.

Indiquée sans nom par Cassini, la Germaine prend sa source
au village de ce nom dans le départ. de l'Aisne, passe
au-dessous de Douilly, à Cuvilly, à Sancourt, et, après un
crochet à l'O. se jette dans la Somme en avant d'Offoy.

GÉRONDE, fief sis à Barleux. — 1471. Aveu. M. Cocheris.

GÉZAINCOURT (canton de Doullens), 581-785 hab.

Gezini curtis. Daire.... Hist. de Doullens.

Gésainecourt, 1240. Lettre de Robert Fretials. — 1377. Aveu de
Jean de Clary. —1507. Cout. loc. — 1582. M. Decagny.

Gisencourt, 1276. Actes du Parlement.

Gézainecourt, 1301. Pouillé du diocèse. —1507. Cout. loc. —
1567. Proc.-verb. des cout.

Gisainecourt, 1303. Isabeau de Croisille. Cart. de Bertaucourt.

Gésaincourt, 1383. Aveu. M. Cocheris. — 1757. Cassini.

Gizencourt, XIVe siècle. Livre rouge d'Abbeville.

Gézamecourt, 1567. Proc.-verb. des cout.

Gézincourt, 1582. Hommage. — 1784. Daire. Hist. de Doullens.

Gosaincourt. — *Sésaincourt*, 1648. Pouillé général.

Gézencourt, 1710. N. De Fer. — 1733. G. Delisle.

Gézancourt, 1753. Doisy. — 1764. Expilly. — 1787. Pic. mérid.

Gesencourt, 1778. De Vauchelle. — *Gésincourt*, 1784. Daire.

Gézaincourt, 1784. Daire. — 17 brum. an X. — 1836. Et.-maj.

Dioc. et arch. d'Amiens, élect. prév. et doyen. de Doullens.

Dist. du cant., 3 k. — de l'arr., 3 — du dép., 29.

GILLON, fief sis à Beauval.

Fief Gillon. Daire. Doy. de Doullens.

Fief Gilon Lostegier. — *Fief Gille Lostelier*, 1279. Tit. de l'évêché.

GINCHY (canton de Combles), 201 hab.

Ginchi, 1150. Roger, chatelain de Péronne. Cart. d'Arrouaise.— 1154. Beaudouin, év. de Noyon. Ib. — 1160. Id. Ib.

Genci, 1158. Baudouin, év. de Noyon. Cart. d'Arrouaise.—1160. 1163. Id. Ib. — 1219. Philippe-Auguste. M. Léop. Delisle.

Genciacum, 1202. Cart. de Lihons. — M. Decagny. Etat du dioc.

Genchy, 1202. Cart. de Lihons. — 1384. Aveu. — 1648. Pouillé.

Quinchi, 1217. Nivelon, maréchal de France. (1)

Cinchi, 1240. Lettre de Louis IX.—*Geincy*, 1567. Cout. de Péronne.

Ginchy, 1733. G. Delisle. — 1757. Cassini. — 17 br. an X.

Guinchi, 1787. Picardie mérid. — *Genry*.... M. Decagny.

Dioc. de Noyon, doy., élect. baill. et prév. de Péronne.

Dist. du cant., 4 k. — de l'arr., 17 — du dép., 45.

GIOMER, dép. de St.-Valery, 2 hab. — 1857-61. Dénomb. quinq.

GIRAFE (la), moulin dép. de Mézières-en-Santerre.

GLAVYON (fossé de), prés Péronne. — 1257. Actes du Parlement.

GLIMONT, dép. de Thésy-Glimont, 2 hab.

---

(1) M. Teulet traduit Quinchi (Layette du trésor des chartes t. 1er), par Canchi, canton de Nouvion, arr. d'Abbeville. Je crois qu'il y a erreur; les autres noms indiquent suffisamment qu'il s'agit ici de seigneurs du Vermandois.

Glismont, 1220. Everard, év. d'Am. Cart. de Fouilloy. — 1267. Abbesse du Paraclet. Cart. noir de Corbie. — 1301. Pouillé.

Glysmont, 1226. Adam de Glimont. Titres du Paraclet.

Glimont, 1239. Arnould, év. d'Am. Cart. de Fouilloy. — 1295. Raoul de Glimont. Tit. de l'év. — 1337. Rôle des nobles et fieffés. — 1710. N. De Fer. — 1757. Cassini. — 17 br. an X.

Glymont, 1295. Raoul de Glimont. Titres de l'évêché.

Glismoin, 1648. Pouillé. — *Englimont*, 1761. Robert.

Elect , dioc. et arch. d'Amiens, doy. de Fouilloy, prév. de Beauvaisis à Amiens.

GLISY (canton de Sains), 390 hab.

Glissy, 1105. Fondat. de l'abbaye de St.-Fuscien. Gall. christ. — 1638. Tassin. — 1657. Jansson.

Glisy, 1145. Sanson, arch. de Reims. Cart. de St.-Acheul. — 1301. Pouillé. — 1324. Arch. du chap.— 1337. Rôle des nobles. — 1423. Jean de Glisy. Arch. du chap, — 1589. Reg. de l'échevinage d'Amiens. — 1757. Cassini. — 17 brum. an X.

Glisi, 1147. Thierry, évêque d'Am. — 1220. Hugues de Ver. Cart. de Fouilloy. — 1733. J. Delisle.

Glisiacum, 1218. Everard, évêque d'Amiens. Cart. de Fouilloy.

Glysys, 1579. Ortelius. — *Glysys*, 1592. Surhonius.

Glissi, 1648. Pouillé. — *Glizy*, 1753. Doisy. — 1764. Expilly.

Dioc, élec. et arch. d'Am. doy. et prév. de Fouilloy.

Dist. du cant., 11 k. — de l'arr., 9 — du dép., 9.

GODIANE, lieu dit au terroir de Vaux-en-Amiénois. — Dénomb. du temp. de l'abbaye de St.-Jean.

GODREN, point de la Somme à l'embouchure de la Selle.

Godren, 1283. — *Gondren*, 1603. Titres du chap.

GOLLENCOURT, ham. dép. de Dommartin, 49 hab.

Golencurt, 1101. Cart. St-Jean. — *Golancourt*, 1105. Cart. de l'év.

Golencourt, 1105. Fondation de St.-Fuscien. Gall. christ.

Gollencort, 1120-1168 Cart. St-Martin-aux-Jumeaux. — 1203.
Cart. de Selincourt. — 1226. Robert de Boves. Dom Grenier.

Gollencourt, 1178. Cart. de Prémontré. — 1648. Pouillé.
— 1757. Cassini. — 1763. Expilly.

Gollaincort, 1191. Béatrix de Boves. Cart. St.-Jean.

Golencort, 1202. Thibaut, év. d'Am. Cart. d'Auchy-lès-Moines.

Gaullencort, 1215. Dénomb. de Jean de Nesle.

Gollancourt, 1244. Cart. de l'év. d'Am. — 1790. Etat des élect.

Gaulencourt, 1337. Rôle des nobles et fieffés.

Gollancort, 1441. Valeran de Soissons. Cart. des chap. d'Am.

Golencourt, 1567. Proc.-verb. des cout. — 1761. Robert.

Goulencour, 1733. G. Delisle.

Non indiqué par l'Etat-major, ni par M. Fournier.

Dioc. élect. et arch. d'Am., prév. de Beauvaisis à Amiens,
GOMICOURT, fief sis à Ribemont. — 1602. Dom Grenier.

GOMIECOURT, ham. dép. d'Ablaincourt, 26 hab.

Gomercort, 1215. Dénomb. de Jean de Nesle — 1230. Dénomb.
de la terre de Nesle.

Gomercourt, 1240. Lettre de Louis IX.

Gommercort, 1241. Official de Noyon. Cart. de Noyon.

Gommecort, 1280. — *Goumecort*, 1281. Cart. de Fouilloy.

Gomiecourt, 1567. Cout. de Péronne. — 1757. Cassini.

Gominecourt, xvie siècle. Dénomb. de Louis d'Ognies.

Gomiencourt, 1648. Pouillé. — *Gémicourt*, 1733. G. Delisle.

Gouncourt, 1753. Doisy.

Gomicourt, 1764. Expilly. — 1778. De Vauchelle. — 1836. Et.-maj.

GONET, fief sis à La Motte-en-Santerre.

GONNET, fief sis à Ville-sous-Corbie. — 1661. Titres de Corbie.

GORD (le), lieudit au terroir de Brie.

GORENFLOS (canton d'Ailly-le-Haut-Clocher), 606 hab.

Gorrenflos, 1114. M. Louandre. Topogr. du Ponthieu. — 1239-
42-53. Hosp. de St.-Riquier. — 1646. Hist. eccl. d'Abb.

Gueranflos, 1153. Cart. St.-Martin-aux-Jumeaux.

Gorranflos, 116.. Thierry, év. d'Am. Cart. St.-Laurent.

Gorenflos, 1176. Alexandre III, pape. Cart. de Bertancourt. — 1301. Pouillé. — 1465. Hosp. de St.-Riquier. — 1507. Cout. loc. — 1757. Cassini. — 17. br. an X.

Roselflos, 1176. Alexandre III, pape. Cart de Bertancourt.

Goremflos, 1242. Thomas de St.-Valery. M. Cocheris.

Rausiauflet, 1270. Dom Cotron ?—*Goirenflos*, 1337. Rôle des nob.

Goirenflos, 1436. Hist. de Doullens.

Gornuflos, 1753. Doisy. — 1764. Expilly.

Gorenfle, 1657. Jansson. — *Goreflo*, 1743. Friex.

Dioc. d'Amiens, élect. de Doullens, arch. de Ponthieu, doy. et prév. de St.-Riquier.

Dist. du cant., 5 k. — de l'arr., 18 — du dép., 34.

GORGES (canton de Bernaville), 175 hab.

Govæ, 1196.

Gorges, 1160. Cart. de St.-Martin-aux-Jumeaux. — 1201. Ib. — 1646. Hist. eccl. d'Abb. — 1757. Cassini. — Ordo.

Gorge, 1733. G. Delisle. — *Gonge*, 1743. Friex.

Dioc. d'Am. dép. de la Paroisse de Berneuil.

Dist. du cant., 3 k. — de l'arr., 15 — du dép., 29.

GONGUE (la), bois dép. d'Allonville.

GOULANT, fief sis à Popincourt. — 1601. Dom Grenier.

GOURGUECHON, fief sis à Gueschart.— 1372. Trés. généal. D. Cotron. —17.... Etat de fiefs.

GOURNAY, ferme dép. de Revelles.

Gournai, 1733. G. Delisle.

Gournay, 1757. Cassini. — 1826-28. Ordo. — Plus ensuite.

GOUSSANCOURT, dép. de Morchain. Non indiqué par l'Etat-major.

Goussencort, 1215. Dénomb. de Jean de Nesle.

Gousencort. — *Gousseincort*, 1230. Dénomb. de la terre de Nesle.

Gossencourt, 1271. Vente à la maison d'Eterpigny. M. Cocheris. 1648. Pouillé général.

Gossaucourt, 1733. G. Delisle. — 1778. De Vauchelle.

Goussancourt, 1757. Cassini. — *Guissancourt*.. M. Decagny.

Gouy, ham. dép. de Cahon, 50 hab.

Goy, 1185. Gall. christ. — *Ghui*, 1340. Dom Grenier.

Gouy, 1340. Dom Grenier. — 1646. Hist. eccl. d'Abbeville. — 1757. Cassini. — 1763. Expilly. — 1836. Etat-major.

Goui, 1733. G. Delisle. — 1764. Bellin. Atlas marit.

Gouy, hab. isol., dép. de Cambron, 8 hab.

Gouy. Dénomb. — *Petit Gouy*. Ordo.

GOUY-LE-BIENFAIT, dép. de Moyenneville. 1781. Cout. d'Am.

GOUY-L'HOPITAL (canton d'Hornoy), 164 hab.

Gaudiacum, 1042. Foulques, évêq. d'Am. — 1183. Thibaut, év. d'Am. Cart. de Selincourt.

Goium, 13... Obit. du chap. — *Goy Hospital*, 1301. Pouillé.

Gouy-l'Hospital, 1648. Pouillé. — *Goui-l'Hôpital*, 1733. G. Delisle.

Gouy-l'Hôpital, 1757. Cassini. — 1763. Expilly. — 17 brum. an X.

Dioc., élect. et arch. d'Amiens, doy. et mouvance de Picquigny, prév. de Beauvaisis à Amiens.

Dist. du cant., 5 k. — de l'arr., 28 — du dép., 28.

Govincount, fief sis à Ham. — 1269. Actes du Parlement.

Goyart, fief sis à Hallencourt. — M. Prarond.

GOYENCOURT (canton de Roye), 222 hab.

Goiencourt, 1147. Thierry, év. d'Am. Gall. christ. — 1267. Abbé de St.-Barthelémy de Noyon. Dom Grenier. — 1216-39-80. Cart. d'Ourscamp. — 1301. Pouillé.

Goiencurt, 1164. Gall. christ. — 117.. Thibaut, év. d'Amiens. Cart. d'Ourscamp. — 1224-26-80. Cart. d'Ourscamp.

Gosencurt, 1164. Thierry, év. d'Amiens. Gall. christ.

Gohincurt, 1202. Guy d'Attinville. — *Goisencourt*... Hist. de Roye.

Goiencort, 1224. Baudouin de Goyencourt. Cart. d'Ourscamp. — 1239. Doy. de Roye. Cart. de Noyon.

Goencourt, 1224. — *Goencort*, 1239. Cart. d'Ourscamp.

Gouyencourt, xvᵉ siècle. Obituaire des Célestins d'Am.

Goyencourt, 1567. Cout. de Roye. — 1648. Pouillé. — 1653. Siége de Roye. — 1757. Cassini. — 1764. Expilly. — 1790. Etat des électeurs. — 17 brum. an X.

Dioc. et arch. d'Amiens, doy. de Rouvroy, élect. de Péronne, baill. et prév. de Roye. — Ancien prieuré, dép. de St.-Martin-aux-Bois, ord. de St.-Benoît.

Dist. du cant., 4 k. — de l'arr., 18 — du dép., 40.

GRAMBUS, fief dép. de Cressy.

Grambusium, 1224. Honoré III, pape. Dom Cotron.

Grambures. — *Grantbus*, 1337. Rôle des nobles et fieffés.

Grambus, 1365. Cart. de Fieffes. — 1387. Montre de Louis de Bouberch. Trés. gén. — 1529. Hospice de St.-Riquier. — 1690. Hommage de ce fief. M. Cocheris. — Dom Grenier.

GRAND-BELVAL (le), dép. d'Heudicourt.

GRAND BOIS (le), bois dép. de Biaches.

GRAND-BRUTEL, dép. de Rue.

Grand Broutel, 1757. Cassini. — 1764. Desnos.

GRAND CALVAIRE (le), dép. de Gueschard.

 —   dép. de Rosières, rue de Lihons.

 —   à Montauban.

 —   dép. de Pertain.

GRAND CAMP, fief sis à Martainneville-lès-Butz. — M. Prarond.

 — CHAMP, terroir de Boutillerie. — 1564-1775. Baux du chap.

 — (le), briqueterie dép. de Guerbigny.

GRANDCORDEL, dép. de Grandcourt. — Lieu disparu.

Grancordel, 1567. Cout. de Péronne. — 1733. G. Delisle.

Grand Bordel, 1753. Doisy. — 1764. Expilly.

Grand-Cordel, 1778. De Vanchelle.

Grancourdel, 1743. Friex. — 1761. Robert.

Grand-Cordelle, 1856. Franc-Picard.

GRAND COROIS, fief sis à Piennes.

Fief du Grand Corois ou *Cauroy*. Daire. Doy. de Montdidier.

GRANDCOURT (canton d'Albert), 710-717 hab.

Grandi curtis... Daire. — *Grandicuria*, 1259. Actes du Parlement.

Grantcourt, 1301. Pouillé. — 1304. Chron. de la guerre de Philippe-le-Bel et de Guy de Dompierre. — 1315. M. Decagny. — 1423. Mém. de Pierre de Fenin.

Grancourt, 1315. Cart. noir de Corbie. — 1567. Cout. de Peronne. — 1757. Cassini.

Graincourt, 1376. Lettre de rémission. M. Cocheris.

Grandcourt, 1431. Hommage au roi. M. Cocheris. — 1764. Expilly. — 1784. Daire. — 17 brum. an X. — Ordo.

Grancour, 1733. G. Delisle. — 1763. Friex.

Dioc. et arch. d'Am. doy. d'Albert, élect., baill. et prév. de Pér. Dist. du cant., 11 k. — de l'arr., 29 — du dép., 41.

GRAND CROUEN (le), bois dép. de Caulières.

— JARDIN (le), écart dép. d'Abbeville.

GRAND LOGIS, ferme dép. du Crotoy.

Le Grand Logis, 1757. Cassini. — 1836. Etat-major.

Le g^d. Loges, 1764. Desnos. — *Grand-Logis*, 1840. Alm. d'Abb.

GRANDS CUÉS (les), fief sis à Bourdon. — 1457. Arch. du chap.

GRAND-MANOIR, dép. de Lihons. — Lieu détruit.

Grand-Manoir, xvie siècle. Dénomb de Louis d'Ognies. — 1567. Cout. de Péronne. — 1836. Etat-major. — 1844. M. Fournier.

Grant Manoir, xive siècle.

GRAND-MARAIS, dep. d'Oust.

Grand-Marais, 1757. Cassini. — *Marais*, 1836. Etat-major.

GRAND-MARAIS (le), hab. isol., dép. de Lucheux.

GRAND MOIMONT, dép. de Vitz-sur-Authie.

Grand Moismont, 1756. Cout. de Ponthieu.

Grand Moimon, 1775. De Vauchelle. — *Moesmont*, 1787. Pic. mér.

GRAND MOULIN (le), dép. de Millencourt.

Magnum Molendinum, 1166-1492. — *Molendinum de Fremencourt.*
— *Molendinum du Priel*, 1492. Jean de la Chapelle.

Le Grand Moulin. Ordo.

GRAND MOULIN (le), dép. de Sailly-Laurette.

— Pré, fief sis à Mézières. — Daire. Doy. de Fouilloy.

— — fief sis à Boves. — Daire. Doy. de Moreuil.

— — fief sis à Guizancourt.

— — (le), bois dép. d'Epénancourt.

GRAND PROIX (le), bois dép. de Belloy-en-Santerre.

— Riot. — Ruisseau qui traverse le terroir de Béalcourt, et se perd dans l'Authie.

GRANDE LANTURE, dép. de Beuillancourt. — 1728. Tit. de l'év. d'Am.

GRANDE PLANTE (la), bois dép. d'Eppeville. — Défriché.

— Pature, ferme dép. de St.-Quentin-en-Tourmont.

Grande Pasture, 1757. Cassini. — 1764. Desnos.

La grande Pature, ferme, 1836 Etat-major. — 1844. M. Fournier.

GRANDE REMISE, bois dép. de Mesnil-Bruntel. — Défriché.

GRANDE RETZ (la), ferme dép. de Quend.

Grande Retz, 1757. Cassini. — *Grand Retz*, 1764. Desnos.

La Grande Retz, 1733. G. Delisle. — 1840. Alm. d'Abbeville.

GRANDS BOIS (les), bois dép. de Chuignolles.

— Champs (les), bois dép. de Braches. — Défriché en partie.

— Fossés (les), dép. de Marieux. — 1836. Etat-major.

— — ruisseaux passant à Maison-Rolland.

— — ruisseaux de Montigny-lès-Jongleurs.

GRANDSART, dép. de Bailleul, 110 hab.

Gransart, 1157. Raoul d'Airaines. Cart. de Selincourt- — 1763. Expilly. — 1857-61. Dénomb.

Grant Sarth, 1184. Luce III, pape. Cart de Selincourt.

Grant Sard, 1230. Geoffroy, év. d'Amiens. Cart. de Bertaucourt.

Granssart, 1184. Luce III, pape. Cart. de Selincourt.—1273. Ib.
—1295. Philippe IV, roi. Ib.—1337 Rôle. des nobles et fieffés.

Grand Sart, 1252. Renaud de Bailleul. Cart. de Valloires.—
1757. Cassini.—1826-41. Ordo.

Grant-Sehart, 1290. M. Louandre.—M. Prarond.

Gransard, 1847-62. Ordo.—*Grand Sard*. Administration.

Grand Sèble (le), ham. dép. d'Offignies, 34 hab.

Grans Sève, 1733. G. Delisle.—*Grand Sèble*, 1757. Cassini.

Grand Seible, 1844. M. Fournier.—*Le grand Sèble*, 1857. Dén.

Grand-Sœuvre, 1856. Franc-Picard.

Grand Selve, dép. de Buigny-lès-Gamaches.

Gerlandi Silve.—Gerland Selve, 1185. Notice sur Sery.

Grant Soivre, 1337. Rôle des nobles et fieffés.

Grand Sève, 1733. G. Delisle.—1841. Ordo.

Grand Seves, 1757. Cassini.—*Gransœuvre*, 17... M. Prarond.

Grand Sœuvres, 1753. Doisy.—1763. Expilly.

Grand Sevre, 1761. Robert.—1778. De Vauchelle.—1840. Alm.
d'Abbeville.—1856. Franc-Picard.

Grand Selve, 1781. Cout. d'Am.—1836. Et.-maj.—1849-65. Ordo.

Grands Moulins (les), dép. de Pierrepont.

— Prés (les), bois dép. de Falvy.

— Viviers (les), dép. de Thièvres. Desséchés.

Grange (la), fief sis à Glisy.—Daire. Doy. de Fouilloy.—Il appartenait à Jean de Croy, bourgeois d'Amiens, en 1271.

Grange du Meunier, dép. de Marquaix.—1836. Etat-major.

Grange, ferme dép. de Roye.—1856. Franc-Picard.

Ferme de Granges.—Grange de Falays.—Grange de Faletz, 1710.
Titres des Célestins d'Amiens.

Granville, fief sis à Prouville.—1516. Dom Cotron.

Gratepie, lieu dit au terroir de Bouchoir.

In loco qui Gratepie dicitur, 1248. Cart. de Noyon.

GRATIBUS (canton de Montdidier), 204-207 hab.

Gratibus, 1301. Pouillé. — 1567. Cout. de Montdidier. — 1757.
Cassini. — 1764. Expilly. — 17 brum. an X.

Gratisous, 1710. N. De Fer. — *Gratibar*, 1761. Robert.

Dioc. et arch. d'Amiens, élect., doy., baill. et prév. de Montdidier, puis doy. de Davenescourt.

Dist. du cant., 5 k. — de l'arr., 5 — du dép., 32.

GRATTEPANCHE (canton de Sains), 306 hab.

Bratus pantium. César. Charles de Bovelles. — Loisel. — Sanson.

Gratiani pagus... Daire. — *Bractepanse...* Daire.

Gratepanche, 1214. Godefroy de Bretisel. — 1293. Hawis de
Grattepanche. Tit. du Chap. — 1306. Cart. Néhémias de Cor-
bie.—1312. Guillaume de Grattepanche. Arch. du chap.—1564.
Arrêt du Parlement. — 1675. Had. de Valois. —1753. Expilly.

Grattechanche, 1301. Pouillé.

Gratepence, 1487. Hommage. M. Cocheris. — M. Decagny.

Grattepanche, 1507. Cout. loc. — 1757. Cassini.

Gratpanche, 1564. Arrêt du Parlement. Aug. Thierry.

Gratpans, 1579. Ortelius. — 1592. Surhonius.

Gratepenche, 1638, Tassin. — *Grandpans*, 1626. Damiens.

Gratepance, 1675. Had. de Valois. — 1764. Expilly.

Gratepanse, 1733. G. Delisle. — *Gratte-Panche*, 17 brum. an X.

Dioc., élect. et arch. d'Amiens, doy. de Conty, prév. de
Beauvaisis à Amiens.

Dist. du canton, 5 k. — de l'arr., 13 — du dép., 13.

GRAVILLE, fief sis à Daours.

Gravella? 1165. Jean, comte de Ponthieu. M. V. de Beauvillé.

Gerardi villa, 1302. Jean Avantage. Ms. 519. Bibl. d'Amiens.

Graanvilla, 1322. Lettre du roi Charles IV. M. Cocheris.

Gravilla, — *Guerartville*, 1322. Gerard de Fréchencourt.

Guerarville, fief. 1340. Hue Quiéret. Cart. des chap. d'Am

Grandville, 1858. M. Cocheris. — *Graville*. Etat des fief.

GRAVAL, fief sis dans la banlieue d'Am. 1787. Aveu.

GREBAULT-MESNIL (canton de Moyenneville), 150-261 hab.

Grebert-Maisnil, 1226. Hugues, abbé de St.-Riquier. Cart. St.-Josse. — 1301. Pouillé.

Gribaumesnil, 1384. Trésor généal. — 1695. Nobil. de Picardie.

Grebet maigny, 1433. Epitaphe de G. le Faulqueur. M. Darsy.

Grebeau-Mesnil, 1596. Hist. des mayeurs d'Abbeville.

Grebaut, 1638. Tassin. — 1757. Cassini. — Ordo.

Grebaimesnil, 1646. Hist. eccl. d'Abbeville.

Grebs-Mesnil, 1648. Pouillé. — *Grebault*, 1695. Nobil. de Pic.

Grebau, 1657. Jansson. — 1761. Robert.

Gribaut, 1681. Lettre du roi. M. Prarond.

Grébaumesnil, 1692. Pouillé. — 1857-61. Dénomb. quinq.

Grebaut-Mesnil, 1733. Aveu. M. Cocheris. — 17 brum. an X. — 1810. Alm. d'Abbeville. — 1852. M Prarond.

Grebeau-Misnil, 1753. Doisy.

Grebau-Misnil, 1763. Expilly. — *Grebeaumesnil*, 1764. Expilly.

Grebaulmesnil, 1766. Cout. de Ponthieu.

Grebault, 1778. Alm. du Ponthieu. — 1863. M. Prarond.

Grebaumesnil. — Grebaumaisnil. — Grebermesnil. — Gerbermaisnil. Grebesmenil. Dom Grenier.

Grebault-Mesnil, 1850. Tabl. de dist. — 1865. Sceau de la comm. Dioc. d'Amiens, élect., arch. et baill. d'Abbeville, doy. d'Oisemont, puis de Mons.

Dist. du cant., 7 k. — de l'arr., 14 — du dép., 50.

GREBERT, fief sis à Bouquemaison.

Fief Grebert, 1720. Ms. de Monsures. — 1728. Tit. de l'évêché. — 1765. Daire. Doy. de Doullens. — 1768. Aveu. M. Cocheris.

GRÉCOURT (canton de Nesle), 78 hab.

Gricourt, 1143. Célestin II, pape. Cart. de Prémontré.

Grecourt, 1239. Cart. de Noyon. — 1373. Dénomb. de Drieux de Fieffes. — 1757. Cassini. — 17 brum. an X.

Griercourt, 1224. Dom Cotron. — *Griecourt*, 1301

    Elect., dioc. et prév. de Noyon, doy. de Ham.

    Dist. du cant., 9 k. — de l'arr., 27 — du dép., 59.

GREDAINVILLE, fief sis à St.-Riquier.

    Fief Gredainville. Dom Cotron. — *Goidainneville.* Etat de fiefs.

    Gredeneville, 1720. Ms. de Monsure.

GRENARDIÈRE (la), fief sis à Grivillers. — Daire. Doy. de Montd.

GRENIER (le), dép. de la Chaussée-Tirancourt.

    Le Grenier, 1733. G. Delisle. — *Le Gronier*, 1778. De Vauchelle.

GRENOUILLÈRE (la), ferme dép. de Bonnay.— 1836. Etat-major.

    —   hab. isolée, dép. de Boves.

    —   ferme dép. de Frise, 3 hab. — 1733. G. Delisle.

        1757. Cassini. — 1836. Etat-major.

GRENOUILLÈRE (la), ferme dép. de St.-Sulpice. —1757. Cassini.

La Grenouille, 1856. Franc-Picard.

GRENOUILLÈRE (la), hab. isolée, dép. de Sailly-le-Sec.

    —   ferme dép. de Roye. — 1757. Cassini.

GRÈS. dép. de Vismes. — Lieu détruit.

    Grez, 1121. Jean, comte de Ponthieu. Hist. eccl. d'Abb.

    Grès, 1205. Guillaume, comte de Ponthieu. Ib.

    Gressus, 1206. Richard de Gerberoy. M. Louandre. Topogr.

GRESNY-TOUT-VENT, ferme dép. de Maisnières, 9 hab.

    Gresny-tout-vent, 1757. Cassini. — 1840. Alm. d'Abbev.

    Tous-vents, 1764. Bellin. Atlas maritime.

    Tout-vent, ferme, 1836. Etat-major. — 1844. M. Fournier.

    Touvent. Ordo. — 1857. Dénomb. quinq.

GRIBAUVAL, fief sis à St.-Maxent.

    Gebardi vallis, 1073. Guy, év. d'Amiens. Gall. christ.

    Greboval, 1387. Montre de Pierre de Créquy. Trésor généal. —

    1695. Nobil. de Picardie.

    Griboval, 13... Quittance de Jean de Gribauval. Ib. — 1412.

    Sceau de Regnaut de Griboval.

Gribaucal, 1763. Expilly.

GRILLEUX, dép. de Flesselles.

    Grisleu, 1144. Garin, évêq. d'Amiens.—1196. Célestin III, pape. Cart. St.-Jean.

    Grislieu, 1172-86. Thibaut, év. d'Am. Ib. — 1195. Gall. christ. — 1301. Pouillé.

    Grisliu, 1197. Enguerrand de Picquigny. Cart. de St.-Jean.

    Grisplieu, 1648. Pouillé. — *Grelieux*, 1781. Cout. d'Am.

    Grilleux, 1826-28. Ordo. — 1856. Franc-Picard.

    Ancien prieuré-cure dép. de l'abbaye de St.-Jean.

GRILLONVILLE, lieudit au terroir de Villers-Faucon.

GRIMONT, dép. de Heuzecourt, 35 hab.

    Grumont, 1733. G. Delisle. — *Gramont*, 1778. De Vauchelle.

    Gremont, 1784. Daire. Hist. de Doullens. — 1781. Cout. d'Am.

    Grimont, 1743. Friex. — 1757. Cassini. — 1857. Dénomb.

GRIVESNES (canton d'Ailly-sur-Noye), 300-411 hab.

    Grivonellum, 1164. Thierry, év. d'Am. Gall. christ.

    Grivennia, 1211. Jean de Breteuil. — *Grivennæ*.

    Grivane, 1277. Titres de l'évêché. — 1301. Pouillé.

    Grivenne, 1311. Olim.

    Grivesnes, 1513. Arrêt du Parlement. Généal. de Mailly. — 1757. Cassini. — 17 brum. an X. — 1826-62. Ordo. — 1836. Et.-maj.

    Griniaus, 1516. — *Grevesne*, 1753. Doisy.

    Grivainne, 1760. Arrêt du gr. Conseil.—*Gresvesnes*, 1761. Robert.

    Grevesne, 1764. Expilly. — *Grivene*, 1733. G. Delisle.

    Grivennes, 1695. Nobil. de Picardie. — 1765. Daire. Hist. de Montdidier. — 1826-28. Ordo.

    Grivesne, 1787. Picard. mérid.

    Dioc. et arch. d'Amiens, élect., baill. et doy. de Montdidier. Dist. du cant., 12 k. — de l'arr., 10 — du dép., 29.

GRIVILLERS (canton de Montdidier), 127 hab.

    Grivelez, 1150. Ives de Soissons. Cart. de Prémontré.

Grisvillers, 1220. — *Gruivillers*, 1234. Dom Cotron. Chron. cent.
Grivilez, 1301. Pouillé du diocèse.

Griviler, 1192. Cart. d'Ourscamp. — 1195. Evéque d'Arras. Cart.
d'Ourscamp. — 1301. Dénomb. de l'évêché d'Amiens.

Grieviller, 1317. Jean, bailly de Bapaume. Cart. de Lihons.

Grisviller-en-Santers, 1399. Dénomb. de l'évêché d'Am.

Griviller, 1567. Cout. de Roye. — 1764. Expilly.

Grinvillier, 1648. Pouillé. — *Gervillers*, 1657. N. Sanson.

Grivillers, 1710. N. De Fer. — 1757. Cassini. — 17 br. an X.

Griville, 1733. G. Delisle. — *Granville*, 1761. Robert.

Dioc. et arch. d'Amiens, élect. de Montdidier, doy. de Rouvroy, baill. et prév. de Roye.

Dist. du cant., 11 k. — de l'arr., 11 — du dép., 43.

GRIZEL, fief sis à Sains. — Daire. Doy. de Moreuil.

GROS CHÈNE (le), calvaire dép. de Beaucamp-le-Jeune.

— HÈTRE (le), bois dép. de Castel. — 1836. Etat-major.

GROS-JACQUES, ferme dép. de Oust-Marais, 10 hab. —1861. Dén.

— ferme dép. de St.-Quentin-La-Motte-Croix-au-Bailly.
1857-61. Dénomb. quinq. 6 hab.

GROS MOULIN, moulin dép. de Fontaine-sur-Somme.

— (le), dép. de Nouvion.

GROS-TISON, ferme dép. de Lucheux.

Le Gros-Tizon, cense, 1567. Cout. de Péronne.

Grotison, 1608. Quadum. Fasc. geog. — 1757. Cassini.

Grustison, 1696. Etat des armoiries. — *Gros-Tison*. Ordo.

Le Gros-Tison, ferme, 1836. Etat-major.

GROSSE BORNE (la). — On trouve des bornes ou des lieux dits por-
tant ce nom à Ailly-sur-Somme — Beaufort — Bougainville —
Caix — Condé-Folic — Faverolles — Floxicourt — Hallivillers —
Mesnil-en-Arrouaise — Nurlu — Rollot — Rouy-le-Grand —
Sorel-le-Grand — Tincourt — Vauvillers — Vraignes et Ytres.

GROSSE-TOUR (la), lieu dit au terroir de Hangest-sur-Somme.

GROUCHE, rivière.

Liqurt, 1100. Fondation de l'abbaye de St.-Pierre d'Abbeville.

La Coulle... 1847. Alm. de l'Authie. — Hist. de Doullens.

Grouche, 1757. Cassini. — 1836. Etat-major.

Le Lucheux. M. Buteux. — *Grouches*. Administration.

La Grouche prend sa source au-dessous de Coullemont (Pas-de-Calais), passe à Humbercourt, à Lucheux, entre Grouches et Lucheul, à Milly et se jette dans l'Authie à Doullens, par deux branches, l'une au-dessus du pont d'Authie, l'autre au-dessous du pont St.-Sulpice, après un cours de 12 kil.; elle fait mouvoir 9 moulins ou usines.

GROUCHES-LUCHUEL (canton de Doullens), 483-953 hab.

Grouches, 1378. Aveu de Robert du Pré. — 1452. Chron. de Mathieu d'Escouchy. — 1507. Cout. loc. — 1764. Expilly. — 1790. Etat des électeurs. — 1836. Etat-major.

Crouches, 1453. Plaidoyer de Poignant. Mathieu d'Escouchy.

Groue, 1638. Tassin. — *Grouch*, 1657. Jansson.

Gruces, 1666. Comptes de la commanderie d'Avesnes.

Grouche, 1733. G. Delisle. — 1757. Cassini. — 17 br. an X.

Grouches-Luchuel, 1850. Tabl. de dist. — 1865. Sceau.

Dioc. et arch. d'Amiens, élect., doy. et prév. de Doullens.

Dist. du cant., 4 k. — de l'arr., 4 — du dép., 34.

GRUNY (canton de Roye), 340-366 hab.

Greuni, 1143. Célestin II, pape. Cart. de Prémontré. — 1144. Dreux, prieur de Lihons. Cart. de Lihons. — 1167. Robert, év. d'Amiens, Cart. d'Ourscamp. — 1177. Thibaut, év. d'Am. Ib. — 1207 Jean de Roye. Ib. — 1238. Ib. — 1286. Ib. — 1300. Ib. — 1309. Laurent, doy. de Lihons. Ib.

Grœni, 1181. Urbain III, pape. Cart. d'Ourscamp. — 1186. Ib.

Greni, 1260. Cart. de Noyon. — *Grugny*, 1648. Pouillé.

Gruny, 1567. Cout. de Roye. — 1757. Cassini. — 17 br. an X.

Dioc. de Noyon, doy. de Nesle, élect. de Péronne, baill. et
prév. de Roye

Dist. du cant., 4 k. — de l'arr., 23 — du dép., 44.

GUADEN SELVE, forêt qui s'étendait de Forest-l'Abbaye à Abbeville.

Guaden selve. — *Guaden sylva*, 1100. Ch. de Guy, comte de Ponthieu. Hist. eccl. d'Abbeville.

Gadain silva. — *Gadein silva*, 1216. Grégoire IX. Ib.

Godvin selva, 1244. Acquisition du chap. d'Amiens.

GUÉMICOURT (canton d'Hornoy), 36 hab.

Guimincort, 1164. Thierry, év. d'Am. Cart. de Selincourt.

Gameguycourt, 1301. Pouillé. — *Guignemicourt*, 1507. Cout. loc.

Gamegnicort, 1325. Titres des Minimes. — 13.. Obit. du chap.

Guémicourt, 1559. Contrat de mariage d'Edme de Mailly. Généal. de Mailly. — 17 brum. an X.

Geymecourt, 1606. Hommage. M. Cocheris.

Gemicourt. — *Gaignemincourt*, 1648. Pouillé.

Demicourt, 1710. N. De Fer. — 1778. De Vauchelle.

Gaillonecourt. — *Gaignemicourt*, 1764. Expilly.

Dioc. d'Am., doy. d'Oisemont, élect. de Neufchatel, sergenterie d'Aumale.

Dist. du cant., 15 k. — de l'arr., 47 — du dép., 47.

GUÉRARD BUIGNE, fief sis à Fleury. — Daire. Doy. de Conty.

GUERBIGNY (canton de Montdidier), 321 hab.

Garmeni, 1108. Cart. St.-Arnould de Crépy. — 1190. Rorgon de Roye. Car. d'Ourscamp. — 1203-07-28. Cart. d'Ourscamp.

Garmegni, 1190. Rorgon de Roye. Ib. — 1193. Cart. de Breteuil. — 1215. Cart. St.-Martin-aux-Jumeaux. — 1247. Cart. d'Ourscamp.

Garmeny, 1226-1231. M. Decagny. Etat du diocèse.

Garmegniacum, 1228. Cart. de Libons. — 1260. Actes du Parlement.

Garmeniacum, 1230. Mathieu de Guerbigny. Cart. St.-Corneille.

Garmeigni, 1234. Cart. d'Ourscamp. — 1331. M. Decagny.

Garmegny, 1299. Cart. de l'Hôtel-Dieu d'Am. — 1301. Pouillé. — 1549. Lettre de Henri II.

Garmeingny, 1301. Dén. de l'év. d'Am.—13…Reg. Lucas de Corbie.

Garmigny, 1430. Chron. de Monstrelet.

Garbegniez, 1579. Ortelius. — 1592. Surhonius.

Guerbigny, 1567. Cout. de Montdidier. — 1657. N. Sanson. — 1757. Cassini. — 1765. Daire. — 17 brum. an X.

Guebigni, 1707. G. Sanson. Fr. en 4 feuilles.

Dioc. et arch. d'Amiens, élect., baill. et prév. de Montdidier, doy. de Rouvroy.

Dist. du cant., 10 k. — de l'arr., 10 — du dép., 37.

GUERVILER, lieu dit au terroir de Pucheviller. — 1231. Tit. de St.-Nicolas d'Amiens.

GUESCHARD (canton de Crécy), 1044-1097 hab.

Gaisart, 115.. Aleaume d'Amiens. Cart. de Bertaucourt.

Gaissart, 1165. Composition entre l'abbé de St.-Riquier et Gui de Caumont. Dom Cotron. — 1210. Guy, de Ponthieu. Cart. d'Auchy-les-Moines. — 1261. Hosp. de St.-Riquier. — 1312. Gall. christ.—1492. Jean de la Chapelle. — 1507. Cout. loc. — 1763. Dén. de la seigneurie de La Ferté-lès-St.-Riquier.

Gaiscart, 1177. Thibaut, év. d'Am. Cart. de Bertaucourt.

Guessart, 1248. Gall. christ. — 1492. Jean de la Chapelle. — 1538. Arpentage. M. Cocheris. — 1561. État des bénéficiers du diocèse. — 1646. Hist. eccl. d'Abbev.

Gayssart, 1301. Pouillé. — 1327. Archidiacre de Favernay au diocèse de Besançon. Tit. du chapitre.

Gaysart, 1301. Pouillé. — *Gaischart*, 1312. Dom Cotron.

Gueissart, 1339. Rôle des nobles. — *Gaishart*, 1408. Dom Grenier.

Guaissard, 1470. Cueilloir de Fieffes. — *Guears*, 1507. Cout. loc.

Guesart, 1539. Dén. de l'évêché. — *Gesart*, 1579. Ortelius.

Guieschard, 1627. Bail. — *Goissart*, 1648. Pouillé.

Gueschard, 1698. Etat de la France. — 1790. Etat des électeurs. — 17 brum. an X.

Guechart, 1707. France en 4 f. — 1710. N. De Fer. — 1725. Arch. du chap. — 1733. G. Delisle. — 1778. De Vauchelle.

Gueschart, 1757. Cassini. — 1764. Expilly. — An VIII. — 1836. Etat-major. — 1810. Alm. d'Abbev. — 1861. Dénomb. quinq.

Guesdiar, 1761. Robert.

Guaissart, 1763. Dén. de la seigneurie de la Ferté-lès-St.-Riquier.

Gueschart-Cumonville, 1851. Alm. d'Abbeville

Dioc. d'Amiens, arch. et élect. d'Abbeville, doy. de Labroye, baill. de Crécy, prév. de St.-Riquier.

Gueschard avait été créé en 1790 l'un des 17 chefs-lieux de canton du district d'Abbeville, et maintenu, en l'an VIII, l'un des 14 chefs-lieux d'arr. communaux.

Dist. du cant., 10 k. — de l'arr., 23 — du dép., 50.

GUEUDECOURT (canton de Combles), 411 hab.

Geldecort, 1152. Eugène III, pape. Cart. d'Arrouaise.

Geldecurt, 1177. Pierre, châtelain de Péronne. Ib.—1178. Alexandre III, pape. Ib. — 1197. Bailly d'Amiens. Cart. de Lihons.

Geudencourt. — *Geudincort*. — *Geudincourt*, 1184. Luce III, pape. Cart. de Selincourt.

Geudecort, 1195. Evêque d'Arras. Cart. d'Arrouaise — 1214. Dénomb. Reg. de Philippe-Auguste. — 1295.

Gadencourt, 1212. Arch. de la Chambre des comptes de Lille.

Gheudecourt, 1374. Aveu. — *Guoeudecourt*, 1372. M. Decagny.

Gueudecourt, 1383. Aveu. — 1567. Cout. de Pér. — 17 br. an X.

Guidecourt, 1579. Ortelius. — 1592. Surhonius.

Geudecourt, 1753. Doisy. — *Gœudecourt*, 1757. Cassini.

Guedecourt, 1786. Hist d'Arrouaise. — *Gudecourt*...M. Decagny. Elect., baill. et prév. de Péronne, dioc. d'Arras, doy. de Bapaume.

Dist. du canton, 7 k. — de l'arr., 19 — du dép. 46.

GUIBERMESNIL (canton d'Hornoy), 194-225 hab.

Gislebertmaisnil, 1131. Garin, év. d'Am. — 1176. Henri, arch. de Reims. — 1208 Richard, év. d'Am. Cart. de Selincourt.

Gileberti Maisnil, 1137. Innocent II, pape. Cart. de Selincourt.

Gislebermaisnil, 1164. Alexandre III, pape. Ib.

Gillebert maisnil, 1164. Jean de Beaunay. Ib.

Gisleberti maisnilium, 1262. Guillaume de Chepoy. Ib. — 1268. Jean de Nesle. Ib.

Grobermesnil, 1432. Dom Cotron. Chron. cent.

Gaulbertmaisnil, 1507. Coul. loc. — Guillebermont, 1657. Jansson.

Guibersmenil, 16... Pièces de procédure. M. Cocheris.

Guiber-Maisnil, 1696. Etat des armoiries.

Guibermesnil, 1698. Arrêt du Parlement. — 1766. Coul. du Ponthieu. — 1778. Alm du Ponthieu. — 17 brum. an X.

Gribemesnil, 1701. Armorial.

Guibermaisnil, 1701. Armorial. — 1757. Cassini.

Guibermenil, 1733. G. Delisle. — 1764. Expilly.

Guiber, 1761. Robert. — Guibermainil, 1764. Desnos.

Guiberminil, 1763. Expilly. — 1790. Etat des électeurs.

Dioc. d'Amiens, arch. et élect. d'Abbeville, baill. et prév. d'Arguel, doy. d'Airaines, puis d'Hornoy.

Dist. du cant., 5 k. — de l'arr., 37 — du dép., 37.

GUIGNEMICOURT (canton de Molliens-Vidame), 346 hab.

Gamegnicort, 1190. Jean de Picquigny. Cart. du Gard.

Gainemicort, 1196. Cart. de la cathédrale d'Amiens.

Gamegicourt, 1267. Sentence de l'Official d'Amiens.

Gainémicourt, 1349. Jean de Bettembos. M. Pouillet. — Daire. — 1618. Pouillé. — 1753. Doisy. — 1763. Expilly.

Gaignemicourt, 1350. Cart. du Gard. — 1374. Bailly d'Amiens.

Gaignemicourt, 1350. Guy de Nesle. Cart. du Gard.

Gaignemicourt, 1492. Arch. du chap. — 1733. G. Delisle.

Guinemicourt, 1567. Proc.-ver. des cout. — 1725. Arch. du chap.

Guilmicourt, 1603. Jehan Patte. — *Ganemicourt...* Daire.

Geymecourt, 1606. M. Decagny. — *Guemicourt,* 1657. Jansson.

Guignemicourt, 1736. M. Decagny. — 1757. Cassini.—17 br. an X. Elect., dioc. et arch. d'Am., doy. de Conty, prév. de Beauvaisis à Amiens.

Dist. du cant., 13 k. — de l'arr., 10 — du dép., 10.

GUILLAUCOURT (canton de Rosières), 491-560 hab.

Gislocort, 1145. Sanson, arch. de Reims. Cart. St.-Acheul. — 1159. Thierry, év. d'Amiens. Ib. — 1200. Rôle des feudalaires de l'abb. de Corbie. — 1202. Bernard de Moreuil.

Gissocourt, 1147. Thierry, év. d'Amiens. Gall. christ.

Guillecur, 1168. Robert, év. d'Am. M. V. de Beauvillé.

Gislaucourt, 12... Cart. noir de Corbie. — M. Decagny.

Guillaucort, 1267. Abbesse du Paraclet. Cart. noir de Corbie. — 1285. Mathieu de Guillaucourt. Ib.

Gillaucort, 1272. Bernard, év. d'Amiens. Cart. de Fouilloy. —

Gillaucourt, 1277. Abbesse du Paraclet. Cart. noir de Corbie. — 1284. Mathieu de Guillaucourt. Ib. — 1331. Titres de Corbie.

Guillaucourt, 1301. Pouillé. — 1757. Cassini. — 17. brum. an X.

Guillencourt, 1567. Cout. de Montdidier.

Guillancourt, 1638. Tassin. — 1657. Jansson. — 1710. N. De Fer. Dioc. et arch. d'Amiens, élect., baill. et prév. de Montdidier, doy. de Fouilloy.

Dist. du cant., 7 k. — de l'arr., 28 — du dép. 27.

GUILLEMONT (canton de Combles), 574 hab.

Gainemunt, 1177. Pierre, châtelain de Péronne. Cart. d'Arrouaise.

Gainemont, 1201. Lambert, abbé de St.-Barthélemy. Ib.

Guenemont, 1214. Lettre de Louis IX.

Guillemont, 1344. Oudart de Ham. — 1733. G. Delisle. — 1757. Cassini. — 1836. Etat-major. — 1865. Sceau de la commune.

Guinemont, 1579. Ortelius. — 1592. Surhonius. — 1638. Tassin. — 1648. Pouillé. — 1657. Jansson. — 1761. Robert.

Guygnemont, 1567. Cout. de Péronne.

Guignemont, 1591. Hist. d'Arrouaise. — 1753. Doisy. — 1764.
Expilly. — 1790. Etat des électeurs. — 17 brum an X.
Dioc. de Noyon, élect., bail., prév. et doy. de Péronne.
Dist. du cant., 3 k. — de l'arr., 16 — du dép. 44.

Guinée, dép. du Crotoy. — 1757. Cassini. — 1764. Desnos.
Non indiqué par l'Etat-major.

Guinguette (la), habitation isolée, dép. d'Albert.
— hab. isolée de Sailliscl.

Guisenville, fief sis à de Revelles. — 1725. Arch. du chap.

Guisne, fief sis à Rosières. — Daire. Doy. de Lihons.

Guisy, lieu dit au terroir d'Oresmaux.

Guisi, 1101-1224. — *Guissy*, xiie siècle. Tit. de Corbie.

Gisi,1165. Thibaut, év. d'Am. Tit. du Bosquel.

Guisy, 1169-1251. Tit. de Corbie. — 1300. Titres de Picquigny.
1404. Sentence arbitrale. Tit. du Bosquel. — 1641. Dénomb.
— 1680. Titres de Corbie. — 1696. Etat des armoiries.

Ghisi, 1180. Guillaume, arch. de Reims. Cart. St.-Laurent. —
1181. Thibaut, év. d Amiens. Prieuré du Bosquel.

Guisy-lès-Ormeaux. — *Guysi-les-Oresmaux*, 1450. Tit. de Corbie.

Guiverval, lieu sis en Ponthieu, inconnu. — 1192. Enguerrand
de Fontaine. Gall. christ.

GUIZANCOURT (canton de Poix), 206 hab.

Guisencort, 1154. Thierry, év. d'Amiens. Cart. de Selincourt.

Gisencurt, 1164. Alexandre III, pape. Cart. de Selincourt. — 1176.
Henri, arch. de Reims. Ib. — 1264. Etienne de Neuville. Ib.

Gissencourt, 11... Cart. de St.-Fuscien.

Guisencourt, 1301. Pouillé. — 1337. Rôle des nobles et fieffés. —
1507. Cout. loc. — 1763. Expilly.

Gisencourt, 1418. Lettre de rémission de Charles VI.

Guizencourt, 1692. Pouillé. — 1701. D'Hozier. — 1710. N. De Fer.

Guisancour, 1733. G. Delisle. — *Guisancourt*, 1757. Cassini.

Guissancourt, 1764. Desnos. — *Guizancourt*, 17 brum. an X.
Dioc., élect. et arch. d'Amiens, doy. de Poix, prév. de Beauvaisis à Amiens, mouvance de Famechon.

Dist. du cant., 5 k. — de l'arr., 33 — du dép., 33.

GUIZANCOURT-LES-QUIVIÈRES, dép. de Quivières, 175 hab.

Gisencurt, 1153. Beaudouin, év. de Noyon. Cart. d'Arrouaise.

Gisencort, 1182. Renaud, év. de Noyon. Cart. de Noyon. — 1214.
Dénomb. Reg. de Philippe-Auguste.

Guisencort, 1212. Etienne, év. de Noyon. Cart. de Noyon.

Giseincort, 1215. Dénomb. de Jean de Nesle. — 1230. Dénomb.
de la terre de Nesle.

Guissencort, 1225. Florent de Hangest. Cart. de Fouilloy.

Guysencourt, 1567. Cout. de Péronne.

Guisencourt, 1733. G. Delisle. — 1778. De Vauchelle.

Guisancourt, 1757. Cassini. — 1764. Expilly. — 1828-50. Ordo.

Quincourt, 1787. Pic. mérid. — *Guizaucourt*, 1856. Fr.-Pic.

Guizancourt, 1836. Etat-major. — 1851-65. Ordo.

GUSTAVILLE, ferme dép. d'Oresmaux. — 1844. Fournier.

GUYENCOURT-SAULCOURT (canton de Roisel), 333-741 hab.

Guincurt, 1174. Beaudouin, év. de Noyon. Cart. d'Arrouaise.

Wiencort, 1207. Etienne, év. de Noyon. Cart. St.-Corneille.

Guiencort, 1211. Evêque d'Arras. — 1236. Cout. de Noyon.

Goiencort, 1215-1230. Dénomb. de la terre de Nesle.

Wiencourt, 1350. Bailly d'Amiens. Tit. de Corbie.

Guyeucourt et Saucourt, 1567. Cout. de Péronne.

Guiencourt, 1660. Epitaphe de Louis d'Estourmel à Suzanne. —
1733. G. Delisle. — 1764. Expilly.

Guiancourt, 1753. Doisy. — 1757. Cassini. — 17 brum. an X.

Guincour, 1761. Bobert. — *Guincourt*, 1787. Picardie mérid.

Guyencourt-Saulcourt, 1836. Etat-maj. — 1850. Tabl. de dist.

Guyancourt, 1856. Franc-Picard.

Dioc. de Noyon, élec. doy., baill. et prév. de Péronne.

Dist. du cant., 8 k. — de l'arr., 15 — du dép., 65.

GUYENCOURT (canton de Sains), 314 hab.

Goiencort, 1147. Carl. St.-Martin-aux-Jumeaux.

Guiencurt, 1175. Thibaut, év. d'Am. — Cart. St.-Laurent.

Guiencort, 1200. Rôle des feudataires de l'abbaye de Corbie.

Guidonis curia, 1259. Actes du Parlement.

Guiencourt, 1301. Pouillé. — 1710. N. De Fer. — 1757. Cassini.

Guyencourt, 1416. Hommage. M. Cocheris. — 1567. Proc.-verb. des cout. — 1648. Pouillé. — 17 brum. an X.

Ginancourt, 1733. G. Delisle. — *Guiancourt*, 1778. De Vauchelle. Dioc., élect. et arch. d'Am., doy. de Mor., prév. de Beauv. à Am. Dist. du cant., 6 k., — de l'arr., 15 — du dép., 15.

GUIGNY, fief sis à Raincheval. — Daire. Doy. de Doullens.

GUYNES, ferme dép. de Bray-sur-Somme. — 1567. Cout. de Péronne.

GUYONVILLE, lieu dit au terroir de Lieramont.

H.

HABLE (le). — Ruisseau qui passe à Woignarue et se jette dans la mer au-dessous de Cayeux. 1757. Cassini.

HABLE D'AULT, étang ou petit lac dép. de Cayeux.

Hable de Avtebue, 1383. Accord entre l'abbaye et le seigneur de St.-Valery.

Fosse de Cayeux, 1423. Pierre de Fenin. — 1753. Piganiol.

Hable d'Hautebut... — *Le Havre d'Au...* M. Prarond.

Hable d'Ault, 1733. G. Delisle. — *Hable d'Eu*, 1778. De Vauchelle.

Havre d'eau. — *Hable d'eau*, Mém. du comte de Vault.

HAIDINCOURT, lieu près de Vaux-en-Amiénois. — Dom Grenier.

Haidincurt, Haidencurt, Hadincurt, 1147. Cart. St.-Laurent.

Haidincort, 116.. Thierry, évêque d'Am. Ibid.

HAIE (la), bois dép. de Namps-au-Val. — Défriché.

La grande, — la petite Haie.

HAIE BUTIN (la), bois dép. d'Allonville.

Haie Jean (la), bois dép. de Mézerolles.

HAILLES (canton de Sains), 416 hab.

Alleium, 1142. Gall christ. — *Hala*, 1198.

Hailles, 1242. Pierre de Jumelles. Ib. — 1301. Pouillé. — 1361. Sceau de Jean de Castel. — 1387. Comptes de la ville d'Am. — 1567. Cout. de Montdidier. — 1757. Cassini. — 17 br. an X.

Halles, 1277. L'abbesse du Paraclet. Cart. noir de Corbie.

Haille, 1638. Tassin. — 1648. Pouillé. — 1696. Etat des armoiries.

Elect., baill. et prév. de Montdidier, dioc. et arch. d'Amiens, doy. de Moreuil.

Dist. du cant., 11 k. — de l'arr., 16 — du dép., 16.

Hainneville, dép. de Chaussoy-Epagny, 66 hab.

Haineville, 1733. G. Delisle. — 1757. Cassini. — 1826-65. Ordo

Haynneville, 1763. Expilly. — *Hameville*, 1778. De Vauchelle.

Hainneville, 1781. Cout. du baill. d'Amiens. — 1836. Etat-major.

Henneville, 1841-46. Ordo.

Elect. d'Am., prév. de Beauvaisis à Amiens.

Halbourdin, dép. de Rue. — Non indiqué par l'Etat-major.

Halbourdin, 1757. Cassini. — 1764. Desnos.

Hautbourdin, 1761. Robert.

Halle (la), ferme dép. de Hautvillers, 7 hab.

1733. G. Delisle. — 1753. Doisy. — 1757. Cassini. — 1763. Expilly. — 1790. Etat des électeurs.

HALLENCOURT (chef-lieu de canton), 1914 hab.

Halencourt, 1121, Jean, comte de Ponthieu. Hist. eccl. d'Abbev. — 1146. Thierry, év. d'Am. Cart. de Selincourt. — 1277. Henri d'Hallencourt. Cart. du chap. — 1300-23. Marnier. — 1493. Aveu et dén. — 1749. Arrêt. — 1763. Expilly. — An VIII.

Halencort, 1146. Thierry, év. d'Amiens. Cart. de Selincourt. — 1184. Charte de commune d'Abbeville. — 1199. Gauthier de Hallencourt. — 1202-19. Id. — 1210-11. Accord entre Montreuil et le comte de Ponthieu. — 1219. Guillaume, comte de Ponthieu. — 1239. Hosp. de St.-Riquier. — 1253. Cart. St.-Martin-aux-Jumeaux.

Halencurt, 1160. Jean, comte de Ponthieu. Cart. de Selincourt. 1164. Alexandre III, pape. — 1176. Henri, arch. de Reims. Ib. — 1202. Charle de Doullens. — 1207. Thomas de St.-Valery.

Alencurt, 1164. Alexandre III, pape. Cart. de Selincourt.

Halen-curtis, 1199. M. Louandre. Topogr. du Ponthieu.

Halenture, 1202. Guillaume, comte de Ponthieu. Rec. des ord.

Ellencort, 1205. Thierry de St.-Valery. Cart. de Bertaucourt.

Helencourt et *Alencourt*, 1261. Hosp. de St.-Riquier. — 1337. Rôle des nobles et fieffés.

Hallencourt, 1412. Hommage au roi par Mathieu de Cayeux. M. Cocheris. — 1472. Hosp. de St.-Riquier. — 1483. Lettre de Charles VIII. — 1507. Cout. loc. — 1757. Cassini. — 1766. Arrêt du Parlement. — 17 br. an X. — 1844. Fournier. — Ordo.

Halencourt-en-Ponthieu, 1493. Aveu et dénomb.

Halincourt, 1657. Jansson. — 1764. Expilly.

Haleincourt, 1670. Arrêt. — 1836. Etat-major.

Halancourt-en-Ponthieu, 1695. Nobil. de Picardie.

Hallancourt, 1720. Chevillard. Armorial.

Dioc. d'Am., élect. et arch. d'Abbeville, doy. d'Airaines, baillage d'Airaines et d'Arguel.

Halencourt fut en 1790 le chef-lieu de l'un des 17 cantons du district d'Abbeville, en l'an VIII, de l'un des 14 arrondiss. comm., et en l'an X, de l'une des 11 justices de paix.

Dist. de l'arr., 17 k. — du dép., 14.

HALLENCOURT, fief sis à Agenvillers. — 1781. Cout. du baill. d'Am.

HALLES, dép. de Gratibus. — 1761. Robert.

HALLES, dép. de Sainte-Radegonde, 226 hab.

Hale, 1209. Philippe, roi. — 1214. Registre de Philippe-Auguste. — 1221. Lettre de Philippe-Auguste. M. Cocheris.

Hala, 1221. Gautier, abbé du Mont-St.-Quentin.

Halles, 1567. Cout. de Péronne. — M. Decagny. — Ordo.

Hal, 1592 Surhonius. — 1638. Tassin.

Halle, 1733. G. Delisle. — 1753. Doisy.

Le Humel, 1787. Picardie mérid.

Hallivillers-lès-Lincheux, ham. dép. de Lincheux-Hallivillers.

Haleusviler, 1152. Fulbert, abbé de St.-Germer. — 1164. Alexandre III, pape. — 1165. Thierry, év. d'Am. Cart. de Selincourt.

Haleuviler, 116.. Accord. — *Halesviler*, 1164. Alexandre, pape Ib.

Haloviler, 1176. Henri, arch. de Reims. Ib.

Haloiviler, 1227. Dom Grenier. — *Halliviller*, 1507. Cout. loc.

Hallivillier, 1567. Proc.-verb. des cout.

Aillivillers, 1720. De Villers-Rousseville.

Hallivillers, 1728. Titres de Corbie. — 1733. G. Delisle.

Halivillers, 1757. Cassini. — *Haliviller*, 1763. Expilly.

Haillivillers-lès-Lincheux, 1781. Cout. du baill. d'Am.

Hallivillers et Lincheux, 17 br. an X.

HALLIVILLERS-SOUS-WARDE (canton d'Ailly-sur-Noye), 292 h.

Halovillare, 1164. Thierry, év. d'Am. Gall. christ.

Haluviler, 1301. Pouillé.

Halliviller, 1648. Pouillé. — 1733. G. Delisle. — 1753. Doisy.

Halivillers, 1657. N. Sanson. — *Hallivillé*, 1757. Cassini.

Halivillé, 1779. Visite de bois. Arch. de l'Empire.

Haillivilers-lez-Wuarde, 1781. Cout. du baill. d'Am.

Hallivillers-sous-Warde, 17 brum. an X. — 1836 Etat-major.

Elect., dioc. et arch. d'Amiens, doy. de Moreuil, prév. de Beauvaisis à Amiens.

Dist. du cant., 10 k. — de l'arr., 23 — du dép., 24.

Hallon, partie de Esmery-Hallon.

Halons, 1155. Cart. d'Ourscamp. — 1215. Dénomb. de Jean de Nesle. — 1230. Dénomb. de la terre de Nesle. — 1260. Olim.

Hallon, 1733. G. Delisle. — 1778. De Vauchelle.

Hallens, 1757. Cassini.

Hallors (les), dép. de Vron, 57 hab.

Grand et petit Halots, 1757. Cassini.—Hallots, 1844. M. Fournier.

Leshallot, 1781. Cout. du baill. d'Amiens.

Le grand et le petit Hallot, 1840. Alm. d'Abbeville.

Les Hallois, 1841. Ordo. — Hallot. Administration.

HALLOY-LÈS-PERNOIS (canton de Domart), 453 hab.

Haloy, 113.. Garin, év. d'Amiens. Cart. de Bertaucourt.—1176.
Thibaut, év. J'Am. ib. — 1210. Hugues de Cayeux. Ib.—1231.
Eustache de Halloy. Cart. du Gard. — 1257. Enguerrand de
Halloy. Cart. du Gard. —1283. Thibaut de Canaples. Arch.
de l'évêché. — 1301. Pouillé.

Haloyum 1140. Garin, év. d'Amiens. Cart. de Bertaucourt.

Alleium, 1142. Gall. christ.

Haloi, 1171. Thibaut, év. d'Am. Inv. de St.-Nicolas. — 1221.
Eustache de Halloy. Cart. de Fieffes. — 1243. Official d'Am.
Cart. du Gard. — 1743. Friex.

Hollois, 1186. Délimitation du comté d'Amiens. Du Cange.

Halloy, 1250. Petrus d'Halloy. — 1590. Dénomb. de l'év. d'Am.
— 1501. Etat des bénéficiers du diocèse d'Am. — 1567. Proc.-
verb. des cout. — 1568. Registre aux comptes d'Am. — 1592.
Sarhodius. — 1633. Jassin. — 1757. Cassini. — 17 br. an X.

Halloi, 1710. G. Sanson. — 1733. G. Delisle. — 1787. Pic. mér.

Halloy-lès-Pernois, 1781. Cout. du baill. d'Am.

Halloy-lès-Pernois, 1821-28-33. Ordo. — 1836. Etat-major.

Hallois-les-Pernois, 1829. Ordo.

Halloy-lès-Pernoy, 1817-51. Ordo. — 1857-61. Dénomb. quinq.
Elect. de Doullens, dioc. et arch. d'Amiens, doy. de Vignacourt, prév. de Beauquesne.

Dist. du cant., 8 k. — de l'arr., 18 — du dép., 22.

HALLOY-LÈS-ANDAINVILLE, fief. 1647 Relief. Nobil. de Picardie.

HALLOY (le), dép. de Neuilly-l'Hôpital.

Haloi, 1210-26-52-63. Arch des Hosp. de St.-Riquier.

Haloy, 1212-50-52-61. Ibid. — 1757. Cassini.

Le Haloi, 1733. G. Delisle. — *Halloy*, 1763. Expilly. — Ordo.

Hallois-près-le-Plessier, 1766. Cout. de Ponthieu.

Le Halloi, 1787. Picardie mérid. — *Le Haloy*, 1836. Etat-major.

Le Halloy, 1840. Alm. d'Abbeville. — 1856. Franc-Picard.

HALLOY, fief sis à Fignières.

Fief d'Haloy. Daire. Doy. de Davenescourt.

Halloy, 1703. Dom Grenier.

HALLU (canton de Rosières), 219 hab.

Halud, 1114. Geoffroy, év. d'Amiens. Cart. de Lihons.

Halu, 1162. Raoul de Vermandois. — 1214. Dénomb. Registre de
Philippe-Auguste. — 1215. Dénomb. de Jean de Nesle. —
1228. Robert de Chilly. Cart. de Lihons. — 1301. Pouillé.
—1408. Hommage par Humbert de Boissy. — 1763. Expilly.

Halut, 1162. Raoul de Vermandois.

Hallus, 1171. Thibaut, év. d'Am. Cart. St.-Laurent. —1757. Cassini.

Hallu, 1223. Lettre de Philippe-Auguste. — 1230. Dénomb. de
la terre de Nesle. — 1237. Sceau de Gilles de Hallu. —1408.
Hommage. — 1567. Cout. de Roye. —1733. G. Delisle. —
1760. Aveu et terrier. — Ordo. —17 br. an X. —1836. Et.-maj.

Hallud, 1237. Gilles de Hallu. — *Waluth*, 1254. Cart. de Lihons.
Elect. de Péronne, dioc. et archid. d'Amiens, doy. de Rouvroy,
baill. et prév. de Roye.

Dist. du cant., 8 k. — de l'arr., 25 — du dép., 40.

HALLUE, rivière.

Alaye, 1331. Registre Johannes de Corbie.

Alee fluv., 1579. Ortelius. — 1646. Coulon. Rivières de France.

Alu, 1733. G. Delisle. — 1778. De Vauchelle. —1787. Pic. mér.

Allu, 1757. Cassini. — *Hallu*, 1757. Cassini.

Halu, 1764. Desnos. — *L'Hallue*, 1836. Etat-major.

Riv. de Querrieux. M. Buteux. — *L'Allue.* Administration.

L'Hallue prend sa source au terroir de Warloy, coule de l'Est à l'Ouest, passe à Vadencourt dont les sources la grossissent, à Contay; descend du N. au S. à Bavelincourt, entre Montigny et Behencourt, à Fréchencourt, entre Querrieux et Pont, à Bussy, tourne à l'Est entre Dours et Vecquemont et se jette dans la Somme.

HAM (chef-lieu de canton), 2873 hab.

Hammus, 932. Flodoard. — Expilly.

Hamus, 985. Albert-le-Pieux. — 1130. Barthélemy, abbé de Ste-Marie de Laon. Cart. de Lihons. — 1150 Roger, châtelain de Péronne. Cart. d'Arrouaise.

Ham, 1055. Ive, chatelain de Ham. Cart. de Noyon. — 1119. Calixte, pape. Cart. d'Arrouaise. — 1124. Simon, évêq. de Noyon. Cart. de Noyon. — Roman de Garin le Loherain. — 1151. Doyen de Noyon. — 1184. Luce III, pape. Cart. d'Arrouaise. — 1195. Gilbert de Mons. Chron. Hannoniæ. — 1215. Odon de Ham. — 1223. Sceau de Odon de Ham. — 1228. Chambre des comptes de Lille. — 1258-1270. Actes du Parlement. — 1260. Olim. — 1274. Jean de Buchy. Cart. d'Ourscamp. — 1293. Gérard de Ham. Cart. noir de Corbie. — 1355. Arrêt du Parlement. — 1757. Cassini. — 17 brum. an X.

Castrum Hamense, 1107. Paschal II, pape. Cart. d'Arrouaise. — 1177. Odon de Ham. Cart. de Prémontré.

Hamense castellum. — *Communia Hamensis.* — *Castrum de Hamis*, 1223. Serment de la ville de Ham.

Hem, 1227. Vice doyen de Ham. — 1275. Arrêt du Parlement. 1300. Oudart de Ham. — 1309. Lettre de Philippe IV. — Mém. de St.-Remy. — Relation du siége de Ham en 1411.

Ham in Veromandia, 1257. Lettre de St.-Louis. Rec. des ord. — 1259. Lettre de Jean de Ham. Cart. noir de Corbie.

Hen, 1266. Lettre de Guillaume de Longueval. — 1423. Monstrelet. — 1589. Reg. de l'échev. d'Am. — 1592 Surhonius.

Hang, 1333. Jacques de St.-Simon. Carlier.

Han, 1342. Lettre de Philippe VI. Rec des ord. —1413. Ord. de Charles VI. Ib. — 1557. Mém. de Bussy Rabutin. — Coligny. — 1591. Palma Cayet. — 1626. G. Postel. —1638. Tassin.

Hans, 1349. Lettre de Agnès de Ham. Cart. de Guise.

Ham-en-Vermandois, 1367. Lettre de Charles V. — 1401. Lettre de Charles VI. Rec. des ord. — 1423. Monstrelet.

Han-en-Vermandois, 1407. Hommage au roi par le duc d'Orléans. —1431. Mémoire sur la pucelle d'Orléans.

Ham-sur-Somme, 1411. Chron. de Froissart.—Monstrelet.

Han-sur-Somme. — *Han-sur-la-Somme*, 1423. Pierre de Fenin.

Hem-en-Vermandois, 1468. Lettre de Louis XI. Rec. des ord.

Huin-en-Vermandois, 1471. Ordon. de Louis XI. Aug. Thierry.

Hoan, 1638. Tassin. — *Haan*, 1681. Déclaration du roi.

Hamma, 1743. Tabula imperii Caroli Magni per Eg. Robertum. Elect. et d'oc. de Noyon, chef-lieu d'un bailliage et d'un dôy.; justice royale, bureau de cinq grosses fermes.

Abbaye de l'ordre de St.-Augustin fondée en 1103.

Ham, établi chef-lieu de l'un des 16 cantons du district de Péronne en 1790, chef-lieu de l'un des 13 arr. en l'an VIII, fut en l'an X l'un des 8 chefs-lieux de justice de paix.

Dist. de l'arr., 25 k. — du dép., 64.

HAMEL-BEAUMONT, dép. de Beaumont-Hamel.

Hamel, 1183. Simon de Querrieux. Cart. St.-Laurent. — 1217. Nivelon, maréchal. — 1227. Geoffroy, év. d'Amiens. Cart. de Fouilloy. — 1559. Hommage au roi par Georges Defoy. — 1579. Ortelius. —1733. G. Delisle. — 1757. Cassini.

Hamellus, 1209. Richard, év. d'Am. Cart. de Fouilloy. — 1227. Baudouin de Beauvoir. Ib. — 1230. Cart. d'Arrouaise.

Hamel-près-Beaumont, 1567. Cout. de Péronne.

Amel-le-Pré, 1757. Pic. mér. — *Le Hamel*, 1743. Friex.   Ordo.

HAMEL-DREUIL, dép. de Dreuil-Hamel, 140 hab.

Hamel, 1733. G. Delisle. — 1763. Expilly. — 1778. De Vau-
    chelle. — 1840. Alm. d'Abbeville. — 1856. Franc-Picard.

Le Hamel, 1761. Robert. — 1836. Etat-major.

Hamel-près-Dreuil, 1766. Cout. de Ponthieu.

Hamel-Dreuil, 1826. Ordo.

HAMEL-LE-QUESNE, ham. dép. de Tincourt-Boucly, 161 hab.

Hamel, 116 . Alexandre III, pape, à Henri, arch. de Reims. —
    1174. Beaudouin, év. de Noyon. Cart. d'Arrouaise.

Hamel-lès-Tancourt, 1399. Hommage de Gilles-Mallet.

Le Hamel, 1559. Dénomb. — *Hamel-le-Quesnes*, 1757. Cassini.

Hamel-le-Quesne, 1567. Cout. de Péronne. — 1848. Ordo.

Hamel-le-Cat. . M. Decagny. — *Hamel-le-Catz*... Collette.

Quesne. Ordo. — *Hamellie-Quesne*, 1849. Ordo.

HAMEL-LÈS-BRIE, ferme dép. de Brie, 6 habit.

Cense du Hamel, 1567. Cout. de Péronne.

Le Hamel, 1861. Dénomb. quinq.

HAMEL-LÈS-BRUTELLES, dép. de Brutelles.

Le Hamel, 1757. Cassini. — 1761. Robert. — 1763. Expilly. —
    1840. Alm. d'Abbev. — Ordo.

Hamel-lès-Brutelles, 1762. Aveu. — 1770. Aveu et dénomb.

Hamel, 1766. Cout. de Ponthieu.

Hamel à Broutel. — *Hamel-lès-Brustel*... Dom Grenier.

    Ne se trouve plus sur la carte de l'Etat-major.

HAMEL-LÈS-CONTY, dép. de Conty. — Non indiqué par G. Delisle.

Hamellum, 1280. Sentence contre Enguerrand de Lœuilly. Arch.
    du Bosquel.

Le Hamel, 1394. Jean du Hamel. Cart. du Gard.

Hamel-le-Conty, 1757. Cassini. — 1778. De Vauchelle.

Le Hamel, 1844. M. Fournier. — *Hamel*, 1856. Franc—Picard.

HAMEL-LÈS-CORBIE (le) (canton de Corbie), 1074-1112 hab.

Hamellus, 1108. Adèle de Péronne. Cart. de Libons. — 1169.
    Robert, év. d'Am. Cart. de St.-Laurent. — 1202-23. Cart. de

Corbie. — 1243. Cart. noir de Corbie. — 1278. Actes du Parlement. — 1301. Dénomb. de l'év.

Hamel, 1143. Célestin IV. Cart. de Prémontré. — 1200. Rôle des feudataires de l'abbaye de Corbie. — 1275. Actes du Parlement. — 1300. Cart. noir de Corbie. — 1301. Pouillé. — 1507. Cout. loc. — 1757. Cassini. — Ordo. — 1836. État-maj.

Hameals-sur-la-Somme, 1142. Simon, év. de Noyon. Cart. Prém.

Hamiel, 1156. — *Amelle*, 1184. M. Decagny.

Hamel-sur-Somme. — *Hamel-lès-Corbie*, 1483. Aveu.

Hammulus... Daire. — *Hamel-lès-Corbie*, 17...

Hamel et Bouzencourt, 17 br. an X.

Élect., dioc. et arch. d'Am., doy. de Lihons, prév. de Fouilloy. Dist. du cant., 7 k. — de l'arr., 22 — du dép., 22.

HAMEL-LÈS-MESNIL (le), ferme dép. de Mesnil-Bruntel, 3 hab.

Hamel, 1703. Dénomb. — *Le Hamel*, 1861. Dén. quinq.

HAMEL-LÈS-EPAGNE, ham. dép. d'Epagne.

HAMEL-LÈS-PIERREPONT, dép. de Contoire, 233 hab.

Hamel, 1133. Barthélemy, év. de Laon.

Le Hamel-lez-Pierre-pont, 1567. Cout. de Montdidier. — 1816. Réclamation de M. le Cte de Clermont.

Le Hamel, 1757. Cassini. — Ordo. — 1836. État-major.

Hamel, 1857-61. Dénomb. quinq. — 1856. Franc-Picard.

Il y avait une maladrerie.

HAMEL-LÈS-PONCHES, dép. de Dompierre-sur-Authie, 73 hab.

Le Hamel-lez-Ponche, 1757. Cassini.

Le Hamel-lès-Ponche, 1764. Desnos.

Hamel près Ponches, 1766. Cout. de Ponthieu.

Le Hamel-les-Ponches. — Ordo.

Non indiqué sur la carte de l'État-major.

HAMEL-LÈS-ST.-RIQUIER, terroir de St.-Riquier.

Hamellum, 1255. Arch. des hosp. de St.-Riquier.

Hamel-lès-St.-Riquier. 1433. Pierre de Francières. Ib.

HAMEL-LES-VILLEROY, dép. de Villeroy-sur-Anthie.

1743. Friex. — 1761. Robert. — 1778. De Vauchelle.

HAMEL-LES-VRON, dép. de Vron. — 1761. Robert.

HAMEL-SUR-MER, dép. de Ponthoile.

Hamelles-sur-la-Mer, 1507. Cout. loc. —*Emmel*, 1703. Dom Grenier.

Hamel, 1703. Dom Grenier. — 1857-61. Dénomb. quinq.

HAMELET (canton de Corbie), 512 hab.

Hamellulum, 1163. Thierry, év. d'Am. Cart. St.-Laurent.

Hamelet, 1115. Simon, év. de Noyon. Cart. de Noyon. — 1176.
Hugues, abbé de Corbie. Cart. St.-Laurent. — 1200. Rôle des
feudataires de l'abbaye de Corbie. — 1301. Pouillé. — 1662.
Arrêt du Conseil d'Etat. — 1757. Cassini. — 17 br. an X.

Hamellum, 1243. Cart. noir de Corbie. —*Hameletum*, 1258. Gall. chr.

Hammelet, 1547. Décl. du temp. de l'abb. de Corbie.

Hamelot, 1648. Pouillé. — *Hainler*, 1657. Jansson.

Amele, 1657. Calendrier de la Ste-Vierge.

Hamellet, 1753. Doisy. — 1763. Expilly.

Elect., dioc. et arch. d'Am. doy. et prév. de Fouilloy.

Dist. du cant., 3 k. — de l'arr., 18 — du dép., 18.

HAMELET-LÈS-FAVIÈRES (le), dép. de Favières, 57 hab.

Hamlet, 1638. Tassin. — *Le Ha*, 1761. Robert.

Hamelet, 1646. Hist. eccl. d'Abbev. — 1733. G. Delisle. — 1763.
Expilly. — 1836. Etat-major. — 1844. M. Fournier.

Le Hamelet, 1757. Cassini. — 1764. Desnos. — 1840. Alm. d'Abb.

Elect. de Doullens, dioc. d'Am., arch. d'Abbeville, prév. de
St.-Riquier. — Poste de garde-côtes.

HAMELET-LÈS-MARQUAIX, dép. de Marquaix, 142 hab.

Hameletum, 1145. Baudouin de Vermandois. Colliette.

Hameledium. — *Hamellulum*... Daire.

Hamelet, 1145. Simon, év. de Noyon. — 1174. Beaudouin, évêq.
de Noyon. Cart. d'Arrouaise. — 1214. Reg. de Philippe-

Auguste. — 1254. Wautier de Sailly. Cart. de Fouilloy. — 1567. Cout. de Péronne. — 1733. G. Delisle. — 1757. Cassini.

HAMELET, ruisseau qui de Hamelet-lès-Favières va se perdre dans la baie de Somme. — 1836. Etat-major.

HAMENCOURT, dép. de Doullens, 17 hab. — Non indiqué par Cassini.

Hamecort, 1139. Garin, év. d'Am. Cart. St.-Jean.

Hamencourt, 1378. Aveu de Léonor de Jumelle. — 1507. Cout. de Doullens. — 1781. Cout. du baill. d'Am. — 1857. Dénomb.

Hemencourt, 1753. Doisy. — *Amancourt*, 1836. Etat-major.

Hamancourt, 1784. Daire. Hist. de Doullens. — Ordo.

HAMERY, lieu dit au terroir de Fourdrinoy.

1205-1213-1313-1547-1790. Cart. et titres du Gard.

HAMICOURT, dép. de Tours, 122 hab.

Haismedis villa, 695. Chron. Fontanellense.

Haunicourt... M. Louandre. Topogr. du Ponthieu.

Hameramons, 1213. Eustache de Brimeu. Abb. de Sery.

Hamicour, 1733. G. Delisle. — *Hamicourt*, 1757. Cassini.

HAMOIS, petit pays dont Ham était la capitale.

Hamensis pagus, 876. Expilly.

Le Hamois... Expilly. — M. Deragny.

HANCHY, dép. de Coulonvillers, 133 hab.

Hanceiæ, 1166. Guifrid, abbé de St.-Riquier. Dom Cotron.

Hanchies, 1301. Dénomb. de l'évêché. — 1507. Cout. loc.

Hanchie, 1733. G. Delisle. — *Hanchi*, 1743. Fricx.

Hanchy, 1757. Cassini. — 1836. Etat-major.

Hanchi, 1766. Cout. de Ponthieu.

Panchie, 1780. Alm. du Ponthieu.

HANCOURT (canton de Roisel), 273 hab.

Haencort, 1198. Simon, abbé de Honnecourt. — 1198. Etienne, év. de Noyon. Cart. d'Arrouaise.

Handecort, 1223. Jean de Proyart. Cart. de Fouilloy.

Hancourt, 1519. Compte de la commanderie d'Eterpigny. — 1567.

Cout. de Péronne. — 1733. G. Delisle. — 1763. Expilly. —
1757. Cassini. — 17 br. an X. — 1852. Ordo.

Hencourt, 1554. La guide des chemins de France — 1638. Tassin.

Iancourt, 1592. Surhonius. — *Hamcourt*, 1861. Dénomb. Ordo.
Dioc. de Noyon, élect., baill. et prév. de Péronne, doy. d'Athies,
paroisse de Vraignes.

Dist. du canton, 7 k. — de l'arr., 12 — du dép., 59.

HANDICOURT-LE-GRAND, ham. dép. d'Agnières, 102 hab.

Aidincort, 1147. Eugène III, pape. Cart. de Selincourt. — 1166.
Henri, arch. de Reims. Ib. — 1184. Luce III, pape. Ib.

Houdicort, 1164. Alexandre III, pape. — 1247. Jean de Handicourt. Cart. de Selincourt.

Hundicort, 1166. Henri, arch. de Reims. Cart. de Selincourt.

Haidincort, 1184. Luce III, pape. Cart. de Selincourt. — 1190.
Girard de Picquigny. Cart. du Gard.

Handicourt, 1507. Cout. loc. — 1757. Cassini. — 1785. Daire.

Eaudicourt, 1733. G. Delisle. — 1761. Robert.

Haudicourt, 1733. G. Delisle. — 1781. Cout. du baill. d'Amiens.
1785. Daire. Hist. de Grandvillers. — 1856. Fr.-Picard.

Andicourt, 1750. L. C. de Boulainviller. — *Adicourt*, 1761. Robert.
Grand Handicourt, Ordo. — *Handicourt-le-Grand*, 1857. Dénomb.

HANDICOURT-LE-PETIT, ham. dép. d'Agnières, 25 hab.

Petit Handicourt. Ordo. — *Handicourt-le-Petit*, 1857. Dénomb.

HANDRECHY, dép. de Maisnières.

Handrechies, 1468. Hosp. de St.-Riquier. — 1479. Lettre de
Louis XI. Dom Cotron. — 1492. Jean de la Chapelle.

Handrecy, 1757. Cassini. — *Handrechi*, 1766. Cout. de Ponthieu.

Hendrechie, 1778. Alm. du Ponthieu. — *Handrechy*, 1836. Etat-maj,
Handrechy, 1856. Franc-Picard.

HANGARD (canton de Moreuil), 324 hab.

Hangart, 1135. Renaud, arch. de Reims. Cart. de Selincourt. —
115.. Thierry év. d'Am. Cart. de St.-Laurent. — 1218-26.

Cart. de Fouilloy. — 1234-38-42. Arch. de l'hosp. de St.-Ri-
quier. — 1251. Cart. noir de Corbie. — 1259. Official d'Amiens.
— 1274. Guy, seigneur de Vignacourt. Arch. d'Amiens. —
1301. Pouillé. — 1337. Rôle des nobles et fieffés. — 1579. Ortelius. — 1733. G. Delisle.

Hangardum, 1146. Thierry, év. d'Amiens. Généal. de Guynes.
Hangard, 1507. Cout. loc. — 1567. Cout. de Montdid. — 1770.
De Fer. — 1757. Cassini. — 1763. Expilly. — 17 br. an X.
Hangar, 1592. Surhonius. — 1709. Titres de St.-Acheul.
Hanguart, 1626. Damiens. — *Angart*, 1696. Etat des armoiries.
Elect., dioc. et arch. d'Amiens, doy. de Fouilloy, baill. et
prév. de Montdidier.
Dist. du cant., 7 k. — de l'arr., 23 — du dép., 19.

HANGEST-EN-SANTERRE (canton de Moreuil), 1346-1360 hab.
Hangestum, 1114. Geoffroy, év. d'Amiens. Cart de Libons. —
1218. Everard, év. d'Amiens. Cart. de Fouilloy. — 1228. Geoffroy, év. d'Am. Ib. — 1255. Actes du Parlement. — 1351.
Jean de Hangest. — 1406. Lettre de Charles VI.
Hangest, 1147. Thierry, év. d'Amiens. Cart. d'Ourscamp. — 1183.
Guillaume, arch. de Reims. Cart. de Libons. — 115.. Thierry,
év. d'Amiens. Cart. St.-Laurent. — 1207. Etienne, évéq. de
Noyon. Cart. de Noyon. — 1218. Albert d'Hangest. Ib. —
1218. Enguerrand de Boves. Cart. de Fouilloy. — 1220. Sceau
de Aubert. — 1223 Sceau de Florent. — 1301. Pouillé. —
1355. Sceau de Jean. — 1411. Déclaration de St -Ouen. —
1567. Cout. de Montd. — 1757. Cassini. — 17. brum. an X.
Angestum, 1185. Urbain III, pape. Daire. Hist. de Montdidier.
Hanjest, 1202. Droits de travers dus au roi. Aug. Thierry.
Hangesta, 1220-21. Composition entre l'évêque de Paris et le roi.
Hanguetum. — *Aanget*. — *Hagest*. — 1252-58. Actes du Parlement.
Hangiert, 1314. Sceau de Roghe de Hangest.
Hanguest, 14... Chron. de Monstrelet.

Angest, 1626. Damiens. — 1657. Jansson. — 1710. N. De Fer.

Hengest, 1707. Titres du chapitre d'Amiens. Dom Grenier.

Angers, 1751. Plan général des terres de N.-D.-au-Bois.

Hangest-en-Santerre, 1733. G. Delisle. — 1836. Etat-major.

Aubin-en-Santerre, 1787. Picardie méridionale.

Elect., doy., baill. et prév. de Montd., dioc. et arch. d'Am.

Hangest fut en 1790 l'un des 11 chefs-lieux de canton du district de Montdidier, en l'an VIII l'un des 9 chefs-lieux d'arrondissements communaux.

Dist. du cant., 10 k. — de l'arr., 14 — du dép., 29.

HANGEST-SUR-SOMME (canton de Picquigny), 970-985 hab.

Hangest, 1090. Anscher. Vita S. Angilberti. — 1152. Robert, év. d'Amiens. — 1174, Cart. du Gard. — 1206. Ib. — 1209-10. Ib. 1247. Vente de Jean de Picquigny. — 1291. Witasse de Fontaines. — 1301. Pouillé. — 1507. Cout. loc. — 1757. Cassini.

Hangestum, 1215. Gérard, év. d'Am. Cart. du Gard. — 1218. Enguerrand de Picquigny. — 1247. Vente par Jean de Picquigny.

Hingeste, 1316. Requête de la comtesse Mahaut.

Hangetz-sur-Somme, 1507. Cout. loc.

Hangiers, 1579. Ortelius. — 1592. Surhonius.

Hangest-sur-Somme, 1589. Dénomb. de l'évêché d'Amiens. — 1646. Hist. eccl. d'Abb. — 17 br. an X. — 1836. Etat-major.

Hangers, 1657. Jansson.

Elect. et dioc. d'Amiens, arch. d'Abbev., doy. d'Airaines, prév. de Beauvaisis à Amiens et de Vimeu en partie.

Dist. du canton, 7 k. — de l'arr., 20 — du dép., 20.

HANGEST, fief sis à Remaugies. — Daire.

HANTECOURT, dép. de Vismes, 59 hab.

Hanecourt, 1337. Rôle des nobles et fieffés.

Hantecourt, 1337. Rôle des nobles et fieffés. — 1633. Hist. des mayeurs d'Abbeville. — 1757. Cassini.

Antecourt, 1646. Hist. eccl. d'Abb. — *Haintecour*, 1733. G. Delisle.

Hanlecourt, 1696. Etat des armoiries.

Andecourt, 1753. Doisy. — 1763. Expilly.

Hantecourt, 1761. Robert. — 1778. De Vauchelle.

Hautecourt, 1764. Desnos. — 1781. Cout. du baill. d'Amiens.

HAPPEGLENNE, ferme dép. de Ignaucourt, 4 hab.

Happeglenes, 1584. Epitaphe.

Happeglenne, 1567. Proc.-verb. des cout. — 1696. Etat des armoiries. — 1857-61. Dénomb. quinq.

Happeglenne, 1695. Nobil. de Pic. — *Hapeglène*, 1733. G. Delisle.

Happeglène, 1757. Cassini. — Ordo. — 1781. Cout. d'Amiens.

Hapelene, 1764. Desnos. — *Appeglene*, 1707. Villers de Rousseville. Prév. de Fouilloy et de Montdidier en partie.

HAPPLINCOURT, dép. de Villers-Carbonnel, 18 hab.

Haplaincort, 1173. Baudouin, év. de Noyon. Cart. de Noyon.

Happlencort, 1186. Urbain III, pape. Cart. d'Arrouaise.

Hapeleincurt, 1197. — *Haplaincurt*, 1197. Cart. de Libons.

Hapelincourt, 1214. Dénomb. Reg. de Philippe-Auguste.

Hapincort, 1230. Dénomb. de la terre de Nesle.

Happlaincourt, 1343. Décl. de Philippe VI. Rec. des ord. — 1348. Jean d'Happlincourt. Cart. de Libons. — 1384. Dénomb. du temporel de N.-D. de Ham. — 1850-65. Ordo.

Haploincourt, 1384. Dénomb. du temporel de N.-D. de Ham.

Applaincourt, 1384. Dénomb. du temporel de N.-D. de Ham. — 1757. Cassini. — 1850-57. Ordo.

Haplincourt, 1415. Monstrelet. — 1592. Surhonius. — 1650. Etat du temporel de l'abbaye de Ham.

Aplincourt, 1415. Monstrelet. — *Hapleincourt*, 1434. Arch. de Lille.

Haplaincourt, 1465. Lettre du roi Louis XI. Mém. de la Société d'Emul. d'Abbev. 1836.

Haplincourt, 1573. Ortelius. — *Aplaincourt*, 1764. Expilly.

Haplincour, 1638. Tassin. — 1733. G. Delisle.

Applincourt, 1764. Desnos. — 1826-49. Ordo.

Haracourt, dép. de St.-Léger-lès-Domart.

Haradicort, 1095. Mémorial de Risendis. Cart. de Bertaucourt.

Herrolcurt, 1108. Geoffroy. — Haracurt, 1140. Garin, év. d'Am. Ib.

Harelcort, 1146. Thierry, év. d'Amiens. Cart. St.-Jean.

Huracort, 1176. Alexandre III, pape. Ib.

Haraudicurt, 1195. Cart. de Bertaucourt.

Harracourt, 1282. Isabelle, abbesse de Bertaucourt.

Haracourt, 1567. Proc.-verb. des cout. — 1856. Fr. Pic.

Haraucourt, 1646. Hist. eccl. d'Abbeville.

Haravesne, partie de la forêt de Lucheux.

Le Haravène. Cadastre. — Le Hare à Vesne. Administration.

Haravesne, fief sis à Drucat.

Heravesnes. — Haravesne. M. Prarond.

HARBONNIÈRES (canton de Rosières), 2060-2070 hab.

Harboneriæ.—Arboneriæ,1111. Geoffroy, év. d'Am. Cart. de Lihons.

Harboneres, 1191. Béatrix de Boves. Cart. St.-Jean. — 1224. Jean
de Béthisy. — 1225. Cart. de Fouilloy.

Harbonnerii, 1214. Dénomb. Registre de Philippe-Auguste.

Harbonicres, 1219. Ch. de fondation du Paraclet. Gall. christ. —
1225. Cart. de Fouilloy.—1230. Robert de Boves.Cart.de Lihons.

Harbonnières, 1225. Florent d'Hangest. Cart. de Fouilloy.—
1267. Cart. noir de Corbie. — 1275. Actes du Parlement. —
1501. Pouillé. — 1384. Décl. du temporel de l'abbaye de St.-
Jean. — 1626. Damiens. — 1757. Cassini. — Ordo.

Herbonières, 1231. Mabillon. Dipl. — Cart. de Lihons.

Harboniers, 1326. Jean, prieur de Méricourt. Cart. de Lihons. —
1579. Ortelius.

Harbonnier, 1547. Titres de Corbie.

Harbonnière, 1567. Cout. de Pér. —1648. Pouillé.— 1764. Expilly.

Charbonnières, 1627. Rouillard. Hist. de Lihons. — 1648. Pouillé.

Harbinien, 1638. Tassin. — Jansson. — Sarbinien, 1638. Tassin.

Arbonnières, 1681. Déclaration du Roy.

Herbonnière, 1696. Etat des armoiries. — 1705. N. De Fer. — 1770. Desnos.

Herbonnières, 1705. Etat gén. des unions des maladreries.

Elect. de Péronne, dioc. et arch. d'Amiens, doy. de Libons.

Harbonnières fut, en l'an VIII, le chef-lieu de l'un des 9 arrondis. communaux du district de Montdidier.

Dist. du cant., 5 k. — de l'arr., 27 — du dép., 29.

HARCELAINES, dép. de Maisnières, 156 hab.

Herselenes. 11... Dénomb. de la seigneurie de St.-Valery. — Reg. de Philippe-Auguste.

Herselaines, 1253. Contrat de vente. — 1423. Mém. de Pierre de Fenin. — 1301. Pouillé.

Herceleines, 1337. Rôle des nobles et fieffés. — 1567. Pr.-v. des cout. — 1766. Cout. du Ponthieu.

Hersselaines, 1374. Jean d'Aigneville.

Harcelene, 1380. Revue de Jean de Harcelaines. Trésor généal.

Harcelaines, 1380. Quittance de Jean de Harcelaines. Trésor généal. — 1757. Cassini. — 1836. Ordo. — 1840. Duclos.

Hercelaines, 1384. Trésor généal. — 1849-50. Ordo.

Herseleine, 1405. Dom Caffiaux. Trésor généal.

Harseleine. — *Harselanes*. — *Dersellanes*, 1420. Monstrelet.

Harselaines, 1423. Mém. de Pierre de Fenin.

Harcelaine, 1550. M. Prarond. — 1781. Cout. du baill. d'Am.

Herchelaines, 1646. Hist. eccl. d'Abb. — *Herchelines*, 1648. Pouillé.

Beneseline, 1705. Etat général des unions des maladreries.

Hercellaines, 1753. Doisy. — 1763. Expilly.

Hercelaine, 1761. Robert. — 1826-43. Ordo.

Herceline, 1778. De Vauchelle. — *Harcelaigne*, 1840. Alm. d'Abb.

Hercheleine... M. Darsy. Canton de Gamaches.

Dioc. et élect. d'Amiens, prév. de Vimeu.

HARDECOURT-AUX-BOIS (canton de Combles), 500 hab.

Hardecort, 1128. Carta de molendinis de Ponte. Cart. de Libons.

1188. Philippe, comte de Flandre. —1190. Rorgo de Harde-
court. Cart. d'Arrouaise. — 1201. Cart. d'Arrouaise. — 1214.
Registre de Philippe-Auguste. —1223. Aubert de Longueval.
Cart. de Fouilloy. — 1226. Havide de Hardecourt. —1243.
Philippe de Hardecourt. —1276. Actes du Parlement.

Hardeoli curtis, 1148. Dom Grenier.

Hardescurt, 1174. Baudouin, év. de Noyon. Cart. d'Arrouaise.

Hardecurt, 1190. Baudouin d'Encre. Cart. d'Arrouaise.

Hardecourt, 1199. Philippe de Flandres. Cart. d'Arrouaise. —
1236. Watier d'Avesne. Cart. de Guise. —1339. Bailly de
Vermandois. Cart. de Lihons. —1567. Cout. de Péronne.

Hardiecourt, 1230. M. Decagny.

Herdecourt, xvie siècle. Dénomb. de Louis d'Ognies.

Hardecourt-au-Bois, 1733. G. Delisle. — 1764. Expilly. — Ordo.

Hardecourt-aux-Bois, 1757. Cassini. — 17 brum. an X.
Elect., doy., baill. et prév. de Péronne, dioc. de Noyon, se-
cours de Curlu.
Dist. du cant., 5 k. — de l'arr., 13 — du dép., 43.

HARDICOURT, lieu sis au terroir de Dompierre-sur-Authie. — 1337.
Rôle de Fieffes. — Cadastre.

HARDINVAL, dép. de Hem-lès-Doullens, 120 hab.

Hardini vallis. Daire. Hist. de Doullens.

Hadardi villaris, 1088. Hariulfe. Chron. centul.

Hardenval, 1108. Geoffroy, év. d'Amiens. Cart. de Bertaucourt.
—1140. Garin, év. d'Am. Ib.

Hardenvallis, 1109, Pascal II. pape. Ib.

Hardinval, 1140. Garin, év. d'Am. Ib. —1263. Olim. — 1638.
Tassin. — 1646. Hist. eccl. d'Abb. — 1733. G. Delisle. —
1757. Cassini.—1781. Cout. du baill. d'Am.—1852-65. Ordo.

Hardevallis, 1176. Alexandre III, pape. Cart. de Bertaucourt.

Hardainval, 1188. Thibaut, év. d'Amiens. Cart. St.-Laurent. —
1210. Hugues de Cayeux. Cart. de Bertaucourt. —1265. Olim.

30

Hardeinvallis, 1273. Philippe-le-Hardi. Dom Grenier.

Hardaingval, 1378. Aveu de Robert du Pré. M. Cocheris.

Ardinval, 1747. Déclaration des Bois. Cart. du Gard.

Hanhardival, 1764. Expilly. — *Hardinvalle*, 1842. Ordo.

HARDIVILLÉ, fief sis en dehors de la porte Noyon d'Amiens.

Fief Hardivillé, 1522. Dénomb. de l'évêché d'Amiens.

Hardevillé, 1651. — *Ardiviller*, 1745. Arch. du chap.

HARGICOURT (canton de Montdidier), 367 hab.

Hargicurt, 1109. Paschal II, pape. Gall. christ.

Hargiscort, 1135. Cart. St.-Martin-aux-Jumeaux.

Hargicourt, 1201. Gérard de Ronsoy. Cart. de Noyon. — 1301. Pouillé. — 1395. Montre de Raoul de Gaucourt. — 1423. Pierre de Fénin. — 1507. Cout. loc. — 1567. Cout. de Montdidier. — 1757. Cassini. — 1764. Expilly. — 17 br. an X.

Hargiscurt, 1209. Gall. chr. — 1168. Cart. St.-Martin-aux-Jumeaux.

Hargicort, 1214. Dénomb. Reg. de Philippe-Auguste.

Argicourt, 1648. Pouillé. — 1701. D'Hozier.

Hargicour, 1733. G. Delisle. — *Hardicourt*, 1764. Expilly.

Dioc. et arch. d'Am, élect., doy., baill. et prév. de Montd., plus tard doy. de Davenescourt.

Dist. du cant., 9 k, — de l'arr., 9 — du dép., 29.

HARLEUX, dép. de Bray. — 1856. Franc-Picard.

HARONA, lieu inconnu, en Vimeu. — 750. Mabillon. Dip.

M. Jacobs en fait Hornoy. *Rev. des Soc. sav.*, VII.

HARPONLIEU, fief dép. de Grouches.

Harponlieu, 1316. Requête de la comtesse Mahaut.

Arponlieu, fief.

Harpoulein-lez-Grouches, 1781. Cout. du baill. d'Amiens.

Harponlieu-lès-Grouches, 1784. Daire. Hist. de Doullens.

HARPONVILLE (canton d'Acheux), 576 hab.

Harponvile, XIVe siècle. Cart. Lucas de Corbie. — 1507. Cout. loc. — 1757. Cassini. — 1764. Expilly. — 17 brum. an X.

Harmonvile, 1657. Jansson. — *Arponville*, 1790. Etat des élec.

Elect. de Doullens, dioc. et arch. d'Amiens, doy. de Mailly, paroisse de Vadencourt, prév. de Beauquesne.

Dist. du cant., 5 kil. — de l'arr., 21 — du dép., 23.

HARUNDEL, castrum, près Ault? — 1218. Dom Grenier.

HATIN, fief sis à Huchenneville. — M. Prarond.

HATTENCOURT (canton de Roye), 477 hab.

Hatencourt, 1301. Pouillé du diocèse.

Hattencourt, 1567. Cout. de Roye. — 1757. Cassini. — 17 br. an X.

Hamencourt, 1648. Pouillé. — *Attencourt*, 1695. Nobil. de Pic.

Athencourt, 1696. Etat des armoiries.

Elect. de Péronne, dioc. et arch. d'Amiens, doy. de Rouvroy, baill. et prév. de Roye.

Dist. du cant., 9 k. — de l'arr., 23 — du dép., 41.

HAUDEMER, fief sis à Noyelles-sur-Mer.

Fief Haudemer. — *Fief Heudenier*, M. Prarond. — Dom Grenier.

HAUDRIMONT, fief sis à Authieulle.

Fief d'Haudrimont. — *Audrimont*, 1784. Daire. Hist. de Doullens.

HAULLE, étang dép. de Woignarue.

Le Haulle. — *Le Haulle-au-Pont*. — *Le grand Haulle*.

HAULT, fief sis à Quesnoy-le-Montant. — xviiie siècle. M. Prarond.

HAUT-ALLAINES, dép. d'Allaines.

Haut-Aleines, 1757. Cassini.

HAUT-BOIS (le), fief sis à Méricourt-l'Abbé. — 1700. Tit. de Corbie.

HAUTE-BORNE. — On rencontre des lieux dits de ce nom à Airaines — Arrest — Ailly-sur-Noye — Ablaincourt — Bacouel — Bernes — Biaches — Bonneville — Bouchavesne — Bouvaincourt — Bray-sur-Somme — Breilly — Brie — Brouchy — Bussu — Cahon — Cappy — Cardonnette — Chilly — Chirmont — Chuignolles — Citernes — Dargnies — Dernancourt — Douilly — Eaucourt — Embreville — Equancourt — Ercheu — La Faloise — Fins — Flixecourt — Forest-l'Abbaye — Fouilloy — Frémontiers — Gapennes — Gorenflos — Guillemont — Guyencourt-Saulcourt — Hallu — Herleville — Hesbecourt — Hombleux — Languevoisin — Lealvillers — Longueval — Mamelz — Maresmontiers — Marquivillers — Méricourt-l'Abbé — Mesnil-St.-Georges — Miraumont — Molliens-aux-Bois — La Motte-Buleux — Nampont — Nesle — Quevauvillers — Quivières — Rambures — Remiencourt — Rivery — Rosières — Rouvrel — Saigneville — St.-Léger-lès-Authie — Tilloy-Floriville — Tours-en-Vimeu —Vaux-Marquenneville— Vecquemont — Vignacourt — Villers-Tournelles —Yzengremer.

HAUTE BRIQUETERIE, dép. de Montdidier. —1757. Cassini.

HAUTEBUT, dép. de Woignarue, 80 hab.

Autebuc, 1383. Accord entre l'abbé et le seigneur de St.-Valery.

Audebus, 1646. Hist. eccl. d'Abbeville. — 1761. Robert.

Antebut, 1721. Réglement pour les garde-côtes. — 1763. Expilly.

Audebu, 1733. G. Delisle. — 1778. De Vauchelle.

Hautebut, 1757. Cassini. — Ordo. —1852. M. Prarond.

Hutebus. — *Handelut*, 1764. Expilly.

Hautebus, 1781. Cout. du baill. d'Am.

HAUTE-CHAUSSÉE (la) ou Chaussée-Brunehaut, terroir de Ronssoy.

HAUTE-LOGE, fief sis à Contoire. — 1729. Titres de l'évêché. — Daire. Doy. de Davesnecourt.

HAUTE-LOGE, dép. de Lihons. —Lieu détruit.

Haute-loge, 1567. Cout. de Péronne.

Hauteloge, 1753. Doisy. — 1764. Expilly.

HAUTE-LOGE, bois dép. de Vaux-en-Amiénois. — 1638. Titres de l'abbaye de St.-Jean.

HAUTE-ROSIÈRE, dép. de Neuville-Coppegueule.

Haute Rosière, 1757. Cassini. — *Rosière la Haute*, 1826-28. Ordo.

HAUTE-RUE (la), ferme dép. de Rue. —1757. Cassini. — 1764. Desnos. — 1836. Etat-major.

HAUTE-VILLE, fief sis à Pernois. — Dom Grenier.

Les Hauts-villers. Cadastre.

HAUTEVILLE, fief sis à Rosières. — Daire. Doy. de Libons.

— lieu près de Ribemont. — 1680. Temporel de Corbie.

HAUTE-VISÉE-LE-BEAU, dép. de Doullens, 153 hab.

Haute-Visé, 1733. G. Delisle. — 1778. De Vauchelle.

Haute-Visée, 1743. Friex. — 1757. Cassini. — 1836. Etat-major.

Visée, 1761. Robert.

Haute-Visé-le-Beau, 1781. Cout. du baill. d'Amiens.

Haute-Visée-le-Beau, 1784. Daire. Hist. de Doullens. — 1728.
Titres de l'évêché. — 1826-50 Ordo. — 1857. Dénomb.

HAUTE-VISÉE, dép. du Gard. — Ancien poste de gabelle.

HAUTE-VISÉE-L'EPINE, dép. d'Authieulle.

Haute-Visée-l'Epine, 1781. Cout. du baill. d'Amiens. — 1784.
Daire. Hist. de Doullens. — 1856. Franc-Picard.

Hautevisé l'épinne, 1757. Cassini. — 1836. Etat-major.

Haute-Visée, 1840-65. Ordo.

HAUT-LIGNY, fief sis à Yseux.

HAUT-MESNIL, dép. de Franleu. — Non indiqué par l'Etat-major.

Hautemaignil, 1337. Rôle des nobles et fieffés.

Haut-Mesnil, 1757. Cassini.

HAUTVILLERS-OUVILLE (canton de Nouvion), 323-442 hab.

Altus villaris, 831. Hariulfe. — 1492. Jean de la Chapelle.

Alt-villaris, 1110. Hariulfe. Chron. cent.

Auvillers, 1138. Jean, comte de Ponthieu. Hist. eccl. d'Abbev.—
1692. Pouillé. — 1720. Ms. de Monsures.

Ouvillers, 1220. Dom Cotron. — 1777. Alm. du Ponthieu.

Auviler, 1301. Pouillé. — *Aoüillier,* 1648. Pouillé.

Oviller. — *Ouviller.* — *Haultviller,* 1492. Jean de la Chapelle.

Auviller, 1507. Cout. loc. — 1753. Doisy.

Haut-Villers, 1646. Hist. eccl. d'Abb. — 1836. Etat-major.

Onvillers, 1707. France en 4 f. — *Ouviller,* 1733. G. Delisle.

Hautvillers, 1757. Cassini. — 17 br. an X.

Auvillier, 1772. M. Decagny. Etat du diocèse.

Hautvillers-la-Halle, 1851. Alm. d'Abb.

Hautvillers-Ouville, 1840. Duclos. — 1865. Sceau de la commune.
　Dioc. d'Amiens, élect., baill., arch. et doy. d'Abbeville, prév.
　de St.-Riquier.
　Dist. du cant., 5 k. — de l'arr., 8 — du dép., 52.

HAUTYON, lieu dit au terroir d'Oresmeaux.

HAVERNAS (canton de Domart), 425 hab.

Havernast, 1136. Garin, év. d'Amiens. Cart. de Bertaucourt. —
　1144. Cart. noir de Corbie. — 1160. Aleaume de Flixecourt.
　Cart. St.-Jean. — 1301. Pouillé.

Hornast, 1144. Garin, év. d'Amiens. Cart. St.-Jean.

Haurenas, 1186. Délimitation du comté d'Amiens. Du Cange.

Haurenast, 1300. Jean de Picquigny. Cart. noir de Picquigny.

Havrena, 1300. Factum pour Picquigny. — 1743. Friex.

Havrenas, 1387. Revue de Guillaume Deule. — 1561. Etat des
　bénéficiers du diocèse d'Amiens. — 1567. Proc.-verb. des cout.
　—1733. G. Delisle. — 1778. De Vaucheije.

Averna, 1579. Ortelius. — 1592. Surhonius. — 1598. Patte.

Haverna, 1598. Jehan Patte. — *Haurenas*, 1648. Pouillé.

Havernet, 1657. Jansson. — *Haverna*, 1695. Nobil. de Picardie.

Hauconnas, 1753. Doisy. — 1761. Robert — 1783. Expilly.

Harrenas, 1787. Picardie mérid.

Havernas, 1757. Cassini. — 17 br. an X...
　Elect. de Doullens, dioc. et arch. d'Amiens, doyen. de Vigna-
　court, prév. de Beauquesne, mouvance de Picquigny.
　Dist. du cant., 11 k. — de l'arr., 18 — du dép., 19.

HAY, lieu sis aux environs de Nesle, détruit. — 1230. Dénomb. de
　la terre de Nesle.

HAYE (la), ferme dép. de Domart, 13 hab.

La Haie, 1733. G. Delisle. — 1743. Friex. — 1757. Cassini.

La Haye, 1761. Robert. — Ordo.

Lahaye, 1781. Cout. du baill. d'Amiens.

HAYE (la), ham. dép. de St.-Romain, 122 hab.

La Haye, 1757. Cassini. — Ordo. — *Lahaye*, 1857. Dénomb.

HAYE (la), fief sis à Beaumont-Hamel. — M. Decagny.

HAYE-PENÉE (la), dép. de Quend, 23 hab.

La Hepnée, 1746. Arrêt du Conseil.

La Heppenée, 1750. L. C. de Boulainviller. — 1857. Dénomb

La Haye-Péné, 1757. Cassini. — 1764. Desnos.

La Heye-Penée, 1761. Robert. — 1860. Ordo.

Les Hayes-Penée, 1764. Bellin. Atlas maritime.

La Haye-Penée, ferme, 1836. Etat-major. — 1852 Ordo.

La Haute-Penée, 1840. Alm. d'Abbev.

HAYE-TASSART (la), bois dép. d'Epchy. — Défriché.

HAYES DE BAILLEUL (les), bois dép. de Dompierre-sur-Authie.

HAYES-WARDS (les), dép. de Doullens, 2 hab.

Essarts-lès-Doullens, 1465. Hist. de Doullens. M. Delgove.

Haye Ricard, 1826-50. Ordo. — *Les Haies-Wards*, 1861. Dénomb.

Hayes-Huard, 1856. Franc-Picard.

HAYETTE, ferme dép. d'Allonville, 7 hab.

Hayette, 1857. Dénomb. — *Les Hayettes*. Administration.

HAYETTE (la), dép. de Froyelles.

La Hayete, 1733. G. Delisle. — 1778 De Vauchelle.

Haiette, 1757. Cassini. — 1764. Desnos.

La Hayette, 1766. Cout. de Ponthieu. — 1840. Alm. d'Abb.

HAYETTE (la), bois dép. de Brailly. — Défriché.

— bois dép. de la forêt de Lucheux. — Cadastre.

— hab. isolée dép. d'Harponville.

HAYETTES (les), bois dép. d'Ytres.

HAYURE (la), bois dép. d'Allery.

HEBECOURT, ham. dép. de Vers-Hébecourt, 247 hab.

Heubecourt, 1275. Arch. du chap. — 1336. Hue de Viri. Chap.

d'Am. — 1507. Cout. du chap. — 1705. Etat des unions des maladreries. — 1733. G. Delisle. — 1757. Cassini.

Herbecourt, 13... Pouillé. Add.

Heubcourt, 1535. Cout. du chap. d'Amiens. — 1763. Expilly. — 1826-28. Ordo.

Haulcourt, 1554. La guide des chemins de Fr. — 1607. Mercator.

Eubecourt, 1638. Tassin. — 1657. Jansson.

Ebecourt, 1750. L. C. de Boulainviller.

Hébecourt, 17 br. an X. — 1829-65. Ordo.

Hébecourt, dép. de la Faloise — 1757. Cassini.

Hébuterne, voyez Château-Ebuterne.

Hecquet, dép. d'Allery.

Hecquet, 1827. — *Hequet*, 1828. Ordo.

HÉDAUVILLE (canton d'Acheux), 306 hab.

Heudoville, 1186. Délimitation du comté d'Amiens. — Daire.

Hedoville, 1200. Rôle des feudataires de l'abbaye de Corbie.

Haidauvile, 1249. Cart. noir de Corbie.

Hedauvile, 1360. Cart. Néhémias de Corbie.

Hédauville, 1680. Etat du temporel de Corbie. — 1757. Cassini. — 17 br. an X. — 1836. Etat-major.

Hédouville, 1733, G. Delisle. — *Edouville*, 1743. Friex,

Hédonville, 1778. De Vauchelle. — 1784. Daire. Hist. d'Albert.

Hedeauville, 1784. Daire. Hist. d'Albert. — 1764. Expilly.

Dioc. et archid. d'Amiens, élect. de Doullens, doyen. d'Encre, secours de Senlis, prév. de Beauquesne.

Dist. du cant. 4 k. — de l'arr. 22 — du dép. 28.

Hédicourt, fief sis à St.-Sauveur. — 1696. Etat des armoiries. — 1757. Cassini.

HEILLY (canton de Corbie), 730 hab.

Helli, 1138. Simon, év. de Noyon. Cart. de Prémontré. — 1147. Cart. St.-Martin-aux-Jumeaux. — 1148. Eugène III, pape. Cart. St.-Laurent. — 1215. Everard, év. d'Am. Cart. de Fouilloy.

— 1226. Geoffroy, év. d'Amiens. Ib. — 1284. Sceau de Marie d'Heilly. — 1301. Pouillé. — 1314. Sceau de Jean d'Heilly.

Heilli, 1140. Cartul. de Libons. — 1733. G. Delisle.

Heilly, 1146. Thierry, év. d'Amiens. — 1301-1390. Dénomb. de l'évéché d'Amiens. — 1346. Sceau de Mathieu d'Heilly. — 14... Monstrelet. — 1507. Cout. loc. — 1613. Comptes du château. — 1757. Cassini. — 17 brum. an X.

Hilly. — *Hilliacum*, 1146. Thierry, év. d'Am. Généal. de Guynes.

Hesli, 1148. Eugène III, pape. Cart. noir de Corbie.

Helly, 1150. Lettre de Louis VII. Aug. Thierry. — 1223. Chambre des comptes de Lille. — 1315. Jean d'Heilly. — 1392. Quittance de Renaud d'Heilly. — 1579. Ortelius. — 1615. Jehan Patte. — 1672. Reg. du Conseil d'Etat.

Hilli, 1168. Robert, év. d'Am. M. V. de Beauvillé. — 117.. Thibaut, év. d'Am. Cart. d'Ourscamp.

Hylli, 1174. Thibaut, év. d'Amiens. Cart. du Gard.

Helleium, 1178. Germond de Picquigny. Ib.

Helliacum, 117. Thibaut, év. d'Am. Cart. de St.-Laurent. — 1247. Raoul d'Heilly. Cart. noir de Corbie. — 1248. Official d'Amiens. Cart. de Fouilloy. — 1301. Pouillé.

Hellie, 1215. Dénomb. de Jean de Nesle.

Haylliacum. — *Mailly*, 1301. Dénomb. de l'évéché d'Amiens.

Hely, 1387. Lettre de rémission. — 1392. Quittance de Jacques de Heilly. — 1407. Sceau de M. de Heilly. — 1636. Etat des fortifications de Corbie.

Elect. de Doullens, dioc. et arch. d'Amiens, doy. de Mailly, prév. de Fouilloy.

Dist. du cant., 6 k. — de l'arr., 21 — du dép., 21.

HEILLY, fief sis à Longueau. — Daire. Doy. de Fouilloy.

HÉLICOURT, dép. de Tilloy-Floriville, 127 hab.

Helen-villa, 1108. Louandre. Topogr. du Ponthieu.

Helicuria. Rymeri fœdera. — 1300. Vente par Nicolas d'Eu.

Heliscort, 1185-90. Fondation de l'abbaye de Sery. Gallia christ.

Herlincourt. — *Erlaincourt.* — *Ellencourt,* 1186. Guillaume de Caycu. — M. Darsy. Hist. de Sery.

Herlencort, 1205. Acc. entre Thomas de St.Valery et Guy de Ponth.

Helicurt, 1207. Thomas de St.-Valery. — M. Decagny.

Helicort, 1295. Actes du Parlement. — 1375. M. Decagny.

Delicourt, 1301. Pouillé. — 1413. Ordon. de Charles VI. Rec. des ord. — 1710. N. De Fer. — 1763. Expilly. — 17 br. an X.

Heliscourt, 1363. Charte de Jean, roi d'Ecosse.

Heillicourt, 1381. Aveu. M. Prarond.

Hellicourt, 1407. Vente par Jean de Gorre, bailly d'Abbev. Trés. gén. — 1453. Certificat du revenu de la châtellenie. M. V. de Beauvillé. — 1507. Cout. loc. — 1520. Généal. de Belleval.— 1537. Ib. — 1757. Cassini. — 1778. Alm. du Ponthieu.— 1790. Etat des électeurs.

Hellicourt-les-Gamaches, 1422. Dom Grenier.

Hevicourt, 1648. Pouillé. — *Delicourt,* 1764. Desnos.
Elect. et arch. d'Abb., dioc. d'Am., doy. de Gamaches. Prév. de Vimeu.

HELLENCOURT, dép. d'Agenvillers, 27 hab.

Hellencourt, 1400. Dom Cotron. — Ordo.

Halencourt, 1784. Daire. Hist. de Doullens.

Hellancourt, 1840. Alm. d'Abbev. — *Hellincourt.* Dom Cotron.

HEM-LÈS-AMIENS, faub. d'Amiens.

Hamus, 1301. Dénomb. de l'évêché.

Han, 1301. Dénomb. de l'évêché. — 1331. Galeran de Vaux, baill. d'Amiens. — 1418. Lettre de Charles VI. — 1425. Déclar. de l'abbaye de St.-Jean. — 1676. Tit. de l'évêché.

Ham, 1125. Enguerrand, év. d'Am. — 1323. Simon, év. d'Am. Aug. Thierry. — 1390. Dénomb. de l'évêché.

Hem-lès-Amiens, 1417. Testament. — 1482. Délibér. de l'évêché d'Am. — 1751. Titres de l'évêché.

Hen-les-Amiens, 1481. Droits de l'évêque. Collection Bigant.

Hen, 1554. La guide des chemins de France. — 1579. Ortelius. 1602. Reg. de l'échevinage d'Amiens.

Faubourg-de-Hem, cadastre. — Plan d'Amiens.

S. Firmin. Ordo. (C'est le nom de la paroisse.)

HEM-LÈS-DOULLENS (canton de Doullens) 391-545 hab.

Ham, 1109. Pascal II, pape. Cart de Bertaucourt — 1140. Garin, év. d'Amiens. Ib. — 1217. Marie, abbesse de Bertaucourt. Ib. — 1273. Philippe-le-Hardi. Dom Grenier. — 1367. Aveu de Robert Frestiaus. — 1784. Daire.

Ham-lès-Doullens, 1184. Aveu de Robert de Fretel.

Hem, 1210. Hugues de Cailleux. Cart. de Bertaucourt. — 1507. Cout. de Doullens. — 1561. Etat des bénéficiers. — 1646. Hist. eccl. d'Abb. — 1733. G. Delisle. — 1757. Cassini. — 17 brum. an X.

Han, 1217. Marie, abbesse. Cart. de Bertaucourt. — 1372 Aveu de Jean de Rollepot. — 1595. Palma Cayet.

Hamus, 1235. Geoffroy, év. d'Amiens. Cart. de Bertaucourt.

Ham dales Doullens, 1324. Marie, comtesse de St.-Pol.

Ham-les-Doulans, 1384. Aveu de Robert de Fretel.

Hen, 1638. Tassin. — *Hens*, 1730. Titres des Cordeliers.

Elect., baill. et prév. de Doullens, dioc. d'Amiens, arch. du Ponthieu, doy. de Labroye.

Dist. du cant., 4 k. — de l'arr., 4 — du dép., 34.

HEM-MONACU (canton de Combles), 212-224 hab.

Le Hem, 1214. Dénomb. Reg. de Philippe-Aug. — 1733. G. Delisle. — 1757. Cassini. — Ordo.

Le Ham, 1269. Olim. — 1567. Cout. de Péronne. — 1710. De Fer.

Le Hen. — *Le Han*, 1423. Lettre de rémission. M. Cocheris.

Hams, 1579. Ortelius. — 1592. Surhonius. — 1638. Tassin.

Le Hem et Monacre, 1764. Expilly.

Le Hem-Monacu. M. Decagny. — *Hem-Monacu.* 17 brum. an X.

Elect., baill., prév. et doy. de Péronne, dioc. de Noyon.

Dist. du cant., 8 k. — de l'arr., 10 — du dép., 46.

Hémencourt, dép. de Vron, 27 hab.

Hamencourt, 1761. Robert. — *Remencourt*, 1779. Alm. du Ponthieu.

Hemancourt, 1757. Cassini. — 1764. Expilly. — 1840. Alm.

Hemencourt, 1766. Cout. du Ponthieu. — 1836. Etat-major.

Hemel, fief sis à Ville-sous-Corbie. — 1501. Titres de Corbie.

Hemmel, 1127. Cart. de Lihons.

Hemon, dép. du Crotoy, entre Morlay et le Humel.

Hemon, 1733. G. Delisle. — 1778. De Vauchelle.

Hemont, 1764. Bellin. Atlas maritime.

Hemont, fief sis à Halloy-lès-Pernois. — 1781. Cout. d'Am.

HÉNENCOURT (canton de Corbie.) 507 hab.

Hennencurt, 1147. Thibaut, év. d'Am. Cart. St.-Laurent.

Henencort, 1163. Mathieu de Septenville. Cart. St.-Jean. — 1261. Cart. de Fouilloy.

Enancourt, 1237. Cart. de Fouilloy. — *Hainencort*, 1301. Pouillé.

Henencourt, 1330. Cart. noir de Corbie. — 1428. Lettres de rémission. — 17 brum an X. — 1836. Etat-major.

Hennencourt, 1347. Revue de Robert d'Hénencourt. Trés. généal.

Henecourt, 1579. Ortelius. — *Hennecourt*, 1698. Etat de la France.

Henancourt, 1733. G. Delisle. — 1757. Cassini.

Elect. de Doullens, dioc et arch. d'Amiens, doy. de Mailly, prév. de Fouilloy.

Dist. du cant., 12 k. — de l'arr., 26 — du dép., 26.

Henneville, ferme dép. de Revelles, 8 hab.

Haineville, 1733. G. Delisle. — *Hinneville*, 1757. Cassini.

Hainneville, 1750. L. C. de Boulainviller. — 1844. M. Fournier.

Heneville, 1761. Robert.

Henneville, ferme, 1836. Etat-major. — 1857. Dénomb quinq.

Henricamps (les), lieu dit au terroir de Templeux-la-Fosse.

Heppeville, lieu dép. de Toutencourt. — 1730. Titres de l'évêché.

Héranguière, ferme sise à Hédeauville.

Héranguière, ferme, 1784. Daire. Doy. d'Albert.

Héranguières, Prévôté de Fouilloy.

Cense d'Héranguiers, 1750. L. C. de Boulainviller.

Heraudierre, 1720. Ms. de Monsure.

Heraugnière, 1781. Cout. du baill. d'Amiens.

HERBÉCOURT (canton de Bray), 333 hab.

Heribodicurtis, XIᵉ siècle. Charte pour St.-Fursy.

Herbercort, 1222-1229. M. Decagny. Etat du diocèse. — 1239. Marie, consœur d'Eterpigny.

Herbercourt, 1224. Contrat de vente. M. Cocheris.

Herbecourt, 1228. Raoul de Vergies. — 1415. Aveu de Jean d'Ailly. — 1519. Compte de la commanderie d'Eterpigny. — 1648. Pouillé. — 1757. Cassini. — 1764. Expilly. — 17 br. an X.

Herberti curtis, 1236. Contrat de vente. M. Cocheris.

Herbecort, 1263. Hugues de Soyecourt.

Harbecourt, 1429. Recette des droits de bâtardise de la prévôté de Péronne. — 1567. Cout. de Péronne.

Herbecour, 1743. Friex. — *Hebecour.* 1707. Fr. en 4 feuilles.

Herbecourt-en-Santerre. M. Decagny. Etat du diocèse.

Elect., baill., prév. et doy. de Péronne, dioc. de Noyon.

Dist. du cant., 10 k. — de l'arr., 8 — du dép., 44.

Hᴇʀᴇʟ (le), dép. de Miraumont. — Ce lieu n'existe plus.

Le Herel, 1567. Cout. de Péronne. — *Heret....* M. Decagny.

Hᴇʀᴇʟʟᴇ (la), fontaine qui prend sa source à Miraumont et forme un petit ruisseau qui grossit l'Encre.

Hᴇʀᴇᴘᴏɴᴛ, marais sis vers Aveluy.

Herepont, 1239. Hugues de Chatillon. — *Le grand marais.*

Hᴇʀɪᴄᴏᴜʀᴛ, lieu dit au terroir de la Chapelle-sous-Poix.

— fief sis à Quesnoy-sur-Airaines.

HÉRISSART (canton d'Acheux), 1177 hab.

Henresart, 1153. Thierry, évêq. d'Am. Cart. St.-Laurent.

Henrissart, 1252. André de Bertangles. — 1301. Pouillé.

Henrissard, 1322. Official d'Amiens. Tit. du Chap. d'Am.

Herrissart, 1422. Arch. du chap. d'Am. — *Hérischan,* 1648. Pouillé.

Hérissart, 1507. Cout. loc. — 1579. Ortelius. — 1733. G. Delisle. — 1757. Cassini. — 17 br. an X.

Hérisart, 1720. Ms. de Monsures. — *Henrisart,* 1728. Tit. de l'év. Elect. et doy. de Doullens, dioc. et arch. d'Amiens, pré... de Beauquesne.

Dist. du canton. 11 k. — de l'arr., 17 — du dép. 19.

HÉRIVAL, terroir de Dromesnil. — 1741. Arch. de Selincourt.

HERLEVILLE (canton de Chaulnes), 412 hab

Herlivilla 1098. Cart. de Lihons. — 1111. Ibid.

Herleville, 1214. Dénomb. Reg. de Philippe-Auguste. — 1223. Aubert de Longueval. Cart. de Fouilloy. — 1567. Cout. de Péronne. — 1696. Etat des armoiries. — 1733. G. Delisle. — 1757. Cassini. — 1764. Expilly. — 17 brum. an X.

Huierville, 1256. Cart. noir de Corbie.

Helleville, 1301. Pouillé. — 1384. Décl. de l'abb. de St.-Jean.

Hedville, 1592. Surbonins. — 1638. Tassin. — 1657. Jansson.

Holleville. — Herville .. M. Decagny.

Elect. de Péronne, dioc. et arch. d'Amiens, doy. de Lihons.

Dist. du canton, 7 k. — de l'arr., 18 — du dép., 34.

HERLICOURT, dép. de Lanchères, 71 hab.

Herlelcurtis, 998? — *Heracourt,* 1733. G. Delisle.

Herlaincourt, 1750. L. C. de Boulainviller.

Herlicourt, 1757. Cassini. — 1840. Alm. d'Abb.

Helnicourt-lès-St.-Blimont, 1781. Cout. du baill. d'Am.

Non indiqué sur la carte de l'Etat-major.

HERLIEUX, dép. d'Herly.

Hellicul, 1230. Dénomb. de la terre de Nesle.

Herlieux, 1751. Plan des terres de N.-D.-au-Bois. — 1753 Doi-y. — 1764. Expilly. — 1826-29. Ordo. — 1856. Franc-Picard.

Herlieu,.... M. Decagny. Etat du diocèse.

HERLY (canton de Roye), 135 hab.

Hesli, 1148. M. Decagny. Etat du diocèse.

Herlie, 1197. Guy Camp d'Avenne. Cart. de Libons.

Hellie, 1230. Dénomb. de la terre de Nesle.

Herlyes, 1394. Dén. de la terre de Nesle. — 1567. Cout. de Roye.

Harlye, 1648. Pouillé. — *Herlies*, 1696. Etat des armoiries.

Herli, 1733. G. Delisle. — *Herlies*,... M. Decagny.

Herly-Herlieux, 1753. Doisy. — 1764. Expilly.

Herlye, 1701. Dénomb. de Charles de Mailly. — 1757. Cassini.
— 1808. Hist. de Roye.

Herelyes, 1761. Robert. — *Herelies*, 1787. Picardie mérid.

Herly. Ordo. — Dénomb. quinq. — 17 brum. an X.

Elect. de Péronne, baill. et prév. de Roye, dioc. de Noyon,
doy. de Nesle.

Dist. du cant., 10 k. — de l'arr., 29 — du dép., 48.

Hermé, fief sis à Vismes. M. Prarond.

Hermel, fief sis à La-Motte-Baleux.

Hermilly, ferme dép. de Thieulloy-l'Abbaye, 14 hab.

Harmellies, 1149. Accord entre St.-Denis de Poix et Selincourt.

Harmeliacum. — *Harmelia*, 117.. Gautier, prieur de St.-Martin
des Champs. Cart. de Selincourt.

Harmelii, 1206. Richard, év. d'Amiens. Cart. du Gard. — 1215.
Gérard, év. d'Amiens. Ib.

Harmellis, 1247. Jean Mautraiant. Cart. du Gard.

Hermilly, 1547. Déclaration de bois. Cart. du Gard. — 1757.
Cassini. — 1856. Franc-Picard. — 1857. Dénomb.

Hermelies, 1646. Hist. eccl. d'Abbev. — 1763. Expilly.

Hermilli, 1733. G. Delisle. — *Euvilly*, 1761. Robert.

Hermitage (l'), ruisseau qui prend sa source à l'Heure et se jette
dans le Scardon à la Bouvaque.

L'Hermitage. — *Ruiseau de l'Hermitage*.

Hermitage de St.-Valery, dép. de Cambron.

Petit St.-Valery, 1646. Hist. eccl. d'Abbev.

L'Hermitage, 1733. G. Delisle. — *Hermitage*, 1778. De Vauchelle.

Hermitage de St.-Valery, 1757. Cassini.

Hermitage (l'), dép. d'Englebelmer. — 1857. Dénomb. quinq.

Hermitage (l'), dép. d'Hangest-en-Santerre, 2 hab. — 1857. Dén.

Hermitage (l'), calvaire sis au terroir de Regnières-Ecluse.

— dép. de St.-Pierre-Divion. — 1757. Cassini.

Hermitage du Calvaire, dép. de Mirvaux. — 1757. Cassini.

Hernu, fief sis à Vignacourt.

Herre, dép. de Rue, 191 hab.

Hera, 998... M. Prarond. — *Heran*, 1824. Philippe-le-Bel.

Here, 1210. Guillaume, comte de Ponthieu. Mém. de la Soc.
d'Emul. d'Abb. — 1757. Cassini. — 1764. Desnos. — Ordo.

Hert, 1487. M. Prarond. — *Herre*, 1857-61. Dénomb.

Hersfleel, dans le Vimeu, lieu inconnu. — 1185. Gall. christ.

Herfreel, 1191. Fondat. de l'abbaye de Lieu-Dieu. Ib.

Herveloy, ferme dép. de Martainneville-les-Bus.

Arevloy, 1185. Henri de Fontaine. Hist. de Sery.

Erveloy, 1248. M. De Beauvillé. — 1400. Trés. généal. — 17...
Dom Grenier. — M. Darsy. Canton de Gamaches.

Herveloy, 1693. M. Prarond. — 1696. Etat des armoiries. — 1757.
Cassini. — 1781. Cout. d'Am. — 1840. Alm. d'Abb.

Hervelois, 1730. Arch. du chap. d'Am. — *Drueloy*. Dom Grenier.

Ervelois, 1778. De Vauchelle. — *Hervelloy*. Ordo.

Herville, dép. de Villers-Bretonneux.

Herville, 1733. G. Delisle. — 1757. Cassini. — 1856. Fr.-Picard.

Hierville. Titres de Corbie.

Herville-lez-Bretonneux, 1781. Cout. du baill. d'Amiens.

HERVILLY (canton de Roisel), 383-389 hab.

Harvelli, 1276. Titres de Corbie.

Harvilli, 1285. Cart. de Fervaques. — 1367. Dom Grenier.

Harvilly, 1214. M. Decagny. — 1367. Aveu et dénombrement. —
1403. Aveu et dénomb. M. Cocheris.

Hervillies, 1539. M. Decagny. — Armorial.

Hervilly, 1567. Cout. de Péronne. — 1638. Tassin. —1648.
Pouillé. —1757. Cassini. — 1764. Expilly. —1775. Honneurs
de cour. — 17 br. an X.

Hervillé, 1696. Etat des armoiries. — *Hervilli,* 1733. G. Delisle.
Elect., baill. et prév. de Pér., dioc. de Noyon, doy. d'Athies.
Dist. du cant., 2 k. — de l'arr., 14 — du dép., 64.

HESBECOURT (canton de Roisel), 285 hab.

Hebescourt, 1567. Cout. de Péronne. — *Hébecourt,* 1733. G. Delisle.

Ebécourt, 1757. Cassini. — *Hervecourt,* 1761. Robert.

Hasbecourt, 17 brum. an X. — *Hesbecourt.* Ordo.
Elect., baill. et prév. de Pér., dioc. de Noyon, doy d'Athies.
Dist. du cant., 3 k. — de l'arr., 15 — du dép., 65.

HESCAMPS-St.-CLAIR (canton de Poix), 448-520 hab.

Hesini campus, 1128-40. Garin, év. d'Am.

Hescans, 1234. Geoffroy, év. d'Amiens. Cart. de Fouilloy. —
1301. Pouillé. — 1302. Dénomb. de l'évêché.

Hecamps, 1397. Lettres de rémission.

Hescamps, 1507. Cout. loc. —1757. Cassini. — 17 br. an X.

Escamps, 1695. Nobil. de Pic. — 1731. Manufactures d'Aumale.

Hecamp, 1733. G. Delisle. —1784. Daire. Granvillers.

Hecamps-St.-Cler, 1761. Robert. — *Hercamp,* 1778. De Vauchelle.

Hescamps et *Hescamp* et *Saint-Clair,* 1763. Expilly.

Hescamp, 1781. Cout. du baill. d'Amiens.

Hescamps-St.-Clair. 1764. Desnos. — 1836. Etat-major.
Elect., dioc. et arch. d'Amiens, doy. de Poix, secours de
Frettemolle, prév. de Beauvaisis à Granvillers.
Dist. du cant., 11 k. — de l'arr., 39 — du dép., 39.

HESDIGNEUX, fief sis à Crécy-en-Ponthieu.

Hesdineux, 1377. — *Hesdigneul,* — *Hesdigneux,* 1767. Aveux. Dom
Grenier.

HETROYE, ferme et fief dép. d'Autheux.

La Hestroye, 1701. D'Hozier.— *La Hestroy*, 1720. Ms. de Monsures.
La Hetroie, 1743. Friex. — *Hestroye*, 1781. Cout. du baill. d'Am.
Hestroy, 1750. L. C. de Boulainvillcr. — *Hetroye*, 1827. Ordo.
Le Helloy, 1856. Franc-Picard.

Hérnois (le), ruisseau qui va de Famechon à la rivière de Poix.

Heubouval, fief sis à Fontaine-sur-Somme.

HEUCOURT-CROQUOISON (canton d'Oisemont), 259-315 hab.

Hoccort, 1164. Alexandre III, pape. Cart. de Selincourt.

Heucuria, 116.. Accord.   Ib.

Heuecort, 1166. Henri, arch. de Reims. Ib. — 1177. Thibaut, év. d'Amiens. Ib.

Haocurt, 1176. Henri, arch. de Reims. Ib.

Heucourt, 1177. Thibaut, év. d'Amiens. Cart. de Selincourt. — 1509. Cout. de Doullens. — 1527. Bailly d'Amiens. Cart. de Selincourt. — 1757. Cassini. — 1763. Expilly. — 1781. Cout. d'Amiens. — 1778. Alm. du Ponthieu. — 17 br. an X.

Heuencourt, 1301. Pouillé. — *Hoeucourt*, 1507. Cout. loc.

Hocourt, 1369. Montre de Jean Bouterie. Not. généal.

Hencourt, 1646. Hist. eccl. d'Abbeville.— *Henecourt*, 1648. Pouillé.

Haucourt, 1733. G. Delisle. — 1761. Robert.

Heucourt-Croquoison. Tit. de la commune. — 1850. Tab, des dist.

Elect. et dioc. d'Amiens, archid. de Ponthieu, doy. d'Airaines, prév. d'Oisemont.

Dist. du cant., 10 k. — de l'arr., 34 — du dép., 34.

Heudaine, fief sis à Noyelles-s.-mer. — *Heudenier*. M. Prarond.

HEUDICOURT (canton de Roisel), 1682-1733 hab.

Eudoldi curtis, 948. Bulle du pape Agrapit II. Colliette.

Eudonis curtis 948. M. Decagny. Etat du diocèse.

Hadonis curtis, 1046. Grégoire VI, pape. Colliette.

Haldini curtis, xie siècle. Charte pour St.-Fursy.

Heldicurt, 1119. Callixte II, pape. Marrier.

Hertidicurt, 1142. Innocent II, pape. Marrier.

Heldincurt, 1147. Eugène III. Marrier.

Heudincort, 1214. Dénomb. Reg. de Philippe-Auguste. — 1219. Ibid. — 1243. Pierre de Manancourt.

Heudincourt, 1274. Cart. de Fervaques. M. Cocheris. — 1367. Aveu. — 1416. Hommage. — 1423. Lettre de rémission.

Heuducourt, 1567. Cout. de Péronne. — *Audicourt*, 1579. Ortelius.

Hudicourt, 1573. Ortelius. — 1592. Sarhonius.

Hendicourt, 1648. Pouillé général. — 1761. Robert.

Houdicourt, 1733. G. Delisle.

Heudicourt, 1757. Cassini. — 1764. Desnos. — 17 br. an X. Elect., baill., prév. et doy. de Péronne, dioc. de Noyon. Heudicourt fut en 1790 chef-lieu de l'un des 16 cantons du district de Péronne, et en l'an VIII l'un des 13 chefs-lieux d'arrond. communaux. Dist. du cant., 11 k. — de l'arr., 17 — du dép., 67.

HEURE (l'), dép. de Caours, 103 hab.

Loaræ, 1134. Charte pour le prieuré de Biencourt.

L'Heure, 1138. Jean, comte de Ponthieu. Hist. eccl. d'Abbev. — 1696. Etat des armoiries. — 1710. N. De Fer. — 1733. G. Delisle. — 1757. Cassini. — 1763. Expilly. — 1764. Desnos. 17 br. an X. — 1845. Ordo. — 1862. Dénombr.

Leures, 1199. Gautier de Hallencourt. — 1201. Cart. St.-Martin-aux-Jumeaux. — 1206. Richard, év. d'Am. — 1215. Guillaume, comte de Ponthieu. Hist. eccl. d'Abb. — 1301. Pouillé.

Lheures, 1638. Tassin.

Leure. — *L'Eure*, 1646. Hist. ecclés. d'Abb. — 1692. Pouillé.

Lizurt, 1648. Pouillé. — *Lherres*, 1657. Jansson.

Lheure, 1674. Lettre de Marie de Bourbon aux maîtres des eaux et forêts de Picardie. — 1753. Doisy. — 1764. Expilly. — 1771. Affiches. — 1840. Alm. d'Abb. — 1841-42. Ordo. — Adm.

L'Heures, 1766. Cout. de Ponthieu. — 1777. Alm. de Ponthieu. Dioc. d'Amiens, élect., arch., baill. et doy. d'Abbeville.

HEURTEVENT, dép. de Long, 10 hab.

   Hurtevent, 1722. Transaction entre les seigneurs et les habitants de Long. — 1810. Alm. d'Abb. — Ordo.

   Heurtevent, 1757. Cassini. — 1764. Desnos. — 1862. Dénombr.

HEURTEVENT, ferme dép. de Fontaine-sur-Somme.

   Ferme d'Hurtevent, — d'Heurtevent.

HEURTEVENT, ferme dép. de la Vicogne.

   Hurtevent, 1733. G. Delisle. — 1778. De Vauchelle.

HEUZECOURT (canton de Bernaville), 400-450 hab.

   Heusecourt, 1121. Jean, comte de Ponthieu. Hist. eccl. d'Abb. — 1215. Guillaume, comte de Ponthieu. — 1301. Pouillé.

   Huscort, 1202. Charte de commune de Doullens. Dom Grenier.

   Heusecort, 1210. Hugues de Cayeux. Cart. de Bertaucourt.

   Heussecourt, 1275. Cart. de l'évéché. — 1781. Cout. d'Am.

   Escurt, 1279. Jean de Escurt. — *Euzecourt,* 1477. Hommage.

   Heuzecourt, 1507. Coutumes locales. — 1561. Etat des bénéficiers du diocèse d'Amiens. — 1601. Hommage. — 1733. G. Delisle. 1764. Expilly. — 17 brum. an X — 1836. Etat-major.

   Heuzencourt, 1518. Hommage de Jacques, bâtard de Vendôme.

   Hensecourt, 1601. — Hommage de Ch. de Guillerme.

   Hansecourt, 1638. Tassin. — 1657. Jansson.

   Heuscourt, 1644. Lettre du roi Casimir. Généal. de Mailly. — 1757. Cassini. — 1764. Desnos.

   Heuzecour, 1733. G. Delisle. — *Heuzcourt,* 1743. Friex.

   Heurecourt, 1764. Expilly. — *Beusecourt,* 1787. Pic. mér.

   Elect. de Doullens, dioc. d'Amiens, archid. d'Abbeville, doy. de Labroye, puis d'Auxi-le-Château, prév. de Doullens. Dist. du cant., 6 k. — de l'arr., 15 — du dép., 37.

HEZET (le), lieu dit au terroir de Beauvoir-Rivière.

HIERMONT (canton de Crécy), 417 hab.

   Hiermont, 1185. Thibaut, év. d'Am. Gall. chr. — 1257, Jeanne, comtesse de Ponthieu. — 1380. Montre du sire de Sempi. — 1422. Don de Henri, roi d'Angleterre. — 1489. Hommage de

Dunois. — 1507. Cout. loc. — 1561. Etat des bénéf. du dioc. d'Am. — 1579. Ortelius. — 1733. G. Delisle. — 1763. Expilly. — 17 br. an X. — 1836. Etat-major. — 1843. Ordo.

Biurmont, 1220. Guy, de Ponthieu. Cart. d'Auchy-lès-Moines.

Wiermont, 1221. Louandre. Topogr. du Ponthieu.

Heuremont, 1239. Arch. de l'hosp. de S. Riquier.

Viermont, 1258. Actes du Parlement.

Sacermons.... *Hurrimermont....* Louandre. Topogr. du Ponthieu.

Huiermont, 1300-23. Marnier. — 1301. Pouillé. — 1302. Revue de Vitace de Hiermont. — 1337. Rôle des nobles et fieffés.

Hiermons, 1585. Cout. d'Hiermont. — *Hivermont,* 1648. Pouillé.

Hyermont, 1757. Cassini. — 1766. Desnos. Génér. d'Am.—1781. Cout. d'Am. — 1790. Etat des électeurs.

Hermont, 1787. Pic. mérid. — *Hiermond,* 1824-43. Ordo.

Dioc. d'Am., élect: et arch. d'Abb., doy de Labroye, baill. de Crécy.

Dist. du cant., 17 k. — de l'arr., 21 — du dép., 42.

HIERVILLE, ferme dép. de Varennes.

Huierville, 1256. Cart. Néhémias de Corbie.

Hyerville, 1331. Cart. Lucas de Corbie.

Hierville, 1733. G. Delisle. — 1757. Cassini. —1781. Cout. d'Am. Non indiqué sur la carte de l'Etat-major.

HIGNU, lieu dit au terroir d'Oresmaux.

Hisni, 1175. Thibaut, év. d'Amiens. Arch. du Bosquel.

Hysnu, 1301. Fief sis à Oresmaux. Arch. du Bosquel.

Hisnu, 1404. Sentence arbitrale. Ib. — *Hignu.* Cadastre.

HINFRAY, dép. de Frettemeule, 47 hab.

Enfray, 1210. Hugues de Cayeux. Cart. de Bertaucourt.

Infré.... 1618. Dom Grenier.

Infray, 1750. L. C. de Boulainviller. — 1836. Etat-major. — Adm. — 1840. Alm. d'Abb. — 1852. M. Prarond.

Hinfray, 1757. Cassini. — 1857. Dénomb. quinq. — Ordo.

Hinfrei, 1778. De Vauchelle. — *Infroy*.... Dom Grenier.

HIRONDELLE, ham. dép. de Bertaucourt.

Arundel, 1215. Official d'Amiens. Cart. de Bertaucourt.

Harundel, 1218. Abbé de S. Jean des Vignes. Ib..

Roondel. — *Roandel,* 1301. Dénomb. de l'évêché.

Arondel, 1301. Pouillé du diocèse. — 1710. N. De Fer. — 1733. G. Delisle. — 1743. Friex. — 1766. Cout. de Ponthieu.

Hirondel, 1757. Cassini.—1764. Desnos.—*Airondel,* 1761. Robert.

Moulin d'Arondel, 1778. De Vauchelle.

Harondelle-Moulin, 1781. Cout. du baill. d'Am.

Harondel, 1829-62. Ordo. — *Irondel.* Adm.

Yrondel, 1836. Etat-major. — Cad. —Dénomb.

HIRONDELLE (l'), dép. de Velennes, 7 hab.

Moulin de l'Hirondelle, 1826-50. Ordo.

L'Hirondelle 1851-62. Ordo. — 1857-62. Dénomb..

HIRONDELLE (l'), moulin dép. de Rosières.

HOCHECOCQ, fief sis à Ville-sous-Corbie.

Hochecocq, 1498-1696. — *Horchecol,* 1682. Tit. de Corbie.

Hochecot, 1696. Etat des armoiries.

HOCQUELUS, dép. d'Aigneville, 230 hab.

Aukelus, 1284. Philippe-le-Bel.

Hoquellus, 1300-23. Marrier. Cout. — 1477. Dom Cotron.

Hauquellus, 1381. Lettre de rémission.

Hocqueluz, 1456. Amendes pour délits de chasse. V. de Beauvillé.

Hucleu, 1646. Hist. eccl. d'Abb.

Ocquelus, 1659. — *Oquelus,* 1659. Dom Grenier.

Hauquelu, 1733. G. Delisle. — 1778. De Vauchelle.

Hocquelu, 1757. Cassini. —1764. Desnos.— *Hocqueslus,* 1781. Aff.

Hocquelus, 1763. Expilly. — 1766. Cout. de Ponthieu. — 1781. Cout. du baill. d'Am. —1836. Etat-major. — Ordo.

Hocquelieu.... Dom Cotron. — *Hauquelieu,* 1761. Robert.

Hoquelus, 1778. Alm. du Ponthieu.—*Huquelere,* 1787. Pic. mérid.

HOCHETOQUERIE, lieu dit au terroir de Méaulte.

Hochetokerie. — *Hochetoquerie,* 1330. Titres de l'évêché.

HOCQUINCOURT (canton d'Hallencourt), 401-476 hab.

Agnonocurtis, 791. Mabillon. Dipl. — Dom Grenier.

Hokencort, 1241. Official d'Amiens. Cart. St.-Jean.

Hokencourt, 1301. Pouillé. — *Hokaincourt,* 1301. Dén. de l'év. d'Am.

Hocquaincourt, 1337. Rôle des nobles et fieffés. — 1507. Cout.

Hocquancourt, 1648. Pouillé. — *Hoquincourt,* 1753. D'Oisy.

Hoquincourt, 1657. Proc.-verb. des cout. — 1697. Etat des armoiries. — 1733. G. Delisle. — 1763. Expilly.

Hocquincourt, 1657. Jansson. — 1757. Cassini. — 17 br. an X. Elect. et dioc. d'Am., arch. du Ponthieu, doy. d'Oisemont, prév. de Vimeu, baill. d'Airaines.

Dist. du cant., 2 k. — de l'arr., 16 — du dép., 36.

HODIART, fief sis à Montonvillers.

Fief d'Hodierne. Etat des fiefs.

Haudiart. — *Le Haudiart.* — *Hodiart.*

HOIERMONT, lieu sis aux environs de Nesle, inconnu.

— 1230. Dénomb. de la terre de Nesle.

HOMBLEUX (canton de Nesle), 561-1187 hab.

Humolarium? M. Decagny.

Homblaus, 1015. Dipl. Roberti regis. Gall. christ. — 1016. Cart. de Noyon. — Le Vasseur. Ann. de Noyon.

Hunblaus, 1016. Ib. Cart. de Prémontré. — Cart. de Noyon.

Humblaus, 1017. Dipl. Roberti regis. Cart. de Noyon.

Humblous, 1089. Odon de Ham. Ibid.

Humblus, 114.. Warin, abbé d'Homblières. Cart. d'Arrouaise.

Hombleux, 1145. Robert, év. de Noyon. — 1152. Baudouin, év. de Noyon. Cart. de Noyon. — 1239. Chap. de Noyon. — 1653. Etat des revenus de l'abbaye de Ham. — 1733. G. Delisle. — 1757. Cassini. — 1763. Expilly. — 17 brum. an X.

Homblex, 1152. Baudouin, év. de Noyon. Cart. de Noyon.

Hamblos, 1160. Robert, év. de Noyon. Cart. d'Ourscamp.

Hombleus, 1175. Ives, comte de Soissons. Cart. d'Arrouaise. — 1179. Alexandre III, pape. Cart. de Noyon. — 1238. Doyen et chapitre. — 1248. Official de Noyon. — 1258. Actes du Parlement. — Olim. — 1277. Jean de Buchy. Cart. d'Ourscamp.

Humblues, 1186. Urbain III, pape. Cart. d'Arrouaise.

Humbleus, 1213. Jean de Nesle. — 1218. Doyen de Noyon. Cart. de Noyon. — 1226. Gérard, év. de Noyon. Ibid.

Umbleus, 1219. Etienne, év. de Noyon. Cart. de Noyon.

Hombeleuse, 1341. Dénomb. de Aelis de Courtemanche.

Hombleu, 1761. Robert.

Elect., dioc. et baill. de Noyon, doy. de Ham.

Dist. du cant., 7 k. — de l'arr., 25 — du dép., 57.

HONCOURT, près Péronne, lieu détruit. — 1638. Tassin.

HONICOURT, dép. de Martainneville-les-Butz. — 1840. Alm. d'Abb.

HÔPITAL (l'), dép. d'Achenx. — 1757. Cassini.

    —   , dép. de Crécy. — 1757. Cassini. — 1754. Desnos.

    —   , dép. d'Emery-Hallon. — 1733. G. Delisle.

HÔPITAL (l') ou L'HOSPICE, hab. isolée, dép. d'Oisemont.

HÔPITAL (l'), dép. de Neuilly-l'Hôpital.

Ospital, 1199. — *Hospitale,* 1202. Hospice de St.-Riquier.

HÔPITAL-AU-BOIS, dép. de Le Forest.

Hospital-au-Bois, 1567. Cout. de Péronne.

L'Hopital-aux-Bois, 1750. L. C. de Boulainviller.

L'Hôpital-au-Bois, 1764. Expilly. — 1826-28. Ordo.

HORGNY, dép. de Villers-Carbonnel.

Horliacum, 1158. Raoul II, comte de Vermandois.

Horni, 1158. Baudouin II, év. de Noyon.

Horlio, 1177. Philippe d'Alsace.

Horgny, 1434-35. Compte d'amendes de la prévôté de Péronne. — 1519. Comptes de la commanderie d'Eterpigny. — 1567. Cout. de Péronne. — 1757. Cassini.

Horigny, 1764. Expilly. — *Orgnies,* 1750. L. C. de Boulainviller.

Hornas (le), lieu dit au terroir d'Havernas. Cadastre.

Hornast, partie de Vignacourt.

Hornart, 1096. Donation faite à l'abbaye de St.-Jean.

Hornast, 1157. Convention entre St.-Lucien de Beauvais et St.-Jean d'Amiens. V. de Beauvillé. — 1220. Renaud d'Amiens. — 1226. Thibaut, év. d'Amiens. — 1298. Titres de Picquigny.

Hornas, 1186. Délimitation du comté d'Amiens.

Hornicourt, lieu dit au terroir de Cannessières.

Hornicourt (haut et bas), lieu dit au terroir de Monflières.

HORNOY (chef-lieu du canton d'Hornoy), 1045-83 hab.

Horona, 751. Placitum Pippini. M. Jacobs. Revue des Soc. sav. — 775. Dipl. de Charlemagne. Aug. Thierry.

Hornodium, 1090. Anscher. Vita S. Angilberti.

Hornet, 1105. — *Hornart,* 1096.? Aug. Thierry.

Hornetum, 1106. Cart. de Bertaucourt. — 1195. Ib.

Hornoy, 1146. Thierry, év. d'Am.. Cart. de Selincourt. — 1164. Alexandre III, pape. Ib. — 1176. Henri, arch. de Reims. Ib. — 1301. Pouillé. — 1507. Cout. loc. — 1757. Cassini. — 17 br. an X.

Hornoi, 1164. Alexandre III, pape. Cart. de Selincourt. — 1208. Richard, év. d'Amiens. Ib. — 1235. Cart. St.-Martin-aux-Jumeaux. — 1707. France en 4 f.

Horneium, 1166. Henri, arch. de Reims. Cart de Selincourt.

Ormoy, 1200... M. Decagny. — *Borona,* 1579. Ortelius.

Hornay, 1761. Robert. — *Harnois,* 1778. De Vauchelle.

Horneium... Ulmeium... Homoy. — Daire.

Elec., dioc. d'Am., arch. d'Abb. doy. d'Airaines, puis d'Hornoy prév. de Vimeu. — Prieuré simple de l'ord. de St. Benoît.

Hornoy, chef-lieu de l'un des 18 cantons du district d'Amiens, en 1790, de l'un des 18 arrond. communaux en l'an VIII, simple commune du canton de Liomer le 17 brum. an X, redevient chef-lieu de canton par arrêté du 9 pluv. an X.

Dist. de l'arr., 32 k. — du dép., 32.

HORTOY (l') (canton d'Ailly-sur-Noye), 122 hab.

Lortoy, 1507. Cout. loc. — *L'Ortioy*, 1657. Proc.-verb. des cout.

L'Ortilloy, 1657. N. Sanson. — *Lorthioy*, 1763. Expilly.

L'Ortois, 1733. G. Delisle. — *Lorthois*, 1757. Cassini.

L'Orthois, 1764. Desnos. — *Orthioy*, 1787. Picardie mérid.

L'Hortoy, 1781. Cout. du baill. d'Am. — 1857-62. Ordo.

Lorthiois, 1790. Etat des électeurs. — *Lhortoy*, 17 br. an X.

Dioc., élect. et arch. d'Amiens, doy. de Moreuil, prév. de Beauvaisis à Amiens et de Montdidier en partie.

Dist. du canton, 12 k. — de l'arr., 26 — du dép., 23.

Hostisses (les), lieu sis près Valloires. — Non indiqué par l'Etat-major. — 1757. Cassini. — *Les Hostisse*, 1764. Desnos.

Hòtellerie, dép. de Molliens-Vidame, 36 hab.

1857. Dénomb. — Ne figure plus au dénomb. de 1861.

Hottigneau, fief sis à Séry. — *Le Chapelais*, 1445.

Il fut aliéné en 1445 par Thomas, abbé de Séry, moyennant 4 livres de rente en faveur de Guillaume-le-Boucher, dit Hottigneau, et prit ce nom à partir de cette époque.

Hotoie (la), promenade et faubourg dép. d'Amiens.

Hotoia, 1221. Mathieu, abbé du Gard. Aug. Thierry.

Hotoie — *Hetoie*, 1293. Everard Porion. Ib.

La Hotoie, 1301. Dénomb. de l'évêché d'Amiens.

La Haultoie, 1408. Jehan Delattre. Cart. St.-Jean. — 1586. Reg. de l'échev. d'Amiens.

Hautoye, 1425. Cart. de St.-Jean. — 1638. Ib. — 1763. Expilly.

La Hautoye, 1465. Reg. de l'échev. — 1615. Jehan Patte. — 1638. Visite des eaux. Arch. de l'évêché. — 1779. Affiches.

Haultoye, 1588. Réglement du maire d'Amiens. — 1638. Déclar. du temporel de l'abb. de St.-Jean.

La Haultoye, 1588. Réglement concernant la milice d'Amiens.

Haute-Oye, 1707. France en 4 f. — *Authoys*, 1713. Titre du chap.

Haute-Oie, 1733. G. Delisle. — *Autoye*, 1763. Expilly.

Houte-Oie, 1778. De Vauchelle.

Faubourg d'Hautoie, 1725. — *Le Hautoy,* 1733, Arch. du chap.

HOUDENCOURT, dép. de Fransu, 57 hab.

Unadundicurtis, 1066. Gallia christ.

Haudencurt, 1118. Louandre. Topogr. du Ponthieu.

Houdencort, 1129. Hugues Bouteri. Cart. de Berlaucourt.

Houdincurt, 1164. Alexandre III, pape. Cart. de Selincourt.

Houdencourt, 1174. Cart. du Gard.—1301. Dénomb. de l'évêché d'Amiens. — 1757. Cassini. — 1764. Desnos. — Dénomb.

Houdincourt, 1210. Gui du Candas. Dom Cotron. Chr. cent.

Heudencourt, 121.. R. et B. de St.-Valery. Cart. de Berlaucourt.

Hadencort, 1238. Vente au prieur de Domart. M. Cocheris.

Houdancourt, 1646. Hist. eccl. d'Abbeville.—1781. Cout. du baill. d'Amiens. — 1836. Etat-major. — 1856. Fr. Picard.

Haudecourt, 1648. Pouillé.— *Haudencourt,* 1692. Pouillé.

Audencourt, 1736. Pouillé. — *Houdaincourt,* 1764. Desnos.

HOUDENCOURT, fief sis à St-Riquier.

Hundencurt, 1118. Enguerrand, évêq. d'Amiens. D. Grenier.

Houdancourt, 1223. Donation à l'abbaye de St.-Riquier.

Houdencourt, ferme, 1703-12. — *Houdincourt,* fief.

HOUDENT, dép. de Tours, 179 hab.

Hosdenc, 1164. Alexandre III, pape. Cart. de Selincourt. — 1184. Luce III, pape. Ib.

Hodenc, 1164. Alexandre III, pape. — 1220. Robert de Dreux. Layette. — 1253. Louandre. Topogr. du Ponthieu. — 1295 Actes du Parlement. — 1337. Rôle des nobles et fieffés. — 1416. Montre de Louis d'Abbeville, seign. de Bouberch.

Houden, 1337. Rôle des nobles et fieffés. — 1761. Robert. — 1763. Expilly. —1778. De Vauchelle. —1781. Cout. du baill. d'Amiens. — 1790. Etat des électeurs. — Dom Grenier.

Houdenc, 1343. Dénomb. de la pairie de Bouberch. Dom Grenier.

Houdencq, 1387. Montre de Louis de Bouberch. — 1398. Juge‑
ment du prévôt du Vimeu. Charles de Gamaches.

Houdanc, xvie siècle. M. De Belleval.

Houdan, 1506. Hist. des mayeurs. — 1646. Hist. eccl. d'Ab.

Houdant, 1687. M. Prarond. — 1778. Alm. du Ponthieu. — 1841.
Epitaphe dans l'église de Collines.

Houdan-en-Vimeu, 1646. Hist. eccl. d'Abb. — 1779. Affiches.

Oudan, 1703. M. Prarond. — *Houden-en-Vimeu*, 1703. D. Grenier.

Hoden, 1733. G. Delisle. — 1757. Cassini. — 1826. Ordo.

Houdent, 1766. Cout. du Ponthieu. — 1836. Etat-major. — 1830-
1862. Ordo. — 1852. M. Prarond. — 1862. Dénomb.

HOUILLIÈRE (la), dép. de Bouillancourt-en-Sery. — 1850. Alm.
d'Abb. — 1856. Fr. Picard. — Même que la *Bouillière*.

HOUPAINCOURT, fief dép. de Monchel.

Houpaincourt, *Houppincourt*, 1765. Daire. Hist. de Montdidier.

Le Pré de Ganuer, 1765. Ibid.

HOUPILLIÈRE (la), fief sis à Villeroy, canton d'Oisemont.

HOURDEL, dép. de Cayeux, 172 hab.

Hornensis locus... — *Quartensis locus...* Dom Grenier. — Malbrancq.

Le Hourdel-lès-Saint-Wallery, 1386. Salaire des maraichers.

Le Hourdel, 1582. M. Prarond. — 1634. Ibid. — 1757. Cassini.

Pointe du Hourdel, 1698. Etat de la France. — 1764. Bellin.

Teste de Hourdel, 1710. N. De Fer. — *Hourdel...* Ordo. — Dén.

Port du Hourdel, 1844. Fournier. Carte du dép.

HOURDEL, fief sis à Conty. — 1772. Inféodation. Ms. de Monsures.

HOURGES, dép. de Domart-sur-la-Luce, 43 hab.

Hourges, 1145. Sanson, arch. de Reims. Cart. de St.-Acheul. —
1220. Mathieu de Morisel. Cart. de Fouilloy. — 1301. Pouillé.
1567. Cout. de Montdidier. — 1733. G. Delisle — 1757. Cassini.

Horges, 1226. Geoffroy. Cart. de Fouilloy.

Hourge, 1579. Ortelius. — 1592. Surhonius.

Ouge, 1626. Damiens de Templeux. — *Houges*, 1761. Robert.

Ourge, 1707. G. Sanson. Fr. en 4 feuilles.

Hourges-sur-la-Luce, 1728. Déclarat. du curé.

Elect., baill. et prév. de Montdidier, dioc. et arch. d'Am., doy. de Fouilloy.

HOURGES, fief sis à Harbonnières. — Daire. Doy. de Montdidier.

HOUSSOYE (la) (canton de Corbie), 497 hab.

Husseya — Housseya, 1224. Cart. noir de Corbie.

Houssoi, 1226. Cart. blanc de Corbie.

Huscia, 1230. — *Uscia.* — *Husceia.* — *Hoscetum.* Daire.

Housseia, 1242. Enguerrand de la Houssoye. Cart. de Fouilloy.

Houssoia, 1270. Titres de l'église d'Amiens.

La Houssoye, 1281. Hugues de la Houssoye. Cart. du chapitre. 1453. Cart. des chapelains. — 1680. Etat du temporel de Corbie. — 1728. Déclar. du curé. — 1757. Cassini. — Ordo.

Houssoya, 1301. Pouillé. — *La Houssoy*, 1781. Aff. de Pic.

Houssoye, 1301. Pouillé. — 1648. Pouillé. — 1733. G. Delisle.

Hosseyum, 1306. André, évêq. de Noyon. Le Vasseur.

La Houssoie, 1307. Rôle des nobles. — 1310. Cart. du Gard.

La Houssaye, 1529. Rôle des nobles et fieffés du baill. d'Amiens.

Housoy, 1579. Ortelius. —1720. Ms. de Monsures.

Houssoy, 1633. Le Vasseur. Ann. de Noyon. —1638. Tassin.

Houssoie, 1733. G. Delisle. — *Houssaye*, 1753. Doisy.

La Housoye, 1763. Desnos. — *La Houissoie*, 1778. De Vauchelle.

Lahoussoye, 17 br. an X. — Dénomb. — Tab. des dist.

Elect. de Doullens, dioc. et arch. d'Amiens, doy. de Mailly, prév. de Fouilloy.

Dist. du cant., 6 kil. — de l'arr., 16 — du dép., 16.

HOUSSOYE (la); dép. de Remaugies. — *Ussia.* Daire

Houssoye, 1343. M. Cocheris. — 1844. M. Fournier.

Houssoy, 1367. Dénomb. —1374-83-89-99. Aveu. — 1567. Cout. de Montdidier. —1757. Cassini. — 1857-62. Dénomb.

Houssoie, 1751. Plan des terres du domaine de N.-D.-au-Bois.

La Houssoye, 1765. Daire. — *Houssei,* 1778. De Vauchelle.

Houssoye (la) ou le Houssoye, lieu dit, terroir d'Oresmeaux.

Houygne, fief sis à Molliens-Vidame.

Hubeauval, fief sis à Prouville.

Huberville, fief sis à Arrest.

Fief de Huberville. — de Suberville, xviiiᵉ siècle. M. Prarond.

HUCHENNEVILLE (canton de Moyenneville), 145-900 hab.

Helcenni villa... Louandre. Topogr. du Ponthieu.

Huchaineville, 1301. Pouillé.

Huchenneville, 1646. Hist. eccl. d'Abb. — 1757. Cassini. — 1763.
Expilly. — 1766. Cout. du Ponthieu. — 17 br. an X.

Huchenville, 1648. Pouillé. — *Huchesneville,* 1696. Etat des arm.

Hucheville, 1710. N. De Fer. — *Hucheneville,* 1752. Tit. de Corbie.
Dioc. d'Amiens, élect., baill. et arch. d'Abb., doy. d'Oisemont,
puis de Mons.

Dist. du cant., 5 kil. — de l'arr., 8 — du dép., 45.

Hucleux, dép. d'Embreville.

Huclux, 1753. Doisy. — 1763. Expilly.

Hucleux, 1757. Cassini. — 1764. Desnos. — *Huchex,* 1763. Expilly.

Huqueleu, 1778. Devauchelle. — *Hucqueleux,* 1840. Alm. d'Abb.

Huqueleux. — *Hocquelieu en St.-Martin...* Dom Grenier.
Non indiqué dans la carte de l'Etat-major ni par l'Ordo.

Hudefay, fief sis à Equennes.

Hue-la-Mère, fief sis à Fleury. — Daire. Doy. de Conty.

Huigermes, lieu sis entre Longuevillette et Occoches.

Hungermes, 1140. Garin, év. d'Amiens. Cart. de Bertaucourt. —
1210. Hugues de Cayeux. Ibid.

Huigermes, 1351. Guérard des Autheux. Hist. de Doullens.

Huleux, dép. de Beauval, 13 hab.

Hueleu, 1318. Villaume d'Arras. Cart. du Gard. — 1377. Aveu
de Jean de Clary. Ib.

Hulleu, 1515. Hommage de Jean Reglet. M. Cocheris.

Husleu, 1594. Palma-Cayet. Chron. noven. — 1595. Lettre du maréchal de Bouillon.

Huleu, 1696. Etat des armoiries. — 1730. Temporel de Corbie. — 1733. G. Delisle. — 1757. Cassini. — 1836. Etat-major.

Hulleux, 1752. Doisy. — 1781. Cout. du baill. d'Amiens.

Huleux, 1761. Robert. — 1781. Cout. d'Am. — Ordo.

HULEUX, écart dép. de Beauvoir-Rivière.

HULOTTE (la), hab. isolée, dép. de Montdidier.

HUMBERCOURT (canton de Doullens), 563 hab.

Humblercourt, 1121. Mém. de Pierre de Fenin.

Humbercourt, 1427. Aveu. — 1472. Lettre de Philippe de Bourgogne. Gall. christ. — 1507. Cout. loc. — 1757. Cassini. — 1763. Expilly. — 17 br. an X. — 1836. Etat-major.

Umbercourt, xve siècle. Chron. de Wielant.

Humbercour, 1592. Surhonius. — Regist. de l'échev. d'Am.

Hombercourt, 1790. Etat des électeurs.

Elect., baill. et prév. de Péronne, dioc. d'Arras, doy. d'Aubigny. Dist. du cant., 11 k. — de l'arr., 11 — du dép., 41.

HUMEL (le), dép. de Favières.

Le Humel, 1733. G. Delisle. — 1778. Devauchelle.

Le Humel, 1757. Cassini. — 1836. Etat-major.

HUMIÈRES, fief sis à Ville-sous-Corbie.

Fief d'Humières, — *Fief de Ville,* 1477-1778. Titres de Corbie.

HUPPY (canton d'Hallencourt), 895-1059 hab.

Huppy, 1121. Jean, comte de Ponthieu. Hist. eccl. d'Abb. — 1507. Cout. loc. — 1696. Etat des armoiries. — 1763. Expilly. 1778. Alm. du Ponthieu. — 17 br. an X.

Hupi, 1157. Hugues de Beauval. — 1162. Gautier Tyrel. — 1185. Châtelain de St.-Omer. Gall. christ. — 1186. Ursion, abbé de St.-Riquier. Dom Cotron. — 1199. Hosp. de St.-Riquier.

Huppi, 1163. Jean, comte de Ponthieu. Dom Grenier. — 1186. Ursion, abbé de St.-Riquier. Dom Cotron. — 1215. Guillaume, comte de Ponthieu. — 1229. Cart. de Valloires.

Hupy, 1176. Alexandre III, pape. Cart. de Prémontré. — 1301.
Pouillé. — 1397. Lettre de rémission. — 1638. Tassin. — 1657.
Jansson. — 1757. Cassini. — 1764. Desnos. — Loi de 1790.

Huppuy, 1753. Doisy. — *Huppy-Poultière*, 1851. Alm. d'Abb.
Dioc. d'Amiens, élect. d'Amiens et d'Abbev., arch. d'Abbev..
doy. d'Oisemont, puis de Mons, prév. de Vimeu.
Huppy avait été, en 1790, choisi pour chef-lieu de l'un des 17
cantons du district d'Abbeville.
Dist. du cant. 10 k. — de l'arr. 11 — du dép. 47.

HUPPY A LATRE, dép. d'Huppy.
Huppy à Latre, 1369, Montre de Jean de Boutery.
Huppy à Lattre, 1407. Ib. — 1484. Généal. de Belleval.

HUPPY-AU-BOIS, dép. d'Huppy. — 12.. Notice sur la famille Boutery. — 1484. Généal. de Belleval.

HUPPY, fief sis à Monchelet. — M. Prarond.

HURT, dép. de Cayeux, 99 hab.
Hurt, 1337. Rôle des nobles et fieffés. — 1757. Cassini. — 1836.
Etat-major. — 1840. Alm. d'Abbev. — 1862. Dénomb.
Hurth — Urth, 1610. Mémoire pour le prieuré de Cayeux.
Le Petit Hurt, 1750. L. C. de Boulainviller.
Hures vers Cayeux, 1781. Cout. du baill. d'Amiens.

HUTIN OU BIZET, fief sis à Dommartin. Daire. Doy. de Moreuil.

HUTTE DU TRONQUOY, ferme dép. de Vron. — 1781. Cout. du baill.
d'Amiens. — *Hulles*. Dom Grenier.

HY, fief sis à Handrechy. M. Prarond.

HYENCOURT-LE-GRAND (canton de Chaulnes), 179 hab.
Hildulficurtis, 1050. Guy, év. de Noyon. Gall. christ.
Hiencurt, 1135. Bulle du pape Innocent II. Cart. de Prémontré.
Hiencourt, 1147. Simon, év. de Noyon. Cart. de Prémontré.
Hiencort-le-Grand, 1215. Dén. de Jean de Nesle.
Hiencort, 1230. Dénomb. de la terre de Nesle. — 1204. Registre
de Philippe-Auguste. — 1246. Cart. d'Ourscamp.

Hyencort, 1230. Renaud de Gruny. — 1241. Cart. de Noyon.

Hyencort-le-Grant, 1230. Dénomb. de la terre de Nesle.

Yencourt, 1240. Lettre de Louis IX.

Hyencourt-le-Grant, 1296. Dénomb. Cart. noir de Corbie.

Hiencourt-le-Grand, 1567. Cout. de Péronne. — 1699. Aveu. —
   1753. Doisy. — 1764. Expilly.

Ynaucourt, 1579. Ortelius. — *Hyancourt*. M. Decagny.

Hyencourt-le-Grand, 1648. Pouillé. — 17 br. an X. — 1836. Etat-
   major. — 1851-62. Ordo. — M. Decagny.

Grand Hiencourt, 1733. G. Delisle.

Hiancourt-le-Grand, 1757. Cassini. — 1766. Desnos.

Hyancourt-le-Grand, 1828-50. Ordo.

   Elect., baill. et prév. de Péronne, dioc. de Noyon, doy. de Curchy.
   Dist. du cant., 3 k. — de l'arr., 16 — du dép.; 42.

HYENCOURT-LE-PETIT (canton de Nesle), 94 hab.

Hiencort-le-Petit, 1215. Dénomb. de Jean de Nesle. — 1230. Dén.
   de la terre de Nesle. — 1235. Aveu.

Hyencourt-le-Petit, 1656. M. Decagny. — 17 br. an X. — 1836.
   Etat-major. — 1851-62. Ordo.

Hiencourt-le-Petit, 1567. Cout. de Péronne. — 1699. Aveu. —
   1753. Doisy. — 1764. Expilly.

Petit Hiencourt, 1733. G. Delisle. — *Yancourt*, 1781. Affiches.

Hiancourt-le-Petit, 1757. Cassini. — 1766. Desnos.

Hyancourt-le-Petit, 1828-50. Ordo.

   Elect., baill. et pr. de Péronne, dioc. de Noyon, doy. de Curchy.
   Dist. du cant., 7 kil. — de l'arr., 18 — du dép., 44.

HYMMEVILLE, ferme dép. de Quesnoy-le-Montant, 9 hab.

Hainevile, 1138. Jean, comte de Ponthieu. Hist. eccl. d'Abb.

Hainevilla, 1206. — *Haimevilla*, 1227. Topogr. du Ponthieu.

Haineville, 1215. Hist. des comtes de Ponthieu.

Haimeville, 1646. Hist. eccl. d'Abb. — 1790. Etat des électeurs.

Aigneville, 1337. Rôle des nob. et fieffés. — *Ainmille*, 1638. Tassin.

Himeville, 1753. Doisy. — 1763. Expilly. — 1778. Alm. du Ponthieu. — 1778. De Vauchelle.

Hainneville, 1753. Doisy. — 1763. Expilly.

Himville, 1735. Inscription dans l'église de Gamaches. M. Darsy.

Hymmeville, 1757. Cassini. — 1836. Etat-major. — Ordo.

Aymeville, 1761. Robert. — *Henneville*, 1761. Vente de bois.

Hymeville, 1764. Desnos. — *Hymineville*. Chauchard. Pays-Bas.

Aimmeville, 1766. Cout. du Ponthieu.

Haineville-le-Montant, 1840. Alm. d'Abbeville.

Himmeville, 1856. Fr. Picard.

I.

IGNAUCOURT (canton de Moreuil), 213-223 hab.

Iwencourt, 1225. Geoffroy, év. d'Amiens. Cart. de Fouilloy.

Ynocourt, 1235. — *Ynaucort*, 1261. Cart. de Fouilloy.

Ynaucourt, 1266. Accord entre la commune et l'abbaye de Corbie.
— 1301. Pouillé.

Inaucort, 1281. Official d'Amiens. Cart. de Fouilloy.

Ignaucourt, 1482. Dénomb. de la terre de Démuin. M. de Beauvillé. — 1567. Cout. de Montdidier. — 1757. Cassini. — 1765.
Daire. — 1775. Affiches de Pic. — 17 br. an X. — Ordo.

Ignocourt, 1584. Epitaphe. — 1695. Nobil. de Pic. — 17.. Rôle
des fieffés de Montdidier. — Dom Grenier.

Inaucourt, 1579. Ortelius. — 1592. Surhonius. — 1657. Jansson.

Inancourt, 1638. Tassin. — *Yancourt*. — *Ygnancourt*, 1648. Pouillé.

Ignocourt, 1696. Etat des armoiries. — *Ignacour*, 1710. De Fer.

Ignancourt, 1836. Etat-major. — *Ygnaucourt*. Ordo.

Elect., baill. et prév. de Montdidier, doy. de Fouilloy.

Dist. du cant., 10 k. — de l'arr., 23 — du dép., 24.

ILE DE REZ, fief sis à Cottenchy. — Daire. Doy. de Moreuil.

ILE ADAM (l'), lieu dit au terroir d'Aumatre.

Ile du Pont St.-Remy, partie de Pont-Remy.—1427. Monstrelet.

Ile sainte Arragone, hab. isolée, dép. de St.-Maurice-lès-Amiens.

Ile saint Hilaire, dép. de Bouvaincourt.

Ilhe, 13.. Armorial. — *Lisle*, 1757. Cassini. — 1763. Expilly.

L'Isle, 1778. De Vauchelle. — 1856. M. Darsy. Gamaches.'

Lisle St.-Hilaire-lez-Bouvincourt, 1771. Affiches de Pic.

Isle-St.-Hilaire, 1826. Ordo. —1840. Alm. d'Abb.

Non porté sur la carte de l'Etat-major.

Immaculée conception (l'), chapelle. On en trouve de ce nom à Carrépuits, — l'Echelle-St.-Taurin, — Dreslincourt, — Fresnoy-lès-Roye, — Morcourt, — Ribeaucourt.

Ingon, rivière qui prend sa source au bois de Fonchettes, au bas du village de Curchy, au lieu dit Boury-Fosse, coule de l'E. à l'O. passe à Manicourt, Herly, Nesle, Quiquery où il reçoit l'Arrivant ou Petit Ingon, et se jette dans la Somme au-dessous de Rouy-le-Grand, après un parcours de plus de 15 kil.

Engon, 920. Dipl. Caroli Simplicis.

Ingon, 977. Albert-le-Pieux. — 1579. Ortelius. — 1592. Surhonius. — 1638. Tassin. — 1733. G. Delisle. — 1778. De Vauchelle. —1836. Etat-major.

Fluvius Lingon, 980. Albert, comte de Vermandois. Gall. chr.

Ygnon, 1554. La guide des chemins de France. — 1609. Du Chesne. Antiquités des villes de France.

Ignon, 1649. Coulon. Les Rivières de France.

Ingond, 1757. Cassini. — *Le grand Ingon...* Administration.

INVAL-BOIRON (canton d'Oisemont), 246-299 hab.

Ayenval, 1301. Pouillé.

Inval, 1579. Ortelius. — 1657. Jansson. — 1757. Cassini. — 1763. Expilly. —1778. Alm. du Ponthieu. —Ordo.

Ynval, 1646. Hist. eccl. d'Abbeville. — *Ayanval*, 1648. Pouillé.

Ainval, 1657. Proc. verb. des cout.—1695. Nobil. de Pic.— 1763. Expilly.

Inval près le Mazis, 1766. Cout. de Ponthieu.

Inval-et-Boiron, 17 br. an X. — *Inval-Boiron*, 1850. Tab. des dist. Dioc. d'Am., élect. et archid. d'Abb., doy. et baill. d'Airaines. Dist. du cant., 10 k. — de l'arr., 44 — du dép., 44.

INVAL, dép. d'Huchenneville, 83 hab.

Ayval, 1337. Rôle des nobles et fieffés. — 1524. Hist. des mayeurs d'Abbeville.

Inval-lès-Huchenneville, 1601. Généal. de Belleval.

Inval, 1757. Cassini — 1766. Cout. de Ponthieu.

Inval-lès-Limercourt, 1766. Cout. de Ponthieu.

Anval, 1787. Picardie mérid.

INVAL, ham. dép. de Bray-lès-Mareuil.

INNEVILLE, fief sis à Marquivillers. — Daire. Doy. de Montdidier.

IRLES (canton d'Albert), 443 hab.

Irium, 1081. Sohier de Vermandois. M. Decagny.

Irle, 1507-1665. Cout. — 1733. G. Delisle. — 1743. Fricx. — 1753. Doisy. — 1764. Expilly.

Yrles, 1567. Cout. de Péronne.

Irles, 1633. Procès-verbal de chevauchées. — 1757. Cassini. — 17 br. an X. — Etat-major.

El., baill. et prév. de Péronne, dioc. d'Arras, doy. de Bapaume. Dist. du cant., 16 kil. — de l'arr., 29 — du dép., 45.

IZANCOURT, fief sis à Gamaches.

Izencourt, 1593, 1603-18. — *Izancourt*, 1771. M. Darsy.

Isencourt, 17.. M. Prarond.

J.

JANCOURT, lieu dit au terroir de Roiglise.

JARDIN DE CORBIE, dép. de Tilloy-Floriville. — M. Darsy. Cadastre.

— DE FRÉDEGONDE, lieu dit au terroir d'Ayencourt.

— DE SEBURNE, dép. de Corbie. — 1478-1566-1740. Tit. de Corb.

JARDINIERS (les), hab. isol., dép. d'Oust-Marais.

JEAN DE LA CROIX, fief sis à Sains. — Daire. Doy. de Moreuil.

JEAN DU MOUTIER, fief sis à Fleury. — Daire. Doy. de Conty.

JEAN DE VEZ ou RENARD, fief sis à Harbonnières. — Daire. Libons.

JEHANCOURT, lieu situé près de Boucly. — 1210. Gauthier, châtelain de Péronne. Layette du Trésor des chartes.

JEHANLIEU, lieu dit au terroir de Franvillers.

Jehanlieu, 1180. Guillaume, arch. de Reims. Cart. St.-Laurent.

Jehenliu, 1181. Luce III, pape. Ibid. — Jean lieu. Cadastre.

JONQUIÈRES (les), dép. de Mesnil-Bruntel. — 1862. Dénomb.

JUMEL (canton d'Ailly-sur-Noye), 340-356 hab.

Jumelli, 1105. Fondation de St.-Fuscien. Gall. christ. — 1132. Garin, év. d'Amiens. Cart. St.-Laurent. — 1145. Sanson, archev. de Reims. Cart. St.-Acheul.

Jumellæ, 1131. Garin, év. d'Am. Cart. de Libons.

Jumeles, 1146. Thierry, év. d'Am. Cart. St.-Jean. — 1301. Pouillé.

Gemelli, 1146. Thierry, év. d'Amiens. Généal. de Guynes. — 1247. Titres du Paraclet. — 1270. Sceau de Jean de Jumel. — 1337. Rôle des nobles et fieffés.

Jumelles, 1265. Actes du Parlement. — 1494. Jean de Bains, bailly d'Am. — 1753. Doisy. — 1763. Expilly.

Jumel. — Jumeaux, XIIIe siècle. — 1701. D'Hozier.

Gemeles, 1301. Dén. de l'évêché. — Jumellais, 14... Armorial.

Jeumelles, 1581. Hôpital de Boves. — Gumelle, 1657. Jansson.

Jumelle, 1648. Pouillé. — 1733. G. Delisle. — 1757. Cassini.

Jumel, 1826-62. Ordo. — 1857-62. Dénomb. — 17 brum. an X. Dioc. et arch. d'Am., doy. de Moreuil, prév. de Beauvaisis à Am. Dist. du cant., 1 k. — de l'arr., 22. — du dép., 16.

JUSTICE (la), habit. isol., dép. d'Abbeville. — 1836. Etat-major. — Non indiqué par Cassini.

JUSTICE (la), habit. isolée, dép. de Marcel-Cave.

JUSTICE (la). — On trouve des lieux dits de ce nom à : Aizecourt-le-Haut — Allenay — Ainval — Airaines — Avesnes — Bailleul —

Beaufort — Beauquesne — Bécourt — Bertaucourt-les-Thennes — Cappy — Cardonnois (le) — Chaussée (la) — Chilly — Corbie — Doingt — Equennes — Famechon — Flesselles — Fleury — Fransart — Frémontiers — Fresnoy-en-Chaussée — Fressenneville — Gamaches — Guignemicourt — Hangest-sur-Somme — Hornoy — Liancourt-Fosse — Lœuilly — Marché-le-Pot — Méricourt-en-Vimeu — Motte-Brebière (la) — Offignies — Pierrepont — Plaissier-Rozainvillers — Poix — Pont-Remy — Puzeaux — Roiglise — Rosières — St.-Aubin-Montenoy — St.-Maulvis — St.-Sauflieu — St.-Riquier — Selincourt — Sourdon — Thory — Vers-Hébecourt — Vignacourt — Villeroy (canton d'Oisemont) — Warloy-Baillon.

K.

KENIL (le), ruisseau qui de Guerbigny afflue dans l'Avre.

KILIENNE, ruisseau indiqué sans nom par Cassini ; il prend sa source à Warlincourt-lès-Pas (Pas-de-Calais), passe à Grincourt, Pas, Famechon et se jette à Thièvres dans l'Authie, après un parcours de 7 kil.; il fait mouvoir 6 moulins.

La Kilienne ou *Killienne*. Almanach de l'Authie.

La Quilienne, 1836. Etat-major.

KALUNCAISNOI, lieu donné àux religieuses d'Epagne. — Inconnu. — 1192. Donation d'Enguerrand de Fontaine. Gall. christ.

L.

LABIE, ferme dép. de le Crotoy. — Non indiqué par l'Etat-major.

Monasterium Cretense... Dom Grenier. — Buteux.

Labie, 1757. Cassini. — 1764. Desnos.

LAGNE (la), fief sis à Bellancourt. — *Lague*, 1377. M. Prarond.

LAITERIE (la), habit. isol., dép. d'Ailly-sur-Noye.

LALEU (canton de Molliens-Vidame), 143 hab.

Alodium, 1126. Richard, d'Airaines. Cart. de Selincourt.

Lalem, 1157. Raoul d'Airaines. Cart. de Selincourt.

Allodium, 1178. Alexandre III, pape. — 1190. Hist. eccl. d'Abb.

Laleu, 1387. Comptes de la ville d'Am. — 1507. Cout. loc. —
1733. G. Delisle. — 1829-51. Ordo. — 17 br. an X.

Lalleu, 1648. Pouillé. — *Lachen*, 1657. Jansson.

La Lans, 1698. Bignon. — 1790. Etat des électeurs.

Laleux, 1757. Cassini. — 1852-62. Ordo. — *La-leu*, 1824. Ordo.
Elect. d'Am., arch. d'Abb., doy. d'Airaines, prév. de Vimeu.
Prieuré de l'ordre de St.-Benoit, dép. de St.-Germer.
Dist. du cant., 10 kil. — de l'arr., 30 — du dép., 30.

LALEU, dép. de Hem. — Non indiqué par l'Etat-major.

La Leu, 1757. Cassini. — *Lalau*, 1784. Daire. Hist. de Doullens.

LALEU, dép. de Lanchères, 84 hab.

Laleu, 1733. G. Delisle. — 1757. Cassini. — 1836. Etat-major.

La Leu, 1763. Expilly.

LAMARONDE (canton de Poix), 185 hab.

Marronia, 1147. Eugène III, pape. Cart. de Selincourt.

Mara rotunda, 1242. Robert de Lincheux. Cart. du Gard.

Marra rotunda, 1263. Robert, maire du Mesge. Cart. de Selincourt.

La marc ronde, 1312. Guillaume de Poix. M. Pouillet.

La Marronde, 1459. Cart. Néhémias de Corbie. — 1772. Arch. de
Selincourt.

La Maronde, 1701. D'Hozier. — 1707. France en 4 f. — 1733.
G. Delisle. — 1763. Expilly. — 1757. Cassini.

Maronde, 1731. Etat des manuf. d'Aumale. — 1761. Robert.

Lamaronde, 17 br. an X. — 1850. Tabl. des dist.
Dioc., élect., arch. d'Amiens, doy. de Poix, prév. de Beauvai-
sis à Granvillers.
Dist. du cant., 7 k. — de l'arr., 35 — du dép., 35.

LAMBERCOURT, dép. de Miannay, 331 hab.

Lamberti curia.. Sangnier d'Abancourt. M. Prarond.

Lambercurt, 1164. Alexandre III, pape. Louandre. Top. du Ponth.

Lambercourt, 1337. Rôle des nobles et fieffés. —1507. Cout. loc. —
1757. Cassini.—Dom Grenier.—1778. Inscription de la cloche.

Lombercourt, 1638. Tassin. — 1657. Jansson.

Rambertcourt, 1657. Proc. verb. des cout.

Lambercour, 1733. G. Delisle. — 1763. Expilly.

Lamberg, fief sis à Manchecourt. —1267. Dom Grenier.

Lambourg, dép. de Mesnil-Martinsart, ancienne cense.

Lambourq, 1567. Cout. de Péronne. — *Lambouz,* 1743. Friex.

Lambouzy, 1761. Robert. — *Lambouzi,* 1787. Pic. mérid.

Maison de Lambourgt. Administration — *Lambourg.* M. Decagny.

Lambourgt (le), ruisseau qui prend sa source entre Mesnil et Martinsart et se perd dans l'Encre.

Lambre, fief sis à La Motte-en-Santerre.

Fief de Caigny ou *de Lambre,* 1582. Titre de l'évêché.

Lambrimont (le), bois dép. de Beauval. Défriché.

Lamberti mons, 1168-84-90. Cart. St.-Laurent.

Lametz, dép. de Beaumont-Hamel, 1750. L. C. de Boulainviller.

Lamire, ferme dép. de Péronne, 11 hab.

Lamirre, 1733. G. Delisle. — *La Myrrhe.* Dom Grenier.

Lamire, 1757. Cassini. — 1836. Etat-major. —1862. Dénomb.

La Mire, 1764. Desnos. — 1826-50. Ordo.

Lamyre, 1750. L. C. de Boulainvillers.

LANCHÈRES (canton de St.-Valery), 471-1087 hab.

Langaratum, 1088. Hariulfe. Chron. cent. M. l'abbé Pouillet (1).

Lanscenescuria, 1218. Louandre. Topogr. du Ponthieu (2).

(1) Je crois que M. l'abbé Pouillet a fait erreur et que ce nom est
celui de Longuet, dépendance de Long.

(2) Je ne partage pas l'avis de M. Louandre. Ce nom appartient à
Lanches-St.-Hilaire, comme on le voit par le cartulaire de Bertaucourt.

Lanchières, 1301. Pouillé.

Lencelles. — *Lancelle*, 1513. Arrêt du Parl. Généal. de Mailly.

Lanchères, 1646. Hist. eccl. d'Abbeville. —17 br. an X.

Lancher, 1657. Jansson.—*Leucher,* 1690. De Fer. Les côtes de Fr.

Lanchère, 1710. De Fer. —1733. G. Delisle. — 1763 Expilly.—
1790. Etat des électeurs. — *Lenchères,* 1757. Cassini.

Lenchère, 1763. Expilly. — 1773. Affiches de Picardie.

L'Enchère, 1771. Affiches de Picardie.

> Dioc. et élect. d'Am., arch. d'Abb., doy. de Gamaches, puis
> de St.-Valery, prév. de Vimeu.

> Dist. du cant., 7 k, — de l'arr., 27 — du dép., 72.

LANCHES-St.-HILAIRE (canton de Domart), 273-396 hab.

Lanchenesquieres, 1140. Garin, év. d'Am. Cart. de Bertaucourt.

Lanchenescuires , 1160-1231. Cart. St.-Martin-aux-Jumeaux. —
1210. Hugues de Cayeux. Cart. de Bertaucourt.

Lancenescuria, 1176. Alexandre III, pape. Cart. de Bertaucourt.

Lancenescures, 1201. Cart. St.-Martin-aux-Jumeaux.

Lacenescuires, 1226. Thomas de Boves. Cart. de Bertaucourt.

Lancenesquires, 1226. Giraud, abbé de St.-Germer. Ibid.

Lanchienesquires, 1231. Cart. St.-Martin-aux-Jumeaux.

Lanche, 1507. Cout. loc. —1757. Cassini. — 1763. Expilly.

Lanches, 1646. Hist. eccl. d'Abbev. — 1657. Procès-verb. des
cout. — 1733. G. Delisle. —1836. Etat-major. — Ordo.

Lanches et *St.-Hilaire,* 17 brum. an X.

Lanches-Saint-Hilaire, 1850. Tableau des distances.

> Elect. de Doullens, dioc. d'Amiens, arch. d'Abb., doy. de St.-
> Riquier, prév. de Beauquesne.

> Dist. du cant., 4 k. — de l'arr., 19 — du dép., 30.

LANDON (le), rivière qui prend sa source à Molliens-Vidame, coule
du S. au N. par Dreuil, Oissy, Riencourt, le Mesge, Soues et
Hangest, jusqu'à la Somme.

St.-Landon, 1757. Cassini. A Hangest-sur-Somme, au Mesge.

Le Landon.... Cadastre. — Pringuez. Géog. du dép.

Riv. de Landon, 1836. Etat-major. — *Riencourt...* M. Buteux.

LANDY, fief sis à Piennes. — Daire.

LANGLE, fief sis à Saucourt. — Dom Grenier.

— fief sis à Quevauvillers.

Fief de Langle. Etat des fiefs. — *Fief de Langue.* Cadastre.

LANGUEVOISIN (canton de Nesle), 291-341 hab.

Landevoisin, 1156. Baudouin, év. de Noyon. Cart. de Prémontré.
— 1215. Dénomb. de Jean de Nesle. — 1230. Dénomb. de la
terre de Nesle. — 1372. Ibid. — 1733. G. Delisle. — 1757.
Cassini. — 1771. Colliette. — 1827-33. Ordo.

Landovoisin, 1230. Dénomb. de la terre de Nesle.

Landcrovoisin, 1260. Olim. — *Landvoisin,* 1648. Pouillé.

Languevoisin, 1753. Doisy. — 1764. Expilly. — 1836. Etat-major. — 17 brum. an X. — 1834-62. Ordo.

L'Asne à voisin, 1761. Robert. — *Lande Voisin,* 1787. Pic. mérid.
Elect. de Péronne, dioc. de Noyon, paroisse de Quiquery, doy.
de Nesle, baill. et prév. de St.-Quentin.

Dist. du cant., 2 k. — de l'arr., 24 — du dép., 53.

LANNOY-LES-ERCHEU, dép. d'Ercheu, 30 hab.

Lannoi, 1215. Dénomb. de Jean de Nesle. — 1230. Dénomb.

Alnetum, 1243. Official de Noyon. Cart. de Noyon.

Lonnay, 1260. Olim. — *Launoyeum alnetum.* M. Leroy.

Launois, 1573. Ortelius. — *Lanay,* 1592. Surhonius.

Annoy, 1707. G. Sanson. France en 4 f.

Lannoy, 1728. Dénomb. d'Elisabeth-le-Bel. — 1764. Expilly.

Lanoi, 1733. G. Delisle. — 1788. De Vauchelle.

Lanoy, 1757. Cassini. — 1808. Hist. de Roye.

Laonnoy, 1826. Ordo. — *Laonnoye,* 1828-62. Ib.

LANNOY-LES-RUE, dép. de Rue, 288 hab.

Alnetum, 1240. Mathieu du Lannoy. Cart. de Bertaucourt.

Lannoye, 1290 Dom Cotron. Chron. cent.

Lanoy, 1579. Ortelius. — 1608. Quadum. Fasc. géogr.

Lannoy-les-Ruë, 1705. Etat général des unions des maladreries.

Launoy, 1753. Doisy. — 1763. Expilly.

Lannoy, 1757. Cassini. — 1764. Desnos. — 1780. Alm. du Ponthieu. — 1836. Etat-major. — Ordo.

Lannoy-Beauvoir, M. Decagny. — *Lannoi*, 1766. Cout. du Ponthieu.

Le Lannoy, 1840. Alm. d'Abbev.

Dioc. d'Am., élec., arch. d'Abb., doy. de Rue, baill. de Crécy.

LANNOY, fief sis à Villers-Bocage. — 1720. Ms. de Monsures.

Fief Delannoy, 17.. Etat des fiefs. — *Fief de Lannoy*....

LARRONVILLE, dép. de Rue, 223 hab.

Laronville, 1757. Cassini. — Ordo.

La Rouville, 1761. Robert. — *La Romulle*, 1764. Desnos.

Larronville, 1766. Cout. du Ponthieu. — 1836. Etat-major. —
1840. Alm. d'Abb. — 1856. M. Prarond.

Larouaille, 1857. Dénomb. quinq.

LATRE, fief sis à Huppy. — 1410. Notice sur la famille Boutery.

LAUCOURT (canton de Roye), 222 hab.

Leucurt, 1180. Henri, év. de Senlis. Cart. St.-Corneille. — 1191.
Ib. — 1214. M. Decagny. — 1235. C. St.-Martin-aux-Jumeaux.

Loccourt, 1204. Thibaut, év. d'Amiens.

Looucourt, 1243. Jean de Laucourt. Cart. d'Onrscamp.

Laucourt, 1296. Hugues de Laucourt. Cart. St.-Fuscien. — 1444.
M. d'Escouchy. — 1567. Cout. de Roye. — 1757. Cassini.

Laoucourt, 1301. Pouillé. — *Lauercourt*, 1648. Pouillé.

Lancourt, 1567. Cout. de Roye. — 1757. Cassini.

Léaucourt, 1579. Ortelius. — 1592. Surhonius.

Locourt, 1700. Décl. des revenus de l'abbaye de St.-Fuscien.

Loucourt, 1707. G. Sanson. France en 4 f.

Laucour, 1733. G. Delisle. — *Lancourt*, 1790. Etat des électeurs.

Dioc. et arch. d'Amiens, élec., baill. et prév. de Montdidier,
doy. de Montdidier, puis de Rouvroy.

Dist. du cant., 4 k. — de l'arr., 15 — du dép., 44.

LAVIERS (canton d'Abbeville, nord), 292-304 hab.

Latverum, 881. Annales vedastini. Rec. des hist. de France.

Lavetum — Lauctum, 882. Chron. Radulphi de Diceto.

Lavers, 1060. Guy, comte de Ponthieu. Cart. de Valloires.

Laviers, 1121. Jean, comte de Ponthieu. Hist. eccl. d'Abbeville.—
1160. Alexandre III, pape. Cart. de Valloires.—1192. Enguerrand de Fontaines. Gall. christ. — 1300-1323. Marnier.—
1301. Pouillé.—1337. Rôle des nobles et fieffés. — 1776. Alm.
du Ponthieu.—1854. M. Prarond.

Laveriæ, 1137. Fondation de l'abb. de Valloires. Gall. christ.

Laverii, 1138. Milon, év. de Thérouanne. Cart. de Valloires.

Vallis de Nivi, 1160. Jean, comte de Ponthieu. — D. Grenier.

Lavier, 1165. Jean, comte de Ponthieu. M. V. de Beauvillé.—1710.
De Fer.—1733. G. Delisle. — 1764. Bellin. Atlas marit.

Grand Lavier, 1757. Cassini. — 17 brum. an X. — Etat-major.

Laviers Grand, 1766. Cout. de Ponthieu. — 1850. Tab. des dist.

Savier, 1787. Pic. mérid. — *Grand Laviers*, 1840. Alm. d'Abb.

Elect., arch., doy. et baill. d'Abb., dioc. d'Am.

Dist. du cant., 5 k. — de l'arr., 5 — du dép., 50.

LÉALVILLERS (canton d'Acheux), 450 hab.

Loiauviler, 1301. Pouillé. — *Léaviler*, 1648. Pouillé.

Leaviller, 1657. Jansson. — *Léavillers*, 1764. Desnos.

Léalviller, 1657. Proc.-verb. des cout.—1733. G. Delisle. —
1784. Daire. —1790. Etat des électeurs.

Léalvillers, 1757. Cassini. — 1836. Etat-major.

Léalviler, 17 br. an X.

Dioc. et arch. d'Amiens, doy. d'Albert, élect. de Doullens.
prév. de Beauquesne.

Dist. du canton. 2 k. — de l'arr., 18 — du dép. 27.

Lecheox (le), cours d'eau passant au Crotoy.

Lecomte, fief sis à Helcourt. M. Prarond.

Ledieu, fief sis à Cerisy-Gailly. —1496. Dom Grenier.

Lenglement, fief sis à Ailly-sur-Noye.

Lefelcheroi, lieu sis du côté de Cottenchy. — 1219. Fondation de l'abb. du Paraclet. Gall. christ.

Lengrennée, dép. d'Eclusier. — 1757. Cassini. — 1836. Etat-maj.

Lentilly, fief sis à Vers-Hébecourt. — Daire. — Dom Grenier. — 1720. Chevillard.

Le Ricue, fief sis à Boubers. — 17.. M. Prarond.

— fief sis à Bouvaincourt. — M. Prarond.

LESBŒUFS (canton de Combles). 635 hab.

Le Bœuf, 1567. Cout. de Péronne. — 1786. Hist. d'Arrouaise.

Lebeuf, 1633. Dén. — Lesbeuf, 1657. Hist. des comtes de Ponthieu.

Les Bœufs, 1733. G. Delisle. — 1743. Friex. — 1757. Cassini. — 1763. Expilly. — 1790. Etat des électeurs. — Ordo.

Lesbœuf, 17 brum. an X. — 1850. Tab. des dist.

Elect., baill. et prév. de Péronne, dioc. d'Arras, paroisse de Gueudecourt, doy. de Bapaume.

Dist. du cant., 4 k. — de l'arr., 16 — du dép., 47.

Lestocq, dép. de Monsures. 42 hab.

Lestocq, 1657. N. Sanson. — 1763. Expilly. — 1856. Franc-Pic.

Létot, 1733. G. Delisle. — L'Etocq, 1750. Arch. du Bosquel.

Lestoq, 1757. Cassini. — 1844. M. Fournier. Carte du dép.

L'Estoq, 1761. Robert. — 1764. Desnos.

Letol, 1778. De Vauchelle. — Lestoch. Ordo.

Lestoquet, dép. de Famechon.

Estoket, 1208. Convention entre St.-Martin d'Aumale et le seigneur de Lignières.

Lestoquet, 1733. G. Delisle. — 1778. De Vauchelle.

Lherminier, fief sis à Hélicourt. — M. Prarond.

LIANCOURT-FOSSE (canton de Roye), 565 hab.

Liencourt, 1143. Célestin II, pape. Cart. Paraclet. — 1308. Dén. de l'évêché de Noyon. — 1566. Epitaphe. — 1567. Cout. de Roye. — 1648. Pouillé. — 1757. Cassini. — 1761. Robert.

Liencort, 1152. Eugène III, pape. Cart. d'Arrouaise. — 1275. Actes du Parl. — 1238-1307. Cart. d'Ourscamp. — 1605. Dén.

Liencurt, 1153. Baudouin, évêq. de Noyon. Cart. d'Arrouaise. — 1156. Adrien IV, pape. Ibid.

Liencuria... Grégoire. Hist. de Roye.

Yoncort, 1230. Dénomb. de la terre de Nesle. M. Leroy.

Liencort, 1243. Raoul de Querrieux. Cart. d'Ourscamp.

Lyencourt, 1453. Chron. de Mathieu d'Escouchy.

Liancourt, 1648. Pouillé. — 1764. Expilly. — 1824-27. Ordo.

Liancourt-Fosse, 1828-62. Ordo. — 17 brum. an X.

Liancourt-la-Fosse, 1844. M. Fournier. Carte du départ.

Dioc. de Noyon, doy. de Nesle, élect. de Péronne, baill. et prév. de Roye.

Dist. du canton, 7 k. — de l'arr., 25 — du dép., 43.

LIBERMONT, fief sis à Sailly-le-Sec. — 1496. Titres de l'évêché.

LICOURT (canton de Nesle), 652 hab.

Brescort. — *Lucscort*, 1103. Baudry, év. de Noyon. Colliette.

Luscort, 1215. Dénomb. de Jean de Nesle. — 1230. Dénomb.

Liescourt, 1218. Simon, prévost de Matigny.

Liecourt, 1241. Simon de Clermont, sire de Nesle.

Lielcort, 1249. Prévost de Ruricourt. Cart. de Noyon.

Liescort, 1249. Cart. de Noyon.

Lehericurt, 1254. Official d'Amiens. Cart. de Fouilloy.

Liacourt, 1353. Lettre du roi Jean II. Rec. des ord.

Liecourt, 1353. Baluze. Lettre du roi Jean.

Liesbecourt, 1519. Comptes de la commanderie d'Eterpigny.

Licourt, 1554. La guide des chemins de France. — 1567. Cout. de Pér. — 1733. G. Delisle. — 1757. Cassini. — 17 brum. an X.

Lycourt, 1761. Robert. — *Lycourt-les-Cressy*, 1808. Hist. de Roye.

Dioc. de Noyon, élect., baill. et prév. de Pér., doy. de Curchy.

Dist. du cant., 8 kil. — de l'arr., 14 — du dép., 48.

LIEBCOURT, hameau détruit, au nord de Belloy-en-Santerre.

LIERAMONT (canton de Combles), 828 hab.

Letheranni mons. Dom Grenier.

Liramons, 1080. Sohier de Vermandois. Colliette.

Leheraumont, 1170. Beaudouin, évêque de Noyon. Cart. d'Arrouaise. — 1214. Dénomb. Reg. de Philippe Auguste.

Liraumont, 1236. Marie, vᵉ Renier d'Issigny. Cart. de Noyon.

Lixramont. 1308. Ordre des biens de l'évêque de Noyon.

Liramon, xivᵉ siècle. Armorial. — *Liermont,* 1564. Dénomb.

Lierramont, 1564. Dén. — 1761. Robert. — 1787. Pic. mérid.

Lieramont 1567. Cout. de Pér. — 1594. Palma Cayet. — 1638. Tassin. — 1733. G. Delisle. — 1757. Cassini. — 17 br. an X.

Liramont, 1573. Ortelius. — 1592. Surhonius.

Lyramont, 1648. Pouillé. — *Loeramont,* 1657. Jansson.

Doy., élect., baill. et prév. de Péronne, dioc. de Noyon.

Dist. du cant., 7 k. — de l'arr., 13 — du dép., 63.

LIERCOURT (canton d'Hallencourt), 463 hab.

Liarcort, 1110. Louandre. Hist. d'Abb.

Aiarcurt, 1137. Fondation de l'abb. de Valloires. Gall. christ.

Liarcourt, 1206. Richard, év. d'Amiens. — 1763. Expilly.

Liurcourt, 1301. Pouillé. — *Longercourt,* 1507. Cout. loc.

Liercourt, 1564. Regist. de l'échev. d'Am. — 1638. Tassin. — 1757. Cassini. — 1766. Cout. de Ponthieu. — 17 br. an X.

Liheracourt, 1710. De Fer. — *Lihercour,* 1761. Robert.

Laercourt, 1787. Pic. mérid. — *Liercourt-Duncq,* 1851. Alm. d'Abb.

Dioc. d'Am., arch., élect. et baill. d'Abbev., doy. d'Airaines, prév. de Vimeu.

Dist. du cant., 6 k. — de l'arr., 11 — du dép., 36.

LIEU-DIEU, dép. de Beauchamps, 28 hab.

Aunarie. Hist. eccl. d'Abb.

Locus Dei, 1192. Fondation de l'abbaye de Lieu-Dieu. Gall. christ. — 1301. Pouillé.

Lieu-Dieu, 1507. Cout. loc. — 1764. Expilly. — Ordo.

Le Lieu-Dieu, 1710. N. De Fer. — 1757. Cassini. — Etat-major.

Le Lieudieu, 1778. Devauchelle. — 1856. Franc-Picard.

L'abbaye de Lieu-Dieu, 1857-61. Dénomb. quinq.

Abbaye de l'ordre de Citeaux fondée en 1191.

Lieuviler, fief sis à Assainvillers. — Daire. Doy. de Montdidier.

Liger, rivière qui prend sa source à Guibermesnil, passe à Brocourt, Liomer, Le Quesne, St.-Aubin-Rivière, le Mazis, Inval et se jette à Senarpont dans la Bresle.

Riveria de Arguel, 1208. Layette du trésor des chartes.

Liger, 1757. Cassini. — 1836. Etat-major.

LIGESCOURT (canton de Crécy), 403 hab.

Andegelia curtis, 857. Bolland. Act. SS.

Ligescurt, 1160. Alexandre III, pape. Cart. de Valloires.

Ligescourt, 1300. Procès-verb. Cart. de Valloires.—1301. Pouillé. — 1757. Cassini.—1763. Expilly.— 17 br. an X. .

Ligeocourt, 1710. N. De Fer. — *Ligeacourt*, 1761. Robert.

Ligecourt, 1733. G. Delisle.—1766. Cout. du Ponthieu.

Légicourt, 1750. L. C. de Boulainvillers.

Dioc. d'Am., élect., arch. d'Abb., doy. de Rue, baill. de Crécy.

Dist. du cant., 5 k. — de l'arr., 24 — du dép., 58.

Lignière, fief sis à Franleu.

Fief Lignière, — *Fief Lignerolles*, xviiie siècle. M. Prarond.

LIGNIÈRES-CHATELAIN (canton de Poix), 374-464 hab.

Lignariæ... Daire. — *Linerii*, 1120. Enguerrand, év. d'Am.

Linarii, 1178. Alexandre III, pape. Louvet.

Linières, 1206. Richard, év. d'Amiens. Cart. du Gard. —1208. Convention entre St.-Martin d'Aumale et le seigneur de Lignières. — 1274. Robert de Lignières. Cart. de Selincourt. — 1301. Pouillé. — 1669. Arrêt. — 1764. Expilly.

Lincre, 1214. Godefroy de Bretisel. Hist. d'Aumale.

Lynerii. — *Lyneres*, 1234. Gautier de Lignière. Cart. de Selin.

Lynières, 1324. Dénomb. de l'évêché.

Laingnuières, xivᵉ siècle. Armorial. — *Languières.* Ibid.

Flignières, 1425. Armorial de Sézille.

Lingnières, 1481. Jehan de la Haye. Tit. des Célestins d'Am.

Lignières, 1507. Cout. loc.—1670. Arrêt du Parl.—1764. Expilly.

Ligniers, 1648. Pouillé général. — 1761. Robert.

Lignères, 1681. Lettre de Colbert.

Lignier, 1682. Lettre de Louvois.

Lignière, 1696. Etat des armoiries.

Ligners, 1698. Arrêt du Parl. — *Lignère-Chatelain,* 1733. Delisle.

Linières et Chatellain, 1753. Doisy.

Lignières-Chatelain, 1757. Cassini. — 1773. Aff. — 17 br. an X.

Lignières et Chatellain, 1763. Expilly.

Lignière-Chatelain, 1774. Affiches de Pic. — 1778 De Vauchelle.

Lignières-en-Chaussée, 5 décembre 1793.

    Dioc., élect. et arch. d'Amiens, doy. de Poix, prév. de Beauvais à Granvillers, mouvance de Picquigny.

    Lignières-Châtelain créé, en 1790, chef-lieu de l'un des 18 cantons du district d'Amiens, fut, en l'an viii, le chef-lieu de l'un des 18 arrond. communaux.

    Dist. du cant., 9 k. — de l'arr., 37 — du dép., 37.

LIGNIÈRES-HORS-FOUCAUCOURT (canton d'Oisemont), 217 h.

Lignières, 1507, Cout. loc.—1668. Arrêt du grand Conseil. — 1763. Expilly. — 1778. De Vauchelle.—Ordo.

Lignière-Foucaucourt, 1757. Cassini.

Lignières-hors-Faucaucourt, 17 br. an X.

Lignières-hors-Foucaucourt, 1836. Etat-maj.—1850. Tab. des dist.

    Dioc., élect.. arch. d'Am., doy. d'Oisemont, prév. de Vimeu.

    Dist. du cant., 6 k. — de l'arr., 46 — du dép., 46.

LIGNIÈRES-LES-ROYE (canton de Montdidier), 233 hab.

Linerii.... Daire. Hist. du doy. de Montdidier.

Linvillarium, 1202. Robert de Tournelle. Cart. d'Ourscamp.

Lignières juxta montem Desiderii, 1214. Raoul de Tournelle. Daire.

Linieres, 1234. Cart. d'Ourscamp. — 1248. Mathieu de Roye. Cart. St.-Corneille. — 1301. Pouillé. — 1341. Cart. de Corbie. — 1564. Domaine de Péronne, Montdidier et Roye.

Lingnières, 1348. Cart. noir de Corbie. — 1377. Dénomb. de Pierre de Lignières.

Lignières, 1402. Testament de Gérard d'Athies. — 1567. Cout. de Montdidier.—1648. Pouillé —1710. De Fer.—1757. Cassini. — 1826-50. Ordo. — 1862. Dénomb. quinq. — 17 br. an X.

Ligneres, 1564. Dén. — 1657. Sanson. — *Lignière,* 1733. Delisle.

Lignières-les-Roye, 1851-62. Ordo. — *L.-lez-Roye.* Tabl. des dist. Dioc et arch. d'Amiens, doy. de Montdidier, puis de Davenescourt, élect., baill. et prév. de Montdidier.

Dist. du cant., 7 k. — de l'arr., 7 — du dép., 39.

LIGNIÈRES, fief sis à l'Echelle. — Daire. Doy. de Montdidier.

· LIGNY (haut et bas), lieu dit au terroir de Prouzel.

LIGNY, cense située près de Vignacourt. — 1174. Cart. du Gard. — 1537. Décl. des bois du Gard.

LIHONS (canton de Chaulnes), 1210-1218. hab.

Leontium, 1100. Bulle de Pascal II.

Lethun, 1108. Baudry, év. de Noyon. Cart. de Noyon.

Leunum, 1119. Louis-le-Gros. Ib. — 1125. Lettre du pape Honoré II. Bibliot. Cluniac.

Lehunum, 1119. Louis VI. — 1188. Thierry, év. d'Amiens, Ib.— 1267. Hugues de Boves. Cart. noir de Corbie.— 1301. Pouillé.

Lehons, 1126. Guy, doy. de Laon. Cart. de Lihons. — 1197. Bailly d'Amiens. Ib.

Lehuni, 1131. Barthélemy, év. de Laon. Ib.

Lihons, 1133. Official de Noyon. Cart. de Lihons. — 1230-39-41. Cart. de Noyon. — 1301. Dénomb. de l'év. d'Am. — 1341. Dén. de Jean de Molinsentex. — 1757. Cassini. — 17 br. an X.

Lihuns, 1147. Thierry, év. d'Am. Cart. de Lihons.

Lehun, 1163. Çart. d'Arrouaise. — 1219. Prieur de Lihons. Cart. de Noyon. — 1648. Pouillé général.

Letohuni, 1164. Cart. noir de Corbie.

Lehuns, 1183. Guillaume, arch. de Reims. Cart. de Lihons.

Lehen, 1197. Bailly d'Am. Cart. de Lihons.

Lehon, 1201. Nivelon, év. de Soissons. Cart. de Lihons.

Liehons, 1206. Doyen de Lihons. Cart. St.-Jean.

Lyons, 1209. Philippe-Auguste. — 1444. Mathieu d'Escouchy.

Lions, 1214. Dénomb. Reg. de Philippe-Auguste. — 1230. Dén. de la terre de Nesle. — 1306. Branche des royaux lignages. — 1707. G. Sanson. Fr. en 4 f.

Lehunensis vicus, 1216. Cart. d'Ourscamp.

Lyhon, 1216. Accord avec les hospitaliers d'Eterpigny.

Lihonium, 1220. Dom Cotron. Chron. centul.

Lyhons, 1241. Official de Noyon. Cart. de Noyon.

Leones, 1257. Act. du Parl.— *Lihunum*, 1301. Dén. de l'év. d'Am.

Lihons-en-Sangiers, 1303. Doyen de Lihons. Cart. de Lihons. — 1339. Robert de Cléry. Ibid.—1440. Frais de divers messagers. M. V. de Beauvillé. — 1751. Cart. de Lihons.

Lehunum in sanguine terso, 1309. Doyen de Lihons. Cart. d'Ours-camp. — 1322. Cart. de Lihons.

Lihons-en-Sancters, 1317. Grégoire. Hist. de Roye.

Lihons-en-Sangierre, 1339. Robert de Cléry. Cart. de Lihons.

Lehinium, 1361. Lettre du roi Jean Ier. Rec. des ord.

Lyons-en-Santers, 1423. Mém. de Pierre de Fenin.

Lihons-en-Santois, 1437. Chron. de Monstrelet.

Lihons in sanguine terso, 14... Obit. des Célestins d'Amiens.

Lihon, 1567. Cout. de Pér. — 1657. Jansson. — 1710. De Fer.

Lihon-en-Santerre, 1579. Ortelius.—*L'hon-en-S.*, 1592. Surhonius.

Lion, 1607. Mercator. — *Ihon-en-Santerre*, 1621. Atlas minor.

Leo. — *Lihons en santés*, 1625, Doublet. Hist. de l'abb de St.-Denis.

Lue, 1638. Tassin. — *Lehum*, 1648. Pouillé.

Dioc. et arch. d'Amiens, chef-lieu d'un doyenné, baill., prév. et élect. de Péronne.

Prieuré de l'ordre de St.-Benoît, dép. de Cluni.

Dist. du cant., 3 k. — de l'arr., 19 — du dép., 37.

Linu, ferme dép. de Lihons, 8 hab.

Liheu, 1188. Robert de Liheu. — M. Cocheris.

Lihu, xve siècle. Armorial. — 1567. Cout. de Péronne. — 1757. Cassini. — 1764. Expilly. — 1836. Etat-major.

Lihus, 1733. G. Delisle. — 1764. Expilly. — 1778. De Vauchelle.

Limercourt, dép. de Huchenneville, 242 hab.

Limercutium, 1108. M. Louandre. Topogr. du Ponthieu.

Limercurt, 1164. Thierry, év. d'Am. Gall. christ.

Limelcurt, 1164. Barthélemy, év. de Beauvais. Ib.

Limercourt, 1757. Cassini. — 1766. Cout. de Ponthieu.

Limercour, 1761. Robert. — 1763. Expilly.

Limerville, 1787. Pic. mér. — *Le Mccourt*, 1840. Alm. d'Abb.

LIMEUX (canton d'Hallencourt), 350 hab.

Limou, 1100. M. Louandre. Topogr. du Ponthieu.

Limeu, 1121. Jean, comte de Ponthieu. Hist. eccl. d'Abb. — 1196. Eustache de Bailleul. M. V. de Beauvillé. — 1230. Geoffroy, év. d'Am. Cart. de Bertaucourt. — 1292. Jean de Limeu. — 1300-23. Marnier. — 1301. Pouillé. — 1337. Rôle des nobles et fieffés. — 1657. Proc.-verb. des cout. — 1709. Titres de St-. Acheul. — 1761. Robert. — 1773. Affiches de Pic.

Limarii, 1170. Alexandre III, pape. Louvet.

Limeium, 1196. Eustache de Bailleul. M. V. de Beauvillé.

Lymeu, 1337. Rôle des nobles et fieffés. — 1646. Hist. eccl. d'Abb.

Limeux, 1638. Tassin. — 1657. Jansson. — 1757. Cassini. — 1764. Expilly. — 1766. Desnos. — 17 br. an X.

Limeux-Canvrières, 1851. Alm. d'Abb.

Dioc. et élect. d'Am., prév. de Vimeu, arch. d'Abb., doy. d'Oisemont, puis de Mons.

Dist. du cant., 6 k. — de l'arr., 12 — du dép., 40.

LINCHEUX-HALLIVILLERS (canton d'Hornoy), 397 hab.

Linigeium, 1005. Gall. christ.

Linchuel, 1149. Accord. Cart. de Selincourt.

Loncuel, — Luecuel, 1166. Henri, arch. de Reims. Ib.

Luecellum, 1167. Donation à l'abbaye de Selincourt.

Luecelium, 1174. Thibaut, év. d'Am. Cart. du Gard.

Lenchol. — Luechuel, 1231. Cart. de St.-Martin-aux-Jumeaux.

Luceolus, 1240. Laurent de Friville. Cart. de Selincourt.

Luchuel, 1242. Cart. du Gard. — 1301. Pouillé.

Linchœul, 1507. Cout. loc. — *Lincheu*, 1507. Ib. — 1733. Delisle.

Lincheux, 1648. Pouillé. — 1757. Cassini. — 17 br. an X. — Ordo.
    Dioc., élect. et arch. d'Amiens, doy. de Picquigny, prév. de
    Beauvais à Amiens, mouvance de Famechon.

    Dist. du cant., 4 k. — de l'arr., 28 — du dép., 28.

LIOMER (canton d'Hornoy), 466 hab.

Lionmes, 1164. Guillaume d'Aumale. — 1166. Henri, arch. de
    Reims. Cart. de Selincourt.

Lyonmers, 1249. Gautier de Cambron. Cart. de Selincourt.

Lyonmes, 1262. Philippe de Chelles.   Ib.

Liomers, 1262. Louis IX, roi de France.   Ib.

Liomes, 1301. Pouillé.

Lyommers, 1472. Arch. des hosp. de St.-Riquier.

Liomers, 1646. Hist. eccl. d'Abb. — 1780. Arch. de Selincourt.

Lioniers. — Lionniers. — Liomert, 1648. Pouillé général.

Lioniez, 1657. Jansson. — *Liommers*, 1695. Nobil. de Picardie.

Leomer, 1698. Arrêt du Parlement.

Liomer, 1757. Cassini. — 1764. Expilly. — 17 brum. an X.

Lihomer, 1761. Robert. — 1763. Expilly. — 1778. Alm. du Pont.
    Dioc. et arch. d'Am., doy. d'Airaines, puis d'Hornoy, élect.
    d'Abb., siége du bailliage d'Arguel.

    Liomer, chef-lieu en 1790 de l'un des 18 cantons du district
    d'Amiens, de l'un des 18 arrond. comm. en l'an VIII et, en

l'an X, de l'une des 13 justices de paix, céda ce titre à Hornoy le 9 pluviose an X.

Dist. du cant., 7 k. — de l'arr., 38 — du dép., 38.

Liperot, fief sis à Conteville. — M. Prarond.

Lisques, fief sis à Boubers. — xviiie siècle. M. Prarond.

Loches, fief sis à Yaucourt-Bussus, 1644. Epitaphe de l'église de Vauchelles. — Loche. M. Prarond.

LOEUILLY (canton de Conty), 808-900 hab.

Lully, 1061. Garin, év. d'Am. Invent. de l'évêché.—1147. Thierry, év. d'Am. Gall. christ. — 1252. Cart. St.-Martin-aux-Jumeaux. — 1274. Paul, prieur des prédicateurs d'Am. — 1300-1323. Marnier. —1301. Pouillé. — 1337. Rôle des nobles et fieffés. —1492. Jean de la Chapelle. — 1590. Bail.

Luliacum, 1088. Hariulfe. Chron. centul.

Luilli, 1131-1252 Cart. St.-Martin-aux-Jumeaux. — 1252. Gilles de Warsy. Arch. du Bosquel. — 1464. Rec. des ordon.

Lulliacum, 1176. Alexandre III, pape. Dom Cotron.— 1197. Thibaut, év. d'Am. — 1235. Othon d'Encre, arch. du Bosquel. — 1243. Simon de Lœuilly. Ib. — 1257. Cart. des chapelains. — 1280. Sentence contre Enguerrand de Lœuilly. Ib.

Lulli, 119.. Hugues de St.-Pol. Cart. de St.-Laurent.

Luilliacum, 1218. Cart. de Fouilloy. —1224. Honoré III, pape. Cart. de St.-Laurent. — 1213. Jean de Conty. Cart. St.-Quentin de Beauvais. — 1235. Cart. St.-Martin-aux-Jumeaux. — 1243. Official d'Amiens. Arch. du Bosquel.

Lally. — Lelly, xiie siècle. M. Decagny. Etat du dioc.

Luilly, 1301. Pouillé. — Loeuly, 1579. Ortelius.

Loeully, 1595-1631-46. Baux. Arch. du Bosquel.

Laly, 1607. Mercator.—1648. Pouillé. 1657. Jansson.

Lœuilly, 1621. Bail. — 1757. Cassini. — 1763. Expilly.

L'Oeuilly, 1705. Etat général des unions des maladreries.

Leuilli, 1707. France en 4 f. — 1733. G. Delisle.

Leuilly, 1761. Robert. — 1790. Etat des élect. — 17 br. an X.
Elect., dioc. et arch. d'Am., prév. de Beauvaisis à Amiens, doy.
de Conty, mouvance de Picquigny.
Prieuré de Bénédictins dép. de St.-Riquier.
Dist. du cant., 5 k. — de l'arr., 17 — du dép., 17.

Lœuilly, ham. dép. de Villers-Faucon, 30 hab.
Lœuilly, 1827-50. Ordo. — 1856. Fr.-Picard.
Leuilly, 1733. G. Delisle. — 1757. Cassini. — 1851-62. Ordo.

Les Loges, dép. de Beuvraignes, 158 hab.
Logiœ, 1218. Daire. — *Eloge*, 1733. G. Delisle.
Les Loges, 1757. Cassini. — Ordo. — 1856. Fr.-Picard.
Les Eloges, 1778. Devauchelle.

LONG (canton d'Ailly-le-Haut-Clocher), 1414-1505 hab.
Longus superior, 855. Dipl. Caroli Calvi. Hariulfe.
Longo, 864. Vita S. Richarii. Boll. Act. SS.
Longum, 1060. Guy, comte de Ponthieu. Cart. de Valloires. —
1147. Thierry, év. d'Am. Gall. christ.—1160. Jean, comte de
Ponthieu. Cart. de Selincourt. — 1206. Richard, év. d'Am. —
1227. Grégoire IX.— 1232. Hugues de Fontaines. Cart. de l'év.
Long, 1121. Jean, comte de Ponthieu. Hist. eccl d'Abb. —1147.
Thierry, év. d'Am. Cart. de Valloires.— 1291. Vitasse de Fon-
taine. — 1507. Cout. loc. — 1757. Cassini. — 17 br. an X.
Lonc, 1141. Sanson, arch. de Reims. Cart. St.-Jean. — 1146.
Thierry, év. d'Am. Ib. —1183. Thibaut, év. d'Am. Cart. de
Selincourt —1286. Vitasse de Fontaine. — 1301. Pouillé.
Longum in Pontivo, 1360. Lettre de rémission du roi Jean.
Long-en-Ponthieu, 1562. Aveu des échevins de Long. M. Delgove.
— 1346. Chronique de Froissart.
Longs, 1579. Ortelius. — 1608. Quadum.
Dioc. d'Am., élect., arch., doy. et baill. d'Abbeville.
Dist. du cant., 5 k. — de l'arr., 14 — du dép., 31.

LONGAVESNES (canton de Roisel), 302 hab.

Longa avena, 1101. Colliette. Hist. du Vermandois.

Longa avesna, 1102. Baudouin, év. de Noyon. Cart. de Noyon.

Longavesne, 1209. Philippe-Auguste. M. Léop. Delisle. — 1211.
　　Ev. d'Arras. — 1764. Expilly. — 17 br. an X.

Lonquevasne, 1648. Pouillé. — *Longavenne*, 1696. Etat des arm.

Longavène, 1757. Cassini. — *Longue-Avène*, 1762. Colliette.

Longuavesne, 1762. Colliette. — 1790. Etat des électeurs.

Longavesnes, 1764. Expilly. — 1830. Tab. des dist.

Long-Aven, 1787. Picardie mérid.

　　Elect., baill. et doy. de Péronne, dioc. de Noyon.

　　Dist. du cant., 5 k. — de l'arr., 12 — du dép., 62.

LONG BOIS, bois dép. de Chuignolles.

　　— (le), bois dép. de Puzeaux.

LONGCHAMPS, ferme dép. d'Argœuves, 9 hab.

Ferme des Longs-champs, 1829-46. Ordo.

Ferme de Long-Champs, 1847-62. Ordo.

Longchamps, 1857. Dénomb. — *Ferme du Long champ*. Administ.

LONGCHAMPS, ferme dép. de Berlangles, 5 hab.

Longchamps, 1857. Dénomb. quinq.

Ferme du Long-Champ. Adm. — *Ferme à Mouches*.

LONGPAIN, moulin sur l'Ingon, dép. de Nesle, 3 hab.

Lonpain, 1230. Dén. de la terre de Nesle. — 1856. Franc-Pic.

Long-pain, 1641. M. Decagny. — 1831-52. Ordo.

LONGPRÉ-LÈS-AMIENS, dép. d'Amiens, 623 hab.

Longum pratum, 1066. Garin, év. d'Amiens. Gall. christ. —
　　1125-1159-63-66. Cart. St.-Jean.

Loncpré, 1148. Eugène III, pape. Cart. St.-Laurent.

Longpré, 1372. Sentence du bailly d'Amiens. — 1597. Revue en
　　armes. M. de Beauvillé. — 1710. N. De Fer.

Loupré, 1579. Ortelius. — 1707. France en 4 f.

Longpré en Picardye, 1597. Revue en armes. M. de Beauvillé.

Lomprez, 1638. Tassin. — *Lompré*, 1757. Cassini.

Longpré-lès-Amiens, 1781. Cout. du baill. d'Am.

Longpré-sans-arbre, 1856. Franc-Pic. — Nom vulgaire.

Elect, dioc. et arch. d'Amiens, doy. de Vignacourt, prév. de Beauquesne.

Prieuré-cure, dép. de l'abbaye de St.-Jean d'Amiens.

LONGPRÉ-LES-CORPS-SAINTS (canton d'Hallencourt), 1841 h.

Longum pratum, 1066. Fondation de la collégiale de Picquigny. Gall. christ. — 1190. Fondation de l'église de Longpré. Ib.

Longpré, 1138. Jean, comte de Ponthieu. Hist. eccl. d'Abbeville. — 1291. Vitasse de Fontaine. Trésor de Longré. — 1346. Chr. de Froissart. — 17 brum. an X.

Lonc, 1286. Vitasse de Fontaines. Aug. Thierry.

Lompré, 1298. Tit. de Picquigny. — 1301. Dén. de l'évêché d'Amiens. — 1360. Guillaume de Cresecques. Cart. de Longpré. — 1507. Cout. loc. — 1707. France en 4 f. — 1761. Robert.

Loncpré, 1301. Pouillé. — 1365. Official d'Am.

Longprez, 1360. Robert de Cresecques. Cart. de Longpré.

Loupré, 1573. Ortelius. — 1608. Quadum.

Long-pré-aux-corps-saints, 1594. Lettre de Geoffroy de la Martonie, év. d'Am. — 1646. Hist. eccl. d'Abbev. — Dom Grenier.

Longpra, 1634. Aveu d'Alexandre Tillier. M. Delgove.

Long-Pré, 1657. Hist. des comtes de Ponthieu.

Longpré-sur-Somme, 1689. Aveu de Guillaume de Montigny.

Lompré-Corps-Saints, 1705. Etat général des unions des maladreries. — 1753. Doisy. — 1763. Expilly.

Longprés, 1712. Transaction entre le seigneur et les habitants.

Lonpré, 1733. G. Delisle.

Long-Pré-les-Corps-Saints, 1757. Cassini.

Lompré-les-Corps-Saints, 1772. Affiches de Picardie.

Longpré-les-Corps-Saints, 1850. Tabl. des distances. — Dénomb. Dioc. d'Am., élect., arch. d'Abbeville, baill. et doy. d'Airaines.

Chapitre fondé en 1190 par Alcaume de Fontaines; il était composé d'un doyen et de 12 chanoines.

Dist. du cant., 10 k. — de l'arr., 18 — du dép., 27.

LONGPRÉ-LES-ORESMAUX., lieu sis près d'Oresmaux.

Loncpré emprès Oresmaux, 1345-48. Titres de Corbie.

Lompré, 13.. Cart. Lucas de Corbie. — 1856. Franc-Picard.

Longré, 1348. Tit. de Corbie. — *Lonpré-les-Oresmaux,* 1728. Ib.

LONGRUE, dép. de Nesle. — Lieu détruit.

Longrue, 1579. Ortelius. — 1592. Surhonius — 1607. Mercator.

Longucrue, 1626. G. Postel.

LONGUEAU (canton d'Amiens, S.-E.); 704 hab.

Longa aqua, 1101. Doyen d'Am. Cart. St.-Corneille. — 1145. Sanson, arch. de Reims. Cart. St.-Acheul. — 1146. Thierry, év. d'Amiens. — 1189. Cart. Néhémias de Corbie. — 1200. Cart. de Lihons. — 1252. Cart. St.-Martin-aux-Jumeaux. — 1301. Pouillé. — 1324. Arch. du chap. d'Amiens.

Longueau, 1251, Lettre de la reine Blanche. Aug. Thierry. — 1733. G. Delisle. — 1757. Cassini. — 17 brum. an X.

Longeiaue, 1291. Guillaume d'Hangest. Aug. Thierry.

Longue yaue, 1312. Ferry de Cagny. Ib. — 1405. Cart. du chap.

Longuyaue, 1323. Simon, év. d'Am. Aug. Thierry.

Longue y Caüe, 1337. Rôle des nobles et fieffés.

Longueaue, 1378. Titres de l'église d'Amiens. — 1387. Comptes de la ville d'Amiens. — 1466. Revenus du bailliage d'Am. — 1535. Cout. du chap. d'Am. — 1763. Expilly.

Longueycau-lès-Amiens, 1476. Arch. de l'évêché.

Longueawe-lez-Amiens, 1507. Cout. loc.

Longeaue, 1579. Ortelius. — *Langeau,* 1648. Pouillé.

Longuau, 1750. Titres de l'église d'Am.

Londeau. — *Longliau,* 1754. Titres de St.-Acheul.

Dioc., élect. et arch. d'Amiens, doy. de Fouilloy, prévôté de Beauvaisis à Amiens.

Dist. du cant., 5 k. — de l'arr., 5 — du dép., 5.

Longue borne (la), terroir de Bernaville.

—　　　　　terroir de Bertaucourt-les-Dames.

Longue Garenne (la), bois dép. de Manancourt.

Longuemort, dép. de Tours, 49 hab.

Longhemort, 1217. Enguerrand de Fontaines. M. de Beanvillé.

Longuemort, 1282. Hue de Bailleul. Cart. de l'évêché. — 1452. Testament de Henri Lemaitre. — 1579. Trés. généal. — 1657. Hist. des comtes de Ponthieu. — 1757. Cassini.

Longuemor, 1733. G. Delisle. — Longuemore, 17.. Dom Grenier.

Longuemart, 1840. Alm. d'Abbev. — Languemort, 1764. Desnos.

Longueroie, lieu dit au terroir d'Aigneville.

Longroy, xive siècle. Armorial.

Longue Rue (la), habit. isol. dép. du Mazis.

Longuet, dép. de Cocquerel, 57 hab.

Longoratum, 830. Dipl. Ludovici Pii. — 844. Dipl. Caroli Calvi. — 1088. Hariulfe. Chron. cent.

Longuet, 1337. Rôle des nobles et fieffés. — 1392. Lettre de Charles VI. Rec. des ord. — 1507. Cout. loc. — 1562. Accord des échevins de Long. — 1757. Cassini.

Longette, 1579. Ortelius. — 1608. Quadum. Fasc. géogr.

Longnee, 1638. Tassin. — Longuee, 1657. Jansson.

Longuel, 1778. Devauchelle.

Elect. de Doullens, prév. de St.-Riquier.

Longuet, fief sis à Yaucourt-Bussus. Dom Grenier.

Longuet, fief sis à Mesnil-Domqueur.　　Id.

Longuet (le), cours d'eau passant au Boisle, affluent de l'Authie.

LONGUEVAL (canton de Combles). 505 hab.

Longoval, 1152. Simon, prieur de St.-Martin. Marrier.

Longovadum, 1176. Arch. de la Chambre des comptes de Lille.

Longavallis, 1184. Luce III, pape. Marrier. — 1223. Cart. de Fouilloy. 1262. Daire. — 1266. Guillaume de Longueval. — 1269. Olim. — 1270-1278. Actes du Parlement.

Longueval, 1186. Délimitation du comté d'Amiens. — 1240. Lettre de Louis IX. —1314. Ligue des seigneurs contre Philippe. — 1452. Mathieu d'Escouchy.— 1567. Cout. de Péronne. — 1637. Marrier. — 1757. Cassini. — 17 brum. an X.

Longa wallis, 1230. Cart. de Noyon. — 1237. Ib.

Lungval, 1266. Sceau de Guillaume de Longueval.

Longheval, 1284. Sceau de Aubert de Longueval.

Longueva, 1284. Sceau de Marie de Heilly.

Longuewal, 1284. Sceau de Aubert de Longueval.

Longvalle, 1579. Ortelius.—1592. Surhonius.—1608. Quadum. Elect., doy., baill. et prév. de Péronne, dioc. de Noyon. Longueval fut, en 1790, le chef-lieu de l'un des 16 cantons du district de Péronne.

Dist. du cant., 6 k. — de l'arr., 19 — du dép., 43.

LONGUEVILLE, dép. de Fienvillers.

Longavilla, 1215. Gérard, év. d'Am. Cart. du Gard.

Longueville, 1297. Girard des Auteux. Cart. du Gard. —1547. Déclaration des bois. Ib.

Longeville, 1761. Robert. — 1787. Picardie mérid.

LONGUEVILLETTE (canton de Doullens), 277 hab.

Longavilla, 1088. Hariulfe. —1118. Enguerrand, évéq. d'Am.— 1202. Ch. de commune de Doullens.

Longovillaris, 1140. Guarin, vé. d'Am. Cart. de Bertaucourt.

Longuevile, 1204. Robert de Doullens. Cart. de Fieffes.

Longevilla, 1265. Olim. — *Longus villaris,* 1209.

Longuevillette, 1351. Guérard des Auteux.—1507. Cout. locales. —1547. Déclaration des bois de l'abbaye du Gard.—1757. Cassini. — 1764. Expilly. Desnos. — 17 br. an X.

Longueville, 1372. Aveu de Jean des Auteux. M. Cocheris.—1492. Jean de la Chapelle.

Longuillettes, 1638. Tassin.— *Longvillette,* 1657. Jansson.

Longue Villette, 1787. Pic. mér. — *Longuillette,* 1761. Robert.

Dioc. et arch. d'Am., élect., doy. et prév. de Doullens.

Dist. du cant., 7 k. — de l'arr., 7 — du dép., 30.

LONGVILLERS (canton de Crécy), 448 hab.

Longviller, 1166. Baudouin, év. de Noyon, et Amaury de Senlis. Dom Cotron. — 1507. Cout. loc. — 178.. Prév. de St-Riquier.

Longovillaris, 1176. Alexandre III, pape. Cart. de Bertaucourt. — 1196. Arnould de Cayeux. Généal. de Guines. — 1255. Arnould de Cayeux. Cart. de Valloires.

Lungvilliers, 1196. Arnould de Cayeux. Généal. de Guynes.

Longum villare, 1220. Imberge, abbesse de Ste.-Austreberte. Gall. christ. — 1242. Jean d'Orion. Cart. de Bertaucourt.

Longovilaris, 1241. Arnould, év. d'Am. Cart. de Bertaucourt.

Lonviler, 1241. Official d'Am. Cart. de Bertaucourt.

Longoviler, 12.. Renaud et Bernard de St.-Valery. Ib.

Longvilliers, 1252. Melisinde de Dourier. Cart. de Valloires.

Loncviler, 1301. Pouillé. — *Longueville*, 1372. M. Decagny.

Loncvilliers, 1316. Requête de la comtesse Mahaut.

Lonvillers, 1337. Rôle des nobles et fieffés. — 1380. Sceau de Jean de Longvillers. Trés. généal.

Louvillers, 1337. Rôle des nobles et fieffés.

Lonviler, 1337. Ibid. — 1710. N. De Fer.

Loncoiller, 1377. Aveu de Jean de Clari. M. Cocheris.

Longvillers, 1380. Reçu de Lancélot de Longvillers. Trés. gén. — 1579. Ortelius. — 1646. Hist. eccl. d'Abb. — 1657. Proc.-verb. des cout. — 1757. Cassini. — 17 brum. an X.

Lonvilier, 1743. Friex.—*Longueviller*, 1753. Doisy.—1764. Expilly.

Long-Villers, 1787. Pic. mér. — *Longvillier*, 1790. Etat des élect. Dioc. d'Am., arch. de Ponthieu, doy. et prév. de St.-Riquier.

Dist. du cant., 21 k. — de l'arr., 19 — du dép., 37.

LORQUEUX, dép. de Bray-les-Mareuil.

Lorqueux, 1757. Cassini. — *Larqueu*, 1764. Desnos.

Non porté sur la carte de l'Etat-major.

Lorraine (la), lieu dit au terroir de Braches.

Louis Dufresne, fief sis à Gézaincourt. — Daire. Doy. de Doullens.

La Louque, ferme et moulin dép. de Montmarquet, 12 hab.

> La Louque, 1757. Cassini. —1856. Fr.-Picard. — Cadastre.

> La Lonque, 1844. M. Fournier. —1826-62. Ordo.

Lourdel, fief sis à Neuilly-l'Hôpital.

— fief sis à Hymmeville. — M. Prarond.

Louvamont (le), bois dép. de Raincheval.

LOUVENCOURT (canton d'Acheux), 708 hab.

> Louvencors, 1186. Délimitation du comté d'Amiens.

> Lovencort, 1202. Lambert, abbé de St.-Barthélemy de Noyon. Cart. de Lihons.

> Lovencort, 1223. Baudouin de Louvencourt. M. Cocheris.

> Louvaincourt, 1229-39. M. Decagny.—Louveincourt, 1301. Pouillé.

> Louvencourt, 1507. Coutumes loc. — 1592. Surhonius. — 1757. Cassini. —1764. Expilly. — 17 br. an X.

> Louvancourt, 1657. Jansson.

> Elect. et doy. de Doullens, dioc. et arch. d'Amiens, prév. de Beauquesne et de Doullens en partie.

> Dist. du cant., 4 k. — de l'arr., 15 — du dép., 39.

Louvencourt, lieu dit au terroir de Nurlu.

LOUVRECHY (canton d'Ailly-sur-Noye), 275 hab.

> Lovrechin 1206. M. Decagny.— Louvrechy, 1301. Pouillé.—Ordo.

> Louverchy, 1312. Arch. du chap. d'Am. — 1657. Jansson.

> Louerchy, 1567. Cout. de Montdidier.— Louvrechi, 1648. Pouillé.

> Louvre, 1710. N. De Fer. — Louvrechie, 1733. G. Delisle.

> Louverchies, 1753. Doisy. — 1764. Expilly.

> Louerchy, 1757. Cassini.— 1764. Desnos.

> Louvrechies, 1763. Expilly. —17 br. an X. —1857. Dénomb.

> Dioc. et arch. d'Am., doy. de Moreuil, élect. de Montdidier.

> Dist. du cant., 4 .. — de l'arr., 17 — du dép., 21.

Lovigny, fief sis à Ville-sous-Corbie.

Fief de Locvegny, 1680. Titres de Corbie.

Fief de Groiffin, 1680. — *Fief Greffin,* 1717. Tit. de Corbie.

Luce, rivière qui prend sa source vers Caix, passe à Cayeux, Ignaucourt, Aubercourt, Démuin, entre Hourges et Domart, entre Bertaucourt et Thennes et se jette dans l'Avre à Glimont.

Alucia, 1445. Sanson, arch. de Reims. Cart. St.-Acheul. — 116. Thierry, év. d'Amiens. Cart. St.-Laurent.

Lule, 1698. Bignon. Etat de la France.— *L'Aluste...* D. Grenier.

Luce, 1710. N. De Fer. — 1733. G. Delisle. — 1757. Cassini.

LUCHEUX (canton de Doullens), 1231-1320 hab.

Luchoi, 1147. Thierry, év. d'Am. Cart. de Valloires. — 1164. Mathieu de Bertrancourt. Cart. d'Arrouaise. — 1197. Ib.

Luceus, 1160. Cart. du Gard.

Lucheu, 1161. Cart. d'Arrouaise.— 1264. Lettre de Louis IX. Daire. — 1223-69. Chambre des comptes de Lille. — 1270. Lettre du comte de St.-Pol. — 1300. Gall. christ. — 1300-1309. Philippi IV mansiones et itinera. — 1366. Compte de Oudart de Jausy — 1595. Jehan Patte. — 1733. G. Delisle.

Lucrium, 1186. Délimitation du comté d'Amiens.

Luceu, 1211, Guy, comte de Ponthieu.— 1221. Philippe Auguste. Dom Grenier. — 1293. Lettre du comte de Blois. Cart. de Guise. — 1579. Ortelius. — 1621. Mercator.

Luchetum, 1220. Annales comitum S. Pauli.

Lucetum, 1246. Aalis, abbesse de St.-Michel. Arch. de Doullens.

Luchueux, 1422. Compte de dépense du comte de St.-Pol.

Luxieu, 1464. Lettre de Louis XI. Rec. des ord.

Luchieu, 1470. Hommage du comte de St.-Pol.

Luchu, 1567. Cout. de Péronne. — *Luyeu,* 1608. Quadum.

Lucheusle, 1638. Jansson. — *Lucheul,* 1648. Pouillé.

Lucheux, 1619-1633. Proc.-verb. de chevauchées. M. de Beauvillé. — 1757. Cassini. —1764. Expilly. — 17 brum. an X.

Lucheulx, 1619. Procès-verbal de chevauchées. M. de Beauvillé. — 1666. Comptes de la commanderie d'Avesnes.

Dioc. d'Arras, doy. d'Aubigny, élect., et prév. de Péronne.

Lucheux fut, en 1790, chef-lieu de l'un des 10 cantons du district de Doullens, et en l'an VIII de l'un des 13 arr. comm.

Dist. du cant., 7 k. — de l'arr., 7 — du dép., 37.

LUCHEUL, dép. de Grouches, 331 hab.

Luchuel, 1161. Cart. d'Arrouaise. — 1241. Hist. de Doullens. —
1301. Pouillé. — 1507. Cout. loc. — 1580. Bail. — 1733. G. Delisle. — 1757. Cassini. — 17 brum. an X.

Luccolum, 1165. Hist. de Doullens. — 1222. Gall. christ.

Luechuel, 1199. Gautier de Hallencourt. — 1242. Robert de
Luchuel. Cart. du Gard.

Lucheul, 1378. Aveu de Henri de Beauval. M. Cocheris. — 1753.
Doisy. — 1784. Expilly.

Lucuel, 1579. Ortelius. — *Lucue*, 1592. Surhonius.

L'Uchuel, 1781. Cout. du baill. d'Am. — *Luchuvel*, 18... Hérissen.
Elect., doy. et prév. de Doullens, dioc. et arch. d'Amiens.

LUNDI (le), dép. de Piennes. — 1836. Etat-major. — M. Fournier.

LUZIÈRES, ham. dép. de Conty, 79 hab.

Lusière, 1229. Jean de Conty. Daire. — 1763. Expilly.

Luysières, 1229. Jean de Conty. Arch. de St.-Quentin de Beauvais. Dom Grenier.

Lusiers, 1303. Compte de la ville de Clermont (Oise).

Luisières, 1304. Lettre d'Agnès de la Tournelle. Arch. de St.-
Quentin de Beauvais.

Luisière, 1752. Doisy. — 1776. Aff. de Pic. — *Luzières*, 1757. Cassini.

Luzière, 1761. Robert. — *Luzierre*, 1772. Inféodat. Ms. Monsures.

Luzière-lès-Conty, 1826-47-53-62. Ordo.

FIN DE LA PREMIÈRE PARTIE.

Amiens. — Imp. LEMER aîné, place Périgord, 3.

www.ingramcontent.com/pod-product-compliance
Lightning Source LLC
Chambersburg PA
CBHW060911220326
41599CB00020B/2928